U0657973

电气设备状态监测与故障诊断技术

朱德恒 严璋 谈克雄等 编著

电力科技专著出版资金资助项目

中国电力出版社
CHINA ELECTRIC POWER PRESS

内容提要

本书介绍了电力设备状态监测与故障诊断技术的原理与应用。全书共两篇，十七章。第一篇为技术基础，主要介绍绝缘老化、诊断技术中的信号处理与模式识别以及诊断专家系统等；第二篇为技术应用，分别介绍各类电力设备如变压器、旋转电机、开关设备等的监测与诊断技术。

本书可供电力部门或其他行业的动力部门从事电力基建、运行、维护及试验人员参考，也可作为高等学校高电压与绝缘技术、电力系统及其自动化等专业本科生或研究生的参考书。

图书在版编目(CIP)数据

电气设备状态监测与故障诊断技术/朱德恒等编著. 北京：中国电力出版社，2009.3（2025.6 重印）
ISBN 978-7-5083-7710-0

Ⅰ. 电…　Ⅱ. 朱…　Ⅲ. ①电气设备-监测②电气设备-故障诊断　Ⅳ. TM

中国版本图书馆 CIP 数据核字(2008)第 111768 号

中国电力出版社出版、发行
（北京市东城区北京站西街 19 号　邮政编码 100005　http：//www.cepp.sgcc.com.cn）
三河市万龙印装有限公司印刷
各地新华书店经售
*
2009 年 3 月第一版　　2025 年 6 月北京第九次印刷
787 毫米×1092 毫米　16 开本　25.75 印张　627 千字
印数 14001—15000 册　　定价 **88.00** 元

前　言

电力设备状态监测及故障诊断技术为电力系统的状态维修提供了技术基础，对提高电力系统安全可靠运行十分重要。清华大学和西安交通大学相关的课题组长期从事这方面的教学及研究，国家自然科学基金委员会通过一系列的项目，一贯给予了大力支持，特别是1995年批准了九五重点项目“大型发电机与变压器放电性等故障的在线监测与诊断技术”。两校有关教师根据自己多年的科研及教学实践及国内外的最新科研成果，编著了本书，希望能为推动国内的状态维修工作发挥一定作用。

本书分两篇，共十七章。第一篇为技术基础，共七章，介绍了诊断技术中的信号处理、模式识别及诊断专家系统等技术基础；第二篇为技术应用，共九章，分别介绍技术应用知识，叙述各类电力设备如变压器、旋转电机、开关设备等的状态监测及故障诊断技术。

本书编写分工如下：朱德恒编写第一、二、五（第五章由朱德恒和谈克雄合作编写）、十三（除第三、五节外）及十七章（除第一节外）；严璋编写第七、九章及第十三章第三节；谈克雄编写第四、六及十章；钱家骊、关永刚、黄瑜珑合作编写第十一章；钱家骊、刘卫东、关永刚合作编写第十二章；钱家骊、常越合作编写第十五章；刘卫东编写第十三章第六节；王昌长编写第三、八及第十六章；李彦明编写第十三章第五节；李福棋编写第十四章（除第十一节外）和第十七章第一节；邱阿瑞编写第十四章第十一节。全书由朱德恒、严璋、谈克雄统稿。

编写过程中，得到国家自然科学基金会、电力部门如中国电力企业联合会及国家电网公司东北公司等单位的支持，特表示诚挚的谢意。中国电力科学研究院教授级高工李启盛审阅了全稿，并提出了不少宝贵意见，也一并致以深切谢意。

由于本项技术发展迅速，疏漏之处，恳请读者批评指正。

编　者

目录

第二篇 技 术 应 用

第一篇 技术基础

第一章

绪　论

一、状态监测与故障诊断技术的含义

“诊断（Diagnosis）”一词原是一医学名词，它的含义是“根据症状来识别病人所患何病”。从智能理论的观点来看，诊断是医生收集病人症状（包括医生的感观、病人的主观陈述以及各种化验检测所得的结果），并根据症状进行分析处理，以判断患者的病因、严重程度，从而确定对患者的治疗措施与方案的过程。

电气设备绝缘诊断技术借用了上述概念，其含义是：通过对电气绝缘的试验和各种特性的测量，了解及评估设备在运行过程中的状态，从而能早期发现故障的技术。“试验和测量”是“诊”，“识别和评估”是“断”，这是对诊断技术广义的了解。

狭义而言，“诊断”指故障诊断，指特征量收集后的分析判断过程，而特征量的收集过程称为“检测”或“监测”（连续或随时进行的检测），例如称为“状态监测与故障诊断（Condition Monitoring and Failure Diagnosis）”。

本书采用的是广义的含义。

二、状态监测与故障诊断技术的意义

电气设备由绝缘材料、导电、导磁材料及结构材料构成。绝缘材料大多为有机材料，如矿物油、绝缘纸、各种有机合成材料等。在运行中，由于受到电、热、机械、环境等各种因素的作用，绝缘材料容易逐渐劣化，造成设备故障，引起供电中断。设备绝缘结构性能的好坏，往往成为决定整个电气设备寿命的关键所在。例如，有报导对110kV及以上的电力变压器的93次事故原因分析，其中由于匝间绝缘、引线及对地绝缘、套管绝缘所引起的各种事故约分别占43%、23%、15%，而铁芯、分接开关等非绝缘事故仅占20%以下。

电力设备，特别是大型高压设备，发生突发性停电事故，会造成巨大的经济损失和不良的社会影响。提高电力设备绝缘的可靠性，一种办法是提高设备的质量，选用优质材料及先进工艺，优化设计，合理选择设计裕度，力求在工作寿命内不发生故障。但这样会导致制造成本增加。此外，设备在运行中，总会逐渐老化，而大型设备不可能像一次性工具那样、“用过即丢”。因此另一方面，必须对设备进行必要的检查和维修，这构成了电力运行部门的重要工作内容。

早期是对设备使用直到发生故障，然后维修，称为事后维修。但是，如前所述，对于大型设备，突发性事故将造成巨大损失。

其后，发展成定期试验和维修，即预防性维修。现在，定期预防性试验和维修已在电力部门形成制度，对减少和防止事故的发生起到了很好的作用。但预防性试验是离线进行的，有很多不足之处：

(1) 需停电进行试验，而不少重要电力设备，轻易不能停止运行。

(2) 停电后设备状态（如作用电压、温度等）与运行中不符，影响判断准确度。

(3) 由于是周期性定期检查，而不是连续地随时监测，绝缘仍可能在试验间隔期内发生故障。

(4) 由于是定期检查和维修，设备状态即使良好时，按计划也需进行试验和维修，造成人力物力浪费，甚至可能因拆卸组装过多而造成损坏，即造成所谓过度维修。

因此，目前正在发展起以状态监测（通常是在线监测）和故障诊断为基础的状态维修。其基本原理可简述如下：绝缘的劣化、缺陷的发展虽然具有统计性，发展的速度也有快慢，但大多具有一定的发展期。在这期间，会有各种前期征兆，表现为其电气、物理、化学等特性有少量渐进的变化。随着电子、计算机、光电、信号处理和各种传感技术的发展，可以对电力设备进行在线状态监测，及时取得各种即使是很微弱的信息。对这些信息进行处理和综合分析后，根据其数值的大小及变化趋势，可对绝缘的可靠性随时作出判断并对绝缘的剩余寿命作出预测，从而能早期发现潜伏的故障，必要时可提供预警或规定的操作。状态监测（在线监测）与故障诊断技术的特点是可以对电力设备在运行状态下进行连续或随时监测与判断，故可避免上述预防性试验的缺点。

在线试验和离线试验也不是对立的，而是相辅相成的。如在线监测中发现事故隐患后，必要时在离线状态下进行更为彻底的全面检查，如图 1-1 所示。

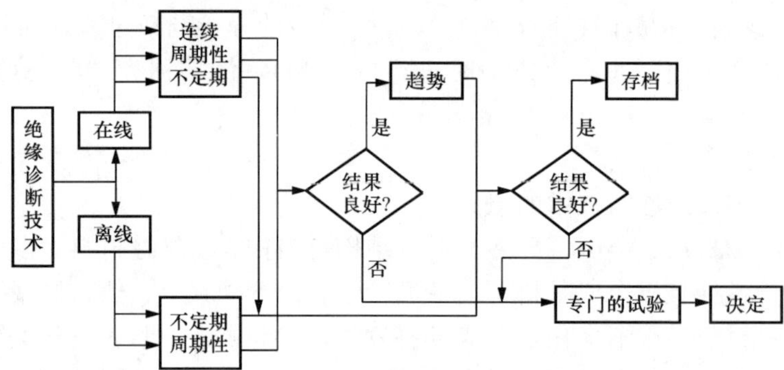

图 1-1 电气设备诊断过程流程示意图

采取状态监测与故障诊断技术后，可以使预防性维修向预知性维修即状态维修过渡，从“到期必修”过渡到“该修则修”。

绝缘在线诊断技术有很大的难度。绝缘潜伏性故障前期征兆的信号通常极为微弱，而运行条件下现场又存在强烈的电磁干扰。因此，抑制各种干扰，提高信噪比是在线监测中首先必须解决的难题。此外，监测的各种特征量和绝缘的状态通常也不是一一对应的，而具有错综复杂的关系。如果说离线的预防性试验结果的分析，已经积累了大量经验，据此可以制订出相应的规程推广施行（当然也需根据科学技术的发展，不断加以修订补充），那么对于在线诊断，现在仍还处于研究、试运行、积累经验的阶段。发展绝缘在线诊断技术，既需对绝缘结构及其老化机理有深入的了解，也需应用传感、微电子等高新技术。它是具有交叉学科性质的一门新兴技术，有重大的学术意义，也有显著的经济价值。

但是，任何提高或保证安全措施的采用都要以技术经济比较为基础。即采取在线监测增加的投资（包括设备与维护费用）应该少于由于定期检测所不能发现的缺陷所造成的事故损失（包括设备损失和停电损失），以及由于定期检测需要停电所造成的停电损失。前者决定于设备的事故率，后者则与电力系统的缺电情况有关。由于历史原因，十年动乱所造成的设备质量下降，20 世纪 70～80 年代的事故率较高，促进了在线监测以防止设备突发性事故的工作。另一方面，近年缺电比较严重，再次造成需要停电进行定期检测的困难，也是在线监测技术的推动力。因此，我国电力设备在线监测技术的研究和使用单位，比许多发达国家要多。但是，也有一部分专家认为：随着设备质量的提高，设备的某些突发性故障在减少。严重缺电也只是一定时期的境况。至于设备的状态维修，并不是必须与在线监测连在一起的，如果定期检测（包括一些不需要停电进行的检测）是有效的，也可以根据设备的状态安排状态维修，因而不必要花费大量的人力物力安装大量的在线监测设备“守株待兔”式地处理偶然的突发事故。

三、状态监测与故障诊断技术的发展概况

国外对绝缘在线监测技术的研究，始于 20 世纪 60 年代。各发达国家都很重视。但直到 20 世纪 70～80 年代，随着传感、计算机、光纤等高新技术的发展与引用，绝缘在线诊断技术才真正得到迅速发展。加拿大、日本、苏联等国陆续研制了油中溶解气体，变压器、发电机、气体绝缘封闭组合电器（GIS）等的局部放电，电容型绝缘的介质损耗因数（$\tan\delta$）等特性，交链聚乙烯电缆的泄漏电流等等在线监测系统。其中少数已发展成为正式产品。国际大电网会议于 1990 年发表了关于电气设备绝缘诊断技术的综述性论文[1]，对截至 20 世纪 80 年代末在这一领域的研究成果作了系统的总结。

我国对在线诊断技术的重要性也早有认识，20 世纪 60 年代就提出过不少带电试验的方法，但由于操作复杂，测量结果分散性大，没有得到推广。80 年代以来，随着高新技术的发展与引用，我国的绝缘在线诊断技术也得到了迅猛发展。由于我国工业发展迅速，用电一直紧张，加之部分电力设备故障率较高，因此对于推行在线诊断技术以提高电力系统的运行可靠性，更形迫切。我国电力部门的很多科研院所和高等学校的不少有关专业都相继开展了这方面的研究。自 1985 年以来，由电力部主持，先后三次（分别在安徽、湖北、广东三省）召开了“全国电力设备绝缘带电测试、诊断技术交流会”，不仅进行了学术交流，而且就如何发展和推广在线诊断技术开展了讨论。可以认为，我国绝缘在线诊断技术的研究和国际上是同步发展的，处于几乎相同的水平。

由于在线诊断技术的难度，无论是国内，还是国外，除个别项目以外，大多还没有很成熟，仍处于研究发展阶段。由于客观的需要，相信绝缘在线诊断技术一定能迅速发展成长，从而对提高电力系统的运行水平发挥巨大的作用。

（一）应用领域

参考文献［2］总结了我国绝缘诊断技术现状及发展趋势，列出了如下几个应用较广的方面：

1. 油浸纸绝缘设备的油中溶解气体分析（DGA）

我国现在有数以千计的气相色谱装置用于油中溶解气体分析。大量设备的潜在缺陷被检出，特别是局部过热及电弧放电的早期故障。所以油中溶解气体分析越来越得到重视。为了及时检出缺陷，研发了油中溶解气体现场分析技术，已有进口的及国内研发的系统用于生产。有的分析技术是选用特殊的气体传感器，如选用对 H_2 或 C_2H_2 特别敏感的传感器，这比色谱分析法价格便宜。但传感器及富集气体的塑料薄膜通常工作的稳定性还需继续研究。也有的单位研制现场用气相色谱分析仪器，可检出如 CH_4、C_2H_6、CO、CO_2 等各种特征气体，见图 1-2，还有的单位在研发基于光谱分析的 DGA 装置。

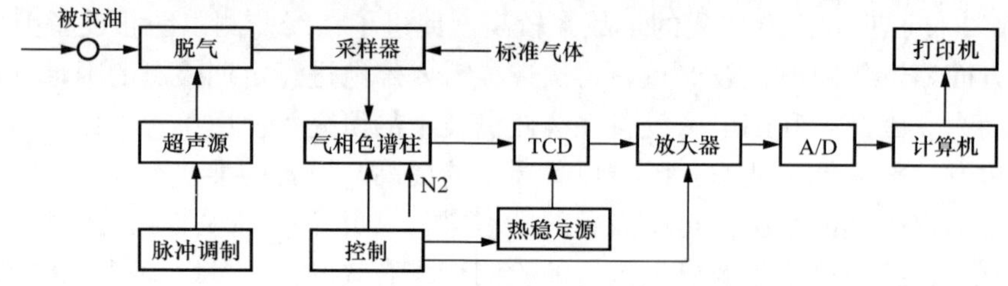

图 1-2 一种现场用气相色谱分析仪器的流程图

2. C、tanδ 或 I_R 现场测量系统

进行预防性试验、检测电容（C）及 tanδ 时，试验电压为 AC 10kV，远低于运行电压 $110/\sqrt{3}$kV 或 $220/\sqrt{3}$kV，因而结果不准确，所以 C 及 tanδ 的在线监测得到应用。从 20 世纪 70 年代以来，从苏联引入了在线监测不平衡电流或电压的技术，现在已有相当多的便携式或固定式 tanδ 自动测量系统（图 1-3）得到应用，其原理为采用快速傅里叶变换对测得的 U_i 或 U_u 进行数字积分以求得 tanδ。电流互感器（TA）及电压互感器（TV）的相位误差对 tanδ 的测量有严重影响，特别当试品的 tanδ 值很小时。此外设备间的耦合影响、不同的运行方式等也会产生很大的影响。采用类似原理还研发了金属氧化物避雷器的电流、阻性电流分量 I_R 及功率损失的在线监测装置。

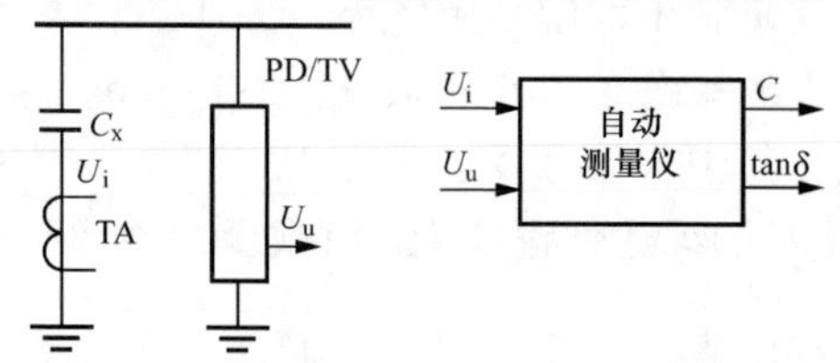

图 1-3 C 和 tanδ 的在线监测系统原理图

3. 局部放电（PD）的在线监测

为了进行局放现场试验，研发了特殊的试验车，载有无电晕、可调压的高压电源，包括电动机—发电机组、中间变压器、标准电容器、PD 测量仪等。在线监测 PD 时采用传感器检测 PD 的高频脉冲信号和声发射信号，数字滤波器可以抑制各种电磁干扰，以提取有用信息。对于 GIS，可检测 PD 的特高频信号。为了诊断故障，对人工神经网络等模式的识别方法也进行了大量研究。

4. 绕组变形的检测

变压器的故障有不少是由于短路，特别是近区短路，引起的。因此，对变压器绕组变形的检测可检出潜在故障。我国现广泛采用频率响应法和低压脉冲法检出变压器绕组变形引起的潜伏故障。

5. 综合诊断技术和专家系统

由于测得的数据如电阻（R）、tanδ、PD、DGA 等和被测设备的介电强度没有简单直接的对应关系，所以对测得数据作综合分析以诊断故障十分重要。为了提高综合诊断的准确度，人工神经网络、模糊逻辑、小波分析等新技术正得到研究，以用于故障诊断技术。

（二）应用状况

国内对在线监测技术十分重视，研发了不少仪器，但毕竟这是新生事物，还存在不少问题。中国电力科学研究院曾组织专人对国内的开发应用状况进行了调研分析，结果见参考文献［3］。该文通过对全国127个变电站的电力设备在线监测系统的安装和使用情况的调查及统计，分析总结了该系统的生产和使用现状，从技术和管理的角度指出了存在的问题及今后研究的方向。

我国开展电力设备在线监测技术的开发应用已有十几年了，此项工作对提高电力设备的运行维护水平、及时发现事故隐患、减少停电事故的发生起到了积极作用。

我国从20世纪50年代开始，几十年来一直根据电力设备预防性试验规程的规定，对电力设备进行定期的停电试验、检修和维护。定期试验不能及时发现设备内部的故障隐患，而且停电试验施加低于运行电压的试验电压，对某些缺陷反映也不够灵敏。

随着电力系统朝着高电压、大容量的方向发展，保证电力设备的安全运行越来越重要，停电事故给生产和生活带来的影响及损失也越来越大。因此迫切需要对电力设备运行状态进行实时或定时的在线监测，及时反映绝缘的劣化程度，以便采取预防措施，避免停电事故发生。

进入20世纪80年代以来，电力设备在线监测技术发展很快，绝大多数变电站设备及发电机、电缆、线路绝缘子等都有在线监测项目。随着电子技术的进步和传感器技术、光纤技术、计算机技术、信息处理技术等的发展和向各领域的渗透，系统监控技术中广泛应用了这些先进的科研成果，使在线监测技术逐步走向实用化阶段。与预防性试验相比，在线监测系统采用更高灵敏度的传感器以采集运行中设备绝缘劣化的信息，信息量的处理和识别也依赖于有丰富软件支持的计算机网络，不仅可以把某些预试项目在线化，而且还可以引进一些新的更真实反映设备运行状态的特征量，从而实现对设备运行状态的综合诊断，促进电力设备由定期试验向状态检修过渡的进程。

1. 我国电力设备在线监测技术应用

根据1998年全国部分省、市电力局、电力试验研究所、科研单位和供电局共30个单位提供的127个变电站安装的各种在线监测系统或装置的运行情况，归纳总结如下：

（1）在线监测采用的形式多种多样。有57个变电站装有集中型在线监测系统，监测内容主要是电容型设备的介质损耗、电容及其变化量、泄漏电流及其变化量、不平衡电压、避雷器的全电流和阻性电流，或加上变压器套管的介损和油中氢气含量等。有10个变电站装有分散型在线监测装置，还有只监测某一参量的仪器，如只监测避雷器泄漏电流的有39个站。此外，还有只监测变压器的局部放电或油中色谱、少油开关的泄漏电流及其他设备如发电机放电等参量的。

（2）提供在线监测系统的单位很多。初步统计，127个变电站的监测装置共有35个单位提供，国内占30个单位。以集中型监测系统为例，57个系统由13个单位提供，其中包括科研单位、大专院校、供电局或电力局所属公司等。

（3）监测系统的正常运行率。

1）集中型监测系统一次性投入费用较高，因此，人们更加关注其投入运行后的工作状况。57个系统中，基本运行正常的占30%左右，已不能正常使用或处于瘫痪状态的占36%。使用单位反映的意见主要集中在以下几点：

a）介损测量不够准确，稳定性、重复性较差，测量误差较大。

b）信号采集部分常发生故障，如传感器失效，破损，电压信号畸变。

c）测量系统抗干扰性能差，抗温度、湿度变化的能力差。

d）数据传输与处理部分常发生故障，造成数据丢失。

2）安装分散型监测装置的10个变电站，运行正常的占90%，主要用于本系统电站。

3）有27个站只安装了监测避雷器泄漏电流的装置，基本能正常运行。

（4）通过在线监测发现故障隐患的事例。由于在线监测结果发生明显变化而发现故障的共8例。其中，避雷器内部受潮2例，放电1例，变压器套管受潮3例，电抗器局部放电1例，主变压器接地不可靠1例。

2. 在线监测技术开发和应用情况分析

（1）已取得的成绩。

1）在线监测系统应用情况表明，该系统对及时发现电力设备绝缘缺陷、保证设备安全运行起到了良好作用。十多年来，已经对各种电气设备的在线监测技术进行了研究和开发，特别是对电容型设备的 $\tan\delta$、ΔC、ΔI 的监测；避雷器泄漏电流监测技术的开发和应用，已经取得了很大成绩；开发了集中型、分散型和便携式装置，也实时发现了一些被试设备绝缘受潮，并及时采取措施加以防范，避免了更大停电事故的发生，保证了电力系统的安全运行，取得了一定的社会效益和经济效益。一些监测项目，如 $\tan\delta$ 的测量和避雷器泄漏电流测量等，还提出了在线监测的参考标准。

2）在线监测技术的开发，推动了电力设备运行维护水平的提高，减少了维护人员的劳动强度，对部分设备采用根据监测结果确定停电检修周期的方法，为从预防性试验向状态检修方向过渡积累了经验。另一方面，由于引进了先进的电子技术、信息处理技术，使得在线监测技术更具有先进性、实用性，推进了电力设备绝缘监督方法的革新。

3）在线监测技术的开发和应用，提高了运行管理的智能化程度，加快了设备运行状态的信息反馈，缩短了故障判断和处理时间，提高了工作效率，减少了因停电造成的经济损失，并为实现无人值班变电站创造了条件。

（2）存在的问题。

1）在线监测工作缺乏统一的管理。目前，开发和生产在线监测系统的单位很多，投放市场的产品也很多，许多产品没有经过严格的检验和考核。近几年的运行情况已经暴露出产品质量问题。一些运行单位缺乏应有的技术力量，系统安装后缺乏维护，管理工作没有跟上来，造成部分系统一投入运行工作就不正常，在线监测系统作为一种特殊商品，应如何规范市场，制定相应的检验条例，保证产品质量等应提到议事日程上来。

2）监测系统本身运行可靠性欠佳。对57个变电站的集中型在线监测系统运行情况进行调查发现，属正常或比较正常的只占29.8%，而确定不能正常使用的系统约占35%。问题主要集中在装置本身质量问题，如：元件性能不稳定，失效或破损；装置的抗干扰性能较差，抗外界因素如温度、湿度变化的能力差；装置整体运行可靠性差，测量数据不稳定，起不到监测设备绝缘状况的作用等。

3）一些供货单位对产品质量缺乏应有的监督机制，售后服务跟不上，不能及时排除故障，造成系统瘫痪或不能正常运作。

4）运行人员缺乏操作、管理水平也是造成装置不能正常运行的原因。如系统电源掉电或插头松脱，运行人员未能及时恢复，系统得不到应有的维护，使得本来很容易解决的问题复杂化。

5）在线监测系统的功能需进一步完善和提高。经过几年的运行，已经暴露出一些监测系统的设计问题，需要结合在线监测的特点从技术角度综合考虑进一步提高产品的稳定性和准确性，保证传感器自身质量及现场测量中的可靠性，才能得到更好的效果。

3. 对在线监测技术发展的建议

（1）加强对在线监测工作的协调、管理，使在线监测技术的开发和应用能健康地发展。目前，在线监测技术发展很快，应用面很宽，如何加强产品质量的监督和对产品功能及性能的检验，现场安装、设计的规范化以及制定相应的验收规程、运行管理规程等都是亟待解决的问题。建议有关管理部门进行协调，提供一个综合评估监测系统质量的标准，以便对装置的技术性能、可靠性、先进性以及生产单位的技术力量、技术水平、售后服务等方面进行综合评价。

（2）进一步提高和完善已开发监测装置的性能。从所暴露的问题看，属于监测系统本身质量问题的主要是测量结果不稳定、系统抗干扰能力差等一些技术难点。应该说，经过十几年的攻关，介质损耗测量和阻性电流测量技术是比较成熟的，已与国外水平较接近。当前应集中力量解决传感元件自身的性能（包括线性度问题和提高信号采集及传递过程中的抗干扰能力），提高测量的稳定性和可靠性。另一方面，还要进一步提高工艺水平，提高产品部件的可靠性。

（3）在线监测装置的开发应有科研作基础。应充分发挥科研单位、大专院校的科技力量，集中攻关一些技术难题，拓宽监测系统的监测功能，国家电力公司应鼓励和扶持科研创新，以及新技术的开发和研究工作。应对关键设备如电力变压器和气体绝缘组合电器的在线监测技术进行重点攻关。开发电力变压器综合型监测系统，该系统应包含各种能反映故障性质的主要特征参数（如局部放电、色谱、温升等），提高综合分析判断能力。重点加强对局部放电监测系统的抗干扰问题的研究。吸收或引进国外先进的科研成果（如数据处理技术等），加快我们的步伐，达到减少变压器停电事故、减少维护检修工作量、实现状态检测的目的。气体绝缘组合电器的在线监测技术是当前世界各国研究的主要目标，焦点是监测各种有害的放电，应投入科技力量攻关。还可以采用消化引进技术的方法，加快实用化进程。

（4）加强基础研究工作。研究监测参数及其变化与被测设备绝缘老化的关系，总结出规律性的东西，反过来指导在线监测工作，才能提高在线监测系统的可信度和判断准确性。目前，我国在线监测技术仍停留在只提供监测数据的水平上，而对于这些参量的变化与设备绝缘的劣化程度的关系仍缺乏判断经验，需要进行大量的试验研究和数据统计工作，加强对测量结果的综合分析，进行历史的、相同设备之间的、同一设备历年的测量结果的分析比较、正常的与故障的测量结果的比较，找出测量结果的变化与绝缘劣化两者之间的关系。一些先进国家非常重视理论研究工作，通过在线监测结果与模拟试验比较，提出有参考价值的监测指标，作为判断故障性质的参考。其发展趋势就是用以在线监测为依据的状态监测与维修逐步取代以预防性试验为依据的预测维修。

（5）加强在线监测系统的智能化水平。在线监测技术有三要素：信息采集，数据处理与分析，处理意见与决策。后两个要素目前还很薄弱，需要加强开发各种可供分析判断的软件。如专家诊断系统的建立，通过调查、归纳、综合、分析工作，提炼出精华，形成专家系统，作为分析判断被测设备故障的依据。另一方面，提高信息传输的准确性，提高监测的智能化水平，实现与电力系统的智能化监控系统联网，实现电力系统管理的综合自动化。

(6) 在线监测技术的开发和应用要讲究实效，各地区要根据具体情况和需要选择投入在线监测系统规模，不要片面追求大而全。检测系统可以是多种类型，既有集中型的监测系统，也有针对某些设备的小型化监测装置或是可移动式的监测仪器，提高监测系统的利用率。一些发达国家对在线监测系统的投入非常重视，首先要分析被测对象的重要性、所处的运行状态容易引起的故障类型及可能造成的经济损失决定监测参量和投入监测系统的规模，这样可以提高监测的有效性。为此，使用单位对在线监测设备进行选型时，应进行技术经济比较，根据需要决定投入的规模，以提高监测系统的利用率。

(7) 组织开展在线监测技术交流，建立相关的技术交流信息网，充分发挥科研单位和专家的积极性，进行技术咨询和指导，建立国家电力公司信息网，加强与各网省局的信息交流，发布管理信息，典型事故分析，交流先进技术，促进在线监测技术的发展。

(8) 综合进行经济技术分析，促进在线监测技术健康发展。从以停电进行检测为主的不连续故障诊断方式转变到以在线监测的方式。可以更及时地发现设备的潜伏性故障，及时采取措施，提高运行设备的安全可靠性以致整个电力系统的安全运行。同时可能更好地带动设备的维修从以时间为基准的方式转变到以状态为基准的方式。需要维修时再维修，经济效果也是明显的。

但是，任何提高或保证安全措施的采用都要以技术经济比较为基础。即采取在线监测增加的投资（包括设备与维护费用）应该少于定期检测所不能发现的缺陷所造成的事故损失（包括设备损失和停电损失），以及由于定期检测需要停电所造成的停电损失。前者决定于设备的事故率，后者则与电力系统的缺电情况有关。由于历史原因，十年文革动乱所造成的设备质量下降。20 世纪 70～80 年代的设备事故率较高，促进了寻求在线监测的防止设备突发性事故的工作。另一方面，近年来缺电比较严重，造成需要停电进行定期检测的困难，也是在线监测技术发展的推动力。因此，我国变电设备在线监测技术的研究和使用单位，比许多发达国家要多。但是，也有一部分专家认为，随着设备质量的提高，设备的某些突发性故障在减少。严重缺电也只是一定时期情况。至于设备的状态维修，并不是必须与在线监测连在一起的，如果定期检测（包括一些不需要停电进行的检测）是有效的，也可以根据设备的状态安排状态维修。因而不必要花费大量的人力物力安装大量的在线监测设备。

四、状态监测与故障诊断系统的组成

1. 系统分类

监测与诊断系统可分成以下几种类型。

(1) 简易式：功能简单，如模拟量监测装置，机械式或荧光屏显示。又如便携式数据采集器，由数码管显示或将采得数据带回，输入计算机处理。

(2) 以单片机为核心的监测装置：以单片机为核心，结合传感器、多路开关、模/数转换器，微型打印机和固化在可编程序存储器中的软件，可组成最简单的连续监测系统。

(3) 以计算机为核心的监测系统：采用单台计算机代替单片机，可以提高系统的数据处理能力，增加分析诊断功能，可发展为分级管理的分布式监测诊断系统。

2. 基本单元

监测与诊断系统的组成框图如图 1-4 所示，它包括以下基本单元。

(1) 信息的检出及适配单元：由相应的传感器从待测设备上检出反映设备状态物理量（特征量）并将其转换为合适的电信号，向后续单元传送。

(2) 数据采集及前置单元：将传感器变送来的信号进行预处理，主要是对混杂在信号中的干扰进行抑制，以提高信噪比。并对经过预处理的信号进行 A/D 转换及采集记录。

(3) 信息的传输单元：将采集到的信息传送到后续单元。对于固定式监测系统因数据处理单元远离现场，故需配置专门的信息传输单元；对便携式检测装置，只需对信号进行适当的变换和隔离。

(4) 数据处理单元：对所采集到的数据进行处理和分析，例如读取特征值，作时域频域分析/平均处理等，为诊断提供有效的数据。

(5) 诊断单元：对处理后数据、判据、规程以及运行经验等进行分析比较，对设备的状态及故障部位作出判断，为采取进一步措施（如需否退出运行、安排维修计划等）提供依据，必要时提供预警。

由于特征量和状态不是一一对应，因此需作综合性的分析与判断，专家的经验会发挥重要作用。人工智能的重要分支——专家系统在诊断技术中的应用已得到重视。

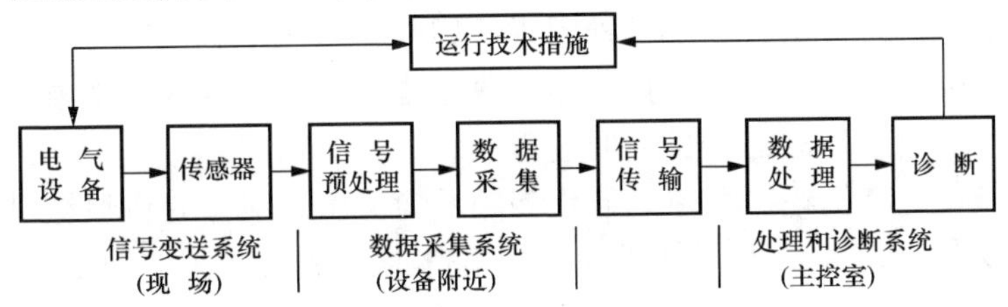

图 1-4 诊断与监测系统组成框图

参 考 文 献

[1] Working Group 33/15.08. Dielectric Diagnosis of Electrical Equipment for AC Application and Its Effects on Insulation Coordination (State of Art Report). GIGRE, 1990.

[2] L. Y, Z. Y. Development AND Trend of Insulation Diagnosis in China. Proc. of the Asian Conference of Electrical Insulation Diagnosis'99, Nov. 18-23, 1999, Cheongju, Korea: 10-15.

[3] 郭碧红，杨晓洪. 我国电力设备在线监测技术的开发应用状况分析. 电网技术，1999，23(8)：2-5.

第二章

绝缘的老化

◎ 第一节　概　　述[1]

电气设备的绝缘在运行中会受到各种因素（如电场、热、机械应力、环境因素等）的作用，内部将发生复杂的化学、物理变化，会导致性能逐渐劣化，这种现象称为老化。在设备正常运行条件下，老化是渐进的、长期的过程。

绝缘材料的老化以有机绝缘材料的老化问题最为突出。液体有机绝缘材料老化时，表观上会发生混浊、变色等；高分子有机绝缘材料老化时，表观上发生变色、粉化、起泡、发黏、脆化、出现裂纹或裂缝、变形等。多数情况下，绝缘材料的老化是由于其化学结构发生了变化，即由于降解、氧化、交联等化学反应，改变了其组成和化学结构。但是，也有仅仅是由于其物理结构发生了变化所致。例如，绝缘材料中的增塑剂不断挥发或其中球晶不断长大，都会使材料变硬、变脆而失去使用价值。通常绝缘材料性能的劣化是不可逆的，最终将引起击穿，直接影响电力设备和电力系统的运行可靠性。

绝缘劣化过程的发展需要一定能量，亦即依赖于外界因素的作用，如电场、热、机械应力、环境因素等。单一作用因素下的老化规律研究较多。而在运行情况下常常是多种因素同时作用，互相影响，过程更为复杂。对多种因素同时作用时的老化规律目前还未得到充分研究。

绝缘劣化程度要根据其性能的变化而评定。实践证明，当绝缘的性能指标达到某些极限值时，绝缘就已不能使用，即寿命已达极限。这些性能指标的限值称为阈值或判据。绝缘的劣化可以用三维图像描述，三个坐标轴分别是时间、外界作用因素和性能。通常三维图像可分解为两个平面图形：不同强度的作用因素下性能和时间的变化关系，以及给定标志绝缘损坏的性能阈值下作用因素强度和时间的关系。

绝缘劣化的特征量有直接和间接之分：前者直接指明了运行中所必须具有的性能，如介电强度、机械强度等；后者和这些必须具有的性能只是有着某种确实的联系，但并无直接的、确定的关系，如绝缘电阻、介质损耗因数等。直接的特征量的确定通常采用破坏性试验方法，而间接的特征量可以通过非破坏性试验方法加以确定。因此，间接的特征量对绝缘在线诊断有着极其重要的意义。

◎ 第二节　热　老　化

由于在热的长期作用下发生的老化称为热老化。室温下设备绝缘的热老化发展极为缓慢，但多数电气设备运行中产生热量，工作温度明显高于室温，此时，设备绝缘的热老化往往是决定其寿命的主要因素。

一、热老化机理

有机绝缘材料热老化的主要过程是在热的作用下绝缘发生了热降解。其中包括使主链断链的解聚反应或无规断链反应和使侧基从主链上脱离的消去反应，从而产生大量低分子挥发物，并引起一系列更为复杂的反应。通常所谓的热老化是指氧化老化，即在热和氧协同长期作用下发生的老化。热氧化老化初期通常会出现过氧化氢物，而它分解产生自然基，然后引发出一系列氧化和断链化学反应，使分子量下降，含氧基团浓度增加，并不断挥发出低分子产物，结晶度也随之变化。随着绝缘物质结构的变化，其电气性能和机械性能都逐渐劣化。

二、热老化速度和温度的关系

1930 年，V. M. Montsinger 根据充油变压器绝缘（A 级绝缘）的大量试验数据，提出了绝缘寿命与温度间的经验关系式[2]

$$L = Ae^{-mt} \tag{2-1}$$

式中 L——绝缘寿命，年；

A——常数，$A=7.15\times10^4$；

m——常数，$m=0.88$；

t——温度，℃。

从式（2-1）可知，$\ln L$ 和 t 呈线性关系，并且温度每升高 8℃，绝缘寿命大约减少一半，此即所谓 8℃规则。实际上，不同绝缘的老化速度也不同，所以 8℃规则并不普遍适用于各类绝缘。1985 年美国电力试验研究院（EPRI）根据对电动机绝缘的试验研究得出，各种耐热等级绝缘的寿命减半对应的温升在 8～14℃之间[3]。

1948 年，T. W. Dakin 提出了热老化的新的观点，认为热老化本质上是化学反应过程，热老化速度决定于化学反应速度，后者遵循 Arrhenius 方程[4]

$$v = v_0 e^{-w_a/kT} \tag{2-2}$$

式中 v——化学反应速度，即单位时间内发生化学反应的物质的质量；

v_0——常数；

w_a——该种化学反应的活化能；

T——绝对温度，K。

通常认为，由热老化决定的寿命反比于其化学反应速度。由此可得绝缘寿命与其温度的关系为

$$\ln L = \ln A + B/T \tag{2-3}$$

式中 L——绝缘寿命；

A，B——决定于导致老化的某种化学反应的常数；

T——绝对温度，K。

由式（2-3）可知，$\ln L$ 和 $1/T$ 呈线性关系。

三、矿物油和油浸纸绝缘的热老化

矿物油为一组烃类混合物，它的热老化属于热氧化老化。裸露的金属往往是促进油氧化的催化剂。矿物油在热老化过程中，将产生各种气体（如低分子烃类气体和 CO、CO_2 等）、有机酸和固体聚合 X-蜡（俗称“油泥”）。有机酸和沉积于绝缘上的 X-蜡将使介质损耗因数

上升，油泥还将使设备的散热条件恶化，这反过来又将加速热老化过程。产生的气体可溶解于油中或发展形成气泡，这取决于温度、电场强度和油的吸气、产气特性。形成气泡后，如同时存在强电场，将引发局部放电，而局部放电又将引起电老化。

绝缘纸由植物纤维组成，在热老化过程中也将产生气体，如 CO 和 CO_2 等。由于油和纸在热老化过程中都将分解产生气体，因此油中溶解气体的色谱分析是故障诊断的重要手段。但是，分析气体还不能很好区别究竟是油还是纸发生了热老化。近年来开始采用高性能的液相色谱仪，以分析绝缘纸在热老化过程中分解的特殊产物如糠醛 $C_5H_4O_2$，可以取得良好的故障识别效果。

实验表明，纸纤维的聚合度随其热老化过程而下降。因此，测定纸纤维的聚合度对于判断其热老化程度甚为有效。这个方法的缺点是需从设备上剥取纸试样，这在很多情况下是不易实现的。

◎ 第三节 电 老 化

在电场长期作用下，绝缘中发生的老化称为电老化。对于高电压设备的绝缘，电老化是不容忽视的。

放电电老化是由绝缘内部或表面发生局部放电而造成的。特殊情况下，也可能发生无放电的电老化，如：因局部电流过大发生热不平衡而引起的老化；因电化学过程使金属导体被腐蚀，其残留物在电介质中或表面形成导电痕迹、使绝缘性能劣化甚至丧失而造成的老化。放电电老化是电老化的主要形式，通常谈的电老化就是指放电电老化。

一、电老化机理

电老化很复杂，它包括局部放电所引起的一系列物理效应和化学效应。

(1) 带电质点的轰击。局部放电过程产生的带电质点（电子和正、负离子）在电场作用下具有的能量可达 10eV 以上，而一般高聚物的键能只是几个电子伏特。因此，当这些带电质点撞击到气隙壁上时，就可能打断绝缘的化学键，产生裂解，破坏其分子结构。

(2) 热效应。在放电点上，介质发热可达很高温度。温度升高会发生热裂解，或促进氧化裂解，同时温度提高还会增大介质的电导和损耗，由此产生恶性循环，加速老化过程。

(3) 活性生成物。在局部放电过程中会生成许多活性生成物，如臭氧、氮氧化物，有水分时产生硝酸、草酸等，这些生成物进一步与绝缘材料发生化学反应，腐蚀绝缘体，导致介电性能劣化。

(4) 辐射效应。局部放电会产生可见光、紫外线等高能辐射，引起高聚物的裂解。对于某些材料，上述射线会促使分子间的交联，而使材料发脆。

(5) 机械力的效应。断续爆破性的放电和放电产生的高压力气体，都会引起绝缘体开裂，从而形成新的放电点。

以上几种破坏机理往往是同时存在的。对于不同材料和在不同工作条件下，可能以其中某一种为主。工作场强高、气隙大，带电质点的轰击作用大；工作温度高、材料的介质损耗大、材料的耐热性差，则热效应作用大；对于湿度大或有污染的情况下，放电产生的活性生成物的破坏就更为明显。上述几种效应中，前三种效应常是主要的。

二、绝缘寿命和外施电压的关系

电气设备在工作电压下，内部绝缘已可能发生电老化。实验表明，当电场强度远低于其短时击穿场强时（0.05～0.2 甚至更小），就有可能发展起电老化。

随着外施电压的增加，局部放电将加剧，其放电量、放电重复频率、放电功率都会相应增加，因此绝缘的电老化速度加快、寿命缩短。在外施电压较高、寿命较短的条件下（几小时到 $10^3 \sim 10^4$h），根据经验，绝缘的平均寿命 L 与外施场强 E 存在着负幂函数的关系[5]，即

$$L = AE^{-n} \tag{2-4}$$

式中　A、n——均为常数，决定于材料特性和外施电压种类、电场分布特征等试验条件。

寿命的负幂函数规律也可写成

$$L = AU^{-n} \tag{2-5}$$

式中　U——外施电压。

式（2-5）在双对数坐标系中为一直线，如图 2-1 中曲线 1。

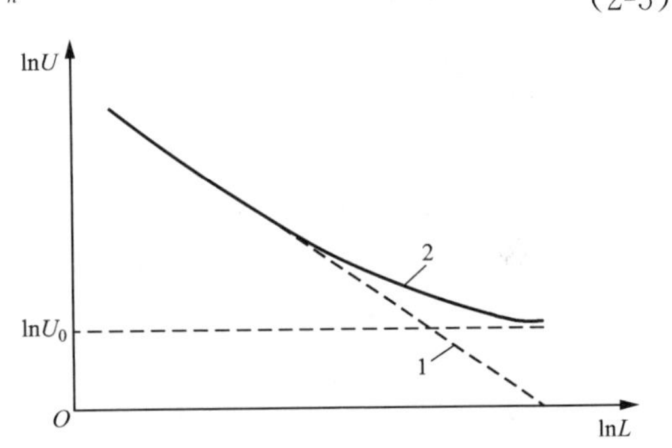

图 2-1　绝缘电老化寿命与外施电压的关系
1—根据式（2-5）；2—根据式（2-6）

根据式（2-5），即使电压甚低甚至为零时，绝缘仍将由于电老化而在寿命终结时损坏，这是不合理的。所以，电压较低、寿命较长（10^4h 以上）时，式（2-5）不适用。此时，绝缘平均寿命 L 定性地可表达如下式

$$L = A_1(U - U_0)^{-n_1} \tag{2-6}$$

式中　A_1、n_1——常数；

U_0——绝缘的局部放电起始电压。

式（2-6）的曲线如图 2-1 中的曲线 2。

绝缘的寿命也可写成指数方程[6]

$$L = k\exp(-hE) \tag{2-7}$$

或

$$L = k\exp(-hU) \tag{2-8}$$

式中　k，h——常数。

三、固体绝缘的电老化

固体绝缘是绝缘结构中不可或缺的组成部分，具有绝缘和机械支持的双重作用。电瓷、玻璃和云母是常用的无机绝缘材料，交链聚乙烯、硅橡胶、环氧树脂等有机高分子绝缘材料也得到了广泛的采用。与无机绝缘材料相比，有机绝缘材料中更容易发展起电老化过程。

固体中的电老化常表现为“树枝”的形成和发展。由于局部放电形成的树枝称为电树枝。在电极尖端电场集中处，首先发展起放电，引发树枝状放电痕迹，随着时间推移，树枝的长度增大，直到最后导致击穿。

在聚乙烯半透明材料中的试验可清楚地揭示电树枝的发展过程。用一对针形电极埋在聚乙烯材料中，当针尖附近的电场强度足够高时，就会产生树枝状局部放电。当针尖端部存在气隙时，放电树枝成长为刷状，如图 2-2（a）所示；当针尖端部没有气隙时，放电树枝成长为丛林状，如图 2-2（b）所示。随着电压施加时间增加，树枝逐渐发展，直到贯通间隙，

引起击穿。树枝放电的发展过程如图 2-3 所示。

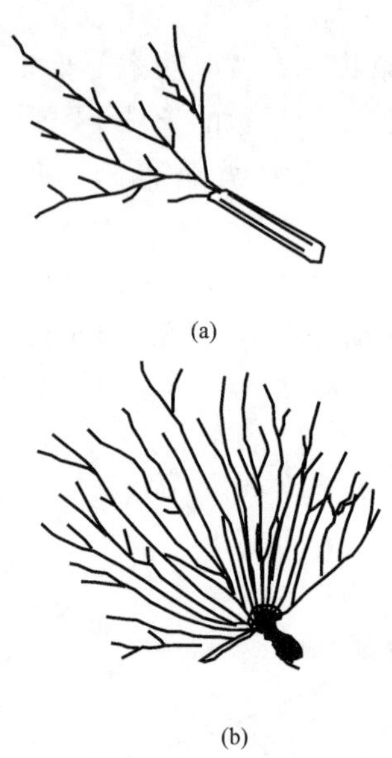

图 2-2　两种树枝放电的模型

（a）刷状；（b）丛林状

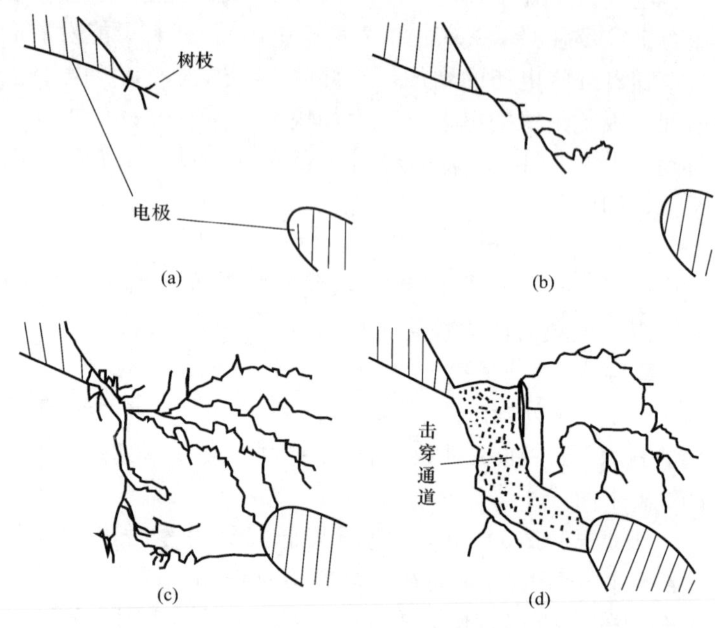

图 2-3　树枝发展过程

（a）开始；（b）成长分枝；（c）到达另一电极；（d）击穿

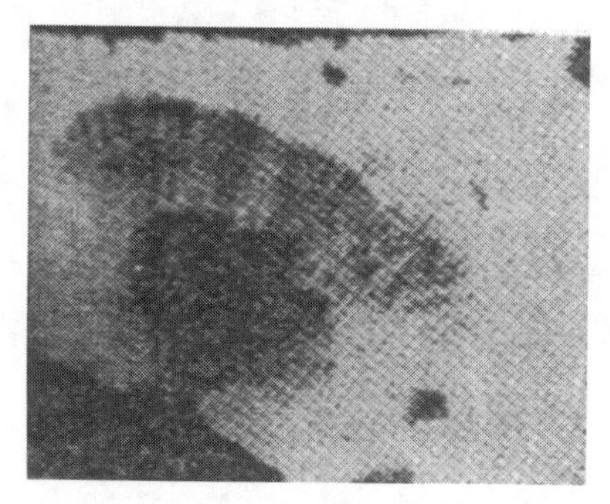

图 2-4　聚乙烯中的水树枝

交链聚乙烯电缆，如制造过程中残留了水分，或运行过程中侵入了水分，水分就会在电场力的作用下，逐渐渗入绝缘层深处，形成所谓水树枝，如图 2-4 所示。水树枝和电树枝的外观特征不同：电树枝具有清晰的分支，树枝管道是连续的；水树枝则常呈绒毛状一片或多片，有扇状、羽毛状、蝴蝶状等，片与片之间不一定连续。由电化学过程引发的树枝称为电化学树枝。

各种形式的树枝一经形成，随着其发展，往往就和局部放电分不开了。由于电老化和局部放电紧密相关，故监测局部放电是诊断早期故障的重要方法。

四、液体浸渍绝缘的电老化

工程上，很少单独采用液体电介质作为绝缘，它通常与固体绝缘一起构成复合（浸渍）绝缘后使用。最常用的液体浸渍绝缘是以矿物油浸渍绝缘纸构成的油浸纸绝缘。近来，电容器中有的采用了合成液体（如二芳基乙烷）和合成薄膜（如聚丙烯薄膜）构成的浸渍绝缘，液体浸渍绝缘需经过干燥、浸渍及脱气处理。局部放电可能发生在固体或液体内残留的小气泡中、电极锐边缘电场集中处，以及很薄的液体层中。放电过程一方面将使液体分解产生气体，另一方面气体还将溶解于液体。所以放电一经激发，以后的发展将取决于液体的产气及吸气过程的竞争。如产气过程强于吸气过程，气泡将扩大与增多，放电将增强；反之气泡将缩小，而放电也将减弱。

油浸纸绝缘中的局部变电，一方面会使油分解产生各种气体，另一方面又会生产成X蜡沉积在固体绝缘上，形成了更强烈的放电，形成过热点，促使固体绝缘破坏。在损坏的变压器中，经常可以观察到在油浸纸绝缘表面存留树枝状放电痕迹。在油浸纸电缆中，可以看到放电通道从导体表面开始沿着绕包层间发展（在遇到纸的弱点时，也可能穿透纸层），最后导致击穿。

由于局部放电会导致上述产气及吸气过程，因此除直接监测局部放电外，分析油中溶解气体的气相色谱方法也可作为监测诊断的重要手段。

◎ 第四节 机 械 老 化

固体绝缘在运行中常受到各种机械负荷的作用，即使此负荷比短时破坏强度低得多，且发生的形变纯属弹性变形时，也将引起缓慢的老化过程。这种老化过程的实质是：在机械应力作用下，材料中微观缺陷（分子级别）发生规则运动，形成微裂缝及逐渐扩大的过程。当微裂缝的尺寸及数量达到某临界值时，材料发生破坏。

在静态机械负荷下，随着老化过程的发展，固体材料的工作寿命L可用下式表示

$$L = L_0 \exp\left(\frac{W - \gamma\delta}{KT}\right) \tag{2-9}$$

式中 L_0，W，γ——材料的特性参数；

δ——由于负载引起的材料中的应力；

K——波尔茨曼常数；

T——绝对温度，K。

机械负荷和其他因素的共同作用，会加速绝缘的机械老化。同时，在有强电场存在时，固体绝缘的机械老化也会明显加快，因为在绝缘的微裂缝中会引发局部放电，加快了绝缘的机械破坏过程。从式（2-9）可知，温度升高时，绝缘中更易发生机械老化。复合材料由于热膨胀系数不同，高温下会产生额外的机械应力，而这又促进了机械老化。

◎ 第五节 环 境 老 化

环境引起绝缘表面劣化的因素主要为水分、污染、氧气和辐射。在这些因素的作用下，绝缘表面将发生腐蚀。在强电场同时作用下，沿面放电会产生，足以引起材料分解的高温，从而成为绝缘表面腐蚀的主要原因。

有机高聚物用于户外时，表面染污放电的危害很大。发生染污放电的条件是污秽和水分的共同作用。因而绝缘表面的憎水性是其重要的性能指标。憎水性强弱可以用材料表面的湿润角表征。

环境因素对绝缘内部造成的劣化主要是其受潮。绝缘受潮后，其绝缘电阻和介质损耗将增大，从而有可能引起热击穿。对于容易受潮的绝缘而言，环境湿度和温度的联合作用是引起其老化的重要因素[7]。由于水分是强极性液体，绝缘受潮后其介电常数也将增加。如果材料受潮不均匀，将引起电场分布的变化，从而降低其介电强度。矿物油只要轻微受潮（每吨油中只需含有几十克水分），浸油绝缘的短时介电强度就将显著降低。

绝缘受潮后原则上是可逆的，即可以通过干燥而恢复其性能。但对大容量设备进行干燥处理，不但需要将设备退出运行，而且要消耗大量人力物力。因此，在很多情况下，从受潮绝缘中重新除去水分非常困难。例如，对于电缆、套管、电容器等油浸纸绝缘，一旦受潮，实际上已不可能通过干燥处理而去除水分。这些情况下，受潮可以看作是一种特殊形式的老化，是不可逆的。

为了防止受潮，绝缘应良好密封。应该指出，用有机高聚物浸灌或密封不能完全避免受潮，只能延缓受潮的速度。水分子仍能通过高聚物而缓慢地渗入绝缘内部。为了良好的密封，可采用金属、玻璃等材料。

测量绝缘的绝缘电阻或介质损耗因数等介电特性，可以判断其是否受潮。对于充油设备，测量绝缘油的微水含量可直接判明其受潮程度。

◎第六节 多应力老化

以上分别讨论了热、电、机械、环境四种应力（stress）单独作用下绝缘的老化，但电气设备大多是同时受到多种应力的作用，如图 2-5 所示[8]。多种应力同时作用下的效果不是各种应力单独作用下效应的简单叠加，因为它们在绝缘老化过程中会互相影响。所以，多应力老化是目前绝缘老化研究中的焦点。热、电两种应力同时作用下的老化是最常见的情况，尤其受到研究者的关注。

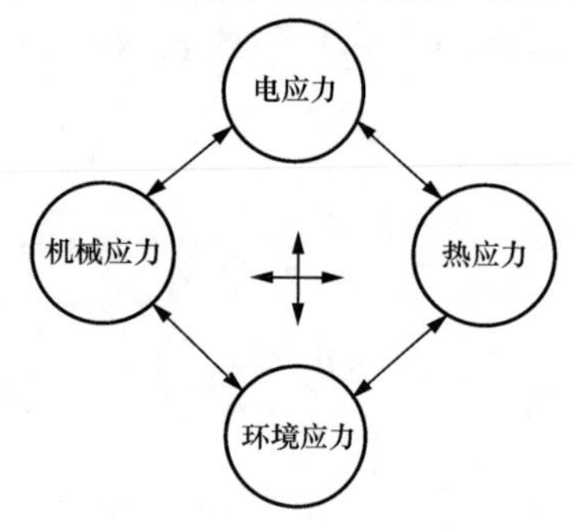

图 2-5 老化应力及其相互作用示意图

下面介绍热、电联合作用下绝缘的老化规律[9]，由于该过程非常复杂，因此两种以上应力同时作用下的老化研究还有待开展。

1. 只考虑热老化情况

在只考虑热老化时，如前所述，老化速率决定于 Arrhenius 方程

$$R_t = A\exp(-B/T) \tag{2-10}$$

式中 A、B——常数；

T——绝对温度，K。

绝缘热老化寿命 L_t 和老化速率成反比，即

$$L_t = A^{-1}\exp(B/T) \tag{2-11}$$

设 L_0 为室温 T_0 下的寿命，则 A^{-1} 可表示为

$$A^{-1} = L_0\exp(-B/T_0) \tag{2-12}$$

令

$$\Delta T = \frac{1}{T_0} - \frac{1}{T} = \frac{T - T_0}{TT_0} \tag{2-13}$$

则

$$L_t = L_0\exp(-B\Delta T) \tag{2-14}$$

2. 只考虑电老化情况

只考虑电老化时，若采用指数函数形式，则如前所述，绝缘寿命 L_e 可表示为

$$L_e = k\exp(-hE) \tag{2-15}$$

无电场作用（$E=0$）时，室温下的绝缘寿命应为 L_0

$$k=L_0 \tag{2-16}$$

因此，式（2-15）可表示为

$$L_c=L_0\exp(-hE) \tag{2-17}$$

3. 电、热应力同时作用

电、热应力同时作用下，老化速率可用下式表示

$$R=A\exp(-B/T)\exp[(a+b/T)f(E)] \tag{2-18}$$

式中 A,B,a,b——与时间、温度及电场强度无关的常数；

$f(E)$——电场强度的某待定函数。

如电老化采用指数函数模型，则待定函数 $f(E)=E$。此时，设 $E=0$，则式（2-18）与式（2-10）一致，这符合无外电场作用时，老化速率仅取决于热老化的条件。寿命和老化速率成反比，因此

$$L=1/A\{\exp[B/T]\exp[-(a+b/T)E]\} \tag{2-19}$$

已知无电应力时室温下的寿命为 L_0，若以 ΔT 按式（2-13）置换 $1/T$，则

$$\begin{aligned}L&=L_0\exp[-B\Delta T-aE+(b/T_0)E-B\Delta TE]\\&=L_0\exp[-B\Delta T-(a+b/T_0)E-B\Delta TE]\end{aligned} \tag{2-20}$$

当 $\Delta T=0$ 时，式（2-20）应与式（2-17）一致，于是可得

$$a+b/T_0=h \tag{2-21}$$

代入式（2-20），可得

$$L=L_0\exp(-B\Delta T-hE+b\Delta TE) \tag{2-22}$$

取对数，得

$$\ln L=\ln L_0-B\Delta T-hE+b\Delta TE \tag{2-23}$$

式（2-23）即电老化寿命采用指数模型时热、电应力联合作用下的寿命方程，这是在 $\ln L$、ΔT、E 三维坐标系中的一个曲面方程，如图 2-6 所示。该方程与面 $E=0$ 相交即得热老化寿命曲线和式（2-14），与面 $\Delta T=0$ 相交即得电老化寿命曲线和式（2-17）。

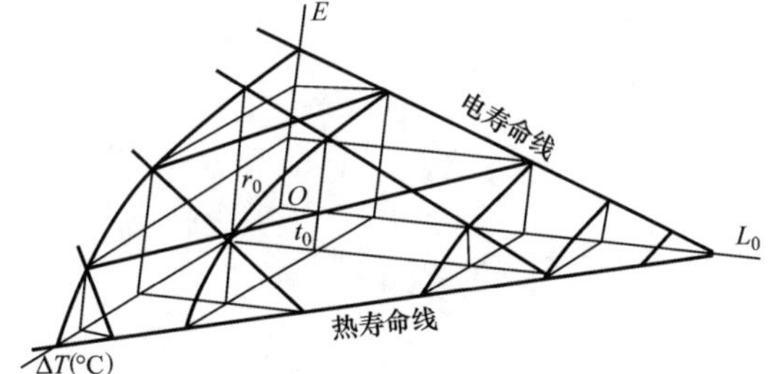

图 2-6 电绝缘寿命曲面

如电老化采用负幂函数模型，则 $f(E)=\ln(E/E_0)$。根据与上述类似的计算过程，并令 $a+b/T_0=n$，则可得老化寿命为

$$L=L_0\exp(-B\Delta T)\cdot(E/E_0)^{-(n-b\Delta T)} \tag{2-24}$$

即

$$L=L_0\exp[-B\Delta T-n\ln(E/E_0)+b\Delta T\ln(E/E_0)] \tag{2-25}$$

取对数，得

$$\ln L=\ln L_0-B\Delta T-n\ln(E/E_0)+b\Delta T\ln(E/E_0) \tag{2-26}$$

式（2-25）、式（2-26）与式（2-13）、式（2-14）相似，将后两式中的 E 代以 $\ln(E/E_0)$ 即可得前两式。

参　考　文　献

[1] E. L. Brancato. A Pathway to Multifactor Aging. IEEE Trans. EI，1993，28(5)：820-825.

[2] V. M. Montsinger. Loading Transformer by Temperature. AIEE Trans.，1913，Vol. 49：776-792.

[3] Life Expectancy of Motors in Mild Nuclear Plant Environments. EPRI Report NP 3887，February，1985.

[4] T. W. Dakin. Electrical Insulation Deterioration Treated as a Chemical Rate Phenomenon. AIEE Trans.，1948，Vol. 67：113-122.

[5] F. W. Peek. Dielectric Phenomena in High Voltage Engineering. McGraw-Hill Book Co. 1929.

[6] IEEE Guide for the Statistical Analysis of Electrical Insulation Voltage Endurance Data. ANSI/IEEE Std 930，1987.

[7] Robert R. Dixon. Environmental Aging of Insulating Materials. IEEE Trans. EI，1990，25(4)：667-671.

[8] P. Cygan，J. R. Laghari. Models for Insulation Aging under Electrical and Thermal Multistress. IEEE Trans. EI，1990，25(5)：923-924.

[9] L. Simoni. A General Approach to the Endurance of Electrical Insulation under Temperature and Voltage. IEEE Trans. EI，1981，16(4)：277-289.

第三章

可靠性评估与失效分析

可靠性是每台电气设备都有的一个共同的质量指标，它既可对同类设备，也可在不同设备间作质量对比。可靠性的定义为："产品在规定条件下和规定的时间区间内完成规定功能的能力"。"产品终止完成规定功能的能力这样的事件"即为失效。"产品不能执行规定功能的状态"为故障。"故障通常是产品本身失效后的状态，但也可能失效前就存在"[1]。设备出现失效是一个随机事件，故可靠性也要用概率来衡量。设备的可靠性和寿命评估及失效分析为状态监测提供了参数和方向，奠定了故障诊断的基础。状态监测和故障诊断技术的应用使电气设备能及时进行状态维修，降低了失效率，提高了电气设备的可靠性。

电气设备的失效大多数是由于绝缘性能劣化所引起，故对其进行可靠性评估和失效分析在很大程度上就是对设备绝缘性能作分析和评估。从可靠性角度可将设备分为两大类：①不可修复设备。指该设备一旦失效，在技术上已无法修复或者能修复但在经济上不合算，那么它从投运到发生失效所经历的时间就是其寿命。电力电容器、部分配电变压器等属于不可修复的设备。②可修复设备。指失效后经修理又可恢复其功能的设备，如发电机、电力变压器、断路器等。以下先介绍不可修复设备的可靠性指标。

◎ 第一节　可 靠 性 指 标

一、寿命和可靠度

寿命 T 是指从投运到发生失效为止的时间，是个非负随机变量，其概率分布函数为

$$F(t) = P[T \leqslant t] = \int_0^T f(t)\mathrm{d}t,\ t \geqslant 0 \tag{3-1}$$

式（3-1）是指寿命时间 T 小于等于 t 的概率，易知 $F(0)=0, F(\infty)=1$。式（3-1）也称为故障函数或不可靠度。它的经验分布函数值为

$$F'(t) = N_F / N \tag{3-2}$$

式中　N——样本数；

N_F——时间为 t 时的失效数。

定义可靠度为："产品在规定条件下和规定的时间区间（t_1，t_2）内完成规定功能的概率 $R(t_1, t_2)$"[1]。若令 $t_1 = T$、$t_2 = \infty$，则可靠度函数为

$$R(t) = P[T > t] = \int_T^\infty f(t)\mathrm{d}t,\ t \geqslant 0 \tag{3-3}$$

易知 $R(t)=1-F(t)$，$R(0)=1$，$R(\infty)=0$。故经验可靠度函数值为

$$R'(t)=(N-N_F)/N \tag{3-4}$$

寿命 T 的概率密度函数为

$$f(t)=\frac{dF(t)}{dt}=\lim_{\Delta t\to 0}\frac{1}{\Delta t}P[t<T\leqslant t+\Delta t] \tag{3-5}$$

或

$$f(t)=-\frac{dR(t)}{dt} \tag{3-6}$$

二、失效率

瞬时失效率为："该产品在时刻 t 处于可用状态，在时间区间（$t+\Delta t$）内出现失效的条件概率与区间长度 Δt 之比，当 Δt 趋于零时的极限（如果存在）"[1]，即

$$F_r(t)=\lim_{\Delta t\to 0}\frac{1}{\Delta t}P[t<T\leqslant t+\Delta t\ |_{T>t}] \tag{3-7}$$

式中 T——失效前时间，也即寿命。

根据条件概率的定义

$$P[t<T\leqslant t+\Delta t\ |_{T>t}]=\frac{P[(t<T\leqslant t+\Delta t)\cap(T>t)]}{P(T>t)}$$

上式中，$(t<T\leqslant t+\Delta t)$ 和 $(T>t)$ 是两个互不独立事件，故

$$P[t<T\leqslant t+\Delta t\ \ |_{T>\Delta t}]=\frac{P[t<T\leqslant t+\Delta t]}{P(T>t)}$$

则

$$F_r(t)=\lim_{\Delta t\to 0}\frac{1}{\Delta t}\ \frac{P[t<T\leqslant t+\Delta t]}{P(T>t)}=\frac{f(t)}{R(t)}$$

由式（3-6）得

$$\frac{f(t)}{R(t)}=-\frac{dR(t)}{dt}\cdot\frac{1}{R(t)}=-\frac{d}{dt}[\ln R(t)]$$

则

$$F_r(t)=-d[\ln R(t)] \tag{3-8}$$

由此可推得可靠度函数 $R(t)$ 和寿命分布函数 $F(t)$。寿命概率密度函数 $f(t)$ 和失效率函数 $F_r(t)$ 之间的关系如下

$$R(t)=\exp\left[-\int_0^t F_r(t)dt\right] \tag{3-9}$$

$$F(t)=1-\exp\left[-\int_0^t F_r(t)dt\right] \tag{3-10}$$

$$f(t)=F_r(t)\cdot\exp\left[-\int_0^t F_r(t)dt\right] \tag{3-11}$$

根据以上关系式，可画出 $F_r(t)$ 的图形，即失效率曲线。两个典型的失效率曲线如图3-1所示[2]。典型的不可修复元件，一般为电子器件，其 $F_r(t)$ 呈浴盆状，如图 3-1（a）所示，故又称浴盆曲线。它可分成三部分[1,3]，分别代表不同的失效期：

（1）早期失效期。发生在元件或设备投运后的前几个月或前几年，通常是由于设计、制造、装配、材料等方面的缺陷引起的失效。其特点是开始时失效率很高，经过一段时间后即下降。

（2）恒定失效期。又称随机失效期和正常工作期，此时元件已进入正常稳定工作区，失效是由于一些随机因素引起，例如维护不当，操作错误，环境不良，工艺缺陷，材料弱点

等。其特点是失效率低且稳定，且近似为常数，故不太可能采取技术措施来降低失效率。

（3）耗损失效期。一般在运行较长时间后出现，是由于元件、设备内部的物理或化学变化所引起的老化、疲劳、磨损等原因引起，最终导致设备进入衰老阶段，逐步丧失其应有的功能。其特点是失效率随时间而上升。改善措施是有计划地进行状态维修，及时更换或修复有潜在故障的部件。

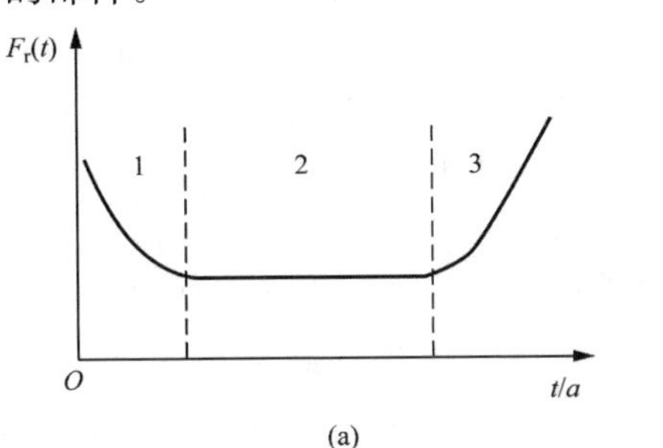

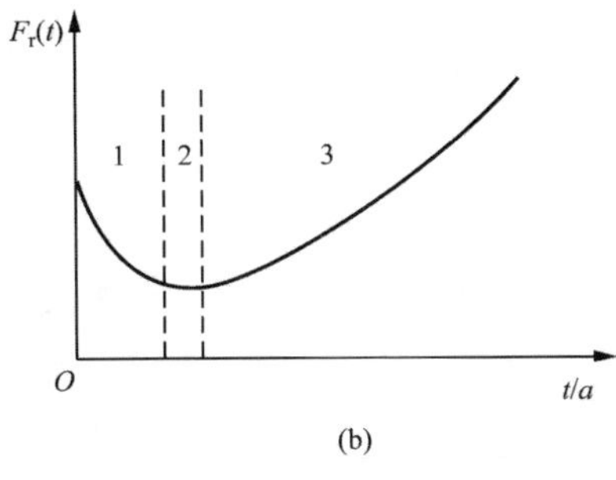

图 3-1 典型失效率曲线

（a）电子设备；（b）机械设备

1—早期失效期；2—偶然失效期；3—耗损失效期

从时间上划分这三个时期要视具体元件和设备的情况而定。从图 3-1 可知电子设备有较长的恒定失效率期，而机械设备则往往无明显的恒定失效率期。但这三个时期所对应的寿命 T 的概率分布函数 $F(t)$ 均可用适当参数的威布尔（Weibull）分布来描述，即

$$F(t) = 1 - \exp[-t^m/t_0] \tag{3-12}$$

由式（3-8）得

$$F_r(t) = (m/t_0)t^{m-1} \tag{3-13}$$

即失效率函数 $F_r(t)$ 可用相应参数的指数分布来表示，式中参数 m、t_0 的取值为：①早期失效期，$0 < m < 1$，$F_r(t)$ 将随 t 而下降；②恒定失效率期，$m = 1$，$F_r(t) = 1/t_0 = \lambda$（常数）；③耗损失效期，$m > 1$，$F_r(t)$ 将随 t 而上升。一般对恒定失效率期最感兴趣，它能较好地代表产品的可靠性水平，由式（3-9）～式（3-11）可推导出相应的 $F(t)$、$R(t)$、$f(t)$

$$F_r(t) = \lambda \tag{3-14}$$

$$R(t) = e^{-\lambda t} \tag{3-15}$$

$$F(t) = 1 - e^{-\lambda t} \tag{3-16}$$

$$f(t) = \lambda e^{-\lambda t} \tag{3-17}$$

即瞬时失效率为常数时，寿命 T 为服从参数为 λ 的指数分布。反之，若寿命为指数分布时，其瞬时失效率必为常数。恒定失效率期还有一条重要性质叫无记忆性，即 $R(s+t) = R(t)$。这就是元件在时间 s 以前可靠工作的条件下，在 $(s+t)$ 期间仍然可靠工作的概率等于元件在时刻 t 正常工作的概率，而与过去工作的时间 s 的大小无关。这是由于设备在正常工作期间，失效原因是随机的，瞬时失效率 $F_r(t)$ 为常数，故可靠度和寿命分布函数与设备的历史状况无关。

对不同电气设备的不同失效期，目前只能根据各自的经验进行划分，根据国内外部分文献的估计，部分电气设备三个失效期的大致划分可归纳为如表 3-1[4~7] 所示。表中电力电容器失效期的划分只是根据某制造厂的估计值，而非实际统计数据。电气设备的寿命时间较

长，一般均在 20 年以上，可靠性评估都是根据现场统计。由于实际上统计的年限常受限制，故现场统计得到的数据可能只包括其中一个或两个部分，不太可能覆盖全部失效率曲线的三个时期。例如，只包括早期失效期和部分恒定失效率期。一些文献更是由于受统计样本容量的限制，不能得到较好的统计规律，只能用相当近似的拟合曲线来分析其分布规律。清华大学电机工程与应用电子技术系高电压和绝缘技术研究所和美国南加州大学电机系电力组曾合作，对配电系统的电力电容器[8~10]、油断路器[11]、配电变压器[12,13]，进行了可靠性评估和失效分析，统计了较大的样本，例如：配电变压器的统计样本总数为 45834 台，其中失效数为 4500 台，统计年限为 23 年。均按不可修复设备进行统计分析，统计时取失效时间为 1 年以上者构成失效台数。得到的结果是这三种设备的失效率曲线全部相当于耗损期的失效率曲线，明显地不存在恒定失效率期。事实上，早期失效也不明显，图 3-2 所示是 4 个不同公司生产的电力电容器的失效率曲线，它们较接近机械设备的典型失效率曲线。

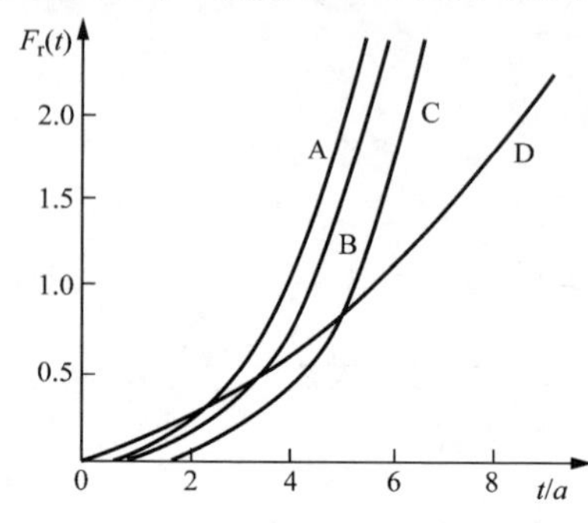

图 3-2 电力电容器的失效率曲线
A，B，C，D—不同的制造厂名

表 3-1 部分电力设备三个失效期的划分 年

设备名称	早期失效期	恒定失效率期	耗损失效期
电力电容器	1	2～20	>20
电流互感器（≥110kV）	2～5	6～35	35～40
电压互感器（≥110kV）	1～3	4～25	25～35
电力变压器（3000～10000kVA）	1～10	10～25	>25

这些电气设备失效率曲线的特点应与其绝缘结构及失效机理有关。其失效基本上是由绝缘老化引起，一些随机因素，如环境不良等，对其影响反而不大，从而使其呈现耗损期特点。当然，只有通过对这些设备的失效做更深入的研究，才可能掌握更完整的失效规律。事实上不同元件、设备的失效原因和机理是不同的，因而它们的失效率曲线也会有不同的特点。

正因为某些设备或某些时候的瞬时失效率并非常数，而是 t 的函数，所以在实际应用中，为便于作可靠性评估，通常采用平均失效率 F_{rm}。它是“规定时间区间（t_1，t_2）内瞬时失效率的均值。”[1]若 $t_1=0$，$t_2=T$，则由式（3-13）得

$$F_{\mathrm{rm}}=\frac{1}{T}\int_0^T F_{\mathrm{r}}(t)\mathrm{d}t=\frac{1}{T}\int_0^T \frac{m}{t_0}t^{m-1}\mathrm{d}t=\frac{T^{m-1}}{t_0} \tag{3-18}$$

三、平均寿命

寿命 T 是一个随机变量，为进行可靠性评估，常采用它的数学期望值或称平均寿命 $E(T)$，$E(T)$ 也称为平均无故障持续工作时间（$MTTF$）[3]或平均失效前时间[1]

$$E(T)=MTTF=\int_0^\infty t\cdot f(t)\mathrm{d}t$$

当考虑寿命为威布尔分布时，由式（3-12），并令（t^m/t_0）$=s$，得

$$MTTF=\int_0^\infty t\cdot\frac{m}{t_0}t^{m-1}\mathrm{e}^{-\frac{t^m}{t_0}}\mathrm{d}t=t_0^{\frac{1}{m}}\int_0^\infty s^{\frac{1}{m}}\mathrm{e}^{-s}\mathrm{d}s=t_0^{\frac{1}{m}}\Gamma\left(1+\frac{1}{m}\right) \tag{3-19}$$

由式（3-19）即可计算平均寿命或平均无故障持续工作时间，其中$\Gamma\left(1+\frac{1}{m}\right)$可由伽马函数数值表查得。$E(T)$ 还可由式（3-6）推导为

$$E(T)=\int_0^{\infty} t\cdot\left[-\frac{\mathrm{d}R(t)}{\mathrm{d}t}\right]\mathrm{d}t=-tR(t)\big|_0^{\infty}+\int_0^{\infty}R(t)\mathrm{d}t=\int_0^{\infty}R(t)\mathrm{d}t \tag{3-20}$$

若寿命 T 服从指数分布，则由式（3-15）得

$$E(T)=\int_0^{\infty}\mathrm{e}^{-\lambda t}\mathrm{d}t=MTTF=\frac{1}{\lambda} \tag{3-21}$$

即平均寿命是失效率的倒数。例如，某水电厂根据历年统计得到 SW6-220 型 220kV 少油断路器的 $MTTF$ 为 10289h，若其寿命为指数分布，则其失效率 λ 为 0.85 次/（年·台）。

与不可修复设备相比，可修复设备多了设备状态的划分过程。可将设备状态较粗略地划分为两种：①可用状态，即工作状态，设备投运后，经 T_{A}时间发生失效，T_{A}即为无故障持续工作时间，也是个随机变量；②不可用状态，即停运状态，设备发生失效而不能执行其规定功能的状态，需进行修复，T_{R}是修复时间，也是个随机变量。因此，可修复设备整个寿命的流程是工作，失效（修复），再工作，再失效（再修复）的交替过程，可构成一个随寿命流程的状态历程表。

可修复设备的可靠性指标及定义和不可修复设备基本相同，所不同者是它有多个工作寿命和多个修复时间，它们都是随机变量，故一个设备对应多个随机变量。为此从工程观点进行可靠性评估时常作以下两个假设：

（1）修故如新。即故障（习惯上常将可修复设备的失效称作故障）修复后的设备和同型号的新设备功能一样。则一个可修复设备可以看成是由若干个“不可修复设备”接续而成。设备的第 i 次工作寿命对应着第 i 个“不可修复设备”，对设备第 i 次工作寿命的观察，相当于对第 i 个“不可修复设备”作了一次随机寿命试验，寿命 $T_{\mathrm{A}i}$的取值与修复前的 $i-1$ 个设备的工作寿命 $T_{\mathrm{A}(i-1)}$及修复时间 $T_{\mathrm{R}(i-1)}$无关。当然该假设和实际情况相比较是有一定出入的。

（2）运行条件恒定不变。认为设备安装固定后，历年的运行条件大体相同，并忽略气候条件的影响。这样设备的工作寿命和投运时间无关，检修前后设备工作寿命的分布规律也不受运行条件和环境的影响。这一假设也有其近似性。

若这两个条件成立，则可将由一个可修复设备观察到的 i 个工作寿命 T_{A1}、T_{A2}、…、$T_{\mathrm{A}i}$，认为是对 i 个同一型号的“不可修复”设备独立进行 i 次寿命试验得到的 i 个工作寿命，可将它看作是独立的相同分布的一个简单随机样本。进一步而言，若有 s 台同型号可修复设备，分别观察到了 i_1、i_2、…、i_s 个工作寿命。则由 s 台设备得到了它的简单随机样本的容量为$n=\sum_{j=1}^{s}i_j$。这样将可修复设备可靠性和寿命评估问题简化为不可修复设备问题来作统计分析，只是多了一个 T_{R}的统计分析内容。若设备的检修条件（包括检修用的设备、人员、人数、机构等）不变，则由一个可修复设备得到的 r 个修复时间 T_{R1}、T_{R2}、…、$T_{\mathrm{R}r}$ 也是一个简单随机样本。

除了上述可靠性指标外，因可修复设备多了一个修复过程，为此又多了以下指标：

（1）修复率 $\mu(t)$。它与失效率相对应，是：产品在时刻 t 时处于未修复状态，在时间区间（t，$t+\Delta t$）内能修复的条件概率与区间长度 Δt 之比，当 Δt 趋于零时的极限（如果存在），

即[1]

$$\mu(t)=\lim_{\Delta t\to 0}\frac{1}{\Delta t}P(t<T_{R}\leqslant t+\Delta t\mid_{T_{R}>t}) \tag{3-22}$$

当 $\mu(t)=\mu$ 为常数时，仿前失效率的分析，可导出修复时间 T_R 的分布函数，概率密度函数

$$F_{R}(t)=1-e^{-\mu t} \tag{3-23}$$

$$f_{R}(t)=\mu e^{-\mu t} \tag{3-24}$$

$$\mu(t)=\mu \tag{3-25}$$

同样平均修复时间 $MTTR$ 是修复率的倒数

$$MTTR=E(T_{R})=\int_{0}^{\infty}t\cdot f_{R}(t)dt=\frac{1}{\mu} \tag{3-26}$$

（2）维修度 $M(t)$。指“在规定的条件下并按规定的程序和手段实施维修时，产品在规定的使用条件下和规定的时间区间内保持或恢复能执行规定功能的概率”[1]，即

$$M(t)=F_{R}(t) \tag{3-27}$$

（3）可用度 A。瞬时可用度 $A(t)$ 是指“在要求的外部资源得到保证的前提下，产品在规定的条件下和规定的时刻处于能执行规定功能状态的概率”[1]。反之，“若不能执行规定功能状态的概率”则为瞬时不可用度 $U(t)$。平均可用度 $\overline{A}(t_1,t_2)$ 则为“给定时间区间 (t_1,t_2) 内瞬时可用度的均值。”稳态可用度是指“稳态条件下，给定时间区间内瞬时可用度的均值”。在某些条件下，例如失效率和修复率为恒定，稳态可用度可表示为

$$A=MUT/(MUT+MDT) \tag{3-28}$$

式中 MDT ——平均不可用时间；

MUT ——平均可用时间。[1]

在这种条件下，稳态可用度简称为“可用度”或“可用率”[3]。因此，稳态不可用度或不可用度为

$$U=1-A=MDT/(MUT+MDT) \tag{3-29}$$

◎ 第二节 截尾寿命试验

寿命试验是为了确定在工作状态下的寿命分布规律和相应的可靠性指标。寿命试验有两种方式：①试验室可靠性试验。相当多的元件、材料可直接在试验室进行寿命试验。为缩短寿命长的试品的试验时间，可采用加速寿命试验。但如何选择合适的应力来试验常需较多的经验。②现场可靠性试验。多数电气设备不可能在试验室进行可靠性试验，而只能根据现场的运行、检修资料进行统计分析，从而得出各项可靠性指标。这是现场的寿命试验。

不论采取哪种方式作寿命试验，总是希望样本容量尽量大、试验时间尽可能长。但事实上时间或数量总是有限的，因为寿命 T 是个随机变量，可能短也可能长，要使全部受试元件或设备失效所需时间会过长，因此寿命试验一般不可能从时间上或数量上进行得很完整，而只能进行“截尾”式寿命试验。

一、定时截尾寿命试验

取 n 个元件或设备同时进行寿命试验，设从 $t=0$ 时开始试验，到 $t=t_c$ 时结束，此段时

间内共有 m 台设备失效，如图 3-3 所示。进行现场寿命试验也可用相同的方法：对不可修复设备，t_e 为统计区间，是指设备投运后的 t_e 时间段，故被统计的设备的投运时间可以不等，但都按照 t_e 这么长的时间区间来统计它的失效数和各自的寿命；对可修复设备，一般取 t_e 为若干年内该设备最大的可用时间 T_{Amax}，在 t_e 区间内观察其寿命、失效的次数、每次的工作寿命和修复时间等。设 n 个元件或设备的寿命遵从指数分布，且相互独立，到 t_e 为止，m 个元件的寿命分别为 $t_1 \leqslant t_2 \leqslant \cdots \leqslant t_m (m \leqslant n)$，则平均寿命 $MTTF$ 的估计值 $\hat{\theta}$ 为

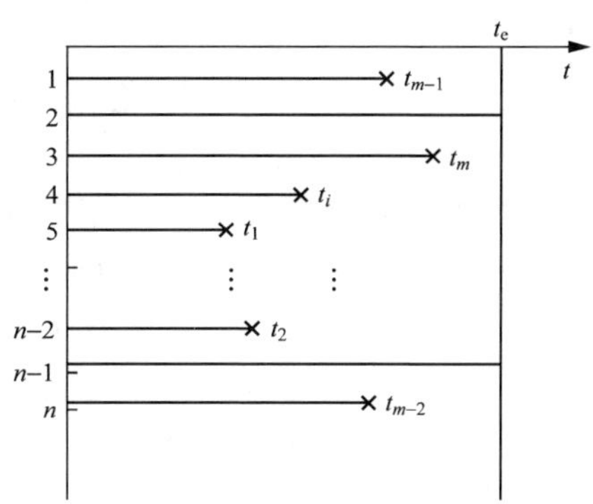

图 3-3 定时截尾寿命试验示意图

$$MTTF = \hat{\theta} = \left[\sum_{i=1}^{m} t_i + (n-m)t_e\right] \Big/ m \quad 或 \quad T_1/m \tag{3-30}$$

$$T_1 = \sum_{i=1}^{m} t_i + (n-m)t_e$$

式中 T_1 ——累积的总试验时间。

$\hat{\theta}$ 在置信度为 $(1-\alpha)$（α 为显著性水平）的置信区间为 $(\hat{\theta}_1, \hat{\theta}_2)$

$$\hat{\theta}_1 = \frac{2m\hat{\theta}}{\chi^2_{\alpha/2}(2m+2)}$$

$$\hat{\theta}_2 = \frac{2m\hat{\theta}}{\chi^2_{(1-\alpha/2)} \times 2m} \tag{3-31}$$

二、定数截尾寿命试验

取 n 个元件或设备同时进行寿命试验，若从 $t=0$ 开始试验，在有 m 台设备失效时立即结束试验，如图 3-4 所示。仍设 n 个元件的寿命服从指数分布且相互独立，m 个失效元件的寿命分别为 $t_1 \leqslant t_2 \leqslant \cdots \leqslant t_m (m \leqslant n)$，则平均寿命 $MTTF$ 的估计值 $\hat{\theta}$ 为

$$MTTF = \hat{\theta} = \left[\sum_{i=1}^{m} t_i + (n-m)t_m\right] \Big/ m \quad 或 \quad T_2/m \tag{3-32}$$

$$T_2 = \sum_{i=1}^{m} t_i + (n-m)t_m$$

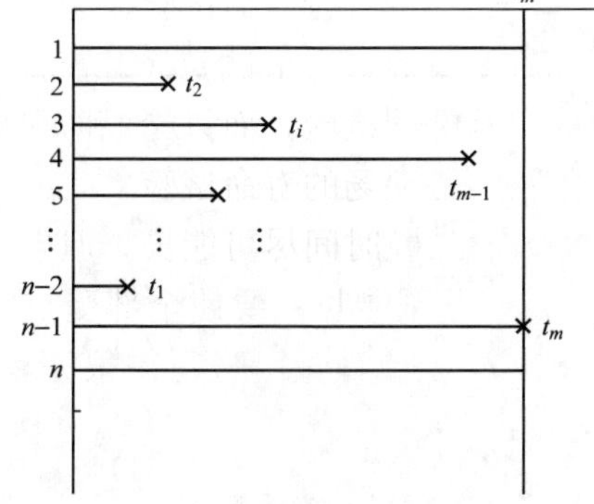

图 3-4 定数截尾寿命试验示意图

式中 T_2 ——累积的总试验时间。

当置信度为 $(1-\alpha)$ 时 $\hat{\theta}$ 的置信区间为 $(\hat{\theta}_1, \hat{\theta}_2)$

$$\hat{\theta}_1 = \frac{2m\hat{\hat{\theta}}}{\chi^2_{\alpha/2} \times 2m}$$

$$\hat{\theta}_2 = \frac{2m\hat{\theta}}{\chi^2_{(1-\alpha/2)} \times 2m} \tag{3-33}$$

◎ 第三节 可靠性评估

如前所述，电气设备的可靠性评估要通过现场的统计分析来完成，且多采用定时截尾法，其内容是确定寿命和失效率的分布规律、平均寿命和平均失效率的估计值。对于可修复设备，则可简化为不可修复设备作统计分析。寿命 T_A 和修复时间 T_R 作为统计分析时的基本的随机变量。评估的步骤和方法如下。

一、原始资料的收集

对不可修复设备，从运行和事故记录中收集其实际工作寿命作为寿命样本。对可修复设备则从运行记录或状态历程表上统计其 T_A 和 T_R 值。原始资料的收集应注意以下几点：

（1）样本容量 n、时间区间 t_e 和失效数 m 的取值尽量大。

（2）收集的信息应详尽，包括制造厂商、型号、技术参数、运行条件、维护情况、故障部位、失效的原因和故障模式等。一般讲，只有制造厂、规格和运行条件均相同者方可作为同一样本进行统计，否则不属于同一总体，不能合并统计分析，除非通过统计推断说明其来自同一总体方可合并。

（3）信息要准确可靠，这是可靠性评估和失效分析的基础。应对数据、信息进行必要的核对、检查、筛选和取舍，然后整理出为统计分析所用的数据。

二、分布规律的确定

1. 对原始数据分组列表

分组数 k 一般根据样本 n 和失效数 m 的大小来确定，这里要注意的是，分组数 k 和分组上下限（即寿命区间）的选取应有助于突出该设备寿命分布的特点和规律，这可用直方图来观察，必要时可适当减少 k 值。根据 k 值和组限，列表计算出频数、累积频数及累积频率等。

【例 3-1】 由 A 公司生产并投运于某配电系统的单相电力电容器共 727 台，电压为 2.77kV、容量为 150kvar。根据实际情况，将定时截尾寿命试验的统计区间 t_e 取为 8 年，m 为 107 台，试对其进行可靠性评估。

解 首先对统计数据分组和列表，取 $k=6$，将失效电容器在各组中的分布 m_i 列于表 3-2[8]。表中计算了累积频数 $\sum_i m_i$，累积频率 $F'(t_i)=\sum_i m_i/n, n=727$。在表 3-2 中，寿命区间是从一年以上作统计的，将凡一年及一年以下失效的电容器均看作是早期失效期，而感兴趣的是后两个失效期，故未计入。

表 3-2　A 公司生产的 727 台电容器的统计分析

寿命区间（年） $t_{i-1}<t\leqslant t_i$	频数（台） m_i	累积频数（台）	累积频率 $F'(t_i)$	理论分布函数值 $F(t_i)$	$D_i=F(t_i)-F'(t_i)$
$2<t\leqslant 3$	5	5	0.0069	0.0046	0.0023
$3<t\leqslant 4$	1	6	0.0083	0.0132	0.0049
$4<t\leqslant 5$	1	7	0.0096	0.0299	0.0203
$5<t\leqslant 6$	36	43	0.0591	0.0578	0.0013
$6<t\leqslant 7$	40	83	0.1142	0.1000	0.0142
$7<t\leqslant 8$	24	107	0.1472	0.1586	0.0114

【例 3-2】 表 3-3[14] 是从某水电厂 1～4 号水轮发电机组 9 年间工作状态历程表上摘录下来的工作寿命 T_A 值，这 4 台发电机组是同一工厂制造的同型号产品。关于首尾 T_A 值的处理遵循下述原则，由表 3-3 可知 4 台水轮发电机组在投运头几年中，故障次数并不特别多，可认为其不存在早期失效期，故最初几年数据可全部保留。通常当一台可修复设备投运后，若开始阶段故障的频数明显地比后边的大，则说明它存在早期故障，这一阶段的数据应予舍弃或单独进行处理。本例是将可修复设备的统计问题转化为不可修复设备的定时截尾寿命试验问题，故取各台在 9 年中工作寿命的最大值 T_{Amax} 的邻近值 8800h 作为 t_e。若最后一个未结束的工作寿命已经大于前边的各个工作寿命时，则取它作为 T_{Amax}，并列入表 3-3 中。而若小于前边各工作寿命最大值时，则不要列入表中。例如在本例的统计中，未结束的工作寿命小于前边各工作寿命的最大值 $T_{Amax}=8461$h，故未列入表 3-3 中。试对其进行可靠性评估。

表 3-3　　3～6 号水轮发电机组的 T_A　　h

机组号 / 统计年份	1 号	2 号	3 号	4 号
1971	28,2350,2359,498			
1972	1379,4027	144,74,2866,1332		
1973	7602,1281	2517,370,56,2334,1369	48,1147,1893	
1974	4989,411,4233,2136	2257,403,1085	3520,3156,3214	2341,1089,552,1895,650,2914
1975	1964,1063,1279,903,61,719,2227	6776,792,12,1258,3991	2486,3152,67,64,197,3218	1756,2214,295,164,926,195,16,201
1976	1352,5671,1376	2067,3395,182,84,1569	2711,2423,313	4794,652,3845
1977	514,7744	3421,3491	8461	1436,2523
1978	3161,39,963,35,1019	7985	8220	4435,1767,1178
1979	7083	6342,429,1168,1752	6819,586,1244,2267,1045	6007,5,1670,998,616,632

解　已知 4 台机组是同型号的，若各机组所统计的工作寿命是相互独立，且概率分布相同，则两条假设成立，可将问题转化为不可修复设备的定时截尾问题来分析。表 3-3 中的数据可认为是简单随机样本的一个观测值，为此需先运用 Mann 检验法对各台数据分别进行是否独立同分布的检验，然后再分组统计。

设

$$K=\sum_{1\leqslant i<j\leqslant n}(n-i)C(T_{Aj}-T_{Ai}) \tag{3-34}$$

$$C(T_{Aj}-T_{Ai})=\mathrm{sign}(x)=\begin{cases}1 & x>0\\ 0 & x=0\\ -1 & x<0\end{cases}$$

对于给定的 n 及显著性水平 α，根据 K 的临界值表进行检验，可以证明

$$K^{*}=\frac{K-E(K)}{\sqrt{V(K)}}=\frac{K}{\sqrt{\frac{1}{18}n(n-1)(2n+5)}} \tag{3-35}$$

$$V(K)=\frac{1}{18}n(n-1)(2n+5)$$

式中 $E(K)$，$V(K)$——K 的期望值和方差。

在 n 充分大时（例如 $n>10$），近似地有 $K^{*}\sim N(0,1)$，即 K^{*} 遵从标准正态分布，于是可进行渐近检验法。渐近检验有双侧和单侧检验两种：

（1）双侧检验。对于给定的显著性水平 α 和观测值 T_{A1}，T_{A2}，…，T_{An}，查概率表可以求得标准正态分布的上侧分位数 $u_{\alpha/2}$，同时计算出 K^{*}，若 $|K^{*}|\geqslant u_{\alpha/2}$，则假设不成立。反之则成立，即相继的工作寿命是相互独立且同分布的。

（2）单侧检验。对于给定的显著性水平 α 和观测值 T_{A1}，T_{A2}，…，T_{An}，查概率表可以求得 u_{α}，并算出 K^{*}，若 $K^{*}\geqslant u_{\alpha}$，则假设不成立，并认为 T_{A1}，T_{A2}，…，T_{An} 有变大的趋势。反之则假设成立。类似地，若 $K^{*}\leqslant -u_{\alpha}$，则假设不成立，并认为 T_{A1}，T_{A2}，…，T_{An} 有变化小的趋势，反之则假设成立。

现用 Mann 检验法检验 1～4 号机的工作寿命。

对 1 号机组，$n=30$，由表 3-3 自上而下顺序选取 T_{A1}，T_{A2}，…，T_{A30}，由式（3-34）算出 K

$$K=29+28-27+26+25+24-23+22-21+20-19-18-17+16-15$$
$$-14+13+12-11+10-9-8+7-6-5+4-3+2+1=43$$

由式（3-35）

$$K^{*}=43\Big/\sqrt{\frac{1}{18}(30\times 29\times 65)}=0.767$$

作单侧检验，取 $\alpha=0.05$，即分布函数值为 0.95 时，查正态分布数值表得 $u_{0.05}=1.650>K^{*}$，故 1 号机组的相继工作寿命为独立同分布，无趋势变化。

2 号机组

$$K=-14\quad K^{*}=-0.263>-1.650=-u_{0.05}$$

3 号机组

$$K=23\quad K^{*}=0.649<1.650=u_{0.05}$$

4 号机组

$$K=-62\quad K^{*}=-1.225>-1.650=-u_{0.05}$$

故可将表 3-3 中 109 个数据一并进行分组列表，即样本容量 $n=109$。取组数 $k=11$，组距为 800。从而统计出 m_i、$\sum\limits_{i} m_i$，计算 $F'(t_i)$ 时为避免出现 1.0 而采用下式，即

$$F'(t_i)=\Big(\sum_{i} m_i-0.5\Big)/n$$

计算结果见表 3-4。

表 3-4 水轮发电机组可靠性的统计分析

寿命区间（年）$t_{i-1}<t\leqslant t_i$	频数（台）m_i	累积频数（台）$\sum_i m_i$	累积频率 $F'(t_i)$	理论分布函数值 $F(t_i)$	$D_i=\mid F(t_i)-F'(t_i)\mid$
0～800	35	35	0.317	0.316	0.001
800～1600	23	58	0.528	0.532	0.004
1600～2400	17	75	0.683	0.679	0.004
2400～3200	10	85	0.775	0.781	0.006
3200～4000	8	93	0.849	0.850	0.001
4000～4800	4	97	0.885	0.897	0.012
4800～5600	1	98	0.894	0.930	0.036
5600～6400	3	101	0.922	0.952	0.030
6400～7200	3	104	0.950	0.967	0.017
7200～8000	3	107	0.977	0.977	0.000
8000～8800	2	109	0.995	0.985	0.010

2. 画直方图估计寿命 T 的分布

在横坐标上以分组的组距为底，在纵坐标上以对应的频数 m_i 为高，可画出频数直方图。同时在图中画出直方图的变化趋势曲线，即为近似的概率密度曲线。由图（略）可知例 3-1、例 3-2 的寿命分布分别接近威布尔分布和指数分布。

3. 用概率纸检验寿命分布和估计参数

对于例 3-1 可将表 3-2 的组上限 t_i 和 $F'(t_i)$ 构成的点画在威布尔概率纸上，如图 3-5 所示。再试作一条通过这些点直线。由于样本的随机性，这些点不可能完全理想地分布在一条直线上，但其偏差不应太大。作直线时，$F'(t_i)$ 的数值处于 30%～70%范围内的各点到直线的距离应尽量缩小，而 10%以下及 90%以上范围内的各点到直线距离允许稍大些。一般应使直线的上侧和下侧的点数大致相等，且各点单独地或成组地交错分布在直线的上下两侧。按照以上规则，在图 3-5 上可画出一条斜率为正的直线。为此初步认为例 3-1 的电力电容器寿命服从威布尔分布，其分布函数为

$$F(t)=1-\exp(-t^m/t_0)$$

在绘制威布尔概率纸时其横坐标实际上是用 $X=\ln t$ 来刻度，而仍用 t 值来标注，纵坐标实际上是用 $Y=\ln\ln[1/1-F(t)]$ 来刻度，而仍用 $F(t)$ 来标注。为此可用下法来估计分布参数 t_0 和 m。由上可知 $Y=mX-\ln t_0$，故当 $X=0$ 时，$t_0=\exp(-Y)$。由图 3-5 知，该直线交 Y 轴于一点，该点 $Y=A=-9.45$，故 $t_0=\exp(9.45)=12708$。易知 m 是该直线的斜率，若从图上 B

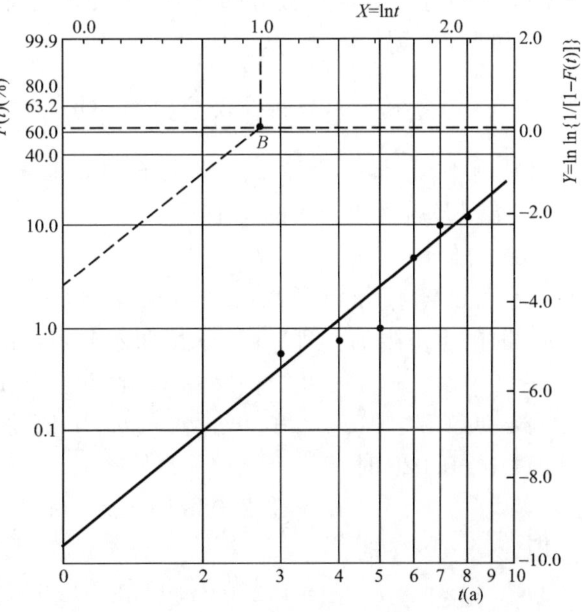

图 3-5 电力电容器的寿命分布检验

点(1.0，0)作该直线的平行线且交 Y 轴于一点，该点纵坐标为−3.7。因该平行线的斜率等于上述直线的斜率，故 $m=3.7$。由此可得电力电容器的寿命分布函数为

$$F(t)=1-\exp(-t^{3.7}/12708)$$

对例 3-2，则将表 3-4 的 t_i 和 $F'(t_i)$ 构成的各点画在单对数坐标纸上，按照类似规则可得出其寿命分布为指数分布函数

$$F(t)=1-\exp(-t/2110)$$ [14]

4. 用假设检验确定寿命分布

常用柯尔莫哥洛夫—斯米尔诺夫检验法（以下简称柯—斯检验）来确定寿命 T 是否服从某一分布，方法是将统计得到的累积频率作为经验分布函数 $F'(t_i)$，将它和由概率纸已估算出参数的分布函数计算出相应的理论分布函数值 $F(t_i)$ 进行比较，计算出 $D_i=|F(t_i)-F'(t_i)|$，如表 3-2、表 3-4 所示，从中找出 D_i 的最大值 D_{max} 分别为 0.0142 和 0.036。一般取显著性水平为 $\alpha=5\%$，从柯—斯检验表得临界值 $D_n=1.36/\sqrt{n}$，则上两例的 D_n 分别为 0.0504 和 0.13，均大于 D_{max}，故例 3-1、例 3-2 在显著性水平为 5%时，其寿命分布分别服从威布尔分布和指数分布。

三、参数估计

参数估计主要是指 $MTTF$ 的估计，有的可从概率纸上估算出，有的则需进行计算，根据不同的分布而定。参数估计又分点估计和区间估计。

1. 点估计

例 3-1 的寿命服从威布尔分布，则可由式（3-19）知

$$MTTF=12708^{\frac{1}{3.7}}\Gamma\left(1+\frac{1}{3.7}\right)=11.6(年)$$

式中 $\Gamma\left(1+\frac{1}{3.7}\right)$——由伽马函数数值表查得为 0.9025。

例 3-2 的寿命服从指数分布，其 $MTTF$ 值可由概率纸上直接求得为 2110h。也可由式（3-30）和表 3-3 得

$$MTTF=\frac{T_1}{m}=\frac{1}{m}\left[\sum_{i=1}^{m}t_i+(n-m)t_e\right]=\frac{1}{n}\sum_{i=1}^{n}t_i=\bar{t}=2110(\mathrm{h})$$

可见例 3-2 这样一个简单随机全子样（即寿命试验进行到每个元件均失效为止）情况下，其 $MTTF$ 就等于寿命的均值 $\bar{t}$。

2. 区间估计

(1) 若已知其分布函数，则给出 α 值后，一般均可由分布函数计算出置信区间为 $(1-\alpha)$ 时的上下限值。例 3-1 服从威布尔分布，由式（3-12）可得

$$t=\{t_0\ln[1/[1-F(t)]]\}^{1/m}$$

取 $\alpha=0.05$，则 $1-\alpha=0.95$，代入 m、t_0 值后有：

$F(t)=0.025$ 时

$$t_1=\{12708\ln[1/(1-0.025)]\}^{1/3.7}=4.76(年)$$

$F(t)=0.975$ 时

$$t_2=\{12708\ln[1/(1-0.975)]\}^{1/3.7}=18.30(年)$$

故电力电容器寿命的 95%置信区间为 4.76 年<$MTTF$<18.3 年。

（2）当样本容量 $n \geqslant 100$，且是如前所述的全子样时，不论寿命 T 服从什么分布，其样本均值均服从正态分布，则有

$$\bar{t}-\frac{S}{\sqrt{n}}u_{\alpha}<MTTF<\bar{t}+\frac{S}{\sqrt{n}}u_{\alpha} \tag{3-36}$$

$$S=\sqrt{\frac{1}{n}\sum_{i=1}^{n}(t_i-\bar{t})}$$

式中 S——样本标准差。

例 3-2 的 $n>100$，且是全子样，故可用式（3-36）作区间估计，$S=2095$，$\bar{t}=MTTF=2110\text{h}$，取 $\alpha=0.05$，则 $u_{0.05}=1.96$，$Su_{\alpha}/\sqrt{n}=2095\times1.96/\sqrt{109}=393$。

则 $MTTF$ 的 95%置信区间为 1717h<$MTTF$<2503h。

（3）若寿命分布已确定为指数分布，不论其样本容量的大小，均可由式（3-31）作区间估计，即 $\hat{\theta}_1<MTTF<\hat{\theta}_2$。

$$\hat{\theta}_1=\frac{2m\hat{\theta}}{\chi^2_{\alpha/2}(2m+2)}=\frac{2T_1}{\chi^2_{\alpha/2}(2m+2)}$$

$$\hat{\theta}_2=\frac{2m\hat{\theta}}{\chi^2_{(1-\alpha/2)}(2m)}=\frac{2T_1}{\chi^2_{\alpha/2}(2m)}$$

$\chi^2_{\alpha/2}(2m+2)$、$\chi^2_{(1-\alpha/2)}(2m)$ 可从 χ^2 分布函数表中查得，但当自由度超过（自由度为样本数减 1，即 $n-1$，此处分别为 $2m+2-1$，$2m-1$）50 时，可用下列近似公式计算

$$\chi^2_{\alpha}(n)=\frac{1}{2}(\sqrt{2n-1}+u_{2\alpha})^2,\alpha\leqslant0.5 \tag{3-37}$$

$$\chi^2_{\alpha}(n)=\frac{1}{2}(\sqrt{2n-1}-u_{2\alpha})^2,\alpha>0.5 \tag{3-38}$$

例 3-2 中，$m=109$，取 $\alpha=0.05$，从标准正态分布函数表上可得相应的 $u_{2\alpha}=u_{0.05}=1.96$，则

$$\chi^2_{\alpha/2}(2m+2)=\frac{1}{2}(\sqrt{220\times2-1}+1.96)^2=262.5$$

$$\chi^2_{(1-\alpha/2)}(2m)=\frac{1}{2}(\sqrt{218\times2-1}-1.96)^2=178.5$$

所以

$$\hat{\theta}_1=\frac{2\times109\times2110}{262.5}=1752$$

$$\hat{\theta}_2=\frac{2\times109\times2110}{178.5}=2577$$

$MTTF$ 的 95%置信区间为 1752<$MTTF$<2577。若已知 T 遵从指数分布时，一般均用此法作区间估计。

四、失效率计算

由式（3-13）可算得例 3-1 中电力电容器的失效率函数为

$$F_{\text{r}}(t)=(m/t_0)t^{(m-1)}=(3.7/12708)t^{(3.7-1)}=0.029t^{2.7}\times10^{-2}$$

由式（3-18）可算得 8 年间（即 $T=8$）的平均失效率

$$F_{\text{rm}}=T^{(m-1)}/t_0=8^{2.7}/12708=2.16\%/(\text{台}\cdot\text{年})$$

表 3-5 列出 4 个不同制造厂生产的电力电容器的 $F(t)$、$MTTF$、$F_r(t)$ 和 F_{rm}[9,10]。图 3-6 即是根据表 3-5 画出的失效率曲线。

对上例中电容器用的 4.8kV 油断路器及同地区电压 4.8kV，容量为 1～20000kVA 的 45834 台配电变压器进行了可靠性评估[11～13]，也得到了类似的结果，其失效率也服从指数分布，随时间而上升。

例 3-2 的失效率由式(3-21)知为常数 λ，则 $\lambda=1/MTTF=1/2110=0.047\%$[次/(台·时)]。对某电网 110kV 及以上的高压电流互感器和电压互感器进行的可靠性评估表明[5,6]，寿命服从威布尔分布，失效率曲线则已从早期失效期向恒定失效率期过渡。平均失效率分别为 0.15%/(台·年)和 0.61%/(台·年)。对 4200 台中小型电力变压器的评估可知[7]，其失效率曲线属于典型的早期失效期，10 年内平均失效率为 2.2%/(台·年)。

表 3-5　不同制造厂电力电容器的失效率函数

厂名	n	m	$F(t)$	$F_r(t)$(%)	$MTTF$(年)	F_{rm}(%)
A	727	107	$1-\exp[(-t^{3.7})/12708]$	$0.029t^{2.7}$	11.6	2.16
B	627	98	$1-\exp[(-t^{4.3})/44356]$	$0.0097t^{3.3}$	11.3	2.15
C	234	25	$1-\exp[(-t^{4.8})/179871]$	$0.0027t^{3.8}$	11.4	1.50
D	225	2	$1-\exp[(-t^{2.5})/3165]$	$0.079t^{1.5}$	22.3	0.71

注　n—电力电容器总台数（样本容量）；m—总失效台数；$F(t)$—寿命分布函数；$F_r(t)$—失效率函数；$MTTF$—平均寿命(年)；F_{rm}—平均失效率[%/(台·年)]。

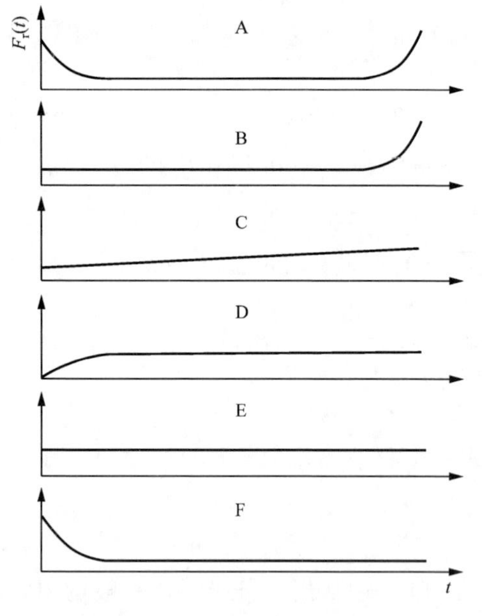

图 3-6　6 种失效率曲线

从以上实例可见，不同设备、不同制造厂或不同地区的设备，其失效率曲线不尽相同，有的属于耗损失效型，有的是恒定失效率型或早期失效型。除了受统计年限的限制不容易得到更完整的失效率曲线外，失效率曲线之间的差异还与产品的类型、质量、失效机理等因素有关，应针对具体设备进行可靠性评估，才可得到符合实际的分析结果。

20 世纪 70 年代以来，由于技术的迅速发展，各种设备也变得越来越复杂，失效率曲线早已不能局限于浴盆曲线的认识。通过研究，有人提出了所谓第三代失效模式的看法[15]，认为实际上存在于实践中的失效率曲线不是一或两种，而是 6 种，如图 3-6 所示，它适用于广大电气和机械设备的失效率和运行年限的关系。其中：模式 A 为熟知的浴盆曲线；B～C 的失效模式和使用年限有关，即失效率随使用年限而增加，具有明显的耗损即老化特性；D～F 则与使用年限无关或几乎无关，最后的失效率会维持常数。在民用航空器上，所做的研究结果为：4%的元件遵守模式 A，2%是 B，5%是 C，7%是 D，14%是 E，而遵守模式 F 的则不少于 68%。因此认为，随着设备更加复杂，会出现更多的模式 E 和 F。

◎ 第四节 电力设备的失效分析

一、基本概念

对电力设备进行可靠性评估，不仅要对其可靠性指标作出评估，更重要的是要找出提高其可靠性的途径。为此要对设备的故障模式、失效机理和原因等进行分析，找出影响失效和寿命的主要因素以及反映失效过程的理化参数，从而找出包括运行和制造两方面的提高设备可靠性的措施。同时，也为设备的状态监测提供监测量和诊断内容。

故障模式是指设备故障的表现形式。故障模式比率 α_{ij} 是指设备或部件 i 出现故障模式 j 而引起该设备失效的失效频数比，借此可比较不同故障模式在导致设备失效中所占的比重。表 3-6[9] 是对例 3-1 的故障模式的统计分析，由表 3-6 可知，主要故障模式是绝缘劣化。但是，东北地区对 30 多个 220～500kV 变电站中 2439 台国产大容量并联电容器在 1982～1989 年间故障模式的统计分析[16] 表明，其主要故障模式是渗油，其 α_{ij} 为 60.3%，而绝缘劣化仅占 5.0%，两者差异十分显著。因此，故障模式具有不定性，它随着设计、制造工艺、厂家甚至批量的不同而有差异，而且与储存、使用、维护等环境条件及时间也有关系。

表 3-6　2.77kV、150kvar 电力电容器故障模式统计

故障模式	主绝缘击穿	漏　油	套管破损	总　计
失效台数（台）	500	28	13	541
比率 α_{ij}（%）	92.4	5.2	2.4	100

失效机理是引起失效的物理、化学变化等的内在原因，它随设备种类、使用条件而异，但往往以老化、磨损、疲劳、腐蚀、氧化等简单形式表现出来。它和故障模式的关系可理解为：失效机理相当于病理，故障模式相当于病症。电力电容器的故障模式为主绝缘击穿，失效机理则是电绝缘的劣化。反映绝缘劣化的特征参量是其局部放电起始电压（DIV）的降低，以致在工作电压下发生局部放电。放电将分解电容器油，侵蚀薄膜，使作为电容器主绝缘的油和薄膜逐渐损坏，直至铝箔间发生击穿而使电容器失效。表 3-7 是从系统中抽查了 9 台旧电容器的局部放电起始电压值的测试结果[9]，可见绝大多数电容器经过若干年运行后，放电起始电压值均有不同程度下降。解剖失效电容器也发现主绝缘击穿的部位均在元件顶部近箱体侧电场最强处。这些都证实了对电力电容器失效机理的分析。

表 3-7　旧电容器的局部放电起始电压

序　号	厂　名	运行年限	出厂标准	实测值
1	A	8	无	2.15～2.50
2	A	8	无	>2.15
3	A	8	无	>2.13
4	A	8	无	1.77～2.15
5	A	9	无	1.03～1.39
6	C	7	2.36	>2.50
7	C	7	2.36	>2.14
8	C	7	2.36	>2.14
9	C	7	2.36	1.77～1.94

注　局部放电起始电压均以其与电容器额定电压的比值表示。

引起绝缘劣化的诸多因素就是失效原因，一般可分为内部的和外部两种：前者指产品质量；后者则与运行条件有关，包括接线方式、附属设备的类型和质量、维护水平和环境条件等。以电力电容器为例，要考虑运行中是否会出现能降低局部放电起始电压值的操作过电压，就与接线方式、断路器重击穿特性等有关。改善这些条件就可能降低其失效率，提高平均寿命。为了及时发现电容器的绝缘劣化，结合维修成本上的考虑，可以将在线监测其局部放电作为状态诊断的内容，以提高可靠性，避免突然失效引起的损失。

运行条件中，引起设备老化或劣化的众多原因一般统称为“应力”，当应力超过某个界限，设备就要开始劣化。仍以电容器为例，它在运行中承受电压和温度即电应力和热应力的作用，当出现过电压后，电应力即超过正常工作电压的若干倍，会加速绝缘老化，最后导致电容器失效。这就是以应力和时间作为产生失效的外因，导致发生失效的物理、化学或机械过程（即失效机理），进而显现出若干故障模式的演变过程。热应力（温度变化）既可引起电容器“焊缝开裂”这一失效机理，而后导致“漏油”这一故障模式，也可能引起局部放电起始电压降低（绝缘老化）而导致主绝缘击穿。而焊缝开裂也可引起局部放电起始电压降低或直接导致主绝缘击穿。这些相互演变的关系可用图 3-7 表示。可见同一应力（即同一失效原因）常可诱发一个以上的失效机理，而某些失效机理也可衍生出另一种机理，最后表现为若干个故障模式。故失效机理也具有不定性。

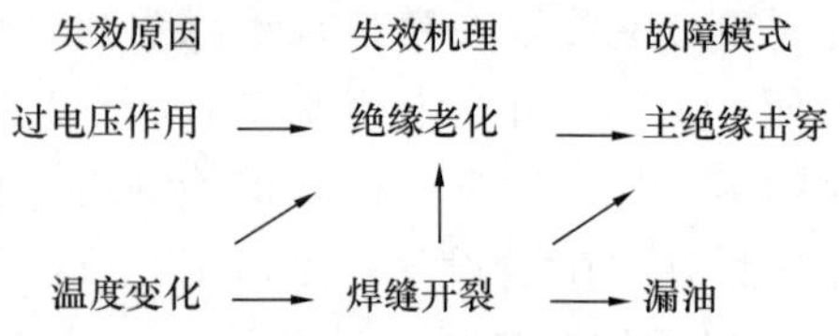

图 3-7 电力电容器失效原因，机理和故障模式的演变过程

失效分析的基本内容和步骤是：

（1）进行设备运行和失效情况的现场调查，包括运行条件、失效的时间、地点、设备失效前后的状况及历史记录等。一般可用表格形式存于数据库中。

（2）根据调查到的情况和数据统计分析故障模式，再根据故障模式和特征，运行、维修和试验方面的经验提出失效机理和失效原因，必要时可通过解剖和试验来验证。

（3）提出消除失效因素、降低失效率的建议和措施。以上述电力电容器为例，相应的建议包括：从制造厂方面应确定局部放电起始电压值和工作场强间的一个合理比值。从改善运行条件方面应改进断合电容器的断路器的重击穿性能，提高设备的可靠性管理水平，建立统一的历史记录和事故报告的数据库系统，考虑发展状态诊断系统等。

对于电力电容器这样一种结构较为简单的设备，失效分析大致如上所述，它偏重于从运行使用角度进行分析，对制造厂质量改进仅提及工作场强的选择问题，未涉及生产工艺过程中如何提高可靠性问题。而对于大型、贵重的复杂设备，则需对其不同故障模式、失效原因作综合性分析，将设备作为一个系统来考虑，这样也必然会更深入地涉及设计、制造工艺等方面的问题。

失效分析方法甚多，故障树分析法，故障模式、影响与危害度分析法是目前电气设备常用的分析方法，尤以前者用得最多。

二、故障树分析

（一）故障树的构造

运用专业知识和设备的故障记录，先将该设备最不希望出现的失效状态作为失效的分析目标，放在故障树的顶部，作为树根，以矩形表示，称为顶事件。位于底部的事件称底事件，在已建成的故障树中，它已不必或不能再分解了。底事件又分为基本事件和菱形事件：前者指原因已明或未明但有失效数据的底事件，基本元、部件的故障或者人为失误均属基本元件，常以圆形表示；后者又称为未探明事件或非基本事件，可分两类情况，一种是在一定条件下可以忽略的次要事件，另一种是未能查明的两次失效，对其影响不清楚，无法继续分解下去，两者均用菱形表示。例如图 3-8[17,18] 中的中小型电力变压器故障树示意图中事件 D_{15} 是异常严重的内过电压，因其产生原因多种多样，对它作进一步分析对全面分析变压器失效的关系不大，故作为一个非基本事件而终止分析。

在顶事件和底事件之间的是中间事件，或称故障事件，以矩形符号表示，中间事件可能有好几个，其上下均有一逻辑门。除常见的或门和与门外，还有六边形的禁门，它表示在一定条件下才打开的逻辑门，这个条件是故障发展的概率。例如铁芯故障并不一定导致铁芯烧毁，这个故障发展的概率约为 1%。图 3-8 中三角形表示的是转移符号，例如为简化起见，A_1、A_2、A_5 的子树未在本图上画出，通过转移符号可在另图上查找。其他一些符号可参阅 GB 4888—1985[17]。可见故障树是将该设备所有的故障模式（一般是中间事件）和失效原因（一般是基本事件）及设备失效（顶事件）用逻辑门联系起来的这样一个树枝状的图，它是由上而下逐步展开建成的。

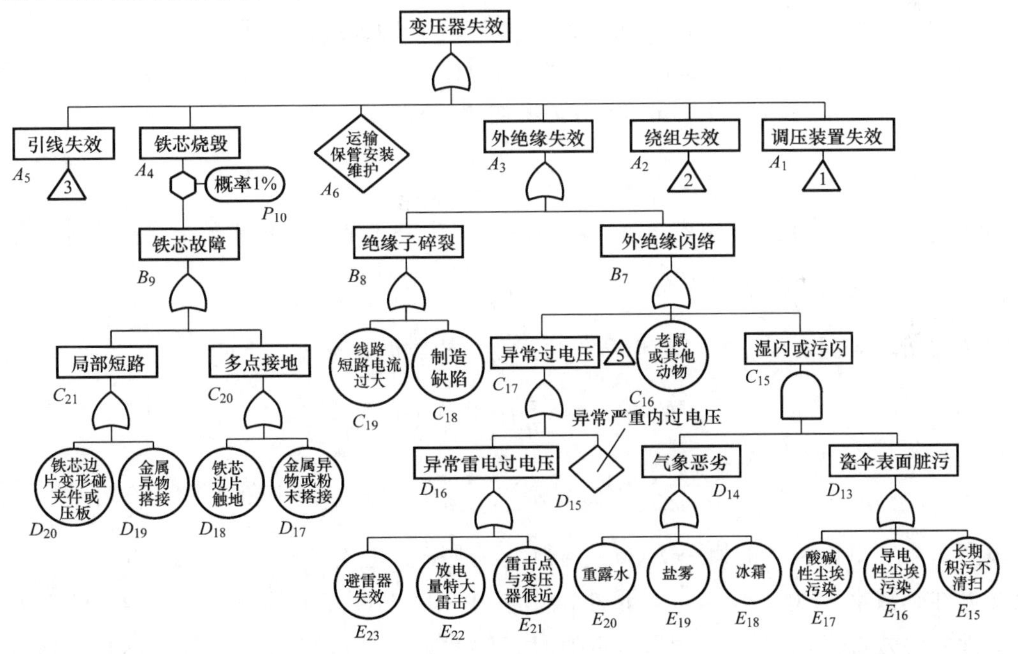

图 3-8 中小型电力变压器的故障树

（二）故障树的分析

故障树的定性分析是要求出其全部最小割集的组合，并以故障树的最后逻辑表达式 T 来表示，这个表达式也叫做故障树的结构函数。今以图 3-9[2] 的 2/3 系统的简单故障树为例，它共有 3 个底事件，逻辑门是 2/3 表决门，即只要底事件中任两个成立，顶事件 T 即发生，易知其逻辑表达式为

$$T = x_1x_2 + x_2x_3 + x_3x_1 + x_1x_2x_3$$

它包含有 4 组集合，每个集合中全部基本事件都发生，则顶事件 T 必发生，这些集合均为故

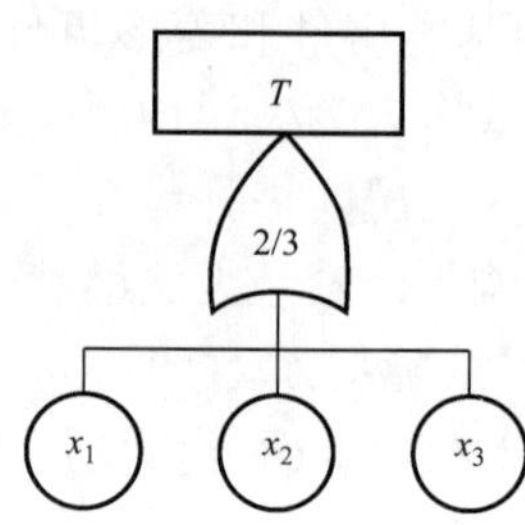

图 3-9 2/3 故障树

障树的割集，本例共有 4 个割集或视在割集。若集合中任意去掉一个基本事件后，余下的集合就不再是故障树的割集时，则该集合是一个最小割集 $\overline{C}_i$。显然除集合 $\{x_1x_2x_3\}$ 外均是最小割集，即本例的最小割集数为 3。事实上，上式运用吸收律（$A+A \cdot B=A$）可简化为

$$T = x_1x_2 + x_2x_3 + x_3x_1$$

这就是该故障树的最后表达式，是故障树的全部最小割集的组合，也是该故障树的结构函数。

对于较复杂的故障树，则可采取上行法来求取最小割集，即由底事件向上进行，利用布尔计算规则和吸收律求得。例如图 3-8 的结构函数可表达为 67 个最小割集的组合，包括 19 个一阶割集（只包括一个基本事件）、47 个二阶割集（包括两个基本事件的割集）和 1 个三阶割集（包括三个基本事件的割集）。将上述最小割集按导致变压器失效的原因大致可分为六类：失效原因为设计方面的占 10.4%，制造工艺方面的为 35.8%，材料方面的为 17.9%，外界环境方面的为 20.7%，系统故障方面的为 4.5%，运输、安装、维护、操作方面的为 10.4%，可见改善工艺，提高制造水平，对提高变压器运行可靠性有着重要作用。此外，由于不同研究者分析考虑的角度不同，最小割集数也会不同[19]。

故障树的定量分析包括顶事件发生概率的估计和重要度分析。由以上分析可知，顶事件的发生是最小割集事件的组合，是多个最小割集事件之和，即

$$D = \sum_{i=1}^{m} \overline{C}_i \tag{3-39}$$

最小割集 C_i 间并非互不相容事件，可用概率加法公式来运算顶事件发生的概率，故有

$$P(D) = \sum_{i=1}^{m} P(\overline{C}_i) - \sum_{i<j}\sum^{m} P(\overline{C}_i\overline{C}_j) - \cdots - (-1)^m P(\overline{C}_1\overline{C}_2\cdots\overline{C}_m) \tag{3-40}$$

当故障树结构较大时，最小割集数也将增加，运算麻烦而费时，此时可用近似计算，即

$$P(D) < \sum_{i=1}^{m} P(\overline{C}_i)(\text{上限值}) \tag{3-41}$$

$$P(D) > \sum_{i=1}^{m} P(\overline{C}_i) - \sum_{i<j}\sum^{m} P(\overline{C}_i\overline{C}_j)(\text{下限值}) \tag{3-42}$$

事实上，底事件发生的概率 $P(\overline{C}_i)$ 均很小，故按上述式（3-41）和式（3-42）计算的结果很接近准确数字。$P(\overline{C}_i)$ 是第 i 个最小割集事件或底事件发生的概率，有时候它就是某元件或部件的失效率。当 $P(\overline{C}_i)$ 并非确定值时，例如某元件或部件的失效率不是常数而是一个随机变量时，这时就要对顶事件发生概率作区间估计。常用的作区间估计的方法是先需找出底事件的分布规律，而后用蒙特卡洛模拟进行区间估计，该方法较费时，因此在可能的条件下，可寻求更经济的方法，如矩法、离散变量法[2]。

（三）重要度分析

重要度是故障树定量分析中的重要组成部分，它是一个设备的割集发生失效时对设备失效（顶事件）发生概率的贡献，在故障诊断和优化设计等方面均有用。例如，可以按部件重要度顺序进行检查、维修和发现故障。

（1）概率重要度。指顶事件发生概率 $P(D)$ 对基本事件 i 在 t 时刻发生概率（或某个部件

的失效率）Q_i 的偏导数，即

$$\Delta P_i = \frac{\partial P(D)}{\partial Q_i} \tag{3-43}$$

（2）结构重要度。表示基本事件由故障状态变为正常状态时，顶事件的故障状态减少的比例，它可指出提高设备可靠性的关键部件或薄弱环节。结构重要度可表示为

$$I_i = \lim_{\Delta Q_i \to 0} \frac{\Delta P(D)/P(D)}{\Delta Q_i / Q_i} = \frac{\partial P(D)}{\partial Q_i} \cdot \frac{Q_i}{P(D)} = \Delta P_i \frac{Q_i}{P(D)} \tag{3-44}$$

例如，对高压互感器和高压电流互感器故障树的结构重要度的计算结果[20,21]，可知各基本事件的重要度的数值甚小，为 $0 \sim 10^{-12}$ 数量级，表示引起互感器失效的基本事件较多，消除某个基本事件或基本故障的发生对减少顶事件发生的作用不明显。

三、故障模式、影响与危害度分析（FMECA）

FMECA 实际上是故障模式分析（FMA）、故障影响分析（FEA）、故障危害度分析（FCA）三者的结合。其基本内容是通过分析设备元部件各种故障模式对设备可靠性的影响和危害，确定失效机理和原因，从而提出降低故障影响、改进产品设计的对策。因此它与故障树的分析方法相反，是由下而上、由因到果的逻辑归纳法。GJB 1391—1992[22]已将其用于产品的研制，生产和使用阶段的工作文件[22]。

其工作步骤是：①收集设备的原始资料。②建立该设备的功能逻辑图，它通过功能间的相互关系，将各元部件、子系统和系统（即设备）一级一级地联系起来，前一级的故障就是后一级的故障模式所产生的影响。图 3-10 是中小型电力变压器的功能逻辑图[23]，考虑到实际状况，该图没有分解到零部件而只到子系统和组件，是个三级功能逻辑图。在逻辑图的基础上，还可根据元部件和子系统可靠性对设备的影响构造可靠性框图，框图中每一方块可理解为是一开关，工作正常则开关闭合，否则断开。由于中小型电力变压器的功能逻辑图实际上也显示了相互间可靠性联系，故可省略构造可靠性框图。③对各个功能级列出其故障模式、机理和原因及其影响的分析。表 3-8 列出了中小型变压器最典型的故障模式，表中故障模式比率 α_{ij} 是指某一组件或子系统 i 发生故障时，该故障属于某一故障模式 j 的条件概率。故障影响是指故障模式所引起的各种后果，包括对有关功能级的功能、人员安全和环境的影响，以其影响程度来确定故障影响的严重程度，并称为严酷度。为便于定性分析，国际电工委员会建议将故障影响的严重程度及故障模式发生的概率分成若干等级，见表 3-9 及表 3-10（它们和 GJB 1391—1992 中相应的规定不同）。

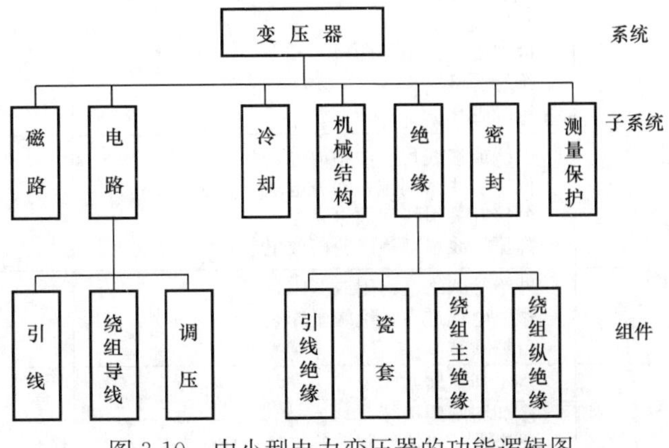

图 3-10 中小型电力变压器的功能逻辑图

为进行定量分析，需计算元部件的危害度 CR_{ij}

$$CR_{ij} = \alpha_{ij}\beta_{ij}\lambda_i \tag{3-45}$$

式中 α_{ij}——元部件 i 故障模式为 j 的故障模式比率，见表 3-8；

β_{ij}——元部件 i 以故障模式为 j 时造成设备失效的条件概率；

λ_i——元部件 i 的基本故障率，可由实验、实际运行的数据的统计得到。

GJB 1391—1992 中推荐以下取值：当 j 种故障模式发生时设备肯定失效，$\beta_{ij}=1$；很可能失效，$0.1<\beta_{ij}<1$；很少可能失效，$0<\beta_{ij}\leqslant 0.1$；不可能失效，$\beta_{ij}=0$。

表 3-8　　中小型电力变压器的典型故障模式

子系统或组件	故障模式	故障模式比率（%）
磁路	铁芯多点接地 铁芯局部短路 铁芯装配夹紧力不足	60 30 5
绕组导线	导线焊接头断裂或电阻增大 电动力下机械变形 导线毛刺过大	20 60 15
引线	引线焊接断裂、电阻增大或虚焊 套管接头处松动，氧化，电阻增大 引线或接线片过长	20 70 5
调压装置　无载调压	分接头位置或指示不正确 触头接触不良，电阻增大 弹簧变质，压力不足	40 40 10
调压装置　有载调压	分接头位置不正确 触头接触不良，电阻增大 限流电阻烧坏 触头弹簧变质，压力不足 机械结构损坏 控制设备损坏	30 30 10 10 5 5
纵绝缘	匝间短路 并联股间短路 匝间或线饼间击穿 绝缘受潮 绝缘老化变质	15 5 30 35 10
线圈主绝缘	线圈间击穿或爬电 端绝缘爬电 相间击穿 内线圈出线根部爬电 绝缘受潮 绝缘老化变质	10 10 10 20 30 10
引线绝缘	引线或接线片对油箱放电 低压引线（铜排）间放电 分接开关引线间放电 高压引线根部绝缘脱落放电	10 20 30 30
套管	外绝缘闪络（污闪或湿闪） 短路电流过大，绝缘子炸裂 自然断裂	40 20 20
冷却	绕组油道堵塞 冷却器阀门损坏 风扇电动机或控制电路（风冷变压器）故障	20 30 30

续表

子系统或组件	故障模式	故障模式比率（%）
密封	焊缝漏油 冷却器油管损坏，破裂 橡胶密封圈机械损坏 橡胶密封圈老化失效 密封法兰变形	30 10 20 10 25
油箱 （机械性能）	变形，错位 焊缝炸裂	40 40
测量、保护	气体继电器误动作或拒动作 油表指示假油位 净油器堵塞或纱网破裂 安全玻璃板或压力释放阀拒动	30 15 10 25

表 3-9　故障影响严重程度及其等级

等级	严重程度
Ⅳ	可能导致产品功能丧失，从而对产品和环境造成重大损害，并可能导致人身伤亡
Ⅲ	可能导致产品功能丧失，从而对产品和环境造成重大损害，但几乎不会导致人身伤亡
Ⅱ	可能导致产品功能下降，但不会对产品和人员导致显著损害
Ⅰ	可能导致产品功能下降，但对产品和环境几乎不造成损害，对人员完全无害

表 3-10　发生的概率范围及其等级

等级	概率值范围	等级	概率值范围
高	0.3～0.4	低	0.1～0.2
中	0.2～0.3	很低	0.0～0.1

例如对 800 台中小型变压器，根据其在近 10 年内共发生 25 台次属于故障后果严重的表 3-9 中所列的Ⅲ、Ⅳ类失效的数据，统计结果如表 3-11 所示，表中的故障模式比率可用以估计 λ_i 值。

根据式（3-45）可算出中小型电力变压器各子系统各主要故障模式的危害度，如表 3-12 所示（表中未列入危害度很小的故障模式）。设备的危害度 CR_S，也即总危害度，应是所有元部件全部故障模式使设备失效的概率（即故障模式的危害度）之和，即

$$CR_S = \sum_i \sum_j CR_{ij} \tag{3-46}$$

表 3-11　800 台中小型电力变压器失效统计（近十年的Ⅲ、Ⅳ类失效）

故障模式	失效台次	故障模式比率（%）
磁路（多点接地或局部短路）	1	4
绕组纵绝缘击穿	6	24
引线接头电阻增大	3	12
绝缘受潮（绝缘电阻为零）	1	4
开关分接不到位或触头接触不良	6	24
有载开关限流电阻烧坏	1	4

续表

故障模式	失效台次	故障模式比率（%）
绝缘子外绝缘闪络	2	8
线路故障，短路电流过大，绝缘子炸裂	2	8
分接引线间放电	1	4
低压引线间放电短路	1	4
绝缘油老化变质	1	4

表 3-12 计算了此 CR_S 值为 8.015×10^{-3}（1/年）。严格讲，CR_S 是指在相应严酷度类别下的设备的危害度。不同故障模式可能有不同的严酷度，需分别计算。本例将不同故障模式都看作具有相同的严酷度，进行简化计算。

从表 3-12 也可以定量地分析出对变压器安全、可靠运行和对运行人员安全起决定性作用的故障模式，例如分接开关是最薄弱环节，其次是纵绝缘。为此要提高可靠性，需改进开关和线圈的设计和工艺，以此作为失效的预防措施。也有文献报道了对高压互感器进行的类似研究[24]。

FMECA 的工作内容还包括研究故障的检测方法，即针对薄弱环节的失效机理，提出失效诊断的理化参数和内容。电力设备状态监测与诊断技术则应是故障监测的最重要的手段，诊断技术的发展可预防设备的突然失效，降低失效的损失，提高设备运行和供电的可靠性。

表 3-12　中小型电力变压器危害度分析

组件或子系统	故障模式	故障影响	损坏概率 β_{ij}	故障模式比率 α_{ij}	故障率 λ_i/(1/年)	危害度 CR_{ij}/(1/年)
磁路	铁芯多点接地	局部过热，铁芯烧坏	0.005	0.6	0.005	1.5×10^{-5}
	铁芯局部短路	局部过热，铁芯烧坏	0.005	0.3	0.005	7.5×10^{-6}
线圈导线	焊接断裂或电阻增大	局部过热，导线烧断	0.75	0.2	0.003	4.5×10^{-4}
	严重出口短路	线圈机械损坏	0.05	0.6	0.003	9.0×10^{-5}
	导线毛刺过大	匝间放电，短路	0.90	0.15	0.003	4.05×10^{-4}
引线	焊接断裂、虚焊或电阻增大	局部过热，导线烧断	0.50	0.2	0.005	5×10^{-4}
	套管接头电阻增大	局部过热，接头脱焊	0.05	0.7	0.005	1.75×10^{-4}
	引线、接线片过长	对油箱放电	0.2	0.05	0.005	5.0×10^{-5}
调压装置	分接位置错误	三相不平衡，线圈、开关烧毁	1.0	0.4	0.005	2×10^{-3}
	触头接触不良	局部过热，开关烧坏	0.5	0.4	0.005	1×10^{-3}
	弹簧变质	局部过热，开关烧坏	0.5	0.1	0.005	2.5×10^{-4}
纵绝缘	匝间短路	线圈烧毁	1.0	0.15	0.003	4.5×10^{-4}
	匝间、饼间击穿	线圈短路，烧毁	1.0	0.30	0.003	9.0×10^{-4}
	绝缘受潮	线圈放电，烧毁	0.01	0.35	0.003	1.05×10^{-5}
	绝缘老化	线圈放电，短路	0.01	0.10	0.003	3.0×10^{-6}
线圈主绝缘	线圈间击穿	线圈烧毁	1.0	0.10	0.0002	2×10^{-5}
	端绝缘爬电	线圈烧毁	1.0	0.10	0.0002	2×10^{-5}
	相间击穿	线圈烧毁	1.0	0.10	0.0002	2×10^{-5}
	内线圈出线根部爬电	线圈烧毁	1.0	0.20	0.0002	4×10^{-5}

续表

组件或子系统	故障模式	故障影响	损坏概率 β_{ij}	故障模式比率 α_{ij}	故障率 λ_i/(1/年)	危害度 CR_{ij}/(1/年)
引线绝缘	引线对地放电	发展成电弧，继电器动作	0.05	0.1	0.002	1.0×10^{-5}
	低压引线间放电	电弧，低压短路烧毁	0.8	0.2	0.002	3.2×10^{-4}
	分接开关引线间放电	闪络，继电器动作，烧毁	0.6	0.3	0.002	3.6×10^{-4}
	高压引线根部放电	闪络，继电器动作，烧毁	0.5	0.3	0.002	3.0×10^{-4}
套　管	外绝缘闪络	短路，线圈烧毁	0.1	0.4	0.005	2.0×10^{-4}
	绝缘子炸裂	漏油，着火，线圈损坏	0.4	0.2	0.005	4.0×10^{-4}
	自然断裂	漏油，闪络，进水受潮	0.01	0.2	0.005	1.0×10^{-5}
密　封	冷却器油管破裂	漏油，进水受潮	0.001	0.1	0.02	2.0×10^{-6}
	橡胶密封老化	漏油，进水受潮	0.001	0.2	0.02	2.0×10^{-6}
	密封法兰变形	漏油，进水受潮	0.001	0.25	0.02	5.0×10^{-6}
总危害度	8.015×10^{-3}/（1/年）					

◎ 第五节　以可靠性为中心的维修策略

一、概述

电气设备的状态监测和故障诊断以及可靠性评估与失效分析的共同目的是为了优化电气设备的维修策略，实现状态维修。即只在必要时实施维修来优化维修策略，从而一方面可节省不必要的维修费用并避免由不必要的维修可能造成设备新的损坏，另一方面又可避免延误维修引起维修、更新费用的增加或设备失效产生的巨大经济损失。这就是以最少的维修成本来保证电气设备的可靠性，在可靠性和维修费用间寻求平衡。基于这样的思想，自 20 世纪 70 年代以来，在美、英等国工业界中发展了一种称之为“以可靠性为中心的维修（英文简写为 RCM）”的维修策略。它最早起源于美国的民用航空工业，他们根据多年的实践发现预防性维修的传统做法并不能有效地防止或减少许多类型的失效。例如：不论维修工作做得如何地完善，某些发动机仍会失效；许多部件也并不存在定期维修的有效形式，而相应的维修成本又高得惊人。又如：研究发现，失效率曲线的模式已不再都是浴盆曲线，实际上有 6 种之多（见图 3-6）。于是，逐步形成了 RCM 的维修策略，其中心思想也就是要改变传统的预防性维修方式为状态维修，根据实际情况来确定设备的维修方式和内容。为此 RCM 可定义为：“为保证任何设备继续完成其在它现在运行范围内的预定功能而去确定所必须做的维修工作的过程。”

1978 年后，RCM 已广泛应用于美国海军，1984 年在美国电力科学研究院（EPRI）的赞助下在圣地亚哥的核电站中 RCM 得到了开创性的应用。同时，在矿业、钢铁工业、金属冶炼及加工业、制造业、电力工业、化工、建筑、微电子等许多领域都得到了推广和应用。据《以可靠性为中心的维修》一书的作者介绍[15]，他和他的助手在 1980～1997 年间，已在 6 大洲 32 个国家的 500 个以上的场所推广了 RCM 工作。在我国，越来越多的单位和人员已开始运用 RCM 来改革原有的维修策略。相信在我国各个部门推广 RCM 后，必将取得更好的经济、技术效益，并将大大提高企业的科学管理水平。

最后必须指出，RCM的迅速发展不仅是由维修策略的改革所决定，同时也与科研和技术的发展息息相关。特别是状态监测，可靠性工程，故障模式、影响与危害度分析（FMECA），计算机技术，专家系统等新技术在各个领域中的发展促进了RCM的发展，为实施和发展RCM提供了技术保障。

二、RCM的实施[15]

1. 组成RCM的基本内容

组成RCM的基本内容的是去回答并分析该设备和失效相关的7个问题：

（1）该设备在现在运行范围内的功能和相应的性能标准是什么？

（2）设备在哪些情况下无法实施其功能？（即故障模式是什么？）

（3）引起各种功能失效的原因是什么？

（4）当各种故障发生时会发生什么情况？（指故障的影响。）

（5）在什么情况下各种故障至关重要？这就要对故障发生后的后果进行评估。

（6）可做什么工作去预知或预防各种故障？

（7）找不到合适的预防性工作应怎么办？

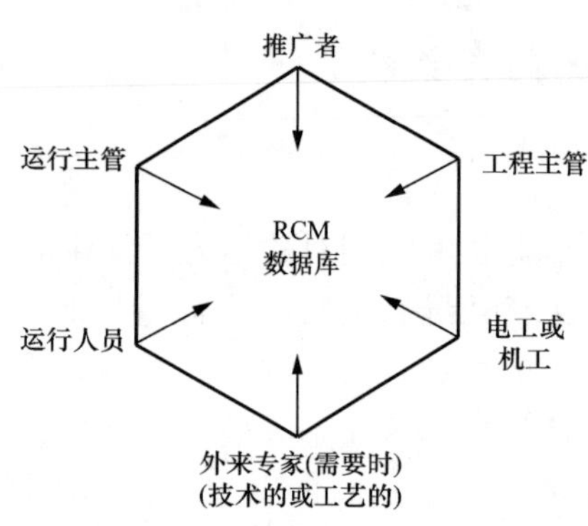

图3-11 一个典型的RCM评论组

要有一个或多个RCM评论小组针对不同设备通过开会分别来分析、讨论和回答上述7个问题。评论小组可由4～7人组成，理想情况为5～6人。一个典型的评论小组应包括的成员如图3-11所示。督导员是通过培训的RCM专家，在实现RCM中担任了关键的角色，是小组会议的主持人，他根据RCM的要求向各成员提问，并协调和统一大家的意见，小组的全部工作在其指导下进行，他对评论中的设备的有关技术有合理的了解，但不应是位相应的专家。小组其他成员应包括和该设备相关的运行操作人员及其管理人员、工程管理人员、技工等。必要时可邀请一位外部专家，专家只在讨论与其专业技术有关问题时参加会议，提供咨询。在小组评论过程中，可随时调用数据库中有关该设备的数据、记录等资料，例如历年状态监测的结果及分析，运行、维修和试验记录等，也可在完成RCM的分析后将有关的结果存入数据库。工作在一系列的会议中完成，每次会议约需3h。

2. RCM的实施过程

评论组从第一个问题开始工作。这是第一步工作，也是工作量最大最重要的一步，约占整个RCM分析所需时间的1/3。在完成分析设备的第1～4个问题并取得一致意见后，由督导员填写RCM信息工作单，如表3-13所示。它是RCM信息工作单的一个实例[15]。这个工作实质上相当于故障模式、影响及危害度分析[22]（FMECA）（参见本章第四节）。

分析、回答第5～7个问题，则组成了RCM的决策过程，这个过程反映在图3-12的决策图解和表3-14的RCM决策工作单上。根据这些回答要记录：

（1）如果有的话，需要完成哪些例行计算？间隔多长时间？由谁完成？

（2）有哪些故障严重得足以成为该部件或设备重新设计的根据？

（3）哪些方面做出了允许故障发生的谨慎的决定？

表 3-13　　　　**RCM 信息工作单**

系统：5MW 燃气轮机		系统编号：216-05		督导员：N. Smith	日期：1996.7.7	第 1 页
子系统：排气系统		子系统编号：216-05-11		审计者：P. Jones	日期：1996.7.7	共 3 页

功能		故障模式①		失效原因②		故障影响
1	为所有热废气提供一个无障碍通道使到达汽轮机机房屋顶以上 91.44cm 处的固定点（出口处）	A	通道全部被堵塞	1	消声器的支架被腐蚀掉	消声装置倒塌并掉在排气管的底部。背压引起汽轮机剧烈地喘振并在高废气温度下停机。停机置换消声器需 4 周
		B	通道部分被堵塞	1	消声器部件因疲劳而脱落	取决于堵塞物的性质，废气温度可能升到汽轮机停机的温度。碎片会损坏汽轮机的部件。停机修理消声器需 4 周
		C	漏气	1	活络接头被腐蚀穿孔	该接头在汽轮机机罩内，故泄漏的废气将为机罩的抽气系统所抽取。机罩内的防火和漏气的检测设备不太可能去检测出废气的泄漏，且温度也不太可能升高到足以触发消防线路。严重的泄漏可能导致气体去雾器过热，并且可能熔化在泄漏处附近的具有不可预知影响的控制线。在机罩内的压力平衡使得好像从一个小的泄漏中逸出少量气体或无气体逸出，故一个小的泄漏不太可能通过嗅或听的方式检测出来。停机更换接头需 3 天
				2	输气管道中的密封垫圈不适当装配	废气进入汽轮机房内且使环境温度升高，机房内通风系统将通过百叶窗将气体排到大气中去，故气体的浓度不太可能达到有害水平。该处一个小的泄漏是可以听得见的。停机修理需 4 天
				3	上部波纹管被腐蚀穿孔	上部波纹管在汽轮机机房外面，故在此处泄漏的废气会排放到大气，环境的噪声水平可能上升。停机修理需 1 周
		D	无法将废气送到屋顶以上 91.44cm 处	1	排气管支架的螺栓因挤压而切断	排气管在它翻倒以前可能被拉条的绳索支撑一会儿，但将偏斜一个角度。如果它已翻倒，它将有一个高的概率去压碎一个容有人的结构。停机修理需几天到几周
				2	排气管在狂风中吹翻	排气管的结构设计能耐受的风速为 321.8km/h，故若拉条的绳索或许已被腐蚀所削弱，则很可能在狂风中翻倒。如果这样，它能被吹到一个供住宿的样品房上去。停机修理需几周
2	将 45.7cm 处的废气噪声水平降低到 ISO 的额定噪声 30	A	45.7cm 处噪声水平超过 ISO 的额定噪声 30	1	保持网孔的消声器材料腐蚀掉	大多数材料将被吹掉，但某些材料可能掉在排气管底部并且堵塞汽轮机的出口，从而引起废气温度升高且可能使汽轮机停机。噪声水平将逐渐升高。停机修理约 2 周
				2	汽轮机机房外导管泄漏	……

① 原文为：功能的失效（功能的丧失）。

② 原文为：失效模式（失效的原因）。

3. RCM 决策工作单

决策工作单共有 16 项，前三项 F、FM、FC 对应于信息工作单的前三项，即功能、故障模式、失效原因。后 10 项则对应于 RCM 决策图解上的问题（图 3-12），说明如下：

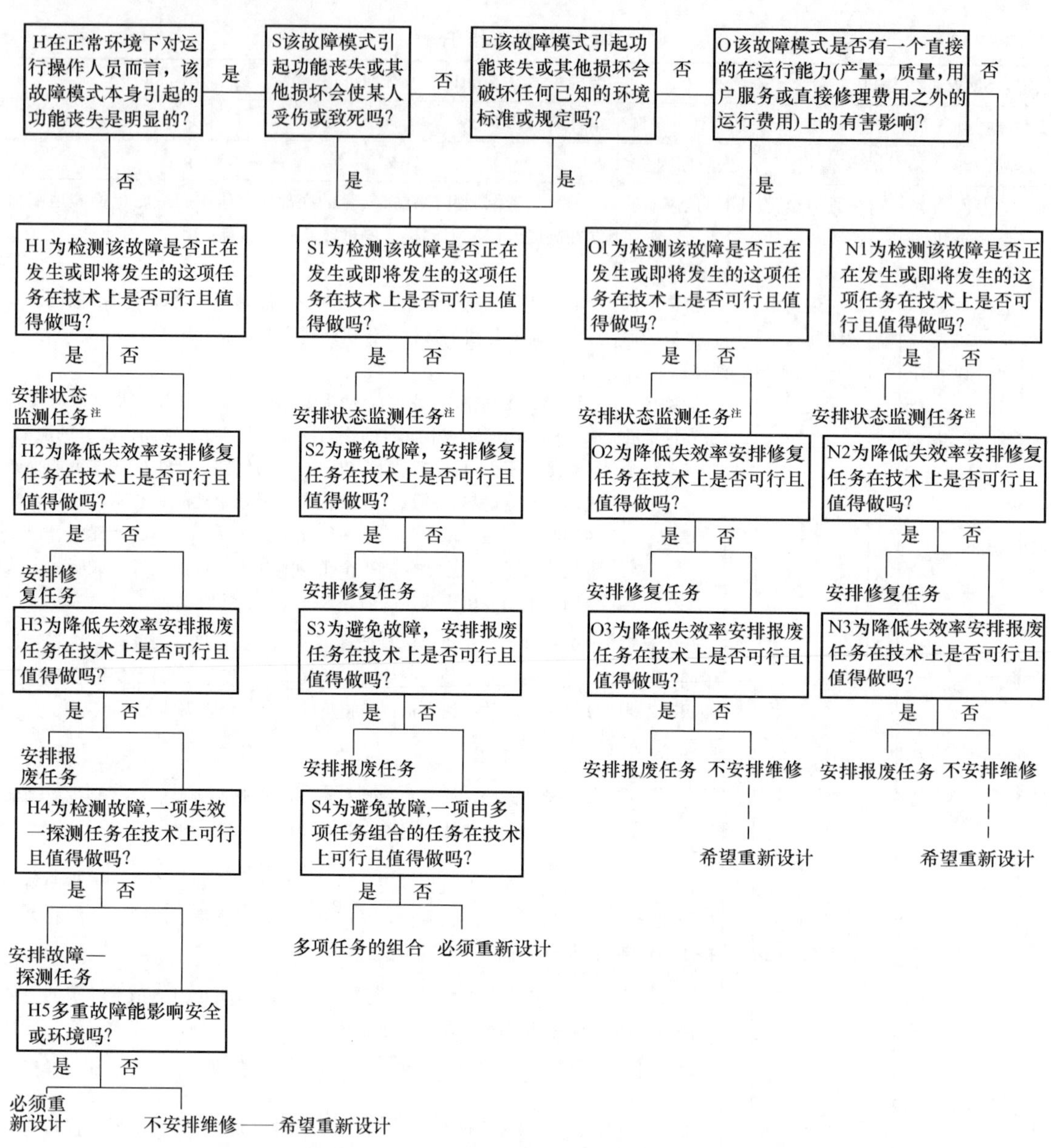

图 3-12 RCM 决策图解

注：原文直译为状态任务，为便于理解改为状态监测任务。在此它具有更广泛的含义，除了本书所叙述的状态监测技术外，还包括一般常规量，例如电流、电压、温度、压力等的监测和分析；人员通过看、听、闻和感觉来判断设备的状态。在某些工业中还可通过产品的质量管理来判断设备的状态。这些都可归纳为状态监测。

表 3-14　　RCM 决策工作单

系统：			系统编号：				督导员：			日期：				第 页	
子系统：			子系统编号：				审计员：			日期：				共 页	
参考信息			后果评估				H1 S1 O1	H2 S2 O2	H3 S3 O3	拖欠的行动			建议的任务	初始的时间间隔	执行人
F	FM	FC	H	S	E	O	N1	N2	N3	H4	H5	S4			

（1）H、S、E、O用于记录每种故障模式的后果。例如：若是明显的失效（即丧失功能），则在 H 下填写 Y；反之填写 N，表示是一种隐蔽性故障。因为每个故障模式所对应的只有一种失效后果，故在 S、E、O 中至多只有一项可选为 Y。如果已明确为环境的后果，也就不必去评估运行的后果。一旦明确了该故障模式的后果的类型，下一步就是寻找一种合适的预防性任务。表 3-15 总结了用于确定是否值得进行这些预防性任务的判据的实例。

表 3-15　　失效后果和确定预防性任务的判据

参考信息			后果评估				
F	FM	FC	H	S	E	O	
3	A	1	N				一种隐蔽性故障 任何预防性任务必须降低多重故障的风险到一个可接受的水平是值得去做的
5	B	2	Y	Y			安全性后果 任何预防性任务必须降低该故障自身的风险到一个可接受的水平方是值得去做的
2	C	4	Y	N	Y		环境性后果 任何预防性任务必须降低该故障自身的风险到一个可接受的水平方是值得去做的
1	A	5	Y	N	N	Y	运行性后果 超过一个时间周期的任何预防性任务的费用要低于故障发生后造成的运行后果的费用加上要预防的故障的修理费用，则该任务是值得去做的
1	B	3	Y	N	N	N	非运行性后果 超过一个时间周期的任何预防性任务的费用要低于故障发生后造成的运行后果的费用加上要预防的故障的修理费用，则该任务是值得去做的

（2）后面 3 项记录是否已选择了一种预防性的任务，并说明如果是，则是什么类型的任务。其中 H1、S1、O1、N1 是用来记录是否找到一种合适的状态监测去及时预防故障而避免相应的后果。H2、S2、O2、N2 是用来记录是否找到一种适当安排的修复任务去防止故障。H3、S3、O3、N3 是用来记录是否找到一种适当安排的报废任务去防止故障。至于技术上是否可行的判据归纳在表 3-16 中。该表中 P—F 间隔的含义是这样的，若用一曲线来表示设备随时间变化的状态如图 3-13 所示，称为 P—F 曲线。F 是终点，表示设备或部件已经失效的那个时刻，而 P 点是人们开始能够发现或监测出该设备正在失效的那个时刻。实际上失效在 P 时刻以前已经发生但无法识别出来。若在 P—F 间能检测出这个潜在故障，那么就有可能进行维修去防止故障发生，或者采取措施（退出运行或更换备品）后至少可避免或降低故障的后果。

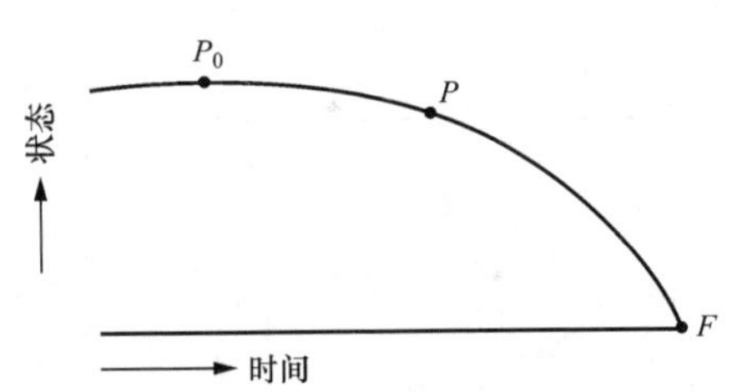

图 3-13　P—F 曲线和间隔

P_0—失效开始发生的时刻；P—人们能发现或监测出失效正在发生的时刻；F—已经失效的时刻

（3）决策工作单上 H4、H5、S4 是用来记录任何“拖欠”的问题。表 3-17 归纳了一个实例。注意，只有在前 3 个问题的回答问题都是“否”时才提“拖欠”的问题。最后三项是记录已选定的要建议去完成的任务，初始的任务间隔时间以及由谁来承担该任务。所建议的任务一项应该详细填写，务必使其内容和意图清晰详尽。例如进行状态监测，不仅要指出监测哪个部件，而且要明确监测的项目。又如要重新设计就应指出重新设计的部件和要求。每项任务都有自身的时间间隔，它和失效机理有关而和其他任务无关，故应分别填写各自初始的时间间隔。但在编制维修的日程表时，可作一些适当调整和合并以简化工作。承担任务的人员可以是运行人员，也可是维修人员，但必须有适当的培训，包括安全作业的训练，使他们有能力识别潜在失效的状态，及时用可靠的步骤去报告所发现的缺陷和问题。

以上简略地介绍了实施 RCM 的基本原则和过程，具体执行时还可根据实际情况灵活运用，更详细的叙述可查阅有关文献。另外还有量化的以可靠性为中心的维修（QRCM），它涉及用计算来寻求过度维修的费用和由不充分维修带来的不可用度间的平衡[25]。

表 3-16　　技术可行性的判据

H1 S1 O1 N1	H2 S2 O2 N2	H3 S3 O3 N3	
Y			为检测一项故障是否正在发生或即将发生的该项任务在技术上是否可行？ 是否存在一个清晰的潜在故障的状态？它是什么？$P—F$ 间隔是多少？该间隔是否长得足以作为任何用途？$P—F$ 间隔是否合理地稳定？在小于 $P—F$ 间隔的时间去监测该部件是否
N	Y		安排修复任务降低失效率（就安全性而言，要避免所有故障）在技术上是否可行？ 是否存在失效条件概率在某使用时间快速增加的情况？该使用时间是多少？是否大多数部件能保持完好到该使用时间（就安全性或环境性后果而言是全部）？是否可能修复到该部件原有
N	N	Y	安排报废任务降低失效率（就安全性而言，要避免所有故障）在技术上是否可行？ 是否存在失效条件概率在某寿命有一快速增加的情况？该寿命是多少？是否大多数部件能保持完好到该寿命（就安全性或环境性后果而言是全部）？

表 3-17　　拖 欠 的 问 题

参考信息			后果评估				H1 S1 O1	H2 S2 O2	H3 S3 O3	拖欠的行动			
F	FM	FC	H	S	E	O	N1	N2	N3	H4	H5	S4	
3	A	1	N				N	N	N	Y			一个故障——探测任务在技术上可行且值得做吗？
若可能去做该任务且在所要求的频率去做是可行的和它能降低多重故障到可接受的水平，则记上“是”。													
4	B	4	N				N	N	N	N	Y		多重故障会影响
4	C	2	N				N	N	N	N	N		安全和环境吗？
（该问题只在回答问题 H4“否”时才问。）若该问题的回答为“是”则重新设计是必须的。若为“否”则拖欠的行动是不安排维修，但希望重新设计。													
5	B	2	Y	Y			N	N	N			Y	一项由多项任务组合的任务
2	A	5	Y	Y			N	N	N			N	在技术上可行且值得做吗？
若回答为“是”则两个或更多的预防性任务的组合将降低故障风险到一个可接受的水平（这是很少的）。 若回答为“否”则必须重新设计。													
1	A	5	Y	N	N	Y	N	N	N				在这两种情况中，故障后果是纯经济的并且找不到合适的预防性任务。作为一个结果，最初的“拖欠”决策是不安排维修，但希望重新设计。
1	B	3	Y	N	N	N	N	N	N				

三、RCM在电气设备上的应用

1. RCM的主要内容

美国电力科学研究院自1997年以来推出了一系列优化电气设备维修策略的研究成果[26]，主要内容如下：

（1）用于变电站设备的以可靠性为中心的维修。

（2）用于架空输电线路的以可靠性为中心的维修。

（3）变电站预知性维修技术。它应用的技术包括：超声波（接触式/空间的）分析，局部放电检测，热成像，振动分析，声发射测量，温度分布，外观检查（目检）等。

（4）一体化的变电站诊断。建立状态监测和诊断系统，例如变压器的设备诊断软件Xvisor。

（5）变电站维修管理工作站（MMW）。相当于建立虚拟医院。

其中核心部分仍是RCM，它针对电力公司面临的市场竞争和日趋老化的输变电设备运行、维修和更新费用日益增加的趋势以及传统的维修策略的缺陷，广泛地采用最新的被证明有效的以状态为基础的维修，使维修任务和维修间隔建立在反映设备状态的基础上，以追求经费和人力投入的有效性并实现维修费用的最小化，即实现“省钱有效”这一维修概念。对设备的故障模式、影响及危害度分析（FMECA）仍是实施RCM的前提和核心。它以设备的重要性和各种性能数据为依据，对诸设备及其主要部件的监测和维修任务进行优化排序。这里要贯彻避免“重要设备失效”和保持“重要的系统功能”这一策略思想。最后需要对包括历史上的经验积累、不同类型设备的老化规律与寿命终结的特征研究、专家知识库、信息采集、跟踪与分析、可靠性分析及成本效益分析等进行通盘考虑，结合美国电力科学研究院的研究成果和经验形成一体化的整体解决方案。

2. RCM的具体实施

以下以某变电站为例进一步阐明RCM的具体实施情况。

（1）由美国电力科学研究院派出专家会同当地电力公司和相应变电站的维修专家组成评论小组对该站输电设备的以下内容进行分析、讨论：①确定哪些是该站的关键设备，即若该设备失效，整个变电站将被迫停运。分析结果共有12种，包括变压器（含互感器）、SF_6断路器、油断路器、真空断路器、开关、继电保护、接地、导体（含绝缘子）、结构、电池、电容器组和避雷器。②收集关键设备的全部历史资料，以了解它有哪些故障模式。例如油断路器拒动。③分析相应的失效部件，失效原因和危害度。例如油断路器拒动原因有两种：操动机构的故障；控制电路的故障。④针对失效部件和故障模式确定相应的试验项目。为预防失效，需确定在维修中应进行哪些试验项目。对各方面（包括制造厂、电力科学研究院、电力公司、保险公司等）规定的失效部件的试验项目进行评估、比较，内容包括试验的可行性，会否影响设备的可靠性和试验成本（包括人力、时间、周期）等方面。例如，引起断路器拒动的两个原因均有相应的三项试验，包括可用专用仪器检测操动机构电动机的电压、电流来发现传动机构的相应故障。这样仅油断路器一项设备就可能有数十、上百个试验项目，当然其中许多是重复的，经合并后可能变成十几个或数十个试验项目。最后将这些项目分成三类：在线进行的状态试验；离线进行的预防性试验；不定期的诊断性试验。⑤确定试验周期。根据该设备的使用频繁程度、变电站环境的优劣等来确定试验周期，例如3个月或6个月。最后将试验项目分成三类制成表格，交由电力科学研究院的专家进行评估。

（2）美国电力科学研究院的评估。专家们将对所提交的试验项目进行评估，评估内容为：①可行性；②能否覆盖大多数设备的故障；③能否保证设备的可靠性。同时针对该变电站原有的维修标准和经评估所确定的以可靠性为目的的试验标准间存在的差距，进行增补。并推广电力科学研究院已成熟的研究成果，最后对表格进行修改。修改后的最终表格要转换成可操作的工作程序，进行人员培训，并付诸实施。

此外，电力科学研究院还专门开发了相应的软件以使整个维修策略和分析集成为一体，其目的是使参与 RCM 分析的维修人员不但分析了设备的维修项目，更重要的是学会了以可靠性为中心的维修策略和分析方法，以便在以后工作中自觉运用。

据美国电力科学研究院估计，实施以可靠性为中心的维修策略后，可降低维修费用约 20%。例如实行以可靠性为中心的维修策略后，某电力公司节省了 13%的运行、维修费用。某州的维修人员可减少 20%。所花费用的回收周期约 2～3 年，它包括：①可靠性维修的课题费用；②为更新维修项目而更新仪器，变动工作程序的费用；③人员培训。

参 考 文 献

［1］ GB 3187—1994 可靠性、维修性术语标准.

［2］ 黄祥瑞. 可靠性工程. 北京：清华大学出版社，1990.

［3］ DL/T 861—2004 电力可靠性基本名词术语.

［4］ Lapp J. Evaluating Capacitor Reliability. Electrical World，June，1978：42-44.

［5］ 陈宗穆. 高压电流互感器的可靠性数据统计分析. 湖南大学学报，1990，17(5)：219-225.

［6］ 陈宗穆，江荣汉，屈梁材. 高压电流互感器的可靠性数据统计分析. 湖南大学学报，1989，16(3)：61-67.

［7］ 陈宗穆. 中小型电力变压器可靠性数据统计分析. 湖南大学学报，1990，17(5)：155-160.

［8］ 王昌长，郑光辉，郑振中. 电力电容器的可靠性评估和失效分析. 清华大学学报，1991，31(4)：107-112.

［9］ 王昌长，高玉明，郑振中，郑光辉. 运行中电力电容器组的失效分析. 电力电容器，1994，(4)：25-29.

［10］ Wang C C，Cheng T C，Zheng G H，et al. Failure Analysis of Composite dielectric of Power Capacitors in Distribution System. IEEE Trans. on DEI，1998，DEI-5(4)：583-588.

［11］ 王昌长，郑光辉，郑振中. 油开关的可靠性评估和失效分析. 清华大学科学报告，1994，3，TH94003(No. 236).

［12］ 金显贺，王昌长，高玉明，陈昌渔. 配电变压器的可靠性计算和分析. 变压器，1995(5)：2-5.

［13］ Jin Xianhe，Wang Changchang，Chen Changyu，et al. Reliability Analysis and Calculations for Distribution Transformers. IEEE Proceedings of Transmission and Distribution conference，New Orleans，USA，April，1999：901-906.

［14］ 陈凯，陆淑兰，李凤玲. 可靠性数学及其应用. 长春：吉林教育出版社，1989.

［15］ Moubray John. Reliability—centred Maintenance，2nd ed. Butterworth-Heineman Ltd. U. K. 1997.

［16］ 东北电业管理局. 1988 年并联电容器运行总结，1989.

［17］ GB 4888—1985 故障树分析的名词术语、符号和定义.

［18］ 刁颐民. 中小型电力变压器的故障树及其分析. 湖南大学学报，1990，17(5)：142-147.

［19］ 江荣汉，王联群. 中小型电力变压器故障的机辅分析，湖南大学学报，1990，17(51)：135-141.

[20] 黄卫民，江荣汉. 高压电压互感器故障的机辅分析. 湖南大学学报，1990，17(5)：199-205.
[21] 江荣汉，黄卫民. 高压电流互感器故障的机辅分析. 湖南大学学报，1990，17(5)：206-212.
[22] GJB 1391—1992 故障模式、影响及危害性分析(FMEA)程序.
[23] 刁颐民，张馥根. 中小型电力变压器失效模式及效应分析. 湖南大学学报，1990，17(5)：148-154.
[24] 江荣汉，屈梁材，陈宗穆. 高压互感器故障模式与影响分析. 湖南大学学报，1989，10(3)：53-60.
[25] Smith David J. Reliability Maintainability and Risk，6th ed. Butterworth-einemann Ltd. U. K. 2001.
[26] 杨新村，李莉华. 美国电力研究院(EPRI)有关输变电优化检修策略与一体化解决方案简介. 华东电力试验研究院上海市电力试验研究所科学技术信息所，2000，1.

第四章

诊断技术中的信号处理方法

◎ 第一节 概　　述

一、作用

电气设备在线监测中使用较多的是微机化的数字测量装置，包括传感器、调理电路、数据采集器、信号传输部分和微计算机。传感器检测设备状态的模拟信号，调理电路使检测到的模拟信号能适应后续的采集过程，数据采集器将模拟信号转换为数字信号，微计算机对采集到的大量数据进行处理，并存储处理结果。

传感器检测信号中经常伴随各种干扰。干扰不仅不能反映设备的运行状态，有时还会影响对设备的诊断。所以，电气设备在线监测装置除了在硬件中要采取抑制干扰的措施外，对检测所得的信号一般还需经处理，以尽可能抑制干扰，保留甚或增强有用信号。

对抑制了干扰后的信号，需提炼出其中的有用信息，即提取信号特征，供诊断使用。有些信号在提取特征前，还需进行数据处理，以获得信号幅值、时域波形、频域图形或故障指纹等，然后再提取信号特征。

依据诊断技术中信号处理的作用，本章将从干扰抑制和数据处理两个方面出发进行介绍，而特征提取部分的内容将结合模式识别在第六章介绍。

二、电磁干扰

对有用信号可能造成损害的无用信号或电磁噪声称为电磁干扰，是由自然现象或人类活动所致的电磁波源形成。电气设备在线检测中常将电磁干扰源按频带划分为窄带干扰源和脉冲（宽带）干扰源，前者局限于较窄的频率范围，其幅频特性如图 4-1（a）所示；后者分布于较宽的频率范围，如图 4-1（b）所示[1]。脉冲干扰源还可按出现规律区分为周期性和随机性两类，此外还有白噪声。

电力线路的负荷电流、故障电流，电力系统架空线传送的载波通信信号，开关电源、时钟振荡器、频率变换器，传播信息的发射机，工业、科学、医疗用高频设备等，它们发出的是具有单一频率或多种频率混合的干扰信号，属于窄带干扰源。

电力电子器件、高电压导体电晕、火花点火发动机、电动工具、家用电器等在启动、工作和切断时的干扰，信息技术、工业控制设备中的脉冲信号等，属于周期性脉冲干扰源，干扰脉冲呈周期性出现。

绝缘子表面污秽放电，电气机车导电弓与架空线之间的放电，静电放电（充有静电的人体或物体放电），工业设备、控制设备中电感性负荷的切合，雷电脉冲等，属于随机性脉冲

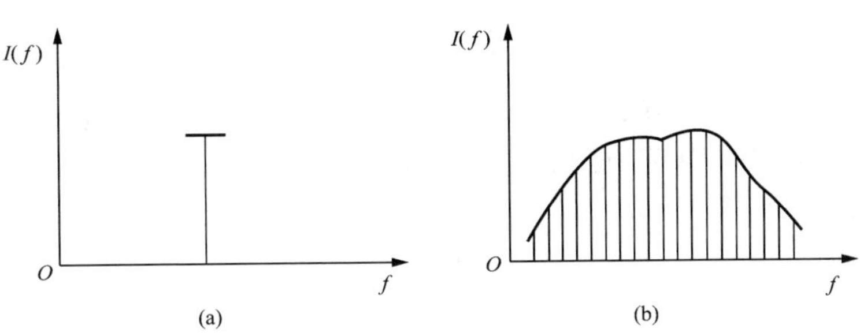

图 4-1 干扰的幅频特性

(a) 窄带干扰源；(b) 脉冲干扰源

干扰源，干扰脉冲的出现具有随机性。

三、信号分析方法

与表现信号的时域和频域两种基本形式相应，诊断技术中对信号的分析可采用时域分析法和频域分析法。

将检测所得信号作为时间的函数，在时域进行的分析处理称为时域分析。它包括图形显示、数据开窗，检测量校订，检测量随时间的变化趋势，干扰抑制，特征提取等。

通过傅里叶变换，将检测所得信号作为频率的函数，在频域进行的分析处理称为频域分析。它包括频域图形显示、谱分析、数据频域开窗、数字滤波、特征提取等。

由于傅里叶变换不能反映信号在局部时间范围内的频率特征，因此又发展出了时频局部分析法，如短时傅里叶变换（或称加窗傅里叶分析）。此外，近年来发展起来的小波变换具有多分辨率特性，更适用于处理具有瞬态突变特性的信号，并应用于诊断技术。

除了时域分析、频域分析和时—频分析外，还可对检测所得数据进行统计分析，以获得故障指纹等图形。

◎ 第二节 窄带干扰抑制（一）——自适应处理器

电气设备在线检测中，对检测所得信号中的窄带干扰，可使用数字滤波器、自适应处理器、频域处理和小波分析等手段进行抑制。

滤波是抑制窄带干扰的一种常用方法，其前提是信号与干扰所处频带不同。应用具有合适特性的滤波器，一方面，使有用信号尽可能地被保留，另一方面窄带干扰则应尽可能地被抑制。硬件滤波器是由电阻、电感、电容和放大器等组成的电路，依靠调整电路结构和元件参数来实现合适的滤波器特性。为了适应不同现场、不同时刻的干扰，适时地改变硬件滤波器特性有时会有困难。数字滤波器是一种软件系统，依靠算法的改变来实现合适的滤波器特性，因此比较灵活和方便。常用的数字滤波器有巴特沃兹滤波器和切贝雪夫滤波器等，有关书籍中对这些滤波器有详细的介绍，本书不再赘述。本节及后续两节将分别介绍自适应处理器、频域处理和小波分析等抑制窄带干扰的方法。

一、自适应处理器

自适应处理器的框图如图 4-2 所示，包括数字滤波器 h、加法器 Σ 和自适应算法[2]。根据信号检测时面对的窄带干扰的特点，自适应算法会自行调整滤波器特性，以最有效地抑制干扰。

自适应处理器的输入为随机时间序列 $x(k)$ 和 $y(k)$，$\hat{y}(k)$ 是 h 的输出。加法器的输出 $y(k)-\hat{y}(k)$ 称为偏差 $e(k)$，当偏差平方 $e^2(k)$ 不是最小时，滤波器按照给定的自适应算法作相应改变，使 $e^2(k)$ 变小。以 s_T 表示有用信号，n_T 表示窄带干扰，s_T+n_T 表示受干扰影响后形成的检测时间序列，以此作为输入 $y(k)$；以与 n_T 相关的另一干扰 n'_T 作为输入 $x(k)$；滤波器 h 将调整 n'_T 使之接近 n_T，最终使加法器的输出 $e(k)$ 接近 s_T。

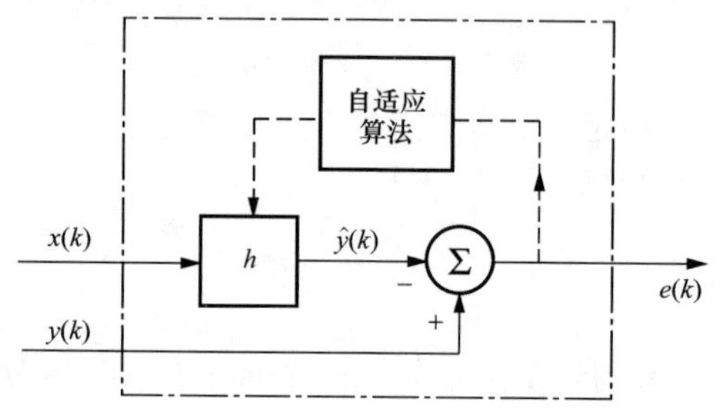

图 4-2 自适应处理器框图

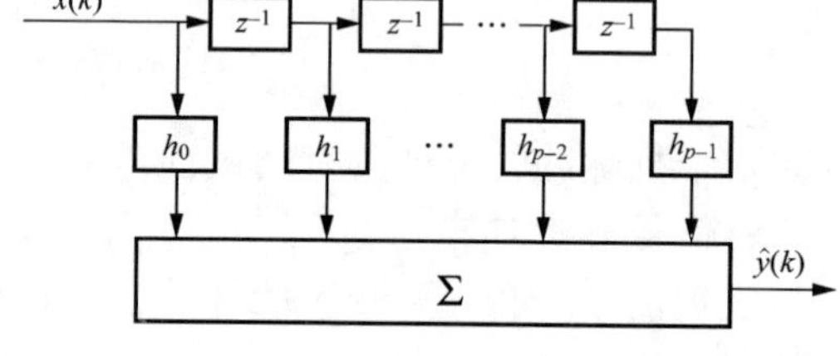

图 4-3 FIR 数字滤波器

二、数字滤波器

滤波器 h 为一因果的 p 阶 FIR 数字滤波器，如图 4-3 所示，各时延分支线的权分别为 $h(j), j=0,1,\cdots, p-1$。时间序列 $x(k)$ 通过滤波器后形成一个新的时间序列 $\hat{y}(k)=\sum_{j=0}^{p-1}h(j)x(k-j)$。为了使滤波器能适应外界干扰，需要比较 $\hat{y}(k)$ 与 $y(k)$ 的偏差 $e(k)$，并根据 $e(k)$ 及时调整各 $h(j)$。

偏差

54

$$e(k)=y(k)-\hat{y}(k)=y(k)-\boldsymbol{H}^{\mathrm{T}}\boldsymbol{X}_{\mathrm{k}} \tag{4-1}$$

式中

$$\boldsymbol{H}^{\mathrm{T}}=[h(0)\quad h(1)\cdots\quad h(p-1)] \tag{4-2}$$

$$\boldsymbol{X}_{\mathrm{k}}=[x(k)\quad x(k-1)\quad\cdots\quad x(k-p+2)\quad x(k-p+1)]^{\mathrm{T}} \tag{4-3}$$

为了使偏差最小，应该使用合适的算法去求得 $\boldsymbol{H}^{\mathrm{T}}$。

三、随机梯度法

偏差最小的目的是使信号与干扰能“最优”地分开，最优的判据可选择为 $E[e^2(k)]=\min$，即偏差平方的期望值为最优。由式（4-1），得

$$\begin{aligned}E[e^2(k)]&=E\{y^2(k)-2\boldsymbol{H}^{\mathrm{T}}y(k)\boldsymbol{X}_{\mathrm{k}}+\boldsymbol{H}^{\mathrm{T}}\boldsymbol{X}_{\mathrm{k}}\boldsymbol{X}_{\mathrm{k}}{}^{\mathrm{T}}\boldsymbol{H}\}\\&=E[y^2(k)]-2\boldsymbol{H}^{\mathrm{T}}\boldsymbol{R}_{\mathrm{yx}}+\boldsymbol{H}^{\mathrm{T}}\boldsymbol{R}_{\mathrm{xx}}\boldsymbol{H}\end{aligned} \tag{4-4}$$

$$\boldsymbol{R}_{\mathrm{yx}}=E\{y(k)\boldsymbol{X}_{\mathrm{k}}\}$$

$$\boldsymbol{R}_{\mathrm{xx}}=E\{\boldsymbol{X}_{\mathrm{k}}\boldsymbol{X}_{\mathrm{k}}{}^{\mathrm{T}}\}$$

式中 $\boldsymbol{R}_{\mathrm{yx}}$——$y(k)$ 与 x 序列的互相关向量；

$\boldsymbol{R}_{\mathrm{xx}}$——$x$ 的自相关阵。

以 $V(h)$ 表示 $E[e^2(k)]$，$\nabla_h V(h)$ 表示 $V(h)$ 的梯度向量，则当满足条件 $\nabla_h V(h)=0$ 时，$V(h)=\min$。由式(4-4)及条件 $\nabla_h V(h)=0$，得 $\nabla_h V(h)=2\boldsymbol{R}_{\mathrm{xx}}\boldsymbol{H}-2\boldsymbol{R}_{\mathrm{yx}}=0$，解此方程可得滤波器的参数

$$\boldsymbol{H}=\boldsymbol{R}_{\mathrm{xx}}{}^{-1}\boldsymbol{R}_{\mathrm{yx}} \tag{4-5}$$

实用上是用搜索算法来求 $\boldsymbol{H}$，即从第 n 次的向量 $\boldsymbol{H}_{(n)}$ 沿负梯度方向求出 $\boldsymbol{H}_{(n+1)}$

$$\boldsymbol{H}_{(n+1)}=\boldsymbol{H}_{(n)}-0.5\mu\nabla_{h}V(h)$$

式中　μ——收敛因子。

按上式递推，可求出使 $V(h)$ 为最小值的 $\boldsymbol{H}$。

实用上还采用单样本梯度 $\nabla[e^2(k)]$ 来代替真实梯度 $\nabla_{h}E[e^2(k)]$，这种求解方法称为随机梯度法。因为 $\nabla[e^2(k)]=-2e(k)\boldsymbol{X}_{\mathrm{k}}$，所以

$$\boldsymbol{H}_{(n+1)}=\boldsymbol{H}_{(n)}+\mu e(k)\boldsymbol{X}_{\mathrm{k}} \tag{4-6}$$

四、应用实例

前面已经提到，作为输入 $x(k)$ 的另一干扰 n'_{T} 与 n_{T} 应是相关的，此外，还需满足条件 $E[n_{\mathrm{T}}\,s_{\mathrm{T}}]=0$，$E[n'_{\mathrm{T}}\,s_{\mathrm{T}}]=0$。

可以证明，当 $E[e^2(k)]=\min$ 时，有 $E\{[s_{\mathrm{T}}-e(k)]^2\}=\min$ 及 $E\{[\hat{y}(k)-n_{\mathrm{T}}]^2\}=\min$；即在最小均方偏差意义下，$\hat{y}(k)$ 可用来抵消干扰 n_{T}，使 $e(k)$ 逼近信号 s_{T}。

以下以电动机转子断条故障和局部放电故障作为实例进行分析。

异步电动机鼠笼转子断条是一种常见的电动机故障。转子断条后，电动机定子绕组中除了有电网频率 f_1 的电流流通外，还会有频率为 $f=(1-2s)\,f_1$ 的附加分量电流流通，其中 s 为转差率。可根据附加分量电流来判断转子的断条故障[2]。对定子绕组电流检测所得信号中，包含了有用的 f 分量电流和作为干扰的 f_1 分量电流，且有用信号比干扰弱得多。取此检测信号作为自适应处理器的输入 $y(k)$，取与干扰相关、频率为 f_1 的信号作为处理器的另一输入 $x(k)$。经自适应算法调整滤波器参数后，在处理器的输出 $e(k)$ 中，干扰 f_1 分量电流受到抑制，有用信号 f 分量电流得到了加强，这样就有利于对电动机作出诊断。

在局部放电检测中，检测所得信号中除了局部放电信号外，有时会包含较强的周期性正弦干扰，如载波通信干扰、信号发射机的干扰等。由于局部放电信号的频带较宽，而干扰处于几个窄带范围，因此也可使用自适应处理器来抑制干扰。

图 4-4（a）所示为对电力变压器进行局部放电检测所得信号，其中包含了局部放电信号及周期性正弦干扰。以检测所得时间序列作为 $y(k)$，以延迟 Δ 后的 $y(k)$、即 $y(k-\Delta)$ 作为与干扰相关的 $x(k)$。图 4-4(b) 所示为滤波器阶数 $p=32$、延迟 $\Delta=1$ 时，自适应处理器的输出[3]，可见局部放电信号突出，信噪比大为提高。

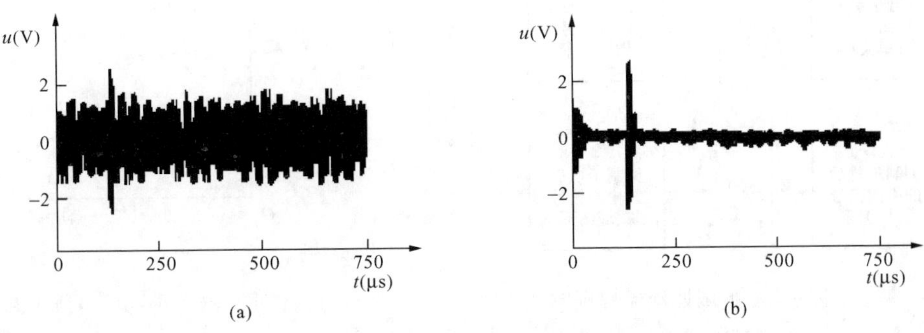

图 4-4　电力变压器的局部放电检测数据（采样率 2MHz）
（a）未处理；（b）经自适应处理

◎ 第三节 窄带干扰抑制（二）——频域处理

一、傅里叶变换

通过频域处理抑制窄带干扰的基础是傅里叶分析。

电气设备诊断中涉及的信号通常可分解为傅里叶级数，或可进行傅里叶变换。对周期性信号，经傅里叶级数分解后，得到各次谐波的幅度和相位，构成了统称为信号频谱的幅度频率特性和相位频率特性。对非周期性信号，引入频谱密度的概念，经傅里叶变换，也可得到信号的频谱。

时域信号 $x(t)$ 的傅里叶变换（Fourier transform，FT）及频域信号 $X(\omega)$ 的傅里叶反变换（inverse FT，IFT）公式为

$$FT_{x}(\omega)=X(\omega)=\int_{-\infty}^{\infty}x(t)e^{-j\omega t}dt \tag{4-7}$$

$$x(t)=\frac{1}{2\pi}\int_{-\infty}^{\infty}X(\omega)e^{j\omega t}d\omega \tag{4-8}$$

通常，由传感器检测所得的模拟信号要转化为数字信号，它们是长度有限的离散数据，对它们进行的傅里叶变换称为离散傅里叶变换。为了解决计算量大、数据占用计算机内存容量大的问题，又出现了快速傅里叶变换（fast FT，FFT），它在诊断技术中得到了广泛的应用。

有关傅里叶变换、离散傅里叶变换、快速傅里叶变换的详细内容，可参阅有关书籍，不再赘述。

二、频域处理

对混有窄带干扰的检测信号在频域抑制干扰，再将其变换为时域信号，这种抑制窄带干扰的方法就称为频域处理法。图 4-5 所示为频域处理的流程框图。

以电气设备局部放电检测中的窄带干扰抑制为例进一步说明。

为了在频域抑制干扰，需要了解干扰及检测信号的频率特性。电气设备局部放电将引发在时域瞬态变化的脉冲信号，变换到频域后频率成分丰富，理论上常近似地用公式 $A\exp(-t/\tau)$ 表达，其幅频特性在一定频率范围内为一水平直线，3dB 频率上限为 $1/(2\pi\tau)$，如图 4-6 所示。而窄带干扰在频谱图上则表现为一些特定频率点处的垂直谱线，见图 4-1。

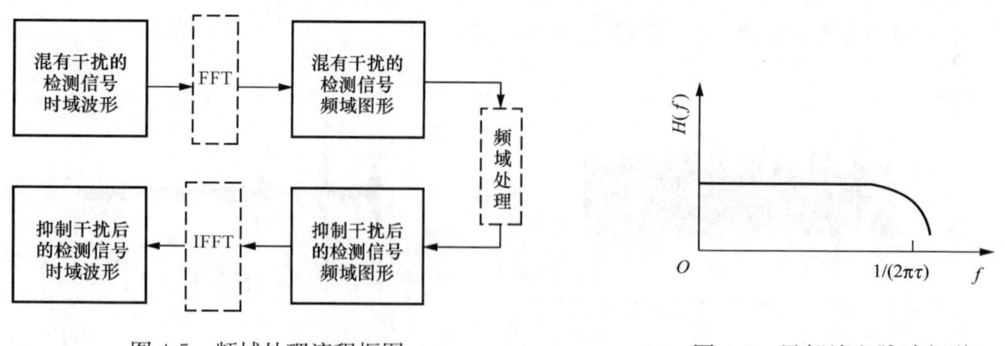

图 4-5 频域处理流程框图　　图 4-6 局部放电脉冲频谱

当局部放电检测信号中混入窄带干扰后，在局部放电脉冲信号的幅频特性上将叠加上一些窄带干扰的频率成分，如图 4-7 各分图的上半部分所示。可根据不同情况，使用谱线删除

法、频域开窗法或多通带滤波法来抑制窄带干扰。

当干扰源较少时，如图 4-7（a），可将谱图中的垂直谱线删除，再对处理后的谱图进行快速傅里叶反变换 IFFT 得到时域波形，这种方法称为谱线删除法。在得到的时域波形中窄带干扰被抑制，放电信号将明显地显示出来。

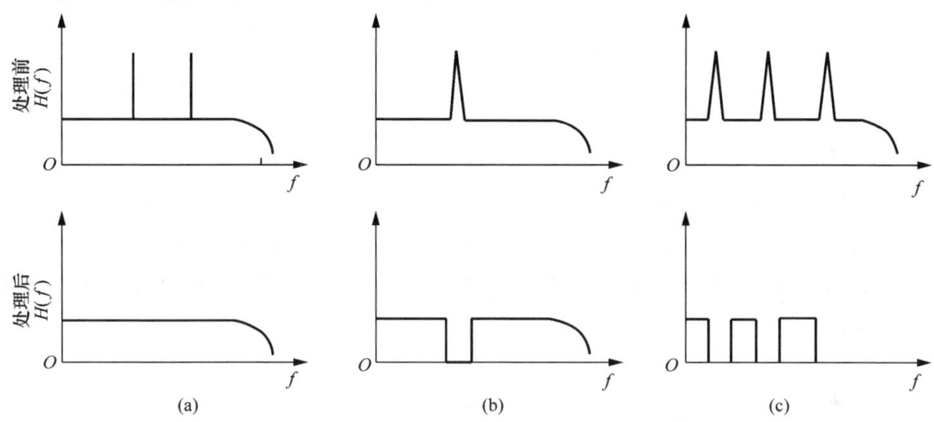

图 4-7　窄带干扰的频域处理

（a）谱线删除；（b）频域开窗；（c）多通带滤波

如果窄带干扰在频域占有一定宽度，如图 4-7（b）所示，则可在频域相应位置开窗，对经处理的谱图进行 IFFT，这种方法称为频域开窗法。在得到的时域波形中窄带干扰被抑制，放电信号将显示出来，但部分频率分量丢失，脉冲波形会有一定变化。

如果干扰源多、又各在频域占有一定宽度，如图 4-7（c）所示，则可选择频域中无干扰的频率范围作为信号通带，进行多通带滤波，对经处理的谱图进行 IFFT，这种方法称为多通带滤波法。在得到的时域波形中窄带干扰也将被抑制，放电信号显示出来；显然因较多的频率分量丢失，脉冲波形会有较大变化。

三、应用实例

某电厂 500kV 变压器局部放电在线监测系统采集到的信号[4]如图 4-8 左上图所示，经 FFT 频域分析发现，主要的周期性窄带干扰的频率为 899、747、426kHz，各占有一定带

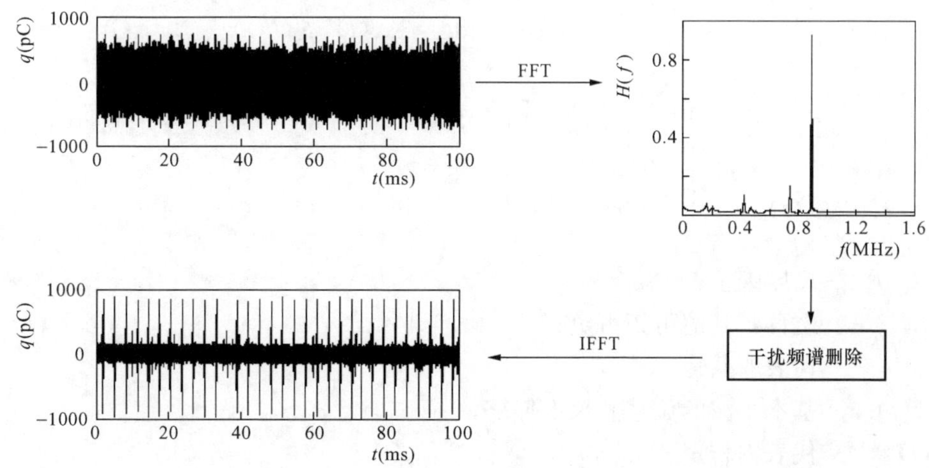

图 4-8　窄带干扰谱线删除实例

宽，但宽度较窄。采用谱线删除法，在频域删除这些高峰，然后再施行 IFFT，反变换后的时域信号如图 4-8 左下图所示。由图可以看出，窄带干扰被抑制了很大部分，而脉冲信号则明显凸现出来。

◎ 第四节 窄带干扰抑制（三）——小波分析

一、时频局部分析

为了了解信号 $x(t)$ 的频率特性，可以进行傅里叶变换，但是这样得到的是信号在整个时域的频谱，而不是局部时间范围内信号的频率特征。

为了了解信号 $x(t)$ 在局部时间范围内的频率特性，可以进行短时傅里叶变换（short time FT，STFT），或称加窗傅里叶分析。这种分析是先对信号 $x(t)$ 施加时间上有限的滑动窗函数 $w(t-\tau)$，再进行傅里叶变换

$$\mathrm{STFT}_x(\omega,\tau)=G_x(\omega,\tau)=\int_{-\infty}^{\infty}x(t)w(t-\tau)\mathrm{e}^{-\mathrm{j}\omega t}\mathrm{d}t \tag{4-9}$$

$$x(t)=\frac{1}{2\pi}\int_{-\infty}^{\infty}\mathrm{d}\omega\int_{-\infty}^{\infty}G_x(\omega,\tau)w(t-\tau)\mathrm{e}^{\mathrm{j}\omega t}\mathrm{d}\tau \tag{4-10}$$

上两式中，τ 反映滑动窗的时域位置，随着 τ 的变化，$x(t)$ 逐步进入被分析状态。但是，STFT 在分析频率降低时时域视野并不放宽，分析频率增加时频域分析范围也不放宽，不能敏感地反映信号的突变。

小波变换（wavelet transform，WT）是近年来发展起来的强有力的信号处理工具，具有多分辨率特性，可以在时、频两域表现信号的局部特征，比傅里叶变换和 STFT 更适合于处理具有瞬态突变特性的信号。

二、小波变换

一个平方可积函数 $x(t)\in L^2(R)$ 的小波变换

$$WT_x(a,\tau)=\frac{1}{\sqrt{a}}\int_{-\infty}^{\infty}x(t)\psi^*\left(\frac{t-\tau}{a}\right)\mathrm{d}t$$

$$=\int_{-\infty}^{\infty}x(t)\psi_{a\tau}^*(t)\mathrm{d}t=\langle x(t),\psi_{a\tau}(t)\rangle \qquad a>0 \tag{4-11}$$

$$\psi_{a\tau}(t)=\frac{1}{\sqrt{a}}\psi\left(\frac{t-\tau}{a}\right)$$

$$\langle x(t),y(t)\rangle=\int x(t)y^*(t)\mathrm{d}t$$

式中 a——尺度因子；

τ——位移，其值可正可负；

$*$——代表取共轭；

$\psi_{a\tau}(t)$——基本小波的位移和尺度伸缩；

$\langle x(t),y(t)\rangle$——代表内积。

式（4-11）的等效频域表示是

$$WT_x(a,\tau)=\frac{\sqrt{a}}{2\pi}\int_{-\infty}^{\infty}X(\omega)\Psi^*(a\omega)\mathrm{e}^{+\mathrm{j}\omega\tau}\mathrm{d}\omega \quad a>0 \tag{4-12}$$

式中 $X(\omega)$、$\Psi(a\omega)$——$x(t)$ 和 $\psi(at)$ 的傅里叶变换[5]。

已经知道 $\psi(t)$ 的 FT 为 $\Psi(\omega)$，那么 $\psi(t/a)$ 的 FT 为 $|a|\Psi(a\omega)$，可见小波变换可看作用基本频率特性为 $\Psi(\omega)$ 的带通滤波器在不同尺度 a 下对信号滤波，滤波器的中心频率随 a 的缩小而增高，带宽也相应变宽（滤波器组的品质因数恒定）。换言之，a 值小时，时域观察范围小，但在频域上相当于用较高频率对信号作细节分析；a 值大时，时域观察范围大，但在频域上相当于用较低频率对信号作概貌分析。

适当选择基本小波，使 $\psi(t)$ 在时域上为有限支撑，$\Psi(\omega)$ 在频域上也比较集中，便可使小波变换在时、频两域都具有表征信号局部特征的能力。因此，小波变换具有多分辨率（或称多尺度）的特点，可以由粗到精地逐步观察信号。

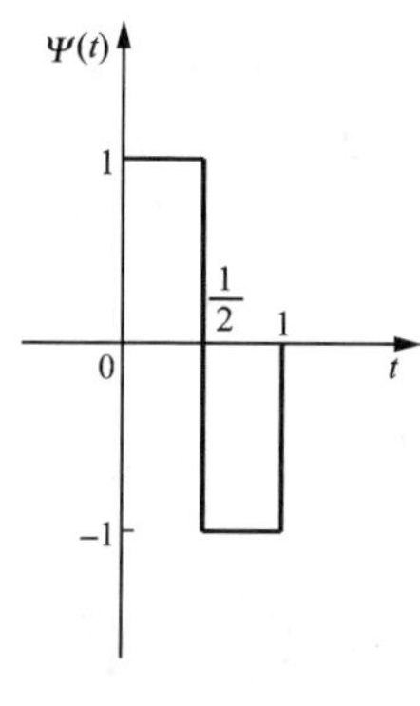

图 4-9 Harr 小波

基本小波函数 $\psi(t)$ 至少须满足条件 $\Psi(\omega=0)=0$，即 $\Psi(\omega)$ 具有带通性质，而 $\Psi(t)$ 的波形则必为正负交替，且其平均值为零。常用小波有 Harr 小波、Morlet 小波、Marr 小波、样条小波、Daubechies 小波等。作为示例，图 4-9 给出 Harr 小波图形。对基本小波的要求及常用小波的详细情况可参见有关书籍[5]。

三、尺度及位移离散栅格下的小波变换

为了压缩数据和节约计算量，可在离散的尺度和位移值下进行小波变换。

尺度因子 a 一般按幂级数离散化，分别取值为 $a_0{}^j$，$j=0,1,2,\cdots$。通常，取 $a_0=2$，即 a 分别取值 2^j，此时相应的小波为 $2^{-j/2}\psi[2^{-j}(t-\omega)]$，$j=0,1,2,\cdots$。

位移 τ 通常均匀离散，为了不丢失信息，离散的间隔时间 T_s 应不大于相应于 Nyquist 频率的时间。这样，$\tau=kT_s(k\in Z)$；若将时间轴对 T_s 归一，则 $\tau=k$。考虑到 j 值每增加 1，a 将乘以 2，分析频率降低一半，离散的间隔时间 T_s 也可增为 2 倍。可知，若 $j=0$ 时 τ 的离散间隔时间为 T_s，则当尺度为 j 时，τ 的离散间隔时间可取为 2^jT_s，或取归一值 $\tau=k2^j$。

当尺度及位移离散化时，小波 $\psi_{a\tau}(t)$ 可改写为 $\psi_{jk}(t)$

$$\psi_{jk}(t)=2^{-j/2}\psi(2^{-j}t-k) \qquad j=0,1,2,\cdots;k\in Z \tag{4-13}$$

而在离散栅格点上计算得到的小波变换记作

$$WT_x(j,k)=\int x(t)\psi_{jk}^*(t)\mathrm{d}t \tag{4-14}$$

引入“小波级数”概念。一定条件下，信号 $x(t)$ 可以级数形式表达为

$$x(t)=\frac{1}{A}\sum_j\sum_k WT_x(j,k)\psi_{jk}(t)$$

式中 $WT_x(j,k)$——小波级数的系数。

四、多分辨率分析

平方可积函数 $x(t)\in L^2(R)$ 可看成是某一逐级逼近的极限情况，每级逼近都是用逐级伸缩的低通平滑函数对 $x(t)$ 作平滑的结果。

将函数空间逐级二分解，形成一组逐级包含的子空间

$$\cdots, V_0 = V_1 \oplus W_1, V_1 = V_2 \oplus W_2, \cdots, V_j = V_{j+1} \oplus W_{j+1}, \cdots$$

式中 j——$-\infty \sim +\infty$的整数，j 值越小，空间越大。

$x(t)$ 在V_j 中的投影$P_j x(t)$是$x(t)$在V_j 中的平滑逼近，即$x(t)$在分辨率j下的概貌；$x_k^{(j)}$是 $x(t)$ 在分辨率 j 下的离散逼近。

对子空间 W_j，若以 $D_j x(t)$ 表示 $x(t)$ 在 W_j 中的投影，考虑到 $V_{j-1} = V_j \oplus W_j$，因此 $P_{j-1}x(t) = P_j x(t) + D_j x(t)$，可知 $D_j x(t)$ 是 V_{j-1}、V_j 中相邻两级平滑逼近之差，反映了两级逼近的细节差异。$D_j x(t)$ 被称为分辨率 j 下的细节函数，$d_k^{(j)}$ 为分辨率 j 下的离散细节。

实际上，$d_k^{(j)}$ 就是尺度和位移均离散化的小波变换$WT_x(j, k)$，这样就把多分辨率分析和小波变换联系起来了。

五、多采样率滤波器组

（一）信号分解

$x_k^{(j)}$ 和 $d_k^{(j)}$ 可以通过多采样率滤波器组的方法求取。

设 h_0 和 h_1 是处理时所用滤波器组的冲激响应，其中 h_0 是低通的，h_1 是带通的。h_0 由选择的基本小波确定，h_{0k} 与 h_{1k} 的关系为

$$h_{1k} = (-1)^k h_{0(1-k)} \tag{4-15}$$

以原始采样序列 $x(k)$ 作为第 0 级输入 $x_k^{(0)}$。$x_k^{(1)}$ 可看成是 $x_k^{(0)}$ 经滤波器 $h_0(-k)$，再经二抽取环节的输出，如图 4-10 所示：图中 $x'_k = x_k^{(0)} * h_0(-k) = \sum_n h_{0(n-k)} x_n^{(0)}$，经二抽取环节，将上式中的 k 改为 $2k$，即得

$$x_k^{(1)} = \sum_n h_{0(n-2k)} x_n^{(0)}$$

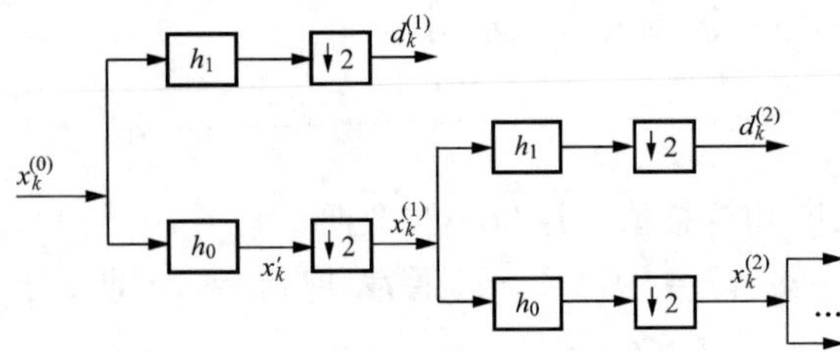

图 4-10 信号分解（符号↓2 表示对信号二抽取）

也可将 $d_k^{(1)}$ 看成是 $x_k^{(0)}$ 经过滤波器 $h_1(-k)$，再经二抽取环节的输出

$$d_k^{(1)} = \sum_n h_{1(n-2k)} x_n^{(0)}$$

按照同样思路，得

$$x_k^{(j)} = \sum_n h_{0(n-2k)} x_n^{(j-1)} \tag{4-16}$$

$$d_k^{(j)} = \sum_n h_{1(n-2k)} x_n^{(j-1)} \tag{4-17}$$

根据以上分析，若已知h_0 和h_1，则可按图 4-10 所示的多采样率滤波器组，由 $x_k^{(0)}$ 逐级求出 $x_k^{(j)}$ 和 $d_k^{(j)}$，这种算法称为 Mallat 算法。各级的低通输出 $x_k^{(j)}$ 是 $x(k)$ 在第j级分辨率下的平滑逼近；各级的带通输出 $d_k^{(j)}$ 是 $x(k)$ 在第 j 级分辨率下的细节信号。

（二）信号重建

类似于信号分解来逆推信号重建过程。按图 4-11 所示，由 $x_n^{(j)}$ 和 $d_n^{(j)}$，根据下式

$$x_n^{(j-1)} = \sum_k h_{0(n-2k)} x_k^{(j)} + \sum_k h_{1(n-2k)} d_k^{(j)} \tag{4-18}$$

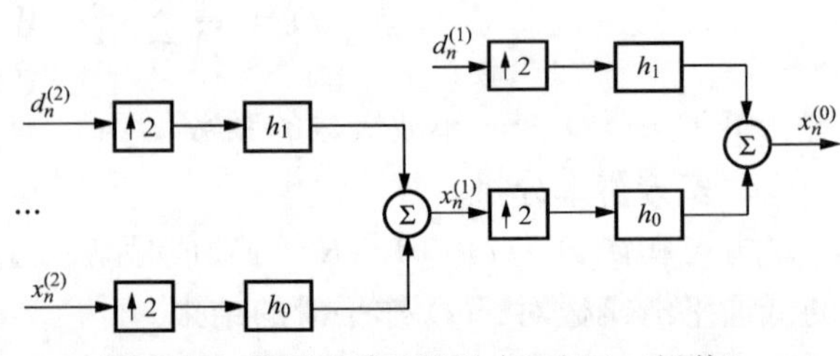

图 4-11 信号重建（符号↑2 表示二插值）

逐级求出 $x_n^{(j-1)}$，最后得到 $x_n^{(0)}$。

（三）并行滤波器组

在以上的讨论中，尺度按 2 的幂级数增长，每经一级作一次二抽取，数据量将减少一半。这样，j 愈大，平滑近似和离散细节输出的数据愈稀，难以看清全貌。可采用如图 4-12 所示的并行滤波器组来克服这一困难。图 4-12 中，将 h_1 及二抽取环节后细节信号的奇偶分量都输出；同时将 h_0 后的二抽取改成交替切换，保留全部结果，但分两路输出，送到下一级。图 4-12（a）所示是上述过程的基本环节，图 4-12（b）所示则是这种基本环节的组合。采取这样的措施后，不会再出现 j 愈大数据愈稀的问题。

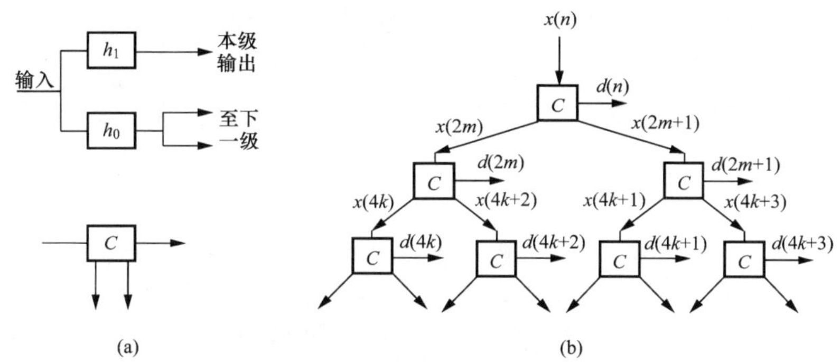

图 4-12 并行滤波器组

（a）基本环节；（b）基本环节的组合

六、应用的仿真分析

以局部放电检测为例，通过仿真分析[6]，说明如何应用小波分析来抑制窄带干扰。

（一）模拟信号和滤波器组

局部放电检测信号可能具有指数衰减波形或者衰减振荡波形，所以采用两种模拟信号。第一种放电模拟信号为指数衰减函数

$$t < t_0, x(t) = 0; t > t_0, x(t) = A\mathrm{e}^{-\frac{t-t_0}{\tau}}$$

第二种放电模拟信号为衰减振荡函数

$$t < t_0, x(t) = 0; t > t_0, x(t) = A\mathrm{e}^{-\frac{t-t_0}{\tau}}\cos[2\pi f_c(t-t_0)]$$

式中 t_0，A，τ——脉冲起始时间、幅值和衰减系数；

f_c——放电信号主频。

图 4-13 是放电模拟信号的时域波形及幅频特性。

原始模拟数据由第一种或第二种放电模拟信号与若干个频率不一的正弦干扰波线性叠加构成。

根据 Mallat 算法，采用 10 阶 Daubechies 小波，设计了 20 阶低通、高通滤波器 h_0 和 h_1。

（二）小波分析

原始模拟数据由第一种或第二种放电模拟信号与 10 个频率不一的正弦干扰波线性叠加构成。

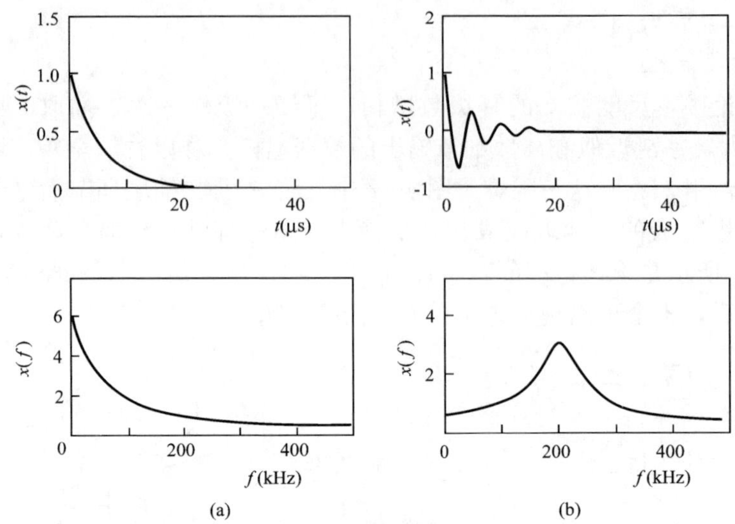

图 4-13　模拟信号的时域波形和幅频特性

(a) 模拟信号 1；(b) 模拟信号 2

($t_0=0$；$A=1$；$\tau=5\mu s$；$f_c=200kHz$)

局部放电模拟信号的参数为 $t_0=800\mu s$；$A=0.5$；$\tau=5\mu s$；$f_c=200kHz$。对模拟信号 1，干扰频率分别为 500，450，409，350，308，256，210，159，152，89kHz；对模拟信号 2，干扰频率分别为 450kHz，409kHz，389kHz，22kHz，5kHz，1kHz，510Hz，200Hz，100Hz，50Hz。

由图 4-13 知，模拟信号 1 的能量集中在低频段，小波变换后输出平滑部分提取信号的效果较好；模拟信号 2 的能量集中在信号主频两侧，选择适当的尺度因子，使信号主频在某级滤波器通带内，输出细节部分可较好地提取信号。

数值仿真时，采样率为 1MHz，量化位数为 8bit。图 4-14 给出数值仿真结果，其中 $x(t)$ 是平滑逼近，$d(t)$ 是细节差异，$j=0$ 时是原始信号。

图 4-14（a）是模拟信号 1 的情况，在 $j=3$ 时平滑逼近中信号表现明显，可知，对模拟信号 1 输出平滑部分可有效地从高频干扰中提取放电信号。图 4-14（b）是模拟信号 2 的情况，当 $j=2$ 时细节差异中信号表现明显，可知，对模拟信号 2，当干扰频率与信号主频相差一定数值时，输出细节部分可从高、低频窄带干扰中提取放电信号。小波处理前两种情况下的信噪比均为−23dB，处理后信噪比分别提高了 45dB 和 49dB。

（三）影响因素分析

研究了相继出现的放电脉冲间隔时间 Δt 对变换的影响。对模拟信号 1 及干扰组成的仿真信号，在 $j=3$，4 的平滑逼近中，当 Δt 大于 $50\mu s$ 时，相继脉冲可很好区分；而当 Δt 小于 $30\mu s$ 时，各脉冲无法分开。

对由模拟信号 1 及 400kHz 的正弦干扰组成的仿真信号，用 2MHz 采样率转换为 8 位数字信号，原始信号的信噪比为−41dB，在 $j=3$ 的平滑逼近中信号可提取出来，信噪比为 130dB。当量化位数为 10bit（或 12bit）时，原始信号中信噪比为−50dB（或−60dB）的放电信号，在 $j=3$ 的平滑逼近中也可提取出来。可知，增大量化位数可将更低幅值的放电信号从同样强烈的干扰中提取出来。

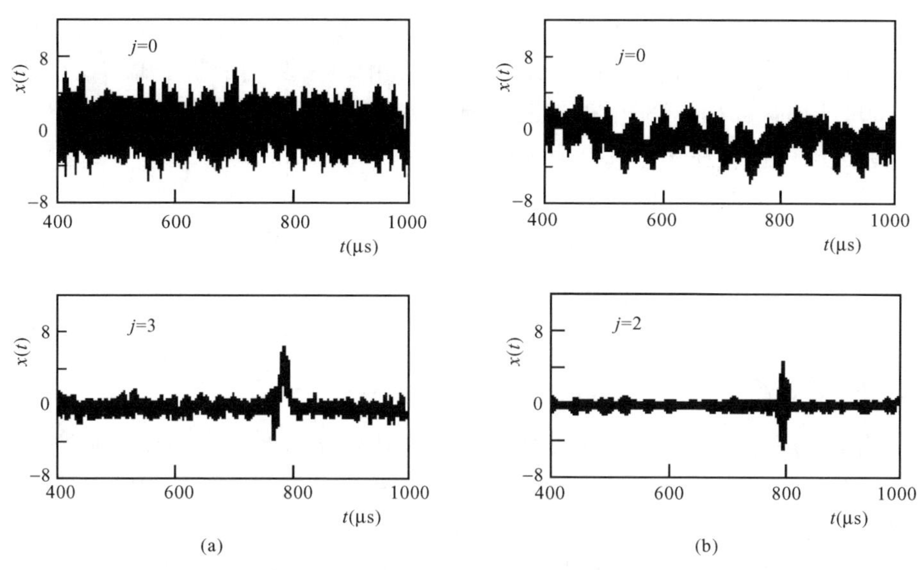

图 4-14 两种模拟信号的小波变换

（a）模拟信号 1；（b）模拟信号 2

七、应用实例

从以上仿真分析可以看出，应用小波分析方法可有效抑制窄带干扰，现场局部放电监测数据的处理结果也说明了这一点。

在某发电厂一台 200MW 汽轮发电机上安装了一套局部放电在线监测装置，测得的信号如图 4-15（a）所示[6]。由图可知，测得信号中包含有强烈的窄带干扰，由傅里叶分析所得

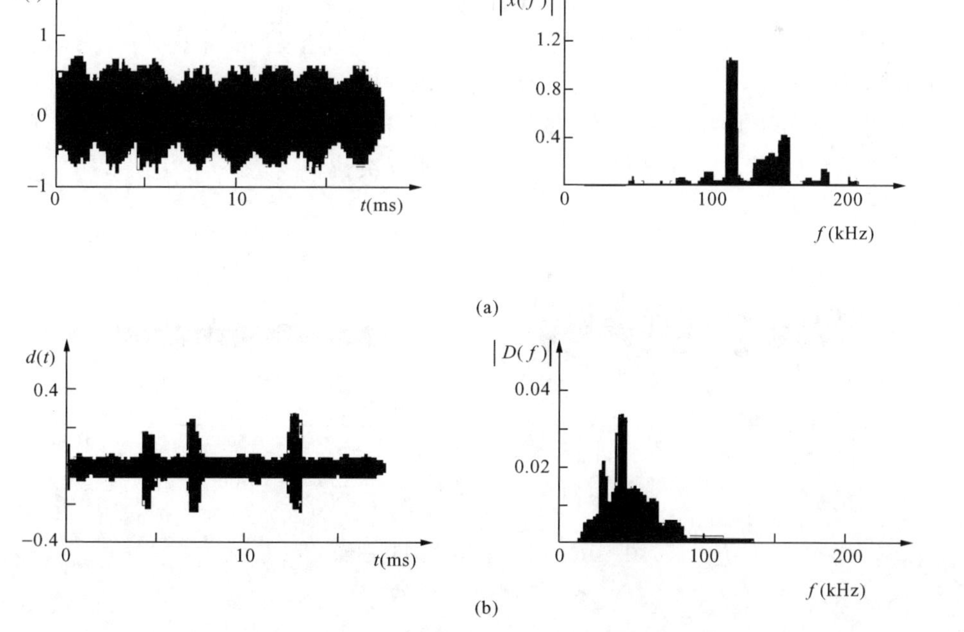

图 4-15 发电机中性点现场监测数据处理结果

（采样率 500kHz，量化位数 8，数据长度 8192）

（a）原始信号；（b）$j=3$ 时的细节输出

幅频特性可以看出，原始信号中包含有 120、150kHz 的窄带干扰。对原始信号进行了小波变换处理，图 4-15（b）给出 $j=3$ 时的细节输出及相应频谱。由图可知，经小波变换处理后，120、150kHz 的窄带干扰完全被抑制，淹没在干扰中的信号明显地显现出来，尽管在 25～75kHz 的范围内仍然存在干扰，但幅值很低，对被检测的信号已无明显影响。

◎ 第五节　白　噪　抑　制

白噪声是电气设备信号检测中经常遇到的一种随机干扰，可以使用时域平均法或小波分析法进行抑制。

一、时域平均法

时域平均法的原理比较简单。如果被检测的信号是周期性的，例如，对按电源频率 50 Hz 周期性出现的局部放电信号，就可使用时域平均法来抑制测获信号中的白噪干扰。

如在时域内按有用信号周期（例如，对局部放电信号是工频周期）的整数倍将测获数据划分为若干个样本，再进行平均，则数据处理前后有用信号的幅度基本不变，而白噪干扰将受到抑制。这种方法就称为时域平均法。

白噪随机性地围绕时间轴上下波动，通常认为遵从正态分布，其均值为 $m=0$，标准差为 σ。由于正态随机变量超越 $[m-3\sigma, m+3\sigma]$ 的概率极低，只有 0.3%，因此白噪的绝对值一般不超过 3σ。

白噪抑制效果与测获信号划分的样本数 n 有关。测获信号经时域平均处理后，白噪干扰的均值仍接近于零，而标准差则降为 $\sigma/\sqrt{n}$。由于白噪最大一般不超过 $3\sigma/\sqrt{n}$，与处理前相比，干扰降为原来的 $1/\sqrt{n}$，或者说信噪比提高为原来的 $\sqrt{n}$ 倍。

图 4-16 给出用时域平均法抑制白噪前后的对比。有用信号每隔 1000μs 周期性出现。测获信号的长度为 9000μs，图 4-16（a）给出其中 1000μs 的信号波形，可以看到有用信号与干扰混杂，无法区分。将 9000μs 的数据划分为 9 个样本，并进行平均，图 4-16（b）给出经时域平均处理后的情况，白噪被抑制，有用信号明显突出。

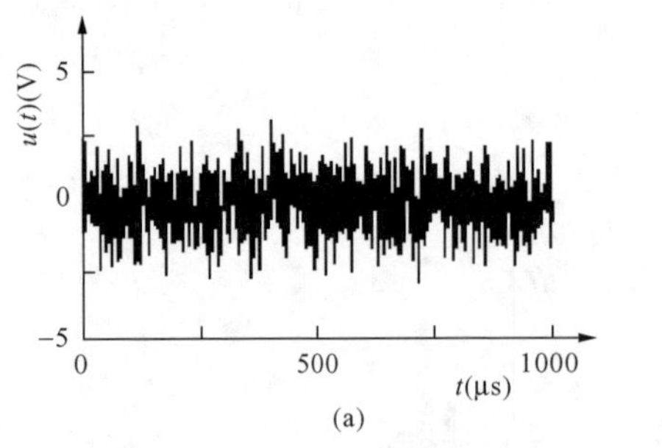

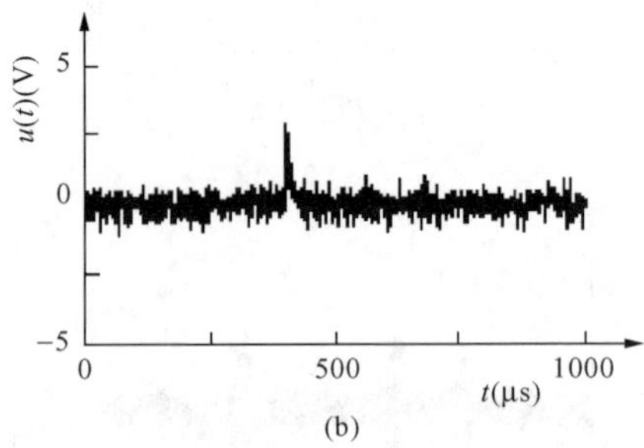

图 4-16　时域平均法抑制白噪干扰

（a）处理前；（b）处理后

二、小波去噪法

（一）基本原理

第四节中已提及，小波变换具有在时、频两域突出信号局部特征的能力，这些特征可以是反映个别信号特点的某些量，也可以是很多信号共有的共性量。例如，信号的过零点、极值点和过零间隔等就是信号的共性特征。小波变换奇异点(如过零点、极值点)在多尺度下的综合表现，使其具有表征信号突变特征的能力。

对阶跃式边沿输入 $x(t)$，其小波变换 $WT^{(1)}x(t)$ 具有极值点，$WT^{(2)}x(t)$ 具有过零点(注：$y^{(1)}(t)$ 和 $y^{(2)}(t)$ 分别表示 dy/dt 和 d^2y/dt^2)。对 δ 函数式尖峰输入 $x(t)$，其小波变换 $WT^{(1)}x(t)$ 具有过零点，$WT^{(2)}x(t)$ 具有极值点。可知，可由小波变换的过零点或极值点来检测信号的局部突变。由于过零点的检测易受干扰，因此采用极值点的效果更好。

(二) 小波变换极大值在多尺度上的变化

数学上采用李氏指数(Lipschitz exponent)α 来表征函数的局部特征。例如，斜坡函数的 $\alpha=1$，阶跃函数的 $\alpha=0$，δ 函数的 $\alpha=-1$。

如果有

$$|WT_a x(t)| \leqslant Ka^{\alpha}$$

当尺度因子 $a=2^j$ 时，得

$$\log_2 |WT_{2^j} x(t)| \leqslant \log_2 K + j\alpha \tag{4-19}$$

式(4-19)给出了小波变换的对数值随尺度 j 和李氏指数 α 的变化规律，此规律在小波变换的极值上反映得最为明显。当 $\alpha>0$ 时，小波变换的极大值随尺度 a(也就是 j)的增大而增大；当 $\alpha<0$ 时，小波变换的极大值随尺度的增大而减小；当 $\alpha=0$ 时，小波变换的极大值不随尺度改变。

(三) 小波去噪

上述规律的实际应用之一是抑制白噪。白噪的李氏指数 $\alpha=-0.5-\varepsilon(\varepsilon>0)$[5]，因此其小波变换极大值随尺度的增加而减小，或者说白噪的极大点随尺度增加而减少。可见，当信号中混有白噪时，大尺度下的极大点主要属于信号。

消除白噪的作法是：对测获信号进行不同尺度下的小波变换；以大尺度下的极值点为基础；逐步减小 j 值，根据高一级极值点的位置寻找本级的对应极值点，并去除其他极值点；

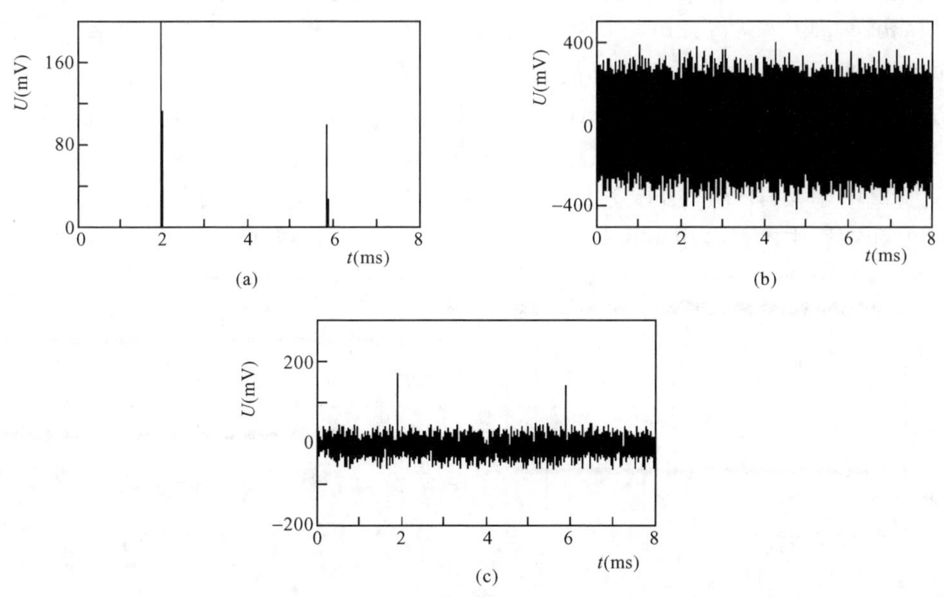

图 4-17 小波去噪法抑制白噪干扰

(a)模拟局放信号；(b)局放信号叠加白噪声；(c)小波去噪处理后

逐级搜索，直至 $j=1$ 为止；以选择出来的极值点来重建信号。

对小波去噪法的效果进行了仿真分析[7]。用指数衰减信号作为模拟局部放电信号，其最大幅值为 200mV，如图 4-17(a)所示。在模拟局放信号上叠加最大值为 400mV 的白噪声，如图 4-17(b)所示，可以看出局部放电信号被白噪完全淹没，信噪比为－6dB。图 4-17(c)为经小波去噪处理后的信号，由图可以看出，白噪得到很好抑制，局放信号明显突出于白噪之上，幅值虽由 200mV 降为 180mV，但白噪最大值被抑制为 50mV，此时信噪比为 11dB，提高了 17 dB。

◎ 第六节　脉冲干扰抑制

第一节中已经介绍，对脉冲型干扰可区分为周期性脉冲干扰和随机性脉冲干扰两大类。

对随机性脉冲干扰，由于干扰在时间、幅度、脉冲参数上的随机性，对其进行抑制是相当困难的。对周期性脉冲干扰，虽然干扰的出现具有周期性，但由于情况的复杂多样，例如导体电晕在发生相位和幅度上的分散性，某些周期性脉冲干扰与局部放电信号的相似性，使得对这些脉冲干扰的抑制也很困难。

有文献报道可使用平衡法或脉冲鉴别法，由于现场实际情况的复杂性，为使这两种方法能实际使用，尚需进一步研究。

时域开窗法是对测获信号进行分析，对确认的脉冲型干扰，通过软件对干扰所处时域内的数据置零，以此来抑制脉冲干扰。这是目前比较通用的一种方法。

一、时域开窗法

对脉冲型干扰的确认，可以依靠熟练人员的经验、或根据被检测对象和干扰的具体情况，建立脉冲型干扰的有效判断准则。以电力变压器局部放电为例进行说明。

电力变压器局部放电信号的检测通常使用高频(HF)法，检测装置的频率范围为1kHz～2MHz。高频法简单、易行，可校订视在放电量，但易受母线等电晕和功率电子器件的影响。对这些干扰可通过时域开窗法抑制。对干扰的确认虽可依靠熟练人员的经验，但是更有效的方法是根据特高频(UHF，300MHz～3GHz)法检测到的信号来确认干扰，其依据是油纸结构变压器中局部放电信号与空气中电晕等干扰在频率特性上的差异。

在实验室中用 UHF 法与 HF 法同时检测油中和空气中的模型放电信号。图 4-18 给出油中沿面放电和空气中电晕放电的测量结果[8]。对油中放电，UHF 与 HF 信号脉冲之间的对

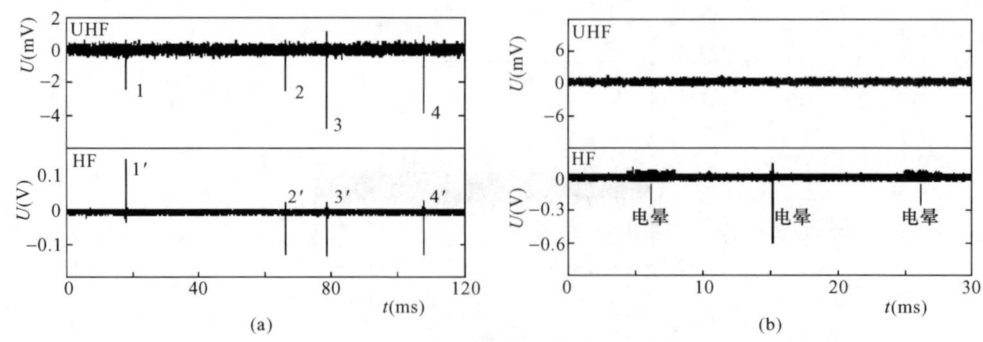

图 4-18　典型电极放电的数据分析

(a)油中沿面放电；(b)空气中电晕

应性较好；对空气中电晕，HF 法能测得信号，可 UHF 法得不到信号。对功率电子器件引起的脉冲干扰，由于其频带上限远小于 300MHz，因此也是 HF 法能测得信号，而 UHF 法测不到信号。

由此可知，可根据 UHF 测量结果中的脉冲信号来确定 HF 测量结果中的对应脉冲为放电信号。保留这些信号，将其他时段内的数据置零，从而抑制 HF 法结果中的脉冲干扰。

二、应用实例

图 4-19 给出一组（三个单相）240MVA/500kV 变压器中 B 相变压器的试验结果[9]。图 4-19(a)中 UHF 信号的背景噪声小，可确定最有可能是内部局部放电的脉冲信号，并确定相应的“时间窗”。将此时间窗引用到 HF 信号的对应位置，保留 HF 结果中对应位置处的信号，如图 4-19(b)所示，该信号包含了最有可能是内部局部放电的脉冲信号，从而达到抑制干扰的目的。

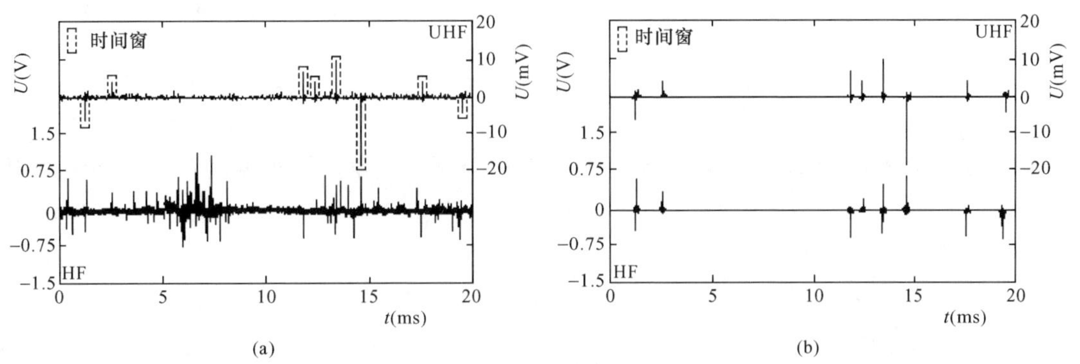

图 4-19 变压器局部放电数据分析
(a)UHF 的“时间窗”；(b)开窗法处理后的信号

第七节 数据处理

一、数据校正

受电气设备运行现场自然环境和电磁环境中各种因素的作用，在线监测数据可能会受到影响，在根据监测数据进行状态判断前，应对数据进行校正。由于不同设备受环境因素的作用各异，现以电容型电流互感器介质损耗因数的在线监测数据为例说明。

图 4-20 给出三台 500kV 电容型电流互感器（分别为 A、B、C 相），自 1999 年初至 2000 年秋的介质损耗因数的在线监测数据[10]（因未进行初始值校订，图中介质损耗监测值可能出现负值）。其中，C 相数据变化剧烈（约 2.4%），可判断存在缺陷；但 A、B 两相的数据不稳定，其波动为 1%左右，很难分析是否存在缺陷。经分析，数据不稳定的主要原因是电流传感器的性能受环境温度影响而发生了变化。因此，需要对介质损耗监测值进行温度校正。以下介绍四种温度校正方法[11]。

（一）电流传感器温度特性校正法

根据周围环境温度和所使用的电流传感器的温度特性，对介质损耗监测值进行数据校正是一种最直接的方法。

某 220kV 电容型电流互感器自 1999 年 1 月 1 日至 2002 年 6 月 30 日期间的介质损耗监测值见图 4-21，变动幅度为 1.39 %。用传感特性法进行了校正，变动幅度缩小为 0.52%，而与平均值相比变动值为 0.26%。考虑到环境温度变化时，被测设备介质损耗本身也可能改变，因此这种校正方法是可以接受的。

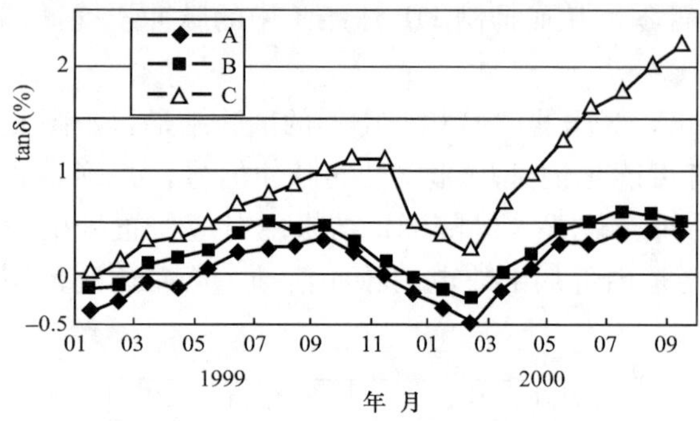

图 4-20 500kV 电容型电流互感器介质损耗监测值

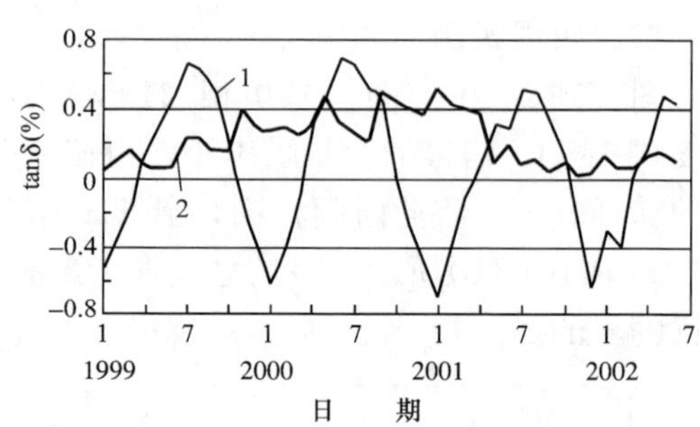

图 4-21 某 220kV 电容型电流互感器的介质损耗
1—校正前；2—传感特性法校正后

由于温度特性试验的复杂性，如果不是每支电流互感器都已取得温度特性，还可使用以下温度校正方法。

（二）同期数据对比校正法

考虑到各地区每年的温度变化规律基本相同，所以可尝试用不同年份相同日期的介质损耗比较来进行温度校正。

仍以上述电流互感器为例。将 1999 年全年的数据作为比较基数，用 2000～2001 年的介质损耗值减去 1999 年同日的介质损耗值，得到介质损耗差值进行校正。校正结果见图 4-22。校正后介质损耗监测值的变动幅度由 1.39%缩小为 0.46%，与平均值相比，校正后介质损耗变动值为 0.23%。

（三）同温数据对比校正法

由于第二年某日温度与第一年同日的温度可能有较大差异，因此又进行了改进：如果某日温度与第一年同日的温度差超过 5℃，则就近寻找第一年同期温度相近时的介质损耗值作为基数进行比较。

某 500kV 电容型电流互感器自 1999 年 1 月 1 日至 2002 年 11 月 10 日期间的介质损耗监测值见图 4-23，变动幅度为 0.69%。用同温对比法进行了校正，变动幅度缩小为 0.35%，而与平均值相比变动值为 0.18%。

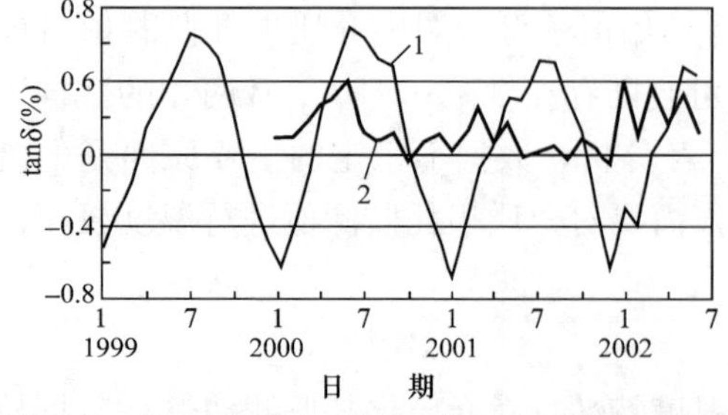

图 4-22 某 220kV 电容型电流互感器的介质损耗
1—校正前；2—同期对比法校正后

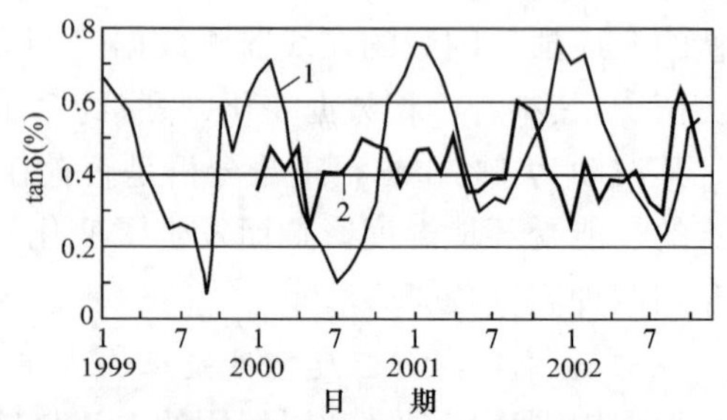

图 4-23 某 500kV 电容型电流互感器的介质损耗
1—校正前；2—同温对比法校正后

(四) 电流传感器近似温度特性校正法

对运行超过半年时间的电容型设备在线监测装置，可以由介质损耗监测值与环境温度的关系，推算出传感器的近似温度特性曲线，并进行校正。

仍以上述电流互感器为例。用近似特性法进行校正，结果见图 4-24。校正后，介质损耗监测值的变动幅度由 0.69%缩小为 0.35%，与平均值相比，校正后介质损耗变动值为 0.18%。

在介绍了四种温度校正方法后，对图 4-20 所示的介质损耗监测数据采用同期对比法进行校正，3 台电流互感器两年同日介质损耗差的变化曲线见图 4-25，A、B 两相的变化在 0.4%左右，与平均值的偏差不超过 0.2%，可判断为无缺陷；而 C 相数据变化剧烈，介质损耗差的变化为 1.2%，可判断存在缺陷。

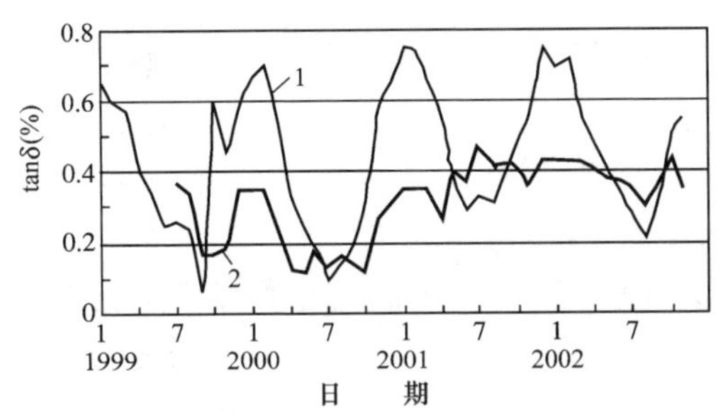

图 4-24　某 500kV 电容型电流互感器的介质损耗

1—校正前；2—近似特性法校正后

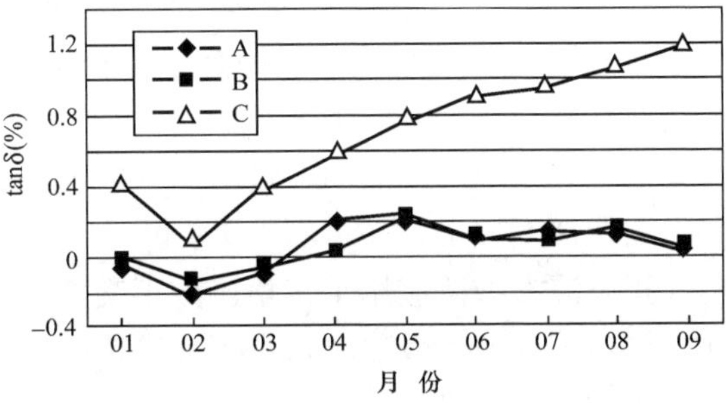

图 4-25　500kV 电容型电流互感器 2000 年与 1999 年同日介质损耗差

二、信号拟合

在线监测通常都是进行数字测量的。以采样率 f_s 对时域信号 $s(t)$ 进行数字化测量时，得到的是离散时间序列——M 个采样值 $s(t_j)$，$j=0,\cdots,M-1$。有时需要从离散时间序列 $s(t_j)$ 得到时域信号 $s(t)$，称为信号拟合或信号重建。

(一) 信号拟合方法

常见的是正弦信号 $s(t)=A\sin(\omega t+\varphi)$ 的拟合，下面以此为例，介绍三种方法：傅里叶分析法，正弦波参数法，高阶正弦拟合法。

1. 傅里叶分析法

傅里叶分析法是广泛采用的一种算法。A、$\omega(=2\pi f)$、φ 是工频基波信号特征，而正弦信号经傅里叶变换得到的是线谱，若不满足条件 $f_s/f=\mathrm{Int}_1$ 和 $M/\mathrm{Int}_1=\mathrm{Int}_2$（其中 Int 是整数），则分离线谱不一定对应工频基波频率。可以使用插值方法来取得工频基波信号特征，但会带来误差。此外，还会因信号截断、频域泄漏而影响测量结果。因此，应用傅里叶分析法时，需要满足同步采样条件[12]。

2. 正弦波参数法

正弦波参数法是应用最小二乘拟合算法，求得正弦波参数 A 和 φ 的一种方法[13]。展开信号为 $s(t)=D_1\sin\omega t+D_2\cos\omega t$，式中 $D_1=A\cos\varphi$，$D_2=A\sin\varphi$。由此可得

$$A=\sqrt{D_1^2+D_2^2} \tag{4-20}$$

$$\varphi=\arctan(D_2/D_1) \tag{4-21}$$

在对信号 $s(t)$ 采样，并用合适算法求得 D_1 和 D_2 后，即可由上式算出 A 和 φ。

对 $s(t)$ 的 M 个采样值 $s(t_j)$，$j=0$，…，$M-1$，采用最小二乘法来求取 D_1 和 D_2，即拟合信号与实际信号的总体误差平方和达到最小。令误差平方和为

$$X=\sum_{j=0}^{M-1}\left[D_1\sin\omega t_j+D_2\cos\omega t_j-i(t_j)\right]^2$$

为使其最小，则下式成立

$$\frac{\partial X}{\partial D_1}=0,\frac{\partial X}{\partial D_2}=0$$

由以上公式可得如下线性方程组

$$\boldsymbol{A}^{\mathrm{T}}\boldsymbol{A}\boldsymbol{D}=\boldsymbol{A}^{\mathrm{T}}\boldsymbol{G} \tag{4-22}$$

式中

$$\boldsymbol{A}=\begin{bmatrix}\sin\omega t_0 & \cos\omega t_0\\ \sin\omega t_1 & \cos\omega t_0\\ \vdots & \vdots\\ \sin\omega t_{M-1} & \cos\omega t_{M-1}\end{bmatrix},\boldsymbol{G}=\begin{bmatrix}i(t_0)\\ i(t_1)\\ \vdots\\ i(t_{M-1})\end{bmatrix},\boldsymbol{D}=\begin{bmatrix}D_1\\ D_2\end{bmatrix}$$

解上述线性方程组，即可求出 D_1 和 D_2。

正弦波参数法应用了三角函数正交性，但正交性仅在 f_s 和 f 满足整数倍时才成立。因此，应用正弦波参数法时，也需要满足同步采样条件。

3. 高阶正弦拟合法

高阶正弦拟合法是非同步采样条件下的算法，考虑到实测数据可能包含直流和谐波分量，所以它以直流分量幅值、基波频率、基波和谐波分量的幅值和初相角为优化对象，用高阶正弦模型来拟合 $s(t)$ 的采样数据[14]。

设被测信号由直流、基波和谐波分量组成，且谐波被限制在 N 次内，则可表示为

$$s(t)=A_0+\sum_{k=1}^{N}A_k\sin(k\omega t+\varphi_k) \tag{4-23}$$

式中 A_0——直流分量；

ω——基波频率；

A_k，φ_k——k 次谐波的幅值和初相角。

对信号 s(t)采样后得到 M 点离散序列 $s(t_j)$，$j=0$，…，$M-1$，拟合的目标函数为

$$\hat{s}(t)=\hat{A}_0+\sum_{k=1}^{N}\hat{A}_k\sin(k\hat{\omega}t+\hat{\varphi}_k)$$

数据拟合可以在某一拟合优度下进行，一般用数据点差值的范数来衡量，即寻找 $\beta^*=(\omega^*, A_0^*, A_1^*, A_2^*, \cdots, A_N^*, \varphi_1^*, \varphi_2^*, \cdots, \varphi_N^*)^T$，使满足

$$\begin{aligned}\eta(\beta^*)&=\sum_{j=0}^{M-1}\parallel s(t_j)-A_0^*-\sum_{k=1}^{N}A_k^*\sin(k\omega^* t_j+\varphi_k^*)\parallel_\alpha\\&=\min\sum_{j=0}^{M-1}\parallel s(t_j)-A_0-\sum_{k=1}^{N}A_k\sin(k\omega t_j+\varphi_k)\parallel_\alpha\\&\alpha=1,2,\cdots,\infty\end{aligned} \tag{4-24}$$

对这一无约束优化问题，通常根据其偏导数为零

$$\frac{\partial \eta}{\partial \beta^*}=0 \tag{4-25}$$

的条件求解，即由式(4-25)确定的2N+2个方程求解出2N+2个未知数。

由式(4-25)确定的方程组为非线性方程组，可用 *Newton* 法求解。为减少计算时间，对频率可选 $50Hz$ 作为初值，对幅值和初相角则以傅里叶分析法得到的数值作为初值。

(二) 应用的仿真分析

结合介质损耗角 δ 的测量，对高阶拟合算法进行了仿真分析[15]。

被测信号除 $50Hz$ 基波外，还包括直流和3次、5次谐波分量，以及白噪 w(t)

$$s(t)=0.5+100\sin(\omega t+\varphi_1)+3.5\sin(3\omega t+180°)+5.0\sin(5\omega t+75°)+w(t)$$

对 s(t)进行仿真数字化测量，采样频率 f_s 为 12.8kHz，A/D 分辨率为 12bit。一次采集4个工频周期，数据点数 M=1024。

分析电网频率 f、初相位 φ_1、谐波和白噪 w(t)变化对拟合结果的影响。在白噪声不大的情况下，算法对各个参数的拟合结果都非常准确。表4-1给出的是关键参数 φ_1（因为 $\delta=\pi/2-\varphi_1$）的拟合结果，可以看到，w(t)不大时，φ_1 的拟合结果和实际值的偏差不超过0.006°，折合弧度为0.0001。算法收敛速度也很快。

尽管被测信号中3次、5次谐波分量较小，但其参数拟合仍然很准确。这说明，基波作为干扰，尽管其幅值较大，但对谐波拟合的影响也不是太大。因此，可认为在较大的谐波成分幅值范围内，对基波拟合的影响都比较小。

然而，白噪的影响则相对要大得多。从表4-1可以看到，随着 w(t)增加到5以上时，φ_1 拟合值的误差明显。此外，拟合结果的分散性也增大了。多次拟合(样本数100)结果的均值和标准差 s 如表4-2所示，随白噪幅度的增加，标准差也随之增大。

表 4-1　　变化时　的拟合结果

$\varphi_1=30°$，$w(t)=0.1$ 改变 f			$f=50.2$Hz，$w(t)=0.1$ 改变 φ_1			$\varphi_1=30°$，$f=49.8$Hz 改变 $w(t)$		
实际 f(Hz)	拟合 φ_1(°)	迭代次数	实际 φ_1(°)	拟合 φ_1(°)	迭代次数	实际 $w(t)$	拟合 φ_1(°)	迭代次数
49.5	30.003	4	0	0.001	3	0.00	30.000	3
49.7	30.001	3	30	30.001	3	0.25	29.994	3
50.0	30.004	2	60	60.000	3	0.50	30.006	3
50.2	30.004	3	90	90.002	3	1.00	29.999	3
50.5	30.000	4	120	119.999	3	2.00	29.998	3
			150	150.000	4	5.00	29.926	4
			180	180.003	4	10.00	29.546	4

表 4-2　　φ_1 拟合结果的均值和标准差

$w(t)$	φ_1(°)	s(°)	$w(t)$	φ_1(°)	s(°)
0.25	30.000	0.006	1.00	29.997	0.023
0.50	30.000	0.012	2.00	30.001	0.044

在表4-2中，当 $w(t)=2$ 时，φ_1 的标准差为0.044°，换算为弧度约为0.0007。由于介质损耗角 δ 的计算涉及电流、电压两路信号的 φ_1，所以其标准差约为0.001，最大误差约为0.002。为了进一步提高 δ 的准确度，可采用多次测量、输出平均值的方法，如取50次测量的均值作为最后结果，这样 δ 的最大误差将下降为0.0003。

三、相关分析

信号的相关分析是故障诊断中十分有用的方法[2]。例如，通过相关分析，可以识别检测信号中的周期性成分、排除噪声干扰、提取有用信息等。

（一）自相关函数

自相关函数反映的是同一随机过程不同时刻随机变量之间的相互关系。将检测所得信号和它在某一时移 τ 之后的波形作比较，取得自相关函数，并以此为基础进行的分析称为自相关分析。

设 $x(t)$ 是检测所得信号样本，$x(t+\tau)$ 是 $x(t)$ 时移 τ 后的样本，定义自相关函数为

$$R_x(\tau)=\lim_{T\to\infty}\frac{1}{2T}\int_{-T}^{T}x(t)x(t+\tau)\mathrm{d}t \tag{4-26}$$

若数据采集时的采样间隔时间为 T_s，时移 $\tau=mT_s$，则离散形式的自相关函数可简记为

$$R_x(m)=\lim_{Z\to\infty}\frac{1}{2Z+1}\sum_{k=-Z}^{Z}x(k)x(k+m)=E[x(k)x(k+m)] \tag{4-27}$$

当由有限长（长度 N）的离散时间序列 $x(j)(j=0,\cdots,N-1)$ 作估计时，自相关的估计式为

$$\hat{R}_x(m)=\frac{1}{N-|m|}\sum_{k=0}^{N-|m|-1}x(k)x(k+m)$$

因为 $E[\hat{R}_x(m)]=R_x(m)$，按此公式所得估计为无偏估计，但估计的方差

$$\mathrm{var}[\hat{R}_x(m)]\approx\frac{N}{(N-|m|)^2}\sum_{k=-\infty}^{\infty}R_x^2(k)+R_x(k+m)R_x(k-m)$$

将随 m 的增大而增加，所以上述估计式很少应用，而改用下式来估计自相关函数

$$\hat{R}_x(m)=\frac{1}{N}\sum_{k=0}^{N-|m|-1}x(k)x(k+m) \tag{4-28}$$

因为

$$E[\hat{R}_x(m)]=E\left[\frac{1}{N}\sum_{k=0}^{N-|m|-1}x(k)x(k+m)\right]=\frac{N-|m|}{N}R_x(m)$$

所以估计是有偏差的，$|m|$ 越大，偏差也越大。仅当 $N\to\infty$ 时，因 $\lim\limits_{N\to\infty}E[\hat{R}_x(m)]=R_x(m)$，此时估计才是无偏估计（称为渐近无偏估计）。估计的方差

$$\mathrm{var}[\hat{R}_x(m)]\approx\frac{1}{N}\sum_{k=-\infty}^{\infty}R_x^2(k)+R_x(k+m)R_x(k-m)$$

不受 m 值影响，因此实用上常用这种方法来估计自相关函数。

（二）互相关函数

互相关函数反映的是两个随机过程不同时刻随机变量之间的相互关系。将检测所得信号和另一信号在某一时移 τ 之后的波形作比较，取得互相关函数，并以此为基础进行的分析称为互相关分析。

设 $x(t)$，$y(t)$ 是检测所得两个信号样本，$y(t+\tau)$ 是 $y(t)$ 时移 τ 后的样本，定义互相关

函数为

$$R_{xy}(\tau)=\lim_{T\to\infty}\frac{1}{2T}\int_{-T}^{T}x(t)y(t+\tau)\mathrm{d}t \tag{4-29}$$

若数据采集时的采样间隔时间为 T_s，时移 $\tau=mT_s$，则离散形式的互相关函数可简记为

$$R_{xy}(m)=\lim_{Z\to\infty}\frac{1}{2Z+1}\sum_{k=-Z}^{Z}x(k)y(k+m)=E[x(k)y(k+m)] \tag{4-30}$$

与自相关函数一样，互相关函数的估计也采用有偏估计

$$\hat{R}_{xy}(m)=\frac{1}{N}\sum_{k=0}^{N-|m|-1}x(k)y(k+m) \tag{4-31}$$

仅当 $N\to\infty$时，估计才是无偏的。

（三）应用实例

对同一信号，不同检测点测得的时间序列的时延，包含了可用于进行故障诊断的信息。由于在有用信号中混杂有干扰，无法直接根据信号的两个波形来取得其时延，此时采用相关分析就可以方便地解决此问题。

图 4-26 所示为在不同检测点对同一信号得到的两个时间序列 $x(k)$和 $y(k)$，检测时的采样率为 1MHz，即采样间隔时间为 1μs；量化位数为 8，因此时间序列的数值处于 127～—128 的范围内。

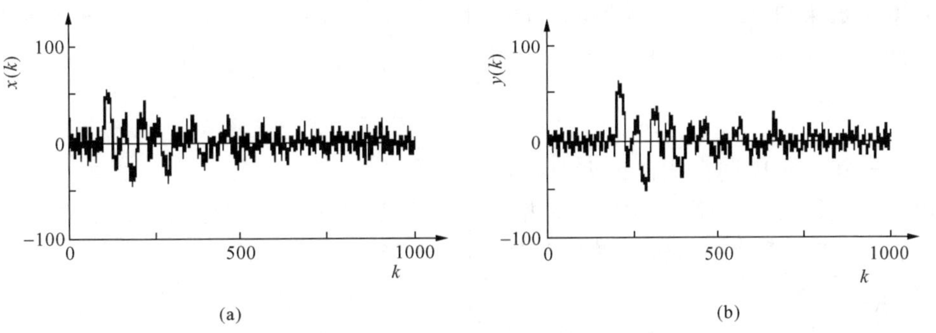

图 4-26　同一信号在不同检测点测得的时间序列

(a) $x(k)$；(b) $y(k)$

由式(4-31)计算不同时延 m 时的互相关函数 $R_{xy}(m)$，并将其画于图 4-27(图中 R_{xy} 值已归一化)。由图 4-27 可看出中，当 $m=100$ 时 $R_{xy}(m)$具有最大值，说明此两信号的时延为 100μs。

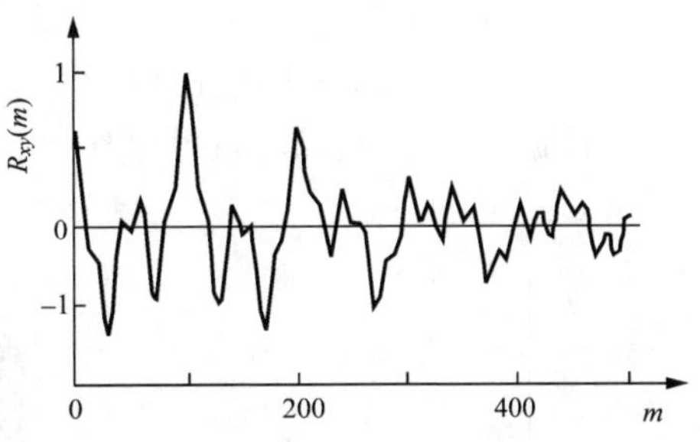

图 4-27　$x(k)$与 $y(k)$的互相关函数

四、指纹提取

对设备进行检测，所得信息可以是检测量的数值、时域特性、频域特性或时—频特性，有时还可对测得数据进行处理，得到一些特殊图形，它们反映了设备的状态信息，被称为指纹。

以局部放电检测为例，对指纹及其提取方法进行进一步说明。

脉冲电流法是测量局部放电的常用方法，通常使用示波器作为显示仪器，在示波器屏幕椭圆扫描(20ms/次)时基线上显示的脉冲信号幅度 h 反映放电量 q 的大小，脉冲在时基线上

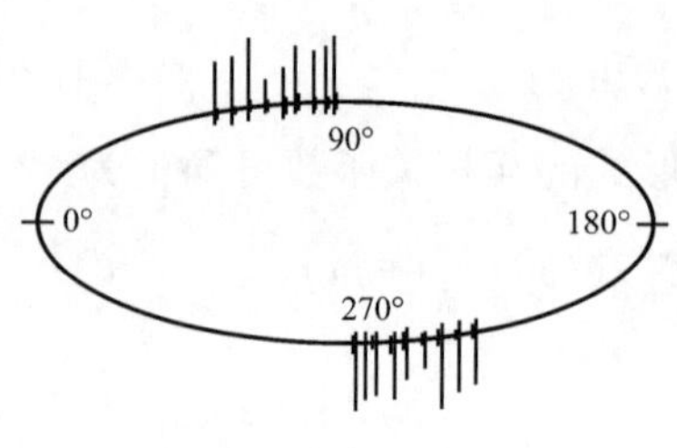

图 4-28 椭圆扫描时基线上的放电脉冲

的位置反映放电发生的工频电压相位 φ，信号的疏密反映PD发生的重复率 n(见图 4-28)。这种扫描图形就是一种简单的指纹。20 世纪 80 年代开始出现微机化的局部放电数字检测装置，通过这种装置可获得局部放电的基本信息：①放电量 q_i—第 i 次放电的视在放电量；②放电相位 φ_i—第 i 次放电脉冲所处的工频电压相位。在连续检测若干个工频周期的放电信号后，可获得放电基本参数序列(φ_i，q_i)。考虑到局部放电的 q、φ 和 n 具有较强的统计分散性，对检测到的若干个工频周期内的基本参数进行统计处理，即将它们平均、折算到一个周期内，就可以突出放电量 q 和重复率 n 随相位 φ 变化的规律性，有利于反映放电特性[16,17]。对局部放电数据序列进行统计处理后，可得到一些特殊图形，即放电指纹。根据处理方法的不同，可得到如下三种指纹：①二维 φ-q 谱图、φ-n 谱图；②三维 φ-q-n 谱图；③二维 φ-q 散点图。其中，n 是放电重复率(单位时间内的放电次数)。

(一) 二维谱图

1. 二维 φ-n 谱图

二维 φ-n 谱图反映放电重复率 n 随相位 φ 的分布。

设基本参数来自 M 个工频周期的检测，将一个工频周期 360°等分为若干个相位窗，统计每个周期每个相位窗内的放电次数，则相位窗 j 内的放电重复率为

$$n_j = \sum_{s=1}^{M} n_{js} \cdot \frac{50}{M} \tag{4-32}$$

式中 n_{js}——第 s 个周期在相位窗 j 内的放电次数。

若以 φ_j 表示第 j 个相窗的相位，则根据 φ_j、n_j 的数值就可以作出 φ-n 谱图。作为示例，图 4-29 给出电机线棒槽放电模型的局部放电测量二维 φ-n 谱图。

2. 二维 φ-q 谱图

二维 φ-q 谱图反映平均放电量 q 随相位 φ 的分布。

统计每个周期每个相位窗内的放电次数和放电量，则相位窗 j 内的平均放电量 q_j 为

$$q_j = \sum_{s=1}^{M} \sum_{i=1}^{n_{js}} q_{jis} / \sum_{s=1}^{M} n_{js} \tag{4-33}$$

式中 q_{jis}——第 s 个周期在相位窗 j 内第 i 次放电的视在放电量。

根据 φ_j、q_j 的数值就可以作出 φ-q 谱图。图 4-30 给出电机线棒槽放电模型的局放测量二维 φ-q 谱图。

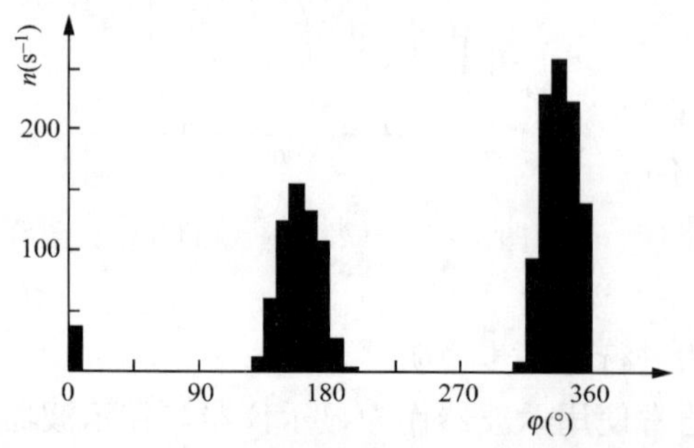

图 4-29 槽放电的二维 φ-n 谱图

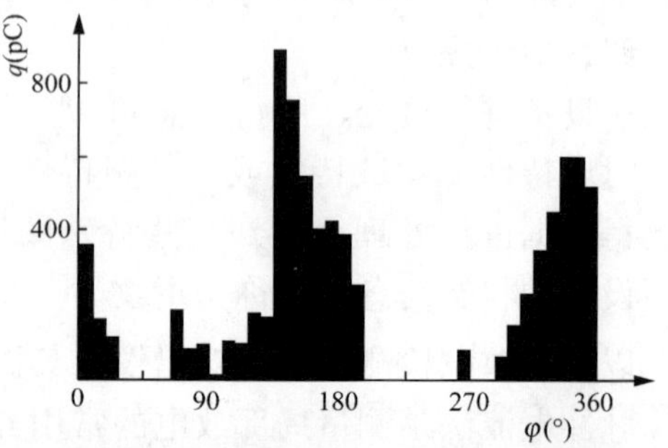

图 4-30 槽放电的二维 φ-q 谱图

通常，二维谱图的图形会集中在相位轴的两个区域，因此，可将谱图依据相位分为两部分，这样得到 4 个子谱图：φ-q^+、φ-q^-、φ-n^+、φ-n^- 谱图。

（二）三维谱图

放电三维 φ-q-n 谱图可看成是 φ-q 谱图和 φ-n 谱图的合成，它同时反映一定放电量的放电脉冲的发生相位和在该相位的放电重复率，比较全面地反映了局部放电脉冲的统计特性。其具体的实现过程是：将 φ 轴和 q 轴分别等分为 N_φ 和 N_q 份，整个 φ-q 平面被划分为 $N_\varphi \times N_q$ 个小格，每个小格的中心为(φ_i，q_j)。依据放电脉冲的放电量和发生相位，统计在每个小格中的脉冲个数，并计算出放电重复率 n

$$n(\varphi_i, q_j) = \frac{\sum_{s=1}^{M} n_s(\varphi_i, q_j)}{M} \tag{4-34}$$

式中 $n(\varphi_i, q_j)$——在以(φ_i，q_j)为中心的小格中单位时间内的放电数，简记为 n_{ij}；

M——对局放信号进行检测的工频周期数；

$n_s(\varphi_i, q_j)$——第 s 个周期内在小格内的放电脉冲个数，$s=1, 2, \cdots, M$。

在 φ-q-n 坐标系内画出点(φ_i，q_j，n_{ij})，并将这些点连接起来，就得到 φ-q-n 谱图，如图 4-31 所示。

（三）二维散点图

二维散点图的画法比较简单，将由局部放电检测装置获得的基本参数(放电量、放电相位)序列(q_i，φ_i)画在二维 φ-q 坐标系内，就得到了二维 φ-q 散点图[18]，见图 4-32。散点图中的数据未经过任何统计处理，充分反映了放电的分散性，可考虑从另一角度来提取特征量。

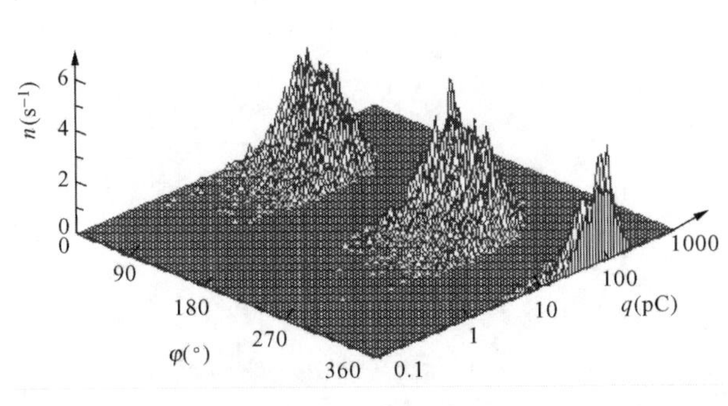

图 4-31 φ-q-n 三维谱图

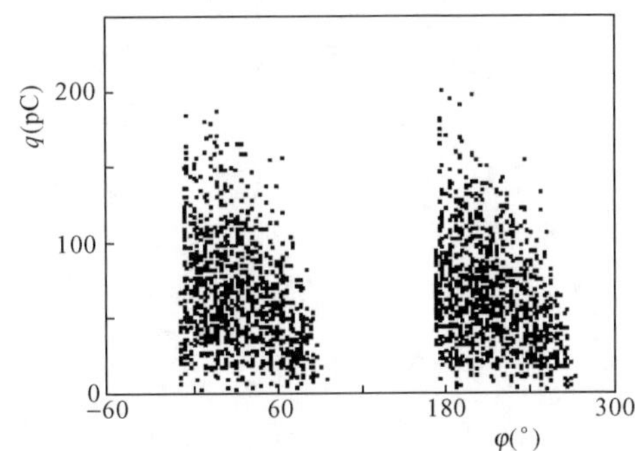

图 4-32 二维 φ-q 散点图

参 考 文 献

［1］ Schwab A J. Elektromagnetische Verträglichkeit. Berlin：Springer-Verlag，1990.

［2］ 姜建国，曹建中，高玉明. 信号与系统分析基础. 北京：清华大学出版社，1994.

［3］ Zaman S. 局部放电在线监测中抑制电磁干扰的自适应系统.［博士论文］. 北京：清华大学电机系，1995.

［4］ 谢良聘，朱德恒. 抑制窄带干扰的基于 FFT 频域分析算法的研究. 高电压技术，2000，26(4)：6-8.

［5］ 杨福生. 小波变换的工程分析与应用. 北京：科学出版社，1999.

[6] 王航，谈克雄，朱德恒．用小波变换提取局部放电信号．清华大学学报(自然科学版)，1998，38(6)：119-122.

[7] 谢良聘．局部放电在线监测系统中非脉冲型干扰的抑制．[硕士论文]．北京：清华大学电机系，2000.

[8] 陈庆国，龚细秀，李福祺，等．变压器油中局部放电超高频检测的研究．高电压技术，2002，28(12)：23-25.

[9] 王晓宁．汽轮发电机局部放电监测的抗干扰技术和诊断系统．[博士论文]．北京：清华大学电机系，2003.

[10] 张会平，谈克雄，董风宇，等．电容型设备在线监测数据的分析方法．高电压技术，2002，28(4)：28-29，32.

[11] 张会平．电容型设备绝缘在线监测运行状况分析．[硕士论文]．北京：清华大学电机系，2002.

[12] 王微乐．集成数据发布功能的综合性电力设备监测系统的研究．[硕士论文]．北京：清华大学电机系，2001.

[13] 赵秀山，谈克雄，朱德恒，等．介质损耗角的数字化测量．清华大学学报(自然科学版)，1996，36(9)：51-56.

[14] 黄琦．JSY-1 型电容型设备在线监测系统的研制．[硕士论文]．北京：清华大学电机系，1999.

[15] 王微乐，李福祺，谈克雄．测量介质损耗角的高阶正弦拟合算法．清华大学学报(自然科学版)，2001，41(9)：5-8.

[16] Gulski E，Morshuis P H F，Kreuger F H. Automized recognition of partial discharge in cavities. Japanese Journal of Applied Physics，1990，29 (7)：1329-1335.

[17] 朱德恒，谈克雄主编．电绝缘诊断技术．北京：中国电力出版社，1999.

[18] 高凯，谈克雄，李福祺，等．基于散点集分形特征的局部放电模式识别研究．中国电机工程学报，2002，22(5)：22-26.

第五章

诊 断 方 法

◎ 第一节 依据规则的诊断分类

诊断就是根据设备的特征来推断设备的状态。

设备的特征可由若干个选定的特征变量 $K_j(j=1, 2, \cdots, n)$ 来定量地表示，即设备的特征可由特征函数 $G(K_1, K_2, \cdots, K_j, \cdots, K_n)$ 表示。

设备的状态可由若干个选定的状态变量 $D_i(i=1, 2, \cdots, m)$ 来定量地表示，即设备的状态可由状态函数 $F(D_1, D_2, \cdots, D_i, \cdots, D_m)$ 表示。

由于设备的特征与状态不是一一对应的，因而要根据对问题的仔细考察，建立一套诊断规则。显然，诊断规则和特征与状态间的相互关系有关，以函数 $E(K_1, K_2, \cdots, K_j, \cdots, K_n; D_1, D_2, \cdots, D_i, \cdots, D_m)$ 表示诊断规则。

工程诊断问题的关键是要找到这三者之间的关系，从而可由特征函数、根据诊断规则来推断出设备的状态。

根据诊断规则的不同，可将诊断分成三种类型：①逻辑诊断；②模糊诊断；③统计诊断。[1]

一、逻辑诊断

在逻辑诊断中，将特征只归结为“有”或“无”两种，设备的状态同样只归结为“好”或“坏”两种(或者说“无”或“有”某种故障状态)，即特征和状态均采用二值逻辑描述。

逻辑诊断简单明了，应用较广，但把问题过于简化，诊断准确率稍低。

(一) 逻辑代数的基本规则

如变量 x 只能取值 1 或 0(相当于特征的“有”或“无”，状态的“好”或“坏”)，则这种变量称为逻辑变量。若函数 $y=f(x_1, x_2, \cdots, x_n)$ 的自变量 $x_1, x_2, \cdots, x_n$ 和因变量 y 都是逻辑变量，则它表达的是一种逻辑关系，被称为逻辑函数。最基本的逻辑函数有：

(1) 逻辑和，记为 $y=x_1+x_2$。

(2) 逻辑乘，记为 $y=x_1x_2$。

(3) 逻辑非，记为 $y=\bar{x}$。

(4) 同一，记为 $y=x$。

(5) 蕴涵，记为 $y=x_1\rightarrow x_2$。它表示：有 x_1 存在，必有 x_2 存在；但 x_1 不存在，则 x_2 可以存在，也可以不存在。它的逻辑关系等价于

$$y=\bar{x}_1+x_2$$

上述逻辑函数的真值表如表 5-1 所示。

表 5-1　　逻辑函数真值表

函数	逻辑非		同一	
记作	$y=\overline{x}$		$y=x$	
x	0	0	1	1
y	0	1	1	1

函数	逻辑和				逻辑乘				蕴涵			
记作	$y=x_1+x_2$				$y=x_1x_2$				$y=\overline{x}_1+x_2$			
x_1	0	0	1	1	0	0	1	1	0	0	1	1
x_2	0	1	0	1	0	1	0	1	0	1	0	1
y	0	1	1	1	0	0	0	1	1	1	0	1

逻辑运算的基本规则见表 5-2。这些基本规则对简化逻辑表达式十分重要。

表 5-2　　逻辑运算基本规则

名称	运算式	运算式
交换律	$A+B=B+A$	$AB=BA$
结合律	$A+(B+C)=(A+B)+C$	$A(BC)=(AB)C$
重叠律	$A+A=A$	$A\cdot A=A$
0-1 律	$A+1=1$	$A\cdot 1=A$
	$A+0=A$	$A\cdot 0=0$
互补律	$A+\overline{A}=1$	$A\cdot\overline{A}=0$
反演律	$\overline{A+B}=\overline{A}\cdot\overline{B}$	$\overline{A\cdot B}=\overline{A}+\overline{B}$
非非律	$\overline{\overline{A}}=A$	
吸收律	$A+AB=A$	$A(A+B)=A$
分配律	$(A+B)(A+C)=A+BC$	$A(B+C)=AB+AC$

（二）逻辑诊断

逻辑诊断中设备的特征函数、诊断规则、状态函数都是逻辑函数。

设设备的特征函数为 $G(K_1, K_2, \cdots, K_j, \cdots, K_n)$，其中 $K_j(j=1, 2, \cdots, n)$为特征逻辑变量。如 $K_j=1$，则称设备有第 j 种特征；如 $K_j=0$，则称设备无第 j 种特征。K_j 取值可为 0 或 1，但在构成逻辑特征函数 G 时，则总是令 G 取值为 1。

例如，假定某种设备可能有 3 种特征 K_1，K_2，K_3：

如某台设备同时具有 K_1，K_2，K_3 特征，则特征函数 G 可记为 $G=K_1K_2K_3$；

如某台设备有 K_1、K_2 特征而无 K_3 特征，则应记为 $G=K_1K_2\overline{K_3}$，而不能将 K_3 忽略；

如某台设备有 K_1、K_2 特征，但不能确定有无 K_3 特征，则特征函数可记为 $G=K_1K_2$。

设设备的状态函数为 $F(D_1, D_2, \cdots, D_i, \cdots, D_m)$，其中 $D_i(i=1, 2, \cdots, m)$为特征逻辑变量。如 $D_i=1$，则称设备有第 i 种状态；如 $D_i=0$，则称设备无第 i 种状态。D_i 取值可为 0 或 1，但在构成状态函数 F 时，则总是令 F 取值为 1。

例如，若某种设备可能有两种状态 D_1 和 D_2：

如诊断出某台设备的状态函数为 $F=D_1D_2$，则表明该台设备同时存在状态 D_1、D_2；

如诊断出状态函数 $F=D_1\overline{D}_2$，则表明该台设备存在状态 D_1 而无状态 D_2；

如诊断出状态函数 $F=D_1$，则表明该台设备存在状态 D_1，但不能确定是否有状态 D_2；

如诊断出状态函数 $F=D_1+D_2$，则表明该台设备或存在状态 D_1 或 D_2，或两种状态 D_1、D_2 同时存在。

工程诊断是由设备特征 G 根据诊断规则 E 推断出设备状态 F，或者说诊断规则 E 应能保证由特征 G 推断出状态 F。因此，在逻辑诊断中诊断规则可用逻辑函数表达为

$$E = G \rightarrow F$$

这是蕴涵的逻辑关系。由于 G、F 的取值都为 1，由蕴涵真值表的最后一列，E 的取值也为 1，即构成诊断规则时应使 $E=1$。

诊断规则 E 由一定数量的细则 E_1，E_2，…，E_s 组成，这些细则必定同时存在，即 $E=E_1E_2\cdots E_s=1$。

由以上所述，逻辑诊断中，可由

$$F = GE \tag{5-1}$$

求得 F，并令 $F=1$，即可判断出设备的状态。

为简化问题，设某种电机定子绕组绝缘可能具有如下两种特征 K_1、K_2 和 3 种状态 D_1、D_2、D_3：

K_1——直流泄漏电流（I_g）大；K_2——局部放电量（q）大；D_1——绝缘受潮；D_2——绝缘开裂严重；D_3——绕组端部表面放电。

诊断规则为：

$D_1 \rightarrow K_1$：绝缘受潮，I_g 必大；

$D_2 \rightarrow K_1K_2$：绝缘开裂严重，I_g 大，q 也大；

$D_3 \rightarrow K_2$：绕组端部表面放电，q 必大；

$K_1 \rightarrow D_1+D_2$：I_g 大，则绝缘或受潮，或开裂严重，或两种状态同时存在；

$K_2 \rightarrow D_2+D_3$：q 大，则绝缘或开裂严重，或绕组端部表面放电，或 2 种状态同时存在。

【例 5-1】 若对某台电机的检测结果为 I_g 大，q 不大；试推断这台电机定子绕组绝缘的状态。

解

根据题意知，特征逻辑变量为 $K_1=1$，$K_2=0$，则特征函数为

$$G = K_1\overline{K}_2$$

诊断规则为

$$E = (\overline{D}_1 + K_1)(\overline{D}_2 + K_1K_2)(\overline{D}_3 + K_2)(\overline{K}_1 + D_1 + D_2)(\overline{K}_2 + D_2 + D_3)$$

状态函数为

$$\begin{aligned} F &= GE \\ &= K_1\overline{K}_2(\overline{D}_1 + K_1)(\overline{D}_2 + K_1K_2)(\overline{D}_3 + K_2) \times (\overline{K}_1 + D_1 + D_2)(\overline{K}_2 + D_2 + D_3) \\ &= 1 \end{aligned}$$

将 K_1、K_2 的值代入，得

$$F = \overline{D_2}\,\overline{D_3}(D_1 + D_2) = D_1\overline{D_2}\,\overline{D_3} = 1$$

说明绕组绝缘有状态 D_1，而无状态 D_2 和 D_3，即绝缘受潮，但无开裂和绕组端部表面放电。

二、模糊诊断

（一）基本概念

故障初期的诊断数据有某些不确定性，即随机性和模糊性。随机性可用概率论方法去处理，而模糊性却要用模糊集合论的方法来解决。

随机性：一定条件下事件发生与否的偶然性。对随机事件，事件可能发生也可能不发生，但事件本身有明确的含义，没有丝毫模糊性。例如：空气间隙在一定幅值冲击电压作用下的击穿现象，施加电压前，无法确定加压时间隙是击穿还是耐受，即事件具有随机性；但加压后间隙或击穿或耐受，这是明确的。施加很多次电压时，间隙击穿具有一定的概率。

模糊性：区分或评价客观事物差异的不分明性。例如：对绝缘受潮这一现象，很难找到一个数值，当绝缘含水量大于此值即为受潮，小于此值即为不受潮，即评价绝缘是否受潮具有模糊性。科学追求精确，但很多概念不能用精确方法处理。精确方法的逻辑基础是上述的二值逻辑，非真即假，但应用于模糊概念与命题时将导致逻辑悖论。

以汉族男性成人个子高矮为例。按照传统逻辑，应存在一个阈值 h_0（如 1.75m），当身高 $h > h_0$ 时为高个，当 $h \leqslant h_0$ 时为矮个。这样命题 A“身高 1.5m 者为矮个”，命题 B“身高 2m 者为高个”必然是真命题。从常识看，命题 a“比矮个高 1mm 者还是矮个”，命题 b“比高个矮 1mm 者还是高个”也是真命题。这样，从命题 A 和 a 出发，按照传统逻辑的推理规则作连续推理，可以得出显然为假的命题 C“身高 2m 者为矮个”；由命题 B 和 b 出发，又可以推出显然为假的命题 D“身高 1.5m 者为高个”，这就导致了逻辑悖论。

这类悖论很多，例如朋友、年龄、饥饱悖论等，其原因在于高个和矮个、新朋友和老朋友、年轻和年老、饥和饱等都具有模糊性。若用精确的二值逻辑来刻画这类概念，进行判断和推理，必然导致悖论，这就是传统逻辑的局限性。

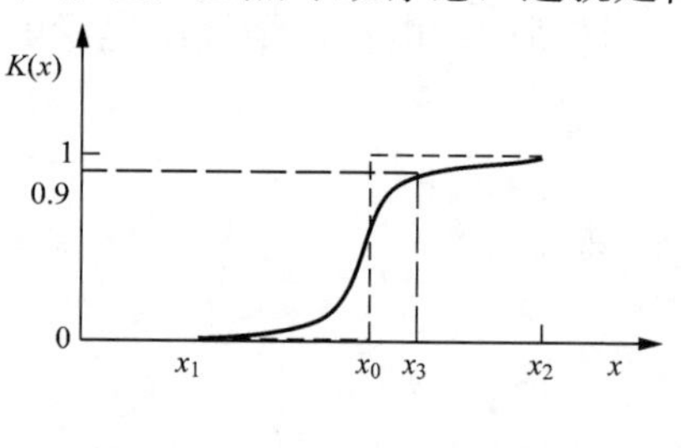

图 5-1 $K(x)$与 x 的关系

设备诊断也具有模糊性，特征的强弱和故障的严重性都是模糊概念。例如，绝缘油的受潮程度可由含水量反映。含水量“很低”，认为未受潮；含水量“很高”，可认为受潮严重。但如何衡量含水量为“很低”或“很高”呢？逻辑诊断中使用阈值 x_0，当含水量 $x \leqslant x_0$ 时，认为受潮不严重或未受潮，此时特征变量 $K(x)=0$；当 $x > x_0$ 时，则认为受潮严重，此时特征变量 $K(x)=1$。$K(x)$与 x 的关系如图 5-1 中虚线所示。二值逻辑虽然简单，但过于粗糙。实际上衡量绝缘油受潮情况的特征变量 $K(x)$与含水量 x 的关系是连续变化的，如图中实线所示。在 x 很小时，可认为 $K(x)=0$；在 x 很大时，$K(x)=1$；在中间的过渡区，$K(x)$随 x 逐渐增加。

模糊数学将 0，1 二值逻辑推广为可取[0，1]闭区间中任意值的连续值逻辑。引入隶属

函数$\mu(x)$的概念，它满足$\mu(x)\in[0,1]$。对于所论的特征K或状态D，$\mu_{K(x)}$或$\mu_{D(y)}$分别称为x对K或y对D的隶属度。二值逻辑函数是隶属函数的特殊情况，隶属函数是二值逻辑函数的推广。

事件发生的隶属度也称为可能度。例如，在$x=x_1$时，受潮严重的隶属度$\mu(x_1)=0$，即确认绝缘油未受潮；在$x=x_2$时，$\mu(x_2)=1$，即百分之百地认为绝缘油受潮严重；若对$x=x_3$，有$\mu(x_3)=0.9$，则绝缘油受潮的可能度为90%。

事件发生的隶属度与事件发生的概率是不同的概念，可用下例说明。表5-3为某种发动机的磨损率x与相应的$\mu(x)$，$p(x)$值。由表可知，当x在100～200mg/h时，发动机磨损严重的隶属度为0.8，即该发动机被评定为磨损严重的可能度为0.8，但如此严重磨损的概率仅为0.09；而当隶属度为0.1时，其发生的概率为0.4。

表5-3 **发动机磨损的隶属度和概率**

磨损率x(mg/h)	0～5	5～10	10～50	50～100	100～200	>200
隶属度$\mu(x)$	0	0	0.1	0.5	0.8	1.0
概率$p(x)$	0.1	0.2	0.4	0.2	0.09	0.01

（二）模糊关系方程

一台设备或一个系统中可能出现的各种故障状态构成一个集合，此集合可用状态向量

$$\boldsymbol{D}=[D_1D_2\cdots D_i\cdots D_m]^{\mathrm{T}}$$

来表示，m为状态的种数。向量的元素D_i为模糊变量而不是逻辑变量，D_i的隶属函数为$\mu_{Di}(y_i)$，$i=1,2,\cdots,m$。

由这些故障状态引起的各种特征也构成一个集合，可用特征向量

$$\boldsymbol{K}=[K_1K_2\cdots K_j\cdots K_n]^{\mathrm{T}}$$

来表示，n为特征的种数。向量的元素K_j是模糊变量，K_j的隶属函数为$\mu_{Kj}(x_j)$，$j=1,2,\cdots,n$。

模糊诊断中，诊断规则由模糊关系矩阵体现，此矩阵反映了状态和特征之间的因果关系。状态隶属度向量、模糊关系矩阵、特征隶属度向量构成了如下的模糊关系方程

$$\begin{bmatrix}\mu_{D1}(y_1)\\\mu_{D2}(y_2)\\\vdots\\\mu_{Di}(y_i)\\\vdots\\\mu_{Dm}(y_m)\end{bmatrix}=\begin{bmatrix}r_{11}&r_{12}&\cdots&r_{1j}&\cdots&r_{1n}\\r_{21}&r_{22}&\cdots&r_{2j}&\cdots&r_{2n}\\\vdots&\vdots&\ddots&\vdots&\ddots&\vdots\\r_{i1}&r_{i2}&\cdots&r_{ij}&\cdots&r_{in}\\\vdots&\vdots&\ddots&\vdots&\ddots&\vdots\\r_{m1}&r_{m2}&\cdots&r_{mj}&\cdots&r_{mn}\end{bmatrix}*\begin{bmatrix}\mu_{K1}(x_1)\\\mu_{K2}(x_2)\\\vdots\\\mu_{Kj}(x_j)\\\vdots\\\mu_{Kn}(x_n)\end{bmatrix}\tag{5-2}$$

上式可简写为

$$\boldsymbol{\mu}_D=\boldsymbol{R}*\boldsymbol{\mu}_K\tag{5-3}$$

其中 $\boldsymbol{\mu}_D$为状态隶属度向量

$$\boldsymbol{\mu}_D=[\mu_{D1}(y_1)\quad\mu_{D2}(y_2)\quad\cdots\quad\mu_{Di}(y_i)\quad\cdots\quad\mu_{Dm}(y_m)]^{\mathrm{T}}\tag{5-4}$$

$\boldsymbol{\mu}_K$为特征隶属度向量

$$\boldsymbol{\mu}_K=[\mu_{K1}(x_1)\quad\mu_{K2}(x_2)\quad\cdots\quad\mu_{Kj}(x_j)\quad\cdots\quad\mu_{Kn}(x_n)]^{\mathrm{T}}\tag{5-5}$$

$\boldsymbol{R}$为模糊关系矩阵

$$
\boldsymbol{R}=\begin{bmatrix} r_{11} & r_{12} & \cdots & r_{1j} & \cdots & r_{1n} \\ r_{21} & r_{22} & \cdots & r_{2j} & \cdots & r_{2n} \\ \vdots & \vdots & \ddots & \vdots & \ddots & \vdots \\ r_{i1} & r_{i2} & \cdots & r_{ij} & \cdots & r_{in} \\ \vdots & \vdots & \ddots & \vdots & \ddots & \vdots \\ r_{m1} & r_{m2} & \cdots & r_{mj} & \cdots & r_{mn} \end{bmatrix} \tag{5-6}
$$

其元素

$$0 \leqslant r_{ij} \leqslant 1, i=1,2,\cdots,m; j=1,2,\cdots,n$$

“*”为广义模糊逻辑算子，它代表不同的模糊逻辑运算

$$
r_{ij} * \mu_{Kj}=\begin{cases} \mu_{Kj} & r_{ij}>\mu_{Kj} \\ [\mu_{Kj},1.0] & r_{ij}=\mu_{Kj}\neq 0 \\ 0 & r_{ij}=\mu_{Kj}=0 \\ 0 & r_{ij}<\mu_{Kj} \end{cases} \tag{5-7}
$$

模糊诊断就是根据模糊关系矩阵 $\boldsymbol{R}$ 及特征向量各元素的隶属度 $\boldsymbol{\mu}_K$，求得状态向量各元素的隶属度 $\boldsymbol{\mu}_D$。

（三）模糊诊断实例

根据现场运行经验，可归纳出电力变压器的 14 种故障状态和 20 种特征[2]。

状态的总数 $m=14$，如表 5-4 所示。

表 5-4 电力变压器的故障状态

状态序号	故障状态
D_1	相软连接片对升高座距离很近，有过电压时导致击穿放电
D_2	箱内有金属异物，在强油循环下形成动态性质的铁芯多点接地
D_3	散热器散热效果差
D_4	裸金属过热(套管导杆与引线接触不良；分接开关动静触头接触不良)
D_5	分接开关金属头与可动头衔接处接触不良，引起悬浮放电
D_6	将军帽悬浮电位放电
D_7	油中放电
D_8	油中有铁锈或水分杂质
D_9	匝绝缘处局部放电导致匝间短路，扩大至段间短路
D_{10}	弱绝缘结构进水受潮
D_{11}	绝缘纸材质不良，包绕工艺差而存在气泡，并导致放电、击穿
D_{12}	将军帽密封不严而进水受潮
D_{13}	沿围屏树枝状放电
D_{14}	呼吸系统不畅通

特征的总数 $n=20$，如表 5-5 所示。

表 5-5　　**电力变压器的特征**

特征数序号	特　征
K_1	重瓦斯保护动作
K_2	轻瓦斯保护动作
K_3	套管错位损坏
K_4	气相各组分均超过正常值十几倍之多
K_5	铁芯绝缘电阻过低
K_6	主要特征气体含量未超过标准
K_7	变压器未过载，上层油温约在 80℃以上
K_8	电气试验无异常
K_9	高压绕组直流电阻相间差别大
K_{10}	油外溢
K_{11}	甲烷、乙烯迅速增加，CO、CO_2 增长较少
K_{12}	总烃、乙炔含量较高或明显增长
K_{13}	气相各组分都趋上升，甲烷、氢较明显
K_{14}	仅氢含量逐渐增加
K_{15}	高压绕组被烧毁
K_{16}	匝间绝缘击穿
K_{17}	高压套管电容屏间击穿
K_{18}	甲烷、乙烯、总烃含量特别高，乙炔值略高于正常值，但不是总烃的主成分
K_{19}	变压器箱壳变形
K_{20}	高压侧相间绝缘受潮破坏

模糊关系矩阵各元素见表 5-6。

表 5-6　　**模糊关系矩阵各元素**

状态＼特征		特征序号 j																			
		1	2	3	4	5	6	7	8	9	10	11	12	13	14	15	16	17	18	19	20
状态序号 i	1	A	·	A	A	·	·	·	·	·	·	D	D	C	·	·	·	·	·	·	·
	2	·	·	·	·	A	·	·	·	·	·	·	·	D	C	·	·	·	A	·	·
	3	·	·	·	·	·	A	A	A	·	·	·	·	·	·	·	·	·	·	·	·
	4	·	·	·	D	·	·	·	·	A	·	A	C	·	·	·	·	·	·	·	·
	5	·	·	·	D	·	·	·	·	·	·	·	A	D	·	·	·	·	·	·	·
	6	·	·	·	C	·	·	·	·	·	·	·	A	C	·	·	·	·	·	·	·
	7	·	·	·	C	·	·	·	·	·	·	C	·	A	D	·	·	·	·	·	·
	8	·	·	·	D	·	·	·	·	·	·	D	·	D	A	·	·	·	·	·	·
	9	·	·	·	·	·	·	·	·	·	·	·	·	·	·	A	B	·	·	·	·
	10	·	·	·	·	·	·	·	·	·	·	·	·	·	·	·	A	·	·	·	·
	11	·	·	·	·	·	·	·	·	·	·	·	·	·	·	·	·	A	·	·	·
	12	·	·	·	·	·	·	·	·	·	·	·	·	·	·	·	·	A	·	·	·
	13	·	·	·	·	·	·	·	·	·	A	·	·	·	·	·	·	·	·	A	A
	14	A	A	·	·	·	·	A	·	·	·	·	·	·	·	·	·	·	·	·	·

注　字母表示因果关系的强弱程度：A—密切，B—较密切，C—有关系，D—有点关系，小黑点—无关。假定分别取 $A=0.9$，$B=0.7$，$C=0.5$，$D=0.3$，小黑点为零。

【例 5-2】 变压器油气相色谱分析结果是甲烷、乙烯含量显著增加，总烃含量也有显著增加，乙炔含量略高，试作诊断。

解 由设备特征知，$\mu_{K11}=0.7$，$\mu_{K18}=0.9$，其余的 $\mu_{Kj}=0$。

由模糊关系矩阵元素表，得

$$r_{1,11}=0.3$$
$$r_{2,18}=0.9$$
$$r_{4,11}=0.9$$
$$r_{7,11}=0.5$$
$$r_{8,11}=0.3$$

根据模糊逻辑运算规则，$\mu_{D4}=0.7$，$\mu_{D2}=[0.9,1.0]$。

诊断结果为：变压器箱内有金属异物，导致铁芯接地(D_2)，也有可能有裸金属过热(D_4)。实际情况为：箱内有一片脱落的铜片搭在铁芯上，造成铁芯接地。

（四）隶属函数的确定

应用模糊数学方法解决实际问题时必须要确定隶属函数。对各种不同的情况，要根据经验总结出各自的隶属函数。为了方便，已总结出了很多类型的隶属函数，常用的有数十种之多，解题时可根据实际情况，选用适当的隶属函数。

可将隶属函数区分为上升型和下降型两大类。$\mu(x)$随 x 增加而上升的称为上升型，反之随 x 增加而下降的称为下降型。

在设备诊断中，当隶属度为 0 时，对特征而言表示无此特征，对状态而言表示无此故障状态；当隶属度为 1 时，对特征表示肯定有此特征，对状态表示肯定有此故障状态。

常用隶属函数见表 5-7。如特征或状态的区分很明显，可用一个阈值 a 或两个阈值 a_1 和 a_2 来区分，则可选择矩形分布(此时相当二值逻辑)或梯形分布、凹凸分布。如在 $0\leqslant x\leqslant a$ 时，能明确设备的特征或状态，而在 $x>a$ 时，在相当大范围内 $\mu(x)$是逐渐变化的，则可用正态型，其 k 值越大，则曲线变化越陡峭，当 k 很大时就接近于矩形分布。

表 5-7 常用隶属函数

类型	图形	表达式
升半矩形分布		$\mu(x)=\begin{cases}0, & 0\leqslant x\leqslant a\\1, & x>a\end{cases}$
升半梯形分布		$\mu(x)=\begin{cases}0, & 0\leqslant x\leqslant a_1\\(x-a_1)/(a_2-a_1), & a_1<x\leqslant a_2\\1, & x>a_2\end{cases}$

续表

类型	图 形	表 达 式
升半凹凸分布		$\mu(x)=\begin{cases}0, & 0\leqslant x\leqslant a\\ a(x-a)^k, & a<x\leqslant a+a^{-1/k}\\ 1, & x>a+a^{-1/k}\end{cases}$
升半正态分布		$\mu(x)=\begin{cases}0, & 0\leqslant x\leqslant a\\ 1-\exp[-k(x-a)^2], & x>a\end{cases}$
升半指数分布		$\mu(x)=\begin{cases}\dfrac{1}{2}\exp[k(x-a)], & 0\leqslant x\leqslant a\\ 1-\dfrac{1}{2}\exp[-k(x-a)], & x>a\end{cases}$

在确定隶属函数类型及参数时，必须结合具体问题加以研究。必要的统计数据及专家的经验是十分重要的。

有时为了简化问题可以将连续的隶属函数近似用多值逻辑来代替，即将设备的特征或状态根据隶属度的值分为若干等级。例如，图 5-2 中将设备的特征或状态分为 5 个等级，每一等级对应的特征或故障见表 5-8。

表 5-8　　特征或故障的分等

等 级	1	2	3	4	5
特征	很弱	弱	一般	强	很强
状态	很好	较好	一般	较差	很差
故障	无	轻微	一般	较严重	严重

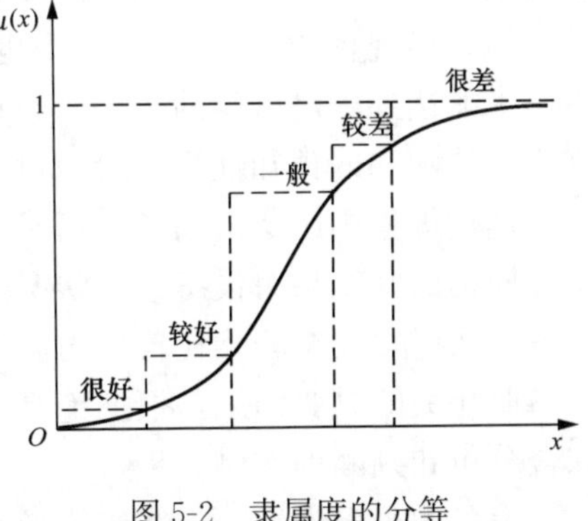

图 5-2　隶属度的分等

三、统计诊断

统计诊断考虑到被试对象特征变量分布的不确定性，即随机性。对处于同样状态的同类设备，其特性参数的取值并不一样，而是按一定的统计规律分布，如图 5-3 所示。完好绝缘 D_1 和故障绝缘 D_2 的某特性参数 x 的概率密度曲线分别为 $f_{D_1}(x)$ 及 $f_{D_2}(x)$，均值分别为 $\bar{x}_1$ 为和 $\bar{x}_2$。

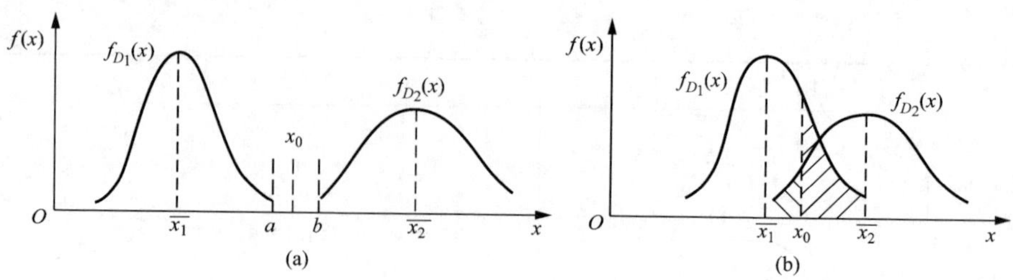

图 5-3 特性参数的概率分布

(a)完好绝缘和故障绝缘的特性概率密度曲线分离；(b)两者重叠

如 f_{D_1}(x)和 f_{D_2}(x)是完全分离的，则可在 a、b 区间中选择一值作为阈值 x_0，当 $x \leqslant x_0$ 时判断绝缘状态完好，当 $x > x_0$ 时判断绝缘有故障。x_0 接近 a 值，则偏于安全；若 x_0 接近 b 值则反之。

大多数情况下，$f_{D_1}(x)$和 $f_{D_2}(x)$是相交的，这时不论怎样确定 x_0，都有发生错判(虚报或漏报)的可能，发生虚报的概率为 x_0 右边的阴影面积；发生漏报的概率为 x_0 左边的阴影面积。虚报或漏报都会造成损失。增大 x_0 可减小虚报但会增大漏报的可能；减小 x_0 则反之。为提高确诊率，特性参数的概率密度曲线应由大量试验结果总结归纳得出。统计诊断要在考虑上述各种因素后确定更合适的诊断规则，使损失最小。

模糊诊断和统计诊断的准确度较高，但方法复杂，还在研究发展之中。目前绝缘诊断中主要仍采用逻辑诊断。

◎ 第二节 电力设备诊断举例[,]

一、概述

电力部门规定，电力设备诊断按 DL/T 596—1996《电力设备预防性试验规程》及其修订说明进行。作为正式颁布执行的规程，需要应用比较成熟的技术，所以仍属于预防性维修阶段。但上述规程的 1996 年版本中也已明确规定：如经实用考核证明利用带电测量和在线监测技术能达到停电试验的效果，经批准可以不做停电试验或适当延长周期。这为发展在线监测诊断技术和向预知性维修阶段过渡创造了条件。

现行规程中广泛采用了阈值及逻辑诊断方法。同时在总结各地运行经验的基础上，推荐一种根据试验结果对设备绝缘状况进行分析和判断的办法——“综合分析和判断”法，即“与设备历次(年)的试验相比较，与同类型设备的试验结果相比较，与规程的要求值相比较”，并参照相关的试验结果，根据绝缘变化的规律或趋势，进行分析和判断。表 5-9 列举了几个综合分析和判断的实例。

设备的很多特性，如绕组直流电阻、绝缘电阻、泄漏电流、$\tan\delta$ 等与温度及湿度等环境因素有关，因此应同时测量被试品的温度和周围空气的温度和湿度。分析比较时应进行必要的温度换算。进行绝缘预防性试验时，规定被试品温度不应低于+5℃，户外试验应在良好天气进行，且空气相对湿度一般不高于 80%。需要指出的是：温度与湿度等环境条件的变化是影响在线监测数据稳定性的重要因素。

充油设备中，绝缘油是其主要绝缘材料。综合分析和判断设备绝缘状况时，应对设备的电气试验和油试验结果全面进行考虑，作出正确结论。

表 5-9　　电气设备绝缘试验结果的综合分析和判断实例

序号	设备名称	相序	绝缘特性				规程要求值	绝缘油介电强度（kV）	绝缘变化趋势	综合分析结论	原因分析及检查情况
			绝缘电阻（MΩ）	泄漏电流（μA）	tanδ 上年 %	tanδ 本年 %					
1	66kV电流互感器	A	10000		0.213	0.96	tanδ 值不大于3%		A相tanδ值为0.96%，比上年测值增长约4.1倍，比B、C相增长约7.4倍	绝缘不合格	(1)A相互感器的tanδ值虽未超过规定值，但增长速度异常。 (2)打开A相互感器端盖检查，上端盖内明显有水锈迹，说明已进水
		B	10000		0.128	0.125					
		C	10000		0.152	0.173					
2	SW2-60型少油断路器	A	800	7			泄漏电流值一般不大于10μA		A相断路器的绝缘电阻值较低；且泄漏电流值异常，比B、C相明显增大	绝缘不合格	(1)缩短试验周期，5个月后再次测试为42μA，说明绝缘继续劣化。 (2)解体检查发现油中有水；对绝缘拉杆干燥处理并换油后，绝缘正常
		B	5000	1							
		C	5000	1							
3	SW6-220型少油断路器	A	10000	2			泄漏电流值一般不大于10μA		B相绝缘电阻值较低；泄漏电流值异常，较A、C相明显增大；油的电气强度低，且有水	绝缘不合格	(1)认为未超过规定值，可投运，10个月后，B相断路器爆炸。 (2)油的电气强度降低至18.8kV，且油中有水，说明密封不良
		B	5000	7				18.8（油中有水）			
		C	10000	2							
4	66kV电流互感器	A	10000		0.58	2.98	tanδ 值不大于3%	50	tanδ 值比上年测值增长约4.1倍	绝缘不合格	(1)tanδ值未超过规定值，判断合格；投运10个月后，互感器爆炸。 (2)绝缘受潮
		C	10000		0.58	7.4		50	tanδ 值比上年测值增长约11.8倍，超过规定值1.5倍		绝缘受潮，当即停止运行，进行检修
5	LCLWD3-220型电流互感器		10000		0.41	1.4	(1)tanδ值不大于1.5%。 (2)与上年相比，C_x增长率不大于±10%	30、35（从互感器中先放出400mL水，再放出部分水和油后的测量值）	(1)tanδ值比上年增长约2.4倍。 (2)C_x值比上年增长10%。 (3)油的气相色谱分析不合格，乙炔为34×10^{-6}（规定为3×10^{-6}以下）	绝缘不合格	(1)tanδ值未超过规定值，判断合格；投运10h后，互感器爆炸。 (2)原因分析： 1)互感器端部密封结构设计不良，进水； 2)C_x增长率为10%，说明有一对电容屏间的绝缘击穿

设备的设计结构和尺寸确定后，绝缘的电容量与充填介质密切有关。当相近温度下测得的电容量有变化时，说明设备绝缘中存在不同程度的缺陷。因此综合分析和判断绝缘状况时，应考虑设备的电容量与上年(次)测值比较的增长率。

根据预防性试验结果的综合分析，一般可对设备作出下述判断结论：绝缘合格、绝缘不合格或对绝缘有怀疑。对绝缘不合格者，应及时进行检修。为能做到有重点或加速对缺陷的处理，应根据设备绝缘结构的特点，尽量做到部件的分解试验，进一步查明缺陷部位或范围；对绝缘有怀疑或异常、一时不易确定绝缘是否不合格的设备，应采取缩短试验周期的措施，监视绝缘变化的趋势。显然，开展在线监测可以随时掌握绝缘的状况，从而避免停电试验和检修的盲目性。

以下以旋转电机和变压器为例，作进一步说明。

二、旋转电机的诊断

(一) 绝缘事故类别和原因分析

大型发电机容量最大可达 1600MVA，额定电压最高可达 30kV；大型电动机最大可达 40MW 和 15kV。发电机和电动机是发电和用电部门的重要设备。当定子绕组额定电压超过 3kV 时，其绝缘问题就变得十分重要了。由于定子绕组的工作电压比转子的要高得多，因此绝缘事故主要发生在定子绕组。转子主要受到很大的机械负荷，对绝缘特性的要求较低。

电机运行中，其定子绕组主要受到以下各种因素的作用，工作条件是很严酷的。

热：最高可达 140℃(F 级)。

电：1～4kV/mm(早期生产的电机工作场强较低)。

环境：与电机的型式及其运行条件有关，湿度和污染都可达很严重的程度。

机械：与输出功率和工作类型有关。

根据国内大型发电机的运行经验，其事故类别和原因可分为如下几种：

(1) 定子绕组绝缘击穿。根据多年来统计，造成定子绕组绝缘击穿的事故约占发电机事故总数的 1/3。

1) 绝缘击穿老化。主要发生在运行 20 年以上的中小容量的发电机上。它们的绕组大部分是沥青云母绝缘(黑绝缘)，因运行年久、流胶严重；或因制造不良或浸胶不透，使内部发空脱壳、松散，导致电气和机械强度降低，发生击穿事故。

2) 绕组绝缘磨损导致击穿。主要发生在制造工艺不良、端部固定不当的发电机上。

3) 绕组绝缘受潮导致击穿。主要原因有：水内冷发电机定子或转子漏水；发电机水冷却器凝露；氢冷发电机补氢时氢中带水；密封漏油，油中带水；机房地板漏水进入发电机内部等。

(2) 定子绕组端部接头焊接不良。定子绕组端部常因并头套焊接不良，运行中发热开焊，烧毁绝缘。

(3) 水内冷发电机定子绕组空心导线内堵塞。由于空心导线内堵塞，冷却水流通不畅，致使局部绝缘过热损坏。

(4) 定子铁芯烧损。

(5) 转子通风系统堵塞，烧毁绝缘。

(6) 机内存留异物。制造或检修过程中，可能因操作不慎而在机内存留异物。这类事故本应完全避免，但仍时有发生，造成的后果是十分严重的。

（二）诊断技术

旋转电机常用的测试及诊断技术见表 5-10。

影响电机定子绕组绝缘电阻的因素较多，数值分散，故难以规定绝缘电阻的最低允许值。应注意与过去测得的历史值比较，若在相近试验条件(温度、湿度)下，绝缘电阻降低到历年正常值的 1/3 以下时，应查明原因。测量绝缘电阻时，同时测量吸收比 R_{60}/R_{15} 或极化指数 R_{600}/R_{60}。推荐采用极化指数，它对于判断定子绕组的绝缘性能更为准确有效。

表 5-10　旋转电机定子绕组的常用诊断技术

故障性质	诊断技术	被试设备运行状态	诊断技术发展阶段	诊断技术有效性
设备外部状态明显改变，如部件松动、电晕放电、不允许的高温	目测	现场，退出运行	普遍采用	中/高
绕组线棒在铁芯中的紧固性下降	定子槽楔的检验(机械法和电气法)	现场，退出运行	普遍采用	中
受潮和污染	定子绕组的绝缘电阻、吸收比或极化指数	现场，退出运行	普遍采用	低/中
绕组中的集中性缺陷，如绝缘裂缝、表面漏电痕迹等	泄漏电流	现场，退出运行	普遍采用	中
绝缘中的集中性缺陷，绝缘最低绝缘水平的验证	绝缘对地的耐压试验	现场，退出运行	普遍采用	中
绝缘整体状态，如受潮	介质损耗因素 $\tan\delta$	现场，退出运行	普遍采用	中/高
固体绝缘内部和外部(如绕组端部、槽内线棒与铁芯之间等)的局部放电	局部放电	现场，退出运行	普遍采用	中
		运行中(在线监测)	普遍采用/发展阶段	中
多匝线圈匝间绝缘耐电强度下降	多匝线圈型绕组的冲击耐压试验	现场，退出运行	普遍采用/发展阶段	中
定子绕组绝缘老化	介质损耗因素增量($\Delta\tan\delta$)；整相绕组(或分支)及单根线棒的第二电流激增率(ΔI)	现场，退出运行	普遍采用	中

耐压试验能直接有效揭示绝缘的介电强度。工频交流耐压试验可能造成绝缘的损伤；直流耐压试验(同时进行泄漏电流试验)对绝缘造成的损伤较小，且其试验装置容量和尺寸较小，所以也得到采用，以代替交流耐压试验。直流电压作用下绝缘中的电压分布和交流电压下不同，故也可采用超低频(如 0.1Hz)高电压进行耐压试验，但往往仍认为工频交流耐压试验最为可靠。耐压试验属破坏性试验，故设备应先进行各项非破坏性试验并判定绝缘正常之后，才进行耐压试验，作为最后的检验手段。

电机局部放电测量近年才有采用。在我国电力设备预防性试验规程中还未列入局部放电测量。原因之一是认为云母绝缘耐放电性能良好。但绝缘的各种缺陷在发展至直接击穿之前，往往会经历不完全放电的阶段，因此局部放电的在线监测不失为评估定子绕组绝缘性能的重要措施，国外已有不少大型电机采用，国内也已开始应用。

三、电力变压器的诊断

（一）绝缘事故类别和原因分析

电力变压器也是电力系统的主要设备，其额定电压在我国最高达 500kV，因此其绝缘问题十分突出。变压器主要采用由矿物油和绝缘纸及绝缘纸板组成的油—屏障绝缘结构。特殊情况下也采用 SF_6 气体绝缘，但电压较低、容量较小。此处只讨论充油变压器。

变压器运行中，其绕组主要受到以下各种因素的作用：

机械：特别当出口近区发生短路故障时，绕组会受到巨大的电动力。

热：过载，漏磁场或冷却系统故障会引起局部过热。

电：变压器直接连接电力系统，当发生各种内部、外部过电压时，会受到很强的电场强度。

根据国内大型变压器的运行经验，其事故类别和原因可分为如下几种。

1. 绕组纵绝缘事故

纵绝缘事故主要是指匝间绝缘和段间绝缘的击穿。

（1）过电压。在雷电过电压下引起纵绝缘击穿，以 110kV 的变压器较多。

（2）设计和工艺不良。对于纠结式绕组，匝间和段间的电压较高，若变压器设计不良或工艺上有缺陷，都将造成纵绝缘击穿事故。

2. 绕组主绝缘事故

主绝缘事故主要指绕组对地和相间绝缘放电。主绝缘事故对变压器的破坏作用，要比纵绝缘事故大得多，往往造成相对地或相间短路，使绕组遭到严重破坏，甚至油箱变形、开裂，难于修复。

绕组主绝缘事故，危害较大的主要是绝缘围屏纸板产生树枝状放电烧伤。从爬电的部位来看，绝大部分发生在高压绕组外部围屏上，极少数发生在紧靠端部高、低压绕组之间的绝缘围屏上。从烧损的纸板分析，属于高能量局部放电现象，逐渐形成树枝状碳化通道，进而引起对地或相间击穿事故。

初步分析，造成绝缘围屏树枝状放电的主要原因有以下几方面：

（1）局部电场增强。长垫块等绝缘部件的边棱角未做倒楞处理；或绝缘材质有缺陷，处理工艺不良，造成较高的局部场强。

（2）绝缘受潮。

（3）油流带电。采用强迫油循环冷却时，设计或工艺不当，局部油的流速过大，造成静电积累，导致较高的局部场强。

3. 绝缘老化击穿

纸绝缘在长期运行中，由于电、热等因素作用，逐渐老化，聚合度降低，导致机械性能下降(变脆)。纸绝缘老化虽不直接导致其耐电强度显著下降，但由于机械性能变劣，在电动力作用下，容易破损而最终导致击穿。

4. 进水受潮

主要是套管顶部连接帽密封不良，水分沿导线进入绕组绝缘内，引起击穿事故。

5. 出口短路后引起绕组变形

变压器出口发生短路后，巨大的电动力可能引起绕组变形。变形缺陷可形成潜伏性故障，逐步积累，最终导致击穿。

6. 局部过热

变压器过载、漏磁场、铁芯多点接地等可造成局部过热，最终导致击穿。

7. 进入异物

制造或检修过程中，可能因操作不慎而在变压器内存留异物。这类事故本应完全避免，但仍时有发生，造成的后果是十分严重的。

（二）诊断技术

电力变压器常用的测试及诊断技术见表 5-11。

表 5-11　电力变压器的常用诊断技术

故障性质	诊断技术	被试设备运行状态	诊断技术发展阶段	诊断技术有效性
机械性质故障（绕组变形）	(1)励磁电流	现场，退出运行	普遍采用	中
	(2)低压脉冲	现场，退出运行	普遍采用	中
	(3)频率响应	现场，退出运行	普遍采用	中
	(4)漏抗	现场，退出运行	普遍采用	中/高
		运行中，在线监测	发展阶段	
过热引起的故障	(5)油中溶解气体的色谱分析	被试设备在运行中，测定在试验室进行	普遍采用	高
	(6)油中溶解氢气监测	运行中，在线监测	普遍采用	低
	(7)油中糠醛含量的液相色谱分析(绝缘老化的评估)	被试设备在运行中，测定在试验室进行	普遍采用	中
	(8)绝缘纸(纸板)的聚合度(绝缘老化的评估)	现场，退出运行	普遍采用	中
	(9)埋入式光纤温度传感器	运行中，在线监测	发展阶段	
电气故障	(10)绕组绝缘电阻、吸收比或(和)极化指数	现场，退出运行	普遍采用	低/中
	(11)绕组的 $\tan\delta$	现场，退出运行	普遍采用	中
	(12)油中溶解气体的色谱分析	被试设备在运行中，测定在试验室进行	普遍采用	高
	(13)局部放电	现场，退出运行 运行中，在线监测	普遍采用 发展阶段	高 中/高
	(14)绝缘油试验(水分、击穿电压、$\tan\delta$ 等)	被试设备在运行中，测定在试验室进行	普遍采用	高
	(15)耐压试验(工频电压、倍频感应电压、操作冲击感应电压)	现场，退出运行	普遍采用	高

油中溶解气体的色谱分析对发现放电和过热故障相当有效，得到运行部门的重视。DL/T 596—1996《电力设备预防性试验规程》中将它列为充油变压器的首要检查项目。进行色谱分析，设备无需退出运行，但由于试验方法复杂，只能定期采油样后在专门的试验室内进

行。色谱分析的缺点是对快速发展的故障难以及时检出，此外还需对故障的地点与性质作进一步的检查性试验，才能避免误判。例如。有载开关小油箱漏油，也可以引起色谱分析数据的异常，而误认为内部放电性故障。根据色谱分析的故障诊断采用比值法，仍属于阈值法的范畴，它还未能包括或反映变压器内部故障的所有形态，有时放电性故障与过热性故障的表征互有交叉或矛盾。目前正在研究采用模糊集和人工神经网络等先进的数学方法，以提高诊断的准确性。

绝缘电阻取决于变压器纸和油的状况，还取决于结构尺寸，并随测试时间增加而增大，因此不是判断绝缘状况的理想指标。在变压器未曾换油的情况下，与前一次的测试结果作比较，判断才有意义。但如绕组绝缘电阻很大(例如 10^4 MΩ 以上)，因受测试仪器的限制，进行两次测试值的比较，意义仍然不大。采用吸收比判断绝缘状况也有不确定性。特别是对于大型变压器，因吸收时间较大，往往不能取得大的吸收比。相比之下，极化指数对判断绝缘状况有较好的确定性。

由于各类缺陷发展到最终击穿、酿成事故之前，往往先经过局部放电阶段，所以局部放电测量是变压器绝缘诊断极为有效的手段。离线试验时，采用移动电源供电。局部放电的在线监测近来得到迅速发展。为了推广局部放电的在线监测技术，抗干扰措施和危险性放电判据的确定是仍需研究改进的课题。

耐压(工频电压，倍频感应电压或操作冲击感应电压)试验是考核电力设备耐电强度有效而直接的方法，也是最终的检验手段。由于它是一项破坏性试验，无论采用何种试验电源，必须先进行各项非破坏性试验并判定绝缘正常之后方可进行。

局部过热是变压器常见的故障。随着光纤传感技术的发展，出现了可直接测量高电位部位温度的埋入式温度传感器，但仍处于研究和发展阶段。采用热成像仪或热电视测量变压器表面温度分布，对发现靠近表层的内部过热故障证明是有效的，已得到运行部门采用。

参 考 文 献

[1] 陈克兴，李川奇. 设备状态监测与故障诊断. 北京：科学技术文献出版社，1991.

[2] 李天云，陈化钢. 模糊关系方程及其在电气设备故障诊断中的应用. 高电压技术，1993，19(1)：23-28.

[3] 雷国富，陈占梅，等. 高压电气设备绝缘诊断技术. 北京：水利电力出版社，1994.

[4] Working Group 33/15.08. Dielectric Diagnosis of Electrical Equipment for AC Application and Its Effects on Insulation Coordination (State of the Art Report), CIGRE，1990.

第六章

特征提取和模式识别

◎ 第一节　模 式 识 别 概 念

人们利用分类方法来认识世界上的各种事物。对某一类事物确定其概念和范围，给予定量的或结构的描述，称为模式，然后将需要识别的事物与已知模式相对照，进行识别、归类。模式识别是伴随计算机技术而发展起来的，可以应用于设备的故障诊断，是故障诊断的一种重要手段。

从模式识别的角度出发，设备诊断流程如图6-1所示。首先，对设备进行测试，取得表征设备状态的信号，这些信息被称为初始模式。然后，进行预处理(如抑制混入有用信号中的干扰，生成指纹)，提取特征，形成待检模式。最后，将待检模式与样板模式(故障档案)对比，确认其为某种模式，即进行模式分类来判断设备状态，给出结果：设备正常或有故障。

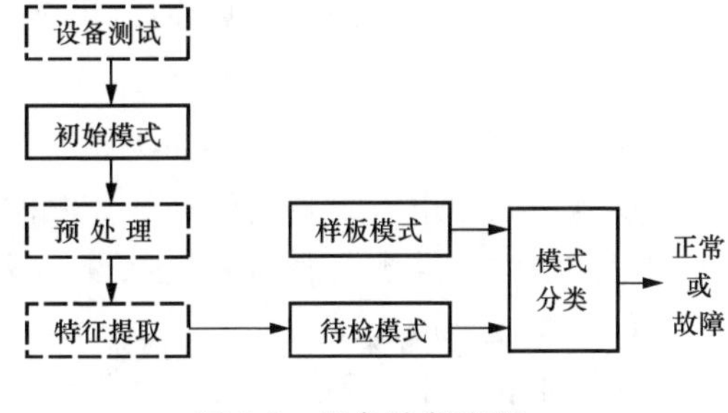

图 6-1　设备诊断流程

模式识别的效果与模式特征量密切相关，应该提取最能表征模式特性的特征量。模式分类的工具也是非常重要的，电气设备故障诊断中常用的有基于距离的模式归类法和各种人工神经网络。

◎ 第二节　依据样板的故障诊断

根据所用样板模式的不同[1]可将诊断分为：①阈值诊断；②时域波形诊断；③频率特性诊断；④指纹诊断。

一、阈值诊断及趋势预测

(一) 阈值诊断

样板模式最简单的形式是阈值，是一些确定的数值。

对设备进行测试，按照所得特征量是否超过规定阈值来判断设备状态的方法，称为阈值诊断。

长期以来，我国电力系统实行的预防性试验制度就属于阈值诊断范畴，电气设备一些特征量的阈值在《电气设备预防性试验规程》[2]中作了规定。阈值分为两种：升型阈值和降型阈

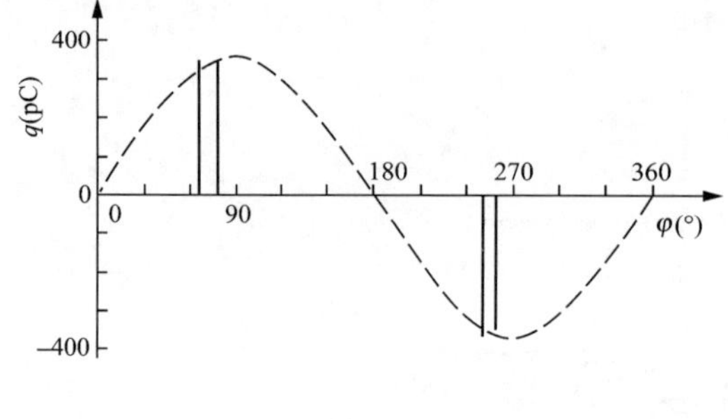

(a)

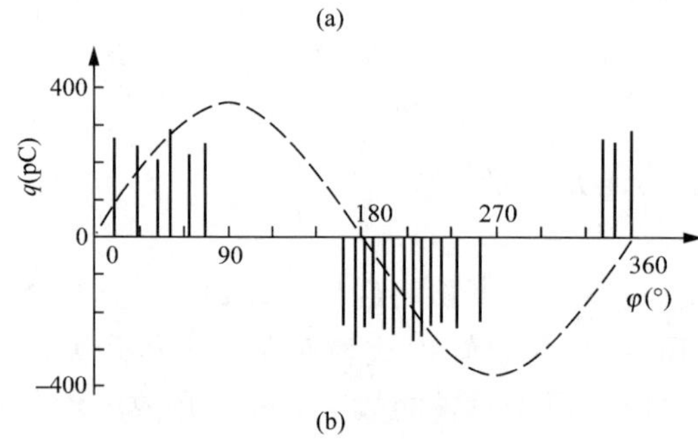

(b)

图 6-2 局部放电脉冲

(a)超过阈值；(b)未超过阈值

值。例如，500kV 油纸电容型电流互感器主绝缘的 tanδ 阈值为 0.007，属升型，超过此阈值即判断为状态不正常；套管主绝缘的绝缘电阻阈值为 10000MΩ，属降型，低于此阈值即判断为状态不正常。

阈值诊断比较简单，这使得它比较容易推行。但阈值诊断也存在判断不够全面，容易发生误报等缺点。

例如，对两台相同设备进行了局部放电测试，分别取一个工频周期的测试结果见图 6-2。第 1 台设备的放电量 q 值虽已超过 300pC，但一个工频周期内只有 4 次放电，相当于每秒内的放电次数 n 较少；而第 2 台设备的 q 值虽未超过 300pC，但一个工频周期内的放电次数较多，即 n 很大，此时绝缘所受危害可能更为严重。如果放电量 q 的判断阈值为 300pC，那么第 1 台设备因 q 值超过规定阈值，将被判断为具有故障，而第 2 台 q 值未超过规定阈值，设备将被判断为状态正常。这就是阈值诊断的片面性。

此外，在对电气设备进行在线监测时，如监测装置受到偶然性的干扰，使测得的 q 值偏大超过阈值时，监测装置将发出预警，发生误报。

（二）趋势预测

对特征量还可进行趋势预测。事物的发展具有一定的延续性，通常可由事物的以往和目前状态推断事物的未来状况。趋势预测，就是根据特征量或特性参数随时间的变化趋势来判断设备状态。

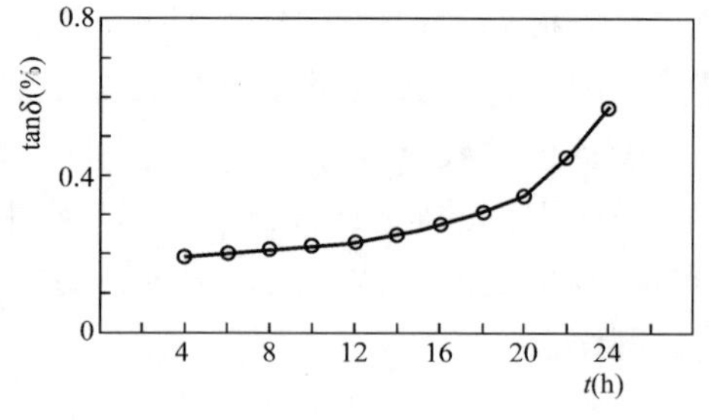

图 6-3 某 500kV 电容型电流互感器的 tanδ

在特性趋势图中，以时间为横坐标、以特征量或特性参数为纵坐标画出曲线，根据曲线的延伸来推断发展趋势。例如，对某 500kV 电容型电流互感器进行 tanδ 监测，发现从某日 4 时开始 tanδ 值缓慢上升，16 时后增长较快，至 24 时已增至 0.6%(见图 6-3)，虽还未超过阈值，但若不查明原因，并及时处理，则互感器就有发生损坏的可能。

有时，将数据绘在对数或双对数坐标纸上，趋势曲线将变为直线，这时可方便地延伸直线，预测趋势。

二、时域波形诊断

对设备进行测试，将测得的某种物理量随时间变化的曲线与样板对照来判断设备状态的方法，称为时域波形诊断。

对故障电缆施加冲击电压时，因故障点的电压反射，在电缆首端获得的电压波形；油纸绝缘变压器内部发生局部放电时，因放电引发的超声信号；高压开关操动机构电磁铁线圈中的电流；不同类型放电的脉冲波形；它们分别包含了各自的故障信息，都是可以用于诊断的时域波形。

高压开关通常以电磁铁作为操作的第一级控制元件，控制回路大多采用直流电源。当下达开关分(或合)闸命令后，电磁铁线圈中将流通电流 i，其时域波形如图 6-4(a)所示。图 6-4 中，t_0、t_1、t_2、t_3 为电磁铁动铁芯在脱扣或释能过程中状态发生变化的时刻，t_0 为分(或合)闸过程计时起点；t_1 为动铁芯开始运动的时刻；t_2 为铁芯开始触动操动机构负载的时刻；t_3 为电磁线圈回路断开的时刻。设直流控制电源的电压为 E，线圈电感为 L，回路电阻为 R，则在高压开关的分(或合)闸命令下达后，电流 i 满足下列方程

$$E = Ri + L\frac{\mathrm{d}i}{\mathrm{d}t} + i\frac{\mathrm{d}L}{\mathrm{d}t}$$

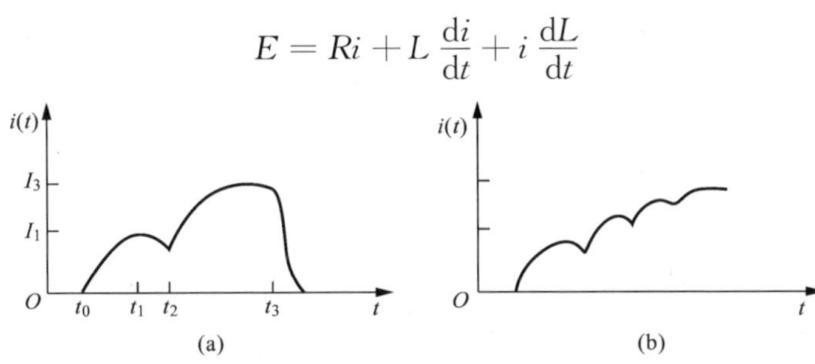

图 6-4 高压开关电磁铁线圈电流与时间的关系

(a)正常；(b)故障

t_0 后，动铁芯开始运动前，L 不变，i 随时间 t 按指数规律上升；当到达时刻 t_1(电流为 I_1)时，线圈中电流、磁路中磁通已增大到足以驱动铁芯运动，动铁芯开始运动；t_1 后，动铁芯运动，L 发生变化，i 逐渐下降；至时刻 t_2 时，铁芯开始触动操动机构的负载，显著减速或停止运动(一般开关触头将开始运动)；t_2 后，L 不再变化，i 又将上升；至时刻 t_3(电流为 I_3)时，开关辅助触点断开，电磁线圈回路被切断；t_3 后，i 逐步下降为零。可见，电流 i 与电磁铁动铁芯的运动状态密切相关，其波形图中蕴涵着重要的信息，可供诊断用。

图 6-4(b)给出高压开关操动机构有某种故障(电磁铁吸合不良)时的电磁线圈电流波形，它与正常电流波形差别明显。可见，将某种物理量的时域波形与样板对照，可诊断出设备是否存在故障。

设备不同故障时的时域波形形状不一，将测得波形与样板进行目测对比，称为目测诊断。显然，目测诊断的准确度在很大程度上取决于操动人员的经验，因此通常会从时域波形提取一些特征量，再根据特征量进行诊断。例如，对某种操动机构，正常时 t_1-t_0 不超过 10ms，$I_3/I_1\approx0.5$，取 $x_1=t_1-t_0$，$x_2=I_3/I_1$ 为特征量；若操动机构检测结果表明，这些特征量数值有显著变化时，即说明操动机构已存在明显缺陷。

不同类型放电的脉冲波形会有差异，可提取其形状参数等作为特征量。例如，对于固体绝缘中的空穴，放电统计时延使空穴上产生过电压，影响放电时的电压突变过程；当空穴与金属相邻时，因阴极的光电子发射，会出现大的放电脉冲，脉冲上升也较快。对不与金属相邻的空穴，每次放电后介质的表面电荷畸变了空穴电场，影响脉冲的上升时间及放电量。空穴周围的介质还因放电发生变性，表面电导变化，改变了空穴电场而影响放电脉冲。以聚丙烯板状试样为例，对直径 2mm、深度 1mm 的空穴：若空穴与金属相邻，放电脉冲上升时间 6ns，放电量为 5000pC；若空穴不与金属相邻，则脉冲上升时间为 14ns，放电量 27pC[3]。

三、频率特性诊断

对设备进行测试，根据测得的设备的频率特性，或将测得的某种物理量的频谱与样板对照来判断设备状态的方法，称为频率特性诊断。

旋转电动机轴承振动频谱包含了轴承缺陷信息，鼠笼式异步电动机定子绕组电流频谱包含了转子断条信息，电力变压器绕组的频率特性包含了绕组变形信息，这些频率特性都可用于诊断。

旋转电动机的滚动轴承是重要部件，通常由内环、外环、滚子和保持环组成。内环、外环和滚子若加工精度不够、有波纹，或运行中出现磨损、伤痕，或有异物侵入，就会影响轴承寿命。滚动轴承的运行寿命为500～50000h，分散性较大，若无异常征兆就在电动机大修时将轴承全部更换，并不会提高设备的可靠度。运行中加强监测，在轴承出现异常而尚未失效前，有计划地更换，是使用轴承最经济的方式。

滚动轴承各种缺陷引起的异常现象中，振动是最普遍的现象，监测滚动轴承的振动可以判断出绝大部分故障。

滚动轴承的振动频谱包括轴承固有频率和轴承异常引起的频率。轴旋转速度越高，轴承尺寸越小，振动频率就越高。异常振动的频谱也因轴承尺寸、旋转速度、缺陷种类而变化。表6-1给出了这些振动频率及其产生的原因[4]。

表6-1　　滚动轴承的频特率性

缺　陷	频　率	注　解
外环缺陷	$\frac{n}{2}\cdot\frac{N}{60}\cdot\left(1-\frac{d}{D}\cos\varphi\right)$	外环上滚子经过的频率
内环缺陷	$\frac{n}{2}\cdot\frac{N}{60}\cdot\left(1+\frac{d}{D}\cos\varphi\right)$	内环上滚子经过的频率
滚子缺陷	$\frac{D}{2d}\cdot\frac{N}{60}\cdot\left[1-\left(\frac{d}{D}\right)^2\cos^2\varphi\right]$	滚子旋转频率

注　n—滚子数，d—直径；N—转速，r/min；D—节距直径；φ—滚子与滚道接触角。

图6-5是某滚动轴承的振动频谱[5]。在150、200Hz及240Hz处有谱峰，分别对应于外环频率f_c、滚子频率f_b和内环频率f_i。在300Hz及600Hz处有较高谱峰，分别对应于$2f_c$和$4f_c$，可推断是外环故障。

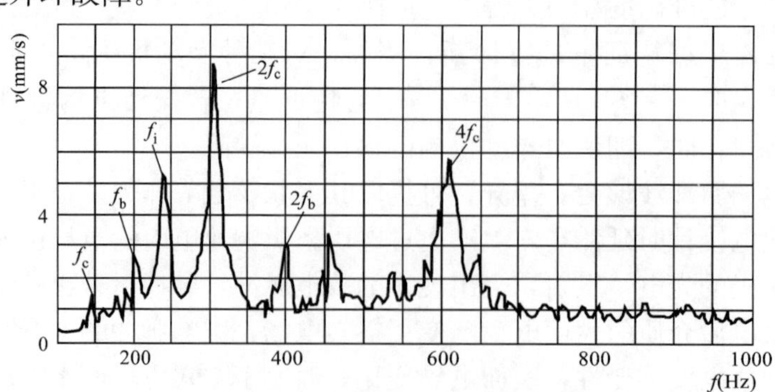

图6-5　滚动轴承振动频谱

f_c—外环频率；f_i—内环频率；f_b—滚子频率

根据频率响应曲线的变化来分析电力变压器绕组变形现象的方法，在国内外已普遍使用。变形是指绕组的位置、尺寸或形状发生变化，例如轴向和辐向尺寸变化、扭曲等。造成绕组变形的主要原因是运行中变压器遭受各种短路故障冲击，以及运输中可能发生的碰撞等。绕组变形后，有的立即发生事故，有的虽仍可继续运行，但已存在事故隐患。绕组有变形现象的变压器，因绝缘损坏或距离变小，当遭受过电压袭击时，可能发生击穿；或因机械强度下降，当再次遭受短路冲击时，可能承受不住巨大的机械力作用而发生损坏；也可能在正常运行中，自行烧毁。

变压器绕组具有电感，绕组内线匝、线段间存在纵向电容，绕组对地存在对地电容，整个绕组相当于一个由电感、电容组成的网络。当频率超过1kHz时，变压器铁芯的磁导率几乎与空气一样，网络可认为是由线性元件组成的。若将绕组的一端与地作为输入端口，绕组的另一端与地作为输出端口，那么，对这样一个无源、线性的二端口网络，可以用传递函数$H(j\omega)$（频率响应）来描述其特性。

在一定的频率范围内，在变压器绕组的一端施加一系列特定频率的正弦信号V_1（输入），测量其另一端的响应信号V_2（输出），计算信号V_2和V_1的幅值比，就得到了频响特性曲线。若V_1、V_2的采样点序列分别为V_{1k}、V_{2k}（$k=1, 2, \cdots, N$），则频率响应特性曲线的数据序列为$H_k=20\log(V_{2k}/V_{1k})$dB。

当变压器绕组发生变形后，单位长度绕组的电感、纵向电容、对地电容也会变动，其频响特性随之改变。因此，可以通过比较变压器绕组的频响特性来诊断绕组是否存在变形。

实际操作中，有纵向比较和横向比较的方法。前者是将实测的频率响应曲线与变压器投运前的原始频响曲线作比较，后者是利用同一台变压器的相间一致性，将同一电压等级的三相绕组的频率响应相互比较。有时，也可采用同一变压器制造厂在同一时期生产的同类型号变压器的频响特性来作为比较基准。

图6-6是一台120MVA/220kV变压器高压绕组的幅频特性。该变压器11kV侧断路器发生相间及相对地放电，4.8s后断路器跳开。由图6-6可看出，三相绕组频响特性一致性较差，判断结果为变压器绕组发生了变形。

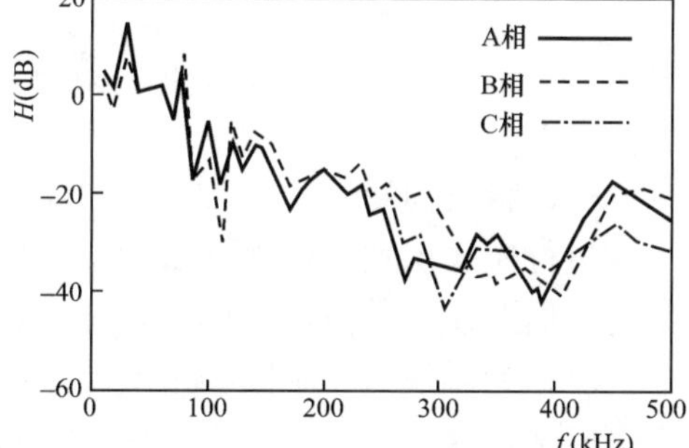

图6-6 120MVA/220kV变压器高压绕组的频率特性

同样，依据频率特性进行故障诊断时，也可根据具体情况提取一些特征量，再根据特征量进行诊断。

四、指纹诊断

对设备进行测试，对测得的数据进行处理，将得到的某种特殊图形与样板对照来判断设备状态的方法，称为指纹诊断。

以设备的局部放电为例进行说明。

作为表征高电压设备绝缘状态的重要指标之一，局部放电特性受到了越来越多的重视。早期，仅观测设备的最大放电量，以此作为判断绝缘状态的一个依据；对一些重要设备，有关规程规定了放电量阈值。随后，又由示波器屏幕显示的图形——指纹来判断放电类型，对不同类型的放电及各种干扰，它们的指纹会有差异，专门人员可根据指纹来分析放电情况。

例如，图 6-7 给出了三种指纹，图 6-7(a)为固体绝缘空穴放电指纹，放电发生在电压峰值之前，正、负半周基本对称；图 6-7(b)为固体绝缘表面放电指纹，放电虽也发生在电压峰值之前，但正半周放电量大而次数少，负半周放电量小而次数多(高电位电极附近绝缘表面放电)；图 6-7(c)为空气中的电晕放电指纹，放电发生在 270°附近(高电位电极电晕放电)，大致对称于 270°，放电脉冲幅值和时间间隔也大致一样，电压足够时，在正半周也会出现少量幅值较大的放电脉冲。

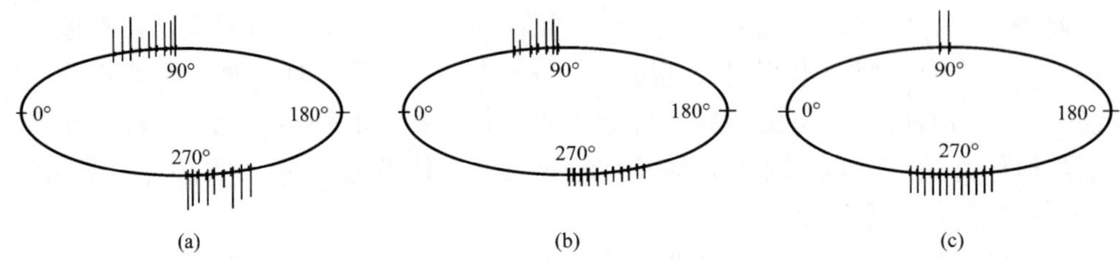

图 6-7 椭圆扫描时基线上的放电脉冲

(a)固体绝缘空穴放电；(b)固体绝缘表面放电；(c)空气中电晕放电

随着计算机技术的发展，基于计算机的数字化装置开始应用于局部放电测量，应用这种装置可测得较长时间段内每次放电的放电量 q 和放电发生时工频电压的相位 φ，以及每秒内的放电次数 n。对所得 φ、q、n 信息进行整理，可得到三种放电指纹：①二维 φ-q、φ-n 谱图；②三维 φ-q-n 谱图；③二维 φ-q 散点图。显然，根据数字化测量装置结果得到的这些指纹比示波器屏幕显示的指纹更有利于进行诊断。

对指纹进行目测诊断的科学性不够，可由指纹提取出特征量，然后根据特征量进行诊断。

◎ 第三节 特 征 提 取

一、特征向量

进行模式识别时，根据试验结果提取出的一些特征构成了样本。设样本包含 I 个特征参数，它们形成一个向量，称为特征向量。

对作为样板的、不同类型或严重程度等情况下的故障，可以提取它们的各种特征，得到许多向量，这些向量称为样板模式，众多的样板模式形成样板库。设样板库中包含 P 种样板模式，即作为样板的 P 个向量构成了样板特征向量组

$$\boldsymbol{M} = \{\boldsymbol{M}_1\ \boldsymbol{M}_2 \cdots \boldsymbol{M}_p \cdots \boldsymbol{M}_P\} \tag{6-1}$$

其中每一个向量 $\boldsymbol{M}_p$(p=1，2，…，P)包含有 I 个元素

$$\boldsymbol{M}_p = [m_{1p}\ m_{2p} \cdots m_{ip} \cdots m_{Ip}]^{\mathrm{T}} \tag{6-2}$$

由待检数据提取出的特征参数形成的向量称为待检模式，其待检向量为

$$\boldsymbol{X} = [x_1\ x_2 \cdots x_i \cdots x_I]^{\mathrm{T}} \tag{6-3}$$

可以使用基于距离的模式归类法或人工神经网络将待检模式$\boldsymbol{X}$与样板模式$\boldsymbol{M}$进行对比。分

析待检模式 $\boldsymbol{X}$ 与样板模式 $\boldsymbol{M}_p$（$p=1, 2, \cdots, P$）的距离，找出与 $\boldsymbol{X}$ 最近的 $\boldsymbol{M}_p$，待检模式将被归类为第 p 类模式，这种归类方法被称为基于距离的模式归类法。使用样板模式 $\boldsymbol{M}$ 训练神经网络，将 $\boldsymbol{X}$ 输入经训练过的神经网络，根据网络输出将待检模式归类为第 p 类模式，这种归类方法被称为基于人工神经网络输出的模式归类法。

由以上分析可知，特征量及由特征量组成的特征向量是模式识别的重要基础。本节就时域波形、频率特性、指纹图形的特征提取，分别介绍以下各种方法：表列数据、频谱特征、脉冲波形特征、时频分析、统计特征、曲面拟合、分形特征、灰度图像矩特征和信号的参数模型。

二、表列数据

时域波形、频率特性或指纹图形是一些一元函数 $z=f(x)$ 或二元函数 $z=f(x,y)$，它们的离散表达形式 $z_i=f(x_i)$ 或 $z_{ij}=f(x_i,j_j)$，分别称为一元表列函数或二元表列函数。绘制表列函数图形所需要的数据称为表列数据，可以直接将表列数据作为模式特征量，这是一种最简单的特征提取方法，被称为表列数据法。

以放电三维 φ-q-n 谱图的特征提取为例进行说明。在绘制放电三维 φ-q-n 谱图时，φ-q 平面被划分为 $N_\varphi \times N_q$ 个小格，每个小格的中心为 (φ_i, q_j)，统计各小格中的脉冲个数 n_{ij}，得到二元函数 $n_{ij}=f(\varphi_i, q_j)$ 的表列数据，依据这些数据可绘制三维 φ-q-n 谱图。这些表列数据可以直接用来作为模式特征量[6~9]。根据经验，取 N_φ、N_q 分别为 18、20（或 20、20），即 φ-q 平面被划分成 360（或 400）个小格时形成的谱图在放电识别时的效果较好。这样由表列数据法提取的特征量将为 360（或 400）个。

表列数据法虽然简单，但数据可能有冗余。例如，通过数字测量可得到信号时域波形数据序列，它们构成了时域波形离散表达形式 $z_i=f(t_i)$ 的表列数据。虽可直接取这些数据作为特征量，但特征量的数目可能过多且有冗余，因此需对这些数据序列进行压缩，减少特征量的数目。以下介绍一种数据压缩方法[10]。

设数据序列为一维 m 点向量 $z(j), j=1,2,\cdots,m$，所要求的特征序列为 l 点向量 $p(i)$，$i=1, 2, \cdots, l, l<m$；则压缩比 $k=m/l$。一般来说，k 不可能恰好是整数，可通过两端处理解决，例如对由零上升最后又趋于零的信号，可以通过两端加零，获得整数 k 值。这样，$z(j)$ 中的 k 个数据将被压缩为 $p(i)$ 中的 1 个特征量，即

$$p(i)=f(z(k(i-1)+1), z(k(i-1)+2),\cdots,z(ki)) \quad i=1,2,\cdots,l \tag{6-4}$$

式（6-4）中，k 值不能过大，否则容易使压缩后的信号失真。

将 $z(j)$ 中的 k 个数据压缩为 $p(i)$ 中 1 个数据的方法有三种：①中点法；②算术平均法；③最小二乘拟合法。

中点法是取待压缩数列中最中间的数据作为特征值，算术平均法是取待压缩数列的算术平均值作为特征值。这两种算法比较简单，但有时特征值不能很好代表待压缩数列。

由于 k 值一般不会太大，例如为 20 左右，假设在这么小的范围内，$z(j)$ 具有 $a\times j+b$ 的形式。在 k 点的一小段数列内对数据进行线性拟合，得到

$$a\cdot\frac{k(k+1)(2k+1)}{6}+b\cdot\frac{k(k+1)}{2}=\sum_{j=1}^{k} j\cdot z(j)$$

$$a\cdot\frac{k(k+1)}{2}+bk=\sum_{j=1}^{k} z(j) \tag{6-5}$$

然后令特征值 $p(i)$ 为拟合线段的中点。这种算法能够使特征值较好地代表待压缩数列。

对于一些特定波形，例如局部放电脉冲波形，通常有陡峭的前沿和相对缓慢的后沿，若按照统一比值进行压缩，则前沿中将失掉许多有用信息。因此脉冲波形的前、后沿应有不同的数据压缩比，分别以各自的压缩比压缩数据。

三、频谱特征

对于信号进行 FFT 得到的幅频特性，除了可以使用表列数据作为特征外，还可使用其他方法，例如特征频率法。

分析信号的幅频特性，选择特性曲线中若干个较高的峰值点，将相应的频率值(特征频率)和幅度值(特征谱峰)作为特征量。也可选择特性曲线中若干个较低的谷值点，并以相应的特征频率和特征谱谷作为特征量。

对于频率响应特性曲线，若用目测法来分析待检模式与样板模式的差异，显然不客观，也缺乏科学性。可以使用二者差值的均方根差值作为特征量。

若待检模式和样板模式频率响应特性曲线的采样点序列分别为 x_k 和 $m_k(k=1, 2, \cdots, N)$，可以使用二者差值的均方根差值 E 来反映频响特性曲线差异的大小

$$E=\sqrt{\frac{1}{N}\sum_{k=1}^{N}(x_k-m_k)^2} \tag{6-6}$$

例如，根据频率响应曲线来分析变压器绕组变形时，就可以使用频响特性曲线差值的均方根差值 E 来判断绕组的变形情况。仿真分析和实际测量结果表明，依据表 6-2 的判据来判断绕组变形，与实际情况比较接近[11]。

表 6-2　　绕组变形程度判据

变形程度	无	轻微	中等	严重
判　据	$E<3$dB	$3\text{dB}\leqslant E<5$dB	$5\text{dB}\leqslant E<7$dB	$E>7$dB

四、脉冲波形特征

对于脉冲波形，除了可以使用表列数据作为特征外，还可使用形状参数和幅度参数作为特征[10]。

形状参数具有明显的物理意义，比较直观，常用的形状参数包括波的前沿、后沿、脉宽、存在时间等。可以根据脉冲测量中的定义来确定这些参数，前沿为脉冲波形幅度从10%～90%的前过渡时间，后沿为脉冲波形幅度从 90%～10%的后过渡时间，脉宽为脉冲波形在前后过渡的 50%幅值之间的时间。对于波形存在时间没有明确定义，可根据情况自行确定。

幅度参数包括脉冲波峰、均值、均方根值、方差、峰值因数和波形因数等。

对于脉冲波形的时域数据序列 $z(i)$，$i=1, 2, \cdots, m$，取其最大值 $z_{\max}$ 为峰值，均值 μ_1、绝对均值 μ_2、均方根值 D、方差 σ^2、峰值因数 CF、波形因数 FF 的定义分别为

$$\mu_1=\sum_{i=1}^{m} z(i)/m \tag{6-7}$$

$$\mu_2=\sum_{i=1}^{m} |z(i)|/m \tag{6-8}$$

$$D = \sqrt{\sum_{i=1}^{m} z^2(i)/m} \tag{6-9}$$

$$\sigma^2 = \sum_{i=1}^{m} [z(i) - \mu_1]^2/m \tag{6-10}$$

$$CF = z_{\max}/D \tag{6-11}$$

$$FF = D/\mu_1 \tag{6-12}$$

需注意的是，这些量并非彼此独立。

以上参数具有物理上的意义，以局部放电脉冲波形为例进行说明。

对于通过取样电阻 R 采集的局部放电脉冲电流信号，各参数的物理意义为：①峰值：最大放电电流；②均值：平均放电电流；③均方根值：放电电流有效值；④均值×波形存在时间：放电量；⑤均方值×R：平均放电功率；⑥均方值×R×波形存在时间：总放电能量。

五、时频分析

傅里叶变换将信号的频域形式与时域形式联系了起来，但频域和时域内的局部信息却不能对应。一些脉冲信号的能量分布在有限的频率范围内，且具有时频特性，若能针对信号能量随时间和频率的变化规律来提取特征，则得到的特征就能更好地表征脉冲信号。时频联合分析方法既能反映信号的频域内容，也能反映出该频率内容随时间的变化规律，将信号的时域分析和频域分析紧密地结合起来。

在时频分析的一些处理方法中，本书介绍由 Wigner-Ville 提出的时频分布函数[12]，即 WVD 分布，它是能将一维的时间信号函数和频域函数映射为时间—频率的二维函数，并且能准确地反映出信号的能量随时间和频率的分布。若信号 $x(t)$ 的傅里叶变换为 $X(\mathrm{j}\omega)$，则信号 $x(t)$ 的自 WVD 变换为

$$\left.\begin{aligned} W_x(t,\omega) &= \int_{-\infty}^{\infty} x(t+\tau/2)\cdot x(t-\tau/2)\cdot \mathrm{e}^{\mathrm{j}\omega\tau}\mathrm{d}\tau \\ W_X(\omega,t) &= \int_{-\infty}^{\infty} X(\omega+\xi/2)\cdot X^*(\omega-\xi/2)\cdot \mathrm{e}^{\mathrm{j}t\xi}\mathrm{d}\xi \end{aligned}\right\} \tag{6-13}$$

可以证明 $W_x(t,\omega)=W_X(\omega,t)$。根据上述变换公式进行计算时，为了消除交叉项干扰，脉冲信号要先进行 Hilbert 变换，变换为解析信号，然后再进行 WVD 变换，以得到信号 $x(t)$ 准确的时频谱图。

以尖—尖电极局部放电脉冲波形为例，通过 WVD 变换得到的时频谱图[13]如图 6-8 所示（图中 f_s 是采样率）。由于放电脉冲信号是实信号，根据 WVD 的性质，变换后的分布不仅是实数，而且是 ω 的偶函数，故时频谱图对频率轴对称分布。

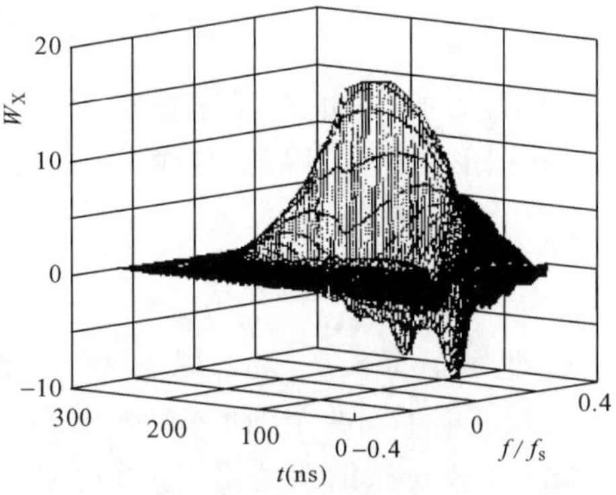

图 6-8 尖—尖电极局部放电脉冲波形时频谱图

WVD 是信号 $x(t)$ 能量随时间—频率的分布，因而理论上讲，$W_x(t,\omega)$ 应该均为正值，但是由于 WVD 时频分布自身算法的一些缺陷，在某些点 $W_x(t,\omega)$ 却可能为负值，因此不能将其理解为能量密度。

对脉冲信号，可以提取 WVD 分布时频谱图的最大值和最小值处的幅值，以及对应的时间、频率作为特征量。

六、二维谱图轮廓形状特征

对于局部放电脉冲，对检测到的若干个工频周期内的基本参数进行统计处理，将它们平均、折算到一个周期内，得到局部放电二维 φ-q 谱图、φ-n 谱图，有利于反映放电特性。由局部放电二维谱图提取的特征称为统计特征。

对局部放电二维 φ-q 谱图、φ-n 谱图，可分别提取其偏斜度、陡峭度、局部峰点数(各参数在工频正负半周分别提取)，还可由 φ-q 谱图提取正负半周图形的互相关系数、放电量因数(负、正半周平均放电量之比)、修正的互相关系数；由此得到 15 个特征参数[14,15]，并由它们构成放电样本。

若将 φ-q 谱图想象为数理统计学中的概率密度分布图形，以 φ_i 为随机变量，则 φ-q 图形的偏斜率

$$SK=\sum_{i=1}^{W}p_i(\varphi_i-\mu)^3/\sigma^3 \tag{6-14}$$

式中 p_i，μ，σ——φ_i 的出现概率、均值和标准差。

$$p_i=\varphi_i\Big/\sum_{i=1}^{W}\varphi_i \tag{6-15}$$

$$\mu=\sum_{i=1}^{W}p_i\varphi_i \tag{6-16}$$

$$\sigma=\sqrt{\sum_{i=1}^{W}p_i(\varphi_i-\mu)^2} \tag{6-17}$$

偏斜度 $SK=0$ 表示图形左右对称，$SK>0$ 表示图形向左偏斜，$SK<0$ 表示图形向右偏斜。

φ-q 图形的陡峭度

$$KU=\left[\sum_{i=1}^{W}p_i(\varphi_i-\mu)^4/\sigma^4\right]-3 \tag{6-18}$$

$KU=0$ 表示图形与正态分布图形一致，$KU>0$ 表示图形较尖锐，$KU<0$ 表示图形较平坦。

φ-q 图形中的局部峰点可由 $\mathrm{d}p/\mathrm{d}\varphi$ 值确定，对点 (φ_i, p_i)，若

$$\frac{\mathrm{d}p_{i-1}}{\mathrm{d}\varphi_{i-1}}>0,\ \frac{\mathrm{d}p_{i+1}}{\mathrm{d}\varphi_{i+1}}<0 \tag{6-19}$$

则该点即为局部峰点；局部峰点数 PE 为相应图形中局部峰点的总数。

工频正负半周两个图形的 SK、KU、PE 可能会不同，所以要分别提取。

此外，对 φ-q 谱图还比较正负半周图形的差异，并提取特征参数。正负半周两个图形的互相关系数

$$CC=\frac{\sum_{i=1}^{W}q_i^{+}q_i^{-}-\left(\sum_{i=1}^{W}q_i^{+}\sum_{i=1}^{W}q_i^{-}\right)\Big/W}{\sqrt{\left[\sum_{i=1}^{W}(q_i^{+})^2-\left(\sum_{i=1}^{W}q_i^{+}\right)^2\Big/W\right]\left[\sum_{i=1}^{W}(q_i^{-})^2-\left(\sum_{i=1}^{W}q_i^{-}\right)^2\Big/W\right]}} \tag{6-20}$$

式(6-20)中，上标+或-分别表示正或负半周的数据。放电量因数 QF 为负、正半周平均放电量之比

$$QF=\frac{\sum_{i=1}^{W}n_i^- q_i^-}{\sum_{i=1}^{W}n_i^-}\bigg/\frac{\sum_{i=1}^{W}n_i^+ q_i^+}{\sum_{i=1}^{W}n_i^+} \tag{6-21}$$

修正的互相关系数

$$MCC=QF\cdot CC \tag{6-22}$$

对 φ-n 谱图，令

$$p_i=n_i\bigg/\sum_{i=1}^{W}n_i \tag{6-23}$$

SK、KU、PE 可沿用 φ-q 谱图相应参数的计算方法求得。

七、曲面拟合

诊断技术中设备特性有时会以曲面形式出现，可通过曲面特征和对比待检曲面与样板曲面，进行故障识别。对局部放电三维 φ-q-n 谱图，可使用表列数据作为模式特征，为保持足够信息，特征向量的元素较多。也可对谱图进行曲面拟合，用曲面拟合参数来体现谱图特征[6,7,9]。

下面介绍用最小二乘曲面拟合方法，求取二元表列函数 $z=f(x,y)$ 的拟合多项式。

设在矩形区域的 $n\times m$ 个网点 (x_i,y_j) 上给定函数值 z_{ij}（$i=1$，2，…，n；$j=1$，2，…，m），对 x_i 和 y_j 分别给定不同的权 u_i 和 w_j，曲面的最小二乘拟合式为

$$f(x,y)=\sum_{r=0}^{p}\sum_{s=0}^{q}\mu_{rs}\varphi_r(x)\psi_s(y) \tag{6-24}$$

式中 μ_{rs}——拟合参数；

$\varphi_r(x),\psi_s(y)$——x 和 y 的正交多项式；

p，q——多项式中 x 和 y 的最高次数。

$\varphi_r(x)$ 和 $\psi_s(y)$ 分别满足

$$\begin{cases}\sum_{i=1}^{n}u_i\varphi_r(x_i)\varphi_s(x_i)=0 & r\neq s\\ \sum_{i=1}^{n}u_i\varphi_r^2(x_i)=D_r\end{cases} \tag{6-25}$$

$$\begin{cases}\sum_{j=1}^{m}w_j\psi_r(y_j)\psi_s(y_j)=0 & r\neq s\\ \sum_{j=1}^{m}w_j\psi_r^2(y_j)=\delta_r\end{cases} \tag{6-26}$$

正交多项式 $\varphi_r(x)$ 由如下递推公式计算

$$\varphi_0(x)=1$$

$$\varphi(x)=x-a_0$$

$$\varphi_{k+1}(x)=(x-a_k)\varphi_k(x)-\beta_k\varphi_{k-1}(x)\quad(k=1,2,\cdots,p-1)$$

其中

$$a_k = \sum_{i=1}^{n} u_i x_i \varphi_k^2(x_i) / D_k$$

$$\beta_k = D_k / D_{k-1}$$

类似地，还有 y 的正交多项式 $\psi_s(y)$ 的递推公式。

拟合参数可按下列公式计算

$$\mu_{rs} = \sum_{j=1}^{m} w_j \lambda_{rj} \psi_s(y_j) / \delta_s \tag{6-27}$$

其中

$$\lambda_{rj} = \sum_{i=1}^{n} u_i z_{ij} \varphi_r(x_i) / D_r \tag{6-28}$$

分析表明，$\mu_{rs}^2 D_r \delta_s (r=0, 1, \cdots, p; s=0, 1, \cdots, q)$ 适合于作为反映曲面的特征向量。

八、分形特征

（一）分形

对于自然界中的某些现象和形态，由于它们的复杂性和不规则性，传统的欧氏几何缺乏足够的能力来处理。20 世纪 80 年代初，数学家 Mandelbrot 用分形概念来描写自然形态和现象，发展为分形理论，现已应用于很多科技领域。

对分形通常的理解是具有某种自相似的形式，或者说它具有精细结构。分形有严格的数学定义，例如图 6-9 所示的 Koch 雪花曲线就是经严格数学规定形成的分形。将图 6-9(a)中等边三角形的各边三等分，中间一段外扩出一小等边三角形，得图 6-9(b)所示六角形。将六角形各边三等分，再外扩出等边三角形，得如图 6-9(c)所示图形。不断重复，由图 6-9(c)所示图形逐步发展为一个状似平滑(实际不平滑)的图形。将 Koch 曲线中任意一段放大，可得与整体一样的细节，这种自相似是严格的，称为确定的自相似性。

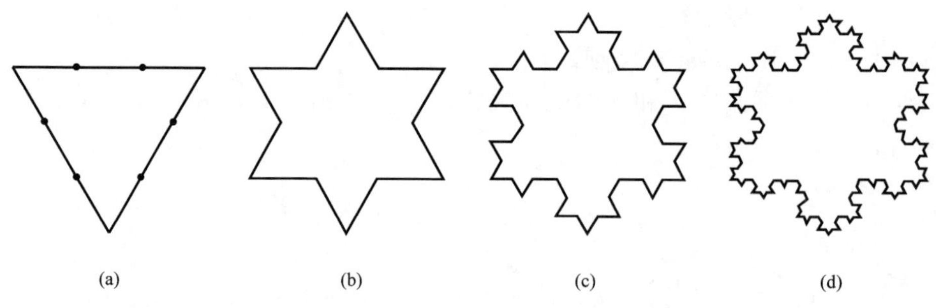

图 6-9 Koch 雪花

(a)起始三角形；(b)第 1 次外扩；(c)第 2 次外扩；(d)第 3 次外扩

数学上的分形具有无穷尺度上的自相似，与此不同，科学和技术领域中的很多分形体只具有统计意义上的自相似，称为统计的自相似性。

技术上，分形被赋予不同含义，较通用的是：一个图形或信号，若将其局部放大可得与整体一样的细节，则这个图形称为分形，信号称为分形信号。分形体可认为是由若干个缩小的、可能有平移或旋转的自身翻版组成，分形的这种性质称为不同尺度下的自相似性。工程技术中研究的多为随机分形对象，它们只是在一定的尺度范围(称为无标度区)内具有分形特性——自相似性。

（二）分形维

用长度为 η 的尺测量长度为 L 的直线段，测量次数 $N=L\eta^{-1}$。用大小为 η^2 的单元测量面积为 S 的矩形，测量次数 $N=S\eta^{-2}$。推广到 D 维物体，有 $N=K\eta^{-D}$，其中 K 是常数；D 为整数，是通常的整数维概念。

Mandelbrot 从分形体的特点出发，提出了分形维概念，把维的概念从整数扩大到分数。例如，对海岸线—分形体进行测量，尺的长度 η 越短，由于能够计及更细微的凹凸变化，测量变得越“灵敏”，得到的结果是尺长 η 的函数。以测量次数 $N(\eta)$ 表示海岸线长度，则它与尺长 η 的关系也可表达为

$$N(\eta) = K\eta^{-D} \tag{6-29}$$

式中 K——常数；

D——非整数参数，称为分形维，它反映了被研究对象的一个特征。

在工程应用中，通常并不知道所研究的对象是否是严格意义上的分形集，只是假定其为分形体，并考察这样的假定是否有助于分析问题。

例如，对放电三维 φ-q-n 谱图，设想其图形为分形面，提取分形特征——面分形维和空缺率作为模式特征。对放电二维 φ-q 散点图，则提取分形特征——Hausdroff 维数和信息维数作为模式特征。

（三）面分形维和空缺率

1. 面分形维

对放电三维 φ-q-n 谱图图形，Voss 等用数点子的方法求取其分形特征[16]。

如图 6-10 所示，在棋盘状的 φ-q 平面上，画出相应点子(φ_i, q_j, n_{ij})，再将这些点子连接起来，即形成 φ-q-n 三维谱图。将边长为 η 的立方体（盒子）的中心对准三维谱图分形面上一点（见图 6-11），则盒子内含有分形面上 m 个点的概率为 $P(m, \eta)$，它满足

$$\sum_{m=1}^{M} P(m,\eta) = 1 \tag{6-30}$$

式中 M——盒子内含分形面上点的数量上限。

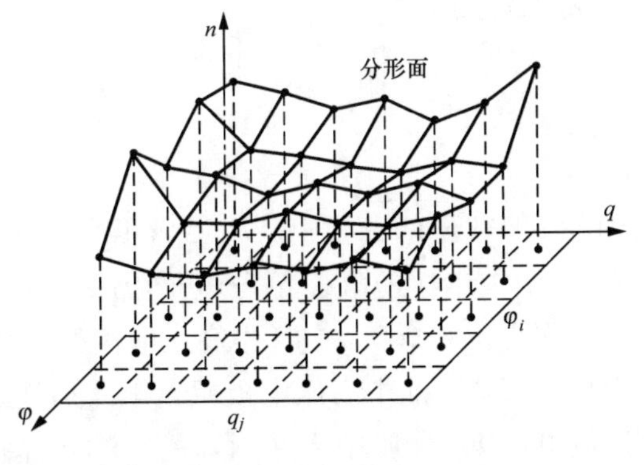

图 6-10 分形面

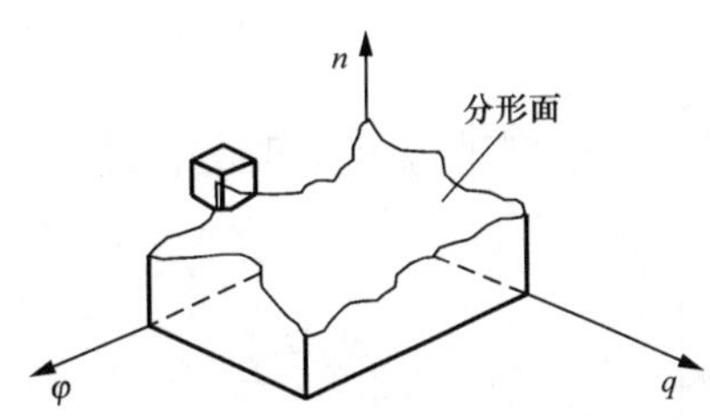

图 6-11 分形面及覆盖用立方体

设分形面上的总点数为 S。当以若干个边长为 η 的盒子去覆盖此分形面时，其中内含 m 个点的盒子数为 $(S/m)P(m, \eta)$。覆盖整个分形面所需盒子总数的期望值为

$$E[N(\eta)] = \sum_{m=1}^{M} \frac{S}{m}P(m,\eta) = S\sum_{m=1}^{M} \frac{1}{m}P(m,\eta) \tag{6-31}$$

若令

$$N(\eta)=\sum_{m=1}^{M}\frac{1}{m}P(m,\eta) \tag{6-32}$$

此值也正比于 η^{-D}，即 $N(\eta)=K\eta^{-D}$。

对不同的 η，计算得到 $P(m,\ \eta)$ 及 $N(\eta)$。考虑到 $\ln N(\eta)=\ln K-D\ln\eta$，将一组数据 $[\eta,\ N(\eta)]$ 画在对数坐标纸上，用最小二乘法对各数据点拟合一条直线，此直线斜率的负值为 D，即为所求面分形维。

为了估计 $P(m,\ \eta)$，需要：依次计算“对准”分形面上各点、边长为 η 的盒子内所含分形面点的数目；统计此数目为 m 的频数 $h(m,\ \eta)$；计算 $P(m,\ \eta)=h(m,\ \eta)/S$。为了方便，$\varphi$—$q$ 平面上的棋盘格用一个点代表，盒子的边长 η 用相应的点数表示，并取 η 为奇数。为使计数在相同条件下进行，棋盘边缘 $(\eta-1)/2$ 的宽度不应使用。因此，η 的取值不宜过大，否则不参与计数的区域增大，这是估计 $P(m,\ \eta)$、因而也是估计 D 的误差原因之一。参考文献介绍，取 $\eta=3,\ 5,\ 7,\ 9,\ 11$ 比较合适。

2. 空缺率

面分形维能够反映表面的粗糙度。但是，两个看起来不同的表面可能会有相同的表面粗糙度，即有相同的分形维 D 值。因此引入另一特征—空缺率(lacunarity)Λ[16]，它是图形表面密集性的数量反映。

空缺率的一种定义如下

$$\Lambda=\frac{E[m-E(M)]^2}{[E(m)]^2}=\frac{E(m^2)-[E(m)]^2}{[E(m)]^2} \tag{6-33}$$

式中 m——边长为 η 的盒子内含分形面点的数目，有时称为盒子的“质量”；

$E(m)$——盒子的期望“质量”。

当质量与期望质量相差较多时，分形体“空缺”多，即空缺率 Λ 大。盒子的期望“质量”也与尺长 η 有关

$$E(m)=\sum_{m=1}^{M}mP(m,\eta) \tag{6-34}$$

$$E(m^2)=\sum_{m=1}^{M}m^2P(m,\eta) \tag{6-35}$$

3. 应用实例

对 8 种模型进行了局部放电试验[16]，8 种模型分别是：空气中高压电极单点电晕(以 A 代表)，空气中接地电极单点电晕(B)，空气中高压电极多点电晕(C)，空气中高压电极处固体介质表面放电(D)，油中高压电极单点电晕(E)，油中气泡放电(F)，介质中空穴(直径5～9mm,高0.4～0.5mm)放电(G)，背景噪声(H)。由模型试验取得局部放电的 φ、q、n 信息，整理后画出三维谱图，提取分形维 D 和空缺率 Λ，并画在图 6-12 中。图中每一个字母代表一个谱图的分形特征。

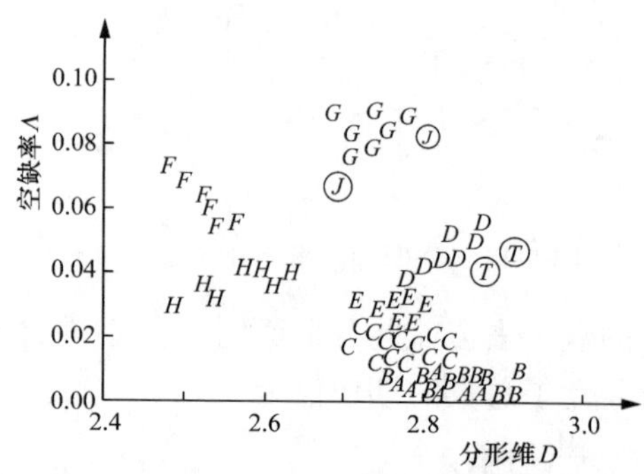

图 6-12 三维谱图分形特征

由图 6-12 可以看出，A、B 混合地处于同一

范围，这是因为空气中高压电极单点电晕与接地电极单点电晕的三维谱图只是在相位上相差180°，而其余是类似的，分形特征体现不出这一差异，即由分形特征不能区分它们。对其余几种模型，根据分形特征可以明确地区分它们。

对一根已使用了20多年的电缆进行了局部放电测试，其最大放电量约20nC，负半周时的放电比正半周时强。将其三维谱图的分形特征画于图6-12中，以T表示，它们处于“D区”，可判断为空气中固体介质表面放电。经用声探头检测，探明是电缆终端表面放电，说明判断正确。电缆终端经修理后再进行放电测试，最大放电量降至不到500pC，正、负半周时放电基本相同。将其谱图的分形特征画于图6-12中，以J表示，它们处于“G区”，可判断为介质中空穴放电。估计是电缆连接头中固体介质中气泡放电。

以上实例表明，以面分形维和空缺率作为特征量，进行局部放电模式识别的效果不错，说明将放电三维φ-q-n谱图图形设想为分形面是可以接受的。

在上面的分析中，只是在多个盒子尺度(η)下考察覆盖三维谱图所需盒子数$N(\eta)$，然后根据各[η，$N(\eta)$]数据点求取分形维，分析过程中没有考虑无标度区问题，即没有考虑分形体在什么样的尺度范围内才具有自相似性[17]。由于没有考虑无标度区问题，因此依据三维φ-q-n谱图分形特征进行局部放电模式识别，有时可能得不到很好的效果。

（四）Hausdroff维数和信息维数

对放电二维φ-q散点图形，求取图形的分形特征——Hausdroff维数和信息维数作为模式特征[9,17,18]。

图6-13中已给出了由电机线棒模型测得的内部气隙放电二维φ-q散点图。与放电二维φ-q谱图类似，应根据散点分布情况将散点图分成两个部分，分别提取分形特征。

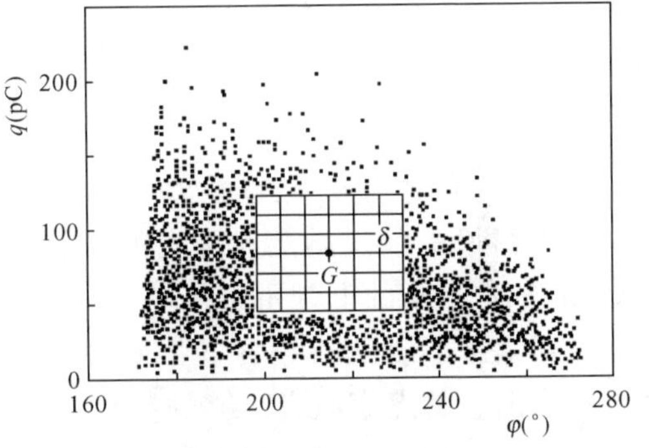

图6-13 二维φ-q散点图

1. 分形维

取二维散点图的一部分（图6-13）研究分形维的计算。

先计算散点（φ，q）集合平均点G的坐标(φ_m,q_m)，$\varphi_m=\sum\limits_i \varphi_i/M$，$q_m=\sum\limits_i q_i/M$，其中$M$为散点总数；然后以平均点为中心，取不同的尺度统计散点的分布情况，计算分形维——Hausdroff维数和信息维数。

在某一尺度δ下，该尺度所覆盖区域内的散点数目为N。令观察尺度δ增大，分辨率保持不变，相当于用更小的度量尺度考察分形集，因而N增大，此时可得关系式

$$N=K\delta^{D_0} \tag{6-36}$$

式中 K——比例系数；

D_0——Hausdroff维数。

将δ所覆盖区域分成若干小方格$I\times J$个，计算每个小方格中的散点数目n_{ij}，则在该小方格内出现散点的概率$p_{ij}=n_{ij}/N$，同样假设有关系式

$$\sum_{i,j} p_{ij}^{-p_{ij}}=\Gamma\delta^{D_1} \tag{6-37}$$

式中 Γ——比例系数；

D_1——信息维数。

对式（6-36）和式（6-37），取对数简化计算，得

$$\lg N = \lg K + D_0 \lg\delta \tag{6-38}$$

$$-\sum_{i,j} p_{ij} \lg p_{ij} = \lg\Gamma + D_1 \lg\delta \tag{6-39}$$

由式（6-38）和式（6-39）可知，若 K 和 Γ 是恒定系数，且 D_0 和 D_1 值不变化，则 $\lg N$-$\lg\delta$，$-\sum p_{ij}\lg p_{ij}$-$\lg\delta$ 呈线性关系。显然在无标度区内这样的关系应是成立的。设无标度区为 $[\delta_1, \delta_p]$，则求分形维的问题等同于直线拟合问题 $S(x) = a_0 + a_1 x$，求分形维转化为求 a_1。

若已知一组数据 $(x_k, f_k) = (\lg\delta_k, \lg N_k)$，$k = 1, \cdots, p$，用最小二乘法求拟合直线 $S(x)$ 的依据是 $S(x)$ 与 $f(x)$ 的整体误差最小，即 $I = \sum_{k=1}^{p} [S(x) - f_k]^2 = \min$。由 $\partial I / \partial x = 0$，可得

$$D_0 = \frac{\left(\sum_{k=1}^{p} \lg N_k\right)\left(\sum_{k=1}^{p} \lg\delta_k\right) - p\sum_{k=1}^{p}(\lg N_k \lg\delta_k)}{\left(\sum_{k=1}^{p} \lg\delta_k\right)^2 - p\sum_{k=1}^{p}(\lg\delta_k)^2} \tag{6-40}$$

$$D_1 = -\frac{\left[\sum_{k=1}^{p}\sum_{i,j=1}^{150\times150}(p_{ij})_k \lg(p_{ij})_k\right]\left(\sum_{k=1}^{p}\lg\delta_k\right) - p\sum_{k=1}^{p}\left[\sum_{i,j=1}^{150\times150}(p_{ij})_k \lg(p_{ij})_k \lg\delta_k\right]}{\left(\sum_{k=1}^{p}\lg\delta_k\right)^2 - p\sum_{k=1}^{p}(\lg\delta_k)^2} \tag{6-41}$$

2. 无标度区

以上讨论的前提是散点图真的具有分形特性，这从散点图中无法直接看出。为此作出了如图 6-14 所示的 $\lg N$-$\lg\delta$ 和 $-\sum p_{ij}\lg p_{ij}$-$\lg\delta$ 关系曲线，图 6-14 中垂直虚线之间的部分具有线性关系，是无标度区。散点图在无标度区范围内具有分形的特性——自相似性。显然，散点图中的点应该有足够的数目，经过研究发现，当点数大于 1000 时，从 $\lg N$-$\lg\delta$ 和 $-\sum p_{ij}\lg p_{ij}$-$\lg\delta$ 曲线图中都可以找到无标度区。

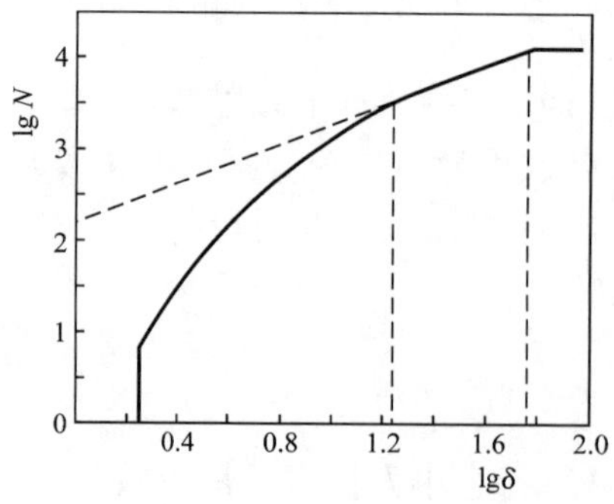

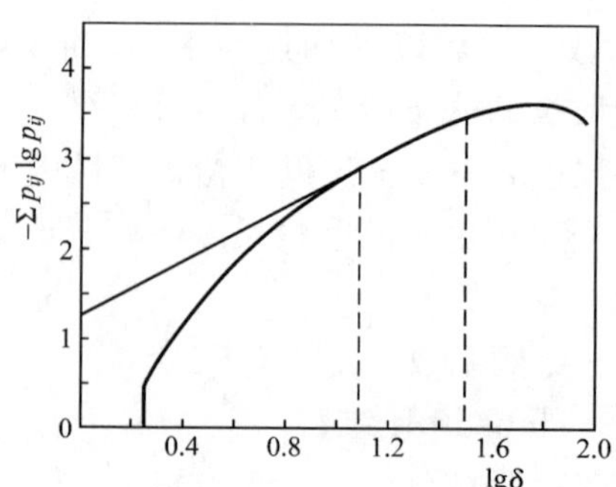

图 6-14 无标度区

无标度区的确定对计算分形维是至关重要的。很难想象，随意指定无标度区进行拟合得到的斜率能代表分形维。图 6-14 中无标度区内线性部分的延长线（如斜虚线所示）与纵轴

的交点并不为零，这验证了前面假设 $\lg K \neq 0$ 的正确性。研究发现：不同放电类型的无标度区不同，相同类型的放电样本尽管无标度区有差异，但总体是比较相似的。

无标度区的确定可以是人工判断或通过一定算法完成。本节给出一种逐段拟合法。拟合的起点从所有数据的终点开始，以固定的点数进行拟合，求出斜率，逐个向前移动起点，最终得到比数据点总数少 1 的斜率序列。判断无标度区的标准是：斜率值在合适范围内（针对本节所研究的对象，取 1～2），斜率的变化范围很小（取 10%）。如果存在无标度区，在斜率序列中必然存在一个区间，其中的值满足前述标准，并且该区间和无标度区是直接对应的。

3. 散点图特征——分形维和重心位置

分形维只是反映了分形集内部一定尺度范围内的自相似性和复杂程度，它缺乏对分形集整体情况的描述。而散点图的重心位置可对分形集的整体特征作简化描述。因此取分形维和重心位置作为散点图特征。

散点图分为两个分布密集区，故需要四个参数，记为 φ_m^+、φ_m^-、q_m^+、q_m^-

$$\varphi_m = \sum_{i=1}^{M} \varphi_i / M \tag{6-42}$$

$$q_m = \sum_{i=1}^{M} q_i / M \tag{6-43}$$

式中 φ_m、q_m——分别为放电相位、放电量的平均值；

i——散点图中点的编号，$i=1$，…，M；

M——总点数；

φ_i、q_i——分别为第 i 个点的相位、放电量。

散点图参数的上标“+”或“－”分别表示正或负半周的数据。

由 Hausdroff 维数 D_0、信息维数 D_1 和重心（φ_m，q_m）构成 8 个特征 D_0^+、D_0^-、D_1^+、D_1^-、φ_m^+、φ_m^-、q_m^+、q_m^-，构成样本特征向量，它综合反映了散点图局部的和整体的分布特性，显得更为全面。

九、灰度图像矩特征

机械学中，矩指示了力对某个特定点的旋转效应，在测量、分析和设计等方面经常用到。在数字图像处理领域，也应用“矩”的概念，但与机械学中的矩有很大差别，它描述了一幅灰度图像中所有像素点的整体分布情况，从矩中可以得到一些描述物体轮廓形状的有用参数。自从 Hu 提出矩不变量后，矩在图像处理和模式识别领域得以广泛应用。在模式特征方面，Teague（1980）和 Chin（1988）对矩的应用给出了概括的介绍。矩可用于三维图像的处理和识别，例如，可以将三维 φ-q-n 谱图向 φ-q 平面投影，得到一幅数字图像，然后再计算矩特征[9,19,20]。

（一）矩的理论

对非负整数 p、q，二维连续函数 $f(x, y)$的 $p+q$ 阶矩定义如下

$$m_{pq} = \int_{-\infty}^{\infty} \int_{-\infty}^{\infty} x^p y^q f(x,y) \mathrm{d}x \mathrm{d}y$$

唯一性理论指出，如果函数 $f(x, y)$分段连续，且只在 $x-y$ 平面的有限部分有非零值，那么所有各阶矩都存在；矩序列(m_{pq})由 $f(x, y)$唯一确定，反之(m_{pq})也唯一确定了

$f(x, y)$。

离散情况下，矩的定义如下

$$m_{pq} = \sum_x \sum_y x^p y^q f(x,y)$$

如果 $p+q=0$，m_{pq} 称为 0 阶矩，它是函数 $f(x, y)$ 的积分。如果 $p+q=1$，m_{pq} 称为 1 阶矩。将离散函数 $f(x, y)$ 看成一幅灰度图像，那么以 0 阶矩为分母对 1 阶矩进行归一化处理，可以得到图像的质心坐标 $(\bar{x}, \bar{y})$

$$\bar{x} = m_{10}/m_{00}, \qquad \bar{y} = m_{01}/m_{00}$$

根据 2 阶矩可计算灰度图像的主轴方向。某些情况下还会用到 3 阶或 4 阶矩。阶数高于 4 阶的矩计算更加复杂，且物理含义不明确，因而很少被采用。

如上定义的矩，其值是随坐标变换、旋转和比例缩放而变化的，在实际应用中不太方便。因此，在特征提取中通常采用中心矩，它的数值不因坐标变换而变化。

（二）中心矩

对二维数字图像，其 $p+q$ 阶中心矩定义如下

$$\mu_{pq} = \sum_x \sum_y (x-\bar{x})^p (y-\bar{y})^q f(x,y)$$

中心矩反映了数字图像 $f(x, y)$ 中的灰度像素相对于图像质心的分布情况。例如，2 阶中心矩 μ_{20} 和 μ_{02} 分别表示图像 $f(x, y)$ 相对其垂直轴和水平轴的惯性矩。如果 $\mu_{20}>\mu_{02}$，表示图像可能在水平方向拉长。μ_{30} 和 μ_{03} 分别反映了图像对垂直轴和水平轴的不对称性。如果图像关于水平轴对称，那么 $\mu_{30}=0$。

中心矩的计算相对于矩的计算要复杂一些，可以使用下述公式对 3 阶及 3 阶以下中心矩的计算过程加以简化

$$\begin{aligned}
&\mu_{00} = m_{00}, && \mu_{11} = m_{11} - \bar{y}m_{10} \\
&\mu_{01} = 0, && \mu_{03} = m_{03} - 3\bar{y}m_{02} + 2\bar{y}^2 m_{01} \\
&\mu_{10} = 0, && \mu_{12} = m_{12} - 2\bar{y}m_{11} - \bar{x}m_{02} + 2\bar{y}^2 m_{10} \\
&\mu_{02} = m_{02} - \bar{y}m_{01}, && \mu_{21} = m_{21} - 2\bar{x}m_{11} - \bar{y}m_{20} + 2\bar{x}^2 m_{01} \\
&\mu_{20} = m_{20} - \bar{x}m_{10}, && \mu_{30} = m_{30} - 3\bar{x}m_{20} + 2\bar{x}^2 m_{10}
\end{aligned}$$

（三）三维谱图矩特征

将三维 φ-q-n 谱图依据相位划分为两部分，大约分别对应于外加电压正半周和负半周的放电情况。然后，将每一部分投影到 φ-q 平面上，转化为二维数字图像，n 表示图像上各像素的灰度。最后，根据前述公式，对两幅数字图像分别计算矩和中心矩。采用 4 阶及 4 阶以下的矩作为特征。

矩的数值与 φ-q-n 坐标系的尺寸有关，为了避免采用不同坐标系可能造成的差异，φ 轴、q 轴和 n 轴的取值范围都被归一化为 0～1。

十、信号的参数模型

信号的参数模型是设备诊断中可以使用的一种数学模型。以下以脉冲波形的特征提取为例，来说明信号参数模型的应用。对脉冲波形建立其参数模型，以模型的系数作为脉冲波形的特征向量[15]。

在数字信号分析中，有三种形式的线性参数模型，实用中经常选用的是自回归模型，或

简称 AR（auto-regression）模型。根据 AR 模型，脉冲波形 s（n）可认为是由白噪 w（n）激励某确定性系统形成，s（n）由其本身 p 次过去值和白噪现时值 w（n）线性组合而成

$$s(n) = w(n) - \sum_{k=1}^{p} a_k s(n-k) \tag{6-44}$$

AR 模型的传递函数为

$$H(z) = \frac{1}{1 + \sum_{k=1}^{p} a_k z^{-k}} \tag{6-45}$$

其中 p 为模型阶次。模型的主要参数满足

$$R_i + \sum_{k=1}^{p} a_k R_{i-k} = 0 \qquad i = 1,2,\cdots,p \tag{6-46}$$

$$\sigma_w^2 = \varepsilon^{(p)} = R_0 + \sum_{k=1}^{p} a_k R_{-k} \tag{6-47}$$

$$R_i = E[s(n+i)s(n)]$$

式中 R_i——信号 s（n）的自相关；

σ_w^2——激励白噪 w（n）的方差（即其功率）；

$\varepsilon^{(p)}$——预测误差的最小均方。由式（6-16）和式（6-17），可导出计算系数 a_k（k=1，2，…，p）和激励白噪功率 σ_w^2（其值=$\varepsilon^{(p)}$）的方程组为

$$\begin{bmatrix} R_0 & R_1 & \cdots & R_p \\ R_1 & R_0 & \cdots & R_{p-1} \\ \vdots & \vdots & \ddots & \vdots \\ R_p & R_{p-1} & \cdots & R_0 \end{bmatrix} \begin{bmatrix} 1 \\ a_1 \\ \vdots \\ a_p \end{bmatrix} = \begin{bmatrix} \varepsilon^{(p)} \\ 0 \\ \vdots \\ 0 \end{bmatrix} \tag{6-48}$$

对脉冲波形采样得到的 N 点数据 s（n），n=0，1，…，N−1，信号自相关的估计值为

$$\hat{R}_k = \frac{1}{N} \sum_{n=0}^{N-1} s(n)s(n+k) \quad k = 0, \pm 1, \pm 2, \cdots, \pm p \tag{6-49}$$

然后采用 Levinson-Durbin 递推算法来计算 $a_k(k=1,2,\cdots,p)$ 和 $\varepsilon^{(p)}$。其第 1 步是，计算 $a_1^{(1)}$ 和 $\varepsilon_1^{(1)}$

$$a_1^{(1)} = -R_1 / R_0$$

$$\varepsilon^{(1)} = R_0 + a_1^{(1)} R_1$$

第 2 步是递推：设已经得到了 $p-1$ 阶模型的系数，$a_k^{(p-1)}(k=1,2,\cdots,p-1)$ 和 $\varepsilon^{(p-1)}$，则 p 阶模型的系数和激励白噪功率分别为

$$a_k^{(p)} = a_k^{(p-1)} + \rho^{(p)} a_{p-k}^{(p-1)} \qquad k = 1,2,\cdots,p-1$$

$$a_p^{(p)} = \rho^{(p)}$$

$$\varepsilon^{(p)} = \varepsilon^{(p-1)}[1 - (\rho^{(p)})^2]$$

$$\rho^{(p)} = -\frac{R_p + \sum_{k=1}^{p-1} a_k^{(p-1)} R_{p-k}}{\varepsilon^{(p-1)}}$$

式中 $\rho^{(p)}$——反射系数。

◎ 第四节　基于距离的模式归类法

模式归类时，希望待检模式与被识别成的模式尽可能相符（匹配），待检模式与样板库中样板模式之间相一致的程度，被称为模式匹配程度。

基于距离的模式归类法，依据待检模式与样板模式之间的距离来判别模式匹配程度，距离越小则匹配程度越高。显然，待检模式将被归类为与之匹配程度最高、即距离最近的那一类样板模式。

由于采用距离大小作为模式匹配的基本准则，因此基于距离的模式归类法具有局限性。只有当不同模式的样本在特征空间中呈现出聚类分布特性，即相同模式的样本在特征空间中分布在一个集中区域，不同模式的分布区域不发生交叠或围合（如图 6-15 所示）时，基于距离的模式归类法才是有效的。应考虑增加特征参数的数目，以期在更高维的特征空间中呈现聚类分布。

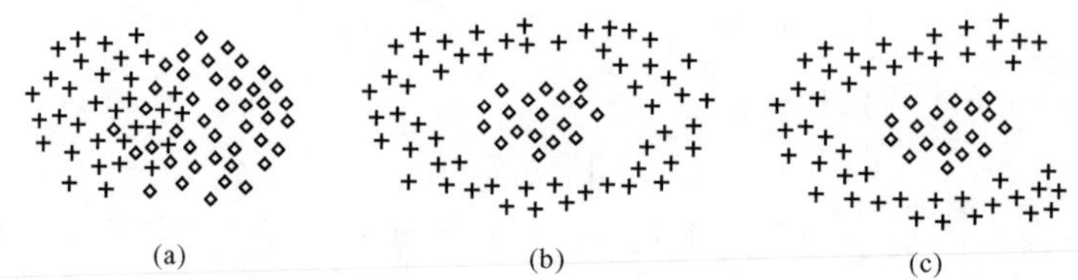

图 6-15　样本在特征空间中的分布区域

（a）交叠；（b）围合；（c）围合

根据归类算法中对于距离的不同定义，基于距离的模式归类法分为三类：置信区间法、最小距离法、趋中心度法。

一、置信区间法

（一）基本原理

由于设备老化过程的随机性，由故障信息提取出来的特征参数也具有分散性，它们遵从一定的统计分布规律。因此，由式(6-2)所表达的样板模式向量 $\boldsymbol{M}_p=[m_{1p}\quad m_{2p}\quad \cdots\quad m_{ip}\quad \cdots\quad m_{Ip}]^{\mathrm{T}}(p=1, 2, \cdots, P)$中的元素，最好按数理统计方法由多个样本取得。

若样板模式的特征参数由 N 个样本取得，由这些样本得到的特征参数的均值和标准差的估计值分别为 $\overline{m}$ 和 s，则该特征参数的置信区间为

$$[\overline{m}-ts, \overline{m}+ts] \tag{6-50}$$

式中　t——统计检验参数，其值取决于置信水平(95%或 99%)，可由统计数值表查得。

图 6-16 所示为某样板模式各特征参数的置信区间，图中各空心点为特征参数的均值，直线段为置信区间[21,22]。

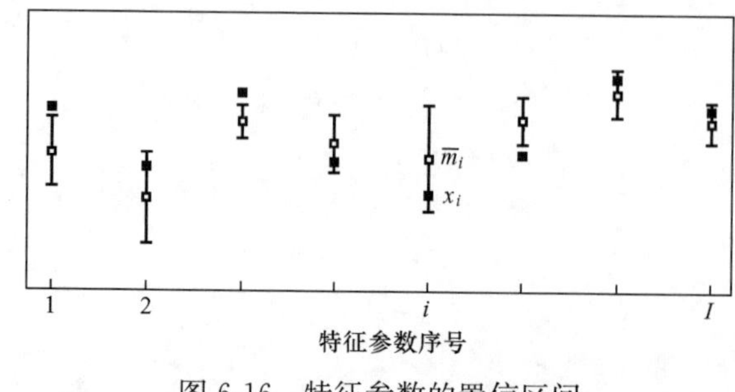

图 6-16　特征参数的置信区间

可从划分特征空间的角度出发，对置信区间法进行分析。在特征空间中，待检样本是一个点，而样板是一个特定区域，其大小与各样板特征量的标准差和置信度有关。置信区间法是将样板区域和样本点向特征轴投影，样板区域在轴上的投影线段相应于置信区间，若样本点在轴上的投

影点在线段内，则特征相符。

图 6-17 所示是特征参数 95％置信区间的实例。测试了 10kV 聚乙烯电缆的 3 种形式局部放电(针电极处树枝状放电、扁平空穴内放电、空穴边缘的树枝状放电)的信息[22]。以下述 15 个特征量构成放电样本：放电二维 φ-q 谱图、φ-n 谱图工频正负半周的偏斜度 SK、陡峭度 KU、局部峰点数 PE，φ-q 谱图正负半波图形的互相关系数 CC、放电量因数 QF、修正的互相关系数 MCC。3 种局部放电形式的样本数量分别为 41、24 个和 28 个。从图 6-17 可以看出，不同形式放电样本同一特征参数的置信区间可能会重叠，例如 φ-n 谱图的陡峭度 KU^+ 分别为－0.6～0.55、－0.2～1.65 和－0.05～2.1，但多个特征参数置信区间同时重叠的可能性大大降低，这就为模式归类提供了基础。

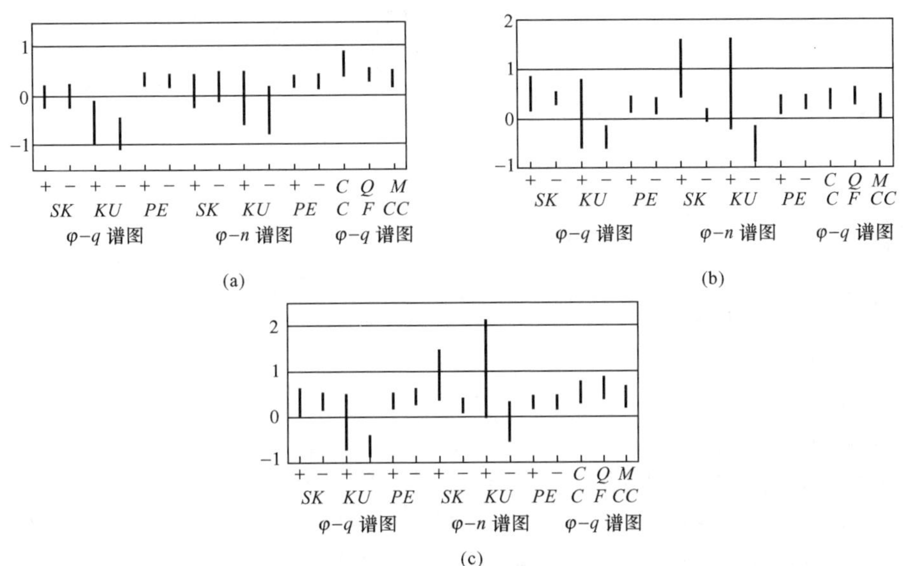

图 6-17 10kV 聚乙烯电缆特征参数的 95％置信区间
(a)针电极树枝状放电；(b)扁平空穴内放电；(c)空穴边树枝状放电
(图中局部峰点数 PE 值应乘以 10)

置信区间法的做法是：

(1) 对样板模式不是用单一数值，而是用置信区间来描述各特征参数。

(2) 将待检模式的 I 个特征参数与第 p 个样板模式中对应参数的置信区间逐一比较，若第 i 个参数 x_i 落入相应的置信区间，则判断特征 i 与样板相符，反之为不符（例如，图 6-16 中特征参数 1 与样板不符，特征参数 2 与样板相符）。

(3) 统计待检模式中各特征与第 p 个样板模式中特征相符的数量，定义相符数 CRS_p 为待检模式 I 个特征参数中与样板模式 p 的特征相符的个数，相符度为 $CRD_p=CRS_p/I$。

(4) 分别计算待检模式与各样板模式的相符度 $CRD_p(p=1,2,\cdots,P)$，取出其中最大的 CRD_p，待检模式即可归类为第 p 种样板模式。

(二) 实例

设计了不同绝缘结构的 11 种人工缺陷模型，包括：介质中有多个空穴(简记为 cav-mul)、与介质相邻的空穴(cav-die)、与电极相邻的空穴(cav-con)、电极处树枝放电(tre-con)、空穴树枝放电(tre-cav)、空气中沿面放电(sur-air)、SF_6 中沿面放电(sur-sf6)、油中沿面放电(sur-oil)、空气中电晕放电(cor-air)、油中电晕放电(cor-oil)、空气中浮动电位金属件放电(flo-air)。通过局部放电试验得到了这 11 种放电模式的测试数据，提取上述 15 个特征量构成放电样本。对 11 种放电模式，分别获得了由 φ-q 图谱和 φ-n 图谱提取的 15 种特性参数的均值、标准差和 95%置信区间[22]。

将某待检模式按置信区间法进行识别，结果如表 6-3 所示。由表可知，待检模式与空气中沿面放电相符度的数值最大，为 93%，因此将待检模式归类为空气中的沿面放电。

表 6-3　　识 别 结 果

缺陷类型	φ-q 图形						φ-n 图形						φ-q 图形			相符性	
	SK^+	SK^-	KU^+	KU^-	PE^+	PE^-	SK^+	SK^-	KU^+	KU^-	PE^+	PE^-	CC	QF	MCC	CRS	CRD(%)
cav-mul	—	—	√	√	√	—	—	—	—	—	—	√	√	—	—	5	33.3
cav-die	—	—	—	—	√	—	√	√	√	√	—	√	√	√	√	9	60.0
cav-con	—	√	√	—	√	—	—	√	√	√	—	√	√	—	√	8	53.3
tre-con	√	√	√	√	—	√	—	—	—	—	—	√	—	—	—	6	40.0
tre-cav	√	√	√	√	√	√	—	—	—	—	—	—	√	—	—	7	46.7
sur-air	√	√	√	√	√	√	√	√	√	—	√	√	√	√	√	14	93.3
sur-sf6	—	—	√	—	√	√	√	—	√	√	√	√	√	—	—	9	60.0
sur-oil	√	√	—	—	—	—	—	—	—	—	—	—	√	√	√	5	33.3
cor-air	—	—	—	—	√	√	—	—	—	—	—	√	—	—	—	3	20.0
cor-oil	—	—	—	—	—	√	√	—	√	—	—	—	—	—	—	3	20.0
flo-air	√	√	√	√	—	√	—	—	—	—	—	—	—	—	—	5	33.3

注　√表示相符；—表示不符。

二、最小距离法

(一) 基本原理

根据最近邻规则，特征空间中相对聚合在一起的样本属于同一模式。可以用距离来反映样本的聚合程度。计算待检向量 $\boldsymbol{X}$ 与各样板向量 $\boldsymbol{M}_p$ 的距离 d_p($p=1$, 2, …, P)，并从中选出最小的 d_p，待检模式即可被归类为第 p 类模式[23]。

在最小距离法中，采用欧氏距离(Euclidean Distance)的定义。

式(6-2)给出了第 p 类样板模式的特征向量 $\boldsymbol{M}_p=[m_{1p} \quad m_{2p} \quad \cdots \quad m_{ip} \quad \cdots \quad m_{Ip}]^{\mathrm{T}}$，设向量中各特征量均由其平均值代表。定义待检模式 $\boldsymbol{X}$ 到样板 $\boldsymbol{M}_p$ 的距离为

$$d_p=\sqrt[k]{\frac{1}{I}\sum_{i=1}^{I}w_{ip}\,|x_i-m_{ip}|^k} \tag{6-51}$$

式中　w_{ip}——权系数，用于调节距离值。

若令 $k=1$，$w_{ip}=1$，可得到距离的简化计算公式

$$d_p=\frac{1}{I}\sum_{i=1}^{I}|x_i-m_{ip}| \tag{6-52}$$

此距离称为 L_1 距离。

对样板向量中的各元素，若其分散性大，则其权值应小。设第 i 个元素的标准差为 σ_{ip}，σ_{ip} 大反映分散性大，因此可用 σ_{ip} 的倒数为权系数，即 $w_{ip}=1/\sigma_{ip}$；若再设 $k=2$，则待检向量与样板向量的距离为

$$d_p=\sqrt{\frac{1}{I}\sum_{i=1}^{I}[(x_i-m_{ip})/\sigma_{ip}]^2} \tag{6-53}$$

此距离称为 L_2 距离。

对各样板向量 $\boldsymbol{M}_p$（$p=1, 2, \cdots, P$），计算出待检向量 $\boldsymbol{X}$ 与之的距离 d_p 后，从中选出最小的 $d_p=d_{\min}$，待检模式即可归类为第 p 类模式。

还可计算待检模式与各样板模式的相符度 CRD_p。对第 p 个样板向量 $\boldsymbol{M}_p$，分别计算待检向量 $\boldsymbol{X}$ 中各元素与 $\boldsymbol{M}_p$ 中相应元素差值的绝对值 $|x_i-m_{ip}|$，若其值不超过 $d_{\min}$，则令相符数 CRS_p 加 1。比较完毕 $\boldsymbol{X}$ 与 $\boldsymbol{M}_p$ 中的 I 对元素后，可得待检模式与第 p 个样板模式的相符度 $CRD_p=CRS_p/I$。

待检模式与各样板模式的相符度大小可以反映识别的可靠性，比较直观的方法是定义可靠率

$$IDAR=\frac{CRD_{\max}-CRD_{\sec}}{CRD_{\max}} \tag{6-54}$$

式中 $CRD_{\max}$——最大相符度；

$CRD_{\sec}$——次大相符度。

理想的情况是，待检模式只与某个样板相符，而与其他样板完全不相符，则 $IDAR=100\%$。在实际应用中，当 $IDAR>50\%$ 时认为区分明显、识别可靠；当 $IDAR<25\%$，则识别不可靠，待检模式可能属于样板库中没有的模式。

应用 L_1 距离时，样板向量的组成及距离的计算相对均较简单；应用 L_2 距离（且 $w_i=1/\sigma_{ip}$）时，每一样板向量的形成均需较多次试验，以取得平均值和标准差，工作量大，但其识别效果比应用 L_1 距离时要好。

（二）实例

在一段 GIS 间隔内设置了 7 种人工缺陷，进行了局部放电试验，根据记录的放电信息，整理获得 φ-q 图谱和 φ-n 图谱，由中提取了 15 种特征参数。这 7 种人工缺陷是：内导体处有尖锐的金属针（sha-inn）、内导体处有稍钝的金属针（dul-inn）、接地导体处有尖锐的金属针（sha-gro）、可自由活动的 3 个导电微粒（par-fre）、介质中接地侧有金属电极（eld-die）、环氧树脂绝缘子表面有导电微粒（par-ins）、环氧树脂绝缘子内有空穴（cav-ins）。此外，还记录了无局部放电时的干扰（nos-pdf），提取了特征。

图 6-18 给出了待检模式为 sha-gro 和 cav-ins，分别采用 L_1 距离和 L_2 距离时的识别结果[23]。

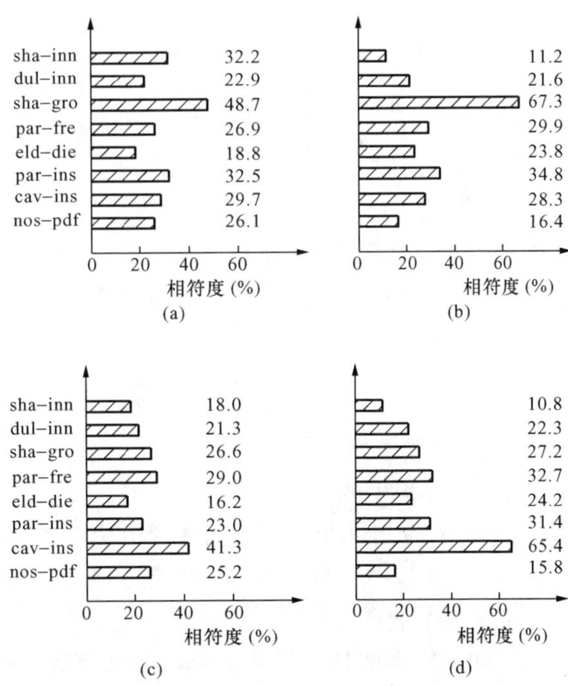

图 6-18 最小距离法的识别结果

(a)L_1 距离法，待检模式 sha-gro；(b)L_2 距离法，待检模式 sha-gro；(c)L_1 距离法，待检模式 cav-ins；(d)L_2 距离法，待检模式 cav-ins

当将 sha-gro 作为未知的待检模式，采用 L_1 距离时，认为待检模式与 sha-gro 的相符度为 48.7%，与 par-ins 的相符度为 32.5%，因此可判断为 sha-gro，

识别结果是正确的。若采用 L_2 距离，认为待检模式与 sha-gro 的相符度大为提高，增为 67.3%，而与 par-ins 的相符度只稍有增加，为 34.8%，这提高了识别的可靠性。由式(6-54)，可计算得到采用 L_1 距离时的识别可靠率 $IDAR$ 为 33.3%，而采用 L_2 距离时的 $IDAR$ 为 48.9%；这说明采用 L_2 距离的效果比 L_1 距离要好。

当将 cav-ins 作为未知的待检模式进行识别时，也有类似的结果。

三、趋中心度法

（一）基本原理

在趋中心度法[21,23]中，以马氏距离（Mahalanobis Distance）的大小来衡量模式匹配的程度。

设某种样板模式有 L 个样本。如果样本特征量服从正态分布，则该样板模式可由样本特征量的平均值和样本向量的协方差矩阵表示，而且这种表示是一一对应的。待检样本与第 p 个样板的马氏距离为

$$d_p = \sqrt{\{\boldsymbol{X}-\boldsymbol{M}_p\}^{\mathrm{T}}\boldsymbol{C}_p^{-1}\{\boldsymbol{X}-\boldsymbol{M}_p\}} \tag{6-55}$$

$$\boldsymbol{C}_p = \begin{bmatrix} \sigma_{11p}^2 & \sigma_{12p} & \cdots & \sigma_{1Ip} \\ \sigma_{21p} & \sigma_{22p}^2 & \cdots & \sigma_{2Ip} \\ \vdots & \vdots & \ddots & \vdots \\ \sigma_{I1p} & \sigma_{I2p} & \cdots & \sigma_{IIp}^2 \end{bmatrix} \tag{6-56}$$

式中 $\boldsymbol{X}$——待检样本；

$\boldsymbol{M}_p$——第 p 个样板的特征量均值向量；

$\boldsymbol{C}_p$——第 p 个样板的协方差矩阵；

$\boldsymbol{C}_p^{-1}$——$\boldsymbol{C}_p$ 的逆矩阵。

如果把协方差矩阵 $\boldsymbol{C}_p$ 看成是标准差在多维情况下的改进，那么马氏距离可以看成是欧氏距离的改进。$\boldsymbol{C}_p$ 中的各元素需要根据样本特征量的分布情况进行估计，估计值的计算公式为

$$\sigma_{ijp} = \frac{\sum_{k=1}^{L}(x_{kip}-m_{ip})(x_{kjp}-m_{jp})}{L-1}, \quad i,j=1,2,\cdots,I \tag{6-57}$$

式中 L——样板中的样本数目；

x_{kip}——第 p 个样板的第 k 个样本的第 i 个特征量值；

m_{ip}——样板中所有样本第 i 个特征量的平均值；

I——特征量的个数。

已经知道样本的特征量共 I 个，而且其概率密度函数服从正态分布（大多数情况下这一假定是成立的），由概率论与数理统计的知识可以推断：马氏距离的平方 d_p^2 必然遵循自由度为 I 的 χ^2 分布。由 χ^2 分布函数表中查得概率 $P(d_p^2;I)$，d_p^2 增大 $P(d_p^2;I)$ 也增加，定义趋中心度 CS_p 为

$$CS_p = (1-P)\times 100\% \tag{6-58}$$

显然，马氏距离越小，趋中心度越大。在依据趋中心度的归类中，先计算出待检模式与各样板模式的马氏距离，然后转换为趋中心度。由各趋中心度中选取数值最大的 CS_p，待检模式即归属于第 p 种样板所代表的故障模式[21,23]。

对趋中心度法可在特征空间予以形象说明。样本包含有 I 个特征参数，那么在 I 维空间中该样本为一点。样板模式由 L 个样本构成，则它们在 I 维空间中是由 L 个点组成的具有一定分布区域的点集，区域的中心和范围由各样板点的平均位置和协方差矩阵描述。待检样本在特征空间中是一个点。为方便，图 6-19 给出了二维空间实例，即设样本仅包含 2 个特征参数，$I=2$。图 6-19 中圆点代表构成样板模式的样本，共 L 个；方点 G 为这些圆点的数学中心；而待检模式以星点 S 表示。趋中心度为样板区域中离待检样本 S 比离区域中心 G 近的样本点的百分数。待检样本与样板中心的距离越近，趋中心度越大，则待检样本越有可能属于该样板所对应的故障模式。

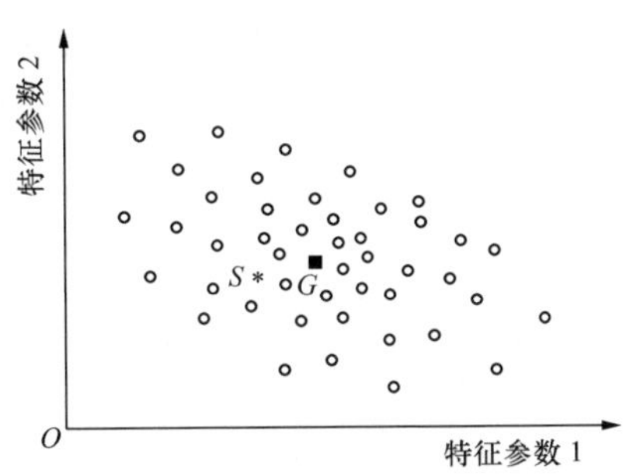

图 6-19　样板模式数学中心 G 和待检样本 S

与最小距离法类似，也可根据趋中心度的最大值和次大值判定识别的可靠性。定义

$$IDAR=\frac{CS_{\max}-CS_{\sec}}{CS_{\max}} \tag{6-59}$$

$IDAR>50\%$，则认为区分明显、识别可靠；$IDAR<25\%$，则识别不可靠，待检样本可能属于样板库中没有的模式。

（二）实例

设计了 13 种人工缺陷模型，进行局部放电试验[21]，获得局部放电的 φ-q 和 φ-n 二维图谱，由中提取了 15 种特征参数。这些人工缺陷模型是：

（1）介质中有平坦空穴（简记为 cvf-die，空穴直径 5mm、深度 1mm，简记为 5/1，下同)；

（2）介质中有特别平坦的空穴（cve-die，10/1）；

（3）介质中有直径和深度相同的空穴（cvs-die，1/1）；

（4）介质中有深邃空穴（cvd-die，1/5）；

（5）介质中有与电极相邻的空穴（cav-con，10/1）；

（6）介质中有多个球状空穴（cav-mul，空穴直径约 0.5～4mm）；

（7）空气中有机玻璃板表面沿面放电（sur-air）；

（8）SF_6 中有机玻璃板表面沿面放电（sur-sf6，气压 0.1MPa）；

（9）变压器油中有机玻璃板沿面放电（sur-oil）；

（10）空气中一个或几个针尖处电晕放电（cor-air）；

（11）油中一个或几个针尖处电晕放电（cor-oil）；

（12）电极处树枝放电（tre-con，有机玻璃板中直径约 50μm 针尖电极处引发的树枝放电）；

（13）SF_6 中浮动电位部分放电（flo-sf6，球—板间隙中有一悬浮电位金属板，与接地板电极间 1～2mm 间隙放电）。

将一些缺陷作为待检模式，按趋中心度法进行识别，结果如表 6-4 所示。由表 6-4 可知，待检模式与应正确归类的模式的趋中心度都达到了 99%，因此待检模式的归类是正确的。

对实际使用的有缺陷的 GIS 和电缆：①底部有小金属件的 GIS；②电极上有金属针尖的 GIS；③有金属碎屑的 GIS；④有树枝放电的电缆；⑤绝缘中有空穴的电缆，进行了局部放电试验，提取了 15 种特征参数。用人工缺陷作为样板模式，对上述 5 种待检模式进行归类，结果见表 6-5。

表 6-4　　人工缺陷的识别结果

待检模式	模式归类	CS（%）	待检模式	模式归类	CS（%）
cvf-dil	cvf-dil	99	cav-con	cav-con	99
	cve-die	47		cav-die	52
	cav-con	26		cvs-dil	25
cve-die	cve-die	99	sur-air	sur-air	99
	cav-con	60		cve-die	32
cvs-die	cvs-die	99		tre-con	29
	cvf-die	64	sur-oil	sur-oil	99
	cav-con	45		tre-con	73
cav-mul	cav-mul	99	cor-air	cor-air	99
	cav-con	25	tre-con	tre-con	99

表 6-5　　实际电器中故障的识别结果

待 检 模 式	模式归类	CS（%）
底部掉有金属小零件的 GIS	flo-sf6	70
GIS 电极上有金属针尖	cor-sf6	57
有金属碎屑的 GIS	flo-sf6	52
有树枝放电的电缆	tre-con	26
绝缘中有空穴的电缆	cvf-con	71

底部掉有金属小零件的 GIS 和有金属碎屑的 GIS，都被归类为 flo-sf6（SF_6 中浮动电位部分放电），趋中心度分别为 70%和 52%；电极上有金属针尖的 GIS 被归类为 cor-sf6（SF_6 中电晕放电），趋中心度为 57%。识别结果是可信的。

对有树枝放电的电缆、绝缘中有空穴的电缆，分别被归类为 tre-con（电极处树枝放电）和 cvf-con（电极处空穴放电），其趋中心度分别为 26%和 71%。有树枝放电的电缆被归类为 tre-con 的趋中心度稍低，这或许是所用电介质不同所致。即使如此，它被归类为其他放电模式的趋中心度更低，因此识别结果也是可以接受的。

◎ 第五节　基于人工神经网络的模式识别

一、人工神经网络概念

依据生物领域的神经元学说，人类的大脑是一个有广泛连接的复杂网络系统。大脑皮层

由约 10^{11} 个神经元组成，每个神经元包含神经细胞体及其输入端——树突和输出端——轴突。输入信号由树突传入神经元，经神经经细胞体作用后通过轴突传输给下一级神经元。前一神经元轴突与后一神经元树突的连接部分称为突触，每个神经元有 $10\sim10^5$ 个突触。

树突可有不同的连接强度，使神经元可按不同的加权系数接收其他神经元的信号。神经元收到的是加权和信号，而输出则是这种加权和信号的非线性函数。人脑学习知识的过程就是调整树突强度的过程，树突是人脑储存知识的基本记忆元。

人工神经网络是对生物神经系统的简单描述，近年来对它的研究发展迅速。人工神经网络是由大量简单基本单元（人工神经元）相互广泛连接而成的复杂网络系统，它能反映人脑功能的若干基本特征，当然这只是对生物神经系统的简化模拟，而不是逼真的描写。在人工神经网络中，人工神经元是基本计算单元，它模拟了人脑中神经元的基本特性，一般是多输入、单输出的非线性单元，信息分散地存储在连接线的权重上。

人工神经网络（artificial neural network，ANN）是对生物神经系统的简单描述。它是由大量简单基本单元（神经元）相互广泛连接而成的复杂网络系统，能反映人脑功能的若干基本特征，可用作模式识别工具，例如可用来识别故障模式等。

二、人工神经元

人工神经元一般是多输入、单输出的基本单元，具有如下特征：①每个神经元 j 均有自己的状态 y_j，并以此作为输出给下一神经元的信号；②从神经元 i 到神经元 j 的作用强度以系数 w_{ji} 表示，因此神经元 j 从神经元 i 个收到的信号为 $w_{ji}\,y_i$；③每个神经元 j 都存在一个阈值 b_j，它与输入共同影响神经元的输出；④对于每个神经元 j，它的状态 y_j 为所有与其相连的神经元 i 的状态 y_i 以及它们之间的连接强度 w_{ji} 和神经元 j 的阈值 b_j 的函数，即 $y_j=f(y_i,w_{ji},b_j)$，函数 $f(y_i,w_{ji},b_j)$ 称为激励函数，常用的激励函数形式为

$$y_j=f(\sum w_{ji}\,y_i-b_j) \tag{6-60}$$

即神经元的输出为其输入的线性加权和的函数。

图 6-20 人工神经元模型

具有这种特征的人工神经元模型如图 6-20 所示。

使用较多的激励函数是 Sigmoid 函数，其一般表达式为

$$f(x)=\frac{1}{1+\exp(-x)} \tag{6-61}$$

三、前馈网络

作为模式识别的工具，可以使用多种人工神经网络，例如前馈网络、自组织特征映射网络、训练向量分区网络和自适应共振网络等[15]。本书仅介绍其中使用最广泛的前馈神经网络。

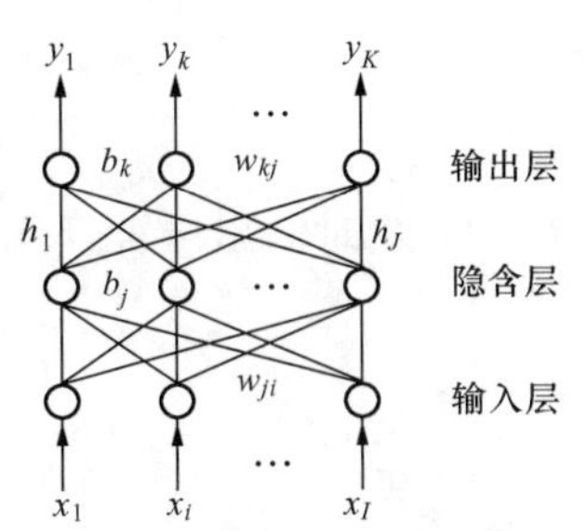

图 6-21 前馈网络

（一）拓扑结构

前馈网络分为三层：输入层、隐含层和输出层，隐含层可一层或多层，这里仅分析单隐含层的情况，图 6-21 为前馈网络模型示意图。

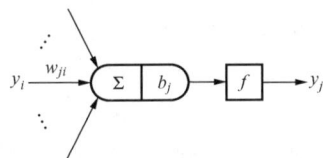

前馈网络各层由数量可多可少的神经元（又称节点）组成。设输入层、隐含层和输出层的神经元数分别为 I、J 和 K，相应各层神经元的编号为 $i=1$，…，I；$j=1$，…，J；$k=$

1，…，K。

输入层与隐含层、隐含层与输出层的各神经元之间由连接线相互联系，但输入层与输出层的各神经元之间不存在直接联系。信息分散地存储在神经元间的连接线权重上，即网络记忆由权重体现。

输入层与隐含层各神经元之间的连接权重矩阵$\boldsymbol{W}_{ji}$及隐含层各神经元的阈值向量$\boldsymbol{B}_j$分别为

$$\boldsymbol{W}_{ji}=\begin{bmatrix} w_{11} & \cdots & w_{1i} & \cdots & w_{1I} \\ \vdots & \ddots & \vdots & \iddots & \vdots \\ w_{j1} & \cdots & w_{ji} & \cdots & w_{jI} \\ \vdots & \iddots & \vdots & \ddots & \vdots \\ w_{J1} & \cdots & w_{Ji} & \cdots & w_{JI} \end{bmatrix}$$

$$\boldsymbol{B}_j=[b_1 \quad \cdots \quad b_j \quad \cdots \quad b_J]^{\mathrm{T}}$$

隐含层与输出层的连接权重矩阵$\boldsymbol{W}_{kj}$及输出层各神经元的阈值向量$\boldsymbol{B}_k$分别为

$$\boldsymbol{W}_{kj}=\begin{bmatrix} w_{11} & \cdots & w_{1j} & \cdots & w_{1J} \\ \vdots & \ddots & \vdots & \iddots & \vdots \\ w_{k1} & \cdots & w_{kj} & \cdots & w_{kJ} \\ \vdots & \iddots & \vdots & \ddots & \vdots \\ w_{K1} & \cdots & w_{Kj} & \cdots & w_{kJ} \end{bmatrix}$$

$$\boldsymbol{B}_k=[b_1 \quad \cdots \quad b_k \quad \cdots \quad b_K]^{\mathrm{T}}$$

神经网络的输入层收到输入信号后，通过各层间的信息传送，在输出层输出信号。

设输入层的输入为

$$\boldsymbol{X}=[x_1 \quad \cdots \quad x_i \quad \cdots \quad x_I]^{\mathrm{T}}$$

输入层的神经元i收到信号x_i后，以原值作为自己的输出，因此输入层的输出也是$\boldsymbol{X}$。

令隐含层的输出为

$$\boldsymbol{H}=[h_1 \quad \cdots \quad h_j \quad \cdots \quad h_J]^{\mathrm{T}}$$

其中h_j为隐含层神经元j的输出，$h_j=f(\sum_{i=1}^{I}w_{ji}x_i-b_j)$。为方便，将$b$归入$w$，即令$w_{j(I+1)}=b_j$，$x_{I+1}=-1$，此时隐含层神经元$j$的输出

$$h_j=f(\sum_{i=1}^{I+1}w_{ji}x_i) \tag{6-62}$$

令输出层的输出为

$$\boldsymbol{Y}=[y_1 \quad \cdots \quad y_k \quad \cdots \quad y_K]^{\mathrm{T}}$$

其中y_k为隐含层神经元k的输出。类似地，令$w_{k(J+1)}=b_k$，$h_{J+1}=-1$，此时输出层神经元k的输出

$$y_k=f(\sum_{i=1}^{I+1}w_{kj}h_j) \tag{6-63}$$

（二）工作原理

人工神经网络能反映故障模式与故障特征量之间的映射关系。用前馈神经网络作为模式

识别的工具，实际上包括两个过程：①将样板模式作为训练样本，对初始神经网络进行训练；②用训练好的神经网络对待检样本进行识别。过程的流程如图 6-22 所示。以下述例子进行具体说明。

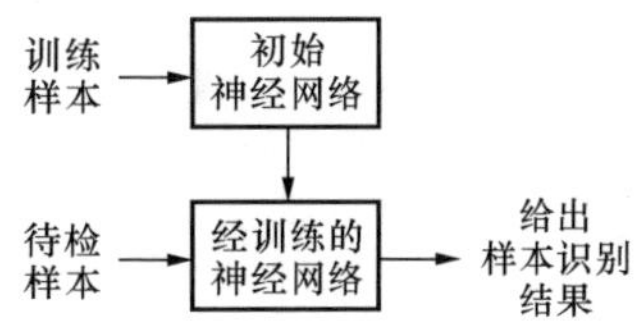

图 6-22 前馈网络的识别流程

对于电力变压器，油中溶解气体分析（Dissolved Gas Analysis，DGA）能够及时发现绝缘内部的早期故障，是普遍使用的一种重要诊断手段。将变压器的绝缘故障划分为 3 种模式：氢主导型、放电性和过热性故障。由变压器油的 DGA 结果提取特征，形成包括 4 个特征量的样本。

使用前馈神经网络时，通常输入层的神经元数与样本向量中的特征量数目相同，输出层的神经元数与样板故障模式的数目相同，而隐含层神经元数目则根据需要选择。本例中，使用了 4-10-3 结构的前馈网络，即输入层、隐含层和输出层的神经元数分别为 4、10 和 3。

网络训练的要求是，对不同故障的样板模式，达到不同的期望输出 $\boldsymbol{T}=[t_1 \quad \cdots t_k \quad \cdots \quad t_K]^{\mathrm{T}}$。相应于氢主导型、放电性和过热性 3 种故障模式，3 组期望输出 $\boldsymbol{T}$ 的数值分别为 $(1 \quad 0 \quad 0)^{\mathrm{T}}$，$(0 \quad 1 \quad 0)^{\mathrm{T}}$ 和 $(0 \quad 0 \quad 1)^{\mathrm{T}}$。

网络训练完成后，将待检样本输入训练好的神经网络，根据输出向量 $\boldsymbol{Y}$ 的数值来判断故障模式。例如，如果输出向量为 $[0.01 \quad 0.98 \quad 0.11]$，即可判断待检样本属于第 2 类——放电性故障模式。

（三）网络学习算法

网络采用反向传播(back propagation)算法，所以又称 BP 网络。

对 BP 网络的训练属于有监督学习。当输入层有信号 $\boldsymbol{X}$ 输入时，输出层有信号 $\boldsymbol{Y}=[y_1 \quad \cdots \quad y_k \quad \cdots \quad y_K]^{\mathrm{T}}$ 输出。对初始网络，输出信号 $\boldsymbol{Y}$ 与期望输出 $\boldsymbol{T}=[t_1 \quad \cdots \quad t_k \quad \cdots \quad t_K]^{\mathrm{T}}$ 不一致，可根据 $\boldsymbol{Y}$ 与 $\boldsymbol{T}$ 的误差，通过学习调整权重矩阵，以降低误差。显然，一次学习不会得到满意的结果。网络不断地学习，逐步调整权重矩阵，当实际输出 $\boldsymbol{Y}$ 接近期望输出 $\boldsymbol{T}$ 时，学习结束。$\boldsymbol{Y}$ 是否接近 $\boldsymbol{T}$ 的衡量标准是 $\boldsymbol{Y}$ 与 $\boldsymbol{T}$ 的误差平方和小于规定数值，即当 $E=\frac{1}{2}\sum_{k=1}^{K}[T(k)-Y(k)]^2$ 小于事先规定的小正数 ε 时，学习结束。

反向传播算法是根据误差来调整权值的。输出层的输出误差容易获得，但隐含层输出误差的计算比较困难。反向传播算法解决了这一问题，此算法分为前向和反向传输两部分。在前向过程中，输入经各节点作用后传播到输出节点。输出节点的输出值若与期望值不符，产生误差信息，将误差信息沿正向连接通路返回，可计算出各隐节点的误差，修改各神经元的权值，使误差减小。

实际上，每一故障板板模式可能包含有 P 个向量

$$\boldsymbol{X}=\{\boldsymbol{X}_1 \quad \boldsymbol{X}_2 \quad \cdots \quad \boldsymbol{X}_P\}$$

其中第 p 个输入向量 $\boldsymbol{X}_p=\{x_{1p} \quad x_{2p} \quad \cdots \quad x_{Ip}\}^{\mathrm{T}}$。因此，应该按照 P 个输入向量时的总误差

$$E=\frac{1}{2}\sum_{p=1}^{P}\sum_{k=1}^{K}[T(k)-Y(k)]^2$$

来调整网络。

计算各 $\partial E/\partial w_{kj}$ 和 $\partial E/\partial w_{ji}$，可得到网络学习过程中权系数第 $t+1$ 次的迭代计算公式为

$$w_{kj}(t+1)=w_{kj}(t)+\alpha\sum_{p=1}^{P}\delta_{kjp}h_{jp} \tag{6-64}$$

$$w_{ji}(t+1)=w_{ji}(t)+\alpha\sum_{p=1}^{P}\delta_{jip}x_{ip} \tag{6-65}$$

$$\delta_{kjp}=(t_{kp}-y_{kp})y_{kp}(1-y_{kp}) \tag{6-66}$$

$$\delta_{jip}=\sum_{k=1}^{K}\delta_{kjp}w_{kj}h_{jp}(1-h_{jp}) \tag{6-67}$$

式中 α——学习速度。

（四）实例

在依据油中溶解气体分析结果判断变压器绝缘故障的一些方法中，国际电工委员会推荐的三比值法是经常采用的方法。但是，三比值法提供的编码并不完备，会出现“缺码”现象(DGA 结果落在编码之外)。此外，对氢主导型故障(包括进水受潮和油中气泡)，该方法的识别效果差。在三比值法中，氢主导型故障的编码为“010”，可是由 23 例氢主导型故障的统计结果(表 6-6)[24] 可看出，它们出现“010”码的概率很低，只有 9%，大多数为缺码，占 57%。

表 6-6　　氢主导型故障(23 个样本)的三比值识别结果

编　码	010	000	110	001	缺　码
待检样本	2	5	2	1	13
百分率(%)	9	21	9	4	57

通过对故障模式及其特征的分析，发现可由特征气体谱图提取特征量，再以人工神经网络为工具，可得较满意的结果[24]。

122 图 6-23 为油中过热、油中电弧、油中电晕和绝缘受潮四种故障的典型特征气体谱图，其中后两种为氢主导型故障。

特征气体谱图的构造方法如下。在横轴的五个位置 $x_i(i=1,2,\cdots,5)$ 依次排放乙炔、氢气、乙烷、甲烷和乙烯，各 x_i 的数值分别规定为：0，20，50，80，100；相应的 5 个纵坐标 $y_i(i=1,2,\cdots,5)$ 分别表示 5 种特征气体的相对含量。

对特征气体谱图，图形的均值 $MN=\sum_{i=1}^{5}y_ix_i$、偏斜度 $SK=\sum_{i=1}^{5}y_i(x_i-MN)^3/\sigma^3$ 和突出度 $KU=\left[\sum_{i=1}^{5}y_i(x_i-MN)^4/\sigma^4\right]-3$ 可以作为特征量来反映故障模式，其中 $\sigma=\sqrt{\sum_{i=1}^{5}y_i(x_i-MN)^2}$。此外，还将氢气含量与氢烃含量的比值作为特征量。

依据 DGA 谱图特征量来判断变压器故障的方法称为谱图参数法，所使用的 4 个特征量依次为：SK、KU、氢气含量/氢烃含量以及 MN^*-u(MN 归一到[-1，1]的值)。故障模式为 3 种：氢主导型、放电性(不包括油中气泡放电)和过热性故障。使用了 4-10-3 结构的前馈网络，网络的训练样本数分别为：氢主导型故障 37 个、放电性故障 95 个、过热性故障 79 个。

训练好的前馈网络对 186 例待检故障的识别效果见表 6-7，表中同时给出了三比值法的判断结果。对放电性和过热性故障，两种方法的识别率相近。但对氢主导型故障，两种方法

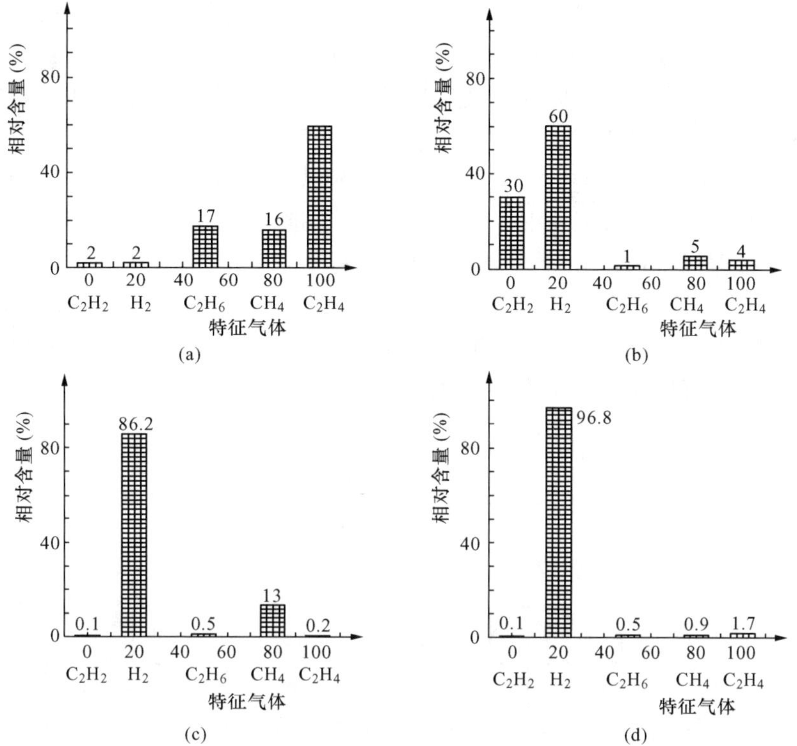

图 6-23　特征气体谱图

(a)油中过热；(b)油中电弧；(c)油中电晕；(d)绝缘受潮

的效果有明显差别，谱图参数法的识别率高达 97%，而三比值法却只有 9%。

表 6-7　　三比值法和谱图参数法的识别结果

故障类型	氢主导型	过热型	放电型
待检样本	23	88	75
三比值法识别率(%)	9	90	85
谱图参数法识别率(%)	97	92	87

四、人工神经网络组

(一) 人工神经网络组

故障模式可以包括不同类型、不同严重程度的组合，因此故障模式的数量可能较多。

例如，对于充油电力变压器的局部放电来说，考虑 5 种比较典型的故障模式，分别为：油中尖端放电(O1)，纸板沿面放电(O2)，纸板—油道间放电(O3)，模纸包导线放电(O4)，分接开关沿面放电(O5)。另外，作为干扰模式，还考虑了 3 种空气中的局部放电，分别为：具有浮动电位电极的放电(A1)，空气中尖端放电(A2)，空气中套管的沿面放电(A3)。对每种类型的局部放电，还考虑 3 种严重程度：微弱(W)、中等(M)或强烈(S)。这样，共有 24 种模式。

当故障模式的数量较多时，若使用单一的神经网络进行识别，则网络结构庞大，不仅训练网络的时间大为增加，甚或不能收敛。

可以将任务分解，由不同的网络模块分级、逐步完成规定的任务。例如，对上述电力变压器绝缘的局部放电来说，可由不同的网络模块分别完成如下三个任务：①区分油中放电(O)或空气中放电(A)。②若是油中放电，识别其放电类型O1、O2、O3、O4或O5；若是空气中放电，识别其放电类型A1、A2或A3。③对某一种放电类型，识别其放电严重程度微弱(W)、中等(M)或强烈(S)。换言之，在故障模式数量较多的情况下，可建立任务分解的网络模块，并按规定流程将这些网络模块组成人工神经网络组[25]。

用于上述变压器局部放电模式识别的三级人工神经网络组如图6-24所示。比较了单一人工神经网络(任务一次完成)和三级人工神经网络组(任务分解完成)，单一网络的训练时间超过了三级网络总训练时间的10倍，并且识别效果差。可知，在故障模式数量较多的情况下，使用多级人工神经网络组是较好的选择。

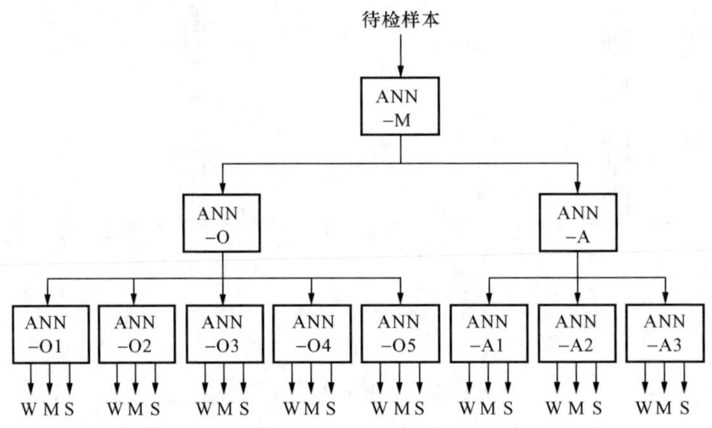

图6-24 神经网络组的结构

(二) 实例

1. 定子线棒工业仿真模型

设计了发电机定子绕组线棒工业仿真模型如图6-25所示。模型所用材料、工艺与实际线棒基本一致。

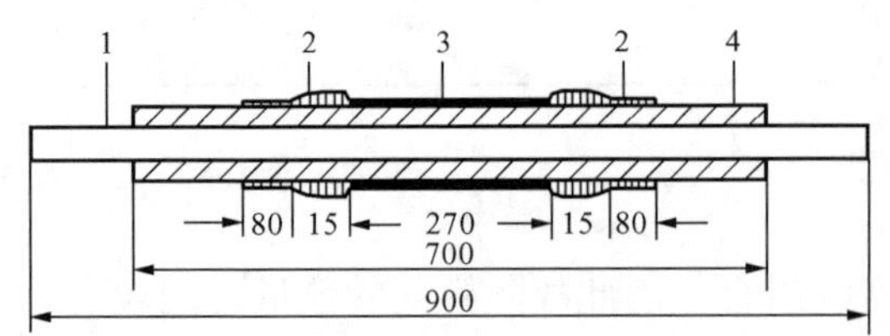

图6-25 电机线棒工业仿真模型

1—铜排；2—高阻防晕层；3—低阻防晕层；4—绝缘

线棒模型分为四种类型：没有人工缺陷的绝缘良好的线棒模型(简称完好棒，记为PF)、绝缘内部空隙放电模型(简称空隙放电，记为CA)、端部电晕放电模型(简称电晕放电，记为ES)和槽部放电模型(简称槽放电，记为SL)。每种模型线棒为5～10根。

对每根线棒施加4～5级电压(4.2～14.0kV，PF、CA、ES各5级，SL4级)，停留时间10min，以引发不同强度的局部放电。每根线棒每级电压下采集2个样本。每个样本的采集时间为2.5s，即125个工频周期。每一样本包含放电量q的125000个数据，而放电相位信息φ则隐含于数据在样本中的次序。最后共得到323个有效样本[17]。

2. 人工神经网络组

放电模式包括不同类型、不同程度的组合。对4种类型线棒模型的4～5种放电程度的

19 种模式，使用人工神经网络组进行识别[17]。

如图 6-26 所示的人工神经网络组包含了两类网络模块：类型识别主块和程度识别子块。网络组训练完毕后，待检样本先由“类型识别主网络”判断放电类型，然后再由相应类型的“程度识别子网络”判断放电发展程度。

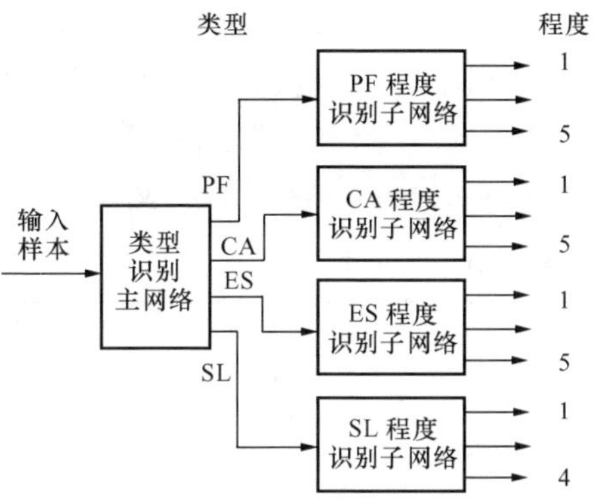

图 6-26 任务分解的人工神经网络组

3. 放电样本

根据局部放电的二维 φ-q 散点图，得到正、负半周内的 Hausdroff 维数 D_0、信息维数 D_1 和重心位置 φ_m、q_m，由 8 个特征量 D_0^+、D_0^-、D_1^+、D_1^-、φ_m^+、φ_m^-、q_m^+、q_m^- 组成放电样本。

通过电机线棒局部放电试验共获得 312 个样本，其中用于训练网络的样本 96 个，作为待检样本的 216 个，详见表 6-8。

表 6-8　　样 本 数 目

样本类别	放电模型				合　计
	PF	CA	ES	SL	
训练样本	28	28	26	14	96
待检样本	39	109	48	20	216
样本总数	67	137	74	34	312

4. 放电类型识别

首先进行类型识别，使用的类型识别主网络的结构为 8-8-4。

对待检样本的类型识别率，见表 6-9。完好棒中有 10%被识别为内部放电，而内部放电棒中 15%被识别为完好棒。进一步的分析说明，两者识别结果的混淆都在较高电压下发生，这是因为：内部放电是在绝缘层中人为构造的空隙中发生，完好棒中虽然没有人工空隙，但在制造中不可避免会有小空隙存在，在一定的电压作用下，会有类似内部放电的放电发生，从而造成了误识别。

表 6-9　　放电类型识别率　　%

待检样本	PF	CA	ES	SL
PF	90	10		
CA	15	73	12	
ES			100	
SL				100

5. 放电程度识别

类型识别完成后，由相应的程度识别子网络识别放电的严重程度，网络的结构为 8-8-5 或 8-8-4。

局部放电试验中，放电程度由施加在模型上的电压反映。由于外加电压相同时，同一类型线棒的放电程度并不一定相同，所以当样本被识别为期望程度时，被正确分类的样本数增加 1；当样本被识别为与期望程度相邻的程度时，被正确分类的样本数增加 0.5；当跨越时认为是误识别。放电程度的识别结果见表 6-8，识别率为 64％～100％。

考虑到放电程度区分的模糊性，若将被识别为相邻程度也当作准确识别，并据此计广义识别率。从表 6-10 给出的广义识别率来看，程度识别的结果是比较令人满意的。

表 6-10　　放电程度识别结果

程度	待检样本数	相符样本数	临近样本数	识别率（％）	广义识别率（％）
微弱	8	8	0	100	100
弱	14	4	10	64	100
中等	14	8	6	79	100
强	14	8	6	79	100
很强	14	8	2	64	71

参 考 文 献

[1] 谈克雄，朱德恒．电气设备故障诊断方法．中国设备管理，1996(2)：29-30.

[2] DL/T 596—1996 电力设备预防性试验规程．北京：中国电力出版社，1997.

[3] Mazroua A A，Bartnikas R，Samala M M A. Discrimination between PD pulse shapes using different neural network paradigms. IEEE Trans. on Dielectrics and Electrical Insulation，1994，1(6)：1119-1131.

[4] Tavner P J，Penman J. 电机的状态监测．姜建国，史家燕，译．北京：水利电力出版社，1992.

[5] 李常熺．电力设备诊断技术概论．北京：水利电力出版社，1994.

[6] 谈克雄，朱德恒，王振远，等．用人工神经网络对电机绝缘模型放电的识别．清华大学学报(自然科学版)，1996，36(7)：46-51.

[7] 高凯，谈克雄，李福祺，等．基于神经网络的定子线棒模型放电模式识别的研究．中国电机工程学报，1999，19(10)：64-67.

[8] 姜磊，朱德恒，李福祺，等．基于 ANN 的变压器绝缘模型放电模式识别的研究．中国电机工程学报，2001，21(1)：21-24.

[9] Kai Gao，Kexiong Tan，Fuqi Li，et al. PD pattern recognition with six kinds of characteristic vectors using BP network. IEEE Trans. on Dielectrics and Electrical Insulation，2002，9(3)：381-389.

[10] 郑重．基于脉冲波形的局部放电模式识别．[硕士论文]．北京：清华大学电机系，2000.

[11] 桂峻峰，高文胜，谈克雄．用结构参数法研究变压器绕组变形判据．清华大学学报(自然科学版)，2004，44(1)：93-96.

[12] Cohen L. 时—频分析：理论与应用．白居宪译．西安：西安交通大学出版社，1998.

[13] 王猛，谈克雄，高文胜，等．局部放电脉冲波形的时频联合分析特征提取方法．电工技术学报，2002，17(2)：76-79.

[14] Gulski E，Morshuis P H F，Kreuger F H. Automized recognition of partial discharge in cavities. Japanese Journal of Applied Physics，1990，29(7)：1329-1335.

[15] 朱德恒，谈克雄．电绝缘诊断技术．北京：中国电力出版社，1999.

[16] Krivda A，Gulski E，Satish L，et al. The use of fractal features for recognition of 3-D discharge pat-

terns. IEEE Trans, on Dielectric and Electrical Insulation, 1995, 2(5): 889-892.

[17] 高凯. 发电机局部放电模式识别的研究. [博士学位论文]. 北京: 清华大学电机系, 2002.

[18] 高凯, 谈克雄, 李福祺, 等. 基于散点集分形特征的局部放电模式识别研究. 中国电机工程学报, 2002, 22(5): 22-26.

[19] Kai Gao, Kexiong Tan, Fuqi Li, et al. The use of moment features for recognition of partial discharge in generator stator winding models, Proc. of the 6th ICPADM, Xi'an, China, 2000.06.22-26: 290-293.

[20] 高凯, 谈克雄, 李福祺, 等. 发电机线棒模型局部放电的矩特征及模式识别. 电工技术学报, 2001, 16(4): 61-64.

[21] Kreuger F H, Gulski E, Krivda A. Classification of partial discharge. IEEE Trans. on Electrical Insulation, 1993, 28(6): 917-931.

[22] Gulski E. Computer-aided measurement of partial discharges in HV equipment. IEEE Trans. on Electrical Insulation, 1993, 28(6): 969-983.

[23] Kranz H G. Diagnosis of discharge signals using neural networks and minimum distance classification. IEEE Trans. on Electrical Insulation, 1993, 28(6): 1016-1024.

[24] 刘娜, 谈克雄, 高文胜. 基于油中溶解气体谱图的变压器故障识别方法. 清华大学学报(自然科学版), 2003, 43(3): 301-303.

[25] 姜磊. 采用应用程序框架的电力设备监测诊断系统. [博士学位论文]. 北京: 清华大学电机系, 2000.

第七章

诊断专家系统

◎第一节　概　　述

一、专家系统

专家系统（Expert System）是人工智能领域里的一个重要分支，它既提供人工智能的理论和方法（如知识表示、搜索策略）的应用环境，又以自身的发展不断丰富而发展了人工智能。

专家系统与通常的计算机程序不同，例如：

（1）专家系统对领域知识的表达通常不是计算机程序中所用的数学模型与算法，而主要是采用“规则”、“框架”等方法。

（2）专家系统所处理的对象不仅是数值信息，更多的是用字符所表示的知识。因而逻辑推理已成为求解时的主要方法，而不是数值仿真。

（3）影响专家系统中结论的可信度的主要因素是事实、规则等的可信度，而往往不是数学模型与算法等的精度。

简言之，传统的计算机程序是用“数据结构”＋“算法”＝“程序”的模式，而专家系统是用了“知识”＋“推理”＝“系统”的模式。

二、诊断专家系统

专家系统的研究始于20世纪60年代，但发展极为迅速，因为它将使人类专家的专长不再受时空的限制。而基于对专家的知识、经验等系统地进行组织及应用，使知识转化为生产力，从而取得显著的经济效益及社会效益。

以CIGRE的一次调查统计为例，早在20世纪80年代末，在15个国家里已有68个专家系统成功地用于电力系统，按其任务的分布情况见表7-1[1]。

表7-1　　专家系统按任务分类统计

分类	规划			监视			控制			系统分析		教育仿真		其他
任务	运行规划	装备设计	系统规划	故障诊断	警报处理	事故评估	正常控制	恢复控制	紧急控制	静态分析	动态分析	辅助教育	系统仿真	
百分比（%）	10.2	3.1	1.0	13.3	13.3	9.1	11.3	12.3	4.0	12.3	1.0	1.0	2.1	
小计（%）	14.3			35.7			27.6			13.3		3.1		6.0

由表 7-1 可见，对运行设备进行监控的专家系统要占近 2/3。这不仅因为监控问题的重要性及迫切性；也由于这里存在着大量的非精确的因素，难以仅靠建立数学模型及运用数值计算的方法来解决。

例如，为及时发现一台大型油浸电力变压器的状况，已采用多种方法检测各种参数，如绝缘电阻 R_i、吸收比 k、极化指数 PI、介质损耗角正切 $\tan\delta$、油中溶解气体含量 DG、局部放电量 Q 等[2,3]。但运行人员最关心的是设备的残余寿命 τ 或耐压 U_b，而它们与上述诸参数之间却没有确定的函数关系，即：τ 或 $U_b = f(R_i, k, PI, \tan\delta, DG, Q, \cdots)$。因为当测得 k 或 PI 值小、$\tan\delta$ 值大，反映绝缘有可能受潮；测得 Q 值大，反映有局部放电。但是，难以就此直接给出其 τ 及 U_b 已减小的定性结论，更不能对后者有定量分析的结论。这时用专家系统进行综合诊断就比较有效，它能根据过去已积累的经验及知识、该类设备的特点及总体分布、被测设备的当前情况及发展趋势等进行全面的综合分析，从而得出比较符合实际的诊断结论。

三、专家系统的组成

专家系统的基本结构如图 7-1 所示，而其核心部分首先是知识库及推理机的编制及更新。专家系统各部分的主要功能如下：

(1) 知识库。用以存储和管理求解问题所需要的领域知识，包括相关领域的书刊所载的知识以及实践中得到的经验知识等。

(2) 知识获取。它为建立知识库、修改及扩充知识库中已有知识提供手段，即将事实性知识、经验性知识等转化为计算机所能利用的形式。

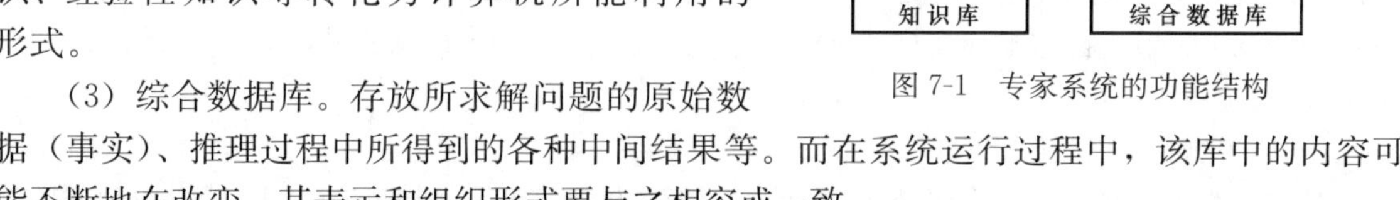

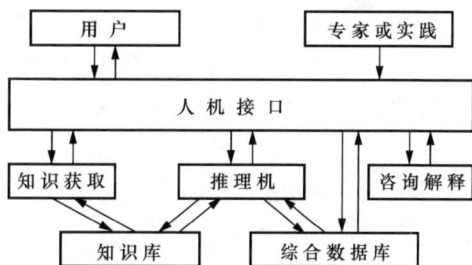

图 7-1 专家系统的功能结构

(3) 综合数据库。存放所求解问题的原始数据（事实）、推理过程中所得到的各种中间结果等。而在系统运行过程中，该库中的内容可能不断地在改变，其表示和组织形式要与之相容或一致。

(4) 推理机。控制、协调整个专家系统的工作，如根据数据库中的信息高效地选用知识库中的相关知识，并按最有效的推理策略处理后作出回答。

(5) 咨询解释。可向用户说明推理过程，解释推理结果，且便于用户维护和管理专家系统。

(6) 人机接口。包括输入和输出两部分：把用户所熟悉的信息表示形式（如自然语言、图形、表格等）转换成系统内规范化的表示形式，以便用相应的模块去进行处理；又将系统的输出信息转换成用户所易于理解的外部形式显示给用户。

◎ 第二节 知识的表达方式

专家系统是一门以机器来代替人类智能的科学，它需要研究怎样将知识表示成适当的形式，以便在计算机中存储、检索、使用及修改。

知识的表达方式有多种，各有其优缺点，常见的有产生式规则表示法、语义网络表示法、框架表示法、谓词逻辑表示法、模糊逻辑表示法等，也可分成确定性知识的表达及模糊性知识的表达。

一、确定性知识的表达方法

1. 产生式规则表达法

产生式系统（Production System）是一个基于规则的系统，它用一系列产生式规则来表达领域专家的知识，至今仍应用很广。产生式系统由规则库、推理机和事实库组成[1]，其基本结构如图 7-2 所示。

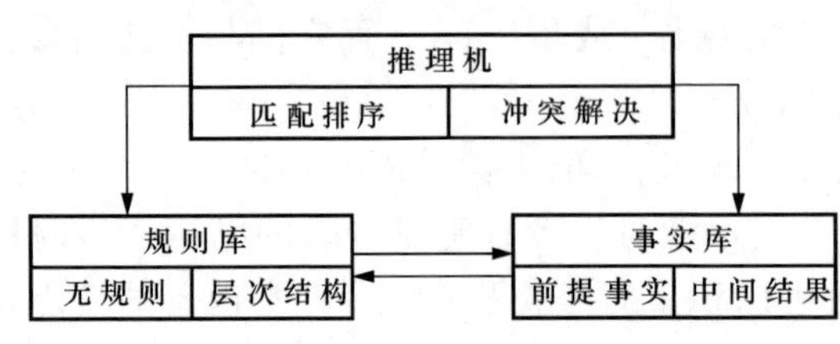

图 7-2　产生式系统的基本结构

规则库中的规则是用以描述状态转移、性质变化或因果关系等过程性知识，因而称为产生式规则。即由条件（或证据等）产生结论（或行动等），其一般形式为：

IF 条件　　THEN 结论　　(7-1)

因为在故障诊断中，本领域专业人员就是根据某些现象、情况、数据等来判别是哪里出了故障，并确定应采取哪种相应措施。

例如对于油浸电力变压器：

规则 1： 如果　油中气体分析显示为过热性故障，且铁芯绝缘电阻降低或铁芯接地电流增大，且油试验合格

则　诊断结论为铁芯绝缘不良

例如在对高压油纸电容套管进行绝缘诊断时，停电后加 10kV 交流试验电压测量其介质损耗角正切 $\tan\delta$ 是一个主要指标。而按我国预防性试验规程的要求，对于电压等级在 220kV 及以上的套管，规定 $\tan\delta$ 大于 0.8%为不合格。因此在编制各种套管诊断专家系统中的产生式规则时，也可写成较通用的型式，即：

规则 2： 如果　额定电压［①］kV 的［②］套管，在停电预试时，介质损耗角正切值小于［③］

则　结论为合格。

其中①为电压值；②为绝缘结构类型；③为此处的阈值。例如：在这里，这三者分别为 220、油纸电容式、0.8%。

（1）产生式规则的主要优点为：

1）用“IF…THEN…”来表达专家知识或经验，很接近人的思维方式，易于理解。

2）格式统一、结构一致，有利于系统的建立及管理。

3）每条规则往往反映一条经验或知识，其模块性鲜明，也便于修改。

（2）这样的模块化和一致性也带来不少缺点，主要是：

1）效率低。由于各条规则相对独立，系统又是按序检索，因而其检索过程往往相当费时，特别是对于大容量的规则库，导致系统的工作效率降低。

2）局限性。这些固定的表达方式往往难以表达某些复杂的知识。

3）不透明性。在问题求解的过程中难以追踪控制路径。

2. 框架结构表达法

框架结构（Frame Representation）是描述定型状态的一种数据结构，它把领域中的有关信息存放在一起，便于应用。而框架是由“框架名”和一些“槽”所组成，每一个槽都有“槽名”，以下还分若干个“侧面”及相应的“值”。例如对某类设备的故障进行诊断，可将

它作为“框架名”，而为说明其各种属性即为各“槽名”，比如被诊断设备的具体类别、所用的诊断方案等；而“侧面名”是对槽中的内容作进一步说明，如基于哪几种试验项目、怎样的监测诊断周期等；至于“值”则是用以表达其“槽”、“侧面”中的具体信息，它可以是数据，也可以是某一程序。

因此，以框架来表达有关知识时，比较清晰、直观，适应性也强。而框架结构的层次及嵌套有利于表达不少较复杂的知识，其模块性也便于修改和增删。

例如，用框架表达方法以描述电力变压器中的铁芯故障时，可以表达成：

故障名称：铁芯故障

故障现象：铁芯对地绝缘电阻较低（停电预试得）
铁芯接地电流增大（带电检测得）
变压器主绝缘无明显异常（停电预试得）
油中溶解气体异常（现场或实验室测得）
IEC 三比值法编码为［0，2，0］，疑为中温过热（由色谱分析仪得）
油温无异常（由 SCADA 得）
油中微水无异常（现场或实验室测得）

故障原因：铁芯多点接地
硅钢片层间局部短路

维修建议：安排计划吊芯检查

3. 语义网络表达法

语义网络（Semantic Network）是以网络格式来表达人类知识，是由对象和概念等节点以及有向弧（以表达结点间关系）所构成的网络图。

例如图 7-3 是用语义网络表达 1 号电容套管的出厂试验项目。

图7-3 中的“1 号电容套管”为一种“高压套管”，因而这两节点间用 ISA（is a）弧表示；而“电气设备”都有“出厂试验”，在这两节点间用 has 弧表示；如此等等。

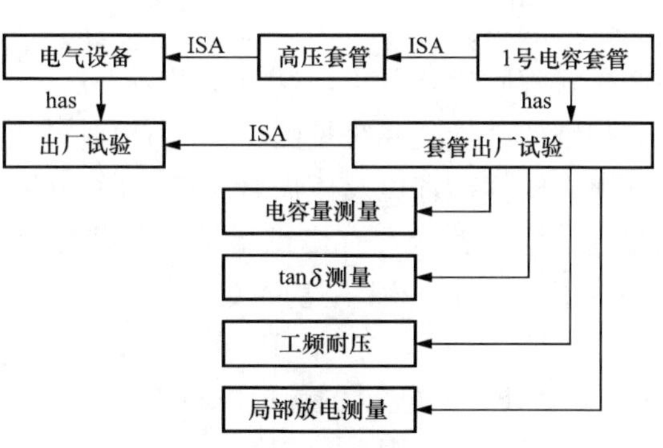

图 7-3 语义网络的示例

在以语义网络表达时，推理过程主要靠匹配。即根据所需解决的问题和已有的条件构成一个网络片，依此网络片在知识库里寻找匹配的网络，从而获得信息。因此语义网络具有人类思维中的联想特性，有利于将事物的属性和相互关系较直观地表示为网络形式，便于系统实现推理、解释，也便于将本领域的知识组织进专家系统。

但是仅用“节点”及“弧”有时难以表达各种事物之间的复杂关系，而且也未表达匹配的程度，以致难以确保某些推理进程的严格、有效。

4. 面向对象的知识表达法

这时常用多种单一的知识表达方法（规则、框架等）。因为按面向对象的观点，在故障分类层次结构图中将每一个分类节点都看作一个诊断对象，而这对象又可能属于某一对象类。为此需要将每个对象都分别与其描述框架相对应，该对象的属性、动态行为特征、相关知识和数据处理方法等有关诊断知识都可以“封装”在表达该对象的诊断单元中，用以实现对该对象的“层次诊断”子任务。这就使整个诊断系统中的各个诊断单元通过对象间的分类层次关系有机地组织起来，因而其知识库的层次分明、模块性强。

面向对象的知识表达的基本结构如表 7-2 所示，分别记录或表达相应的各类内容。以对变压器放电故障的诊断为例，属性槽中证据的获取及其模式如表 7-3 及表 7-4 所示。

表 7-2　面向对象的知识表达结构

属性槽	证据获取类、证据模式类	属性槽	证据获取类、证据模式类
关系槽	分解关系类	规则槽	索引规则类
方法槽	方法过程体	工况槽	工况参数表

表 7-3　证据获取类一例

单元名	放电故障的证据获取
监测信号槽	油中气体分析
监测位置槽	变压器底部取样阀
分析方法槽	人工神经网络

表 7-4　证据模式类一例

单元名	放电故障的证据模式
证据槽	神经网络的输出大于 0.5
证据置信度槽	0.95

二、模糊性知识的表达方法

客观世界中存在着大量的不确定性：一方面是客观事物本身存在着随机性或模糊性；另一方面属于主观方面，如由于测量或观察的不精确、获得情况或资料的不完善等，也会导致某些事实本身的模糊或者因果关系的不确定。而反映在专家知识上也就有大量的不确定性；这既有来自本领域专家的知识、经验中的模糊性及不完善，也有在描述、归纳、整理知识时人为带入的不确定性。因而需要有合适的方法来处理这些带有模糊性的知识，为此可以用模糊产生式规则进行分析，这也是目前表达模糊性知识的常用方法。

传统的产生式系统见图 7-2，而模糊产生式系统是对它的改进与扩充，即分别改为模糊规则库、模糊推理机及模糊事实库，原来的“IF…THEN”的产生式规则也扩充为模糊产生式规则，用以表达含有模糊量词和模糊谓语的语句，并引入了置信度 CF（Certainty Factor）的概念，其一般表达形式为

$$\text{IF}\quad \text{E}\quad \text{THEN}\quad \text{H}_{\text{i}}\ \text{with}\ CF(\text{E},\ \text{H}_{\text{i}}) \tag{7-2}$$

式中　E——规则的前提；

H_{i}——规则的结论；

$CF(\text{E}, \text{H}_{\text{i}})$——规则的置信度。

因此在推理过程中，就以欲分析的数据库中的数据与规则的前提条件相匹配，而其不确定性（即规则的置信度 CF）也以一定的更新算法在推理网络中传播。

由产生式规则模糊化而形成的模糊产生式规则的方法有多种，例如：

（1）将前提条件模糊化，如在规则的前提条件中引入模糊谓词、模糊状态量词以表达其模糊关系、模糊状态，并定义模糊匹配原则。如当前已知的数据库中的数据（模糊数据）与该规则的前提条件作模糊匹配后，就可按此模糊规则推出一个结论（模糊结论），或者执行一个动作（模糊动作）。

（2）将结论或动作模糊化，即该规则的结论或动作将具有某置信度 CF，使此结论或者是表达某模糊状态，或者是某一个模糊谓词，或者是某一个带有模糊性的动作以操作模糊数据库中的数据。

（3）预设规则的激活阈值 $\tau(0<\tau<1)$，当前提条件的匹配度（"模糊真值"）等于或大于该 τ 值时，此规则才被激活。

◎第三节 推理诊断系统

推理就是如何运用知识以求解问题。根据求解过程中所用知识因果关系确定程度的不同，可将推理区分为精确推理和不精确推理。当领域知识属于必然的因果关系时，即推理所得的结论是确定的（肯定或否定），这属于精确推理。如知识或原始数据是不确定的，也只能以不确定性来表达其结论，这属于不精确推理。

一、精确推理

对于常用的产生式规则以表达知识的系统中，传统的推理技术以数理逻辑为基础，例如在推理时，根据已知事实，利用一些公理或规则进行推导，从而得出结论。这些精确推理可分三种：正向推理、反向推理和双向推理。

（1）正向推理。即由证据（数据、事实）到结论的推理方式。从已知的有关事实等前提出发，沿着正向对知识库中的规则作逐一匹配；当某条规则的前提被匹配时，其结论就可加入数据库，充实了前提事实；接着又可能引起新的某条规则被匹配等，直到问题的求解或者匹配的完全失败，如图 7-4 所示。单纯的正向推理虽简单，也易于实现，但在推理过程中有可能同时有几条规则可匹配，这就需要加进启发性知识以选取中间结论。而且由于此处无反向推理，常影响对系统的解释功能。

（2）反向推理。即根据结论去寻找支持该结论的条件，如图 7-5 所示。其基本思想是：

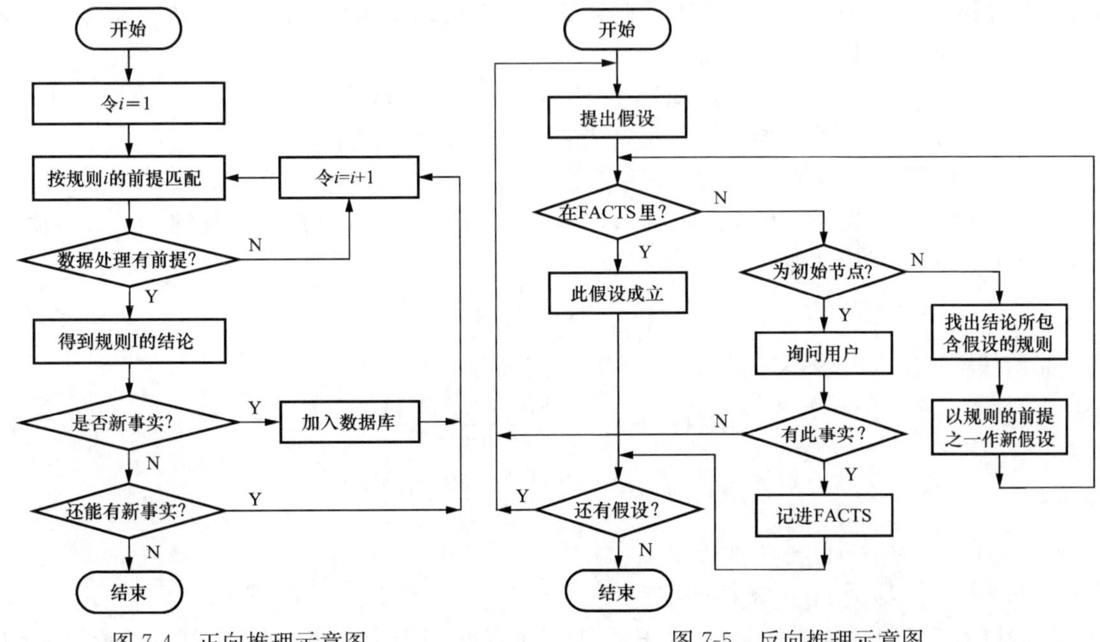

图 7-4 正向推理示意图

图 7-5 反向推理示意图

先提出假设的结论，再验证所提出的假设是不是在事实表 FACTS 之中，若假设成立，则推理结束或作下一步假设。如不在 FACTS 之中，则先判断所验证的假设是否为初始节点：若是，可请用户回答；若否，找出结论所包含假设的那些规则，直到假设被证实或否定时为止。反向推理有利于将推理的过程告诉用户，因而解释功能强。如初始目标选择得好，推理效率比正向推理高得多；如选择不当，将导致推理效率的降低。

（3）双向推理。也称正反向混合推理，它综合正向及反向推理的优点，而且还能压缩搜索空间、提高搜索效率。通常是先用正向推理来帮助提出假设，再用反向推理以证实该假设的存在。而当置信度不高时常用双向推理法：因为当事实的置信度低时，如仅用正向推理，所得结论的置信度都很低，甚至低于已规定的阈值，于是该结论难以成立；这时宜反过来先选取几个置信度相对较高的结论作为假设进行反向推理，这就比较容易获得较为合适的结论。

二、非精确推理

由于诊断专家系统的知识和待处理的信息常常是不确定、不精确的，有时是模糊的，因此对这些问题的推理要用到非精确推理（Inexact Reasoning）。

非精确推理要涉及非精确的诊断知识（主要是规则）及证据的解释与描述，以及非精确性的推理过程。前者模糊性知识的表达方式，而后者（即非精确推理）常分为两类：一为基于概率逻辑的似然推理，如确定性理论、主观 Bayes 方法等；另一为基于模糊逻辑的近似推理。

（一）确定性理论

这种非精确推理在诊断专家系统中应用较多。

1. 诊断知识不确定性的描述方法

对于含有不确定性知识的表达规则，如式(7-2)中所示：IF E THEN H_i with $CF(E, H_i)$。其置信度 CF 的取值常由领域专家确定，其值在[−1，1]范围内：当其值为“1”时，证据 E 的存在使结论为真；为“−1”时，证据 E 的存在使结论为假；而为“0”时，证据与结论无关。而置信度 $CF(E, H_i)$ 可写为

$$CF(E, H_i)=MB(H_i/E)-MD(H_i/E) \tag{7-3}$$

式中 $MB(H_i/E)$——因证据 E 的存在对结论 H 为真的信任增长度；

$MD(H_i/E)$——因证据 E 的存在对结论 H 为真的不信任增长度。

显然，同一个证据不可能又增加对 H 为真的信任，又增加对 H 为真的不信任，因此 MB 与 MD 之间为互斥，即

$$MB>0, MD=0$$
$$MD>0, MB=0$$

而信任增长度 MB 及不信任增长度 MD 的定义分别为

$$MB(H_i/E)=\frac{P(H_i/E)-P(H_i)}{1-P(H_i)} \tag{7-4}$$

$$MD(H_i/E)=\frac{P(H_i)-P(H_i/E)}{P(H_i)} \tag{7-5}$$

式中 $P(H_i)$——结论 H_i 的先验概率；

$P(H_i/E)$——结论 H_i 的条件概率。

先验概率 $P(H_i)$ 及条件概率 $P(H_i/E)$ 一般很难获得，因而在实际应用时规则的置信度 CF

(H/E)常先根据领域专家的经验来确定，它也具有一定的概率的含意，但在概念上是不同的。

2. 置信度 CF 在推理过程中的传播

知识和事实的不确定性都将引起结论的不确定性，因而这个过程属于不确定性的传播。

当规则的置信度 $CF(\mathrm{H/E})$ 由本领域专家根据经验主观给出，而作为其前提 E 的原始证据的置信度 $CF(\mathrm{E})$ 由用户经观察后主观给出，就可求出其结论 H 的置信度 $CF(\mathrm{H})$。例如以单一规则的不确定性传播时

$$CF(\mathrm{H})=CF(\mathrm{E})\times CF(\mathrm{H/E}) \tag{7-6}$$

当规则的前提为多个互相独立事实的组合时，应计算其合成前提的置信度。例如规则前提为 $\mathrm{E}=\mathrm{E}_1\wedge\mathrm{E}_2\wedge\cdots\wedge\mathrm{E}_n$ 时

$$CF(\mathrm{E})=CF(\mathrm{E}_1\wedge\mathrm{E}_2\wedge\cdots\wedge\mathrm{E}_n)=\min\{CF(\mathrm{E}_1),\ CF(\mathrm{E}_2),\ \cdots,\ CF(\mathrm{E}_n)\} \tag{7-7}$$

而规则前提为 $\mathrm{E}=\mathrm{E}_1\vee\mathrm{E}_2\vee\cdots\vee\mathrm{E}_n$ 时

$$CF(\mathrm{E})=CF(\mathrm{E}_1\vee\mathrm{E}_2\vee\cdots\vee\mathrm{E}_n)=\max\{CF(\mathrm{E}_1),\ CF(\mathrm{E}_2),\ \cdots,\ CF(\mathrm{E}_n)\} \tag{7-8}$$

如有多条规则支持同一结论：IF E_1 THEN H $CF(\mathrm{H},\ \mathrm{E}_1)$，IF E_2 THEN H $CF(\mathrm{H},\ \mathrm{E}_2)$，则两者的置信度分别为

$$CF(\mathrm{H}_1)=CF(\mathrm{E}_1)\times CF(\mathrm{H},\ \mathrm{E}_1) \tag{7-9}$$

$$CF(\mathrm{H}_2)=CF(\mathrm{E}_2)\times CF(\mathrm{H},\ \mathrm{E}_2) \tag{7-10}$$

因此，该规则组的合成置信度 $CF_{12}(\mathrm{H})$ 将取决于此 $CF(\mathrm{H}_1)$、$CF(\mathrm{H}_2)$ 的正负值：

当 $CF(\mathrm{H}_1)>0$，$CF(\mathrm{H}_2)>0$ 时，$CF_{12}(\mathrm{H})=CF(\mathrm{H}_1)+CF(\mathrm{H}_2)-CF(\mathrm{H}_1)\times CF(\mathrm{H}_2)$；

当 $CF(\mathrm{H}_1)<0$，$CF(\mathrm{H}_2)<0$ 时，$CF_{12}(\mathrm{H})=CF(\mathrm{H}_1)+CF(\mathrm{H}_2)+CF(\mathrm{H}_1)\times CF(\mathrm{H}_2)$；

当 $CF(\mathrm{H}_1)\times CF(\mathrm{H}_2)<0$ 时，$CF_{12}(\mathrm{H})=CF(\mathrm{H}_1)+CF(\mathrm{H}_2)$。

同样的方法也可把两条以上规则的结论组合起来。

（二）模糊推理

事物的不确定性有的来自随机性，有的来自模糊性。对其随机性，常采用概率统计以及其他相应的方法来推理；而对其模糊性，常采用模糊推理方法。为此，对于模糊知识、模糊信息宜采用模糊逻辑的方法来进行推理。

对于含有模糊概念或具有一定模糊性的命题，有的可以真值来表达其模糊性，例如为陈述其靠近或离开某情况的程度，有的就用闭区间 [0，1] 内的某一个数值来表示。当以数值来表示有困难时，也可用某种比较规范化的语言真值来表达；而且在确定了某一真值的隶属函数以后，其他的语言真值也就可相应表达。

为进行模糊推理，首先是要正确构造模糊关系。在诊断系统中，用于模糊推理的模糊关系往往基于本领域的专家经验，或基于长期检测数据的统计分析等。

以油中溶解气体分析为例：为进行模糊诊断，首先要建造各种气体组分的隶属函数 $\mu(x_i)$，见式(7-11)。例如根据近千台次大型电力变压器的实测数据的统计，其中包括正常运行的以及发生故障前后的检测数据，归纳出各种特征气体(H_2，CH_4，C_2H_6，C_2H_4，C_2H_2，CO)的“注意值”x_1 及“形状参数”k，分别如表 7-5 及表 7-6 所示[4,5]。

$$\mu(x_i)=\begin{cases}1-\mathrm{e}^{-k(x/x_1)^2}, & x\leqslant\left(1+\dfrac{1}{k}\right)x_1\\ 1 & ,\ x>\left(1+\dfrac{1}{k}\right)x_1\end{cases} \tag{7-11}$$

第七章 诊断专家系统 135

表 7-5　　油中各特征气体的注意值

特征气体	H_2	CH_4	C_2H_6	C_2H_4	C_2H_2	CO
注意值 x_1（$\times10^{-6}$）	140	50	40	80	5	1200

表 7-6　　形 状 参 数

特征气体	H_2	CH_4	C_2H_6	C_2H_4	C_2H_2	CO
形状参数 k	4	2	2	4	6	4

有了这些特征参量的隶属度函数后，就可以按已有知识进行模糊推理，例如采用

$$\text{IF } E_1 \text{ and } E_2\text{，THEN H } CF(H/E)$$

即如果前提 E_1、E_2 依一定程度成立，则规则的确定性就为某一置信度 $CF(H/E)$。

由于已经模糊处理，也有利于将有些定性表达与定量表达联系起来，例如在油浸电力变压器的故障诊断中有的采用表 7-7 那样的知识来初步区分不同性质的故障。

表 7-7　　判断故障性质的特征气体法（$\times10^{-6}$）

序　号	故障性质		几种气体的特征			
			总　烃	C_2H_2	占总烃主要成分	H_2
1	过热故障	一般	较高	<5		
2		严重	高	>5	C_2H_2	较高
3	放电故障	局放	不高		CH_4	>100
4		火花	高	>10		较高
5		电弧	高	高	C_2H_2	高

例如某电力变压器中各种气体含量（$\times10^{-6}$）分别为：H_2—137，CH_4—251，C_2H_6—32，C_2H_4—14，C_2H_2—1.9，CO—294。按上述模糊推理方法，相应于表 7-7 中这五类故障的置信度 CF 分别为 -0.159，0.159，-1，-0.33，-0.99；按最大隶属度原则的式（7-8），$CF=\max(CF_1, CF_2, \cdots, CF_5)=CF_2$，因此拟诊断为严重过热故障。

◎ 第四节　诊 断 系 统 的 构 造

专家系统与传统的计算机程序在开发上有许多不同，既要具有领域专家的专门知识，又要有处理符号的能力以及获取知识和解释的功能等。

一、故障诊断系统的设计

在设计故障诊断系统时有不少问题值得注意，例如：

（1）根据工程实际情况，尽量采用比较成熟的技术，以确保实用、可靠。

（2）采用开放式结构，知识等宜对用户透明，允许监督、维护与补充。

（3）诊断知识的表达方式宜尽量统一，有利于统一的处理解释及管理。

（4）采用层次渐进的表达方式及相应的推理机制，从而具有较强的处理不确定性的能力。

（5）数据管理的设计要考虑到适应不同渠道、不同方式的信息的输入，要能包容数据的不完备性。

（6）推理诊断中要具有较强的容错能力，希望在信息不完整、不确切的情况下也能工作。

(7) 界面、接口等的标准化、通用化，便于用户与其他系统相连。

(8) 较强的诊断解释能力，利于不同层次的人员使用。

(9) 具有预处理、自检等能力，力争不漏诊、漏报或虚警。

二、开发诊断系统的基本步骤

专家系统的核心是知识库，但它又不同于具体的专业知识，而是需要经过认真提炼后才可输入知识库。因而宜有知识工程师(Knowledge Engineer) 与领域专家们紧密合作，在广泛汇总、整理大量的专家知识的基础上，努力将专家们处理问题的策略和经验有机地组织到所编的专家系统中去，如图 7-6 所示。而书籍、会议论文、期刊等所载的有关知识也是知识工程师所需搜集的一个主要来源。

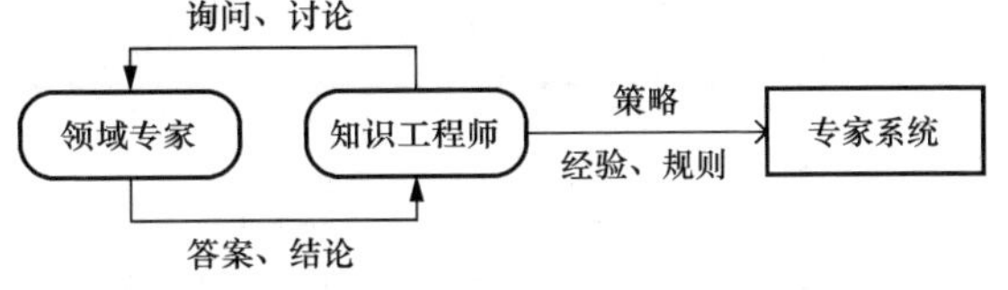

图 7-6 知识工程师的作用示意图

建立专家系统并没有统一步骤，而是对问题的认识不断深化及完善的过程。也可以先形成一个原型，再在测试过程中不断改进，如图 7-7 所示。

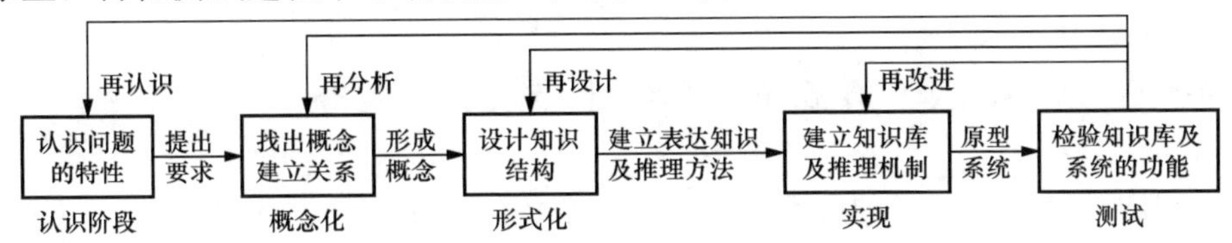

图 7-7 开发专家系统的基本步骤示意图

因此当可行性分析确定后，具体进行专家系统的开发时常要经历几个阶段：

(1) 认识阶段。基于与领域专家等的交流，找出该问题的知识特征与求解方法。

(2) 概念化阶段。将解决该问题的知识和经验条理化、层次化、系统化，总结出相应的规则，画出推理的网络图，由此逐步深入。例如变电站里进行事故搜索时，使用的搜索树方法有时可如图 7-8 所示[6]。

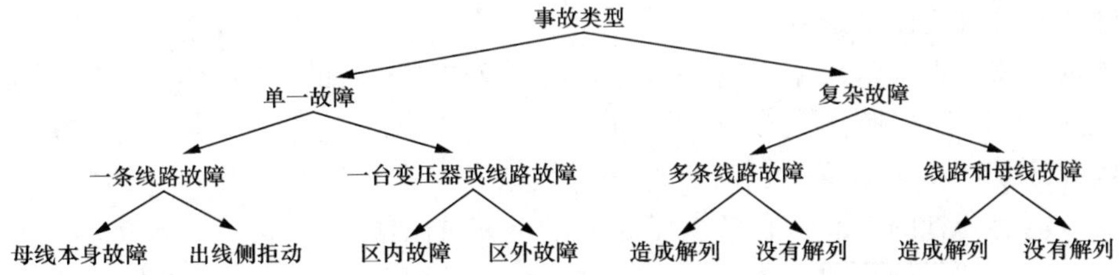

图 7-8 事故搜索案例的一部分

(3) 形式化阶段。分别寻找合适的方法以实现在计算机中的存储、检索、管理等功能。而其中数据库和推理机的设计常是最关键也是最困难的部分。例如图 7-9 为对变压器故障诊断的一种推理回路，它主要是基于继电保护装置的动作状况来分析[1]。

(4) 实现阶段。挑选合适的程序设计语言，在相应于用户使用的计算机上，按上述模型，逐步编制成专家系统。但开始形成的往往还只能说是原型。

(5) 测试阶段。将已开发的原型系统认真进行性能测试，发现问题及时修改、完善。然

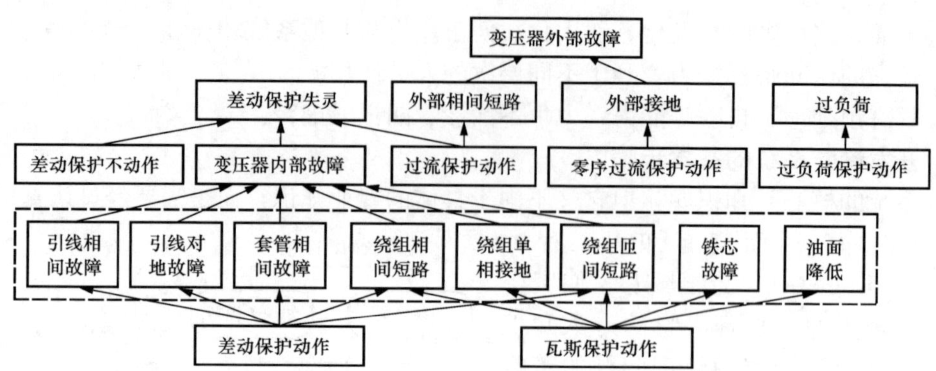

图 7-9 基于继保装置的动作状况进行变压器故障诊断的推理网络

后以一些较典型的实例作为该开发系统的输入，通过运行常可发现知识库、控制结构等可能还包含的不少问题，正可逐步改进。

这样不断反馈、完善的过程常要经过多次，有的还会在正式投运后出现原来意想不到的问题需要继续完善。

◎第五节 诊断系统举例

近年来国内外已开发了多种诊断系统，而且总体来看正在不断完善。如以用途分：有的仅要求基于所观测到的数据及现象进行分析后作出判断；也有的因考虑到数据的随机性、分散性以及各种外界干扰的影响，要求对采集到的数据先进行预处理（这对于不少在线监测数据更有必要），然后再进行分析判断；还有的要求在诊断后提出相应决策或建议等。有些还要求同时考虑各部分之间的通信，有的要求采用遥测、遥控等。

而专家系统的核心部分仍是知识库及推理机的建立，即如何将领域专家知识更好地总结归纳进知识库，用最有效、科学地方法进行推理。因此随着人们对领域知识的认识的不断深化，随着知识表达方式及推理过程的研究改进，所开发的诊断系统必将不断地推陈出新。

一、诊断系统流程图的建立

基于领域专家知识，常采用系统框图的形式以反映诊断时的主要依据和前后关系。例如图 7-10 就是早期开发的对油浸电力变压器的诊断系统框图[7]。近年来还要求对各主要部件进行更细致的诊断，相应的策略也需分别基于领域专家知识进行细化；例如仅对于图 7-10 中的部件之一电容套管的诊断：它必须综合考虑介质损耗角正切 $\tan\delta$ 及电流 I_x 等的当前值以及其趋势的是否“超标”等，然后作出该套管是正常还是有局放、受潮或层间击穿等的判断；而不是仅依测得 $\tan\delta$ 或 C 有否上升来判断有无故障。由此可见，在编制专家系统时，必须认真而全面地总结归纳本领域专家的多方面知识。

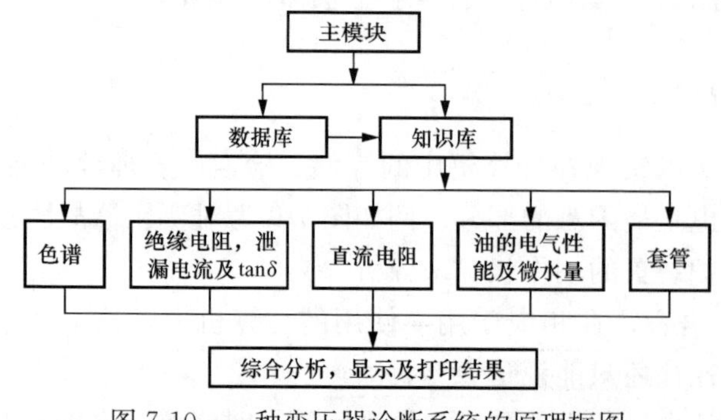

图 7-10 一种变压器诊断系统的原理框图

在编制系统框图时，也有采用故障树的方法，由粗至细逐步建立，这对分析较复杂的设备很有帮助。例如先根据电力变压器 6 种常见故障类型画出其“主故障树”（见图 7-11），然后根据故障间的因果关系，再进一步找出导致每种主要故障的主要原因；如以其中的绕组故障为例，又可画出其故障树（见图 7-12），这有利于分清故障类型及其产生的原因。这样的分析对深化分析、研究对策都很有帮助。但要注意到有时在故障树某一粗枝处如有分错，也有可能导致在此粗枝上的进一步细分都是错误的。

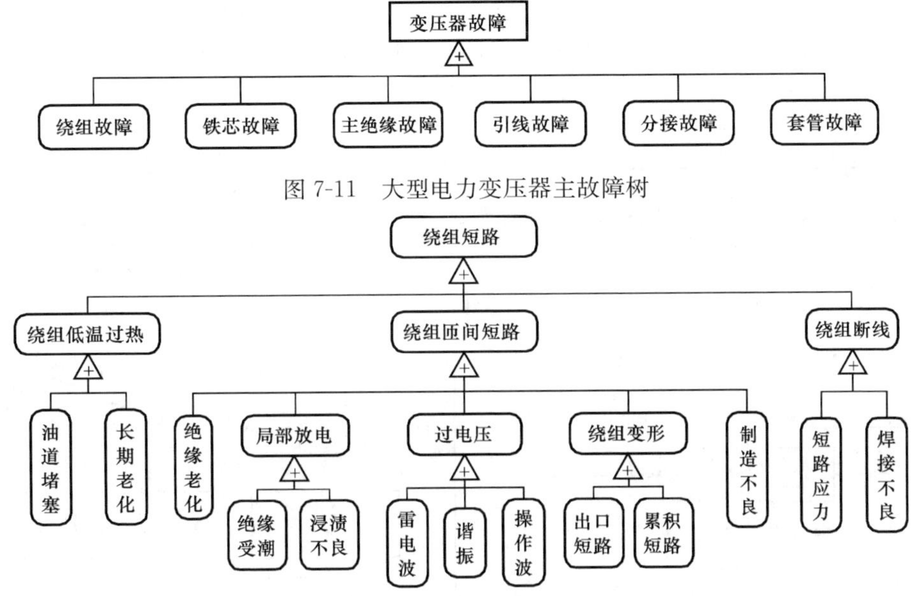

图 7-11　大型电力变压器主故障树

图 7-12　绕组故障原因的分类

而根据不同的诊断要求及不同方案可以建立起多种多样的故障诊断模型。例如同样是对变压器的故障诊断，图 7-13 为基于多种试验结果及保护动作情况来分析诊断事故部位，而

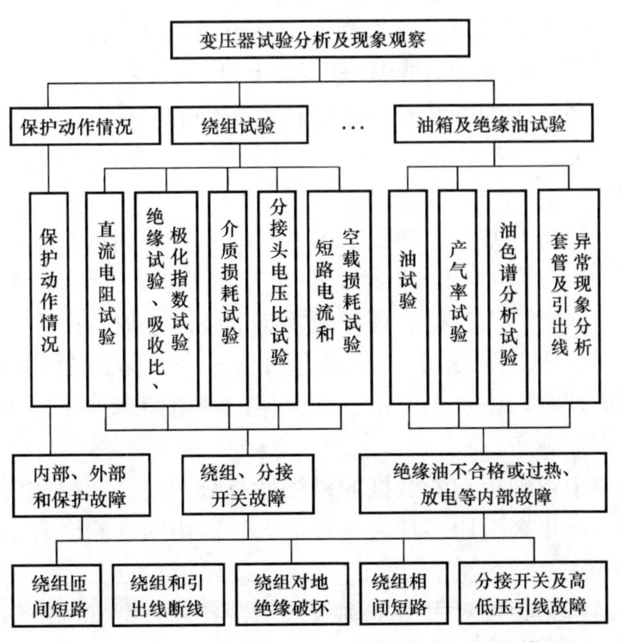

图 7-13　基于各种试验的一种故障诊断层次模型

图 7-14 是基于油中氢气含量的在线监测发现有异常后才启动的一种诊断流程，国内已有使用。

如前所述，对于每一个项目的诊断分析，都需要基于该项目有关领域的知识与经验，编制出更细的流程。例如为诊断油浸电力设备中的固体绝缘（纸、纸板）有无老化，当前以油中糠醛含量的检测最易于实现，但也同样没有明确的“允许值”，何况也不宜仅用一个简单的“阈值”来进行评判。为此，也可基于对大量运行变压器的糠醛含量的统计分析，利用图 7-15中的流程，按待诊变压器的糠醛含量、运行年限、油中气体的 CO 及 CO_2 含量等参量对其固体绝缘老化程度作出综合诊断[8]。

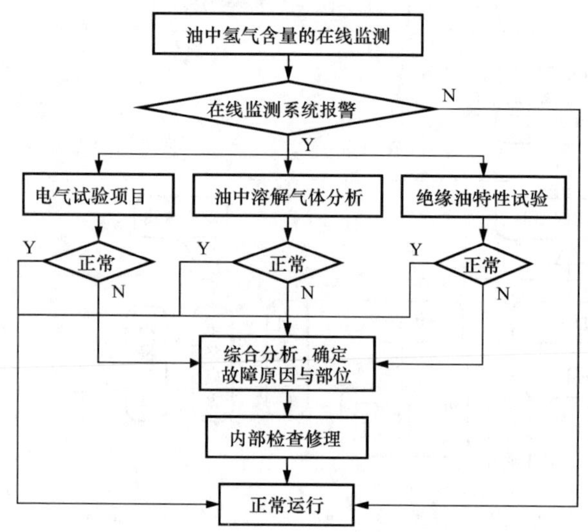

图 7-14　油浸电力变压器的另一种综合诊断模型

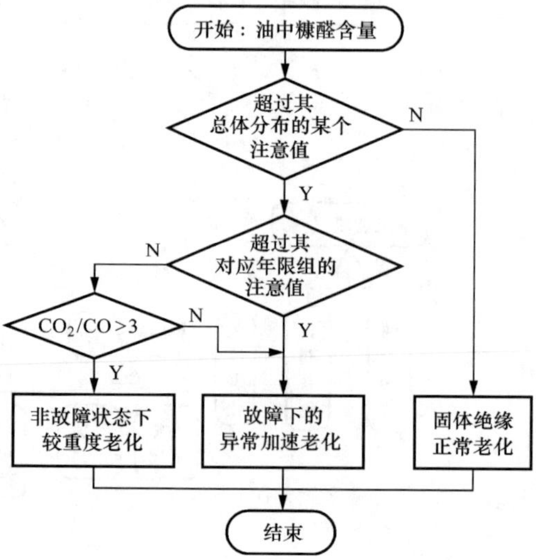

开始：油中糠醛含量
超过其总体分布的某个注意值
N
Y
超过其对应年限组的注意值
$CO_2/CO>3$
非故障状态下较重度老化
故障下的异常加速老化
固体绝缘正常老化
结束

图 7-15　一种判断固体绝缘老化状态的框图

国外对汽轮发电机定子绕组的诊断或评估的一种流程图如图 7-16 所示，也是基于检测结果、继保系统的动作情况等以评估、诊断定子绕组的绝缘情况[3]。

详细的流程图建立后，相应的数据库等结构也可依次建立。例如图 7-17 为国内已投运的一种变电站诊断管理系统中的在线及离线数据库模型的例子。

二、科学的推理方法

1. 基于阈值判别

早期的专家诊断系统主要基于“IF…THEN”产生式规则进行推理，因此阈值等判据的合理设定十分关键。为此 20 世纪 90 年代中期开发的图 7-18 所示的对油中气体含量进行诊断的流程图时[3]，不但采用了当时有关规程所规定的各注意值及产气率，而且吸取了国外行之有效的可燃气体总量（TCG）分析、改进电协研法、气体组分谱图法、TD（过热一放电）图法等。但是在推理时，由于仍仅按这些判据的阈值简单地来判定是否，因而其准确有效性虽有提高，但仍不够满意。

为了适应诊断过程中客观存在的数据的模糊性及分散性、数据或现象与本质之间的关系又缺乏明确的关系式，近年来引用多种人工智能方法以协助诊断已有不少成效。

2. 基于人工神经网络（ANN）

由于所编的神经网络先经过对大量事例（特别是各种典型事例）的学习，它已自动调整了其中各层间的权值及阈值；这样当有新的待诊断数据输入时，就会自动进行分析诊断后输

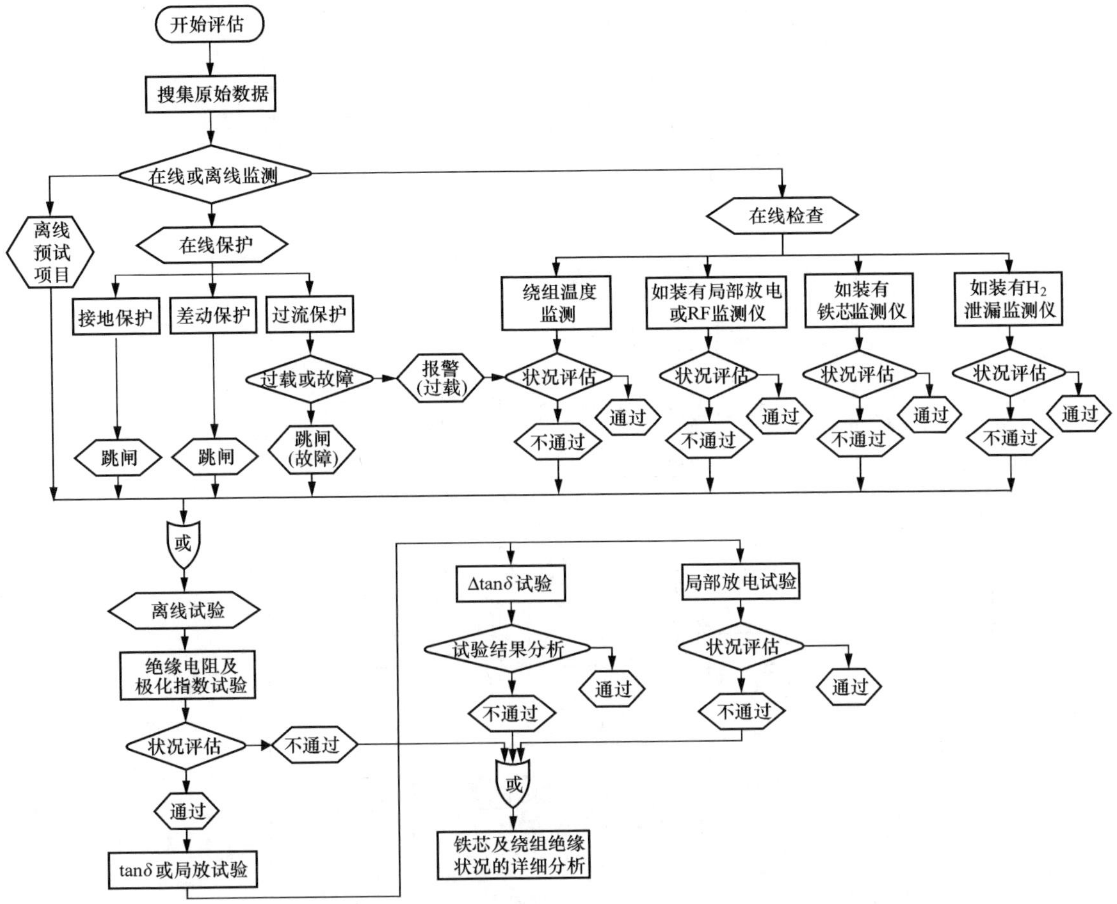

开始评估
搜集原始数据
在线或离线监测
离线预试项目
在线保护
接地保护　差动保护　过流保护
过载或故障
报警(过载)
跳闸　跳闸　跳闸(故障)
在线检查
绕组温度监测　如装有局部放电或RF监测仪　如装有铁芯监测仪　如装有H_2泄漏监测仪
状况评估　状况评估　状况评估　状况评估
通过　通过　通过　通过
不通过　不通过　不通过　不通过
或
离线试验
绝缘电阻及极化指数试验
状况评估
不通过
通过
tanδ或局放试验
Δtanδ试验　局部放电试验
试验结果分析　状况评估
通过　通过
不通过　不通过
或
铁芯及绕组绝缘状况的详细分析

图 7-16　一种汽轮发电机定子绕组绝缘分析流程图

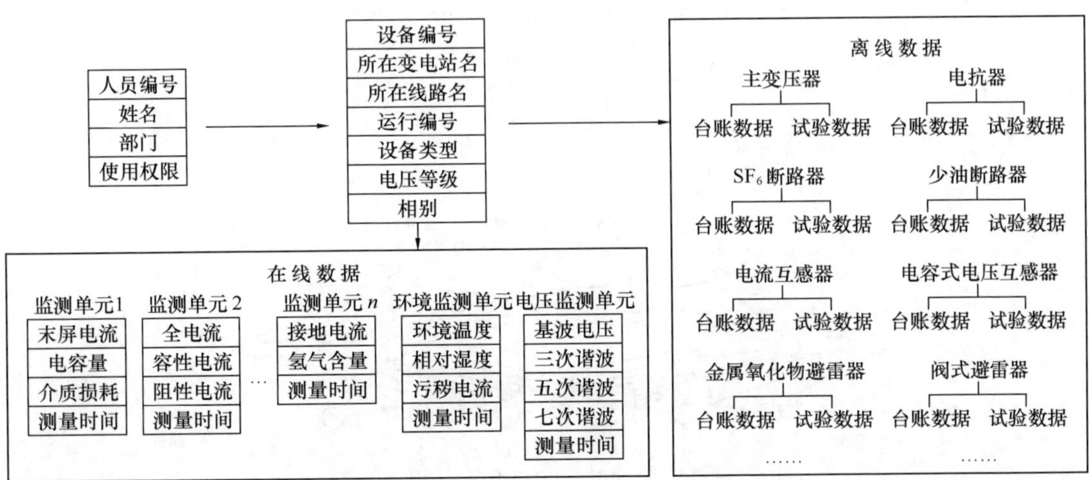

图 7-17　一种变电站专家系统的数据库模型

出。早期主要采用反向传播算法即 BP 网络，如图 7-19 所示用于油中气体分析的 BP 网络 20 世纪 90 年代初已开始在国内应用。例如，当时对某 220kV/75MVA 变压器的油中气体结果

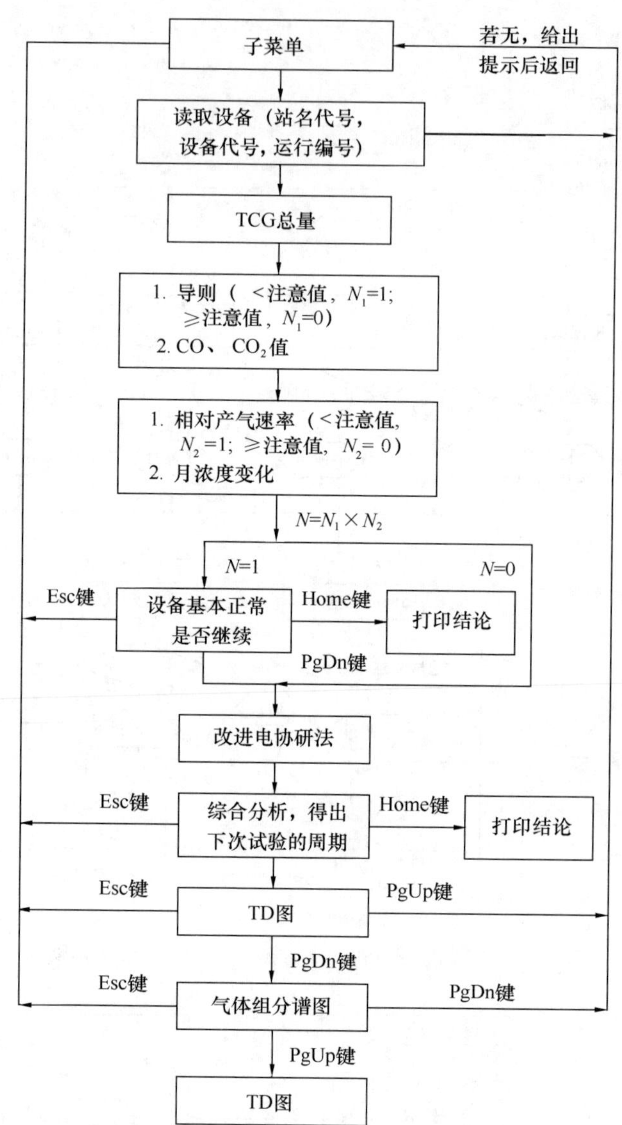

图 7-18 一种油中气体分析诊断的流程图

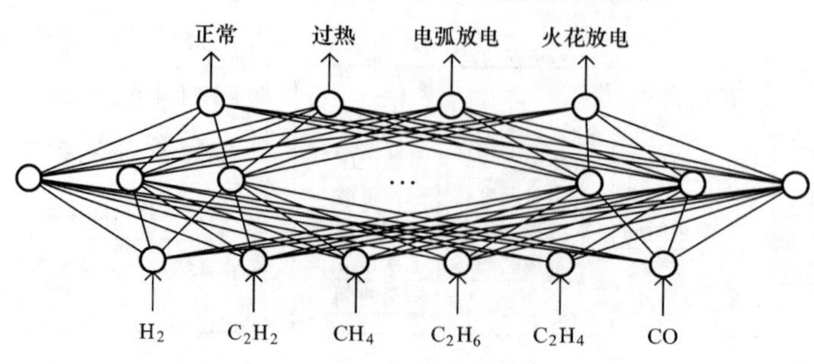

图 7-19 早期应用 ANN 例

的分析见表 7-8，可见对某些早期的过热故障，如该表中在 6 月 22 日时，虽 IEC 三比值法还未判出，但 ANN 法已可判为 Y_2（过热故障）[5]。

表 7-8 对某油浸变压器 DGA 的分析

测试日期	气体组分（$\times 10^{-6}$）						ANN 输出				IEC 诊断结果
	H_2	CH_4	C_2H_6	C_2H_4	C_2H_2	CO	Y_1 正常	Y_2 过热	Y_3 电弧	Y_4 火花	
6-22	61	58	50	44	0	212	0.273	0.628	0.103	0.082	正常
6-24	71	100	86	112	0	327	0.152	0.823	0.265	0.023	过热

但用 BP 算法时常会遇到一些困难，如不收敛、训练速度慢等。有的采用改进的 BP 算法，也有的改用 ART 网络等；在遇到复杂的诊断问题时，有的采用多层 BP 组合网络，也有的因地制宜改用模糊神经网络、小波神经网络等。例如图 7-20 为一种组合神经网络，它将 DGA 数据先按有关规程（RULE0）等进行初判，而对疑有缺陷或故障的输入到 ANN1：先分辨是过热还是放电故障，再用 ANN2-1 或 ANN2-2 具体细分为是导电回路或铁芯中故障而引起的过热，或放电故障是否已涉及固体绝缘故障。其正判率比仅用单神经网络时显著提高[9]。

3. 基于模糊数学

有的结合采用模糊神经网络，如 FART，即以模糊数学及自适应共振网络相结合进行推理分析，如图 7-21 所示[10]：样本先经过模糊数学中的隶属度处理［见式（7-11）］后才输入，由 FART 中的短期记忆类别表示区（STM）及长期记忆类别表示区（LTM）以实现聚类分析；至于自稳机制（检验类别）的加入，是为了有利于保证记忆具有足够的牢靠性。

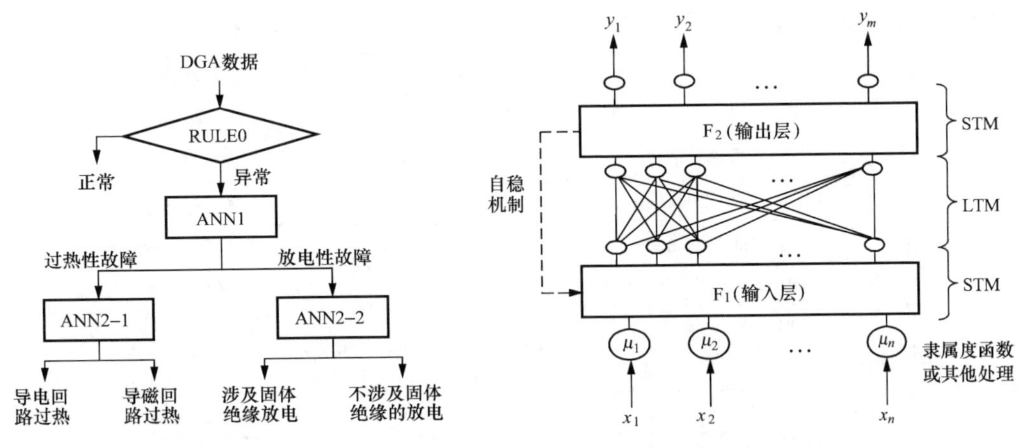

图 7-20 组合神经网络

图 7-21 模糊神经 FART 网络

在采用模糊数学以协助故障诊断时，也有的采用模糊关系方程的方法。例如当有可能写出故障类型 $\tilde{B}$ 以及它与故障特征 $\tilde{\boldsymbol{A}}$ 之间的模糊矩阵 $\tilde{\boldsymbol{R}}$ 时，就可写成 $\tilde{\boldsymbol{A}}\tilde{\boldsymbol{R}}=\tilde{B}$。这可等价为模糊线性方程组：

$$\begin{pmatrix} a_1 \\ a_2 \\ \vdots \\ a_n \end{pmatrix} \begin{pmatrix} r_{11}\, r_{12} \cdots r_{1m} \\ r_{21}\, r_{22} \cdots r_{2m} \\ \vdots \\ r_{n1}\, r_{n2} \cdots r_{nm} \end{pmatrix} = \begin{pmatrix} b_1 \\ b_2 \\ \vdots \\ b_n \end{pmatrix} \tag{7-12}$$

然后用简捷列表法等求解此模糊关系方程。如该方程的解多于一个时，需在多个可能解中进行寻找其最优解。

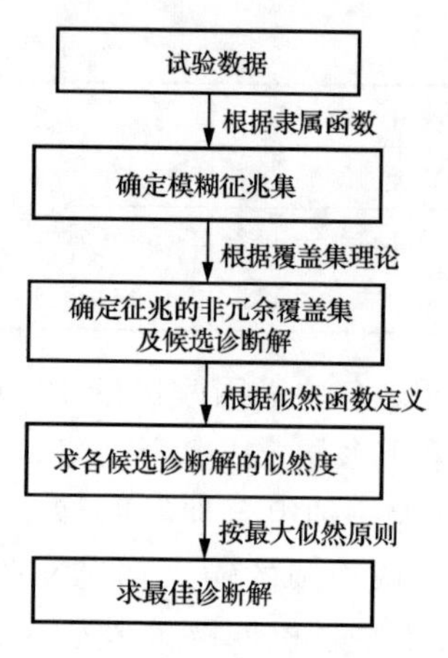

图 7-22 一种故障诊断方法

也有的将节约覆盖集理论（Parsimonious Covering Theory）与模糊数学相结合以用于绝缘诊断。先求出所有可能的诊断解，再采用最大似然值以求得最佳解，其故障诊断方法的框图如图 7-22 所示[11,12]。

以油浸电力变压器的故障诊断为例。一是先根据对几百台故障案例的分析画出图 7-23 那样的故障与征兆间的关系图，其中征兆 M 及故障 D 的含意分别如表 7-9 和表 7-10 所示。二是基于案例分析，分别获得表 7-9 中各种征兆的隶属函数及模糊边界、表 7-10 中各种故障与征兆之间的因果强度及先验概率。当有待诊变压器时，就可按图 7-22 的流程依据所搜索的征兆，利用概率推理方法得出其解的似然函数，再以最大似然值原则和穷举搜索策略求出其最佳解。

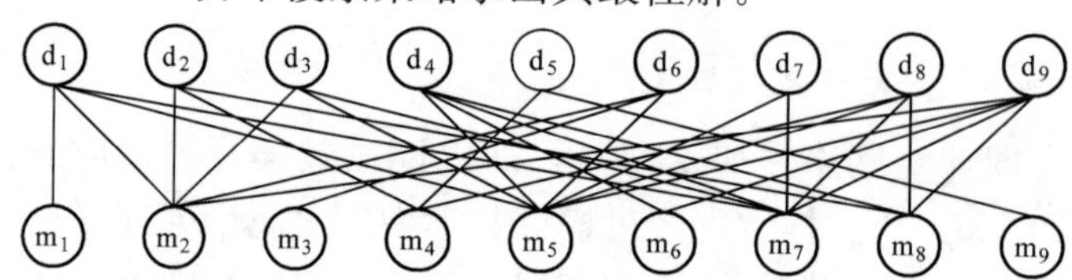

图 7-23 变压器故障与征兆间的关系

表 7-9 征兆集合 M 的列表

征兆编号	征兆内容
m_1	铁芯接地电流测值
m_2	三比值编码呈过热性故障
m_3	绕组直流电阻的三相不平衡系数
m_4	变压器油箱中油的含水量
m_5	三比值编码呈放电性故障
m_6	绕组变比的偏离
m_7	局部放电测量结果显示放电
m_8	油中气体中 CO/CO_2 异常
m_9	绕组绝缘的吸收比或极化指数

表 7-10 故障集合 D 列表

征兆编号	征兆内容
d_1	铁芯多点接地或局部短路
d_2	绝缘热老化
d_3	磁屏蔽过热或放电
d_4	匝绝缘损伤或匝间短路
d_5	绝缘受潮
d_6	分接开关或引线故障
d_7	悬浮放电
d_8	围屏放电
d_9	线圈变形等引起短路

4. 采用小波分类网络

有的研究指出，不少故障常常可能有多种的故障原因，即其分布呈多中心模式的特征，如用 ART 等网络进行聚类分析时，常易出现有歧义的结论，难以做出准确的判断。这时也可用小波分类网络（Wavelet Classification Network，WCN）[9,13]，如图 7-24 所示。图中 N、H、M 分别为输入、隐层、输出层，Ψ 为正交小波，s 为阈值函数，σ 为 Sigmoid 函数

$$\sigma(x)=\frac{1}{1+e^{-\beta x}}$$

5. 多种网络结合

为了实现进一步细分，也可在图 7-24 的单级 WCN 网络基础上发展成多项 WCN 网络，并以决策树方法用于变压器故障诊断，如图 7-25 所示[9,13]，力图将故障细分为 13 类。

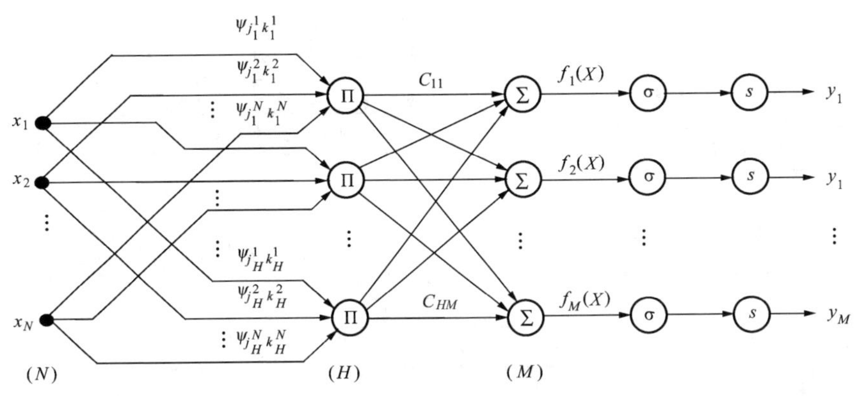

图 7-24 WCN 的结构框图

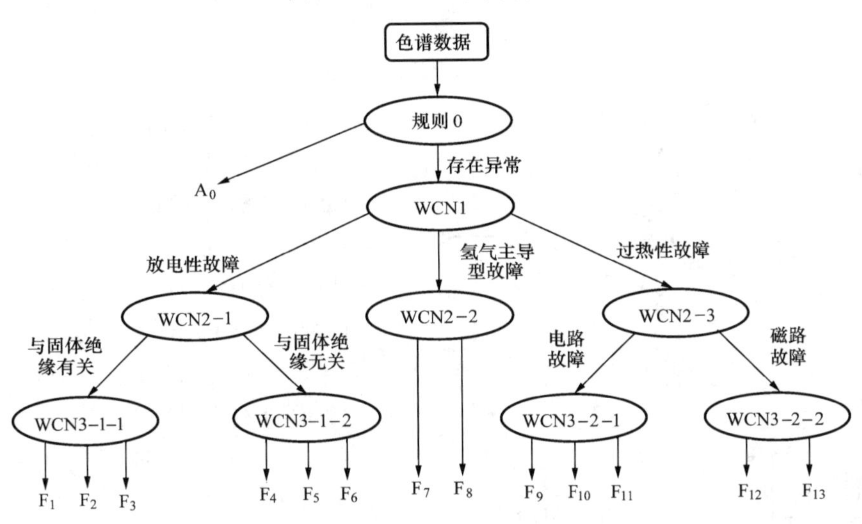

图 7-25 组合 WCN 网络结构

将故障模式分得愈细时，各类模式域的交叠常会更多，所以提高训练及识别准确率的难度显著加大。为此，更要考虑怎样选择利于分辨故障的特征参数的方法，例如采用多种方法、多级网络的科学组合常常优于单级网络。

另外，由于为分辨某一类故障，其征兆、或能反映的参数往往不仅一种，因此除采用多级网络外，还很值得采用更多参数来参与综合诊断，例如图 7-26 为利用多参数对电力变压器进行综合诊断的一种框图[10]，这比早期所用的方案（如前图 7-10 等）就有了很大的进步。

犹如请出有经验的专家们的会诊那样，诊断系统就是需要充分利用各方面专家的经验。而专家们所以能做出准确诊断，就是基于已有的丰富经验认真、全面地对信息的综合分析。因此编制专家系统时也要采用多种方法去寻找那些有助于做出准确故障诊断的各方面信息，也可以说对诊断的准确性要求越高，就越需要有全面的信息予以支持；然后可以采用分级决策等模型使故障诊断不断深入，逐渐逼近于故障的真实情况。而采用分级决策也有利于降低每次识别过程的复杂程度，减少证据组合的数量，提高诊断推理的效率。因为油中气体分析对发现过热、电弧比较有效，但要分辨出是否属于放电兼过热故障，或要分辨出放电是在电

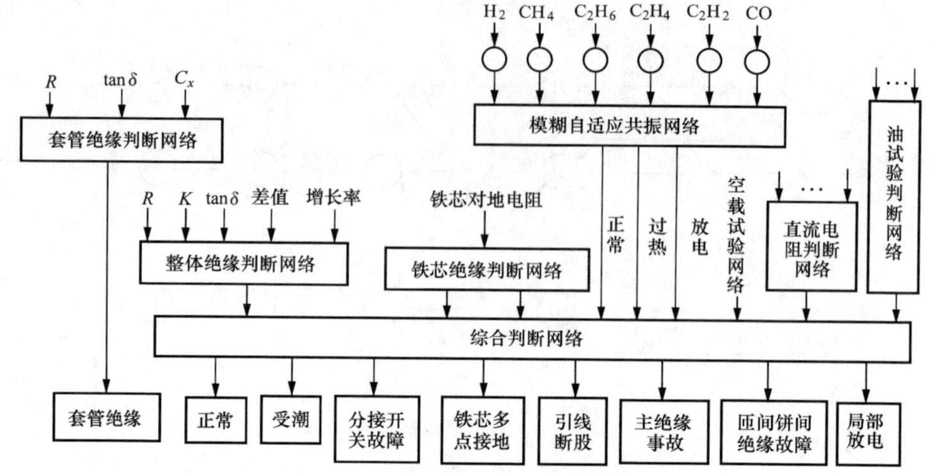

图 7-26 多次综合诊断神经网络框图

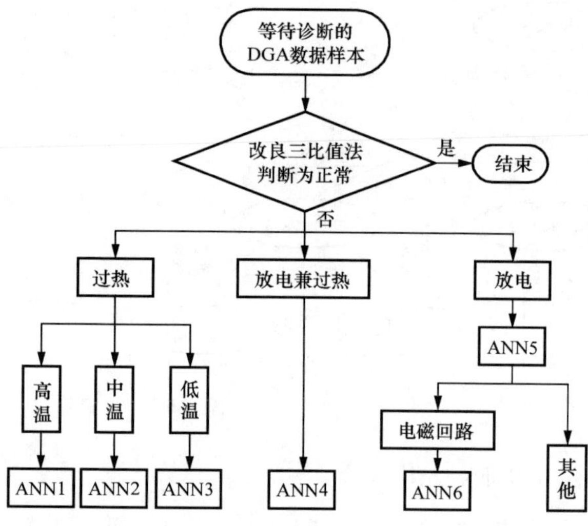

图 7-27 基于 DGA 数据诊断的一种多级决策模型

磁回路还是其他部分等，还得设计相应的 ANN 予以组合。例如图 7-27 为对电力变压器故障诊断的又一种多级决策模型框图[9]；而对于有些过热故障，而又难以分辨其部位的，也可建议用降低负荷后测量气体含量的变化、观察铁芯电流与运行电压的关系等方法，从而有助于更有针对性地细化诊断。

6. 采用范例推理（Case-based Reasoning）

当人们遇到新问题时，总是先进行回忆，从大量记忆中找出在几个重要特征上与此新问题相似的事例，然后将这些事例中的有关知识、经验等引用到对新问题的分析处理中，这就是范例推理。模仿人类的思维推理过程可得出范例推理的原理框图（见图 7-28），即由“目标范例”出发去检索“源范例”，再由检索得的源范例中找出与待诊设备最相似的源范例。其中很关键的一步就是如何进行检索，因为要反映某一范例需要众多征兆，如何根据待诊案例的有关征兆以寻找与其最接近的范例，而神经网络、模糊数学等在这里又可以发挥作用。例如图 7-29 就是用多种检索算法相结合以利于对油中气体分析数据的范例检索，而且不同的检索方法对不同的故障的正确检索率往往也有差异，如表 7-11 为分别用这三种检索方法（基于欧式距离、基于神经网络、基于模糊数学）对 232 台待诊故障变压器样本区分为 11 类故障的正判率[14]。

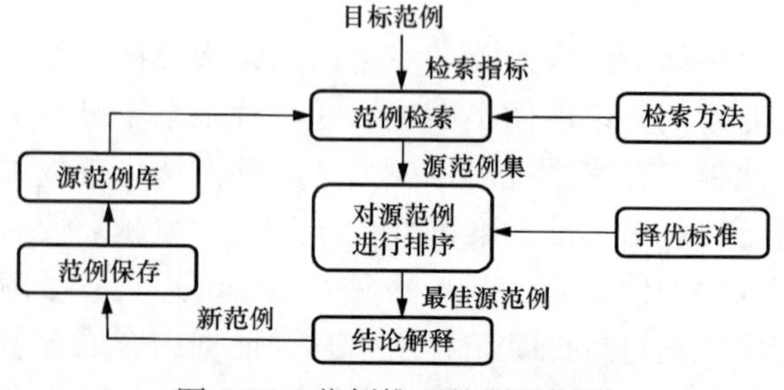

图 7-28 范例推理的原理框图

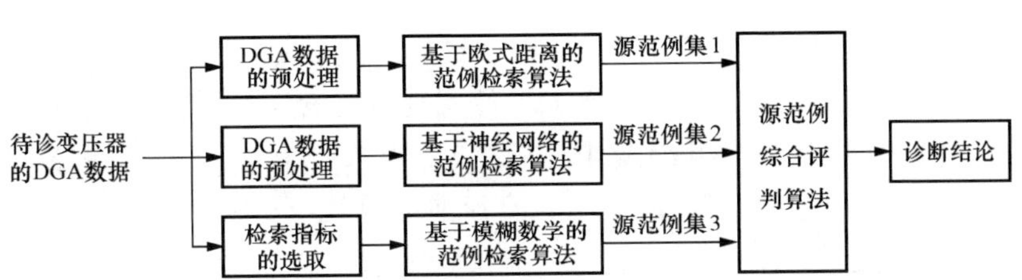

图 7-29 范例推理综合诊断示意图

表 7-11 **不同检索方法在范例检索中的正判率举例**

项目		故障类型										
		导电回路过热			导磁回路过热		涉及固体绝缘放电			不涉及固体绝缘放电		
		分接开关	引线	绕组低温过热	铁芯	漏磁过热	围屏	匝间短路	引线闪络	悬浮放电	油中局部放电	分接开关渗漏
待诊样本数		25	35	5	53	26	12	20	15	24	13	4
正判率（%）	欧式距离	64.0	68.6	60.6	71.7	73.1	50.0	65.0	66.7	79.2	76.9	75.0
	神经网络	72.0	80.0	60.0	81.1	76.9	75.0	75.0	73.3	75.0	76.9	75.0
	模糊数学	80.0	74.3	80.0	79.2	76.9	66.7	70.0	80.0	70.1	69.2	75.0

正因为对于不同故障类型采用不同的检索方法的正判率 Rig 不同；而且检索到的相似源范例与待诊断样本的相似度 Sim 也有差异，所以按图 7-29 中进行综合评判时，可采用加权平均方法对检索到的有效源范例进行综合评判

$$syn = \sum Rig_{ij} \cdot Sim_{ik}/2$$

式中 Rig_{ij}——第 i 个检索算法对待诊样本所处搜索空间 j 的正判率；

Sim_{ik}——第 i 个检索算法检索时找出的第 k 个源范例和待诊样本的相似程度。

7. 引用粗糙集方法

由于从现场所获得到的信息往往不完备，使以往很多方法常因缺少某些关键数据而难以进行判断。而粗糙集方法有助于处理这些不精确、不完备的数据，并有可能直接提取出隐含的知识。因而它将有助于解决因不完备信息所带来的诊断困难。

在粗糙集理论（Rough Set Theory，RST）框架中，研究一个由对象集和属性集所构成的信息系统 S，它可以表达为 $S=(U, A)$，其中 U 是 S 中由对象组成的集合；而 $A=(C \cup D)$，为描述对象的属性集合，用以对该对象的描述，此 C 和 D 分别为条件属性集和决策属性集。这时可用一张二维表格（如表 7-12）来描述该信息系统 S，称之为决策表；表中的每行表示 1 个故障样本；C 表示故障特征（征兆）集，D 表示故障类型集。而决策表的约简就是化简该表中的条件属性，以尽量去除冗余的条件属性，并在删除这些属性后不会严重影响原有的表达效果。然后利用每一个约简及粗糙隶属度从决策表中抽取诊断规则，再依据规则做出诊断。其诊断流程如图 7-30 所示[15]。

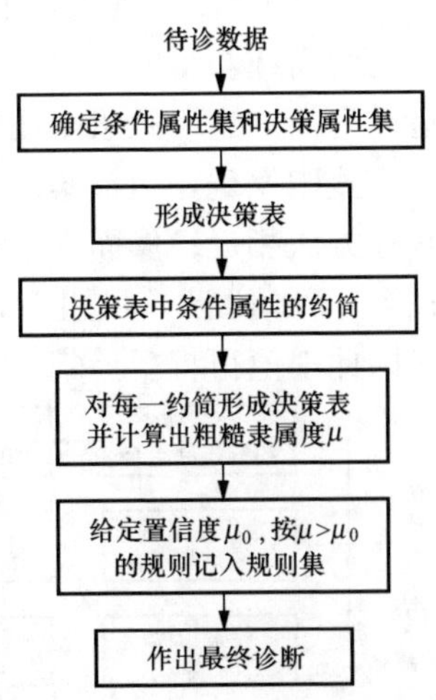

图 7-30 基于粗糙集的诊断流程

以油浸电力变压器的故障诊断为例，根据大量经验及故障案例的分析总结，确定出其条件属性集和决策属性集分别为 C 和 D，例如条件属性有：轻瓦斯（c_1）、重瓦斯（c_2）、差动保护（c_3）、后备保护（c_4）、绕组绝缘电阻（c_5）、吸收比（c_6）、三相直流电阻不平衡度（c_7）、导体直流电阻（c_8）、绕组变比（c_9）、直流泄漏电流（c_{10}）、铁芯接地电流（c_{11}）、铁芯接地电阻（c_{12}）、介质损耗角正切（c_{13}）、空载试验（c_{14}）、局部放电测量（c_{15}）、油中微水（c_{16}）、压力释放阀（c_{17}）、DGA 显示放电（c_{18}）、DGA 显示过热（c_{19}）；而以匝间短路（d_1）、相间短路（d_2）、围屏放电（d_3）、引线故障（d_4）、火花放电（d_5）、悬浮放电（d_6）、油流带电（d_7）、油中局部放电（d_8）、线圈故障（d_9）、分接开关故障（或裸金属过热）（d_{10}）、铁芯故障（d_{11}）、油流受阻（d_{12}）为决策属性。由此组成相应的决策表，如表 7-12 所示。

表 7-12　　决　策　表

c_1	c_2	c_3	c_4	c_5	c_6	c_7	c_8	c_9	c_{10}	c_{11}	c_{12}	c_{13}	c_{14}	c_{15}	c_{16}	c_{17}	c_{18}	c_{19}	d
1	1	1	0	0	0	1	0	1	0	0	0	0	1	0	0	0	1	0	d_1
1	1	1	0	1	0	1	0	0	0	0	0	0	1	0	0	1	1	0	d_2
……																			…
1	0	0	0	0	0	0	0	0	0	1	1	0	1	0	0	0	0	1	d_{12}

当用粗糙集进行诊断时，可能遇到以下情况：

（1）已获得完备信息，如表 7-12 中 19 个条件属性值都很明确，此时可直接利用该表进行诊断。

（2）当信息不完备时，如直接利用该决策表将无法诊断，此时又可能有下面的两种情况：

1）如在获得的条件属性值中缺少的是那些冗余的信息，则可查找出属性值相同的约简，利用对应约简的规则集进行诊断。因约简对于大部分故障诊断的置信度往往没有影响，但对有些故障诊断的置信度有可能降低很多。然而这并不总会对最终的诊断有很大的影响：因为对那些置信度低的故障还可以另行寻找到置信度较高的其他约简进行诊断，所以在图 7-30 中已采用 μ_0 的设置以限制由于置信度过低而引起的误判。

2）当获得的条件属性值中缺少的正是那些约简中的关键信息，即获得的信息中或不包含任何约简或获得的信息包含约简但在约简中又找不到相同的条件属性值，此时需要寻找最相近的约简；这一般可采用欧式距离来进行匹配，然后利用相应的约简和规则集进行诊断。

实践中发现，粗糙集的诊断方法在上述第一种情况（1）下，即信息完备时，其正判率与其他方法相近；然而在信息不完备时，如第二种情况 1）下其正判率将高于用其他方法；而在第三种情况 2）虽粗糙集的正判率也较低，但其他方法几乎已不能作出诊断。

因此很值得将粗糙集与其他方法结合起来应用，例如：

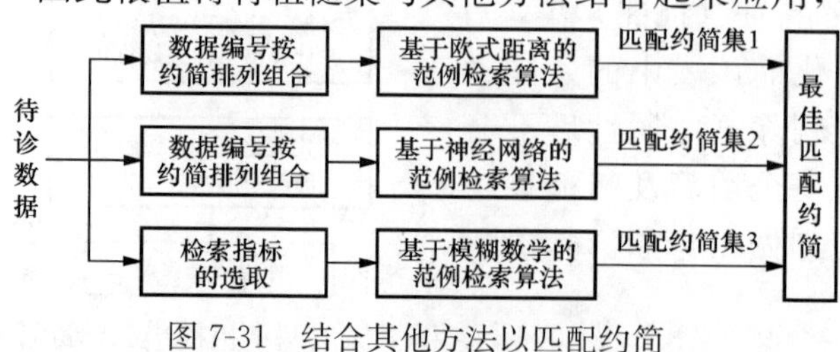

图 7-31　结合其他方法以匹配约简

（1）结合范例推理、模糊数学及神经网络算法[15]，如图 7-31 所示。这种结合方法最适合于上述最后一种情况下寻找匹配约简时使用，以便在待诊数据中缺少那些约简中的关键信息时仍能得到较准确的诊断。

（2）结合模糊数学将决策表模糊化，即将表7-12中的属性值0和1模糊处理为0、0.5、1或其他更合理的值，但其总体正判率是否显著提高取决于其模糊化处理是否合理。

（3）粗糙集与神经网络的结合，主要有两种方法：①利用粗糙集进行约简，然后将得到的约简作为神经网络计算时的输入以分析故障；②计算粗糙集约简的核，然后利用核的对应关系建立神经网络中输入层和输出层的直接对应关系，这些对应关系与隐含层同等重要，再将选择适当的条件属性进行预处理后作为输入，而将故障类型作为输出。

（4）将决策树与多种方法结合的思路已用于实践，其框图如图7-32所示。图中的CBR、ANN、WCN、FART、RST分别为前已述及的范例推理、人工神经网络、小波分类网络、模糊神经网络、粗糙集，而…泛指将来还可能予以结合的其他新方法。

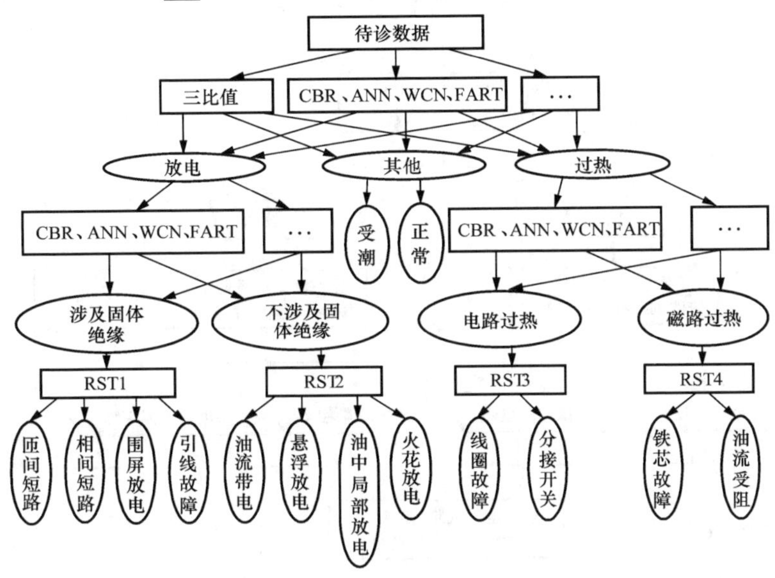

图7-32　粗糙集与决策树等多种方法结合

在图7-32中，首先，它充分考虑了油中溶解气体分析的数据通常较完备、而在完备信息下如仅用粗糙集方法可能比用其他方法正判率低的特点，先引用多种方法提高分类的准确性，例如用了前述的三比值法、范例推理、神经网络、小波分类网络及模糊神经网络等；其次，在进一步分类时，为按放电是否涉及固体绝缘、过热是处于磁路还是电路而分别用粗糙集中四个决策表分别进行诊断，这时有关的信息常常不完备，因此粗糙集的作用正可发挥；且有可能使得部分待诊数据由不完备情况转化到完备情况或由信息第三种情况转化为第二种情况，提高了用粗糙集的正判率。

图7-33为将粗糙集方法与神经网络、援例推理等有机结合的一种变压器故障诊断系统，它已在国内应用。因为引用了粗糙集，使得信息不完整时也有可能做出诊断；而由于基于电气、油务、油色谱数据、外观等多种信息、且综合应用了多种方法，因而能细分出十几类常见故障。

可见，一个好的诊断专家系统，首先是如何从各种现象、数据中提取能反映本质的征兆；然后利用专家知识、经验等来进行推理，即如何基于这些征兆作出诊断。而随着领域知识的进一步丰富、诊断方法的进一步发展，诊断专家系统也在不断发展中[16, 17~20]。

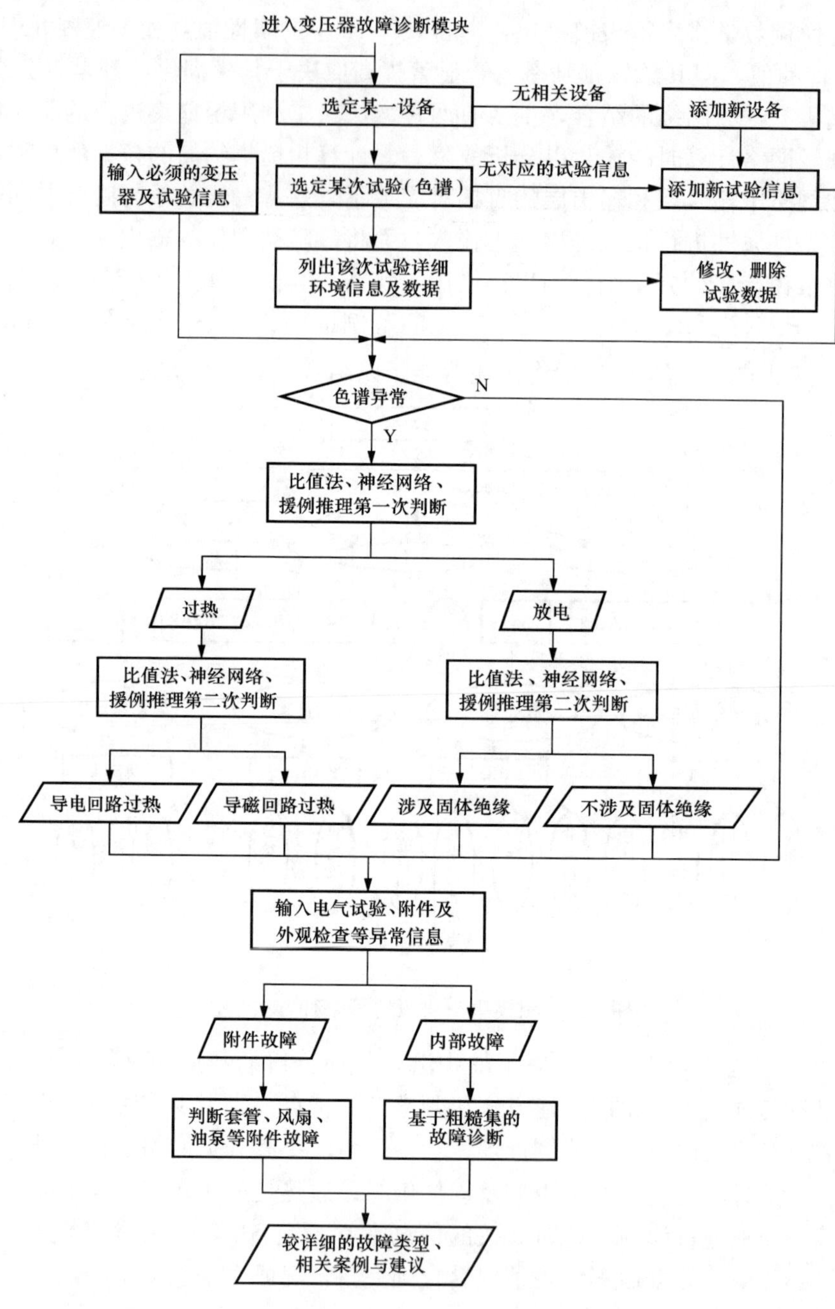

图 7-33 基于多种方法的诊断系统框图

参 考 文 献

[1] 谢维廉，施怀瑾. 专家系统及其在发电厂变电所中的应用. 北京：水利电力出版社，1994.

[2] 朱德恒，谈克雄. 电绝缘诊断技术. 北京：中国电力出版社，1999.

[3] 严璋. 电绝缘在线检测技术. 北京：中国电力出版社，1995.

[4] N. Gao，Z. Yan. Expert System Method Using in Insulation Diagnosis，Proceeding of International Sym-

posium on Electrical Insulating Materials, Japan Sept. 1995.

[5] Y. M. Tu, J. M. Huang, N. Gao et al. Transformer Insulation Diagnosis Based on Improved ANN Analysis, Proceeding of 5th International Conference on Properties and Application od Dielectric Materials, Korea, 1997: 263-266.

[6] 杨以涵，唐国庆，高曙. 专家系统及其在电力系统中的应用. 北京：水利电力出版社，1995.

[7] 章子君. 诊断电力变压器内部故障的专家系统. 中国电力，1994，27(5)：48-51.

[8] 钱政，尚勇，杨莉，等. 电力变压器固体绝缘状况的综合评估模型. 西安交通大学学报，2000，34(4)：5-9.

[9] W. S. Gao, Z. Qian, Z. Yan. A Multi-resolution System Approach to Insulation Diagnosis of Power Transformer, Proceedings of International Symposium on Electrical Insulating Materials, Japan. Sept 1998: 685-688.

[10] 高宁，张冠军，严璋. 变电站高压电气设备绝缘故障诊断专家系统的开发. 西安交通大学学报，1999，30(11)：23-27.

[11] 杨莉，钱政，周跃峰，严璋. 基于节约覆盖集理论的电力变压器绝缘故障诊断模型. 西安交通大学学报，1999，33(4)：13-16.

[12] 钱政，杨莉，张冠军，等. 基于模糊推理与覆盖集理论的电力变压器故障诊断方法. 电工电能新技术，1999，18(3)：36-39.

[13] W. S. Gao, Z. Qian, Z. Yan. Dynamic Fault Recognition for Power Transformer, International Conference on Power System Technology, China, Aug 1998: 91-95.

[14] 钱政，高文胜，尚勇，等. 基于范例推理的变压器油中气体分析综合诊断模型. 电工技术学报，2000(5)：42-47.

[15] 莫娟，王雪，董明，严璋. 基于粗糙集理论的电力变压器故障诊断方法. 中国电机工程学报，2004，24(7)：162-167.

[16] 杨莉，尚勇，周跃峰，严璋. 基于概率推理和模糊数学的变压器综合故障诊断模型. 中国电机工程学报，2000，20(7)：19-23.

[17] M. Dong, Z. Yan, Y. Taniguchi. Synthetic Analysis Technique of Oil-impregnated Insulation, ICPADM, Japan, 2003: 455-458.

[18] M. Dong, Z. Yan, G. J. Zhang. Comprehensive Diagnostic and Aging Assessment Method of Solid Insualtion in Transformer, CEIDP, Annual report, 2003: 137-140.

[19] 李华，严璋. 油浸电力变压器的状态监测及状态维修. 电力设备，2003，4(5)：35-39.

[20] 董明，孟源源，徐长响. 基于支持向量机及油中溶解气体分析的大型电力变压器故障诊断模型的研究. 中国电机工程学报，2003，23(7)：88-92.

[21] Wang Z Y, Liu Y L, Griffin P J. A Combined ANN and Expert System Tool for Transformer Fault Diagnosis. IEEE Trans On Power Delivery, Vol. 13, No. 4, 1998: 1224.

[22] Y. Shang, Z. Qian, L. Yang et al. AI Used for Insulation Diagnosis of Oil-immersed Equipment. Proceedings of Asian Conference of Electrical Insulation Diagnosis, Nov. 1999, Korea: 369-373.

[23] 杨莉，刘杰，周跃峰等. 基于客户/服务器的绝缘诊断及管理专家系统的开发. 电网技术，1998，22(10)：3-7.

[24] 杨莉，周跃峰，尚勇等. 变压器故障诊断专家系统中的基于面向对象层次分类模型. 高压电器，1999，35(3)：15-17.

[25] GB/T 7252—2001 变压器油中溶解气体分析和判断导则.

[26] L. Yang, M. Z. Yang, Y. Shang, et al. Fault Diagnosis of Power Transformer based on Parsimonious Covering Set Theory Integrated with Fuzzy Logic. Conference Record of 2000 IEEE International Sym-

posium on Electrical Insulation, USA, April, 2000: 271-274.
[27] 杨莉，全玉生，高文胜，等. 高压直流设备中局部放电的识别. 高压电器，1998，34(3)：48-51.
[28] 杨莉，尚勇，严璋. 电力变压器状态检测的国外动态. 高电压技术，1999，25(3)：37-39.
[29] 杨莉，全玉生，周跃峰，等. 大型发电机定子绕组故障放电的特性与识别. 电工电能新技术，1999，18(2)：23-27.
[30] 钱政，高文胜，尚勇，严璋. 用可靠性数据分析及 BP 网络诊断变压器故障. 高电压技术，1999，25(2)：13-15.
[31] H. G. Chen, T. Y. Li, N. Gao. Analysis of Dissolved Gas in Insulating Oil of Large Power Tranformer, Proceedings of 1994 International Joint Conference, Japan, Sept 1994: 175-178.
[32] Z. Qian, M. Z. Yang, Z. Yan. Synthetic Diagnosis Method for Insulation Fault of Power Transformer, Proceedings of International Conference on Properties and Applications of Dielectric Materials, China, 2000.
[33] 杨莉，尚勇，严璋. 综合智能化技术在网络化的绝缘在线诊断专家系统中的应用. 电工电能新技术，2001，21(2)：64-68.
[34] 高文胜，高宁，严璋. 自适应小波分类网络在充油电力设备故障识别中的应用. 电工技术学报，1998，13(6)：54-58.
[35] L. Yang, M. Z. Yang and Z. Yan. Extraction of Symptom for On-line Diagnosis of Power Equipment based on Method of Time Series Analysis, ICPADM, China, 2000: 314-317.
[36] 高宁，高文胜，严璋. 基于模糊理论与自适应共振网络的油中气体分析诊断. 高电压技术，1997，23(4)：22-25.
[37] 涂彦明，黄新红，高宁，等. 电力系统高压设备诊断管理用专家系统. 高电压技术，1996，22(2)：76-77.
[38] 高文胜，钱政，严璋. 基于决策树神经网络模型的电力变压器故障诊断方法. 西安交通大学学报，1999，33(6)：11-16.
[39] 高文胜，钱政，严璋. 充油电力变压器氢气主导型故障的相关分析方法. 电网技术，1998，22(12)：55-58.
[40] 高文胜，钱政，严璋. 电力变压器固体绝缘故障的诊断方法. 高电压技术，1999，25(1)：26-28.
[41] 辜超，刘民，綦世友，等. 大型变压器绝缘状态可现场测试诊断系统的开发研究. 变压器，2002，39(S1)：96-101.
[42] 赵文彬，张冠军，严璋. 基于因特网技术的电气设备远程在线状态检测与诊断系统. 中国电力，2003，36(4)：60-63.

第八章

传　感　器

传感器是将反映设备状态的各种物理量，诸如电、热、机械力、化学等各种能量形式的信息监测出来，是状态监测和故障诊断的第一步，也是很重要的一步，它直接影响着监测与诊断的成败。因为电信号最易于作各种处理，故不论该物理量是电量还是非电量，一般均由传感器将其转换为电信号后送至后续单元。

对传感器的基本要求是：①能检测出反映设备状态的特征量的信号，有良好的静态特性和动态特性。前者包括灵敏度、线性度、分辨率、准确度、稳定度、迟滞。后者则指频响特性。②对被测设备无影响，吸收被测系统的能量极小，能和后续单元很好的匹配。③工作可靠性好，寿命长。

若按工作时是否需要外加辅助能量支持来分类，传感器可分为无源传感器和有源传感器两类。根据传感技术的发展阶段则分为：①结构型传感器，它目前使用得最广；②物性型传感器，它是当前发展最快、新品最多的传感器，特别是由半导体敏感元件制成的物性型传感器；③智能型传感器，是将传感元件与后续的信号处理电路组成一个很小的模块的传感器，它代表着传感器的发展方向，例如美国的 ST-3000 智能型压力传感器，它在 3mm×4mm×6.2mm 体积中安装了静电、压差、温度三种敏感元件及微处理器等，可自动选择量程来测量 0～21MPa 的压力。以下介绍一些在监测和诊断系统中常用的传感器。

◎ 第一节　温度传感器

一、固体温度传感器

1. 热电偶

热电偶的基本原理是当将两种不同金属丝（或半导体）的两端连接起来，并将两端保持在不同温度时，在其所形成的回路中会产生热电动势，称为温差电效应。根据温差和热电动势的关系（事先制成标准曲线）得到待测温度。这是一种点接触式的温度计，结构简单，对待测物体的温度影响小，热容量小，响应时间快，适合于快速变化的温度测量。热电偶的测量范围为－273～3000℃，例如铜—康铜组成的热电偶其测温范围为－250～400℃，在400℃时的热电动势（输出电压）为 20mV。其缺点是灵敏度低，重复性不太好，线性很差。

2. 电阻式温度计

可以利用高强度的金属电阻丝稳定的正温度系数这一特点来监测温度。铂、镍和铜均广泛用于电阻式温度计，电阻的基值通常选定在 0℃时为 100Ω。电阻式温度计又分为薄膜式和金属丝绕制两种。薄膜式是将铂蒸发到一个陶瓷衬底上，再加以适当密封后制成，测温范围可达600℃，可广泛用作气体温度的测温元件。通常用惠斯登电桥来测定其电阻值。电阻式温度计的优点是线性度范围大，有较高的测量准确度。但其灵敏度较低，价格较贵，薄膜式的阻值长时间使用后还会产生漂移。它是一种面接触式温度计，测温部分通常在几至几十毫米之间，对温差大的固体测的是平均温度，对快速变化的温度会产生滞后偏差，故较适于测量稳态温度。

二、半导体温度传感器[1]

最早出现的半导体温敏器件是热敏电阻，它是由MnO、CoO、NiO等金属氧化物为基本成分制成的陶瓷半导体，其电阻值是温度的函数。其优点是灵敏度高、响应快、体积小、成本低，典型工作温度为－60～300℃，最高温度可达到600℃甚至1000℃，已广泛应用于各个领域。其主要缺点是线性度差，需在测量系统中作修正和补偿，不能用作精密测量。

温敏二极管的工作原理是基于在恒定电流条件下，PN结的正向电压与温度在很宽范围内的良好线性关系，例如硅温敏二极管可制成1～400K的全量程低温温度计。温敏晶体管是在恒定集电极电流 I_c 条件下，发射结上的正向电压 U_{BE} 随温度上升而近似线性下降，且比二极管有更好的线性和互换性，发展很快。温敏二极管和晶体管在20世纪70年代均已商品化。

集成电路温度传感器是将作为感温器件的温敏晶体管及其外围电路集成在同一单片上的小型化集成化温度传感器，使用方便，成本低，成为半导体温度传感器的主要发展方向之一，广泛应用于许多场合。温敏晶体管的 U_{BE} 与温度的关系实际上是不完全的线性关系，加之不同管子的电压值还存在分散性，故集成化的温度传感器均采用对管差分电路，可给出直接正比于绝对温度的理想的线性输出。

三、光纤温度传感器

光纤温度传感器仍以半导体作温敏元件，当光源发出光透过它时，透射光的强度随温度的上升而下降，有较好的线性度。用光探测器（例如雪崩光电二极管）测定透射光的强度即可测得其所在处的温度，测温范围为－10～300℃，准确度为±1～±3℃。其特点是体积小，抗电磁干扰性能强，传光用光纤绝缘性能优良，特别适用于监测高电位处或设备内部的温度。由于这儿的光纤并不作为敏感元件而只是作为光信号传输之用，故称为传光型光纤温度传感器。

功能型光纤温度传感器利用光纤本身的温敏特性，例如利用光在光纤中的喇曼散射效应来监测电缆沿轴向的温度分布。方法是将光纤事先安装在交联聚乙烯电缆中并沿电缆长度安放，当激光脉冲通过光纤时，会产生散射，包括瑞利散射和喇曼散射，后者和光纤温度有较密切的关系，故可通过测量和分析瑞利散射的背向散射（或者返回光纤入射端的散射光）去确定喇曼散射点的温度。此外可通过测量入射的激光脉冲被散射并返回到入射端的时间来确定散射点的位置。

◎第二节 红外线传感器[2]

任何物体只要其温度高于绝对零度，随着原子或分子的热运动，就有热能转变的热辐射向外部发射，以电磁波形式释放热辐射能。物体温度不同，其辐射出的能量和波长都不同，但总是包含红外线的波谱在内，仅峰值波长将随温度的降低而变长，波段则变窄。红外线占有的电磁波波谱范围的波长为 0.76～1000μm。当它在大气中传播时，大气会有选择地吸收红外辐射而使之衰减，仅能穿透三个较小的波段，即 1～2.5μm、3～5.0μm、8～14μm，这三个波段称为红外线的大气透射窗口。

红外线传感器可接收这些波段的红外辐射并转换为相应的电信号，从而测得物体的温度。故红外测温是一种非接触式的温度测量，它不存在热接触和热平衡带来的缺点和应用范围的限制。它测温速度快、范围宽、灵敏度高、对被测温度场无干扰，可测量各种物体的温度，包括液面和微小的、运动的、远距离的目标，特别适用于在线监测。

红外线传感器也称红外探测器，它的主要技术参数为：①灵敏度（V/W），即探测器的输出信号电压与入射到探测器的辐射功率之比；②响应时间，指传感器受辐射照射时，输出信号上升到稳定值的 63%时所需的时间；③噪声等效功率（NEP），当辐射小到它在探测器上产生的信号完全被探测器的噪声所淹没时的功率，它代表了探测器的探测极限；④探测率，当探测器的敏感元具有单位面积、放大器的测量带宽为 1Hz 时，单位辐射功率所能获得的信号电压噪声比；⑤光谱响应，指传感器的响应度随入射波长的变化。

一、热探测器

它的测量机理是热效应，即利用敏感元件因接收红外辐射而使温度上升，从而引起一些参数变化，以达到测量红外辐射的目的。它的响应时间一般较长，在毫秒级以上，探测率也低于光子探测器 2～3 个数量级，但热探测器的光谱响应宽，可在室温下工作，使用方便，故仍有广泛的应用。

1. 热敏电阻型探测器

热敏电阻型探测器一般是将锰、钴、镍金属氧化物按一定比例混合压制成型，经高温烧结制成热敏薄片作为敏感元件，具有较高的负温度系数。该探测器由两个相同的热敏片构成一个热敏电阻，一为工作片，另一为补偿片。工作时分别作为电桥电路的两臂，红外辐射透过热敏电阻的红外窗口射到作为工作片的热敏片上使之温度升高，热敏片的电阻亦随之改变并引起桥路对角线输出电压的改变。输出电压达到的稳定值，就代表红外辐值功率的大小。从辐射照射开始，到输出电压达到稳定值为止，这个间隔就是它的响应时间，一般为 1～10ms。

2. 热电偶型探测器

热电偶型探测器是用热电偶的温差电效应来测量红外辐射，又称测辐射热电偶。通常热电偶两臂分别用正温差电动势率和负温差电动势率的材料制成，以增加响应度。热电偶的热端与涂黑的接收面接触，接收面涂黑是为了更有效地吸收外来的辐射，其冷端点与热容量较大的物体接触（见图 8-1），使冷端保持在环境温度。早期的金属丝热电偶材料主要是铋、锑及其合金，它们的温差电动势每摄氏度为数十微伏，它两臂的热端应交接在一起作为电连接。后期的半导体热电偶材料一臂用 P 型材料，如铜、银、硒、硫、碲的合金，另一臂用 N 型材料如硫化银、硒化银等。其温差电动势比金属约高一个数量级，每摄氏度为数百微伏，甚至更高。热电偶型探测器的响应时间较长，约 30～50ms。半导体热电偶的热端需焊接在涂黑接收面下面一层极薄的金属

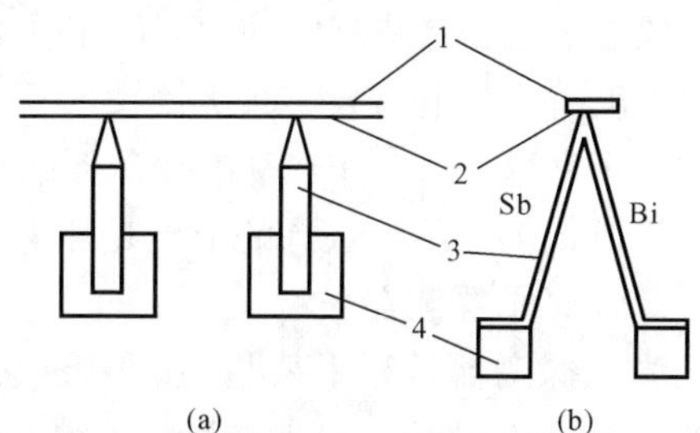

图 8-1 测辐射热电偶结构示意图
(a) 半导体测辐射热电偶；(b) 金属丝测辐射热电偶
1—涂黑的接收面；2—金属膜；3—热电偶的臂；
4—大热容量支持物

箔上，除了以保证它和接收面有良好的热接触外，两热端间也有良好的电接触。热电偶和涂黑接收面等都密封在高真空的管内，管壁上带有透过红外辐射的窗口。

为增加探测器输出，可以由许多热电偶串联而成热电堆。热电堆最多可由一百多对热电偶组成。为降低热电偶的内阻，可将数对热电偶并联连接。为消除周围环境和杂光的干扰，可将两组性能相同的热电偶或热电堆反向连接，只用一组接收信号，另一组用来抵消干扰，这就是补偿式探测器。

3. 热释电探测器

与其他探测器相比，热释电探测器响应时间短，可制成响应时间小于 $1\mu s$ 级的快速热释电探测器。与光子探测器相比，虽然灵敏度较低，但光谱响应宽，可从可见光到亚毫米区，相应的波长为 $0.4\sim1000\mu m$，且在室温下工作，故该探测器颇受重视，发展迅速。它的原理是热释电效应，所用的材料是热电晶体中的铁电体。这种极性晶体由于其内部晶胞的正、负电荷重心不重合，在外电场作用下，会出现类似磁滞回线那样的电滞回线。即其极化强度会随电场强度而增大，但在外加电压去除后，仍能保持一定的极化强度，称为自发极化强度。它是温度的函数，随温度升高而降低，相当于释放了一部分表面电荷。当温度高于居里温度时，就降为零。居里温度是晶体从铁电相转变为顺电相时的温度。由于自发极化，热电晶体外表面上应出现束缚电荷，平时这些束缚电荷常被晶体内和外来的自由电荷所中和，故晶体并不显示出有电场。但由于自由电荷中和面束缚电荷所需时间很长，约从数秒至数小时，而晶体自发极化的弛豫时间极短，约为皮秒级，故当热电晶体温度以一定频率发生变化时，由于面束缚电荷来不及被中和，晶体的自发极化强度或面束缚电荷必以同样的频率出现周期性变化，而在垂直于极化强度的两端面间，产生一个交变电场，这就是热释电效应。

根据上述原理在使用热释电探测器时要注意两点：一是接受红外辐射的时间必须大于探测器的热平衡时间常数；二是只有温度有变化时，探测器才会有信号输出。为此对待测的红外辐射信号，需进行调制后去照射热电晶体，这样晶体的温度、自发极化强度以及由此引起的面束缚电荷密度均随调制频率 f 发生周期性变化。若 $1/f$ 小于自由电荷中和面束缚电荷所需要的时间，则在垂直于极化强度的两端面间将会产生交变开路电压。若在两个端面涂上电极并接以负载，则在负载上会输出交变的信号电压，这就是热释电探测器的基本工作原理。

热电系数（$C\cdot cm^{-2}K^{-1}$）是描述热电晶体自发极化强度随温度变化的基本参数。当温度比居里温度低得多时热电系数很小；当离居里温度不太远时，热电系数值变大，且比较恒定，这一段温区适于作热释电探测器的工作温度，并希望这段温区宽些且在室温附近；当过于接近居里温度时，热电系数值起伏较大，不宜作工作温度。为此希望热释电材料的居里温度最好显著地高于室温。适合作热释电探测器的热电晶体有硫酸三甘肽（TGS），锆钛酸铅（PET），钽酸锂（$LiTaO_3$）等，选择的依据是热电系数大，介电常数小，热容量和介质损耗低。

二、光子探测器

光子探测器是利用某些物体中的电子因吸收红外辐射而改变其运动状态这一原理进行测量的，其响应时间一般是微秒级。常用的光子探测器有三种。

1. 光电导探测器（光敏电阻）

当一种半导体材料吸收入射光子后，会激发附加的自由电子和（或）自由空穴，该半导体因增加了这些附加的自由载流子而使其电导率增加，称为光电导效应。测量这个变化可测得相应物体的温度。单晶型光电导探测器常用材料为碲镉汞（HgCdTe），它响应度高、响应频带宽，从 0 到数兆赫兹（指光电转换后的电信号），且易于和前置放大器连用。通常 8～14μm的碲镉汞探测器工作于 77～193K，故工作时需有制冷条件。为进一步提高其灵敏度以满足热成像系统的要求，研制了长条形的碲镉汞扫积型器件，即将多元碲镉汞与集成电路配合，使之不仅具有光电信号转换功能，还有信号延时、传输和积分功能，并大大提高了器件的响应度和探测率。例如，8 条扫积型探测器组成的列阵，可相当于 50 个传统探测器组成的列阵所能得到的响应度，而体积和功耗则大大降低。薄膜型光电导探测器常用硫化铅（PbS）制成，其光谱响应伸展到 3μm，它可做成多元阵列，并向焦平面结构器件发展，是性能优良的红外探测器。

2. 光伏探测器

它利用了半导体的光生伏特效应，即材料吸收入射光子而产生附加载流子的地方由于有势垒存在，从而把不同的电荷分开而形成电动势差的效应。碲镉汞也可制成光伏探测器，工作于液氮制冷温度（77K）时的工作波段为 8～14μm。响应时间一般取决于电路常数，对于高频器件约为 5～10ns。具有类似性能的碲锡铅（PbSnTe）光伏探测器也是重要的光子探测器，可制成光电导探测器。

3. 多元阵列探测器

与普通电视成像一样，红外成像要求画面有足够多的像素，以保证图像的清晰度。实现的办法是红外探测器需对被测设备进行二维扫描，若探测器是单元或元数很少时，需要相当高的扫描速度，致使红外光机扫描热成像仪变得相当复杂而庞大，使用很不方便。如果探测器有较多的敏感元，例如 64、128 元，可大大降低系统的扫描速度，使结构简单而易于实现。多元阵列探测器包括一维成列的（也称线阵）和二维成面阵的两种。当敏感元达到 128 元×128 元或 256 元×256 元时，即可构成数以万计的面阵列，此时红外成像系统就可以取消光机扫描机构，形成所谓的焦平面热成像系统。综合多元器件的优点为：增加了视场，提高了分辨率、帧速度和信噪比；增大了信息量；动态范围大，可以跟踪多个目标；光谱分辨率高；结构简化，可靠性高。同时，它也带来一些新问题，随着单元数的增加，引出线及相应的放大器也随之增加，将给信息处理带来麻烦；给要求制冷的探测器增加制冷的能耗和困难。

碲镉汞焦平面阵列器件在红外焦平面阵列中占有极其重要的位置。通过控制碲镉汞材料的组分，可使焦平面器件分别工作于 1～2.5μm、3～5μm 和 8～14μm 三个红外大气透射窗口。不论是单片的还是混成碲镉汞红外焦平面器件，都由红外光电转换和信号处理两部分组成，而信号处理和读出部分均由硅电路实现。混成碲镉汞红外焦平面阵列的结构简图如图 8-2 所示。它在每个碲镉汞光二极管下放置一个 MOS（金属氧化物半导体作绝缘层的绝缘栅型场效应管）开关，多路传输操作由 MOS 开关执行。每个光二极管的

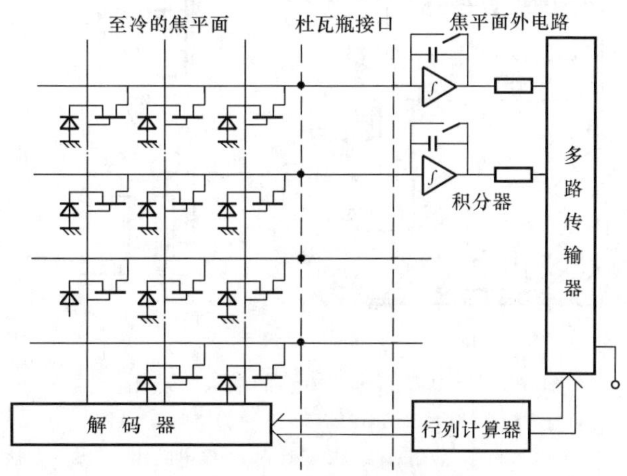

图 8-2 碲镉汞焦平面阵列结构简图

正端接到公共地线上，负极经过开关器件接到输出干线上，每列的开关控制栅极连接在一起，并由列移位寄存器寻址。工作时，开关选择出某一列 MOS 管使其导通，该列中二极管的光电路就直接传送到分离的引线上去，从杜瓦瓶引出，并由焦平面外电路进行积分，积分放大器的输出经过多路传输器以单线视频信号输出。信号积分和多路传输在焦平面外实现的，这种读出方式对碲镉汞光二极管 *IR* 积的要求低。此外这种结构动态范围较大，适用于长波，较易实现线性校正。相对而言，阵列能容忍一些元件的失效和损伤，其他元件能继续工作。二维碲镉汞光二极管阵列和硅信号处理电路相互连接成碲镉汞焦平面阵列后装入杜瓦瓶中，以保证其工作温度。

◎ 第三节 振动传感器

振动的监测也是一个十分重要的内容，它不仅包括旋转电机的机械振动，还包括静电力或电磁力作用引起的振动，例如全封闭组合电器（GIS）中带电微粒在电场作用下对壳体的撞击，变压器内部局部放电引起的微弱振动等。振动的强弱范围很广，测量振动有三个参数，即位移、速度、加速度，可根据振动的频率来确定测量哪个量。振动的速度增加时，位移减少而加速度增加，故随频率上升可分别选用位移传感器、速度传感器、加速度传感器和声发射传感器。

1. 位移传感器

位移传感器在低频区最有效，它用一高频电源在探头上产生电磁场，当被测物表面与探头之间发生相对位移时，使该系统上能量发生变化，以此来测量相对位移，其灵敏度可达 10mV/μm。它广泛用于测量重型电机机座的振动和偏心度[3]。

2. 速度传感器

在 10Hz～1kHz 内的振动用速度传感器最有效。其基本结构是将一永久磁铁放在一线圈内，将线圈牢牢地贴在传感器外壳上，传感器再和探头一起安装在被测物体的表面上，一旦发生振动，传感器外壳和线圈与磁铁块之间会发生相对位移，线圈中产生感应电动势，由电动势大小来测定振动的速度。速度传感器的特点是输出信号大，缺点是不够坚固，常用来测定各类电机的振动的总均方值[3]。

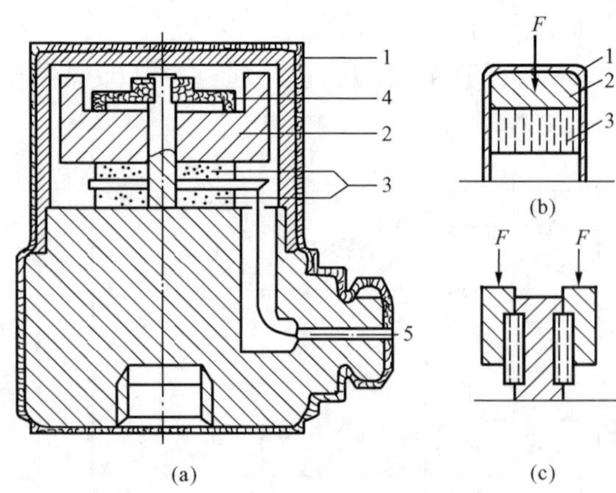

图 8-3 压电式加速度传感器结构原理图
(a) 结构；(b) 压缩型；(c) 剪切型
1—磁座（安装用）；2—质量块；3—压电晶片；4—弹簧；5—输出端

3. 加速度传感器

加速度传感器常用来测量频率较高的振动，特别是频率超过 1kHz 的振动，其优点尤为突出。由于加速度是位移的二阶导数，故它是三个测量参数中灵敏度最高的。通常都用压电式的传感器，选用具有压电效应的晶体如石英和锆钛酸铅等作为敏感元件。传感器由磁座、质量块、压电晶体组成，如图 8-3 所示。整个传感器紧贴在待测设备表面，加速度 a 通过质量块 m 产生力 $F=ma$，将力传到压电片上，产生电荷，再经电荷放大器进行放大，其输出信号大小即正比于加速度。压电式加速度传感器的特点是比速度传感器刚性好，灵敏度高且稳定，线性度好，内配放大器后使用更方便。它的固有频率为 30kHz，正常使用频率应低于它，一般为其 1/3～1/5，故使用频率在 1～8kHz。若准确度要求不高时则使用频率还可提高，甚至在谐振点上，例如用于测量 GIS 内部放电时。

压电晶片在传感器中的布置形式有两种，即压缩型和剪切型。其监测灵敏度是指纵向灵敏度，即主灵敏度，在敏感轴同方向受力。而横向受力的灵敏度则比纵向低很多，要求高的场所要求不大于主灵敏度的 3%，一般要求 5%～10%。

4. 声发射传感器

监测更高频率信号时，需用声发射传感器。实际上声发射的覆盖频率很宽，从 20Hz 以下的次声到 20Hz～20kHz 的可听声，直到 100MHz 高频。20kHz 以下可用加速度传感器检测；20～60kHz 则用超声传感器；60kHz～100MHz 则用声发射传感器，例如用于监测变压器内部的局部放电。声发射传感器也用压电晶片作为换能元件，与压电式加速度传感器相比，主要差别在于利用压电片自身的谐振特性来工作的。它分为窄带和宽带两种：前者带宽仅 200kHz；后者为 700kHz，但灵敏度低。在线监测中一般选用窄带。由于它利用的是谐振特性，故结构上和加速度传感器不同，不用质量块，而是将它直接和待测设备表面相接触，如图 8-4 所示。

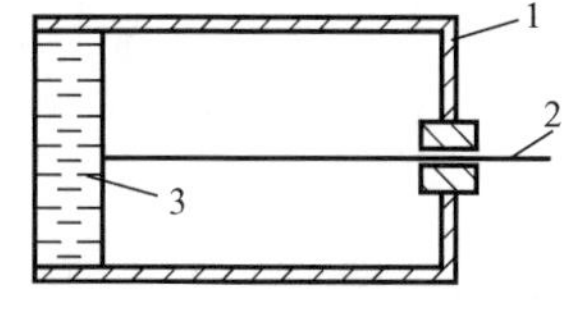

图 8-4　声发射传感器结构原理图

1—外壳；2—引线；3—压电晶片

◎ 第四节　电流传感器

一、互感器型电流传感器

互感器型电流传感器是监测系统中常用的电流传感器，可用于测量变压器、电机、电缆等设备的局部放电，也可用于测量电容型设备的介质损耗。类似于电流互感器，它的一次侧多为一匝（有些情况也有用多匝的）。监测时将传感器的圆形或开口的方形磁芯套在待测设备的接地线或其他导线上，如图 8-5 所示。磁性材料根据使用频率进行选择，当测量高频或脉冲电流（例如测量局部放电信号）时选用铁氧体，锰锌铁氧体的最高使用频率为 3MHz，相对磁导率为 2000。测量 50Hz 低频电流时可选用坡莫合金，其磁导率为 10^5，但价格较贵。近年发展较快的微晶磁芯，其磁导率大于 10^4，灵敏度高而加工成型方便，价格介于上述两者之间，使用频率为 40Hz～500kHz，完全适用于各种频率电流的监测。

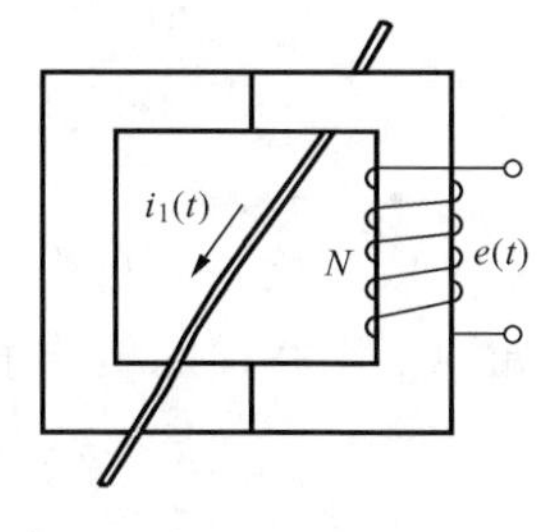

图 8-5　电流传感器结构原理图

电流信号 $i_1(t)$ 和二次绕组两端的感应电压也即输出信号 $e(t)$ 的关系为

$$e(t)=M\frac{\mathrm{d}i_1(t)}{\mathrm{d}t}$$

$$M=\mu\frac{NS}{l} \tag{8-1}$$

式中 M——互感系数；

N——二次侧绕组匝数；

S——磁芯截面；

l——磁路长度。

由式（8-1）可知，$e(t)$ 大小和 $i_1(t)$ 的变化率成正比。若在输出端加上积分电路，则 $e(t)$ 可直接和待测电流 $i_1(t)$ 的变化成比例，有如测量冲击大电流的罗戈夫斯基线圈那样，故有时也称此传感器为罗戈夫斯基线圈。所不同的是后者用于测量数十至数百千安的冲击大电流，灵敏度要求低而不必用磁芯。而这里测量的是毫安级和微安级的小电流，要求有较高的灵敏度。传感器的积分方式分两种，分别适用于宽带型和窄带型传感器。

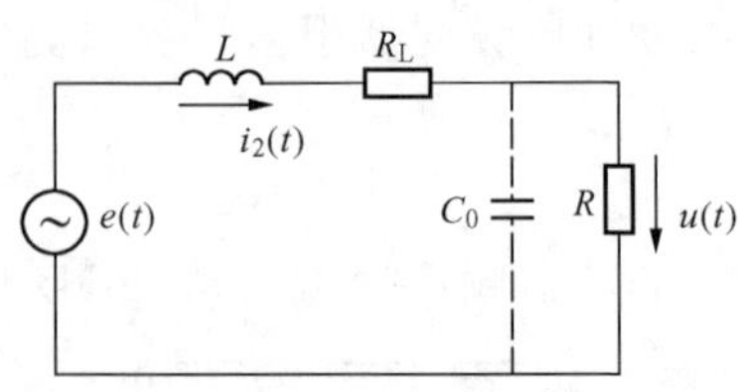

图 8-6 宽带型传感器等值电路

1. 宽带型电流传感器[4]

宽带型电流传感器又称自积分式，在二次绕组两端并接一积分电阻 R，如图 8-6 所示，可列出电路方程

$$e(t)=L\frac{\mathrm{d}i_2(t)}{\mathrm{d}t}+(R_L+R)i_2(t),\quad L=\mu\frac{N^2S}{l} \tag{8-2}$$

式中 L——线圈自感；

R_L——线圈电阻。

当满足条件 $L\frac{\mathrm{d}i_2(t)}{\mathrm{d}t}\gg(R_L+R)i_2(t)$ 时，则

$$e(t)=L\frac{\mathrm{d}i_2(t)}{\mathrm{d}t} \tag{8-3}$$

由式（8-1）～式（8-3）可得 $i_2(t)=\frac{1}{N}i_1(t)$，则

$$u(t)=Ri_2(t)=\frac{Ri_1(t)}{N}=Ki_1(t) \tag{8-4}$$

故信号电压 $u(t)$ 和所监测的电流 $i_1(t)$ 成线性关系。K 为灵敏度，它与 N 成反比，和自积分电阻 R 成正比。实际上积分电阻 R 总并联有一定的杂散电容 C_0，例如输出端并接的信号电缆等。由此可列出微分方程式如下

$$e(t)=LC_0\frac{\mathrm{d}^2u(t)}{\mathrm{d}t^2}+\left(\frac{L}{R}+R_LC_0\right)\frac{\mathrm{d}u(t)}{\mathrm{d}t}+\left(1+\frac{R_L}{C_0}\right)u(t) \tag{8-5}$$

对式（8-1）和式（8-5）进行拉氏变换，并设初始条件为零，考虑到自积分式宽带型传感器 $R_LC_0R/L\ll1$，故得传递函数

$$H(s)=\frac{u(s)}{i_1(s)}=\frac{R}{N}\frac{s}{RC_0s^2+s+(R_L+R)L} \tag{8-6}$$

取模得幅频特性为

$$H(\omega) = |H(j\omega)| = \frac{\omega}{C_0 N}\sqrt{\left(\frac{R+R_L}{RC_0 L}-\omega^2\right)^2+\left(\frac{\omega}{RC_0}\right)^2} \tag{8-7}$$

可知当 $\omega = \omega_0 = \sqrt{\dfrac{R+R_L}{RC_0 L}}$ 时 $H(\omega)$ 最大，即

$$H(\omega)_{max} = |H(j\omega)|_{max} = K = \frac{R}{N} \tag{8-8}$$

和式（8-4）相同，相应的 $f = f_0 = \dfrac{1}{2\pi}\sqrt{\dfrac{R+R_L}{RC_0 L}}$

一般 $R_L \ll R$，则

$$f_0 = \frac{1}{2\pi\sqrt{LC_0}} \tag{8-9}$$

f_0 是该传感器的谐振频率。按 3dB 即 $H(\omega) = \dfrac{1}{\sqrt{2}}|H(j\omega)|_{max}$ 估算其带宽和上下限频率 ω_H、ω_L，得

$$\omega_H\omega_L = \omega_0^2 = \frac{R+R_L}{RC_0 L} \tag{8-10}$$

带宽为

$$\omega_H - \omega_L = \Delta\omega = \frac{1}{RC_0} \tag{8-11}$$

实际上 ω_H 常比 ω_L 大一个数量级以上，故

$$\omega_H \approx \frac{1}{RC_0},\quad f_H = \frac{1}{2\pi RC_0} \tag{8-12}$$

则

$$\omega_L = \frac{R+R_L}{L},\quad f_L = \frac{R+R_L}{2\pi L} \approx \frac{R}{2\pi L} \tag{8-13}$$

根据式（8-2）、式（8-8）、式（8-12）、式（8-13）可对宽带传感器进行设计。表 8-1[5] 给出的是用铁氧体作磁芯，不同匝数 N 和积分电阻 R 对灵敏度 K、频率 f_H、f_L 等传感器特性影响的实测结果。可见 K 与 R 成正比，与 N 成反比。f_L 随 R 增加而增加，随 N 下降，f_H 则随 R 和 C_0 而降低，特别是当接上 20m 信号电缆后，上限截止频率 f_H 因 C_0 增加而下降了一个数量级。

表 8-1　宽带传感器特性与参数关系

N	R(kΩ)	直接测量结果			经 20m 信号电缆后		
		f_L(kHz)	f_H(kHz)	K (VA^{-1})	f_L(kHz)	f_H(kHz)	K (VA^{-1})
50	2.50	39.0	530	48.0	22.0	52	47.0
50	1.25	17.8	923	24.0	18.2	77	23.9
50	0.62	7.4	1650	12.3	7.4	138	12.1
50	0.31	3.5	2000	6.2	3.5	272	6.2
25	0.62	30.0	1622	24.4	30.0	149	24.0
25	0.31	14.0	2050	12.3	14.0	295	12.2
25	0.15	7.0	>2064	6.0	7.0	589	6.0

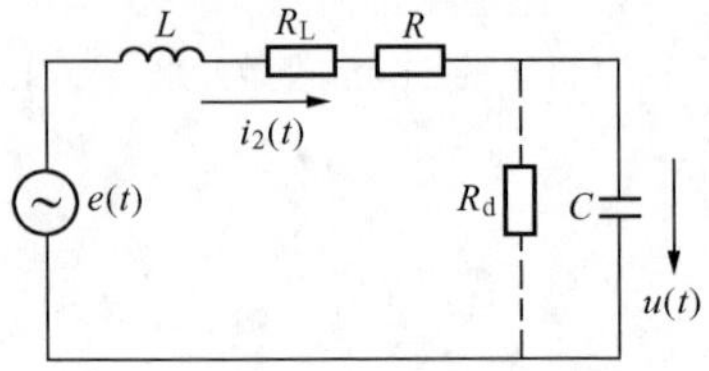

图 8-7 窄带型传感器等值电器

2. 窄带型电流传感器

窄带型电流传感器又称外积分式或谐振型电流传感器。与宽带型相比，它具有较好的抗干扰性能。它由积分电阻 R 和积分电容 C 构成积分电路，如图 8-7 所示。列出电路方程为

$$e(t)=L\frac{\mathrm{d}i_2(t)}{\mathrm{d}t}+(R_{\mathrm{L}}+R)i_2(t)+\frac{1}{C}\int i_2(t)\mathrm{d}t \tag{8-14}$$

当待测电流 $i_1(t)$ 的频率 $f=\dfrac{1}{2\pi\sqrt{LC}}$ 时，电路谐振，则上式为

$$e(t)=(R_{\mathrm{L}}+R)i_2(t) \tag{8-15}$$

由式（8-1）得 $u(t)=\dfrac{Mi_1(t)}{(R_{\mathrm{L}}+R)C}$，为提高灵敏度通常取 $R=0$，故灵敏度 K 为

$$K=\frac{M}{R_{\mathrm{L}}C} \tag{8-16}$$

为使传感器监测脉冲电流时保证其脉冲分辨时间 t_{R}，需在 C 上并接电阻 R_{d}，则等值电路的构成和图 8-6 完全相同，所不同的是具体参数的选取，可得和式（8-7）相同的幅频特性

$$H(\omega)=\frac{\omega}{CN}\sqrt{\left(\frac{R_{\mathrm{d}}+R_{\mathrm{L}}}{R_{\mathrm{d}}CL}-\omega^2\right)^2+\left(\frac{\omega}{R_{\mathrm{d}}C}\right)^2\left(1+\frac{R_{\mathrm{L}}R_{\mathrm{d}}C}{L}\right)^2}$$

相应的谐振频率

$$f_0=\frac{1}{2\pi\sqrt{LC}}\sqrt{\frac{R_{\mathrm{d}}+R_{\mathrm{L}}}{R_{\mathrm{d}}}}$$

一般 $R_{\mathrm{L}}\ll R_{\mathrm{d}}$，故

$$f_0\approx\frac{1}{2\pi\sqrt{LC}} \tag{8-17}$$

由 $H(\omega)_{\max}$ 得灵敏度为

$$K=R_{\mathrm{d}}/(N+R_{\mathrm{L}}R_{\mathrm{d}}C/M) \tag{8-18}$$

一般有 $\dfrac{R_{\mathrm{L}}R_{\mathrm{d}}C}{M}\ll N$，则

$$K\approx\frac{R_{\mathrm{d}}}{N} \tag{8-19}$$

窄带型传感顺的参数选择比宽带稍微复杂一些。从式（8-18）可知，当 R_{d}、C 固定时 N 有最佳值可使得 K 最高，K 随 C 的上升而下降。L、C 值可由式（8-17）已确定的监测频率 f_0 来选择。磁芯选定后由 N 确定 L，故 N 和 C 必要时可互相试算几次。R_{d} 决定于脉冲分辨时间 t_{R}，按 R-C 型检测阻抗考虑，可取 $t_{\mathrm{R}}=3R_{\mathrm{d}}C$ [6]，取决于对监测系统的要求，例如监测局部放电时 t_{R} 可取到 $100\mu\mathrm{s}$ 以下[7]。用铁氧体作磁芯的谐振型传感器的一些典型参数如表 8-2 所示[8]。

表 8-2　　某谐振型电流传感器的参数选择

N	L (mH)	f_0 (kHz)	C (pF)	R_d(kΩ)	t_R(μs)
20	0.73	40	21700	0.77	50
		250	560	10	20
		400	220	30	20

关于一次侧 $i_1(t)$ 的电路参数对上述二次侧参数的选择有无影响的问题，曾进行过分析、计算和试验[8]，由得到的局部放电信号 Δu 和传感器输出信号 $u(t)$ 间的传递函数的幅频特性可知，在工程实际的条件下，一次侧的参数包括待测设备的等值电容 C_x 以及与设备并接的等值耦合电容 C_k 等基本上不影响传感器参数的选择。传感器的谐振频率主要由式（8-17）所确定如表 8-2，设计值和实际值仅差 1%～4%。

以上两种类型的传感器已广泛用于局部放电的在线监测。铁芯常选用铁氧体，除要求灵敏度和信噪比尽量高外，还要求有较强的抗工频的磁饱和能力，这是因为监测时不可避免有工频电流通过，而此时不应因磁芯饱和而影响监测。对于铁氧体磁芯，这要求不难满足。

用特高频监测电气设备局部放电时则使用更高的监测频率，例如 TGA-B 型汽轮发电机分析仪在监测出线端并有保护电容器的汽轮发电机和电动机的局部放电时，使用射频电流互感器（RFCT）作传感器，其频带为 0.3～100MHz，铁芯选用高频铁氧体。

3. 低频电流传感器

监测电容性设备的 $\tan\delta$ 和氧化锌避雷器阻性电流时，测的是工频电流及其谐波，频率在 50～250Hz，电流分别为数十毫安和数百微安，宜用低频电流传感器。铁芯可用坡莫合金或微晶材料。用于监测 $\tan\delta$ 时准确度要求较高，特别是角差。这类传感器的一种结构如图 8-8 所示[9]。N_1、N_2 分别为一、二次级绕组的匝数，N_1 为 1～10 匝时，N_2 为 1000 匝，z_2 为负载阻抗。忽略绕组的电阻和漏抗后，引起误差的主要原因是铁芯的励磁电流，为此宜选用高磁导率的材料作铁芯，图 8-8 用的是 IJ85 坡莫合金。适当增加 N_2 和 N_1，$i_1(t)$ 工作在额定值附近以减小励磁电流在总电流中的比例来减小误差。例如图 8-8 所示的传感器当工作在额定电流 30mA 时角差接近于零，而工作在 15mA 时，角差为 4.75μs（此处 360°相当于 20000μs），但灵敏度均为 16.6VA^{-1}。

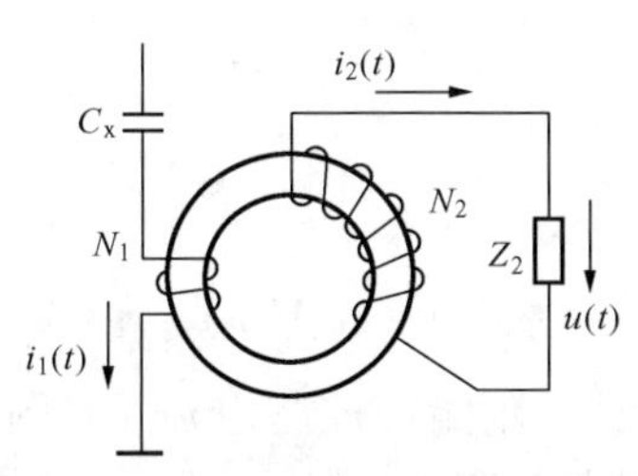

图 8-8　低频电流传感器结构原理图

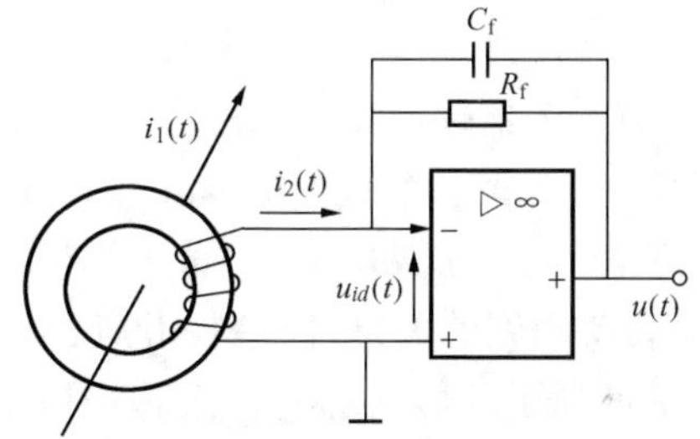

图 8-9　低频电流传感器原理电路图

图 8-9 所示是 ϕ37/22mm 的环形微晶铁芯组成的自积分式低频电流传感器[5]，从式（8-13）知，为降低下限频率 f_L 需增加匝数 N 或降低积分电阻 R，这两种方法均会使灵敏度下降。为此选用了图 8-9 所示电路，图中放大器的输入电阻（$R_i = R_f/A_{od}$）相当于积分电阻

R，放大器的开环增益 A_{cd} 较大，故 R_i 较小，f_L 主要由线圈 N 的电阻 R_L 决定（参见图 8-6）。在通频带内 $i_2(t)=i_1(t)/N$，当满足条件 $i_2(t) \gg i_{ib}$（i_{ib} 是放大器输入的偏置电流），$i_2(t)R_f \gg u_{id}$ 时，$u(t) \approx i_2(t)R_f$，故

$$u(t)=\frac{R_f i_1(t)}{N}=Ki_1(t) \tag{8-20}$$

因反馈电阻 R_f 对频率特性几乎无影响，可增大 R_f 以提高灵敏度 K。并接电容 C_f 是为了降低噪声影响。表 8-3 列出了该传感器的 R_f、f_L 和 K 的实测结果，它和上述的分析是一致的。

表 8-3　低频电流传感器的参数和特性

N	R_f（Ω）	f_L（Hz）	K（VA）$^{-1}$
25	574	8	22.7
25	1124	8	44.6
25	1698	8	65.3
10	574	40	56.8
10	1124	42	103.9
10	1698	42	152.1

当被测电流很小，例如金属氧化物避雷器的泄漏电流在数十至数百微安之间，此时放大器的偏置电流 i_{ib} 将引起较大的测量误差，且 i_{ib} 还会随温度而变化，故宜选用低输入偏置、低温漂的运算放大器。反馈电阻 R_f 宜用低温度系数的电阻。传感器与放大器输入间的连线应选用护圈或空间布线，以防止杂散泄漏电流的影响。

二、霍尔电流传感器

霍尔电流传感器是利用半导体材料的磁敏特性，通过测量其磁感应强度进而推算出待测的电流值。当将霍尔器件置于磁场 B 中时，如图 8-10（a）所示，在元件的一对侧面（a，b）上通以控制电流 I，则在另一对侧面（c，d）上会产生霍尔电动势 U_H

$$U_H=\frac{R_H IB\cos\varphi}{\Delta} \tag{8-21}$$

$$K_H=R_H/\Delta$$

式中　B——外加的磁感应强度，T；

Δ——器件厚度，m；

R_H——霍尔系数，m^3/C；

K_H——霍尔灵敏度，V/（A·T）。

提高灵敏度的关键是材料和厚度。图 8-10（b）所示是补偿式霍尔电流传感器，待测电流 $i_1(t)$ 贯穿于环形铁芯中，铁芯用以聚焦磁场以提高灵敏度。在偏置控制电流 I（图中未标出）和 $i_1(t)$ 的磁场作用下，霍尔片输出的电压经放大器放大，所产生的电流 $i_2(t)$ 流经反馈线圈 N 在铁芯内形成与待测电流 $i_1(t)$ 的磁通 Φ_1 方向相反的磁通 Φ_2，且使 Φ_2 和 Φ_1 相平衡，则 $i_2(t)N_2=i_1(t)N_1$。当 $N_1=1$，$N_2=N$，$u=i_2(t)R$ 时有

$$i_1(t)=i_2(t)N=\frac{uN}{R} \tag{8-22}$$

由于磁通相互补偿，铁芯体积可做得很小，交直流均可监测。该传感器已用于断路器分

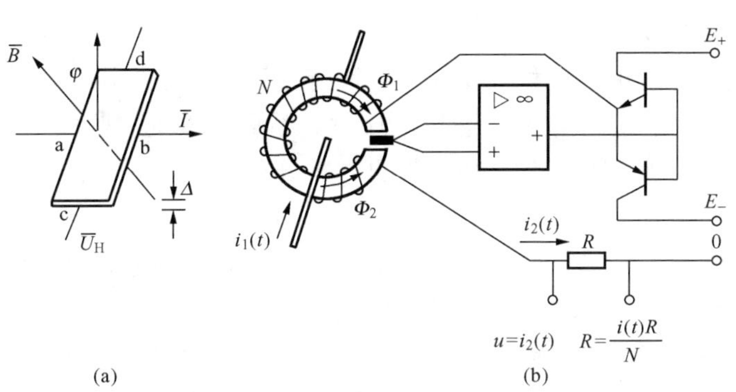

图 8-10 霍尔效应原理和补偿式霍尔电流传感器

(a) 霍尔效应原理示意图；(b) 霍尔电流传感器工作示意图

合闸线圈电流的监测。它既可做成铁芯固定的贯穿式结构，也可做成钳式结构，也可作为大电流传感器，例如可测高达 5000A 的电流。霍尔器件的响应时间很短，可用于高达 1GHz 的高频测量。缺点是对温度变化很敏感，故目前多数器件都与集成电路相结合制成霍尔电流传感器，结构上、电路上采取了补偿措施，达到了比较好的效果。另外它的价格较贵。

三、感应传感器

电缆［一般指交联聚乙烯（XLPE）电缆］的特高频监测用的是套在其上的感应传感器，如图 8-11 所示[10]，它由一个线匝构成，无铁芯，自感 $L\approx$30nH。其原理如下：通常电缆外部的接地屏蔽由多股螺旋状带绕成，局部放电产生的电流脉冲沿电缆流动时，在接地屏蔽上的电流可分解为沿电缆（轴向）和围绕电缆（切向）的分量，切向电流产生一个轴向磁场，该磁力线靠近电缆外侧，感应传感器包围了和切向电流成比例的磁通。于是在电流脉冲起始和终止时因磁通变化而在传感器上感应一个双极性电压，将其通过数字积分后可得到相当于电流脉冲的原始波形。该传感器监测频带为 400MHz，而多数干扰频率小于 100MHz，故它可得到较高的信噪比。

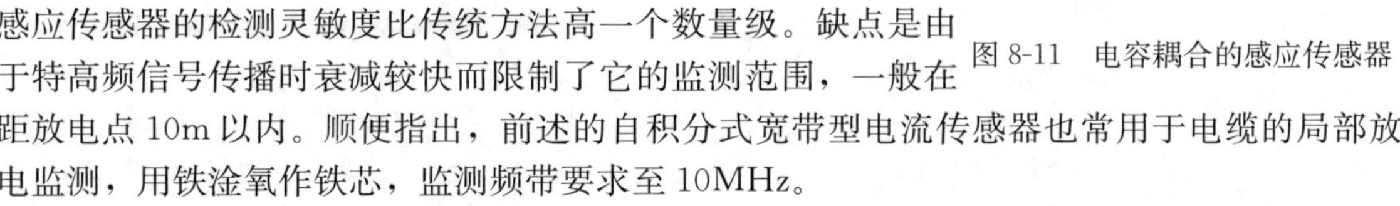

图 8-11 电容耦合的感应传感器

为减少低频干扰，还可在线匝一端串接一小电容，见图 8-11，它由聚四氟乙烯薄层分隔的两块小平板组成，$C\approx$20nF。感应传感器的检测灵敏度比传统方法高一个数量级。缺点是由于特高频信号传播时衰减较快而限制了它的监测范围，一般在距放电点 10m 以内。顺便指出，前述的自积分式宽带型电流传感器也常用于电缆的局部放电监测，用铁淦氧作铁芯，监测频带要求至 10MHz。

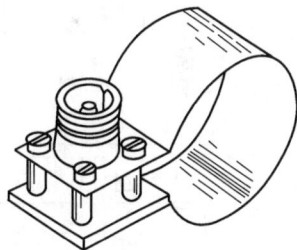

◎第五节 电压传感器

一、电场传感器

监测电压除了利用电压互感器外，还可利用电场传感器。电场传感器的原理是基于电光晶体（例如 $LiNbO_3$）在外电场作用下，当线性偏振光射入晶体后，出射光即变成椭圆偏振光的泡克尔（Pockels）效应或称电光效应。利用偏振镜即可测定其偏振特性的变化，因为这一变化和外界电场强度成正比，故可测定外电场强度。若晶体上直接加上电压，即可测定外加电压。这种传感器线性关系好，在－15～70℃范围内准确度优于±3%，频响特性也好，可以测量从直流到脉冲的各种波形电压，且传感器尺寸很小，不会影响被测电场。图8-12所示是运用电光效应研制的光纤场强电压表，场强测量范围为2～6000V/cm，并已用于试验室条件下带电检测金属氧化物避雷器的电压分布[11]。

二、耦合式传感器

监测局部放电的特高频信号时常用耦合式传感器，即利用电容耦合的原理来监测相关的脉冲信号。例如用于水轮发电机[12,13]的是固定式电容耦合器，有两种类型：一种是电缆型，可由一段电力电缆加工制成，将电缆作为电容器使用，如图8-13（a）所示，电容量为80pF，工作电压峰值为35kV；另一种就是一台由环氧树脂—云母制成的小型高压电容器，工作电压峰值为30kV，如图8-13（b）所示，电容量一般也是80pF，也可视电机情况选择500pF或1000pF。每相至少要安装两个，分别安装在定子绕组每相出线端附近，在将两个并联支路连接在一起的环形母线的两端，故又称母线耦合器。每个耦合器到出线端是等距离的，且用等长度的同轴电缆引到一台宽带差动放大器。这样从电力系统来的通过出线端进入并沿环形母线两侧传播的干扰信号将作为共模干扰而为差动放大器所消除。而发电机内部的局部放电信号则由于放电点和两个耦合器的距离不等而仍能监测，因此要求两耦合器之间至少有2m的间距。由于水轮发电机直径大，典型的环形母线长达10m，完全能满足要求。相应的监测仪器称为局部放电分析仪（PDA），仪器的带宽为0.1～350MHz。

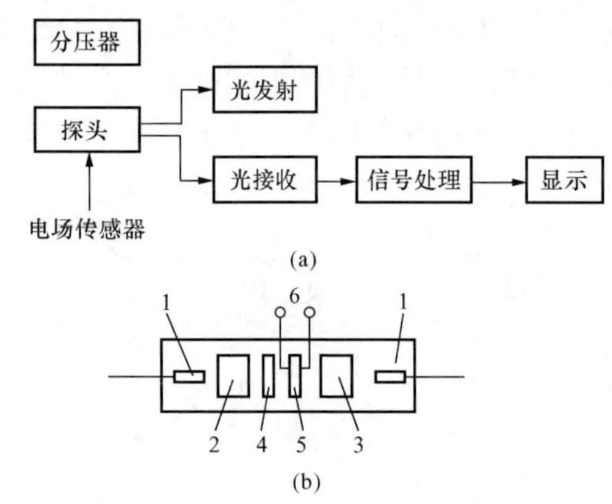

图8-12 光纤场强电压表结构图及探头结构示意图

（a）原理框图；（b）探头结构示意图

1—微透镜；2—偏振镜；3—检偏镜；4—波阻片；5—泡克尔元件；6—待测电压

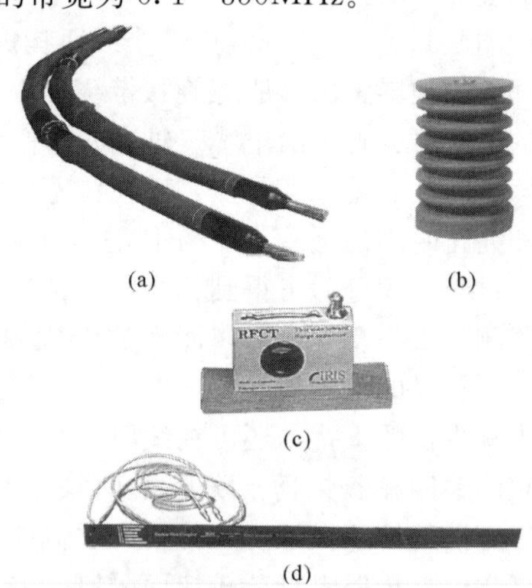

图8-13 监测电机局部放电的传感器

（a）电缆型母线耦合器；（b）电容器型耦合器；（c）射频电流传感器；（d）定子槽耦合器

（加拿大IRIS公司产品）

对于大型电动机、调相器和不大于100MVA的汽轮发电机，则选用云母高压电容器作为母线耦合器。加拿大安大略水电局对上述电机在线监测的研究发现，其干扰信号主要来自电机外部。但电机的结构又不同于水轮发电机，为抑制干扰在电机每相出线上安装了两个80pF的电容器型耦合器。两个耦合器之间至少相距2m，通过鉴别脉冲信号的传播方向也即测定并比较脉冲信号到达两个耦合器的时间，可识别该脉冲是内部放电信号还是外部干扰信号[14,15]。相应的监测仪器称为B型汽轮发电机分析仪（TGA-B），仪器的带宽为5～

350MHz。顺便说明一下，当上述电机出线端接有过电压保护用电容器时，则耦合器改用射频电流互感器，如图 8-15（c）所示，将它套装在保护用电容器的接地线上。

容量在 100MVA 以上的大型汽轮发电机还存在明显的内部干扰，无法使用上述的母线耦合器，而采用定子槽耦合器（SSC）作为监测局部放电的传感器[15~17]，其实体图如图 8-13（d）所示，简化图如图 8-14 所示。它是由环氧玻璃布制成的一条印刷电路板，其两侧由沉积于板上、厚度均为 25μm 的一根带状感应铜导线和一个接地平面所组成，两端均用微型同轴电缆引出，耦合器的特性阻抗应和同轴电缆的阻抗相匹配（均 50Ω）。在铜导线和平面外侧均再覆盖一块环氧玻璃布薄片，每个耦合器约 50cm 长、1.7mm 厚，宽度和定子槽相同。其尺寸既受定子槽尺寸的限制，同时也受特性阻抗影响（包括带状感应导线的宽度和接地平面的间隔、绝缘材料的介电常数等）。当局部放电脉冲的电磁波沿带状感应导线传播时，可从同轴电缆输出端得到一对信号，比较这对输出信号的时域波形能够确定脉冲传播方向和放电位置（放电发生在定子槽中还是定子绕组的末端地区）。因此，定子槽耦合器是一种定向的电磁耦合器，其耦合方式既不是容性的，也不是感性的，而是具有分布参数的类似天线的作用。它具有很宽的频带，典型的数据是下限截止频率低于 10MHz、上限截止频率高于 1GHz，在 30MHz 和大于 1GHz 之间存在相对平坦的频响特性[17]。

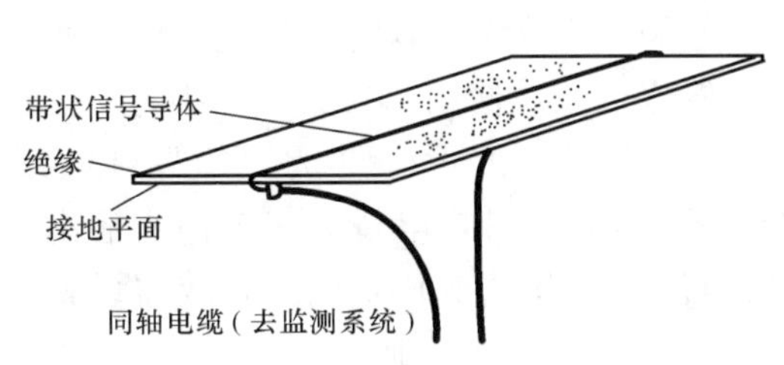

图 8-14 定子槽耦合器简化图

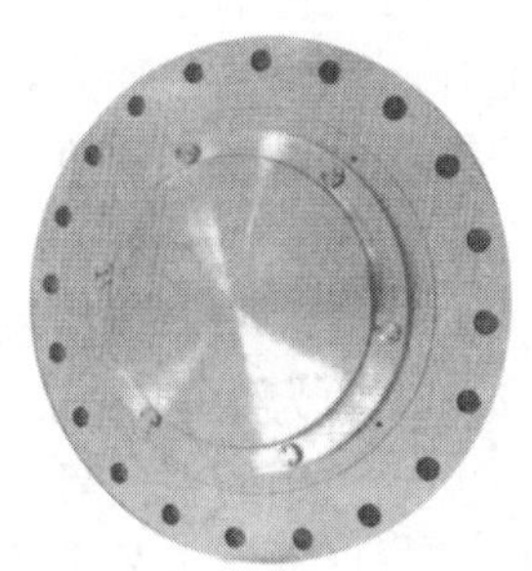

图 8-15 用于 GIS 中特高频监测的耦合式传感器

定子耦合器一般安装于具有最高场强的定子绕组每个并联支路的线路端的槽内，在槽楔底下。大型汽轮发电机的绕组通常每相由 2 个并联支路组成，则一台发电机至少要安装 6 个耦合器。耦合器很接近放电部位，易于监测到高频分量，监测灵敏度较高。例如，用带宽为 350MHz 的监测装置测量脉宽为 1.5ns（按半峰值计算）的脉冲时灵敏度为 0.01pC[17]。定子耦合器的主要优点是：能对来自电机内外的干扰信号产生不同响应，定子绕组内的局部放电信号的脉宽仅 1～5ns，而来自定子绕组之外的干扰在进入定子绕组后发生衰减，其脉宽均超过 20ns，很容易通过脉冲波形来识别局部放电和干扰信号。相应的监测仪器称为 S 型汽轮发电机分析仪（TGA-S），仪器带宽为 0.1～800MHz。鉴别干扰的判据是：凡脉宽大于 8ns 者均认为是干扰信号，小于 8ns 者认为是局部放电信号并由仪器作进一步处理[15]。

GIS 中特高频监测用的耦合器一般装于内部，例如在检修孔盖板上装一个 ϕ250mm 的电极[18]，如图 8-15 所示。它和盖板绝缘，其间电容值约为 100pF，信号由带气密的导管引出。电极与高压导体间的电容约 2pF，电极与盖板间接有电阻，以将耦合器上的工频电压降为几伏。监测频率为 600～800MHz。有的耦合器则是埋在盆式绝缘子接地端处的环形电极[19]。但也有采用 GIS 体外检测的，例如用天线式传感器[20]，放置在 GIS 的盆式绝缘子的外缘，后接 1.8GHz 频谱分析仪，这样使用上更加灵活，可改变监测点。

◎第六节 气敏传感器

监测气体的传感器的基本要求是：①足够的灵敏度，能检测出气体的允许浓度；②选择性好，对被测气体以外的共存气体或物质不敏感；③响应时间 t_{res} 快，重复性好；④恢复时间 t_{rec} 快，指气敏器件从脱离被测气体到恢复正常状态所需的时间越快越好；⑤性能的长期稳定性好；⑥维护方便，价格便宜；⑦较强的抗环境影响的能力。状态监测与故障诊断技术中的气体传感器主要用于变压器油中溶解气体，例如 H_2、C_2H_2、CO、CH_4 等可燃性气体的分析。气敏传感器可分为干式传感器和湿式传感器两大类：前者又分为接触燃烧式、半导体式、红外吸收式、固体电解质式、导热率变化式传感器等；后者则有比色法传感器等。其中接触式和半导体式传感器由于使用方便、价格便宜且可将气体浓度作为电信号取出等特点而作为可燃性气体的常用检测方法获得迅速发展。

一、接触燃烧式气敏传感器

接触燃烧式传感器的结构如图 8-16（a）[21]所示，原理是当可燃性气体与传感器表面加热用铂丝上的催化剂接触时，由于催化剂的作用会引起氧化反应，使其气体燃烧而导致传感器温度上升，铂丝电阻变大，该变化与气体浓度成正比，以此来监测可燃性气体的浓度。工作时需用铂丝将传感器预热至 350℃。它的优点是不受可燃性气体周围其他气体的影响，对气体的选择性好、线性好、响应快。它的缺点是催化剂长期使用，易劣化和中毒，使器件性能下降或失效。测定电阻使用的惠斯登电桥如图 8-16（b）所示，F1 是气敏器件，F2 是温度补偿元件，均为铂电阻丝。存在可燃性气体时 F1 电阻上升，电桥失去平衡，输出与可燃性气体浓度成比例的电信号，由于 F1 电阻随气体浓度变化的变化量较小，故需设置高性能的放大电路。日本日立公司曾将它用于三组分的油中气体监测系统[22]。

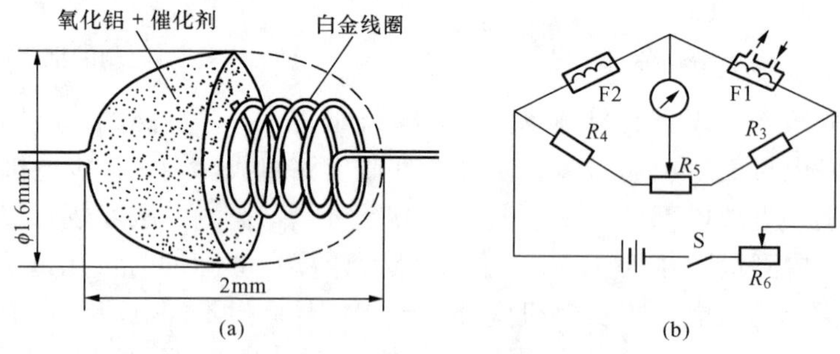

图 8-16 接触燃烧式气体传感器结构及其原理电路图

（a）传感器结构；（b）传感器原理电路图

二、半导体式气敏传感器

和接触燃烧式传感器相比，半导体式气体传感器的优点是灵敏度高、结构简单、使用方便、价格便宜。得到广泛使用的氧化锡（SnO_2）烧结型半导体气体传感器在空气中放置时会吸附气体，氧气的吸附力很强且又是电负性很强的气体，当它吸附到 SnO_2 表面后会使其丢失电子，而氧成为带负电荷的负离子。这对 N 型半导体来说，形成电子势垒，使器件表面电阻升高。当 SnO_2 接触到还原性气体即接触到被测气体如 H_2、CO 等时，它们和吸附氧

发生反应而生成 H_2O、CO_2 等气体，为氧气所俘获的电子被释放出来，减少了氧的负离子，降低了势垒高度，从而降低了器件的表面电阻，故器件表面电阻的大小可反映出待测气体的浓度。图 8-17 是日本 TGS-812 型旁热式烧结型 SnO_2 气体传感器对不同气体的灵敏度特性[23]。该气体传感器工作时也需加热至 300℃左右。可通过埋在传感器内的加热丝进行加热。

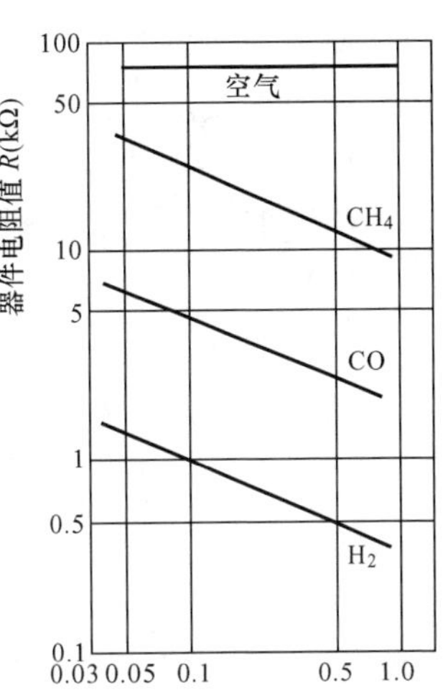

图 8-17 旁热式气敏传感器对各种气体的敏感特性

气敏传感器的灵敏度 K 常以一定浓度的检测气体中的电阻 R_s 与正常空气中的电阻之比或者与在一定浓度下同一气体或其他气体中的电阻 R_{so} 之比（例如 1000×10^{-6} 下的甲烷 CH_4）来表示

$$K = R_s/R_{so} \tag{8-23}$$

不同类型烧结型器件的灵敏度特性虽各有差异，但多遵循器件电阻 R_s 与检测气体浓度 C 的如下关系

$$\log R_s = m\log C + n \tag{8-24}$$

式中，m、n 为常数，m 代表器件相对气体浓度变化的敏感性，又称气体分离能，对于可燃性气体，m 值为 1/2～1/3。n 与检测气体的灵敏度有关，随气体种类、器件材料、测试温度和材料中有无增感剂而有所不同。SnO_2 气敏器件易受环境温、湿度影响，在电路中要加温、湿度补偿，并要选用温、湿度性能好的气敏器件。此外，在设计电路时还需考虑它的初期恢复时间和初期稳定时间。初期恢复时间指器件在短期不通电状态下存放后，再通电时从通电开始到器件电阻达到稳定值的时间，它随存放时间而增加。当不通电存放时间达到 15 天左右时，初期恢复时间一般都在 5min 以内。初期稳定时间是指长时间不通电存放后，从再通电开始到器件电阻达到初始稳定值所需的时间，它随器件种类、表面温度等不同而异，直热式较长，可达 30 天，旁热式则约为 7 天。一般讲，在空气中，不通电放置一周时间以内，不产生高阻化现象，即不存在初期稳定时间，如放置达到 6 个月，初期稳定时间将达到最大值。特别对于便携式或间断式工作的监测系统，必须注意初期恢复时间和初期稳定时间。可在通电开始后、检测气体前，经过一段时间的高温处理，称为加热清洗。只要适当选择加温清洗条件，就可使初期恢复时间和初期稳定时间大大缩短，使其影响降至最低限度。

烧结型气敏传感器都具有较长的工作寿命、器件电阻变动小等特点。例如，直热式器件的长期试验结果表明可连续工作 10 年。

钯栅场效应管（Pd-MOSFET）气敏传感器如图 8-18（a）所示[25]，它是一个金属氧化物半导体场效应管（MOSFET），只是将金属钯（Pd）薄膜替代常用的铝作为栅极 G，SiO_2 绝缘层的厚度比通常的 MOSFET 要薄，其底层则仍是由 P 型硅（Si）衬底。Pd 具有只允许 H_2 通过而阻挡其他成分通过的特殊选择性，故又称其为氢敏器件。若将栅极 G 和漏极 D 短接，在源极 S 极和 D 之间加上电压 U_{DS}，则漏极电流 I_{DS} 由下式表示

$$I_{DS} = \beta(U_{DS} - U_T)^2 \tag{8-25}$$

式中 β——常数；

U_T——阈值电压。

当栅极暴露于氢气中时，由于 Pd 的催化作用，氢分子在 Pd 外表面发生分解，形成的

氢原子通过 Pd 膜迅速扩散并吸附于金属和绝缘体 SiO_2 的界面，在此氢原子于 Pd 金属一侧极化而形成偶极层。使 Pd 金属的电子功函数减小，从而使 U_T 下降，若保持 I_{DS} 不变，则 U_{DS} 将随 U_T 作等量变化，根据 U_{DS} 的变化量 $\Delta U_{DS}=\Delta U_T$ 来测定氢气的浓度，故它属于非电阻型的气敏器件。图 8-18（b）[23]是在 150℃、工作电流 100μA 下灵敏度测试的实例，它以空气为稀释气体、以氢气不同浓度下阈值电压 U_T 与无氢时的阈值电压 U_{T0} 的差 ΔU_T 表示阈值电压变化幅度。由图 8-18（b）可知，氢气浓度小于 1%时，传感器具有良好的线性关系，大于 4%时 ΔU_T 趋饱和。故它适用于氢气浓度低于 4%的测量。当氢气为空气的 5×10^{-6}时，ΔU_T 为 36mV，故可作为微量氢气检测器件使用。

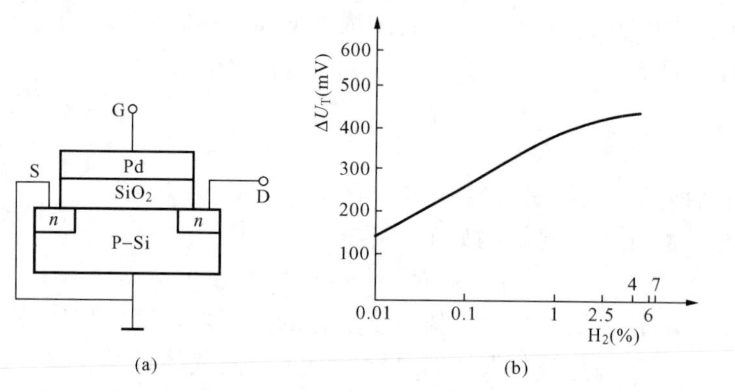

图 8-18 Pd-MOSFET 的结构及其 ΔU_T 和氢气浓度的关系

（a）结构示意图；（b）阈值电压的变化量与氢气浓度的关系

传感器响应时间 t_{res} 和恢复时间 t_{rec} 取决于氢气和钯在界面上的反应过程，均随工作温度上升而减少。若要求几秒钟或更短的响应时间，一般须选择 100～150℃的工作温度。此外响应时间还与氢气浓度、氢室体积、测试装置的设计、气路长短均有很大关系，浓度大则 t_{res} 缩短而 t_{rec} 增大。例如上述测试条件下，气室容积为 $2cm^3$ 时，当空气中氢气浓度为 0.01%时，t_{res} 为 4.2s，t_{rec} 为 3s；而当浓度为 4%时，t_{res} 为 0.8s，而 t_{rec} 增为 8.7s。一般 t_{res} 定义为 ΔU_T 达到其 90%所需时间，t_{rec} 定义为从稳定值恢复到（1－1/e）ΔU_T 所需时间。

该传感器的主要缺点是 U_T 随时间会缓慢漂移，需通过改进工艺来解决。中国科学院半导体研究所采用在 HCl 气氛中生长钯栅场效应管的栅氧化层工艺，经在 150℃，$I_{DS}=50\mu A$，气室容积 $100cm^3$ 的条件下测试表明，消除了慢漂移现象。连续 24h 测量在 0.1%（H_2，N_2）条件下的 U_T，得到最大相对偏差≤4%。

三、红外线吸收式气敏传感器

红外线吸收式气敏传感器的工作原理[24]是基于许多气体分子在红外线范围内都有各自的特征吸收频谱或吸收波长，例如 CO 的吸收峰波长为 2.37μm 和 4.65μm。当外来辐射电磁波的频率和气体分子的特征吸收频率相同时，外来辐射能即被该分子所吸收，这就是吸收电磁波能量的选择性。由于这种吸收使得通过该分子后的能量比通过前的能量减少了，而其减少量与分子的浓度及其所占的厚度有关，这种辐射能的变化以热能形式表现出来，运用红外线传感器即可检测出热能的变化，从而检测出某气体分子的浓度。CO、CO_2 及 C_2H_2、CH_4、C_2H_4 等烷烃、烯烃和其他烃类气体均可用此法检测。图 8-19 所示是检测乙炔的分光型红外线气体分析器[25]，加热器是红外辐射源，干涉滤光片用以改变射到红外线传感器上的辐射通量和光谱成分，并可消除或减少散射辐射或干扰组分吸收辐射能的影响，使通过气室（内充被测气体）内气体介质层的辐射光谱与被测组分的特征吸收光谱相吻合，使检测系统具有良好的选择性，在图 8-19 中的干涉滤光片只让乙炔的特征吸收波长的红外光谱进入气室。测定红外热能的热检测器选用的是热释电检测器，该检测器的特点是只能测量温度（热能）的变化，为此在气室和热释电检测器之间加上光调制盘，使之不断产生交变的辐射热能，以使检测器有稳定的输出。

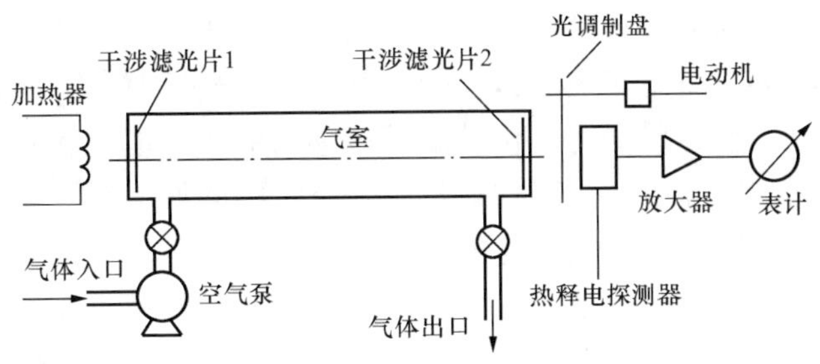

图 8-19　红外乙炔检测单元原理图

四、比色法测定气体

比色法是将被测气体用载气装置送至装有吸收发色剂的吸收比色池中，并与吸收发色剂发生选择性完全反应，全部转化为有色化合物。而有色化合物的浓度与载气中待测气体的浓度成正比，又与吸收发色液颜色的深浅成正比，故可用比色法测量有色化合物的浓度的方式来确定被测气体的浓度。比色法的依据是朗伯—比耳定律，当一束与溶液颜色互补的平行单色光通过该有色溶液时，有

$$A = \log(I_0/I) = KCL \tag{8-26}$$

式中，吸收比色池长度 L 和溶液的吸收系数 K 均为常数，故吸收度 A 与有色化合物的浓度 C 成正比。I_0 为入射光强度，I 为透射光强度，I 可由光电池转变为电信号，信号的强弱即反映了浓度 C，即可测出被测气体的浓度。可选择仅与某些气体发生反应的吸收发色剂，而用干涉滤光片可得与溶液颜色互补的单色光，使该法具有很好的选择性。该法已成功地用于乙炔的检测，在油样为 50mL 时，最小检测量小于 0.5×10^{-6}（体积分数）。[26]

◎ 第七节　湿敏传感器

一、湿敏传感器的特性、类型和工作原理

湿敏传感器一般用于气体特别是大气中湿度或含水量的监测。它的主要特性参数包括：[23]①湿度量程，一般以相对湿度 RH 表示；②感湿特征量—相对湿度特性曲线（特征量随湿度的变化曲线）；③灵敏度；④湿度温度系数，表示传感器的感湿特性曲线随环境温度而变化的特性参数；⑤响应时间；⑥湿滞回线和湿滞回差，湿敏传感器在吸湿和脱湿两种情况下，不仅响应时间不同，且感湿特性曲线也不重复，一般两者的感湿曲线可形成一回线，称为湿滞回线。

湿敏传感器的品种繁多，按其所用的感湿材料主要分为：①高分子化合物感湿材料制成的化学感湿膜湿敏传感器，又称聚合物薄膜传感器；②电解质感湿材料制成的传感器；③半导体陶瓷材料制成的烧结型和涂覆膜型陶瓷湿敏传感器；④多孔金属氧化物半导体材料（主要是 Al_2O_3 和 SiO_2）制成的多孔氧化物（膜）湿敏传感器。

湿敏器件一般都可等效为电阻、电容元件混合连接的复杂二端网络，在一定的测试频率

下，又都可将其简化为简单的电阻 R_p 和电容 C_p 的并联电路[23]。感湿材料吸水后因介质常数的增加而使 C_p 变大，同时因电导的增加而使 R_p 变小。故 C_p、R_p 是湿敏传感器的感湿特征量，它随湿度的变化量即是传感器的灵敏度。多孔氧化铝湿敏传感器的典型感湿特性曲线如图 8-20 和图 8-21[23] 所示。当选用不同厚度的氧化铝膜时，感湿特性曲线略有差别。易知，选择不同感湿特征量时，所宜选用的氧化铝膜的厚度也应有所不同，以 C_p 为感湿特征量时，膜的厚度越小越好，而以 R_p 为感湿特征量时，则增加膜的厚度会提高传感器的灵敏度。

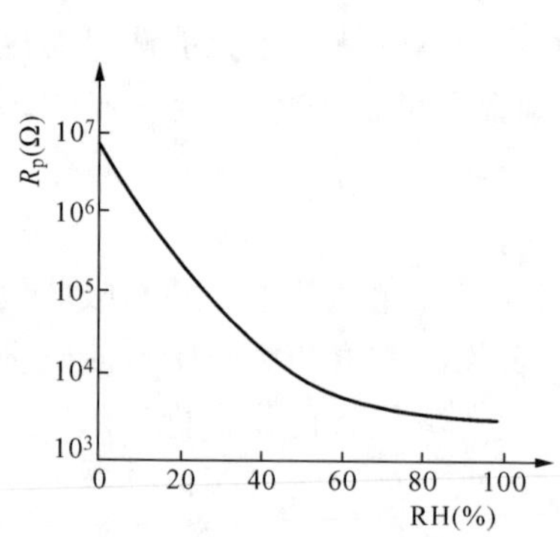

图 8-20　多孔氧化铝膜湿敏传感器的 R_p-RH 曲线

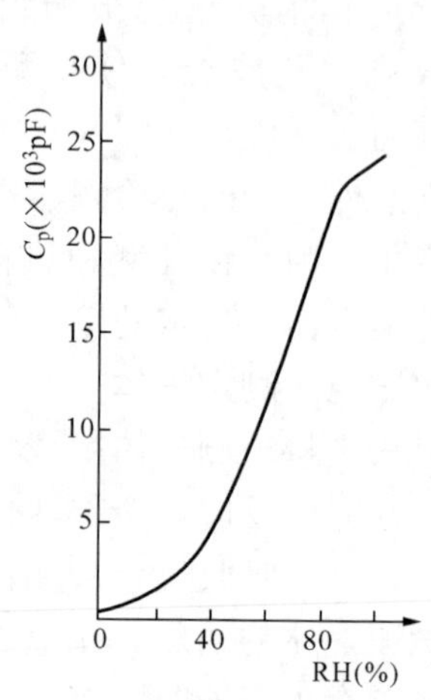

图 8-21　多孔氧化铝膜湿敏传感器的 C_p-RH 曲线

二、用于变压器油中含水量监测的湿敏传感器

电气设备中使用的大量液体绝缘介质（如变压器油）也需监测其含水量，但如上所述湿敏传感器一般都用于气体含水量的监测，故有必要研究它们在液体介质中的使用性能。其次变压器油的运行温度比大气要高很多，一般在 80℃左右，需选用耐高温的湿敏传感器，例如氧化铝薄膜传感器最高使用温度为 50℃，则不宜用于变压器油。为此研究了不同材料的电容型薄膜传感器在变压器油中的性能，主要是能否灵敏地反映运行中变压器油的含水量水平以及其性能在热油中是否稳定等，最后认定一种耐高温的聚合物薄膜传感器能满足以上要求，其厚度在微米数量级[27]。

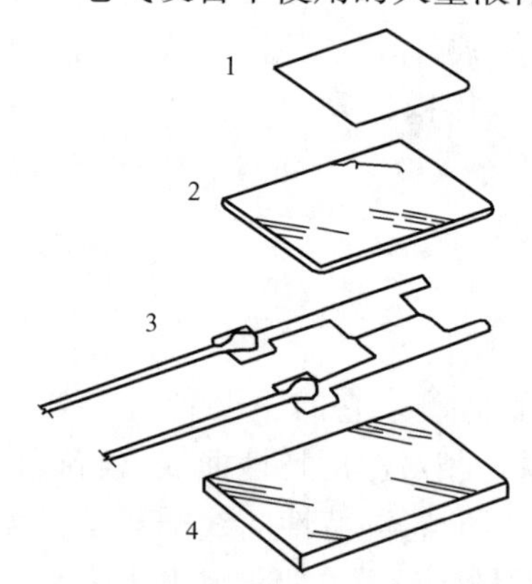

图 8-22　聚合物薄膜湿敏传感器的结构示意图

1—上电极；2—支撑玻璃垫；3—下电极；4—聚合物薄膜层

图 8-22 是一种名为 Humicap 的聚合物薄膜传感器的结构示意图[27]。它用一个上电极和一个下电极固定在玻璃垫上，充分吸收水分后，它的含水量可高达 3.3%，介电常数则可由 3.0 增至 4.0。传感器在液体中使用时，测量的是含水量的相对饱和度（类似气体中的相对湿度，RH%），以 S_r 表示[27]

$$S_r = (M \times 100)/S \quad 或 \quad M = S_r(\%) \times S/100 \tag{8-27}$$

式中　M——液体中的含水量（以 10^{-6} 计）；

S——相同温度下液体中水的溶解度，即含水量的饱和度（以 10^{-6}计）。

对于变压器油和硅油进行的试验可得

$$S = A\exp(-E/RT) \tag{8-28}$$

式中 E——动能，J；

R——气体常数，J/K；

T——绝对温度，K；

A——常数。

式（8-28）中，E、A 等参数需通过试验得出。

该传感器的感湿特征量是 C_p，但以电流值 I(mA) 来表示。当含水量的相对饱和度 S_r 在 0～100%范围内，对应于电容器 C_p 的输出电流范围为 4～20mA，两者呈线性关系如下[27]

$$S_r = (I-4) \times 6.25 \tag{8-29}$$

式（8-29）在任何温度都成立。不同温度下，油中含水量 M 和传感器输出电流 I 的关系如图 8-23[27]所示，可见温度不同直线的斜率也不同，这是由于水的溶解度随温度而异。试验证明，传感器在变压器油中的性能是可靠的。试验油温为 0～125℃，当超过 80℃时，传感器不能连续工作，灵敏度随时间而降低[27]。

近年来，已有多家公司正式生产出供在线监测变压器油中含水量的湿敏传感器，其性能已有很大提高。例如美国 Dobble 工程公司生产的 DOMINO 型湿敏传感器同时可测量监测点的油温，测量油温的上限值为 180℃，测含水量的输出信号的范围为 0～20mA 或 0～10V。传感器外形如图 8-24 所示，分成两部分：一部分是监测线路和显示部分，显示值仍是以 10^{-6}表示的相对饱和度；另一部分则是装有传感器的探头，可将其安装在变压器的底部排油阀、顶部充油阈、散热器充油阀或取油样口等处均可。

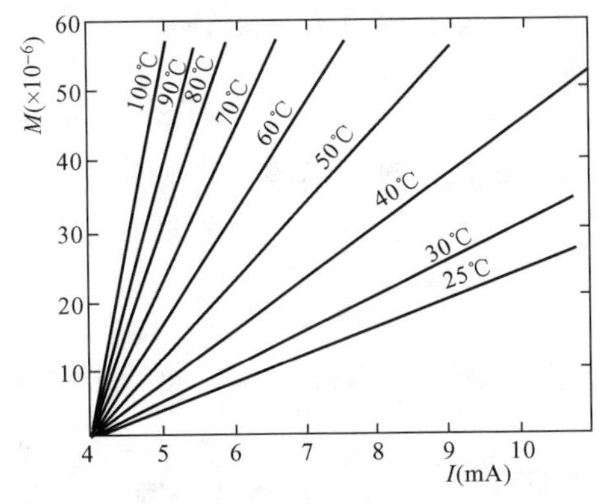

图 8-23 湿敏传感器输出电流与油中含水量关系

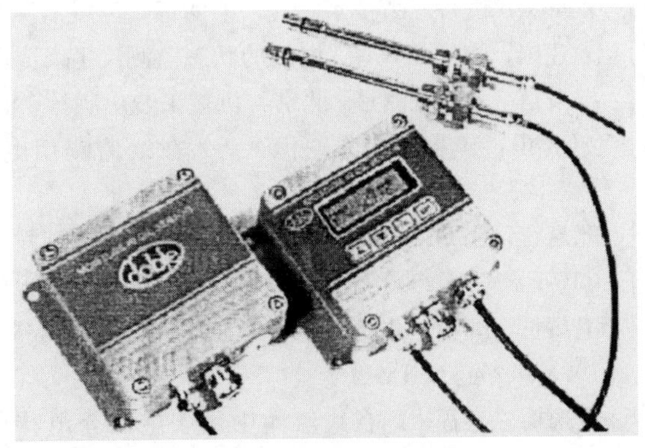

图 8-24 DOMINO 型湿敏传感器（美国 Dobble 公司产品）

三、用于电缆中的水渗透传感器

安装在交联聚乙烯电缆中的水渗透传感器是由两根平行的不锈钢导线安装在耐热的聚氯乙烯上，如图 8-25 所示[28]。当水滴盖住两导线间时，导线间绝缘电阻会降低，故测量导线间电阻即可监测出电缆中水渗透情况。在电缆中的安装情况如图 8-26[28]所示。这样只需在两导线上加上电压，并监测流过其间的电流即可对水分渗透电缆的情况作出判断。

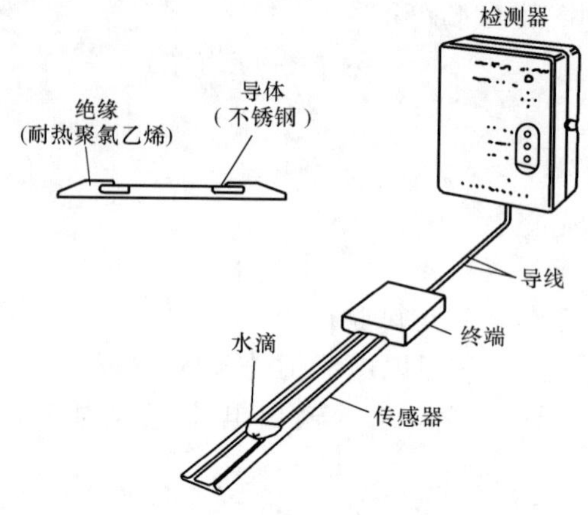

图 8-25 水渗透检测器

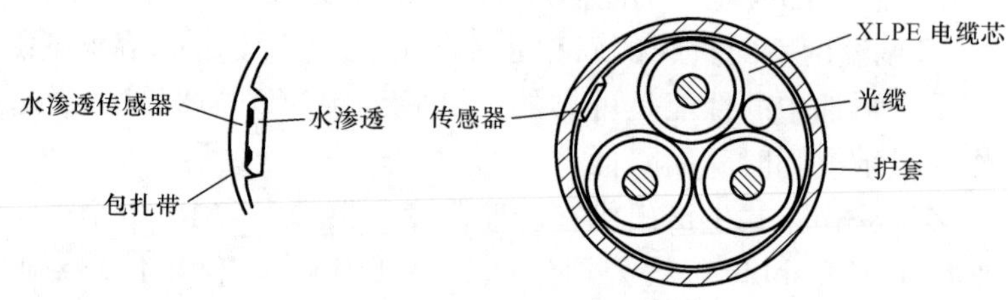

图 8-26 水渗透传感器的安装

参 考 文 献

［1］ 马英仁，等. 温度敏感器件及其应用. 北京：科学出版社，1998.

［2］ 程玉兰. 设备诊断技术(一)，第四章，温度监测技术. 北京：煤炭科研参考资料编辑部，1988.

［3］ 姜建国，史家燕，译. 电机的状态监测. 北京：水利电力出版社，1992.

［4］ 揭秉信. 大电流测量. 北京：机械工业出版社，1987.

［5］ 赵秀山，王振远，朱德恒，等. 在线监测用电流传感器的研究. 清华大学学报，1995，35(S2)：122-127.

［6］ 邱昌容，王乃庆. 电工设备局部放电及其测试技术. 北京：机械工业出版社，1994.

［7］ GB/T 7354—2000 局部放电测量.

［8］ 王昌长，郭恒，朱德恒，等. 在线检测电力设备局部放电的电流传感器系统的研究. 电工技术学报，1990，(2)：12-16.

［9］ 贾逸梅，粟福珩. 在线监测中用于绝缘介电特性测量的电流传感器. 高电压技术，1994，20(3)：37-42.

［10］ Wouters P A A F，Laan P C T van der. New On-line Partial Discharge Measurement Technique for Polymer Insulated Cables and Accessories. Proc. of the 8th ISH，Yokohama，Japan，August 23-27，1993，No. 63.08：105-108.

［11］ Wang Liying，Xie Xiuyu，Chu Ruihong. The Measurements of Voltage Distribution of 3-Phases MOA，Proc. of 1994 International Joint Coference，Osaka，Japan，Sept. 26-30，1994：463-466.

［12］ Kurtz. M，Lyles J F，Stone G C，Application of Partial Discharge Testing to Hydro Generator Maintenance, IEEE Trans. on PAS, 1984, 103(8): 2148-2157.

[13] Stone G C. Practical Techniques for Measuring PD in Operating Equipment. IEEE, Electrical Insulation Magazine, 1991, 7(4): 9-19.

[14] Stone G C, Sedding H G. Experience with the Partial Discharge Testing of Operating Motors and Generators, Proc. of the 4th ICPADM, Brisbane, Australia, July 3-8, 1994, No 6204: 566-569.

[15] Stone G C, Sedding H G. In-Service Evaluation of Motor and Generator Stator Windings Using Partial Discharge Tests, IEEE Trans. on IA, 1995, 31(2): 299-303.

[16] Sledding H G, Campbell S R, Stone G C, et al. A New Sensor for Detecting Partial Discharges in Operating Turbine Generators, IEEE Trans. on EC, 1991, 6(4): 700-706.

[17] Stone G C, Sedding H. G, Fujimoto N., et al. Practical Implementation of Ultra wideband Partial Discharge Detectors, IEEE Trans on EI, 1992, 27(1): 70-81.

[18] Pearson J S, Hampton B F, Sellars A G. A Continuous UHF Monitor for Gas-insulated Substations, IEEE Trans. on EI, 1991, 26(3): 469-478.

[19] Maski K, Sakabibara T, Murase H, et al. On-site Measurement for the Development of On-line Partial Discharge Monitoring system in GIS, IEEE Trans. on PWRD, 1994, 9(2): 805-810.

[20] 刘卫东，钱家骊. GIS内部局部放电的高频检测. 电器技术，1993(4)：43-44.

[21] 吉林省电机工程学会，译. 设备诊断技术. 长春：吉林科学技术出版社，1993.

[22] Tsukioka H, Sugawara K. New Apparatus for Detecting H_2, CO and CH_4 Dissolved in Transformer Oil, IEEE Trans. on EI, 1983, 18(4): 409-419.

[23] 康昌鹤，唐省吾，等. 气、湿敏感器件及其应用. 北京：科学出版社，1988.

[24] 康永济. 红外线气体分析器. 北京：化学工业出版社，1993.

[25] Tanaka Y, Kamba M, Iinuma T, et al. Development of Dignostic Instrument by Acetylene and Hydrogen Gas Detector for Oil Filled Equipment. Research Report, Nissin Electric Co, Ltd, Japan, 1993.

[26] 薛伍德，葛启仁，曹绛敏，等. 变压器油中溶解气体的现场监测与故障诊断. 变压器，1996，33(5)：28-31.

[27] Oommen T V. 运行变压器和油处理系统含水量的在线监测. 1993年国际大电网会议论文选编，1994：20-25.

[28] Aihara Mitsugu, Ebinuma Yasumitsu, Minami Nasaki, et al. Insulation Monitoring System for XLPE Cable Containing Water Sensor and Optical Fiber, Proc. of the 3rd ICPADM, Tokyo, Japan, July 8-12, 1991: 765-768.

第二篇 技术应用

第九章 电容型设备的监测与诊断

◎ 第一节 概 述

一、电容型设备的构成

不少电气设备的绝缘结构都可看成是由多个电容元件相串联而成，因而从其绝缘性能、试验方法上都具有不少共性，人们常将其统称为电容型设备。这很有利于分析其监测技术与诊断方法[1]。变电站里的电容型设备主要是以下几种：

（1）高压电容式套管。如将高压引线从变压器箱壳中引出就需要用到变压器套管，将高压引线穿过墙壁等就要用到穿墙套管。从绝缘结构的特点来看，这都属于“插入式”结构：即一导体要从具有不同电位的另一导体中穿过。这时其电场分布极为不均匀，为此现在对110kV及以上的套管常采用电容式套管，即在瓷（或硅橡胶）外套的内部装入一个由导电杆及绝缘层所组成的“电容芯子”，而在导电杆上所包的多层绝缘内已有计划地安放了一系列的同轴型铝箔层，使导电杆与（接地）法兰间的绝缘层分隔成多个同轴电容器，彼此呈串联布置，从而构成电容式套管，电场分布由此大为改善。

（2）电容式电流互感器。110kV及以上电压等级的电流互感器往往都采用电容式结构。这同样是为了改善电场分布，而在电流互感器的高压引线（一次绕组）与二次绕组及具有地电位的铁芯间的绝缘层中也布置以几个电容屏（铝箔）。

（3）高压耦合电容器。由多个电容元件串联而成，而电容式电压互感器则是由耦合电容器作为电容分压器、再加中间变压器及消谐装置等构成。

二、电容型试品的常见故障

以电容式电流互感器为例，其常见绝缘故障及发生原因如表9-1所示。

表9-1　　油浸TA的常见绝缘故障及产生原因

故障类型	可能的故障原因
绝缘缺陷（发展严重时可能引起爆炸）	设计不周全：造成局部场强集中，局部放电过早发生；工艺不良：绝缘层起皱、松紧不匀等，容易引起局部放电；纸层热老化；绕组及绝缘发热过多、散热不善；绝缘油老化；局部放电及过热引起油性能下降；一次绕组的L1端子放电
绝缘受潮	顶部等密封不严或开裂，受潮后绝缘性能下降
金属异物放电	制造或维修时残留的导电遗物所引起
过电压下击穿	如绝缘性能已下降，遇到过电压时更易击穿
外绝缘放电	如爬距不够，或在脏污等情况下，都可能出现沿面放电

电容式套管常见的绝缘故障也与之相似，例如：

（1）制造或大修时密封不良引起受潮，如因顶部将军帽处的结构缺陷所引起。

（2）电容芯子的卷制不良或真空浸油处理不完善时，很容易发生局部放电。例如有些已击穿的套管，在解剖中发现极板位置有错位或内、外层脱落等。

（3）悬浮放电，如穿过导电杆的电缆线芯与导电杆间的电位不等而引起。

（4）均压球附近放电，有的是原设计不周全，有的是因变形或损伤后引起。

（5）因过电压过高、外绝缘爬距偏小或表面脏污等原因而引起外绝缘放电。

三、常规的停电试验方法

上述几种电容型设备虽然用途各异，但其故障类型、试验方法也相近。以电容式套管为例，DL/T 596—1996[2]（简称“预试规程”）规定的停电试验项目主要如下[2]：

（1）主绝缘及末屏的对地绝缘电阻。如上所述，为改善电场分布，已在电容芯子的主绝缘中插入多层铝箔电容屏，而其最外层的电容屏就称为末屏，通常以一小套管将末屏引出，以便在运行时接地，而只有在测量时才断开此地线后利用末屏进行测量。

（2）主绝缘及末屏对地绝缘的介质损耗角正切值 $\tan\delta$ 及电容量 C。

（3）油中溶解气体分析。

（4）交流耐压试验。

（5）局部放电试验。

在大修后或必要时，预试规程要求对上述五项都进行试验。而对其中前两项则要求每1～3年进行一次试验。

停电后在现场进行预防性试验时，测绝缘电阻是用绝缘电阻表，其直流试验电压常为1、2.5kV或5kV。测量 $\tan\delta$ 及 C 采用西林电桥，施加的交流电压为10kV。对于110kV及以上的电容型设备而言，由于停电预试时所施加的上述试验电压远较运行电压低，往往仅有助于发现那些已普遍受潮、已贯穿或近于贯穿的缺陷。这时，如对 $\tan\delta$ 及 C 值实施在运行电压下的带电检测或在线监测将有利于及时、灵敏地发现缺陷。

◎ 第二节　运行中电容型试品的检测

随着技术的发展，对运行中的电容型试品实施带电检测或在线监测也有了不少方法。但究竟选用哪些方法，这既要考虑由此所获得信息的价值，也要考虑其安全可靠性及投入产出比。例如，利用红外的方法发现电容型试品中过热性故障已愈来愈受到欢迎。相对于大型电力变压器等而言，电容型试品的尺寸要小得多，其内部故障所引起的温度场分布的改变也会在其表面有较明显反映，采用红外方法后已成功地检测出不少正在运行的电容型试品中的缺陷。除少数单位在“重要”变电站里固定安装以热电视或热成像系统进行连续巡视外，多数采用便携式的热成像仪，以便有目的地定期进行巡测。例如，不少供电局都备有便携式热成像仪，可根据被测设备的重要性以及运行情况调整巡视检测的周期，有很好的投入产出比。

电容型试品可看成是多个电容元件的组合，因而对其运行电压下的电容量 C、介质损耗角正切 $\tan\delta$ 或三相不平衡信号等进行检测都是很有针对性的。

一、三相不平衡信号的检测

20世纪70年代时，国外已开始用三相不平衡电流法或电压法实施带电检测[3]。

1. 三相不平衡电流法

由三个电容型设备组成Y连接，如果三相电源电压对称、且这三个设备的电容量及介质损耗角正切也分别为同一数值，则中性点处无电流。当有一设备出现缺陷时，即有三相不平衡电流 I_0 出现于中性点处[2]。但三相电压及三相试品不可能完全对称、平衡，此外还有杂散电流等的影响。分析它们对 I_0 影响时的原理图如图9-1所示，图中 Y_A、Y_B、Y_C 为该三相试品的导纳，而用等值导纳 Y'_A、Y'_B、Y'_C 以反映周围的影响。这时应主要分析 $\dot{I}_0$ 测值的纵向（历史性）变化：由于电源电压的不平衡，三相试品的阻抗也有差异，原来已导致中性点处有某不平衡电流 $\dot{I}_0$。而当某一相试品中又出现缺陷时，将使 $\dot{I}_0$ 改变为 $\dot{I}_0+\Delta\dot{I}_0$。但由于杂散电流 $\dot{I}_d$ 的干扰，会影响到测量中性点电流变化规律的灵敏程度，为此有的采用比例值

$$K=\frac{|\dot{I}_0+\Delta\dot{I}_0+\dot{I}_d|}{|\dot{I}_0+\dot{I}_d|} \tag{9-1}$$

由于此比例取决于各电流矢量，当有一相故障而引起 $\Delta\dot{I}_0$ 增大时，K 值可能增大、也可能减小，因此不能仅由三相不平衡电流测量值的变化来作判断。但该方法简单、造价较低、监测仪表本身可靠性高，值得作为“初测”之用。如国外有的至今仍有用类似的简易方法对电容型试品或金属氧化物避雷器进行在线连续监测，只有当发现有较大变化后，再以便携式等仪器进行分相带电检测以作进一步分析诊断。

2. 早期的三相不平衡电压法

为提高上述方法的灵敏度，20世纪80年代已有改用图9-2所示的三相不平衡电压法[2]。当设备刚安装完成时，先调节可变电阻 R_A、R_B、R_C，使三相不平衡电压 U_0 降到最小的数值。以后当三相试品中有一相或两相出现缺陷时，此 U_0 就会有显著增长，因而其监测有效性比上述三相不平衡电流法要高得多。表9-2中列出了国内采用此法进行检测并已发现缺陷的一些案例。

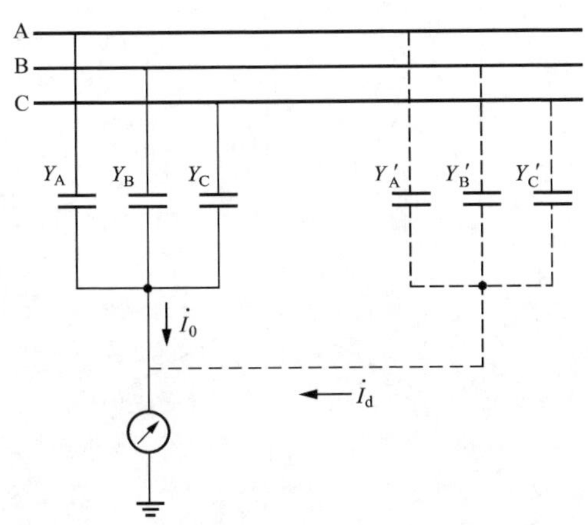

图9-1 杂散电流 $\dot{I}_d$ 对 $\dot{I}_0$ 的影响示意图

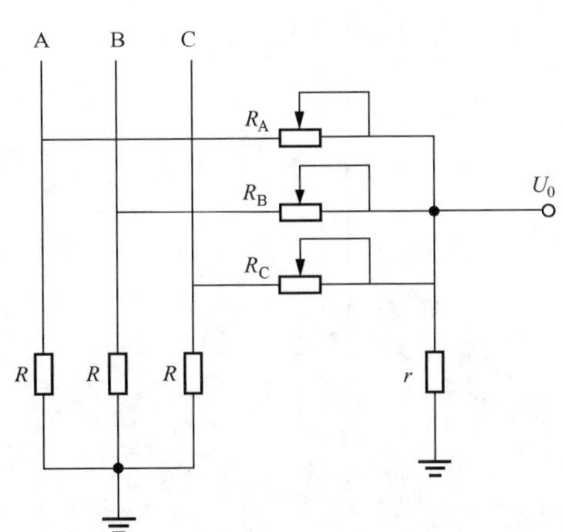

图9-2 早期的三相不平衡电压法原理图

表 9-2　　在线检测三相不平衡电压的实例

试　　品	U_0（mV）	停电试验及检查结果
LB-220 电流互感器	20	B 相 tanδ 增加 0.2%
LCLWD3-220 电流互感器	2	合　格
LCLWD3-220 电流互感器	2000	A 相末屏接地
BR-220 套管	45	C 相电容量增加 12%

此方法简便易行，但要将试品末屏的接地线断开后才能接入阻抗（如图 9-2 中的 R），这不符合规程中不断开地线的要求[9]。另外此法虽可较灵敏地发现有缺陷，但不知缺陷位于哪相，也不知道其 C 及 $\tan\delta$ 又为多少，而运行人员较习惯于以停电预试时的 C 及 $\tan\delta$ 标准来作为判别的依据。

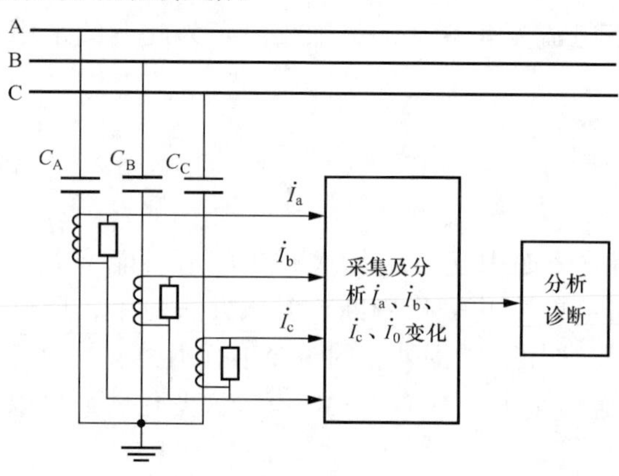

图 9-3　改进的三相不平衡法框图

3. 改进的三相不平衡法

由于测量技术的发展，已可不用串入电阻 R 而是改用穿芯式电流互感器，而采用高速采样、A/D 转换等技术后，可基于采集得的 $\dot{I}_a$、$\dot{I}_b$、$\dot{I}_c$ 及 $\dot{I}_0$ 的幅值及相位来分析每相试品的 C 及 $\tan\delta$ 值[4]，测量时的原理框图如图 9-3 所示[5]。

当三相电源及试品完全对称时，中性点电流 $\dot{I}_0$ 为零，如图 9-4（a）所示；当仅 A 相电容型试品的 $\tan\delta$ 有变化而 C 不变时，则如图 9-4（b）所示；而当仅 A 相的电容量 C 有变化时，则如图 9-4（c）所示。图 9-4 中已示出此时由故障相 A 所分别引起的电流增量为 $\Delta\dot{I}_a$，并导致中性点电流的变化 $\dot{I}'_0$；而 $\dot{U}_a$ 为 A 相电源电压。可见仅 A 相试品出现缺陷时，且不管是其 C 变化、$\tan\delta$ 变化还是同时变化，$\dot{I}_0$ 总是出现在该矢量图中的 $\dot{U}_a$ 及其超前 90°的区域之内，因而就有可能按此新出现的 $\dot{I}'_0$ 的幅值及其相位来分析 A 相的 C 及 $\tan\delta$ 值的变化情况[5]。

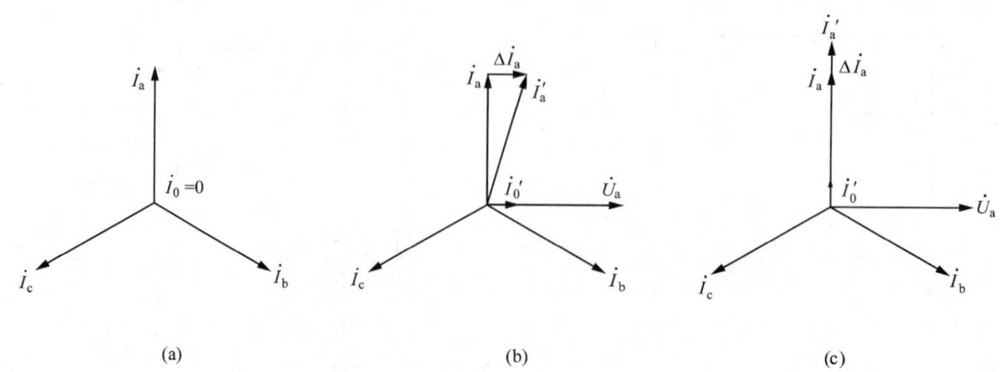

图 9-4　原来平衡现 A 相出现缺陷时的矢量变化原理图

（a）三相平衡、无缺陷；（b）仅 A 相试品的 tanδ 变（C 不变）；（c）仅 A 相试品的 C 变（tanδ 不变）

同理，当三相试品原来就不平衡时，其矢量图如图 9-5 所示 。这时，改由新采样得的 $\dot{I}'_0$ 与原来 $\dot{I}_0$ 间的矢量差 $\Delta\dot{I}_0$ 来分析：一是当 $\Delta\dot{I}_0$ 的变动明显超出正常的波动范围时应引起注意，如以其作为“初测”；二是类似前述方法，由 $\Delta\dot{I}_0$ 所出现的区间可分析出是哪相故障；三是也可按 $\Delta\dot{I}_0$ 的幅值及相位来分析该故障相试品的 C 及 $\tan\delta$ 的变化，如在图 9-5（c）中，可基于故障相的 $\Delta\dot{I}_a$ 来分析。由于两相或三相同时出故障的几率极小，因而此法前景看好。

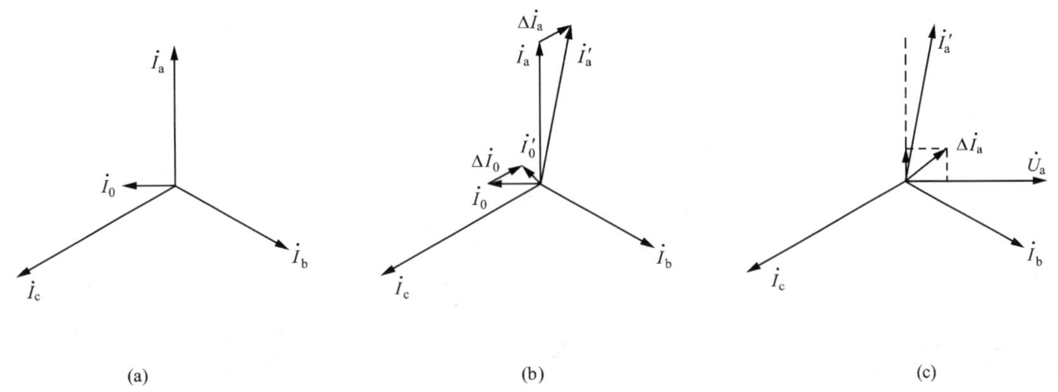

图 9-5 原来不平衡现 A 相又出现缺陷时的矢量图

（a）三相原已不平衡；（b）由 $\Delta\dot{I}_0$ 的方向区分出为 A 相缺陷；（c）由 $\Delta\dot{I}_0$ 分析 A 相容性、阻性电流的变化

二、运行时 C 及 $\tan\delta$ 的分相检测

电桥法测量的精度高，因而无论在工厂还是现场进行 C 及 $\tan\delta$ 试验时都采用高压电桥。但直接将现用的电桥法引用于对高压电容型试品实施带电检测或在线监测时将遇到不少困难，例如现场预试时所用的高压电桥常配有 10kV 的标准电容器，用反接法也难以直接用于 35kV 及以上系统中的带电检测或在线检测。

为实现对高压电容型试品的 C 及 $\tan\delta$ 在线检测，目前常用的方法有以下几种。

（一）TV-C_N 法

如上所述，原配于 10kV 交流预试时的标准电容器 C_N 难以用于对高压试品的 C 及 $\tan\delta$ 实施在线检测，而如将实验室所用的高压标准电容器搬到现场，因体积大、质量重，仅适合在某些特殊场合中作校准用。现场比较现实的一种方法是用电压互感器 TV 与原标准电容器 C_N 配合的方案，如图 9-6 所示。因 C_N 一般为 50～100pF，而图 9-6 中的 TV 二次侧电压远低于 10kV，以致经 C_N 臂的电流很小，电桥难以平衡，这时可改用 1000～3000pF 的低压标准电容器。

值得注意的是，由于测量所引用的 TV 一次与二次绕组间也有角差 δ_{TV}，这将影响 $\tan\delta$ 测值的准确性，特别是当被试品的 $\tan\delta$ 很小时。除测量误差外，还应考虑试品本身 $\tan\delta$ 的在线测值在不同外施电压下也可能有差异；特别是有缺陷的电容型试品，其高压下的 $\tan\delta$ 往往可能比低压下大；但也有些油纸试品由于油中含有某些杂质，在低压下的 $\tan\delta$ 也可能超过高压下的测值。

（二）数字化测量法

由于传感器等技术的发展，数字化测量方法已广泛采用，其原理框图如图 9-7 所示。

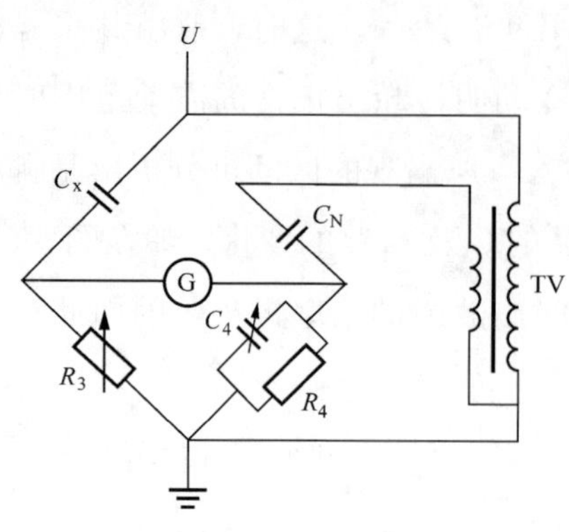

图 9-6 TV-C_N 法原理图

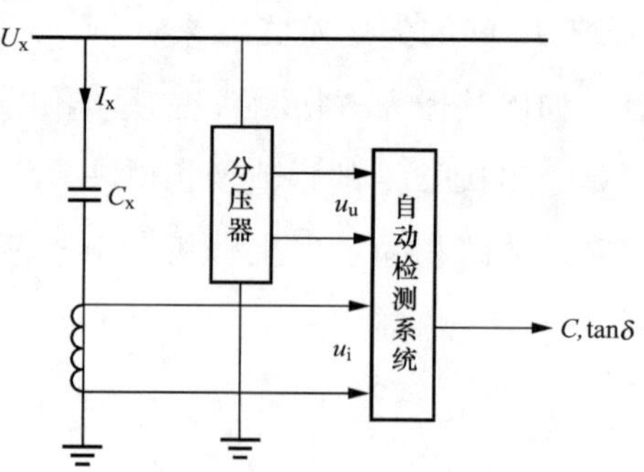

图 9-7 数字化测量系统原理框图

1. 过零点时差法

在图 9-7 中，由于被试品 C_x 接地侧套有穿芯式电流传感器，可测得反映被试品电流 I_x 的幅值及相位的 u_i，而由分压器（如用变电站里已有的 TV）可测得反映电源电压 U_x 的 u_u，这样可由 u_u 及 u_i 求取被试品的 C 及 $\tan\delta$。图 9-8 为早期采用过零点时差法的基本步骤：先将 u_u 及 u_i 分别在过零点处转为同幅值的方波 U 及 I，并将 U 前移 90°成 U'，再予以反相而成 U^*；由 U^* 与 I 相加后便显示出可反映 δ 角的 ΔT。

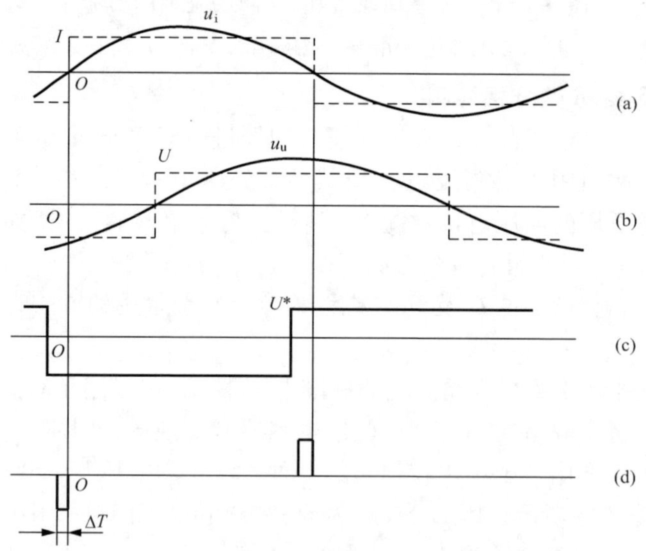

图 9-8 过零时差法的原理示意图

（a）u_i 及其方波 I；（b）u_u 及其方波 U；

（c）U 前移 90°再反相成 U^*；（d）U^* 与 I 两方波相加

不少单位早期采用该法后常发现其读数不太准，且不够稳定。影响该法测量准确度的主要因素有两方面：一是由于引入的电压及电流传感器的角差及比差，还有相邻试品等的影响；二是由于电源中谐波等的干扰使过零点的位置难以准确确定。

2. 零点电压比较法

该法以在过零点的附近处测量这两同幅值正弦波 U' 与 I 之间的差值，如表示电压 U' 及

电流 I 的这两个同幅值正弦波分别为 $A\sin\omega t$ 及 $A\sin(\omega t+\delta)$，其差值为

$$\Delta u = A[\sin(\omega t+\delta)-\sin\omega t] = 2A\sin(\delta/2)\cos(\omega t+\delta/2) \tag{9-2}$$

当处于过零点处 $t=0$，$\Delta u=A\sin\delta$，即

$$\delta = \arcsin(\Delta u/A) \tag{9-3}$$

即使在过零点的附近处测量 Δu，误差也不大，因为如对式（9-2）求导

$$\mathrm{d}(\Delta u)/\mathrm{d}t = -2A\sin(\delta/2)\sin(\omega t+\delta/2)$$

即当 t 在零附近时，Δu 的变化率是近于最小的。例如这两电压幅值相差1%时，如在过零点左右共5°的范围内测量，所引起 $\tan\delta$ 的误差小于0.1%[6,7]。

3. 正弦波参数法

试品电流及端电压的基波分量分别为

$$\left.\begin{aligned} i(t) &= I_m\sin(\omega t+\varphi_i) = I_m\cos\varphi_i\sin\omega t + I_m\sin\varphi_i\cos\omega t \\ u(t) &= U_m\sin(\omega t+\varphi_u) = U_m\cos\varphi_u\sin\omega t + U_m\sin\varphi_u\cos\omega t \end{aligned}\right\} \tag{9-4}$$

由于三角函数的正交性，可算得式（9-4）中的4个系数，即

$$I_m\cos\varphi_i = \frac{2}{T}\int_0^T i(t)\sin\omega t\,\mathrm{d}t \tag{9-5}$$

$$I_m\sin\varphi_i = \frac{2}{T}\int_0^T i(t)\cos\omega t\,\mathrm{d}t \tag{9-6}$$

$$U_m\cos\varphi_u = \frac{2}{T}\int_0^T u(t)\sin\omega t\,\mathrm{d}t \tag{9-7}$$

$$U_m\sin\varphi_u = \frac{2}{T}\int_0^T u(t)\cos\omega t\,\mathrm{d}t \tag{9-8}$$

由此可求出 $i(t)$、$u(t)$ 间的角差 φ，从而可得介质损耗角 $\delta=90°-\varphi=90°-(\varphi_u-\varphi_i)$。

至于电容量 C_x 的求取，一般都直接由上述方法测得的电压及电流的有效值 U 及 I，再结合测得的工频电压的频率 f 进行计算。

4. 积分法

也有提出可将小信号的测量转换为大信号的测量，从而有可能提高抗干扰能力。其基本原理是不直接对时间进行测量，而通过测取如图9-9中的阴影部分面积 S 来计算 δ[16]。

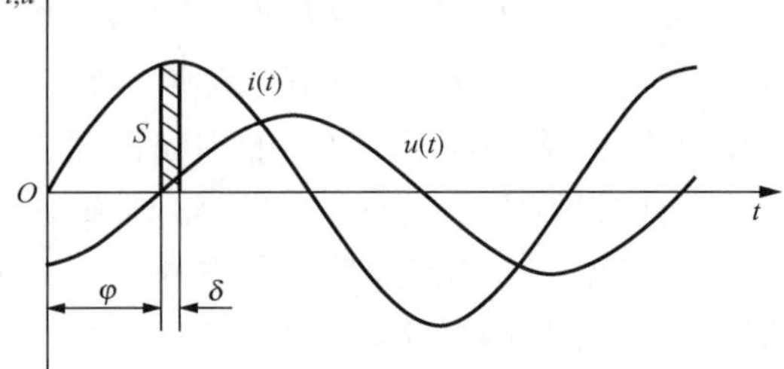

图9-9 电压电流波形相位图

设 $i(t)=I_m\sin\omega t, u(t)=U_m\sin(\omega t-\varphi), \delta=(\pi/2)-\varphi$，可以得到

$$S = \int_0^{\frac{\frac{\pi}{2}-\delta}{\omega}} I_m\sin\omega t\,\mathrm{d}t = -(I_m/\omega)\cos\omega t\Big|_0^{\frac{\frac{\pi}{2}-\delta}{\omega}}$$

在 δ 很小时，$\sin\delta\approx\tan\delta\approx\delta=1-(\omega S/I_m)$。因此认为采取积分法测量 $\tan\delta$ 有可能改善由于系统频率、谐波以及零点漂移所带来的影响，且抗干扰效果好[8]。

三、提高带电或在线测量 tanδ 准确度的途径

电容型试品 C 及 $\tan\delta$ 的带电检测仪或在线监测系统，国内投入运行的已有几千套[9]，有些已成功地发现了一些套管或TA的缺陷。但问题也不少，特别是 $\tan\delta$ 的在线测值不稳定、不准确的仍较多。同一试品在停电预试时的 $\tan\delta$ 测值与在运行电压下的 $\tan\delta$ 在线测值

是不宜简单地等同比较的：因为在线检测时，设备上所施加的运行电压不是单相而是三相电压、且电压值也与停电试验时很不相同，何况还有邻相的影响及杂散干扰，温度、湿度、表面污秽等的情况也会有变化，这些都比停电预试时复杂得多。即使这样，在线测得的 $\tan\delta$ 值仍应有其自身规律性，它应如实反映设备状况，这些也是有可能用高压标准电容器及西林电桥等在现场进行校准考核的。

以常用的图 9-7 所示的测量原理框图为例，影响准确测量 $\tan\delta$ 的主要因素首先是所引入的电压及电流互感器的一、二次绕组之间不仅有角差，而且此角差经常不稳定，例如随环境温度而改变，这对 $\tan\delta$ 原本就很小的试品影响尤为突出。另外，微弱信号在采集和传输过程中所受到的干扰、运行方式改变时相邻的相间（或跨间）耦合等的改变、沿面泄漏电流的影响等有时也会比较明显。

1. 电流互感器的选择

在图 9-7 中，分压器大多选用已安装的电压互感器，这时应注意该 TV 一、二次侧间有角差。虽然此角差值很小，但在 $\tan\delta$ 值很小时，此影响就会很明显，而且要注意此角差还可能随电压、负荷等而有所波动。

而为了电流取样，此时常采用穿芯式电流互感器，在这里可用无源传感器或有源传感器。无源传感器结构简单、维护方便，本身性能稳定、造价低、寿命长。但图 9-7 中流经电容型设备绝缘的电流 I_x 很小，故从单匝穿芯式电流互感器的二次侧获得的输出信号 u_1 也很小，如几十毫伏，因而容易受到外界干扰而影响其准确度。

电流传感器的等值回路如图 9-10 所示，其中 R_0、L_0 为励磁阻抗，R_2、L_2 为二次绕组阻抗，Z 为负载。

传感器所引起的角差 $\Delta\delta$ 与不少因素有关[7,14]，例如 $\Delta\delta \propto Z\cos(\varphi+\psi)/\omega N_2^2\mu$。由此可见：①采用高磁导率 μ 的材料作为磁芯，励磁电流 I_0 可减小，角差 $\Delta\delta$ 也随之减小，故常选用 μ 值高、线性度及稳定性好的磁性材料；②如 $\varphi+\psi=90°$，则 $\Delta\delta=0$，式中 φ 为负载角，ψ 为磁芯的铁损角，但 ψ 因磁芯的饱和程度、温度、频率而异，也可能造成传感器的误差不稳定；③如负载阻抗 Z 减小，角差 $\Delta\delta$ 可减小，但 U_2 将过低，易影响到后续的信噪比。

为改善无源传感器的特性，有的改用有源传感器，如在电流传感器的输出端加进有源放大器。图 9-11 为一种简易的有源放大器，其优点是输入电阻很高，缺点是共模输入电压高，因而宜选用共模输入电压及共模抑制比都比较大的运算放大器，且 R_2、R_F 应选用精度高、温度系数小的电阻。

由图 9-10 中也可看出，励磁电流 I_0 的存在是造成传感器误差的重要原因，因而有多种

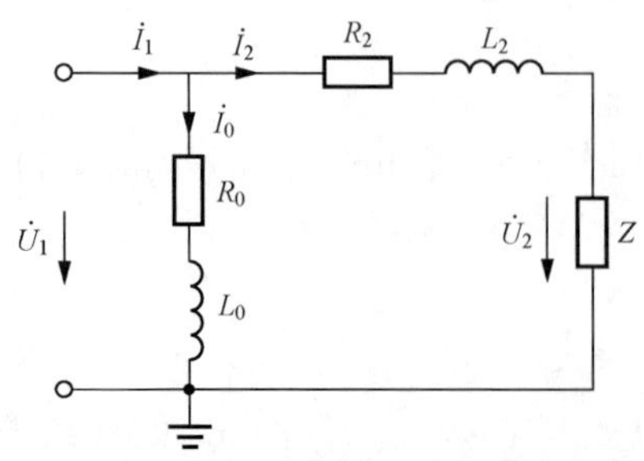

图 9-10 电流互感器等值回路

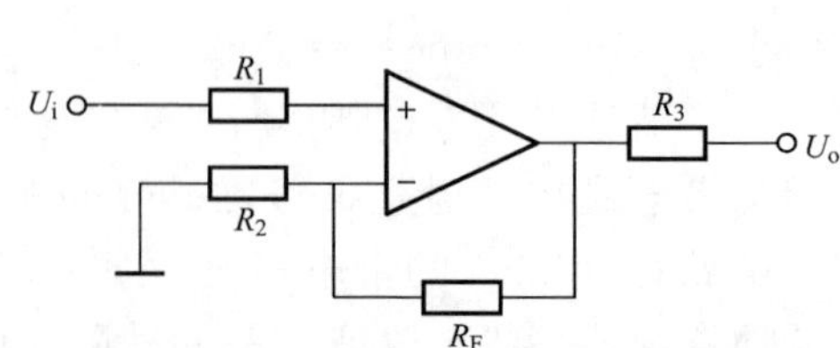

图 9-11 一种简易的有源放大器

“零磁通”电流传感器问世。一类是用“软件”补偿的方法，例如事先将该传感器所采用磁芯的磁化曲线存储起来，以便随时根据传感器的二次电流值模拟出相应的励磁电流对回路进行补偿；另一种是用“硬件”补偿的方法，例如基于深度反馈补偿技术，用电子回路实现对磁芯的励磁磁通势的自动跟踪及补偿，从而力争磁芯保持在接近零磁通的状态。但也有的认为，这些技术固然有可能提高精度，但如果费用过高，有无大量推广应用的价值？而且如元件过多，本身的可靠性和稳定性也就较难保证。因此，有的主张可根据被测试品实际电流的范围，设计制作在该电流值附近时角差不大、且其值较稳定的电流传感器（很少随温度、时间而变动），这可能也是一种比较经济合理的办法；因为如是很稳定的角差也是易于在诊断软件中予以排除的。

2. 相对比较的方法

类似差分法的原理，如在现场对同一母线下的两个相似的电容型试品间的 $\tan\delta$ 差值 $\Delta\tan\delta$ 进行测量，不但 TV 的误差可以排除，而且环境及杂散干扰也可显著降低。图 9-12 为对某变电站里同一母线下的两台电流互感器 TA1、TA2 的 $\tan\delta$ 在线监测结果，可见在连续十几天里，每台的 $\tan\delta$ 测值（$\tan\delta_{TA1}$、$\tan\delta_{TA2}$）均有波动，有的达 2.5‰（左侧的纵坐标）；但其相对测值 $\Delta\tan\delta$（最上面的曲线）波动极小，约在 0.5‰～0.6‰之间（右侧的纵坐标），而且每 24h 内的波动规律几乎相似，估计这是由于环境温、湿度的昼夜循环所引起。因此这时如有缺陷或故障，还可从 $\Delta\tan\delta$ 曲线出现显著变动、原规律性的改变中灵敏地分辨出来。而发现确有缺陷出现时，再用图 9-7 等的方法在线测量每台的 $\tan\delta$ 值。

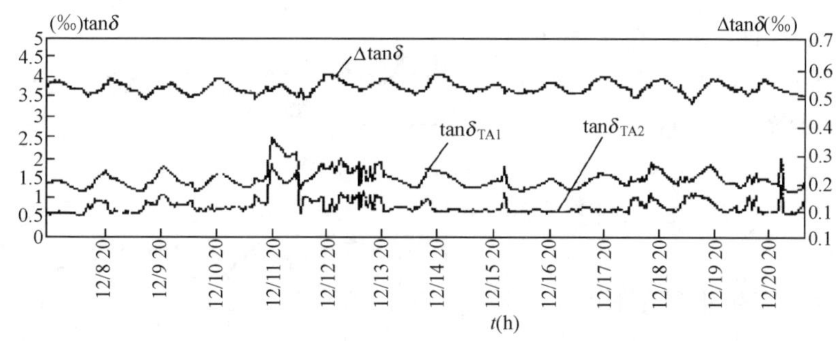

图 9-12 同一母线下两 TA 的 $\tan\delta$ 及相对 $\tan\delta$ 测值

有的还将提高输出信号的强度、减少外界干扰的措施与相对测量方法联合应用。如图 9-13 为又一种相对测量法，测量的也是两台相似试品 C_{x1} 与 C_{x1} 间的 $\Delta\tan\delta$。但是采用断开地线后各接入一组电容器组来进行分压，如取得 40～50V 后直接传输至检测仪器。由于该电压远高于上述图 9-7 中用穿芯 TA 及数字化测量法所用的传输电压，因而外界干扰的影响程度相对减小，造价有可能较低。但由于要断开地线串入电容，有可能带来一定不安全因素；且与现行的运行规程也有矛盾，使用时更要加强安全措施。

3. 已采集到信号的预处理

对于在线采集到的数据，通常可将其看成一个在时间上连续的离散数据序列：$x(i)$（$i=0, 1, 2, \cdots$）。当设备正常运行时，该测值 $x(i)$ 系一较平稳的时间序列。但由于现场采集到的在线数据是在各种干扰的环境下获得的，而且在传输过程中还可能因干扰等而失

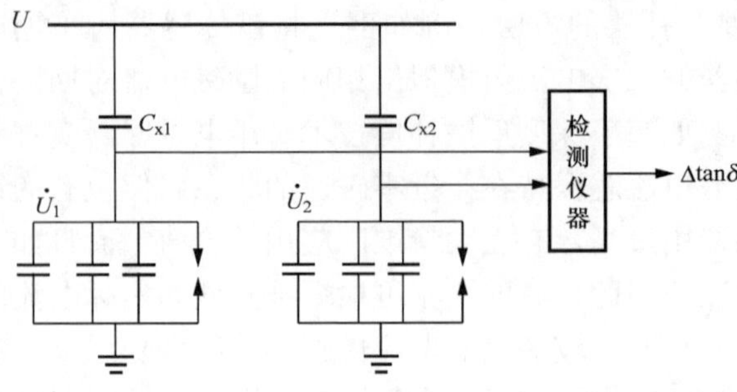

图 9-13 一种以电容分压的相对测量回路

真，因此在分析诊断前宜先进行预处理。这时既要尽量剔除“虚假点”，又要努力保持数据的真实性。

(1) Tukey 提出的 53H 法，其主要步骤是：

1）从 $x(i)$ 出发构造新序列 $x_1(i)$：先取 $x(1)$，…，$x(5)$ 的中间值作为 $x_1(3)$，舍去 $x(1)$ 而加入 $x(6)$；再取中间值作为 $x_1(4)$；依此类推到最后一个数据。

2）用类似的方法在 $x_1(i)$ 的相邻三个数中选取中间值而构成新序列 $x_2(i)$。

3）最后由序列 $x_2(i)$ 按下式构成 $x_3(i)$：

$$x_3(i) = 0.25x_2(i-1) + 0.5x_2(i) + 0.25x_2(i+1) \tag{9-9}$$

4）当下式成立时，可用 $x_3(i)$代替 $x(i)$，其中 k 为一预定值

$$|x(i) - x_3(i)| > k \tag{9-10}$$

(2) 该算法对序列 $x(i)$的开始及末尾的各 4 个点均未经有效平滑，因而又有了改进的 53H 算法[6]：

1）先将 $x(i)$序列的开始及末尾的各 8 个点作反序排列而生成序列 $x'(i)$：$x(8)$，$x(7)$，$x(6)$，$x(5)$，$x(4)$，$x(3)$，$x(2)$，$x(1)$，$x(9)$，$x(10)$，…，$x(N-9)$，$x(N-8)$，$x(N)$，$x(N-1)$，$x(N-2)$，$x(N-3)$，$x(N-4)$，$x(N-5)$，$x(N-6)$，$x(N-7)$。

2）对此 $x'(i)$序列重复上述的四步，在形成新的 $x'_3(i)$序列后，用此新序列中的 $x'_3(5)$、$x'_3(6)$、$x'_3(7)$、$x'_3(8)$及 $x'_3(N-7)$、$x'_3(N-6)$、$x'_3(N-5)$、$x'_3(N-4)$分别替代原来 $x(i)$序列中的 $x(4)$、$x(3)$、$x(2)$、$x(1)$及 $x(N)$、$x(N-1)$、$x(N-2)$、$x(N-3)$。

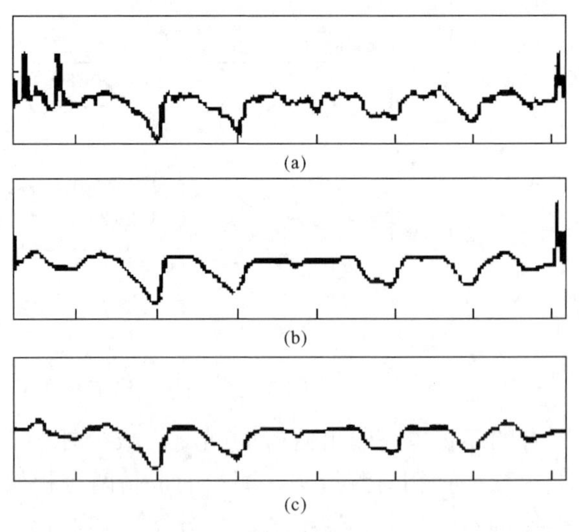

图 9-14 对 tanδ 在线测值的平滑处理
(a) 未预处理前；(b) 经 53H 法平滑后；
(c) 经改进的 53H 法平滑后

由于改进的 53H 法使序列中所有点都经过了有效的平滑，其预处理效果又会好些。图 9-14 为对一星期里 168 个连续在线 tanδ 测值序列用不同的预处理方法的平滑效果比较。

这些预处理方法适宜于对电容型试品的 C、tanδ 在线测值等渐变信号的预处理，它已应用于现场监测。

◎ 第三节 电容型设备的故障诊断

掌握各方面信息是进行诊断分析的依据，只有基于各种信息（如运行或巡视中发现的情况、离线或在线试验中所采集的数据等）的全面、科学的综合分析，才有利于做出较为准确的结论。对于电容型设备而言，故障既可能出现在导电部分，也可能出现在绝缘部分。而导电部分有故障时常常引起局部严重过热，如该处局部温度的升高已影响到表面暴露处温度的明显变化时，可用红外热像仪成功地进行带电检测。另外，预试规程对互感器要求在必要时复测其直流电阻也包含这个目的。

为检测电容型设备的绝缘状况现已有多种方法，每种有效的方法也各有其优缺点。例如：试品受潮，以测 $\tan\delta$ 及 C 较灵敏；而试品如有局部放电，特别是在其早期，则局部放电测量比测 $\tan\delta$ 更灵敏。也就是说，不能仅靠一种方法企图发现各种不同的缺陷或故障，而需要由多种方法配合，取长补短、综合分析。

举一实例。美国 EPRI 曾与 BPA 合作，对 7 台 500kV 油浸式 TA 进行过长期工频加压试验，从施加 350kV 电压开始，每星期升高 25kV，直至击穿。在试验期间对多个参量进行了在线监测，包括电容量 C、介质损耗角正切 $\tan\delta$、试品电流 I、局部放电检测（超声法及无线电干扰 RIV 法）、本体温度、油中溶解气体等。外施电压的过程持续到有 5 台击穿为止，各种在线监测方法的报警时间的统计如表 9-3 所示[22]。可见对这些油浸式 500kV 电容式电流互感器而言，测量 $\Delta\tan\delta$、ΔC、ΔI 是比较灵敏，但对于 3 号也还是都没预报；而即使对 1、2、4、5 号而言，在这三参数中最早报警的有时是 ΔI，也有时是 ΔC 或 $\Delta\tan\delta$；而对 1、5 号，又是局部放电的超声法、RIV 法分别给出最早预报的。

表 9-3　　不同监测方法对 500kV 的 TA 击穿前的报警状况及报警时间*

在线监测方法			TA 的序号				
监测量		报警阈值*	1 号	2 号	3 号	4 号	5 号
介质损耗相对值 $\Delta\tan\delta$		约 1%	10min	7h	未报	18min	9h
电容变化 ΔC		约 1%	8min	7h	未报	45min	32h
试品电流变化 ΔI		约 1%	未报	5h	未报	46min	34h
局部放电	超声法	约 100 次	1h	未报	未报	未报	25h
	RIV 法	—	未装	未报	未装	未装	52h
油中溶解气体		—	未报	未报	未装	未装	未装
本体温度		—	未报	未报	未报	未报	未报
击穿时间（自加压开始）			40h	5 天	58 天	28 天	41 天
击穿时的外施电压（kV）			360	350	575	500	525

* 该报警阈值由所见试验曲线中的估算值，而报警时间是指在击穿前多长时间报警的。

即使对于 $\tan\delta$、C 及 I 这三参数，在故障发展过程中反映缺陷的灵敏程度也是有差异的[2]。因电容型试品可看成由一串电容单元所构成，当其中有一单元有缺陷时，为分析该缺陷的影响，可将其等值电路近似地画成图 9-15（a）所示，其中忽略了无缺陷部分 C_0 的损耗，而对有损耗的那部分是用 R-C 并联的等值电路来表示。当开始出现该损耗部分后，经

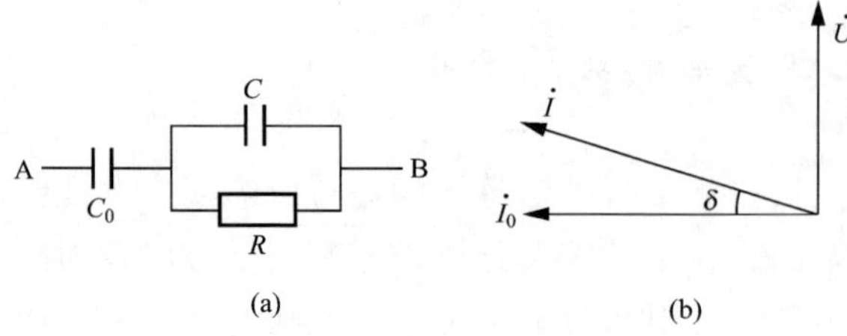

图 9-15 含局部绝缘缺陷的试品
(a) 等值电路；(b) 矢量图

试品的电流由 $\dot{I}_0$ 变为 $\dot{I}$，而 A、B 间的总导纳由 $\dot{Y}_0$ 变为 $\dot{Y}$，即 Y_R+jY_I，而导纳的改变量为 $\Delta\dot{Y}$。如以 $x=1/(\omega C)$，比例$k=C/C_0$，可推出导纳的改变率

$$\left|\frac{\Delta\dot{Y}}{\dot{Y}_0}\right|=\left|\frac{\dot{Y}-\dot{Y}_0}{\dot{Y}_0}\right|=\frac{x}{kR}\frac{1}{\sqrt{\left(\frac{k+1}{k}\right)^2+\frac{x^2}{R^2}}} \tag{9-11}$$

由此引起所测得这三参数的变化率相应为[1,2]

$$\left|\frac{\Delta\dot{I}}{\dot{I}_0}\right|=\left|\frac{\Delta\dot{Y}}{\dot{Y}_0}\right|=\frac{x}{kR}\frac{1}{\sqrt{\left(\frac{k+1}{k}\right)^2+\frac{x^2}{R^2}}} \tag{9-12}$$

$$\Delta\tan\delta=\frac{Y_R}{Y_I}=\frac{\tan\delta}{k}\frac{1}{\frac{k+1}{k}+\tan^2\delta} \tag{9-13}$$

$$\frac{\Delta C}{C_0}=\left|\frac{\Delta\dot{Y}_I}{Y_0}\right|=\frac{\tan^2\delta}{k}\frac{1}{\left(\frac{k+1}{k}\right)^2+\tan^2\delta} \tag{9-14}$$

这样就便于分析图 9-15（a）所示的电容型设备的等值回路中哪些参数利于及早诊断出有无缺陷。以一个具有 70 层电容层相串联的电容型套管为例，如其中仅有一层绝缘出现缺陷，即该层的 $\tan\delta$ 逐渐增大（等值电阻 R 下降），由上三式可分别计算出在该套管两端所测得的这三个参数的变化规律，如图 9-16 所示。

刚出现缺陷阶段，即某缺陷层的 $\tan\delta'$ 开始增大时，在这三个参数中以测 $|\Delta I/I_0|$ 及 $\Delta\tan\delta$ 较测 $|\Delta C/C_0|$ 为灵敏，这也是三相不平衡法或 $\tan\delta$ 测量法常能有效地发现早期缺陷的原因。但如该局部缺陷进一步恶化，即该缺陷层 $\tan\delta'$ 显著增大，如图 9-16 中当 $\tan\delta'>100\%$ 后，测得的整个套管的 $\Delta\tan\delta$ 反而逐步下降，而这时测 $|\Delta I/I_0|$ 或 $|\Delta C/C_0|$ 却仍有助于指出故障的严重性。其物理意义是当该缺陷层的 $\tan\delta'$ 很大时，相当于前图 9-15（a）中该层的 R 已很小，导致该层上所分到的电压也下降；如该缺陷层被完全击穿，$R\to 0$，则犹如该层已被“短接”，将导致所测得的整个套管的电容 C 及电流 I 测值的增大，$\tan\delta$ 测值可能反而比短路前下降了。

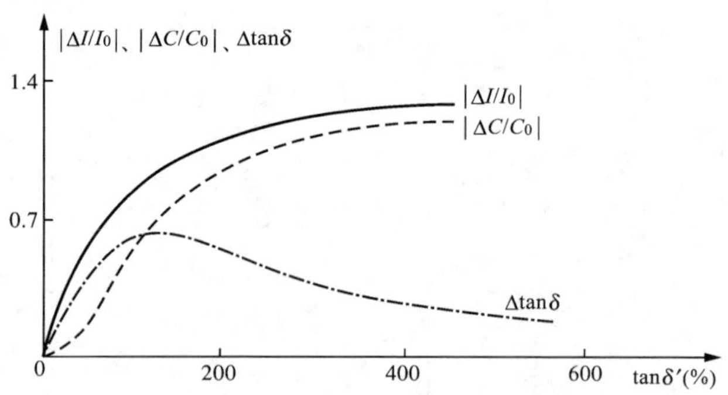

图 9-16 70 层串联层中仅一缺陷层的 $\tan\delta'$ 增大时总体参数的改变

因此在对电容型试品进行诊断时，不能认为测 $\tan\delta$ 较灵敏，就仅仅依据 $\tan\delta$ 值来作诊断，而必须综合考虑各参数。例如国内已开发的一种电容型设备的 C 及 $\tan\delta$ 的在线监测系

统，在诊断时是基于 4 个特征量[6]：tanδ 相对值（同相、同母线下两设备间的比较）、tanδ 相对值差分序列与模型间的残差、相对电容量（同相、同母线下两相似设备间的比较）、相对电容量差分序列与模型间的残差。

所以采用 tanδ 值的相对比较法（见图 9-12），正为了排除从电压互感器抽取基准电压所带来的误差，并可减少由于外界干扰等所引起的误差。而采用前已述及的预处理等过程又有助于尽量剔除采集到数据中的"虚假点"。由于电容型试品的 C 及 tanδ 的变化量常为阶跃增长式，因此其时间序列模型可用时序的 AR（Auto Regressive）模型或 ARMA（Auto Regressive Moving Average）模型等来分析[6,10]。

基于上述 4 个特征量而提出的对电容型设备进行诊断分析的方案如图 9-17 所示。

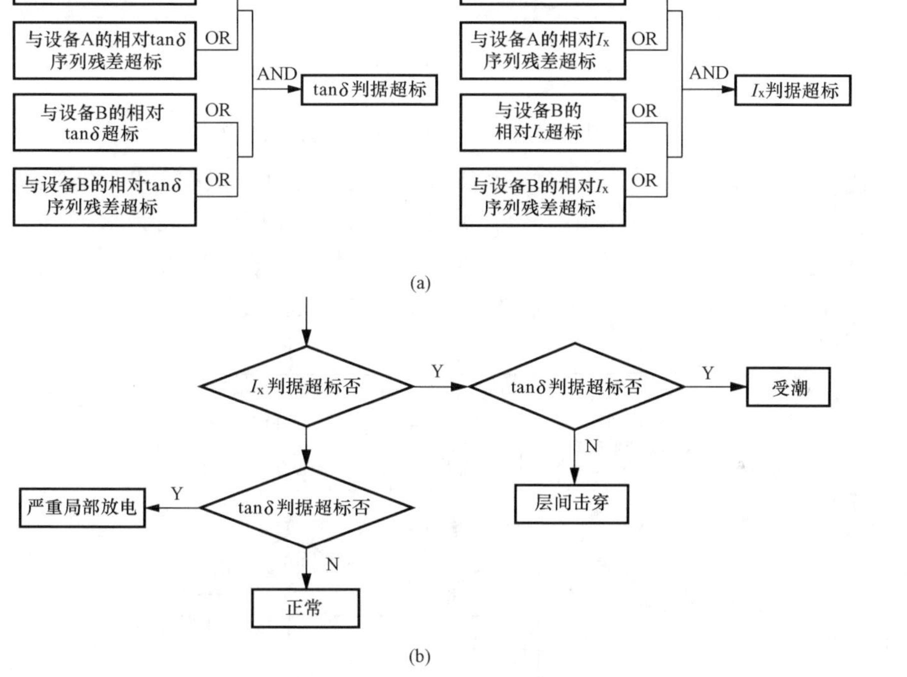

图 9-17 一种基于 I_x 及 tanδ 相对测值的诊断方案

（a）tanδ 和 I_x 超标的判据；（b）电容型设备诊断流程框图

事实上电容型设备 tanδ 测值的变化规律比上述分析更为多样化，如 IEEE 刊物上也给出的基于 tanδ 测值及其随时间的变化趋势的定性分析，如图 9-18[4,11]所示。

图 9-18 中这 5 条曲线的不同处 A～I 的分析意见主要是：

A——有少量变化、宜继续监测、该时不需采取措施；

B——有明显变化、适当时宜离线复测、红外测温、考虑准备备品；

C——很快变化、需离线检测分析，如继续恶化、需更换；

D——变化急剧、已持续高速恶化，应即更换；

E——监测到有层间短路，经离线检测确认后更换；

F——稳定在危险水平上、可靠性已显著降低，宜考虑更换；

G——快速增高后已渐稳定，但已丧失可靠性；

H——在少量增长后已趋稳定，暂不需采取措施；

I——tanδ 较高、还未测到很高的老化速率、可靠性下降，适当时宜离线复测。

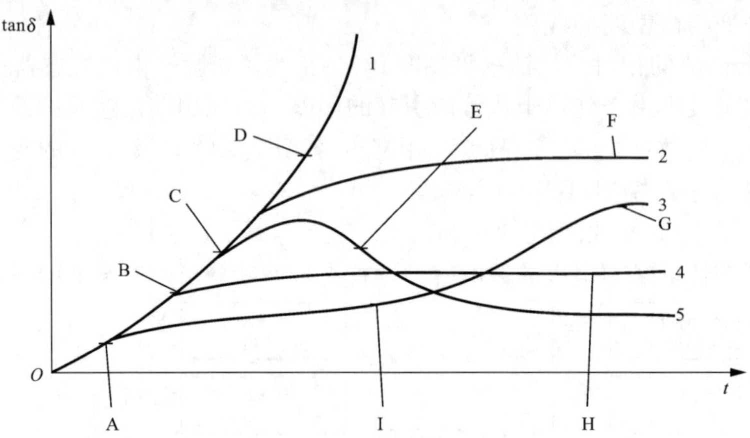

图 9-18 基于套管 tanδ 随时间变化以分析故障模式

该图也说明在分析诊断时，不仅要看 tanδ 的当前值，更应注意其变化趋势，并宜用其他有效的带电检测方法（如红外测温）、离线方法等进一步确诊。因为除了 C、tanδ 外，局部放电检测、绝缘油试验、油中气体分析 DGA 等对油浸式电容型设备也是一些有效的检测方法。为此，有的采用图 9-19 的基于多种方法的综合诊断流程[5]。

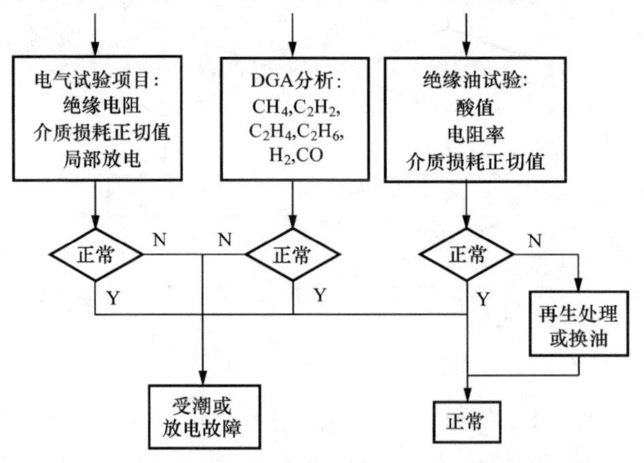

图 9-19 一种油浸电容型设备的综合诊断流程框图

参 考 文 献

[1] 严璋．电气绝缘在线检测技术．北京：中国电力出版社，1995.

[2] DL/T 596—1996 电力设备预防性试验规程．

[3] DL/T 572—1995 电力变压器运行规程．

[4] Lachman M F，Warter W，von Guggenberg P A．On-Line Diagnostics of High-Voltage Bushings and Current Transformers Using the Sum Current Method. IEEE Transactions on Power Delivery．2000，15 (1)：155-161.

[5] 周海洋，李辉，严璋．改进中性点测量法的变压器套管在线监测．高电压技术，2002，28(5)：35-37.

[6] 蔡国雄，胡兆明，王建民．介质损耗测量的过零点电压比较法．电网技术，1995，19(10)：1-5.

[7] 蔡国雄，甄为红，杨晓洪，等. 测量介质损耗的数字化过零点电压比较法．电网技术，2002，26(7)：15-18.

[8] 唐炬，李剑，苟海丰，等. 一种在线监测绝缘介质损耗的方法．重庆大学学报，2001，24(5)：111-115.

[9] 李明华，严璋，刘春文，等．我国供电系统状态检修开展状况统计．中国电力，2005，38(12)：33-36.

[10] Yang L，Yang M Z，Yan Z，et al. Extraction of Symptom for On-line Diagnosis of Power Equipment Based on Method of Time Series Analysis. Proceedings of 6th ICPADM，June 2000，Xi′an China：314-317.

[11] Sokolov V V，Vanin B V. Evaluation and Identification of Typical Defects and Failure Mode in 110—750kV Bushings. 64 PAIC97 Double Conference，1997.

[12] 汪宏正，何志兴，张古银．绝缘介质损耗与带电测试．合肥：安徽科技出版社，1998.

[13] П. М. СВИ 高电压设备的绝缘监测．张仁豫，朱德恒，译．北京：水利电力出版社，1984.

[14] 常学将，陈敏．时间序列分析．武汉：华中理工大学出版社，1991.

[15] 高宁．基于模糊数学、人工神经网络的变电设备绝缘诊断技术的研究．西安交通大学博士论文，1997.

[16] 杨莉．变电设备状态监测及诊断系统中知识发现的应用研究．西安交通大学博士论文，2001.

[17] 黄新红．高压电容型设备 tanδ 在线检测技术的研究．西安交通大学博士论文，1998.

[18] 尚勇，杨敏中，王晓蓉，等．谐波分析法介质损耗因数测量的误差分析．电工技术学报，2002，17(3)：67-71.

[19] 周玉兰，王俊永，王玉玲，等．2001 年全国电网继电保护与安全自动装置运行情况与分析．电网技术，2002，26(9)：58-63.

[20] 黄建华．电容型设备绝缘在线监测系统的分析及其选用原则．电力设备状态检修和在线监测论文集，2001：146-157.

[21] 杨莉，尚勇，严璋．综合智能技术在网络化的绝缘在线诊断系统中的应用．电工电能新技术，2001(2)：64-68.

[22] IEEE Guide for Diagnostic Field Testing of Electric Power Apparatus-Part 1：Oil Filled Power Transformers，Regulators and Reactors. IEEE Std. 62-1995.

[23] Bradley D A. Detection of Imminent Failure of Oil Filled Current Transformers，Final Report. Vancouver，WA：Bonneville Power Administrator Engineering and Technical Services，1999.

第十章

电力电缆的监测与诊断

◎ 第一节 电 力 电 缆

具有绝缘层的导线统称为电缆。本章讨论的是应用于输、配电方面的电力电缆。

一、电力电缆线路

电力电缆线路是采用电缆输送电力的输电或配电线路，一般敷设在地下或水下。作为一个完整的输配电线路，电力电缆线路包括电缆本体、接头、终端，视情况不同还可能带有不同功能的配件，如护层保护器、交叉互联箱、压力箱、温度示警装置等。有些电缆线路还包括相应的土建部分，如电缆沟、排管、竖井、隧道等。

与架空电力线路相比，电力电缆线路进行输电或配电的主要优点是：① 不受大气环境（如雷电、雨雾露雪、污秽物、风等）影响；② 不占地表平面和空间；③ 不影响城市景观美化；④ 维护工作量小。电力线路过江、过近海，水电站中发电机至变压器的大功率引线，采用电缆更具有其优越性。电力电缆线路的缺点是：① 建设投资费用高；② 输送电流密度小；③ 事故后修复时间长。

二、电力电缆

电缆是电力电缆线路最重要的组成部分。按绝缘材料和结构的不同，可将电力电缆分为油浸纸绝缘电缆、挤包绝缘电缆和压力绝缘电缆三大类。

（一）油浸纸绝缘电缆

将绝缘纸带绕包在导电线芯上，经过真空干燥驱除绝缘纸中水分，再浸渍黏性矿物油填充纸带中气隙而形成油浸纸绝缘层，然后在绝缘层外挤包金属套，构成油浸纸绝缘电缆。这种电缆的绝缘层中可能在制造过程或运行过程中出现气隙，若运行时气隙发生局部放电，在放电的长期作用下油纸绝缘逐步老化，最终导致绝缘击穿。油浸纸绝缘电缆使用广泛，但是因制造工艺复杂，目前已有被挤包绝缘电缆取代的趋势。

（二）挤包绝缘电缆

挤包绝缘电缆中使用的绝缘材料是电性能良好的有机高聚物。由于是将高聚物直接挤压在导电线芯上构成电缆绝缘，工艺简单，所以挤包绝缘电缆将逐步取代油浸纸绝缘电缆。按有机绝缘材料的不同，可将挤包绝缘电缆分成聚氯乙烯电缆、聚乙烯电缆、交联聚乙烯电缆和乙丙橡胶电缆。

（三）压力绝缘电缆

在较高电压等级及特殊场合，有时使用压力绝缘电缆。它们的结构特点是用带压力的油或气填充或压缩油纸绝缘电缆中的气隙。按具体措施不同，压力绝缘电缆可分成充油电缆、充气电缆、钢管电缆和压气（SF_6）绝缘电缆。

根据以上分析，压力绝缘电缆只使用在较高电压等级及特殊场合时，油浸纸绝缘电缆已逐步被挤包绝缘电缆取代。对于挤包绝缘电缆使用的聚氯乙烯、聚乙烯、交联聚乙烯和乙丙橡胶四种材料，在较高电压等级下，交联聚乙烯（cross linked polyethylene，XLPE）电缆的使用广泛。表10-1[1]给出我国主要城市输配电系统中，交联聚乙烯电缆占投运电缆长度的百分比，可知：在110kV及以下电压等级中，交联聚乙烯电缆所占比例已相当高，达90%以上；在220kV及以上电压等级中，交联聚乙烯电缆所占比例在40%～60%。由于交联聚乙烯电缆使用广泛，因此以下主要讨论交联聚乙烯绝缘电缆。

表10-1　我国主要城市输配电系统投运电缆长度统计（截止2001年底）

电压等级（kV）	长　度（km）	交联聚乙烯电缆比例（%）
10	73664	98.2
35	11569	95.3
110（66）	5303	90.7
220（330）	528	57.9
500	56	42.7

◎ 第二节　交联聚乙烯绝缘电力电缆

交联聚乙烯电缆自问世至今已有30余年历史，由于它性能优良、工艺简单、安装方便，因而得到了广泛应用。

一、电缆结构

交联聚乙烯绝缘电缆一般包括导电线芯、内屏蔽层（包裹在导电线芯上）、绝缘层、外屏蔽层（包裹在绝缘层上）、金属套和外护层等组成部分。单相电缆结构如图10-1所示；三相电缆则是由三根不带金属套和外护层的单相电缆组合在一起，再在其外加以金属套和外护层等组成部分而构成。

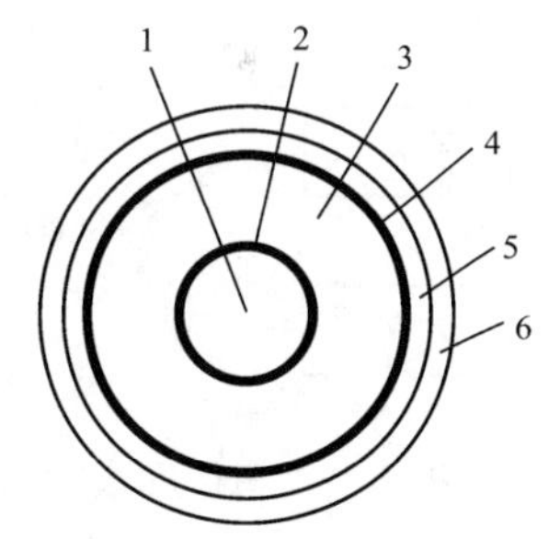

图10-1　交联聚乙烯电缆结构
1—导电线芯；2—内屏蔽层；3—绝缘层；4—外屏蔽层；5—金属套；6—外护层

二、交联方法

聚乙烯分子的交联可以使用物理方法或化学方法。物理交联是用高能粒子射线或电子束照射聚乙烯使其交联，多用于绝缘层较薄的电缆。化学交联是在聚乙烯材料中加入少量过氧化物在一定温度下进行交联，又分为湿法交联、干法交联和硅烷交联三种。

（一）湿法交联

湿法交联用蒸汽作为加热和加压媒质。交联过程中，过氧化物分解产生气体，如甲烷、乙烷、水蒸气等，它们在绝缘中形成直径约1～10μm的微孔，数量约10^5个/mm^3。交联后绝缘中含水量高，介电强度降低，在电场作用下容易产生水树枝，导致绝缘老化。

（二）干法交联

干法交联是用气体（如N_2或SF_6）代替蒸汽作为加热和加压媒质，或仅用气体作为加压媒质，而用辐射方法加热绝缘进行交联。干法交联使绝缘中微孔数减少，含水量降低，提高了绝缘的介电强度，适用于生产较高电压等级的交联聚乙烯电缆。

（三）硅烷交联

硅烷交联以少量过氧化物（0.1%DCP）用硅烷触媒剂混入聚乙烯材料，代替湿法或干法交联过程中的加高热和加压，使聚乙烯在水中交联。这种交联过程也会使绝缘中含有少量水分。

聚乙烯交联的降温过程中，因热应力会形成裂缝，直流电场下裂缝会聚集空间电荷，当极性反转时可使聚乙烯在很低的电压下被击穿。因此应有合适的工艺，以减少热应力。

三、树枝老化

交联聚乙烯电缆制造工艺简单，安装敷设方便，所以得到了广泛应用。但 XLPE 电缆绝缘中可能存在的气隙、杂质、水分及金属毛刺等缺陷，在电场、热、机械力、环境等因素的作用下，逐步以局部放电、水树枝等的老化形态表现出来，最终导致绝缘击穿。根据不同的起因，树枝可分为电树枝、化学树枝和水树枝。图 10-2 给出三种树枝状老化形态与各影响因素间的关系。图 10-3[1]给出 1997～2001 年我国主要城市电力电缆的故障率，由图 10-3 可看出干法 XLPE 电缆的故障率远低于湿法 XLPE 电缆，而油纸绝缘电缆的故障率与湿法 XLPE 电缆相当。

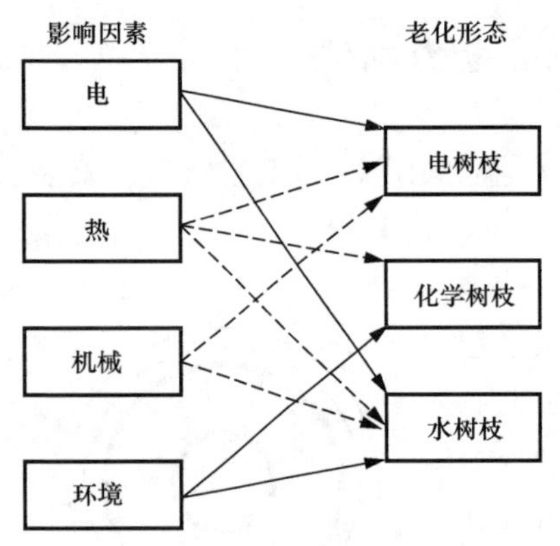

图 10-2　树枝形态与影响因素

实线—主要因素；虚线—次要因素

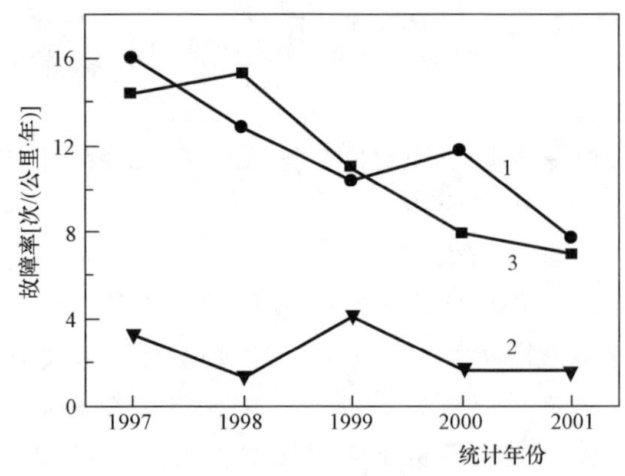

图 10-3　我国主要城市电力电缆的故障率

1—湿法 XLPE 电缆；2—干法 XLPE 电缆；

3—油纸绝缘电缆

（一）电树枝

电缆绝缘层中，若局部范围出现强电场，如导线表面有毛刺、绝缘层中有金属杂质等，这些局部地点将出现局部放电，并使材料碳化，逐步伸长的放电碳化通道具有树枝状分叉，因此称为电树枝，如图 10-4[2]所示，电树枝发展到一定阶段将导致绝缘发生电树枝击穿。设计合理，工艺完善的电缆，在正常运行电压下，一般不会出现电树枝。

图 10-4　绝缘中的电树枝

（二）化学树枝

若交联聚乙烯电缆没有金属密封护套，且如果电缆敷设在含酸或含碱土壤中，经长期渗透，土壤中的化学溶液在电缆绝缘内形成灌木状树枝，这种树枝称为化学树枝。发展到一定阶段，电缆绝缘也将因老化而击穿。敷设在含酸或含碱土壤中的电缆必须具有金属密封护套，以隔断化学溶液的渗透途径，防止形成化学树枝。

（三）水树枝

以湿法或硅烷交联的电缆，在其制造过程中绝缘中会残留微水；或因机械损伤，敷设地点外界周围的水分自电缆护层逐渐侵入绝缘。在电场和温度的作用下，绝缘中将形成由微小的水滴及连接它们的水丝组成的水树枝[3]，如图 10-5 所示，经长期逐步发展，最终导致绝缘损坏。

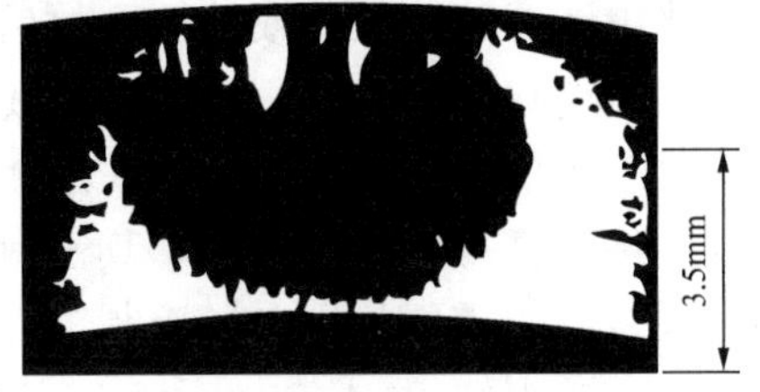

图 10-5 绝缘中的水树枝

图 10-6 为 XLPE 电缆的介质损耗因数 $\tan\delta$ 与水树长度的关系[4]，图 10-7 为 3～6kV 级 XLPE 电缆的交流击穿场强与水树长度的关系[3]。可知，随着水树的发展，绝缘性能变坏，击穿场强下降。

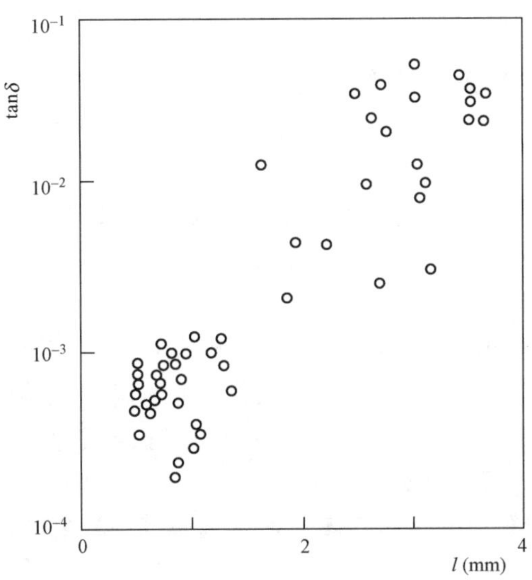

图 10-6 介质损耗因数 $\tan\delta$ 与水树长度 l 的关系

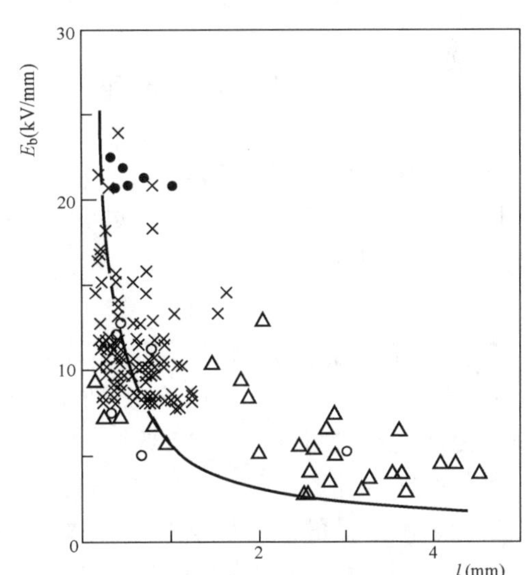

图 10-7 交流击穿场强 E_b 与水树长度 l 的关系

四、电缆终端

在电力电缆线路的两侧，只有将电缆端部的金属套剥开，才能将电缆导体与其他电气设备的导体连接。为了恢复绝缘层和护层，电缆端部必须经特殊工艺处理，形成一个连接装置——电缆终端，它是所有电力电缆线路不可缺少的重要组成部件。

电缆终端的类别多，一般均在现场制作和安装，以手工工艺完成。电缆终端是电缆线路的一个薄弱环节，终端事故较多，其原因多数是手工工艺不完善所致。

在电缆端部金属套剥开处，如不采取措施，此处电场集中，且有很强的轴向分量，容易产生电晕甚至滑闪放电。此时单靠增加沿面距离的效果不大，而需使用锥形屏蔽体——电场控制锥。使用电场控制锥后，原来由金属套终端处集中发出的电力线改变为沿锥形屏蔽面上较均匀地发出，改善了电场分布。

电缆终端的外绝缘受气候环境影响，需满足绝缘距离的要求，并需按污秽等级和海拔高度等因素适当加强绝缘。

五、电缆接头

当电缆线路较长时或处理事故后，需将两根电缆连接起来形成连续的电缆电路，这时需要使用电缆接头。按使用功能，电缆接头可分为直线接头、绝缘接头、分支接头等。对电缆接头的基本要求是：电缆导体在连接处应有良好的导电性能和机械性能，并具有与电缆本身相同的绝缘强度和防潮性能，其密封套还应具有防腐蚀性能。与电缆终端类似，两根被连接的电缆端部也需要使用电场控制锥，以改善电场分布。

由单芯电缆组成的电缆线路金属套上会感应出纵向电动势，若线路两侧的金属套均接地，纵向电动势将在金属套中形成短路电流，这增加了线路损耗，也减少了电缆的输送容量。若只将线路一侧的金属套接地，则另一侧金属套的对地电压会影响人身安全和危害设备。采用绝缘材料使接头壳体、电缆金属套及外屏蔽层两侧之间绝缘以及壳体对地绝缘的电缆接头称为绝缘接头，它可将较长电缆线路的金属套分割成多段，这样，每段的感应电压将被限制在不影响人身和设备的数值内。

◎ 第三节 XLPE 电缆的离线检测

一、规程规定的测试方法

DL/T 596—1996《电力设备预防性试验规程》[5]（简称“预试规程”）中，对 XLPE 电缆规定了一些测试项目。

（一）绝缘电阻及直流耐压

在预试规程“电力电缆线路”部分的一般规定中，针对所有型式的电缆，规定需测量绝缘电阻。对于耐电压水平，由于电缆的电容量较大，进行直流耐压试验可显著减小试验电源容量，因此规定进行直流耐压试验。测试应分别在每一相上进行。对一相进行试验或测量时，其他两相导体、金属屏蔽或金属套和铠装层一起接地。

我国电缆产品的国家标准规定，电力电缆的额定电压以导体与地（金属屏蔽）之间的设计电压 U_0 和导体之间的设计电压 U 表示。

对于绝缘电阻测量，额定电压 6kV/10kV 的 XLPE 电缆应使用 2500V 或 5000 绝缘电阻表。

电力电缆的直流耐压试验项目是由油纸绝缘电缆延伸而来的。国内外工程和研究单位均曾提出过，直流耐压试验时可能注入 XLPE 电缆中的空间电荷，会畸变电缆中的电场，对绝缘构成威胁。因此规定的 XLPE 电缆的试验电压值见表 10-2，比油纸绝缘电缆低得多，同时规定只在以下情况才对 XLPE 电缆进行直流耐压试验：①新敷设的电缆线路投入运行 3～12 个月，一般作一次直流耐压试验；②停电超过一个月但不满一年的电缆线路，须作 50％规定值的直流耐压试验，加压时间 1min；停电超过一年的电缆线路，须作常规的直流耐压试验；③新作电缆终端或接头后。

表 10-2 XLPE 电缆的直流耐压试验电压

额定电压 U_0/U（kV）	试验电压（kV）
6/10	25
21/35	63
64/110	192
127/220	305

（二）泄漏电流

直流耐压试验时，应在电压升至规定值后 1min 及达到规定时间时，测量电缆的泄漏电流 I_g，其原理接线见图 10-8。当微安表接在高压侧时，可避免电缆表面泄漏及高压导线对地电晕对电缆 I_g 测量的影响，但操作不便。当微安表接在低压侧时，操作方便，也可避免电缆表面泄漏电缆 I_g 测量的影响，但应避免高压导线对地电晕，以免对电缆影响 I_g 的测量。

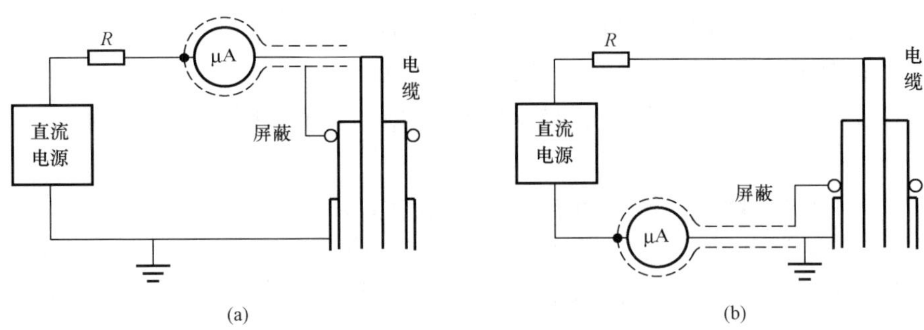

图 10-8 泄漏电流测量原理接线

（a）微安表在高压侧；（b）微安表在低压侧

泄漏电流的数值和不平衡系数（三相 I_g 最大值与最小值之比）可作为判断绝缘状况的参考，当发现泄漏电流与上次试验值相比有很大变化时，应查明原因。也可根据 I_g 随时间变化的特性曲线（见图 10-9）来判断绝缘状况，当 I_g 随加压时间的增加而急剧上升时，可判断电缆有异常[3]。

（三）铜屏蔽层电阻和导体电阻比

铜屏蔽层和导体的直流电阻应在相同温度下，用双臂电桥测量。

当屏蔽层电阻与导体电阻之比加大时，表明屏蔽层有可能因被腐蚀而使电阻增加；当两者之比减小时，表明电缆附件中导体连接处的接触电阻可能增大。

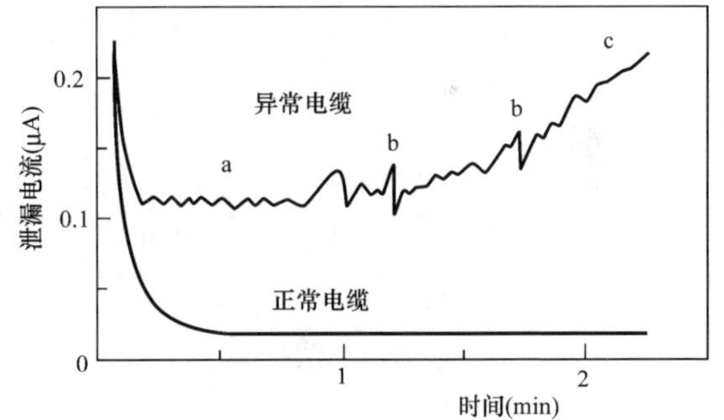

图 10-9 泄漏电流随时间变化示例

a—数值大；b—突跳；c—上升趋势

（四）电缆外护套和内衬层的绝缘电阻

直埋的 XLPE 电缆受外力破坏，外护套或内衬层破损进水，将影响电缆的安全运行。预试规程规定，每千米电缆外护套或内衬层的绝缘电阻值不低于 0.5MΩ。当绝缘电阻值低于 0.5MΩ 时，还应依据不同金属在电解质中形成原电池的原理，采用以下方法、判断外护套或内衬层是否进水。

XLPE 电缆的金属层、铠装层及其涂层用的材料有铜、铅、铁、锌和铝等，这些金属的电极电位如表 10-3 所示。

当外护套破损进水后，由于地下水是电解质，按金属的不同会产生相应的电位，例如，在铠装层的镀锌钢带上会产生－0.76V 的电位。如内衬层也破损进水，在镀锌钢带与铜屏蔽层之间形成原电池，会产生 0.334－（－0.76）＝1.1（V）的电位差。

将万用表的“正”、“负”表笔轮换，分别测量铠装层对地或铠装层对铜屏蔽层的绝缘电阻，由于测量回路内的原电池与万用表内的干电池相串联，当两者的电压相加时，测得的电阻值较小；反之，测得的电阻值较大。当两次测得的绝缘电阻值相差较大时，就可判断外护套和内衬层已破损进水。

表 10-3 金属电极电位

金属	电位（V）
铜	+0.334
铅	−0.122
铁	−0.44
锌	−0.76
铝	−1.33

二、吸收电流和残余电压法

（一）反向吸收电流法

交联聚乙烯是非极性材料，极化松弛时间短，但若其中已出现水树枝，则含水树部分的松弛时间长。对电缆施加直流电压，然后将线芯接地放电，一定时间后测量反向吸收电流，对电流积分得到吸收电荷。显然吸收电荷量的大小与绝缘中的水树的发展情况有关。

图 10-10 所示是测量反向吸收电流的原理接线。直流电源的电压可选为 1000V。测量过程是：①S1 接至 e，S2 闭合，对电缆施加电压 10min；②S1 接至 g，让电缆放电 3min；③打开 S2，由测量装置 A 测量反向吸收电流。吸收电荷的定义是：反向吸收电流在 0～30min 时间段内的积分值。

图 10-11 是交流击穿电压与吸收电荷的关系[6]，可知随着吸收电荷的增加，交流击穿电压下降。

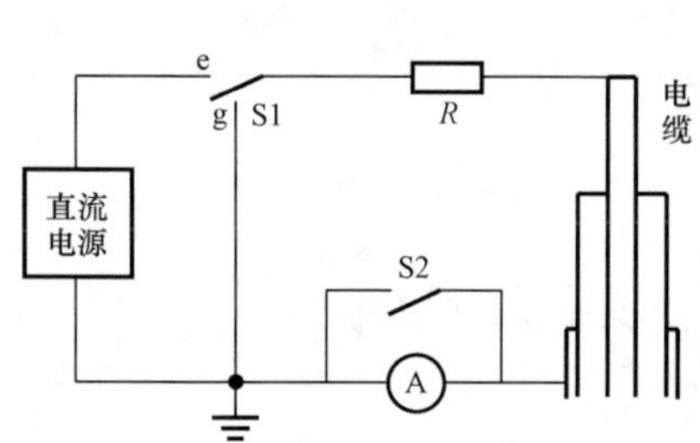

图 10-10 反向吸收电流测量原理接线

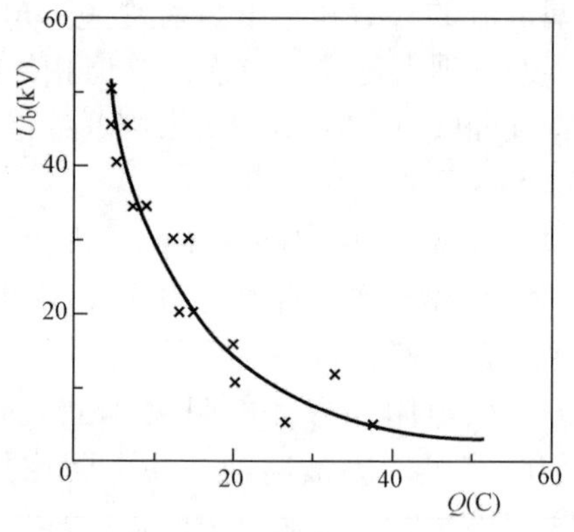

图 10-11 交流击穿电压与吸收电荷的关系

（二）残余电压法

残余电压法依据的也是交联聚乙烯含水树部分松弛时间长的道理。图 10-12 所示是测量电缆残余电压的原理接线。对电缆施加的直流电压，可根据绝缘厚度按 1000V/mm 选择。测量过程是：① S2 打开，S3 接至 g，S1 接至 e，对电缆施加电压 10min；②S1 接至 g，电缆经高阻放电 2s，然后 S2 闭合，电缆短路放电 10s；③ S1 开路，S2 打开，S3 接至 e，由高输入阻抗电位计 PV 测量 10min 时的残余电压。

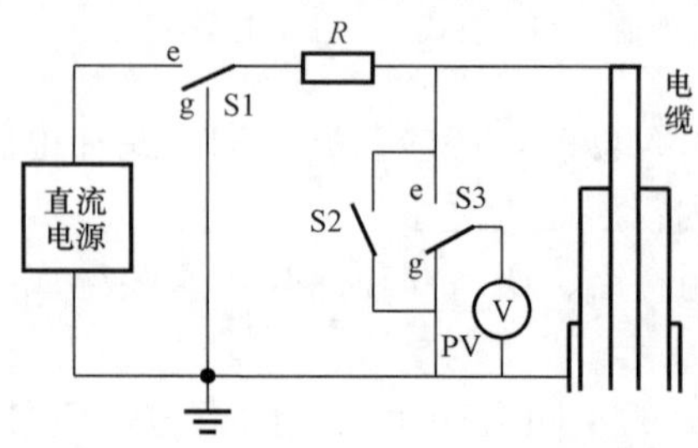

图 10-12 残余电压测量原理接线

图 10-13 是 33kV 的 XLPE 电缆的交流击穿电压 U_b 与残余电压的关系[3]，使用约 5 年电缆的残余电压很低，其 U_b 大于 200kV；而使用约

11 年电缆的残余电压值增加，其 U_b 下降，介于 100～140kV。可知，随着残余电压的增加，交流击穿电压下降。

（三）电位衰减法

电位衰减法是依照充电后电缆的自放电曲线判断绝缘的一种方法。图 10-14 所示是测量电缆自放电曲线的原理接线。先对电缆充电，然后打开 S，使电缆自放电，用静电电压表在不同时刻测量电缆的电压，最后画出电压—时间关系曲线，即为自放电曲线。图 10-15 是依据自放电曲线判断绝缘的示意图[6]，当自放电曲线穿越"良好"区域，可判断电缆绝缘良好；当自放电曲线穿越"不良"区域，可判断电缆绝缘不良；既不越过"良好"区域，也不越过"不良"区域，此种电缆为需加以"注意"的电缆。

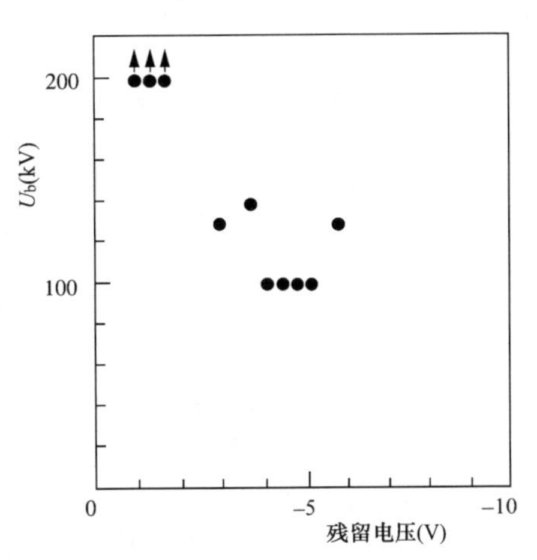

图 10-13 交流击穿电压与残余电压的关系

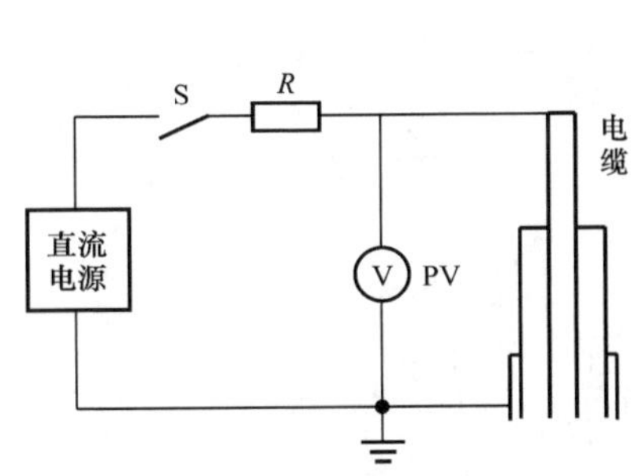

图 10-14 反向吸收电流测量原理接线

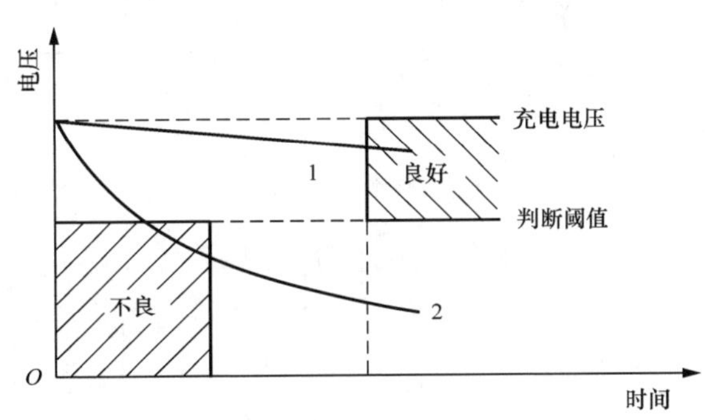

图 10-15 自放电曲线

1—绝缘良好电缆；2—绝缘不良电缆

◎ 第四节 绝缘电阻在线监测

在电缆离线检测方法中，用绝缘电阻表测量绝缘电阻是简单易行的方法，但因施加电压不高，有时不能发现绝缘缺陷。在较高的直流电压下测量电缆的泄漏电流，也是测量电缆的绝缘电阻，可克服绝缘电阻表方法的缺点，但过高的直流电压对 XLPE 电缆，也会因空间电荷问题而影响电缆绝缘。

采用在线监测方式，在电缆的正常工频运行电压上，叠加低数值直流电压或极低频率电压来测量绝缘电阻，既可以可靠地判断绝缘，也避免了直流高电压对电缆绝缘的影响。根据测量原理的不同，XLPE 电缆绝缘电阻有三种在线监测方法：直流叠加法、电桥法和低频叠加法。

一、直流叠加法

对运行中电缆的绝缘，在其工频工作电压上施加低数值直流电压，测量流过绝缘的泄漏

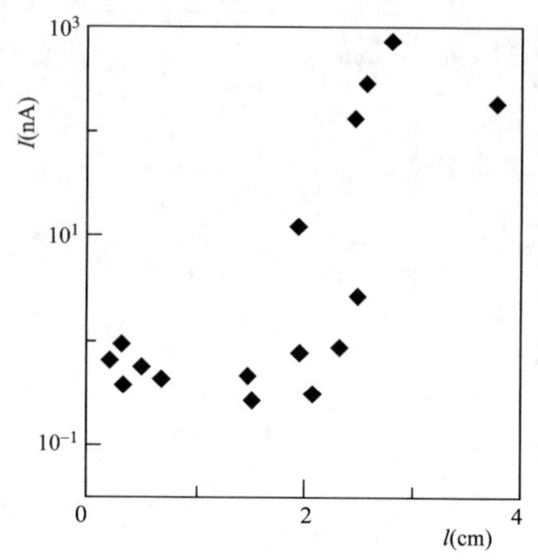

图 10-16 直流叠加电流 I 与水树长度 l 的关系

电流，根据电压、电流之比得到电缆的绝缘电阻[6]。这种在工频高压上叠加直流电压测量泄漏电流，从而获知电缆绝缘性能的方法被称为直流叠加法。图 10-16是直流叠加电流 I 与水树长度 l 的关系曲线[7]，可知随着水树长度增加，直流叠加电流明显上升。

（一）原理线路

将直流电源的电压叠加到电缆的交流工作高电压，在运行现场条件下测量微弱的直流泄漏电流，是实现直流叠加法的关键。

在三相交流电网上接入电抗器，将直流电源装置接在电抗器的中性点与地之间，如图 10-17 所示。这样，直流电压就通过电抗器在线叠加于电缆的芯线与地之间，即电缆绝缘承受到了直流电压的作用。直流电压下的泄漏电流由电流测量装置测量。

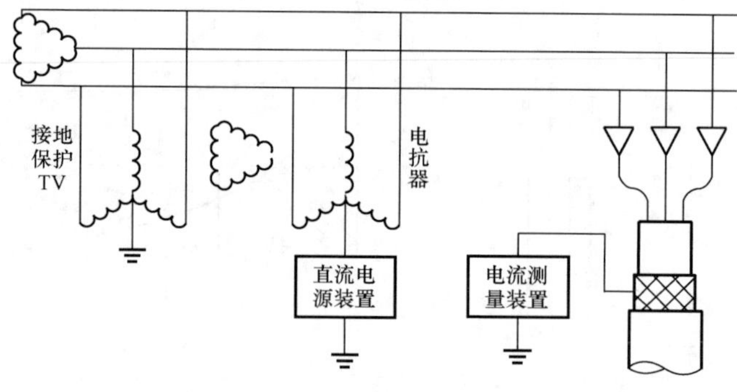

图 10-17 直流叠加法原理线路

在 10kV 等配电网中，通常接有单相接地保护用电压互感器，当电网发生单相接地故障时，接成开口三角的电压互感器的二次绕组就有电压输出，给出信号。为了防止叠加的直流电压影响接地保护用电压互感器，所以直流电压的数值不能很高，可选为约 10～50V。由于电缆绝缘处于交流高压的作用之下，尽管所加直流电压不高，此时的直流泄漏电流仍能真实反映绝缘的实际状况。图 10-18 所示为离线检测绝缘电阻 $R_{\text{off-line}}$（由高电压下泄漏电流换算而得）与在线监测绝缘电阻 $R_{\text{on-line}}$（由 50V 电压下直流叠加电流换算而得）的比较[4]，$R_{\text{on-line}}$与外施较高电压下的 $R_{\text{off-line}}$接近，可见直流叠加电流能真实反映绝缘的实际状况。

（二）直流电源装置和电流测量装置

直流电源装置接在电抗器的中性点与地之间，尽管正常情况下中性点对地电压为零，但在系统发生故障时中性点将出现较高的电压，危及人身及装置安全。在直流电源与电抗器中性点之间接入电感、电容（见图 10-19），选择参数使其在工频下处于谐振状态，可避免高电位对人身及装置的威胁。

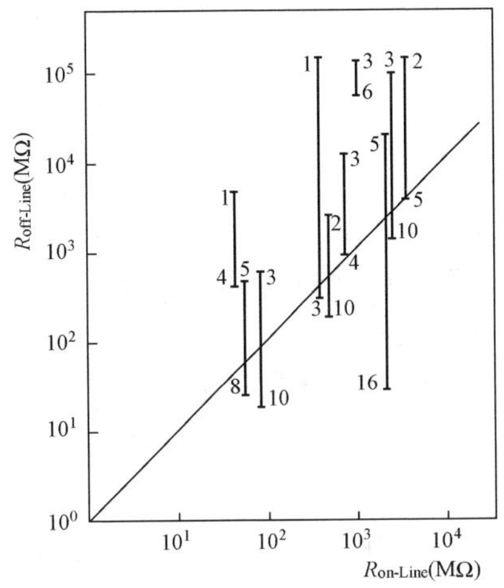

图 10-18 $R_{off-line}$与$R_{on-line}$的比较
（图中数字为外施直流高压值，kV）

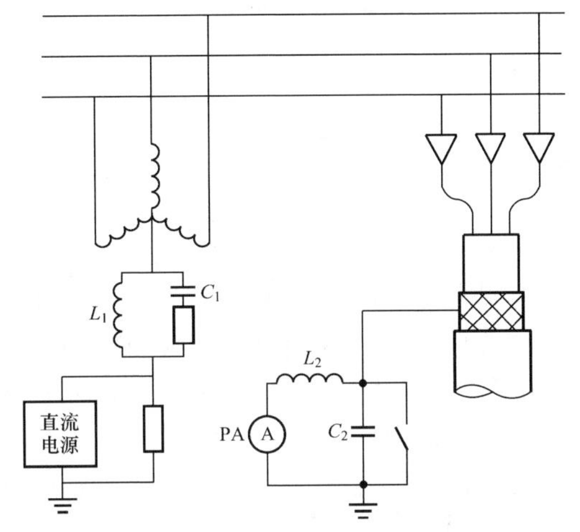

图 10-19 电源和测量装置

电流测量装置中的 PA 为直流纳安测量仪，并由电阻、电容来降低工频电流对测量的影响。

（三）直流成分电流的影响

电缆中有水树时，类似于尖—板电极具有整流作用，图 10-20 示意性地说明整流作用的发生机理[8]。在运行电压作用下，输电线、电缆线芯、XLPE 电缆、电缆接地线、接地保护用电压互感器、输电线构成的回路中会有微弱的直流成分电流 I_D 流过。

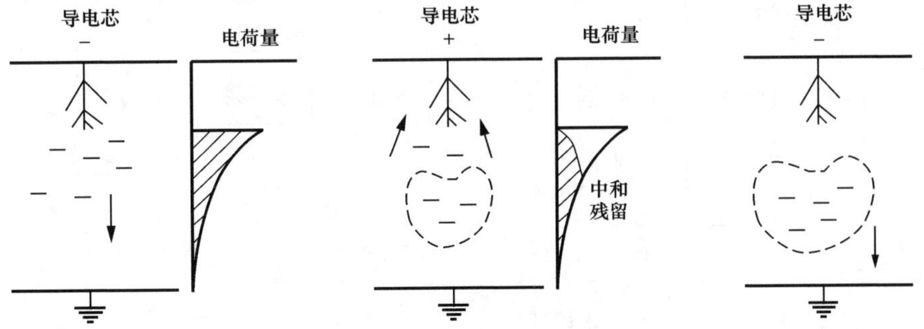

图 10-20 水树整流作用发生机理

（四）地中杂散电流的影响

电缆绝缘外护层的绝缘电阻下降时，由于外护层与地之间化学电动势 E_S 的作用（见图 10-21），除了直流叠加电流外，测量装置 M 中还将流过杂散电流 I_S，影响测量准确度。通常，E_S 最大不超过 0.5V，因此当护层绝缘电阻小于 200～500MΩ 时，杂散电流将影响诊断的可靠性。

通过改变直流叠加电压的极性，先后两次进行测量，可消除直流成分电流和地中杂散电

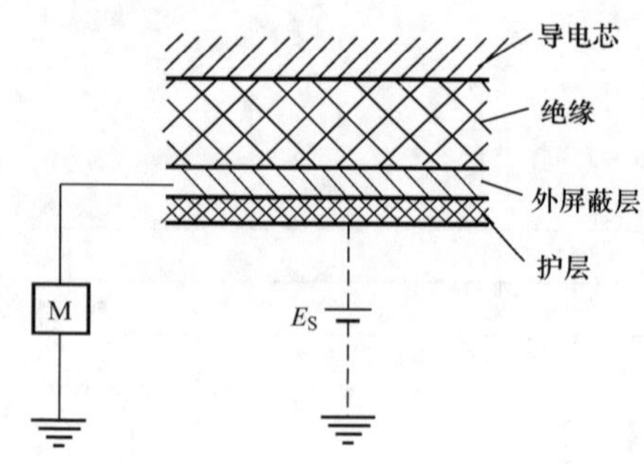

图 10-21　地中化学电动势的作用

流的影响[7]。设被测直流叠加电流为 I，则测量装置 M 中的电流 $I_1=I+I_D+I_S$；直流叠加电压极性改变后，M 中的电流 $I_2=I+I_D+I_S$。可见，通过简单运算：$I=(I_1-I_2)/2$，便可消除直流成分电流和地中杂散电流的影响。

（五）判断方法

XLPE 电缆中水树长度增加时，直流叠加电流迅速增加，其交流击穿场强也迅速下降。有关资料[7]规定了用直流叠加法测得的电缆绝缘电阻的判断阈值，绝缘电阻大于 1000MΩ 时绝缘良好，小于 10MΩ 时绝缘不良，处于 10～1000MΩ 时需引起注意。若直流叠加电压为 10V，分别相应于直流叠加电流小于 10nA 时绝缘良好，大于 1000nA 时绝缘不良，处于 10～1000nA 时需引起注意。

二、电桥法

对运行中电缆在其交流工作电压上施加低数值直流电压，采用电桥电路来测量电缆的绝缘电阻，这种获知电缆绝缘性能的方法被称为电桥法。

（一）原理线路

使用电桥法时，需在接地保护用 TV 的中性点 N 和电缆外屏蔽层 G 之间接入电源和测量装置[9]，其原理线路见图 10-22，N 点和 G 点之间接入的是三个并联的电缆绝缘电阻（三相）。

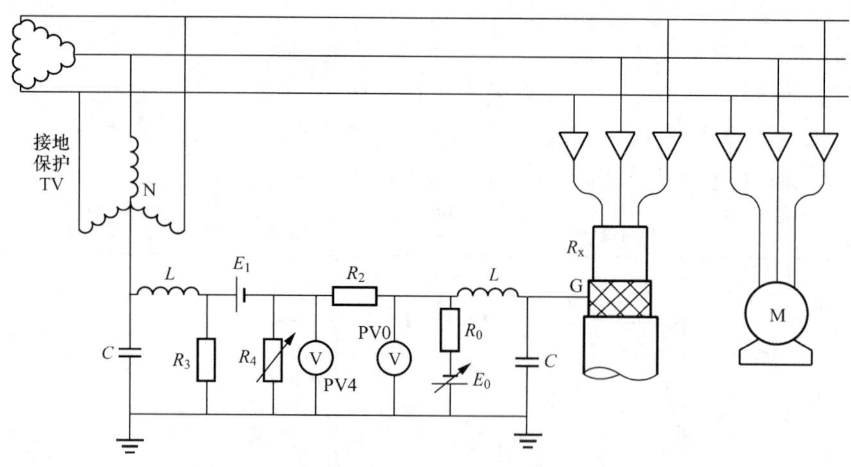

图 10-22　电桥法原理线路

可将此线路按惯用的桥路方式，改画成如图 10-23 所示的电桥线路。图中，J 是交流接地器，由 C、L 组成，其作用是为 N 点和 G 点提供“交流”接地，但不提供“直流”接地，确保了直流电桥回路的正常工作。调节 R_4 使 PV0 指示为零，则 $R_x=R_2R_3/U_4$。

（二）其他设备绝缘电阻的影响

通常 R_x 数值较大，因此 R_3 的数值也选得较大。由于接在电力线路上其他设备（例如高压电动机 M）的绝缘电阻是与 R_3 并联的，当这些绝缘电阻值较低时，按公式 $R_x=R_2R_3/U_4$ 来计算电缆的绝缘电阻时，将会带来误差。采取与 R_4 并联电压表 PV4 的方法来避免这种误差，当电桥平衡时，读取 U_4 值，再按公式 $R_x=(E_1-U_4)R_2/U_4$ 来计算电缆的绝缘电阻。由于 R_3 并不参与计算，因此其他设备的绝缘电阻不影响测量结果。

设 E_1 为 20V，U_4 为 1mV，R_2 为 50MΩ，则 R_x 最大可测到 100000MΩ。

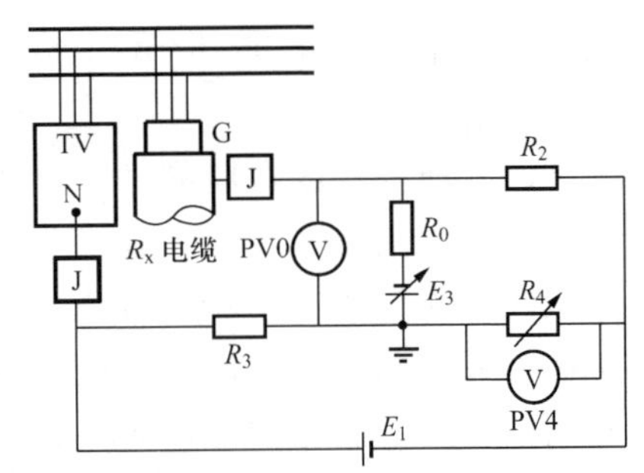

图 10-23 测量电缆绝缘电阻的电桥接线

N—TV 中性点；J—交流接地器

（三）地中杂散电流的影响

电缆护层与地之间化学作用电动势 E_s 的影响，可调节 E_0 来消除，即反复调节 R_4 及 E_0，使 U_0 指示为零，此时 E_s 对电桥平衡没有影响。

（四）判断方法

与用直流叠加法测得的电缆绝缘电阻的判断阈值相同，当绝缘电阻大于 1000MΩ 时可判断为绝缘良好，小于 10MΩ 时为绝缘不良，处于 10～1000MΩ 时需引起注意。

三、低频叠加法

为避免直流微电流测量上的困难，可用 7.5Hz、20V 的低频电压代替直流电压，在线叠加于电缆[10]。在电缆接地线中串接入测量装置，检测低频电流，分离出与电压同相的有功电流分量，然后求得绝缘电阻，据以对老化程度进行判定。这种在工频高压上叠加低频电压测量泄漏电流，从而获知电缆绝缘性能的方法被称为低频叠加法。使用本法需专门的 7.5Hz 低频电源。由于频率不高，所需低频电源容量不大。由于低频电流也是纳安级的，对测量装置要求较高。

图 10-24 是 6kV 的 XLPE 电缆由低频叠加法所得绝缘电阻 R_{lf} 与由直流泄漏法所得绝缘电阻 R_{dc}（停电后加 10kV 直流高压 7min 时的测量值）的比较。由图 10-24 可知，R_{dc} 相当于或高于 R_{lf}，这大约是在线使用低频叠加法时工频高电压的分布与离线直流高电压的分布不同而致。

图 10-25 是由低频叠加法所得 6 kV 电缆绝缘电阻与工频击穿电压的关系。由图 10-25 可知，绝缘电阻值低，击穿电压也低。当绝缘电阻大于 1000MΩ 时，电缆绝缘性能良好；处于 400～1000MΩ 时，需引起注意；当绝缘电阻小于 400 MΩ 时，电缆绝缘不良，应立即更换。

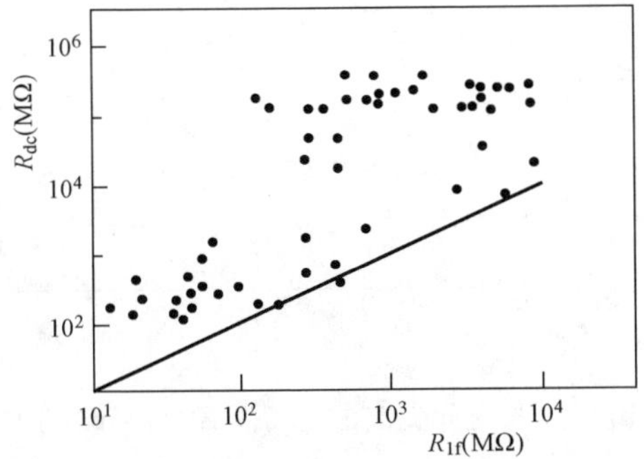

图 10-24 电缆低频叠加法绝缘电阻 R_{lf} 与直流泄漏法绝缘电阻 R_{dc} 的关系

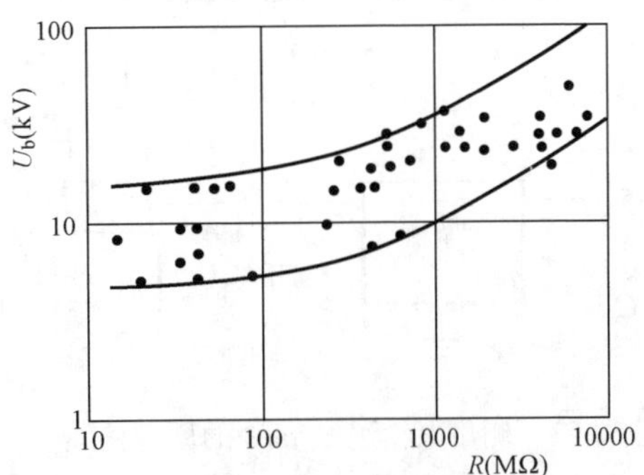

图 10-25 电缆工频击穿电压 U_b 与低频绝缘电阻 R 的关系

◎ 第五节　介质损耗因数与接地电流在线监测

一、介质损耗因数监测

对电压等级为 6.6kV、长度为 5～17m 的 XLPE 电缆绝缘的介质损耗因数 $\tan\delta$ 与绝缘中水树枝发生个数和长度进行统计和分析，图 10-26（a）、图 10-26（b）分别为电缆 $\tan\delta$ 与水树枝个数 n 与水树枝最大长度 l 的关系[3]，由此两图可看出 $\tan\delta$ 随 n 或 l 的增加而变大的趋势是明显的，但分散性较大。若将单位长度电缆中的水树枝个数 n 与水树枝最大长度 l 的乘积 nl 作为横轴表达的物理量，则 $\tan\delta$ 与 nl 的相关性较好，见图 10-26（c）。由此可以看出，作为绝缘特性参数之一的 $\tan\delta$ 反映的是电缆绝缘缺陷的平均程度。

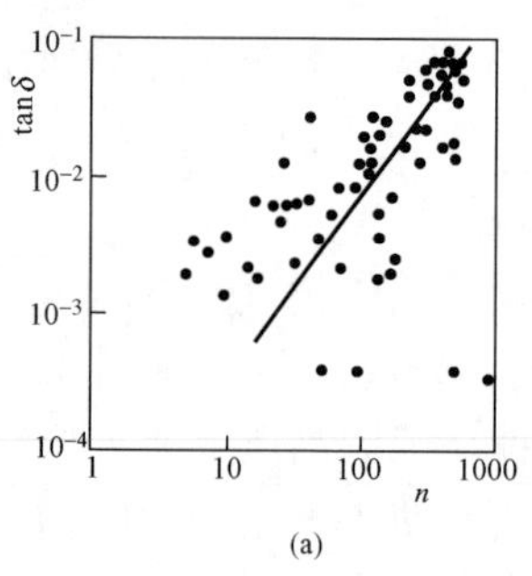

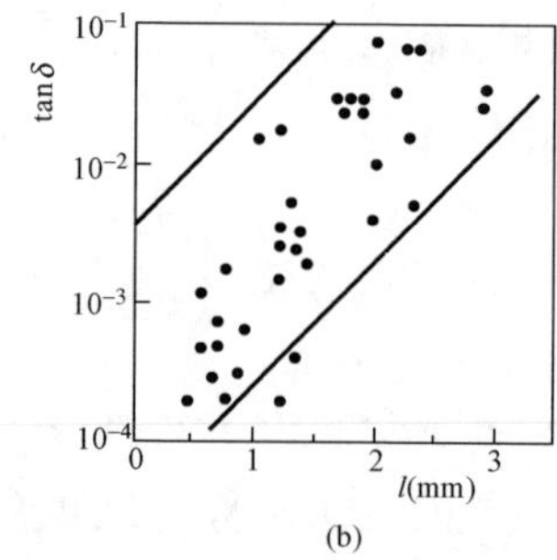

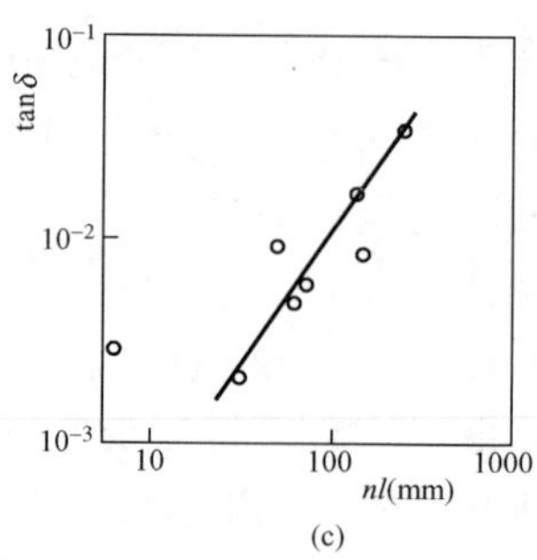

图 10-26　XLPE 电缆 $\tan\delta$ 与绝缘中水树枝发生个数 n 和长度 l 的关系

（a）$\tan\delta\sim n$；（b）$\tan\delta\sim l$；（c）$\tan\delta\sim nl$

电缆绝缘 $\tan\delta$ 的在线监测方法与电容型设备的 $\tan\delta$ 在线监测方法类似，其测量原理接线如图 10-27 所示。通过电压互感器 TV 取出加于电缆的电压信号，通过电流传感器 TA 检出流过绝缘的工频电流信号，再将电压、电流信号送至 $\tan\delta$ 数字化测量装置，通过傅里叶分析方法或其他算法给出电缆绝缘的 $\tan\delta$。要注意电压互感器、电流传感器角差对测量结果的影响。

图 10-28 是 22 kV XLPE 电缆长时间交流击穿场强 E_b 与 $\tan\delta$ 间的关系[3]。当 $\tan\delta$ 小于 0.2% 时，绝缘良好；$\tan\delta$ 大于 1%时，绝缘可判为不良；介于 0.2%与 1%之间时，要引起注意。

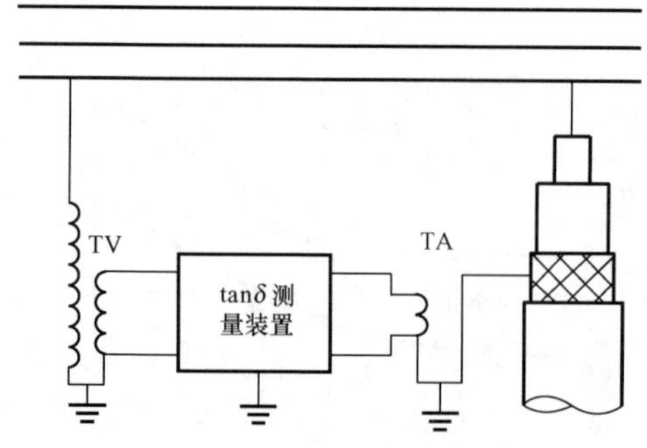

图 10-27　测量电缆绝缘 $\tan\delta$ 的原理接线

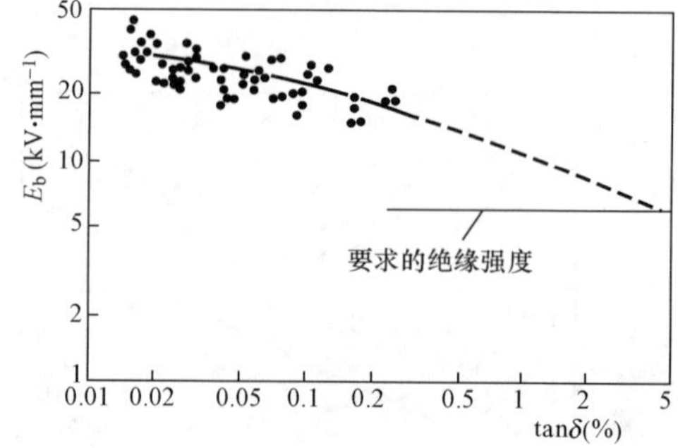

图 10-28　长时间交流击穿场强 E_b 与 $\tan\delta$ 的关系

二、接地电流监测

与电容型绝缘一样，除了监测介质损耗因数 $\tan\delta$ 以外，还可以监测电缆绝缘的接地电流。将电缆一端的接地线断开，在另一端的接地线处套装电流传感器，监测电缆的接地线电流。这种方法称为接地线电流法，简称接地电流法。

图 10-29 所示为对一使用过的电缆进行加速老化试验过程中，电缆交流击穿电压 U_b 与接地电流增量 $\Delta I/I_0$ 的关系[4]，其中 I_0 是老化试验前的接地电流。根据实验数据，可以获得 U_b 随 $\Delta I/I_0$ 改变的经验公式为：$U_b = 100\exp(-0.083\Delta I/I_0)$，相关系数为−0.76，两者间具有很好的相关性。可以根据所需要的耐压值和击穿概率，确定 $\Delta I/I_0$ 的控制阈值。

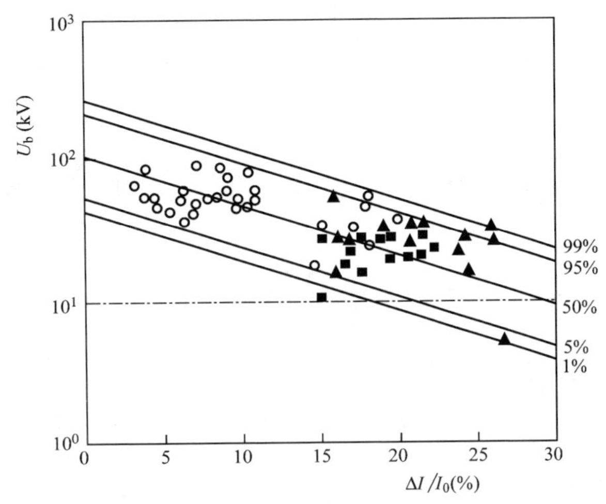

图 10-29　交流击穿场强 U_b 与接地电流增量 $\Delta I/I_0$ 的关系（5 条直线旁的百分数为击穿概率）

三、复合判断

由于绝缘状态与其特性参数间的统计分散性，仅用一种方法来诊断绝缘，会有漏判和错判的可能。采用几种方法，互相配合进行复合诊断可提高诊断的正确性。资料表明[7]，采用包含直流叠加法及 tanδ 法的复合诊断，对不良电缆诊断的准确率高达 100%。根据测量装置的难易程度、现场的干扰情况，采用包含直流叠加法及 tanδ 法的复合诊断发是较好的选择。

◎ 第六节　局部放电在线监测

一、局部放电的危害

XLPE 电缆绝缘层中可能出现局部放电，如导线表面不光滑、绝缘中有金属杂质或气隙等，这些部位局部范围内将出现强电场而引发局部放电。局部放电的不断发展可能导致电缆绝缘被击穿。

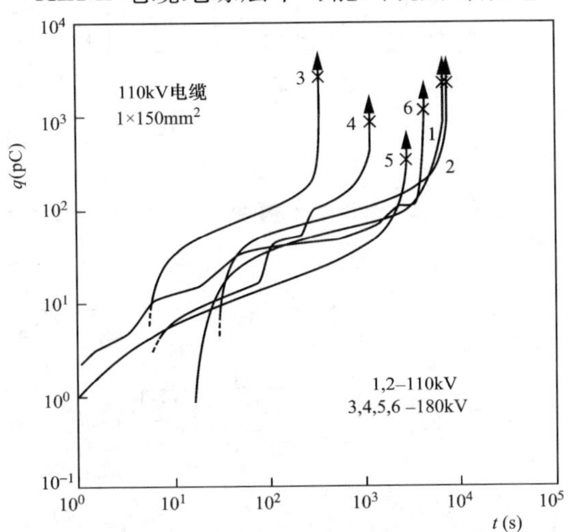

图 10-30　110kV 电缆局部放电量 q 与加压时间 t 的关系

图 10-30 所示为 110kV 单芯 XLPE 电缆（截面积 150mm²）局部放电量 q 随电压持续时间 t 增加的变化情况[2]，其中 1、2 号电缆承受的电压为 110kV，3～6 号电缆承受的电压为 180kV。以 3 号电缆为例，随加压时间的延长，局部放电量逐渐增加，当加压时间为几百秒、放电量达到几百皮库仑后，局部放电发展迅速，很快导致击穿。

图 10-31 所示为 22kV 的 XLPE 电缆终端局部放电量 q 随电压持续时间 t 增加的变化情况[11]。终端内 XLPE 表面有直径 1mm，

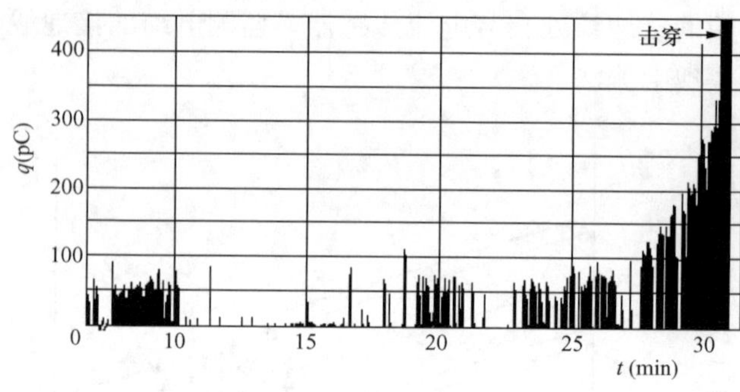

图 10-31　22kV 电缆局部放电量 q 与加压时间 t 的关系

深度 2mm 的针状气隙，施加电压为 46kV。加压后放电量 q 逐渐增加到 50pC，以后放电一度熄灭。之后放电发展迅速，q 逐渐增加，直至绝缘发生击穿。

二、局部放电在线检测

尽管电缆中的局部放电发生在有限范围，但若任其发展，将严重危害绝缘。因此通过检测局部放电来发现电缆局部缺陷，是防止电缆事故的有效手段。

在现场运行的电缆长度长、电容量大，在线检测局部放电时，相对来说外界干扰的影响更大。

在较长的电缆中有绝缘接头，可以利用这一条件应用差分原理来抑制干扰[11]。图 10-32（a）是在线检测电缆局部放电的差分电路接线示意图，在绝缘接头的两侧粘贴金属箔电极 A、B，以提取局部放电信号，再通过检测阻抗 Z_d 送至局部放电测量装置 M。差分检测的等值电路如图 10-32（b）所示，图中假设了绝缘接头右侧发生了局部放电，并用三电容模型（C_a，C_b，C_g 和间隙）代表。

考虑到在电缆导电线芯和外屏蔽层之间接入放电量校订装置的不方便，采用了一种间接校订方法。图 3-34（a）是对上述差分检测电路进行校订的示意图，在绝缘接头的两侧另外再粘贴金属箔电极 A′、B′，方波发生器 G 通过电极 A′、B′注入校订信号。方波校订的等值电路如图 10-33（b）所示。

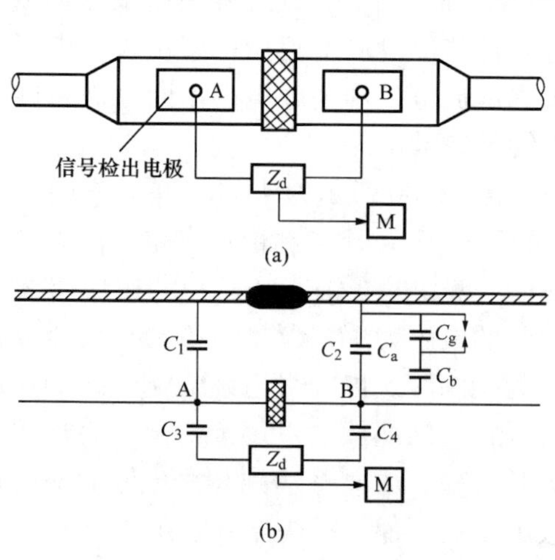

图 10-32　局部放电差分检测电路

（a）电缆和检测电极；（b）等值电路

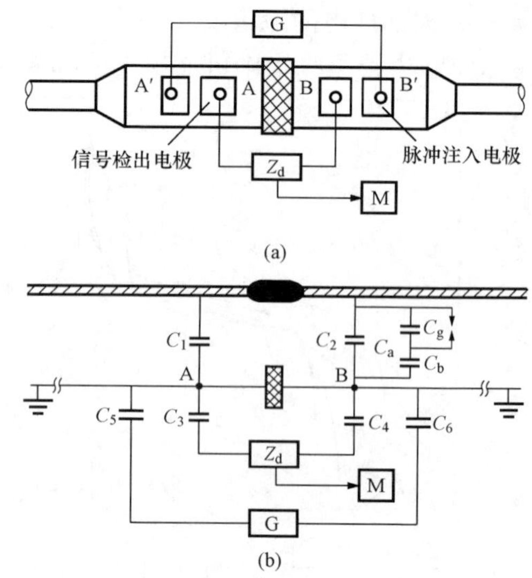

图 10-33　局部放电差分检测电路的校订

（a）检测回路和方波发生器；（b）等值电路

国家标准规定，将低幅值方波电压 U_0 通过小电容量 C_0 的接至被试品 C_x 两端，向被试品注入校订电荷 $q_0=C_0U_0$，根据测量仪器的读数 h_0，确定校订系数 $k_0=q_0/h_0$。如果采用间接校订方法，低幅值方波电压 U_0 通过小电容量 C_0 不是接至被试品两端，而是接至测量阻抗两端，如图 10-34（a）所示。可以证明，当向测量阻抗两端注入电荷 C_0U_0 时，相当于向被试品两端注入校订电荷 $q_0=kC_0U_0$，其中 $k=(C_x+C_p)/C_p$。将如图 10-33（b）所示的校订等值电路改画为图 10-34（b），可知 C_5 与 C_6 串联连接后相当于 C_0，因 $C_1=C_2$，因此注入校订电荷 $q_0=2C_0U_0$。可据此确定校订系数。

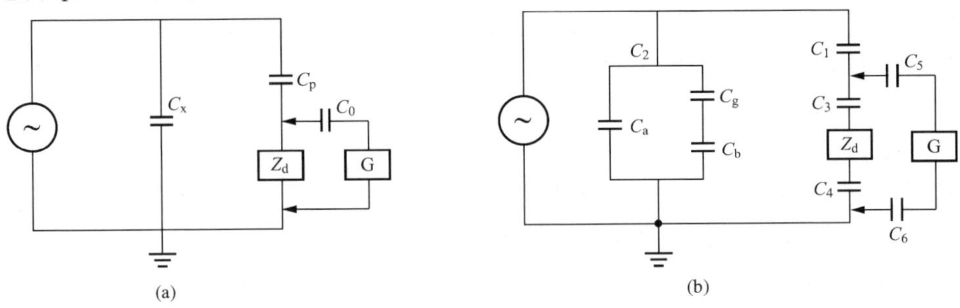

图 10-34 间接校订电路

（a）原理接线；（b）电缆接线

三、局部放电判断

可以根据检测到的视在放电量的大小，根据阈值诊断法来判断电缆绝缘状况。应用局部放电数字化微机在线检测装置，可取得比较丰富的放电信息，由导得的二维 φ-q、φ-n、q-n 谱图，三维 φ-q-n 谱图或二维 φ-q 散点图（φ 为放电发生工频电压相位，q 为放电量，n 放电重复率），可根据指纹诊断法来判断故障模式。

文献报道，绝缘中的电树枝达到 0.5mm 时，局部放电量约 100pC。最大放电量并不总是正比于树枝长度。由二维 φ-q 谱图两个子谱图的偏斜度 s 在 4 个象限中的分布，可预测树枝的延伸发展情况[8]。图 10-35 为用 s 平面表示法对绝缘作出诊断的实例，当 P 点进入第 3 象限后绝缘进入危险状态。

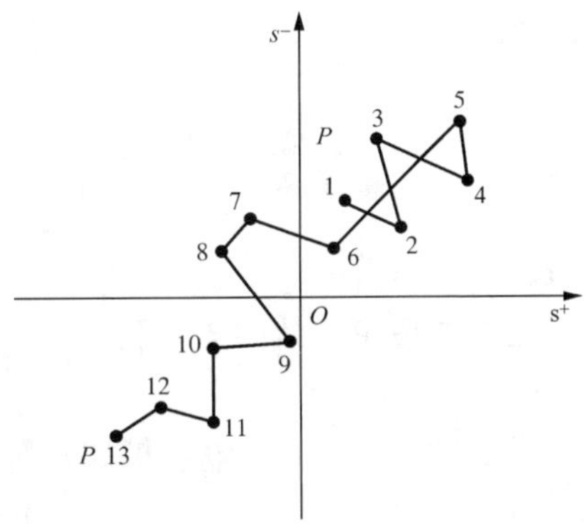

图 10-35 用 s 平面表示法诊断绝缘

◎ 第七节 电缆故障点定位方法

为了对出现故障的电缆进行维修，必须知道出现故障的位置。通常，先大致估计故障的范围，然后再在预估范围内确定故障的确切位置[12]。

一、电缆故障点预估定位

对电缆故障点的预估定位通常采用脉冲反射法。

在首端对电缆施加脉冲波，此脉冲波传播至故障点时将产生反射。设故障点离电缆首端的距离为 L_x，脉冲波在电缆中的传播速度为 v，则在时间 $t_x=2L_x/v$ 时电缆首端将接收到反射波。因此。可由波速 v 及接收到反射波的时间 t_x，得到故障点离电缆首端的距离 $L_x = vt_x/2$。

反射波的信号强弱对确定 t_x 是十分重要的。设电缆的波阻抗为 z，故障点的等值电阻为 R_a，则在故障点的脉冲反射系数为 $r=(R_a-z)/(R_a+z)$。

对并联型故障，设故障点电阻为 R_f，则故障点的等值电阻 $R_a=R_f z/(R_f+z)$，脉冲反射系数 $r=-z/(2R_f+z)$，为使反射波的幅值足够大，反射系数 r 的绝对值不应小于 0.05。由上式可知，R_f 的值应较小，不应大于 $10z$。

二、电缆故障点确切定位

在初步估计电缆的故障范围后，即可在此范围内寻找电缆的确切故障点，以进行修理。对占故障比例较高的并联型故障，可根据电缆故障点电阻数值的大小，分别采用声波法或音频法。

（一）声波法

对具有高阻性故障的电缆，采用声波法来寻找故障点。对电缆间歇施加高电压脉冲，故障点处绝缘因不断击穿而发出声波。工作人员在地面使用拾音器、放大器和指示仪表组成的装置检测此声波信号，根据所得信号的强弱变化，当指示仪表指示信号最强时，此位置即为故障点的确切位置。

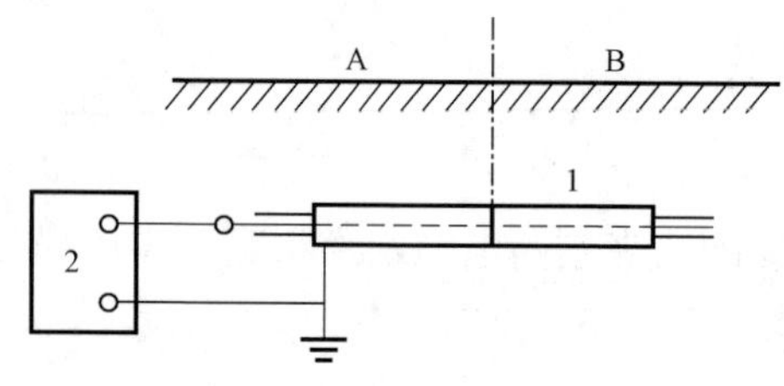

图 10-36 低阻故障确切定位

1—电缆；2—音频信号发生器

（二）音频法

对具有低阻性故障的电缆，无法对其施加高电压脉冲，不再能使用上述声波法。可对电缆施加音频电压，原理接线见图 10-36。音频电流经电缆首端流入电缆芯线，在故障点处流至外屏蔽层，并回至电源。在地面应用磁场探测线圈检测音频信号，在区域 A 能收到信号，但当工作人员进入区域 B 后，信号即消失。信号有、无的发生地点即为电缆故障点所在位置。

三、电缆护层故障点定位

（一）预估定位

图 10-37 所示为对电缆护层故障点进行预估定位的原理接线。

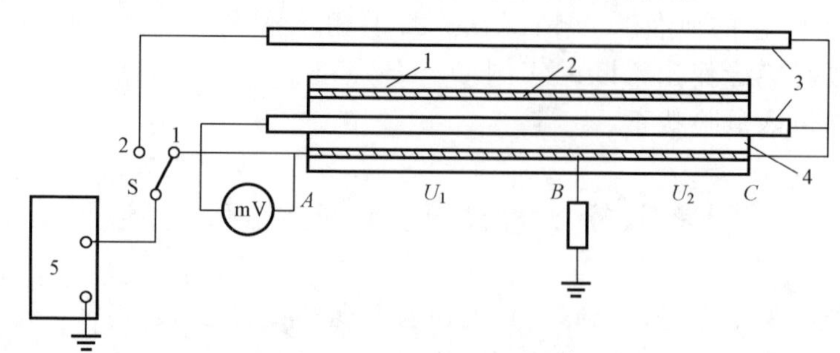

图 10-37 护层故障点预估定位

1—护层；2—外皮；3—导电芯；4—绝缘；5—直流电流源

设护层的损坏位置在 B 点，该处对地电阻下降。分别对护层 AB、BC 段通以直流电流，根据 AB、BC 段的电压降，确定故障位置。

测试时先将开关 S 投向位置 1，直流电流源 5 在电缆护层 AB 段产生的压降 U_1 可由毫伏表读出。再将开关 S 投向位置 2，并由毫伏表读出电缆护层 BC 段的压降 U_2。显然，故障点离 A 点的距离为

$$AB = \frac{U_1}{U_1 + U_2}L$$

式中　L——电缆长度。

图 10-37 中的线芯可以是被测电缆的另一线芯，也可是其他电缆的一根线芯。

（二）确切定位

在初步估计了电缆护层的故障范围后，即可在此范围内寻找确切故障点。

图 10-38 所示为对电缆护层故障点进行确切定位的原理接线。直流电流经电缆护层的破损处流向大地，在预估的护层故障点范围内用仪表在地面测量电压。由 C 点开始电压逐渐增加，到 B 点电压最大，过 B 点后电压逐渐下降，到 A 点时其值为零，过 A 点后电压又开始增加，但极性改变。电压极性变换处即为护层故障点所在位置。

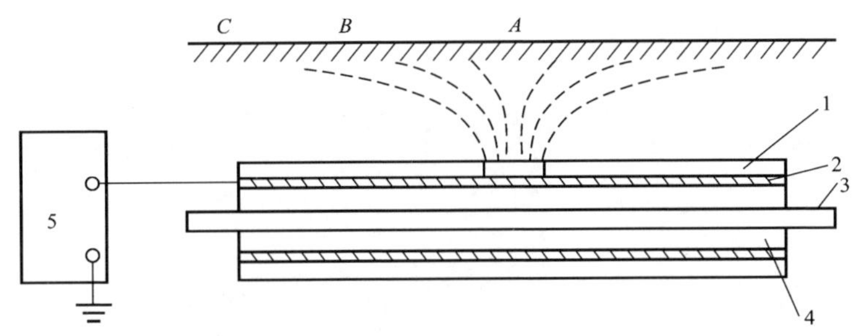

图 10-38　护层故障点确切定位

1—护层；2—外皮；3—导电芯；4—绝缘；5—直流电压源

参 考 文 献

[1] 罗俊华. XLPE 电力电缆绝缘特性试验方法的研究. [博士论文]. 西安：交通大学电气工程学院，2003.

[2] Tanaka H, Matsuki M, Maruyama Y, et al. Partial discharge properties and propagation of electrical trees in XLPE cables. Proc. of the Intern. Symp. on High Voltage Enginering, Yokohama, Japan, 1993：177-179.

[3] 电气学会. 特别高压回转机・ケーブルの绝缘劣化诊断技术. 电气学会技术报告，(II 部)第 267 号，1988.

[4] 严璋. 电气绝缘在线检测技术. 北京：中国电力出版社，1995.

[5] DL/T 596—1996 电力设备预防性试验规程. 北京：中国电力出版社，1997.

[6] Soma K, Aihara M, Kataoka Y. Diagnostic method for power cable insulation. IEEE Trans. on Electrical insulation, 1986, 21 (6)：1027—1032.

[7] 长坂进. 高压ケーブル活线裂化诊断装法の技术动向. 电气杂志，1988 (2)：36-42.

[8] 谈克雄，吕乔青. 交联聚乙烯电缆绝缘的在线诊断技术. 高电压技术，1993，19 (3)：1-4.

[9] 牧修市，冈本包，白浜治，等. 高压ケーブル活线绝缘诊断装置. フジタラ技报，1987，第 73 号.

[10] 中西公男，上岛征行．低周波重叠法によるCVケーブル活线裂化诊断装置．电气杂志，1990（5）：49-55.
[11] 电气学会．电力ケーブルのシステム部分放电测定技术．电气学会技术报告，第695号，1988.
[12] 朱德恒，谈克雄．电绝缘诊断技术．北京：中国电力出版社，1999.

第十一章

高压开关设备的监测和诊断

◎ 第一节　概　　述[1,2]

一、高压断路器的故障和监测诊断的作用

高压开关设备是电力系统中重要的控制和保护设备。高压开关设备中断路器的任务是根据电网运行的需要把电力设备或线路投入或退出运行，或者将发生故障的电力设备或线路从电网快速切除，以保证电网中无故障部分正常运行。因此，一旦高压开关设备本身出现故障，就可能造成电力系统更大的故障，严重时会造成重大损失。

我国电力系统中的高压开关的基本情况如下：到 1997 年底，全国电力系统中运行的 7.2～550kV 电压等级的断路器共 229965 台。1989～1997 年高压开关年平均增长率为 7.46%。在所有的开关设备中，12kV 电压等级的数量最多，约占总数的 2/3[1,2]。

1990～1999 年全国电力系统配电电压等级开关事故的统计数据见表 1-1。在各种开关中，10kV 级的开关由于安装数量最大，故障次数也最多，占 63.2%。各种类型故障所占的比例由多到少依次为：绝缘 37.3%、拒分 20.6%、外力及其他 10.6%、开断与关合 10.0%、载流 8.9%、误动 7.1%、拒合 5.6%。如果将障碍也包括在内，则机械原因造成的故障（包括拒合、拒分和误动）占 39.3%，外力及其他原因造成的故障占 29.5%，绝缘占 18.1%，载流占 4.9%，开断与关合占 4.6%[1]。可见机械包括控制电路故障和绝缘故障是高压开关设备故障的主要原因。操动机构和传动系统的故障以及电气控制及辅助回路的故障是造成拒分、拒合和误动故障的主要原因。开关柜内环境恶劣、绝缘材料和器件选择不当是绝缘故障的主要原因[3,4]。载流故障的主要原因是开关柜隔离触头接触不良造成触头过热、烧熔以致引弧甚至造成短路。

表 11-1　　1990～1999 年全国电力系统配电电压等级开关事故的统计数据[2]

事故类型	拒分	拒合	开断关合	绝缘	误动	载流	外力及其他	总计	百分比（%）
6～10kV	200	27	131	370	27	130	131	1016	63.2
35kV	66	21	11	157	11	9	16	291	18.1
66kV	1	0	0	3		1	0	5	0.3
110kV	33	30	14	46	39	1	17	180	11.2
220kV	31	12	4	23	37	2	7	116	7.2
总计	331	90	160	599	114	143	171	1608	100
百分比（%）	20.6	5.6	10.0	37.3	7.1	8.9	10.6	100	—

为了保证高压开关设备的可靠性，减少故障造成的损失，需要对高压开关设备进行维修。维修的方式先后经历了三个阶段：事后维修、定期维修和状态维修。当前的维修方式以定期维修为主，事后维修为辅，并向状态维修方式过渡。状态维修方式的出现，首先是因为实际上定期维修并不能很好地解决问题。CIGRE WG13-06，分别在1974～1977年和1988～1991年对世界范围内的高压断路器的可靠性进行了两次调查[5~7]，结果表明：分别只有6.1%和4.7%的主要故障、13.7%和25.1%的次要故障在例行检修中被发现；而同时有2.8%和8.1%的主要故障、2.6%和4.5%的次要故障是由于不正确的修理造成的。这些事实说明，定期维修对于故障的发现并不很有效，存在着很大的弊病和不足。而与此同时，现在变电站半数以上的维修费用用于断路器，其中60%用于断路器的大修[9]。因此如何减少维修费用同时又能够及时有效地发现故障前兆是电力部门和其他多种用户需要解决的问题。

目前处于发展阶段的状态维修方式基于状态监测和故障诊断技术，是以设备当前的实际工作情况为依据，通过状态监测与故障诊断手段，识别故障的早期征兆，对故障部位、故障的严重程度及发展趋势做出判断，从而确定最佳的维修计划。实现状态维修可以：①节省维修费用；②延长设备的使用寿命；③保证供电的可靠性；④降低维修风险[8]。基于这些特点，状态维修方式已成为高压开关设备维修方式的发展方向，而所需的在线监测和故障诊断技术则成为国内外高压开关设备研究机构和制造部门以及运行部门的研究热点。

此外，在制造厂，SF_6断路器生产车间对清洁度有很高要求，这一点在现场很难满足，因此高压断路器的一种称为“临时状态监测（Temporary Condition Monitoring）”的技术正在国内外发展起来，应用这一技术，在检查退出运行的断路器时不需打开断路器，采用外部传感技术即可了解触头烧损和操动机构等断路器内部情况。这一技术在状态维修中具有重要作用，本章也包括这方面的内容。

一台高压开关设备应采用的状态监测和故障诊断的项目应是根据多年来运行故障统计得出的故障的发生频度，可能造成的损失、所采用技术的有效性以及监测诊断所需费用综合确定的。因此，监测装置的一个非常重要的要求是应具有良好的技术经济指标。高压断路器可以进行的监测诊断项目非常多，完全实现这些项目价格将十分昂贵。合理的方法应是根据断路器的各种故障率、每次故障的直接和间接损失以及社会影响等做综合分析。

推荐为首选的适于应用监测诊断装置的高压开关设备种类如下：

（1）具有重大政治、社会影响的开关设备。

（2）220kV以上的超高压开关设备。

（3）重要生产企业或装备的高压开关设备。

（4）频繁操作的重要设备的高压开关设备，如大型水电厂的调峰开关等。

（5）预期寿命将到的重要高压开关设备，这种开关设备故障率将随运行时间的延长不断增高，并有确定合理寿命（延长或提前更新设备）的要求。美国及加拿大最早的监测诊断对象是压缩空气断路器和双压式气体断路器，并取得了好的经济效益。

根据国内外多项统计看来，对高压断路器而言，机械故障（包括操动机构及控制回路）占全体故障的70%～80%，其他灭弧、绝缘故障占有较小比例，发热故障比例更低，因此通常把机构故障包括操动机构控制回路故障放在监测高压断路器最重要的地位。对高压开关柜，隔离触头发热则是令人关注的一个问题。

二、监测诊断装置及目标

1. 监测诊断装置

一般应将各种传感器安装在开关设备外部，这样做将不影响设备的原有性能及可靠性。监测模块应安装在高压断路器现地，以减短传感器信号线长度。采用计算机技术可以大大增强监测模块的工作能力。采用电磁兼容技术和抗振技术等将使现场监测模块可工作在强电磁干扰、温度变化大、机械振动强的苛刻环境中。

高压断路器现场监测模块有两种做法：一种是模块本身具有信号处理、诊断、报警、设置等功能，可以独立完成各项工作；另一种是模块只有信号采集及初步处理功能，但可通过其中的通信功能，把数据送到上级计算机，上级计算机有关软件具有更强大的功能和更复杂的信号处理技术，诊断技术也更为完善。此外，还可以建立状态数据库，能分析有关参数的历史变化趋势，也可以进行统计与管理等。

2. 监测和诊断内容

根据可能出现的故障种类，高压断路器监测（包括临时状态监测）诊断项目有以下各种：

（1）合（分）闸线圈通路——监测控制回路是否完好。

（2）合（分）闸线圈电流——监测电磁铁及所控制的锁闩或启动阀以及联锁触头的工作情况。

（3）合（分）闸线圈电压——监测控制回路与电压是否正常。

（4）合、分闸时间——包括合、分闸时间，合、分闸三相间断口不同期性、同相内各断口不同期性、主副触头动作时间差，重合闸无电流时间，重合闸金属短接时间等。这些参数的在线监测技术很难解决。

（5）断路器动触头行程——断路器合、分闸行程大小和行程曲线，过冲行程，合、分闸触头超行程，合、分闸触头弹跳等。

（6）断路器动触头速度——断路器运动速度。可以包括：合、分闸动触头速度曲线，动触头刚合、分速度，合、分平均速度，合、分最大速度等。

（7）断路器动作过程中的机械振动——可以反映机械部分的卡滞和非正常碰撞、机构零件脱落、缓冲器性能等。机械振动信号的较好的信号处理方法尚未获得。

（8）断路器机械寿命——断路器预期机械寿命或达到需要进行维修（润滑及紧固螺钉）的次数。

（9）静态回路电阻——反映触头的磨损和腐蚀的程度和接触情况。此项内容的在线监测技术尚未解决。

（10）动态回路电阻——弧触头的有效接触行程，这是很多气体断路器的重要参数，通过它可以知道弧触头磨损情况。

（11）合闸弹簧状态——弹簧机构的贮能弹簧压力、刚度等工作情况。

（12）液压或气压机构起动次数、频繁程度——通过液压或气压机构起动次数，估计机构的漏气、漏油情况。

（13）液压或气压机构的压力。

（14）断路器灭弧过程——包括燃弧时间，有无复燃重击穿，电弧电压等。这项内容的较完善的监测尚未解决。

(15) 断路器开断电流加权值—— $\sum_{n=1}^{n} I_n^{\alpha}$ (n 为开断顺序次数，I_n 为第 n 次开断时断路器开断电流值；α 为开断电流指数，只宜由实验确定，通常在 1.5～2.0 之间)。此加权值可间接监测断路器灭弧室及弧触头（包括灭弧介质）烧损状况。

(16) 导电接触部位的温度——监测导电接触部位的发热情况。

(17) 真空灭弧室的真空度。这也是一项相当困难的监测诊断技术。

(18) SF_6 气体的温度、压力和密度。气体密度的监测诊断技术还有一定难度未能解决好。

(19) 局部放电——局部放电是罐式六氟化硫气体断路器、封闭式组合电器 GIS 和气体输电管道 GIL 的一个重要的监测诊断项目。

◎ 第二节 监 测 原 理

一、合（分）闸动触头行程和速度测量

可选用直线式光电编码器或增量式旋转光电编码器两种传感器测量合（分）闸动触头行程和速度，后者的特点是质量轻，力矩小，可靠性高。把直线式行程传感器安装在操动机构或断路器的作直线运动的连杆上，或把旋转式光电编码器安装在断路器或操动机构的转动轴上，就可以通过传感器测量合（分）闸的运动信号波形。

旋转式光电编码器是带有 A、B 两组正交的角位传感器。装置上有一固定光源，光线通过光栅时，可射到光电转换装置，得到信号。当光栅移过后，光线受阻，光电转换装置无输出。当轴连续转动时，仪器将输出一连串的电脉冲信号，两个脉冲的间隔长度正比于转轴瞬时角速度。由于编码器有 A、B 两组光栅，因此可以输出 A、B 相两路相位相差 90°角的正交脉冲串。通过信号处理电路，能从 A、B 相两信号的相对位置确定转轴的转动方向的正反，可以判断触头是正向运动还是反弹。通过计数器对 A、B 相两路信号计数，就能得到转轴转动的角位移随时间的变化曲线。

旋转光电编码器的结构如图 11-1 所示。

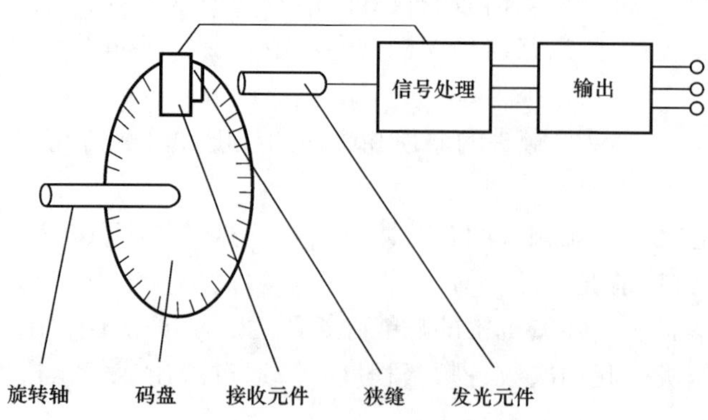

图 11-1 旋转光电编码器的结构原理

图 11-2 所示是 A 相和 B 相信号是两路正交脉冲输出及其处理原理。

从旋转光电编码器或直线光电编码器输出的两路正交脉冲，经光电隔离后，再由施密特

电路整形，得到 A、$\overline{A}$、B、$\overline{B}$四路方波信号，A、$\overline{A}$、B、$\overline{B}$分别经过单稳器件得到了各自的上升沿和下降沿信号 A'，$\overline{A}'$，B，$\overline{B}'$，这些脉冲由与—或—非电路实现了正交信号处理，其输出为

$$P+=A\overline{B}+\overline{A}B+BA+\overline{B}\,\overline{A} \tag{11-1}$$

$$P-=A\overline{B}+\overline{A}\,\overline{B}+B\,\overline{A}+\overline{B}\,A \tag{11-2}$$

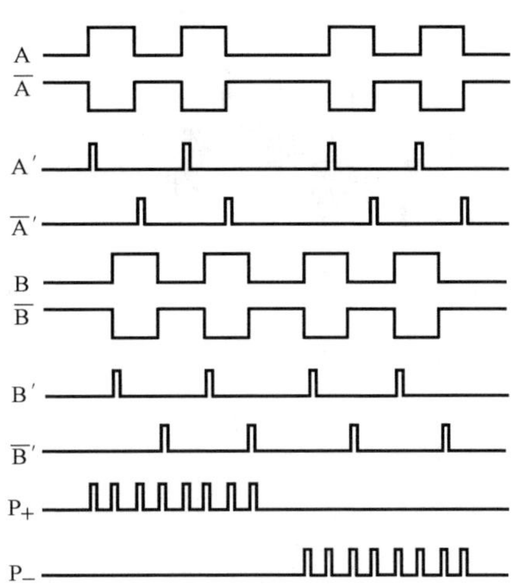

图 11-2 正交逻辑处理波形

两路加减脉冲信号经加减计数器计数，测试系统以一定的采样频率读取这 12 位结果，从而得到了断路器操作过程中的行程时间特性曲线 $H(t)$。断路器操作过程中的行程特性曲线及合分闸线圈电压和电流波形如图 11-3 所示。

直线式光电编码器的工作原理与旋转式光电编码器基本相同，只是旋转式光电编码器用的是圆光栅盘，输入是转动轴的转动，而直线式光电编码器用的是直尺光栅，输入是直线运动的连杆的直线运动。

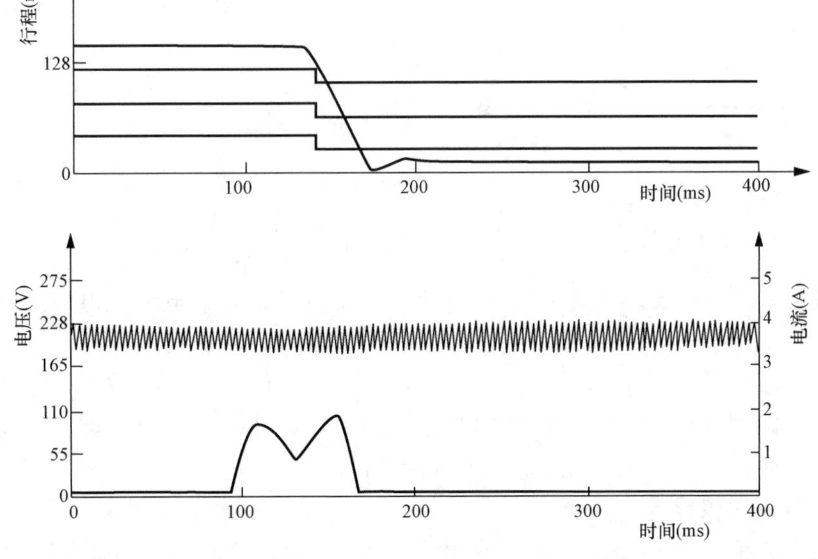

图 11-3 断路器分闸操作过程特性曲线

通过合（分）闸操作动触头的行程波形，可计算得动触头合（分）闸操作的运动时间、动触头行程、动触头运动的平均速度和最大速度和速度曲线等。需要注意的是速度是由行程求导而得，而行程是离散量，这样直接求得的速度曲线可能极不准确、极不合理，必须用低通、平滑等技术处理，如图 11-4 所示。当然，这些处理必然也会带来误差，也会掩盖一些曲线上变化较快的细节。

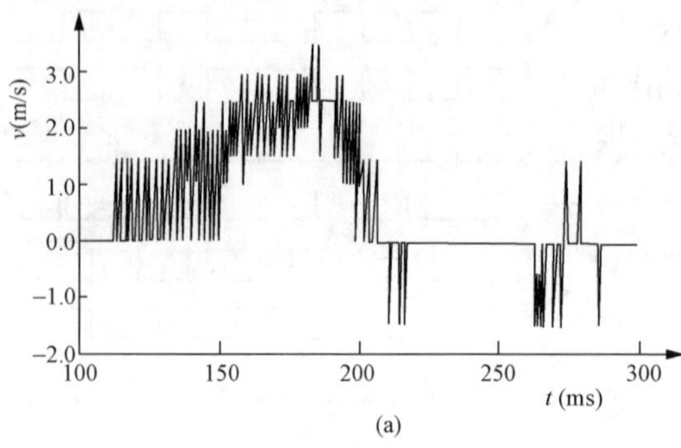

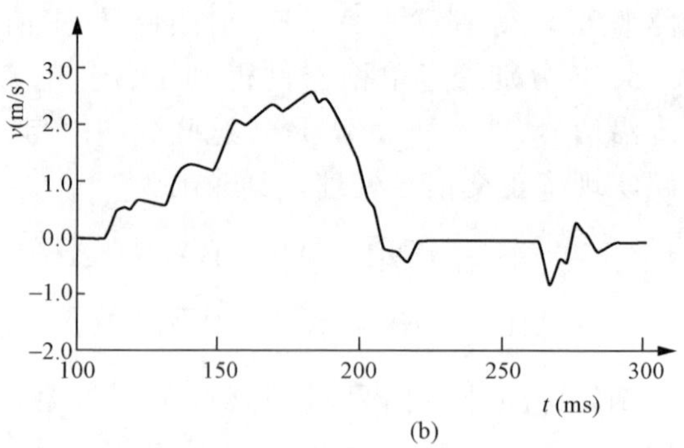

图 11-4　由行程曲线求得的速度曲线

（a）未滤波处理；（b）合适的滤波处理

二、储能弹簧状态监测

弹簧操动机构的储能弹簧是一个重要部件，监测诊断的内容是储能后的弹性力。

直接监测的方法是应用力传感器或扭矩传感器。这种方法的主要缺点是须将受力的部件截断，装入传感器。这将明显改变开关设备结构，不易被厂家、用户接受。

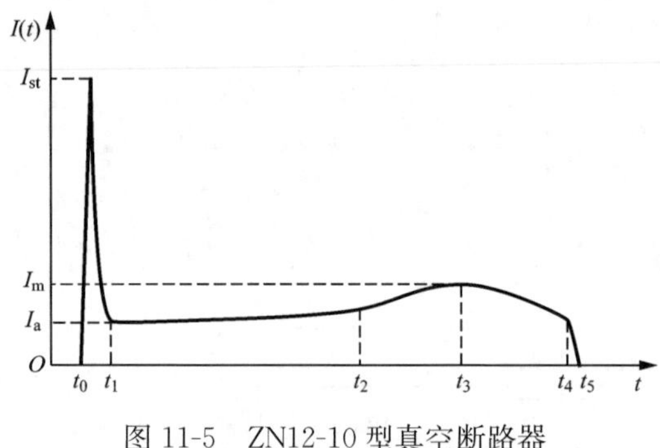

图 11-5　ZN12-10 型真空断路器储能电动机电流波形

间接监测的方法是应用电流传感器，测量储能电动机的工作电流波形及工作时间，以监测储能弹簧的状态。典型的电流波形如图 11-5 所示。储能电动机电流波形可以分为下列四个阶段：

（1）阶段Ⅰ，$t=t_0\sim t_1$。t_0 时刻开始通电，到 t_1 时刻电动机起动终了开始平稳工作。在这一阶段的特点是有较大的起动电流。

（2）阶段Ⅱ，$t=t_1\sim t_2$。在这一阶段，电动机电流基本不变，电动机电流为 I_a。

（3）阶段Ⅲ，$t=t_2\sim t_3$。在 t_3 时刻，电动机负荷力矩最大，电动机电流达到最大值 I_m。

（4）阶段Ⅳ，$t=t_3\sim t_4$。在 t_4 时刻，辅助开关分断，电流被切断。

分析电流波形时，可以把 t_0、t_1、t_2、t_3、t_4、I_a、I_m 作为特征参数。对比这些电流特征参数的变化，可以判断储能弹簧力特性的改变。如果知道储能电动机的类型和电动机及相关机构的参数和尺寸，还可以估算出弹簧力—行程特性。

三、开断电流加权累计

断路器的电磨损或电寿命，决定于在开断过程中电弧对触头、灭弧室和灭弧介质的烧损。对于真空断路器及带弧触头的 SF_6 断路器来说，则主要是触头的磨损决定断路器的电寿命。监测方法是在每次开断过程中，通过高压电流互感器和二次电流传感器测量高压开关的电流波形，计算开断电流的有效值，然后根据下式计算

$$Q=\sum_{n=1}^{n} I_n^{\alpha} \tag{11-3}$$

式中　n——开断的序列数；

I_n——该次开断电流的有效值；

α——开断电流指数；

Q——开断电流的加权累计值。

当Q值超过阈值时，则表明应当检修，更换。由制造厂家提供的一定型号断路器触头的电寿命曲线（开断电流的有效值—开断次数）可以确定出该断路器的α和阈值Q。图 11-6 示出一台真空断路器的电寿命曲线。

由于进行断路器多次开断试验所需费用太高，有时厂家只提供在额定开断电流下的允许开断次数，此时常见取$\alpha=2$。

四、合（分）闸线圈电流监测[3,9]

电磁铁是高压断路器操动机构的重要元件之一，高压断路器一般都是以电磁铁作为第一级控制元件。当线圈中通过电流时，在电磁铁内产生磁通，铁芯受电磁力作用吸合，使断路器合闸或分闸。线圈的电流波形中包含着不少信息，反映了电磁铁本身以及所控制的锁闩或阀门以及联锁触头在操作过程中的工作情况。

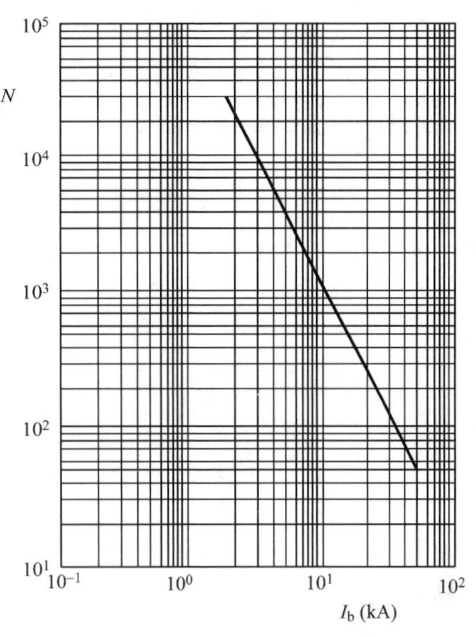

图 11-6 ZN12-12 型真空断路器的电寿命曲线

电磁铁结构简图及电磁铁电路见图 11-7 及图 11-8。

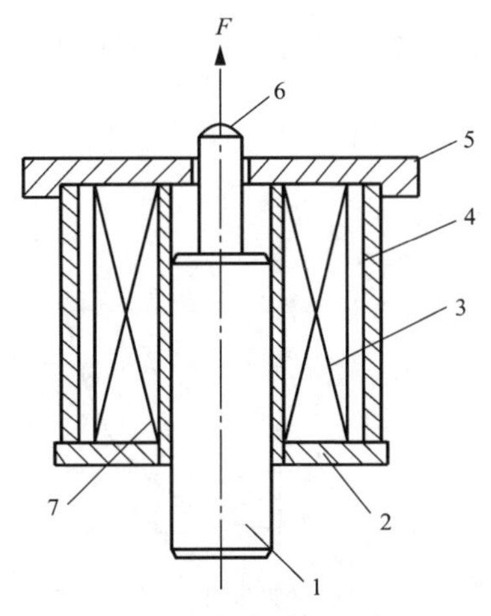

图 11-7 电磁铁结构简图

1—动铁芯；2—下铁轭；3—线圈；4—侧铁轭；5—上铁轭；6—顶杆；7—衬套

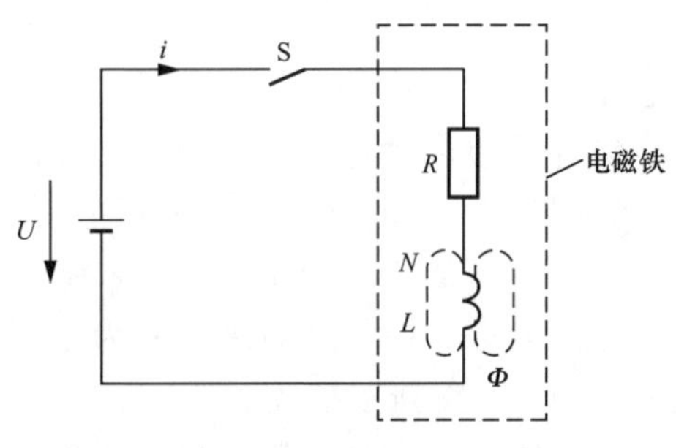

图 11-8 电磁铁电路

R—线圈电阻；N—线圈匝数；L—等效电感

典型的线图电流波形见图 11-9。

电磁铁动态工作过程如下：

参考图 11-9，铁芯运动可以分为下列 4 个阶段：

（1）阶段Ⅰ，$t=t_0\sim t_1$。线圈在t_0时刻开始通电，到t_1时刻铁芯开始运动。在这一阶段的特点是电流上升，铁芯还没有运动。

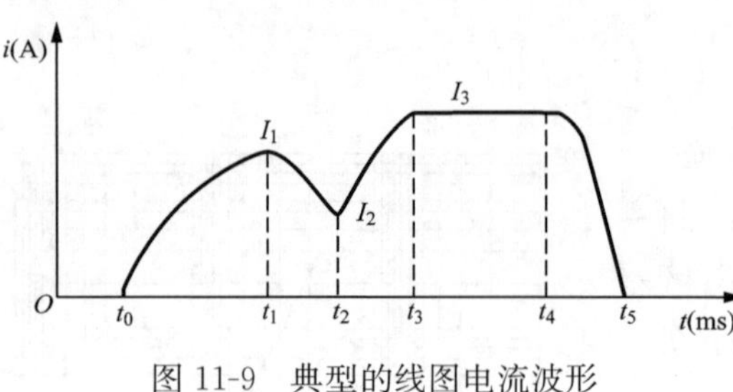

图 11-9 典型的线图电流波形

(2) 阶段Ⅱ，$t=t_1\sim t_2$。在这一阶段，铁芯运动。

(3) 阶段Ⅲ，$t=t_2\sim t_3\sim t_4$。在这一阶段，铁芯运动停止，电流重新上升，其预期的稳定电流 $I=U/R$。

(4) 阶段Ⅳ，$t=t_4\sim t_5$。电流切断阶段。

电磁铁工作过程可以用电路的微分方程分析如下

$$U = iR + \frac{\mathrm{d}\Psi}{\mathrm{d}t} \tag{11-4}$$

$$\Psi = Li \tag{11-5}$$

式中 Ψ——线圈的磁链。

将式（11-5）代入式（11-4）可得

$$U = iR + \frac{\mathrm{d}(Li)}{\mathrm{d}t}$$

$$U = iR + L\frac{\mathrm{d}i}{\mathrm{d}t} + i\frac{\mathrm{d}L}{\mathrm{d}t}$$

$$U = iR + L\frac{\mathrm{d}i}{\mathrm{d}t} + i\frac{\mathrm{d}L}{\mathrm{d}s}\cdot\frac{\mathrm{d}s}{\mathrm{d}t}$$

$$U = iR + L\frac{\mathrm{d}i}{\mathrm{d}t} + i\frac{\mathrm{d}L}{\mathrm{d}s}v \tag{11-6}$$

式中 $\mathrm{d}L/\mathrm{d}s$——线圈电感 L 对铁芯行程 s 的导数，其意义可见图 11-10，即 $\mathrm{d}L/\mathrm{d}s$ 为电感对行程的关系曲线在某一行程上的斜率；

v——铁芯运动速度。

第Ⅰ阶段，电流从零开始上升，铁芯吸力尚小不能运动，即 $v=0$。由式（11-6），电流按指数曲线上升直到铁芯开始运动为止。

第Ⅱ阶段，铁芯开始运动而且速度不断提高，由式（11-6）可见最右一项的反电动势不断加大，迫使电流不但不上升反而急转直下。这一情况直到铁芯完全吸合为止。

第Ⅲ阶段，铁芯运动速重又为零，即 $v=0$。此时电流根据式（11-6）重新按指数上升。

第Ⅳ阶段，在此阶段辅助开关分断，在辅助开关触头间产生电弧并被拉长，电弧电压快速升高，迫使电流迅速减小，直到熄灭。

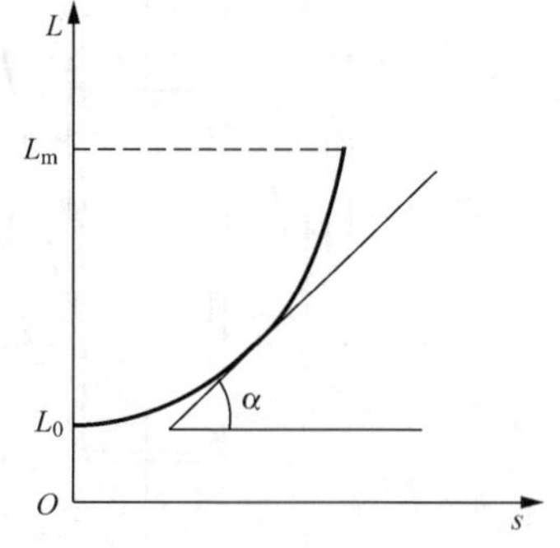

图 11-10 $\mathrm{d}L/\mathrm{d}s$ 的意义

分析电流波形可知，电流有两个峰值点和一个谷值点。以 t_0 为命令时间的零点，特征参数可以有 t_1、t_2、t_3、t_4、t_5、I_1、I_2、I_3。在简单的情况下，也可选 t_1、t_2、I_1、I_2 四个特征参数。

引起线圈电流变化的因素很多，如电压、铁芯空行程、摩擦阻力、卡滞以及操动机构的机械状况，不同的故障均可反映在不同的特征参数上。

除上述特征参数外，电流的波形也会反映故障情况，典型情况示例见图 11-11。

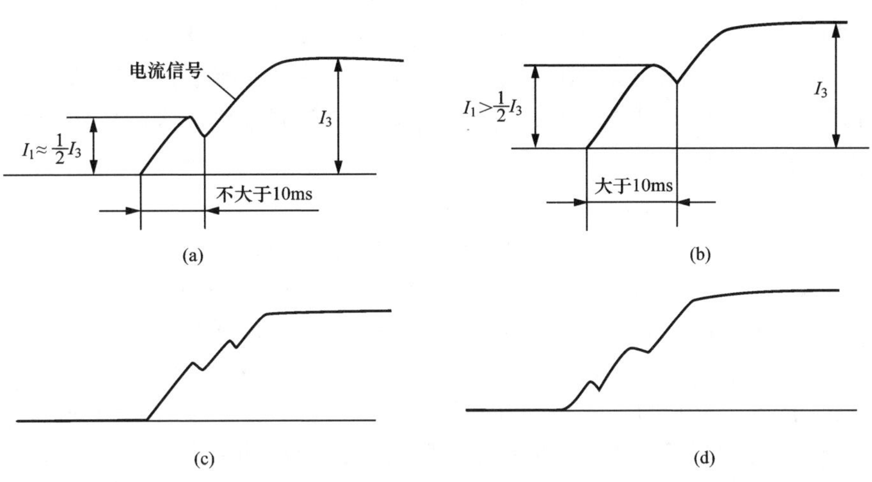

图 11-11　线圈电流波形的变异

（a）正常电流波形；（b）电磁铁开始动作有卡滞或铁芯空行程太大；（c）电磁铁动作有卡滞或空行程太小；（d）铁芯总行程及空程均过小

五、动态回路电阻检测技术[10]

一般的 SF_6 高压断路器、有主触头和弧触头两套并联连接的触头系统。在断路器长期闭合时，线路电流主要流经主触头。在开断电路时，主触头先断开；在关合电路时，主触头后接通。这样，电弧只在弧触头上燃烧，电磨损主要产生在弧触头上。这一情况可见图 11-12。

挪威有关单位曾作过 SF_6 压气式断路器的电寿命试验，对断路器连续进行开断 15kA 的

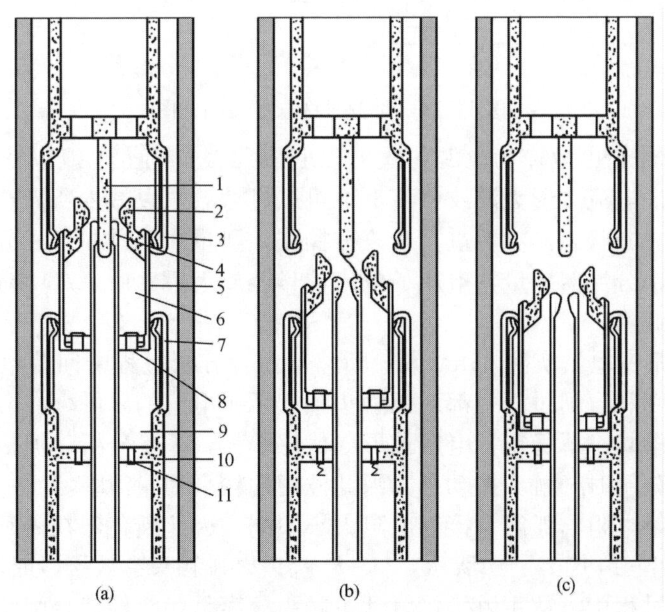

图 11-12　SF_6 高压断路器主、弧触头分断过程图

（a）合闸位置；（b）开断电流；（c）分闸位置

1—弧触头；2—绝缘喷嘴；3、5、7—主触头；4—弧触头；6—气室；8、11—阀门；9—充气室；10—气缸

操作，直到断路器不能开断导致灭弧室爆炸。爆炸后解体发现不能开断电路的原因不在于灭弧室的磨损，而是由于弧触头磨损严重，最后导致弧触头与主触头同时分断，电流无法从主触头转够到弧触头。由于主触头不处于灭弧室中，没有灭弧能力，因而出现持续电弧，最后导致开断失败，断路器爆炸。

由于上述原因，在运行中应了解弧触头烧损情况，但目前尚无在线监测方法。临时监测技术中的动态回路电阻法可以在不拆卸断路器的条件下测得弧触头接触情况。这一方法的原理如下：断路器在闭合状态时，测得的回路电阻主要是主触头接触电阻和弧触头接触电阻的并联值，主触头接触电阻比弧触头接触电阻小得多，反映不出弧触头的烧损情况。

动态回路电阻方法是在断路器先关合再开断低电压直流电流时测量断路器的端电压，这是个动态过程，故名。试验时，先关合断路器再立即分断，这时主触头先分离，然后弧触头分离，这样电流才转移到弧触头上。断路器的回路电阻也由两触头并联时的电阻转成只有弧触头的接触电阻。从主触头分离到弧触头分离的时间称为弧触头的有效接触时间，其行程为有效接触行程。测量有效接触时间，就可以了解弧触头的磨损情况。

测量的框图如图 11-13 所示。

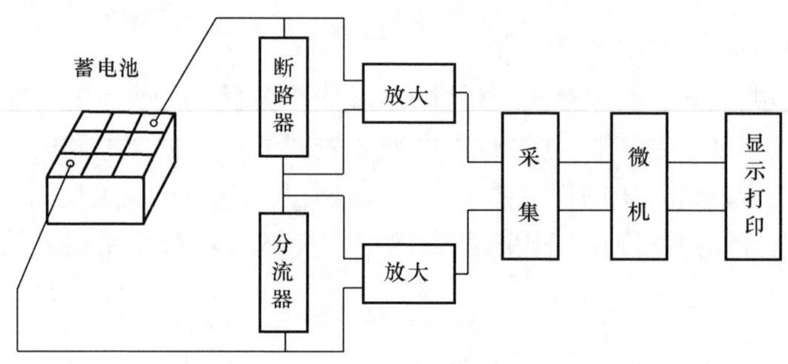

图 11-13　动态回路电阻检测框图

测量回路可采用蓄电池作为电源，既可以取得几百安的大电流以获得足够高的电压方便测量，又可以保证电流波形无波纹。蓄电池可以过载放电以减少所需蓄电池容量。在测量时，断路器先处于分断状态，然后进行合—分操作，测量断路器在合—分过程中的电流、电压波形。回路电流用分流器测量，电压、电流信号经放大后，由 A/D 装置采样后进入微机，再显示和打印有关波形。

图 11-14 是在某变电站实测 63kV SF_6 断路器在合分闸过程中回路电压、电流波形。在图中可以看出，分闸和合闸过程中都有弧触头独立承担电流的阶段。在合闸过程中，由于触头弹跳，弧触头接触状态不稳定，电压波形起伏比较大，不易分析，但根据电流波形可以检测出振动次数。在分闸时，触头振动小，因此波形比较平稳，清晰。

由于主触头接触电阻与弧触头接触电阻大小不同，因此断路器在分闸过程中，电压有两个突变时刻，如图 11-14 中 t_3、t_4 所示，$t_4 \sim t_3$ 就是灭弧触头有效接触时间为 5.4ms。

在合—分操作过程中，从主触头接触到主触头分离是触头保持合闸状态阶段，从波形中还可以求得静态回路电阻。

回路静态电阻为

$$R_1 = \frac{\overline{u_1}}{i_1} = 57.5(\mu\Omega)$$

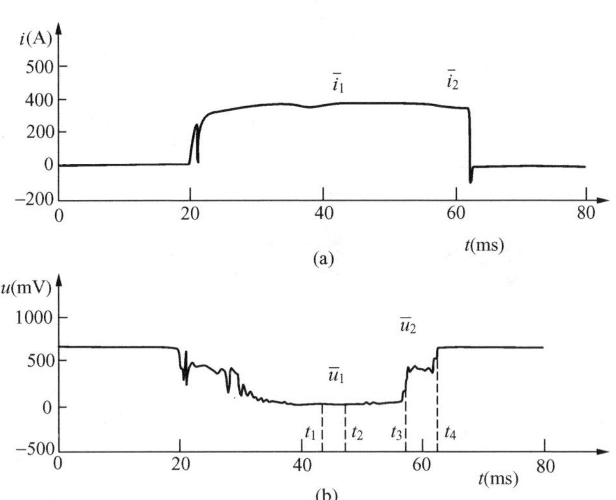

图 11-14 断路器分合过程中触头电流、电压波形

（a）电流；（b）电压

$t_2 \sim t_1$—接触稳定持续时间；t_3—主触头分离；t_4—弧触头分离；$\overline{u}_1$—接触稳定时持续时间内平均电压；$\overline{i}_1$—接触稳定持续时间内平均电流；$\overline{u}_2$—$t_3 \sim t_4$ 时间内平均电压；$\overline{i}_2$—$t_3 \sim t_4$ 时间内平均电流

当只有弧触头接触时，回路电阻为

$$R_2 = \frac{\overline{u_2}}{\overline{i_2}} = 1.1(\text{m}\Omega)$$

六、机械振动监测[10,21]

在高压断路器的分、合闸操作过程中，机构部件的运动和撞击都会引起振动响应。这种机械振动会有一定的随机性，但对于同一台高压断路器的多次操作过程中，振动信号重复性还是较好的。利用高压断路器这方面的特性，以外部振动信号、结合计算机和信号处理技术，可以进行高压断路器的机械状态监测。

机械振动监测系统框图如图 11-15 所示。

这一系统以计算机、A/D 板、测量机械振动信号用的压电晶体式加速度传感器、电荷放大器、高压断路器行程传感器、操作线圈电流传感器及处理软件组成。

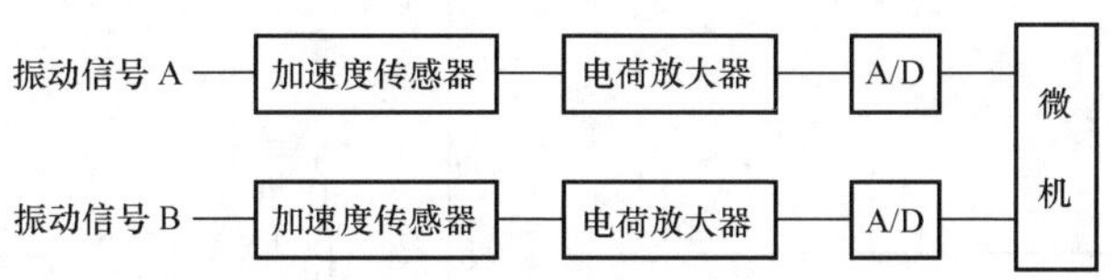

图 11-15 机械振动监测系统框图

图 11-16 是 SN10-10 型高压断路器在合闸过程中振动加速度信号 at。图 11-16 中，1 为接触器碰撞，2 为铁芯顶杆撞击，3 为触头碰撞，4 为机构回落时的冲击。

机械振动信号的监测并不困难，这是因为振动通常比较强烈，信噪比较高。较困难的是振动信号的信息处理和故障诊断技术，这是因为振动信号波形和频域特性相当复杂，当前，总的说来，虽有多种试验研究，如时频复合分析法、状态图法、动态时间规整法、事件发生时间与幅值法、指数振荡波分解法和相频分析法等，但仍不够成熟。当前有采用小波分析法

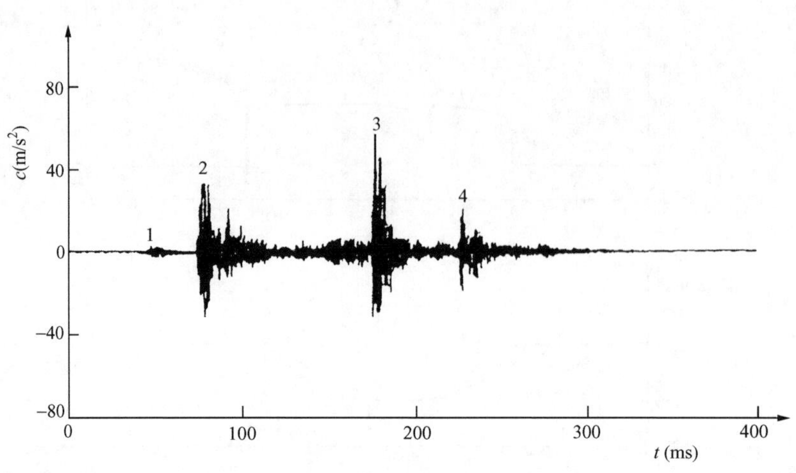

图 11-16 合闸振动信号波形

的，效果较好。下面只就几个方面做简略的介绍。

（1）从时域看，机械振动波形大致是由一系列不同频率衰减的正弦波组合而成，振动响应的幅值与冲击作用力的大小成正比，振动的频率及衰减时间常数与高压断路器的机械零部件的结构有关。一般说来，一个零件会有几个自振频率。由于存在衰减和振动波传播速度随频率不同而变化，在不同测试点上的振动强度和波形也不一样，见图 11-17。所以，在高压

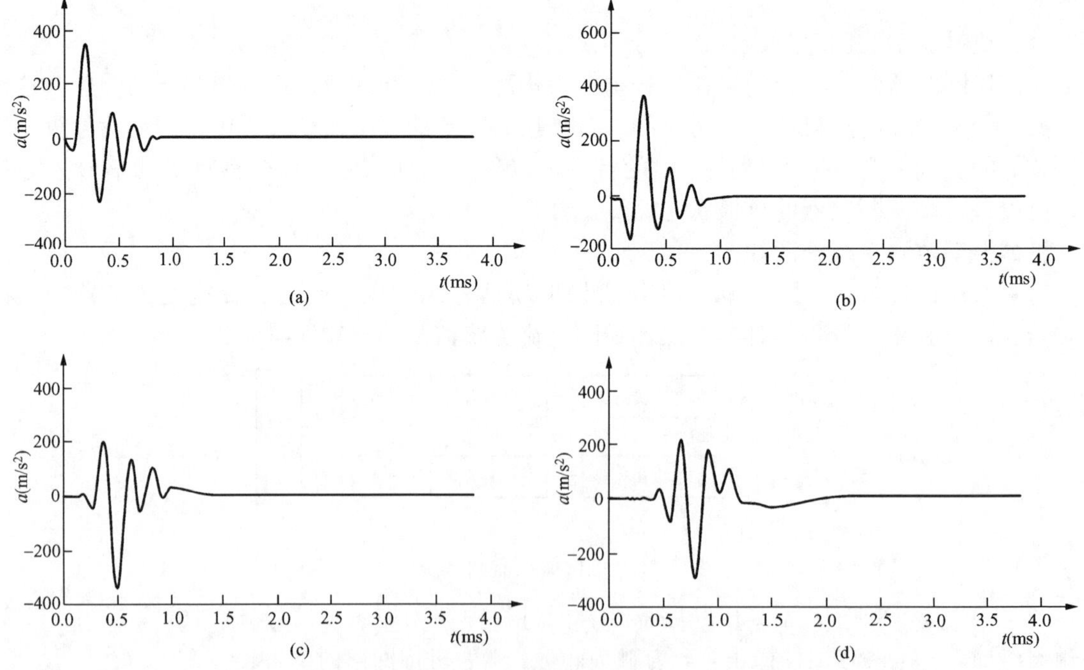

图 11-17 距振动源不同距离处振动信号波形的畸变

（a）$l=10$cm；（b）$l=20$cm；（c）$l=50$cm；（d）$l=100$cm

断路器上选择合适的测试位置和传感器的安装方向非常重要。从图 11-17(a)～图 11-17(c)三个信号波形上对应分析，可以确定信号波形上各个较大的振动子过程（也称为振动事件）与

高压断路器内部机械部件运动冲击的对应关系。利用这个特性可以进行高压断路器的多个参数的在线检测。

（2）从频域特性上看，高压断路器机械振动的频率不高，主要频率一般不超 10kHz。图 11-18 是对振动信号进行的功率谱计算结果。

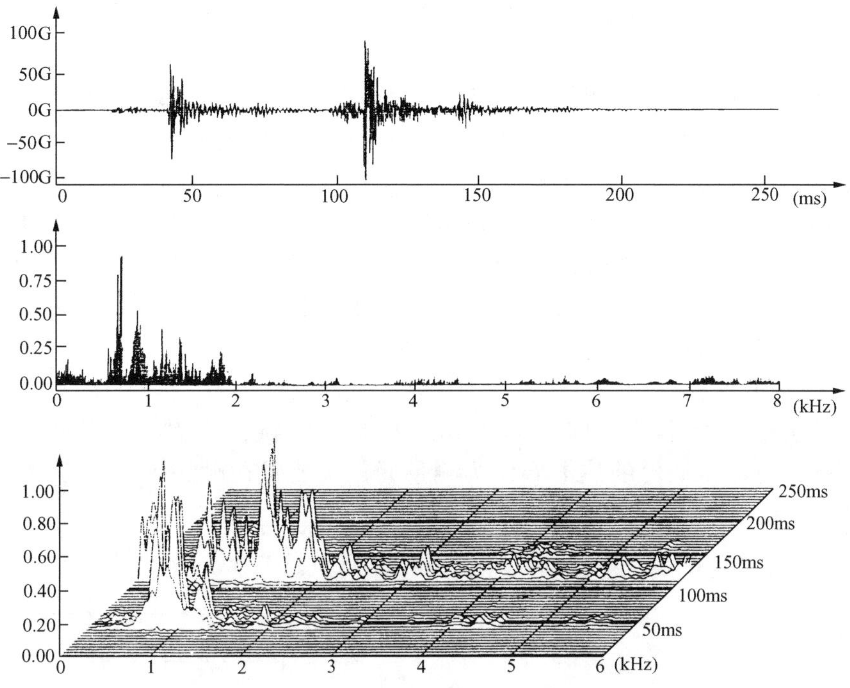

图 11-18 振动信号的二维和三维图谱

（3）能量法。根据振动波形、计算各振动事件信号幅值时的能量，可用以判断振动的强度。计算图 11-17 中操作电压为 185V 及 205V 时振动信号的能量，可得事件发生时间和信号强度如表 11-2 所示。

表 11-2　不同操作电压下振动事件时间和强度（以事件 1 为时间基准）

项　目	1		2		3	
标定结果	时间	强度	时间	强度	时间	强度
信号（a）	0ms	214.0	122.0ms	59.5	163.2ms	29.7
信号（b）	0ms	272.5	86.4ms	541.0	138.4ms	61.0

（4）小波信号处理。应用小波信号处理振动信号波形，可以较好地判断各事件的起始时间和各事件的能量。

七、导电接触部位温度测量[4,21~25]

高压开关的导电接触包括外移式高压开关柜的隔离触头，各种通过负荷电流的高压电气设备的接线端子处的接触连接等。在运行中，由于外界环境和设计、制造、维修等不当的原因，这些部位的电阻会明显增大，温升增高，以致造成绝缘件损坏和绝缘击穿等严重事故。外移式金属封闭开关设备的隔离触头分的温升监测被一些部门认为是十分关键的监测诊断项目。测量温度属于通用技术，并无困难。但由于在高压开关中电接触部分处于高电位，因此绝缘问题（包括传感器及有关电子元件）成为这项技术的难点。

常用的温升监测方法有：

1. 固定式红外温度传感器

红外温度传感器可固定在开关柜适当位置上，无须接触即可测量物体的温度。应用红外温度传感器的主要弱点是价格较高，长期工作时表面容易污染造成测量误差。

2. 便携式红外测温仪

用户只需一台便携式红外测温仪就能监测多台电气设备外露部分的温度。这种方式的优点是成本较低，弱点是实时性差、有些部位比较隐蔽、不便测量。

3. 直接温度测量及信号隔离传送

这种测温方法如图 11-19 所示，在高电位的接触部位直接安装温度传感器时，温度传感器所需的电源取自高压主母线本身，当通过大于一定值的电流（如 40％额定电流）时就能保证温度传感器正常工作。测量结果经变换后可由红外光发射、接收，无线电发射、接收，声波发射、接收等，这样就解决了高电压隔离问题。

4. 热电偶间接测温法[26]

在高压开关柜的隔离触头附近装设有其他零部件。当触头发热时，这些零部件的温度也会升高。因此，可以将低价的热电偶作为测量元件，装置在触头附近的零部件的接地电位处，如图 11-20 所示。

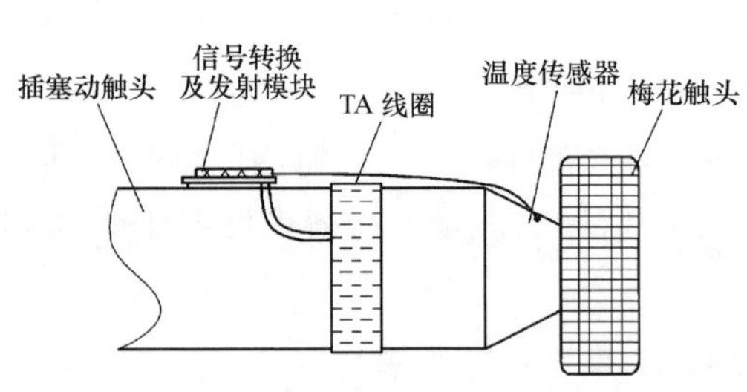

图 11-19 直接温度测量及信号无线电波波传送

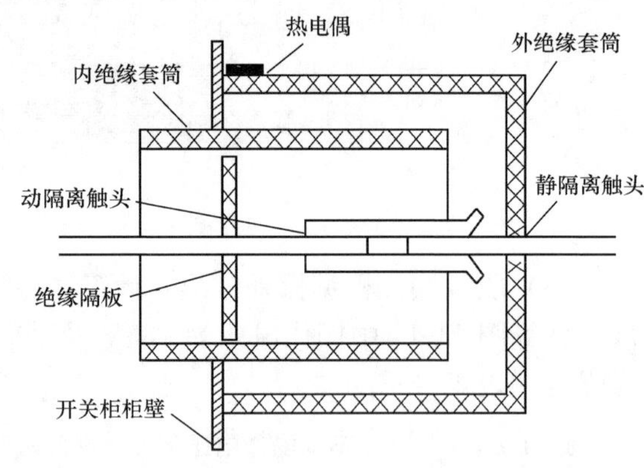

图 11-20 隔离触头结构及热电偶安装位置

热电偶所测温升与触头温升间的比例系数可用实验方法测定，根据一种高压开关柜的实测结果，该比例系数在不同工况下为 11％～40％，须根据实测的系数计算。

八、高压开关柜在线监测与故障诊断系统举例

一台功能比较齐全的高压开关柜在线监测与故障诊断系统的监测诊断项目见图 11-21。

该监控系统具有数据采集和故障诊断以及一定的控制功能。采用单片机作为核心器件。整个系统的硬件构成如图 11-22 所示，主要包括模拟量输入、开关量输入、开关量输出、串行通信、人机界面（键盘、数码管、液晶屏幕、发光二极管）、系统监控电路和时钟电路等。

在线监控系统在结构上分为三个箱体 ：主机箱、传感器箱和电源箱。其中主机箱是监控系统的核心，单片机系统、显示装置、键盘、通信接口等都位于主机箱。传感器箱主要集中放置电压电流传感器以及操作控制所用的固体继电器。电源箱负责为主机箱及传感器提供所需的各种电源。箱体之间采用屏蔽电缆进行连接。图 11-23 为主机箱前面板示意图。面板

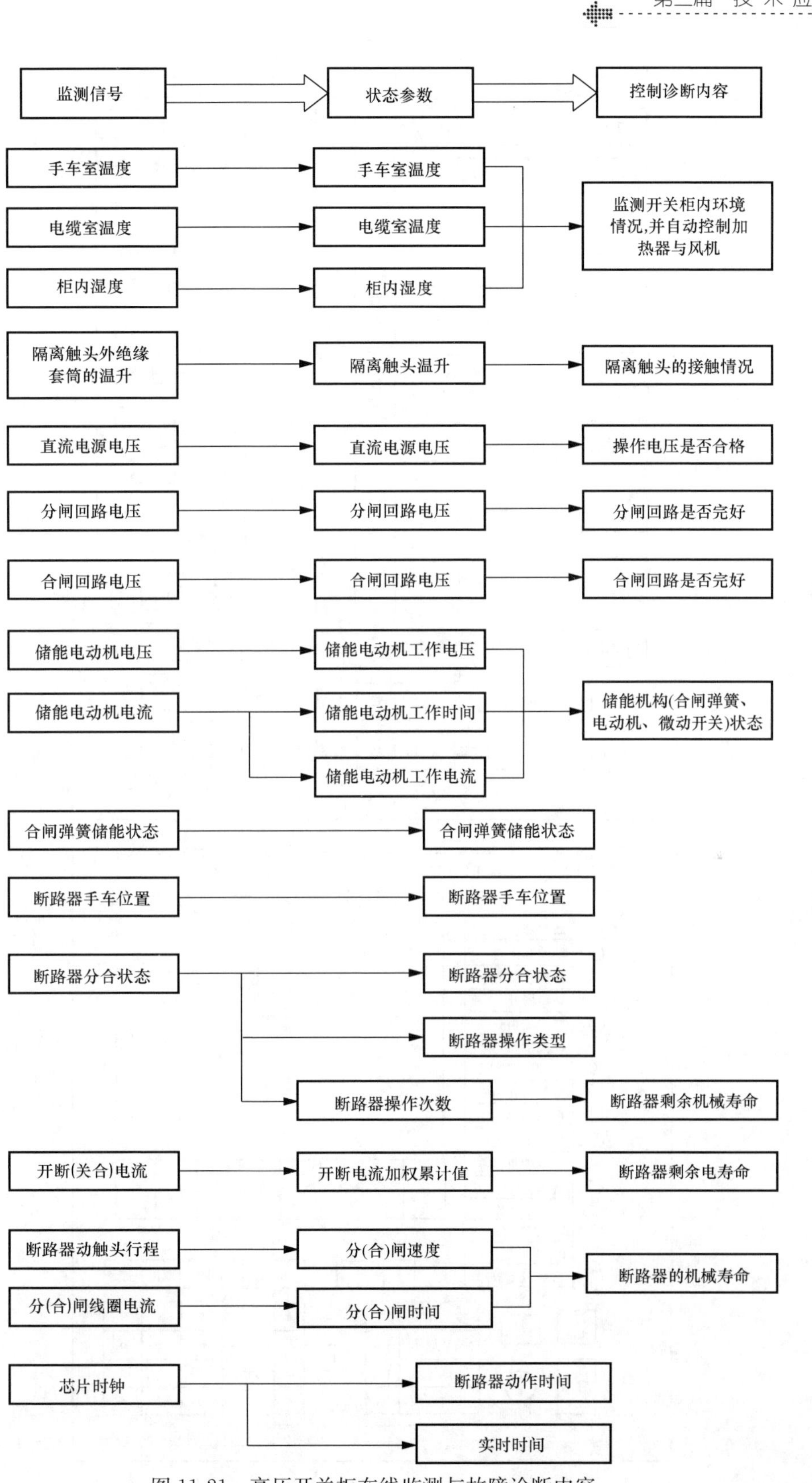
监测信号
状态参数
控制诊断内容
手车室温度
手车室温度
电缆室温度
电缆室温度
柜内湿度
柜内湿度
监测开关柜内环境情况,并自动控制加热器与风机
隔离触头外绝缘套筒的温升
隔离触头温升
隔离触头的接触情况
直流电源电压
直流电源电压
操作电压是否合格
分闸回路电压
分闸回路电压
分闸回路是否完好
合闸回路电压
合闸回路电压
合闸回路是否完好
储能电动机电压
储能电动机工作电压
储能电动机电流
储能电动机工作时间
储能电动机工作电流
储能机构(合闸弹簧、电动机、微动开关)状态
合闸弹簧储能状态
合闸弹簧储能状态
断路器手车位置
断路器手车位置
断路器分合状态
断路器分合状态
断路器操作类型
断路器操作次数
断路器剩余机械寿命
开断(关合)电流
开断电流加权累计值
断路器剩余电寿命
断路器动触头行程
分(合)闸速度
分(合)闸线圈电流
分(合)闸时间
断路器的机械寿命
芯片时钟
断路器动作时间
实时时间

图 11-21 高压开关柜在线监测与故障诊断内容

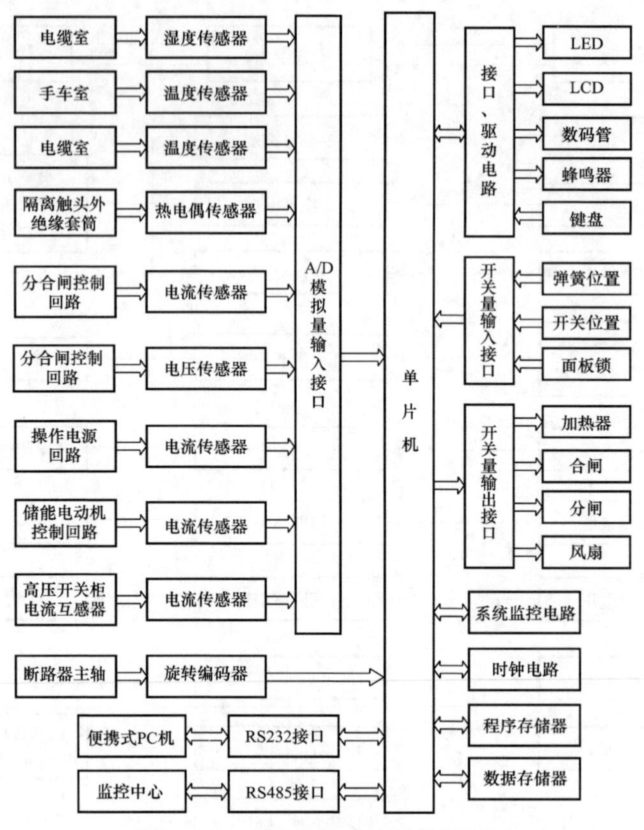

图 11-22　在线监控系统硬件原理图

GKZJ-I型高压开关柜智能监控系统　××开关厂

发光二极管（16个）：断路器合、断路器拒合、弹簧已储能、断路器分、断路器拒分、断路器自动分、合闸回路断线、分闸回路断线、触头温度过高、柜内温度过高、柜内湿度过高、风扇工作、加热器工作、RS232状态、RS485状态、系统内部故障

液晶显示屏

数码管(8个)

备用按键(3个)　合　分　退出　取消　确定

232 485　复位　232口　面板锁

参数设定 F1　图形显示 F2　数据显示 F3　实时监控 F4

▲ △ < > ▽ ▼

7 8 9 4 5 6 1 2 3 0 . ,

按键(32个)

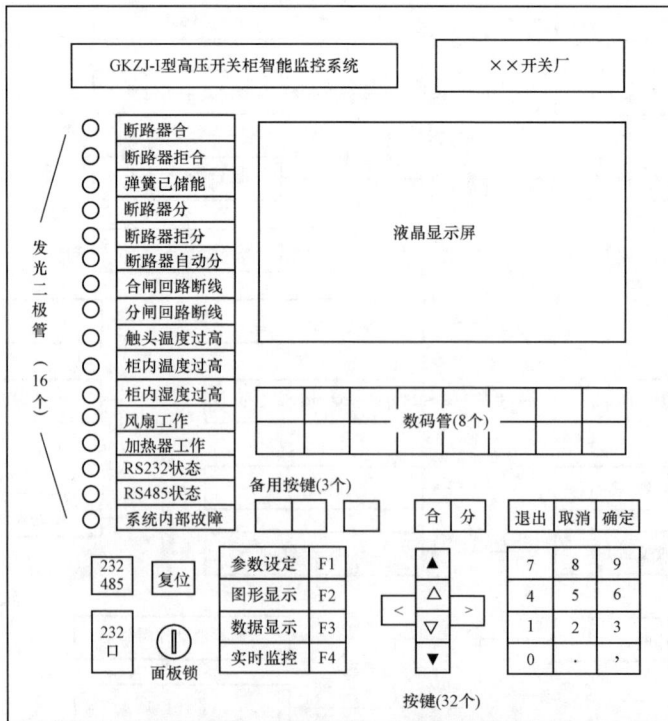

图 11-23　主机箱前面板示意图

上包含了本系统的人机界面和外部通信接口，包括 16 个发光二极管、RS232 串行口、面板锁、液晶显示屏、8 个数码管和 32 个按键。

参 考 文 献

[1] 袁大陆. 全国电力系统高压开关设备十年运行状况述评. 高压开关行业通讯，1999，5：47-53

[2] 杜彦明，顾霓鸿. 中国电力系统配电开关设备现状及事故情况. 高压电器，2001，37(3)：1-5

[3] 靖晓平. 3～10kV 厂用电开关柜绝缘故障缺陷及处理对策. 华中电力，1995，8(4)：36-39

[4] 天勇，田景林. 6～10kV 开关柜事故统计分析与改进意见. 东北电力技术，1996，8：5-10

[5] A. L. J. Janssen，W. Degen，C. R. Heising，et al. A Summary of the Final Results and Conclusions of the Second International Enquiry on the High Voltage Circuit Breakers. CIGRE Session 1994. 13-202：1-11

[6] C. R. Heising，E. Colombo，A. L. J. Janssen，et al. Final Report on High-Voltage Circuit Breaker Reliability Data for Use in Substation and System Studies. CIGRE Session 1994. 13-201：1-6.

[7] 朱鸣海. 提高高压断路器可靠性的措施. 高压电器，1998，5：49-53。

[8] 许婧，王晶，高峰，等. 电力设备状态检修技术研究综述. 电网技术，2000，24(8)：48-52.

[9] 徐国政，张节容，钱家骊，等. 高压断路器原理和应用. 北京：清华大学出版社，2000.

[10] M. Runde，T. Aurud，G. E. Ottessen，etal. Non-invasive Condition Evaluation of Circuit-breakers. CIGRE Session 1992. 13-106：1-6.

[11] 王伯翰. 高压开关机械故障的监测与诊断. 高电压技术，1993，6：30-34.

[12] Naohiro Okutsu，Setsuyuki Matsuda，Hisao Mukae. Pattern Recognition of Vibrations in Metal Enclosures of Gas Insulated Equipment and Its Application. IEEE Transaction on Power Apparatus and Systems，June 1981，PAS-100(6)：2733-2739.

[13] P. R. Voumard. A Simple Approach to Condition Monitoring of Circuit Breakers. CIGRE Session 1994. 13-203：1-6.

[14] M. Runde，T. Aurud，L. E. Lundgaard，etal. Acoustic Diagnostic of High Voltage Circuit-breakers. IEEE Transaction on Power Delivery，1992. 7(3)：1306-1315.

[15] M. Runde，G. E. Ottessen，B. Skyberg，etal. Vibration Analysis for Diagnostic Testing of Circuit-breakers. IEEE Transaction on Power Delivery，1996，11(4)：1816-1823.

[16] V. Demjanenko，H. Naidu，A. Antur，etal. A Noninvasive Diagnostic Instrument for Power Circuit Breakers. IEEE Transaction on Power Delivery，1992,7(2)：656-663.

[17] D. P. Hess，S. Y. Park，M. K. Tangri，etal. Noninvasive Condition Assessment and Event Timing for Power Circuit Breakers. IEEE Transaction on Power Delivery.

[18] A. A. Polycarpou，A. Soom，V. Swarnakar，etal. Event Timing and Shape Analysis of Vibration Bursts From Power Circuit Breakers. IEEE Transaction on Power Delivery，1996，11(2)：848-857.

[19] 沈力. 高压断路器操动机构机械状态监测技术的研究：[博士学位论文]. 北京：清华大学电机工程与应用电子技术系，1995，7(1)：353-360

[20] 关永刚，黄瑜珑，钱家骊. 基于振动信号的高压断路器机械故障诊断. 高电压技术，2000，26(3)：66-68.

[21] Lennart Balgard，Leif Lundin. Monitoring Primary Circuit Temperatures and Breaker Condition in MV Substations. ABB Review，1993，3：21-26.

[22] 郑道弘，刘念，周龙翔，等. 高压开关柜触头光纤智能测温. 高压电器，1995，4：37-39.

[23] 徐东晟，许一声. 高压开关柜触头温度在线监测的研究. 高压电器，2001，37(1)：54-55.

[24] 李泰军，肖成钢，王章启. 开关柜母线温度的在线监测. 高压电器，2001，37(6)：61-63

第十二章

高压开关设备绝缘的监测和诊断

◎ 第一节　SF_6气体泄漏的监测

SF_6气体的密度直接影响高压断路器的绝缘和灭弧性能，因此，充SF_6的电气设备常装设气体密度继电器，以监测气体的泄漏情况。

电气设备内气体泄漏时，气体的压力会下降，但不能用压力表监测气体泄漏的情况。这是因为周围环境温度的变化、阳光曝晒和电气设备发热都会引起气体温度的变化，从而也影响气体的压力。因此不能用监测气体压力的方法来监测气体密度，只能装设密度继电器。

当前使用的气体密度量测装置是由压力传感器和温度传感器组成。根据气体状态方程[1]就可以将测到的压力和温度转算为气体密度。

但是，即使装设了气体密度继电器是否就能正确反映气体的泄漏仍然受到置疑[2]。

气体继电器在各电气设备上的装设位置有所不同，见图12-1。

由图12-1可知，气体密度继电器装设处的气体温度与电气设备内的气体平均温度会有或多或少的差别。如果说图12-1(a)的差别很少，那么，图12-1(b)、图12-1(c)、图12-1(d)的差别可能比较大，如十几摄氏度甚至二、三十摄氏度，而且是气体密度继电器处温度较低。可以认定，在电气设备内部气体的流速很低，各处气体的压力均可看作相等。根据气体状态方程，在相同压力条件下，温度低处的密度必定较大，因此装设位置不恰当时，气体密度继电器所量测的气体密度将高于气体平均密度，从而造成正误差，也即气体即使有些泄漏而继电器却反映不出。

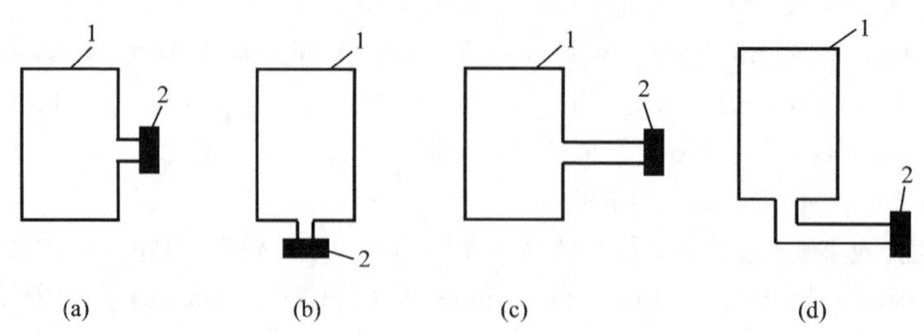

图12-1　气体继电器的装设位置

1—电容器；2—气体密度继电器

在图12-1(b)、图12-1(c)、图12-1(d)各情况下，由于上述原因所造成的密度量测误差

可以根据 SF_6 气体状态方程计算[1]

$$p = 5.7 \times 10^{-5} \rho T(1+B) - A\rho^2$$
$$A = 7.5 \times 10^{-5}(1 - 7.27 \times 10^{-4}\rho)$$
$$B = 2.5 \times 10^{-3}(1 - 8.46 \times 10^{-4}\rho)\rho$$
$$\Delta T = T - T_0$$
$$\Delta\rho(\%) = \frac{\rho_0 - \rho}{\rho_0} \times 100\%$$

式中　T——电气设备内气体平均温度；

ρ_0——密度继电器处气体平均密度；

ρ——电气设备内气体平均密度。

计算结果见表 12-1。

表 12-1　　气体密度的量测误差

T_0	K	253			303			303			303		
p_0	MPa	0.1			0.1			0.3			0.6		
ΔT	K	0	20	40	0	20	40	0	20	40	0	20	40
$\Delta\rho(\%)$	%	0	+8	+16	0	+7	+13	0	+6	+ 11	0	+5	+10

注　T_0—密度继电器处温度；p_0—电气设备内气体温度为 T_0 时压力。

由表 12-1 可见，当气体密度继电器装设位置不当时，电气设备内部气体平均温度与密度继电器处温度会有一定差别，这样会造成二者气体密度也有一定差别，从而造成密度继电器的量测误差，而且是正误差。在严重情况下甚至可达到+10%左右。这样即使气体有所泄漏，密度继电器仍不会动作。因此，密度继电器的装设位置应引起注意。

当然，如果气体密度继电器装设在容器上部，则量测误差将为负值，情况与上述正好相反。

近年来，已开发出激光摄像式 SF_6 气体泄漏检测仪[3]，该仪器应用 SF_6 气体可阻断激光路径的原理，对电气设备作 30m 以内的气体泄漏检测，其检测灵敏度可达 0.12cm^3/min。

◎ 第二节　真空灭弧室真空度的在线监测

真空灭弧室的正常真空度在 $1.33\times10^{-2}\sim1.33\times10^{-5}$ Pa 之间，属于高真空范围。在这样高的真空度下，气体的密度很低，气体分子的平均自由行程很长，因此触头间的绝缘强度很高。

由于材质、工艺、运行和维修等原因，灭弧室可能因漏气而使真空度降低。

真空间隙的击穿电压与间隙距离及真空度的关系在一定范围内符合巴申定律。图 12-2 为间隙长度为 1mm 的钨电极真空间隙的击穿电压随真空度变化的曲线[4]。由图 12-2 可见，当压力低于 10^{-2}Pa 时，击穿电压基本保持不变。当压力高于 10^{-2} Pa 低于 10^3 Pa 时，击穿电压随压力的增大而减小。当压力高于 10^3 Pa 时，击穿电压又呈上升趋势。电极材料、形状、灭弧室结构和间隙不同时，击穿电压随真空度的变化曲线有所不同，但击穿电压随真空度的增加先下降再上升的规律应是相同的。因此，通过触头间隙的耐压试验可以确定灭弧室一定范围内的真空度。但这种方法只能在离线情况下进行，并成为检修真空断路器试验的一个重要项目。

应用悬浮电位的尖一板间隙内放电与真空度的关系，可以得出一种真空断路器灭弧室真空度的在线监测方法[4]。

图 12-3 所示实验装置中，在容器中装有间距为 1mm 的尖一板间隙。这一间隙在真空度下降时的放电电压波形图见图 12-4。不同真空度下的起始放电电压曲线见图 12-5。由图 12-5 可见，这一方法的监测灵敏度为 1Pa 范围。

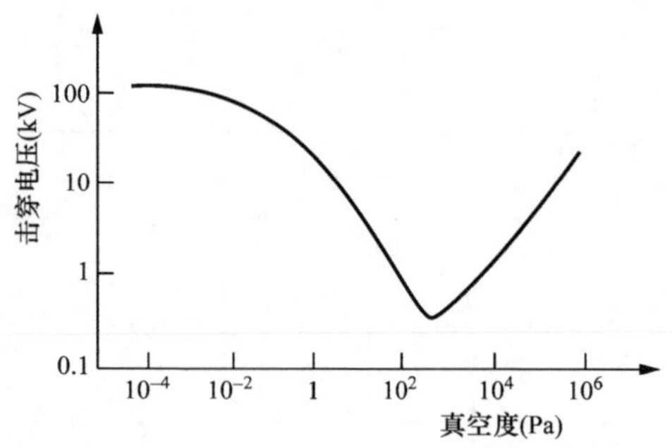

图 12-2 间隙长度 1mm 时钨电极真空间隙击穿电压和真空度的关系

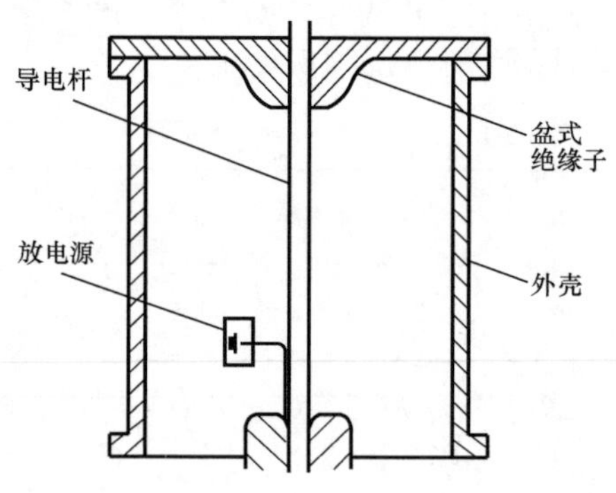

图 12-3 GIS 气室结构及放电源的安装

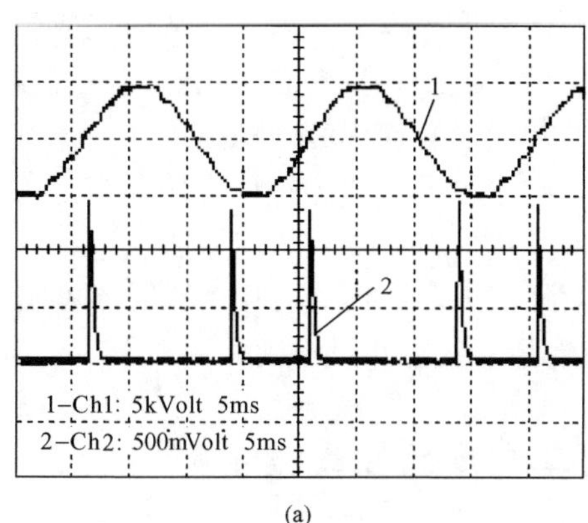

(a)

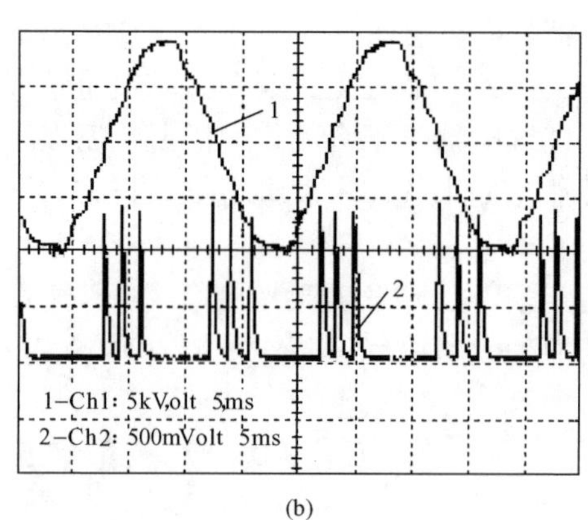

(b)

图 12-4 间隙放电信号波形

(a) 起始放电时的信号；(b) 电压为 6.3kV 时的信号

1—电压；2—放电信号

对于不同结构的真空灭弧室，可采用图 12-6 所示装设间隙结构。

在测量放电信号时，所用的天线的放大器应具有较高的增益，而对其带宽并没有特殊的要求，根据试验结果，接收传感器频率在 0.3～300MHz 的范围均可。这种方法的严重缺点

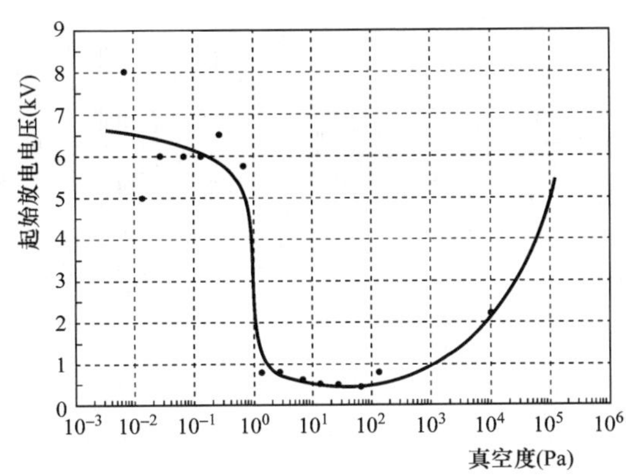

图 12-5 尖—板间隙起始放电电压与真空度的关系

是需要改变真空灭弧室内部结构。

真空灭弧室真空度的另一监测方法为量测灭弧室屏蔽罩的电压[5]，即屏蔽罩电位法，其原理见图 12-7。

当灭弧室内真空度正常时，仅需几百伏电压差就可维持屏蔽罩与触头间由场致发射引起的电子电流。屏蔽罩积累的负电荷使它的电压与触头的负电压峰值相近。当灭弧室内真空度劣化时，场致发射的电子被气体分子吸收成为漂移速度低的负离子，从而使屏蔽罩负电位的绝对值降低。所以检测屏蔽罩的电位，可以监测灭弧室的真空度。不少真空灭弧室屏蔽罩被装在绝缘外壳内，在此情况下，可用 Pockell 电场探头检测屏蔽罩电位。

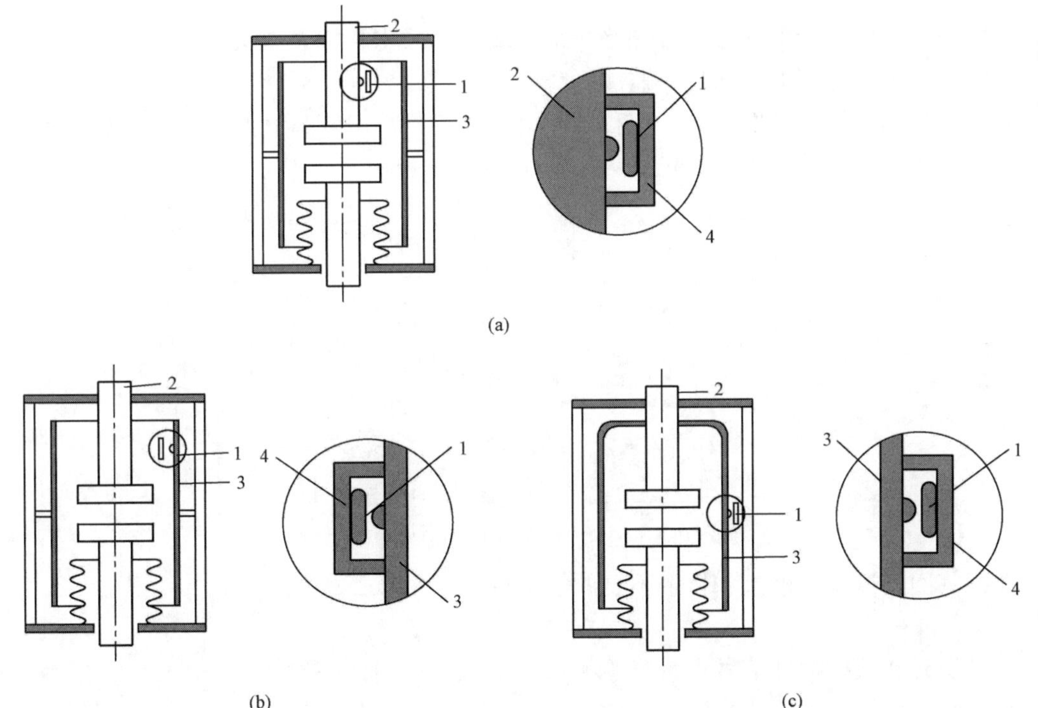

图 12-6 传感器在不同结构的真空灭弧室中的安装

(a) 悬浮电位式主屏蔽罩；(b) 悬浮电位式主屏蔽罩；(c) 固定电位式主屏蔽罩

1—放电间隙的板电极；2—静触头；3—屏蔽罩；4—绝缘

这一方法的检测量与真空度的关系见图 12-8。由图 12-8 可见，监测的灵敏度上限为 1Pa 范围。

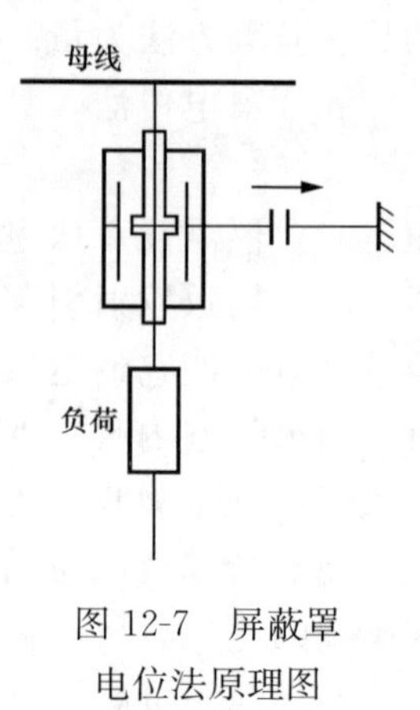

图 12-7 屏蔽罩电位法原理图

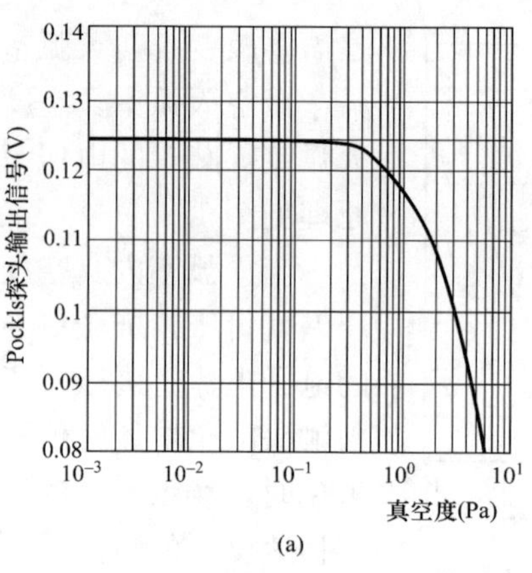

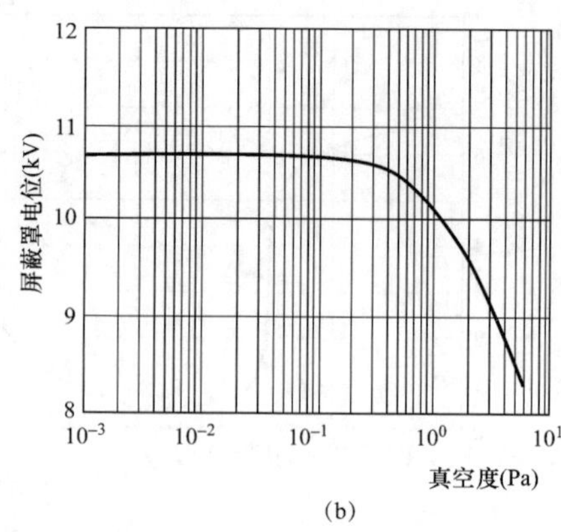

图 12-8 屏蔽罩电位法检测量与真空度的关系

（a）Pockell 探头输出信号；（b）屏蔽罩电位

◎ 第三节 高压开关柜局部放电监测[6,7]

高压开关柜内部导电连接部分和绝缘部分的缺陷或劣化以及触头接触不良，都是安全运行的威胁，应采取适当的方法进行监测。

触头接触和绝缘不良发展到一定程度时会产生局部放电现象。其中触头从接触不良到出现闪络是一个不确定的十分复杂过程，见图 12-9。

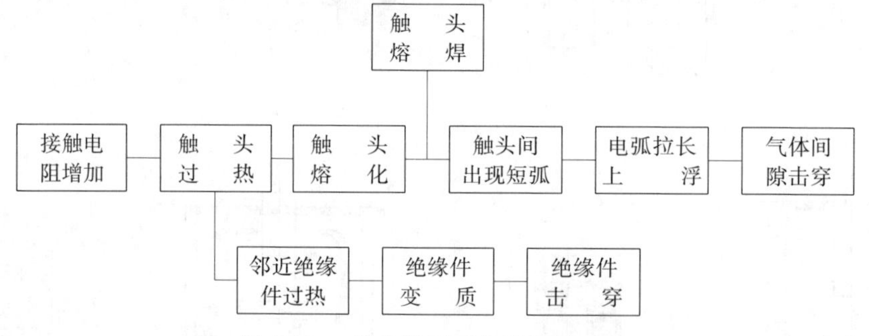

图 12-9 触头接触不良的发展过程

在振荡回路试验的电流和接触不良的触头的放电信号见图 12-10。

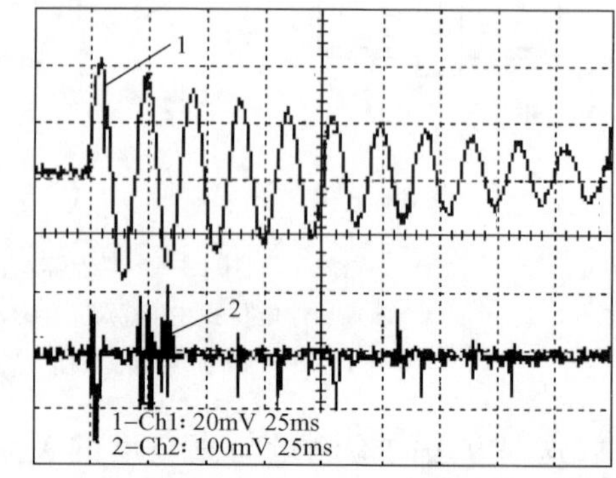

图 12-10 电流最大值为 480A 时的信号

1—母线中电流；2—放电信号

通过温升或机械振动信号也可以监测触头接触的情况。联合使用几种监测方法可以提高监测的可靠性。

开关柜的绝缘故障表现为绝缘表面的闪络和绝缘间隙的击穿。在绝缘强度降低、闪络和击穿发生之前，高压电极附近将产生局部放电。

（1）绝缘板表面放电。在绝缘板表面干燥情况下进行实验。当电极间电压超过 10kV 以上时，可测得放电信号。图12-11是外施电压为 20kV 时测得的信号。由图可知，放电发生在电压峰值附近，放电信号为衰减振荡波，其主要频率为约400kHz。随着电压升高，放电信号的强度增大。当外电压达到21.5kV时，电极间击穿。实验数据见表12-2。由实验数据可知，当电压接近绝缘强度的极限时，放电信号急剧加强。

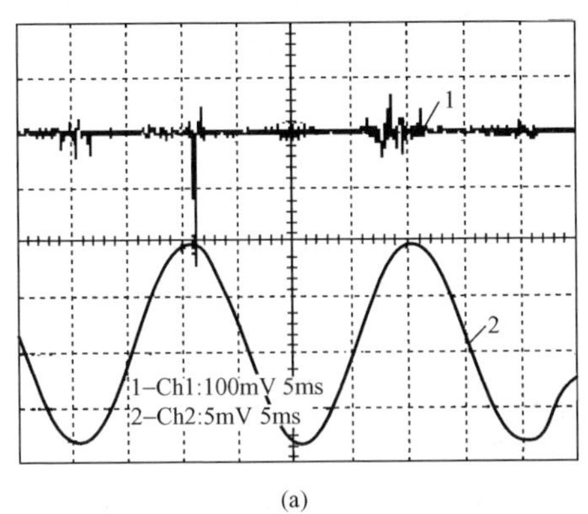

(a)

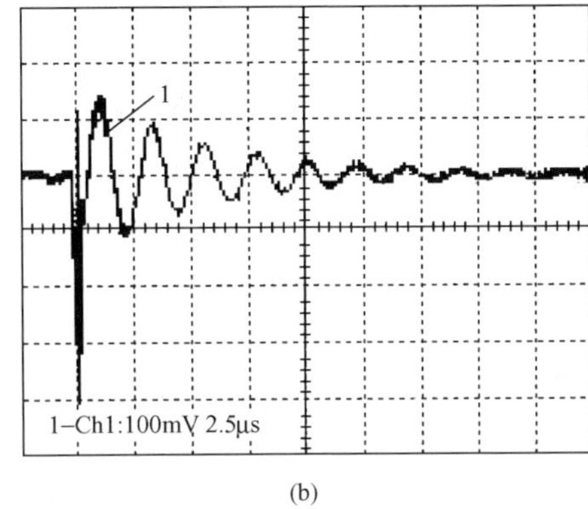

(b)

图 12-11 干绝缘板击穿前的放电信号

1—放电信号；2—电压信号

表 12-2 **绝缘板表面干燥时放电的实验数据**

序 号	1	2	3	4	5	6	7
电压（kV）	10.0	12.5	15.0	17.5	20.0	21.0	21.5
放电信号强度（mV）	20	40	50	65	250	250	击穿

（2）绝缘子表面放电。用干燥、表面附有灰尘的10kV环氧树脂支持绝缘子模拟绝缘子表面绝缘不良的试验。将试验变压器输出的高电压经引线加到绝缘子部分表面的两端，当电压超过10.0kV后可以测得放电信号。随着电压升高，放电信号的强度增大。当电压达到27kV时，绝缘子表面发生了闪络。实验数据见表12-3。由实验数据可知，在闪络发生前，放电信号没有急剧加强的现象。

表 12-3 **绝缘子表面放电的实验数据**

序 号	1	2	3	4	5	6	7	8
电压（kV）	10.0	12.5	15.0	17.5	20.0	22.5	25.0	27.0
放电信号强度（mV）	80	100	100	130	135	140	150	表面闪络

（3）真空灭弧室绝缘。用一台6kV、400A的真空接触器进行触头间绝缘不良的模拟实验。由于实验条件的限制，采取了缩短触头间距的变通办法。实验中将触头间距调整为约2mm。当电压超过4kV后可以测得放电信号。图12-12是电压为12.5kV时测得的信号。由图12-12可知，放电在电压峰值附近强度较大，放电信号为衰减振荡波，其主要频率约400kHz。随着电压升高，放电信号的强度增大。当电压达到18kV时，触头间击穿。不同放电电压下信号的强度见表12-4。

表 12-4 **不同放电电压下信号的强度**

序 号	1	2	3
放电电压（kV）	4.3	12.5	18.0
电磁波信号强度（V）	2.3	9.2	17.4

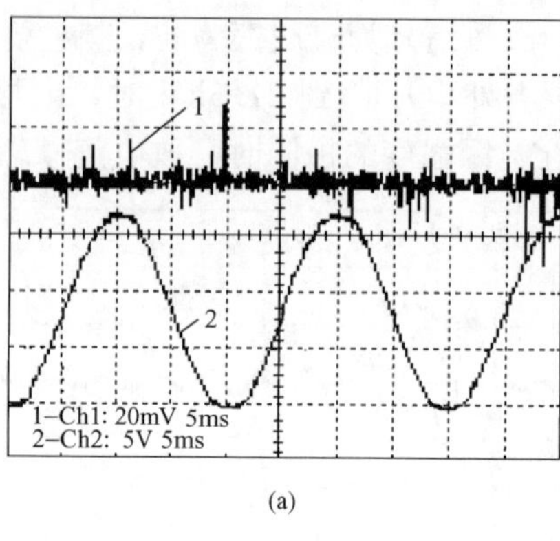

(a)

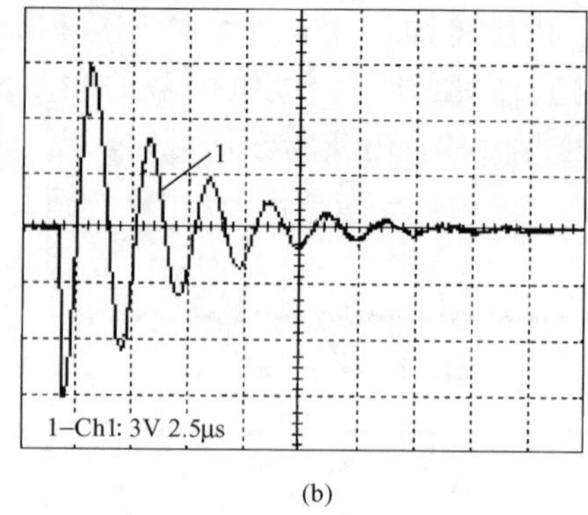

(b)

图 12-12 触头间绝缘不良的放电信号

1—放电信号；2—电源电压

（4）故障定位和干扰辨识。高压开关柜运行时，柜内可能产生放电的部位很多，如母线连接处、绝缘子端部、绝缘拉杆端部、真空灭弧室内部等。因此柜内放电信号间将相互干扰。此外，高压开关柜一般都是多台柜并列使用，各柜之间也可能存在电磁波的相互干扰，主要干扰途径有辐射和经连通各柜的母线传导后再辐射。另外，开关柜外的各种放电也可能产生干扰。因此，利用局部放电信号对高压开关柜进行状态监测和故障定位的前提是：局部放电产生的电磁波信号信噪比高、受柜内外其他部位放电的干扰可以辨识。如图 12-13 所示的高压变压器置于开关柜的柜体内，其输出端连有通向柜外的高压母线。尖一板间隙构成的放电源安置于变压器的输出端上。变压器的电压使间隙内产生局部放电。在图 12-13 中所示的 A、B、C、D 四点测量了局部放电时产生的空间电磁波信号。A 点位于柜内，距离放电源直线距离约 40cm；B 点位于柜顶，距离放电源约 200cm，距离高压母线约 40cm，与高压母线间无屏蔽；C 点位于柜子的外侧上部，距离柜壁约 20cm，距离放电源约 200cm；D 点位于柜子的外侧中部，距离柜壁约 20cm，距离放电源约 100cm。在 A、B 两点均测得了较强的信号，其波形如图 12-14 所示，B 点的信号仅为 A 点的 28%，明显弱于 A 点。这说明电磁波信号的强度随着距离的增加衰减得很快。在 C、D 两点未测得明显的信号（柜外背景噪

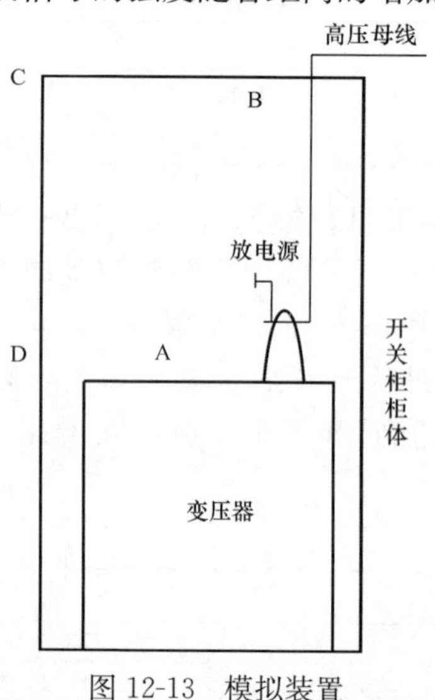

图 12-13 模拟装置

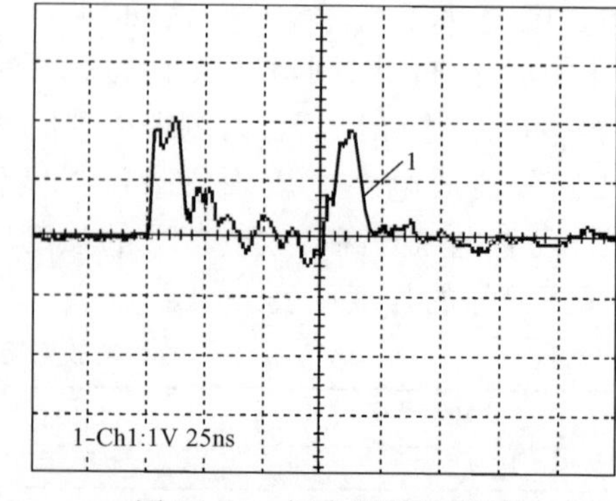

图 12-14 柜内测得的信号

声峰值为 50mV）。因此，可以利用放电源附近信号强的特点进行大致故障定位和辨识外界干扰。

除此之外，也可以通过电容耦合监测开关柜表面的高频电位变化或超声探头监测开关柜内局部放电。

◎ 第四节 充 SF_6 气体高压开关设备局部放电监测

一、概述

充 SF_6 封闭式组合电器 GIS、输电管路 GIL 和罐式断路器都具有多种重要优点，其中一个突出的优点是可靠性高。如据世界大电网会议统计资料，GIS 的故障率为 0.01～0.02/站年，一般认为其故障率仅为通用设备的 1/10。不少厂商认为停电检修周期为 10 年以上。

1. 缺点

虽然如此，与通常设备相比，在运行可靠性方面这些充 SF_6 气体的设备仍有若干缺点如下：

（1）充 SF_6 气体的设备绝缘距离小，电场强度高，在介质或电极小有缺陷时会对绝缘强度有重要影响。

（2）在设备解体时，对周围环境要求很高，运行现场常难于满足。

（3）设备完全被金属外壳封闭，一些故障在巡视时难于发现。

（4）设备庞大，故障定位困难。

因此，对这些设备常有在线监测和故障诊断的要求。

2. 常见故障

在各种故障中，绝缘故障常是最受关注的，因为设备内部击穿放电的后果通常十分严重。常见的绝缘故障有：

（1）金属颗粒。不同形状和材质的金属颗粒来自零部件加工制造、装配、运输和运行中的操作或灭弧过程中。金属颗粒在电场中的现象比较复杂，如处于外壳内部底部的金属细丝，在电场达到一定强度时，金属丝会站立并各处游动。电场强度再增加时，金属丝会腾空跃起，当下坠到设备底部时即会产生局部放电。当电场再加强时，金属丝会跨越气体间隙，此时即会引发击穿。金属颗粒故障常认为是最常见的故障。

（2）浮电位导体。一些金属零部件的固定不牢会造成浮电位导体。

（3）绝缘子内部杂质或空穴。

（4）导体或接地电极上的突起或毛刺。这些缺陷会造成电场严重集中，导致击穿放电。

（5）触头严重接触不良。触头严重接触不良会导致短弧以致发展成长弧，造成介质击穿放电。

（6）混入设备的各种有机材料或无机材料的异物。如工作人员不慎遗留物品、小动物和一些轻质的漂浮物等。

一般认为约有 60%的绝缘故障可以通过局部放电监测立即或经过一段发展时期后发现。

3. 监测方法

监测充 SF_6 气体的设备的方法从原理上看可有声、光、化、电众多方法，具体有：

（1）光学法。应用光纤通入设备检测局部放电的光。显然这种方法有明显死区等缺点。

（2）化学法。应用仪器检测气体中的放电分解物。这种方法比较复杂而且实时性较差。

（3）声学法。当前应用较普遍。

（4）电学法。当前应用相当普遍。

4. 监测仪器的种类有

（1）长期自动监测诊断：这种方式可使监测诊断工作自动化，便于累积数字后和分析诊断。缺点是价格比较昂贵。

（2）便携式仪器：与上述方式的优缺点正好相反。

二、机械法监测局部放电

根据传感器的频带，机械法可分为：

（1）压电式加速度传感器：这种传感器的自振频率最高约为30kHz。日本早期文献就此做过不少介绍，由于灵敏度较低，近年来使用很少。

（2）超声传感器。最高频率可达几百 kHz。这是当前使用较多的一种方法。

机械法的主要优点是抗电磁干扰较强，但抗机械噪声干扰较差，加速度传感器尤差。机械振动的波形和频率如图 12-15 所示。

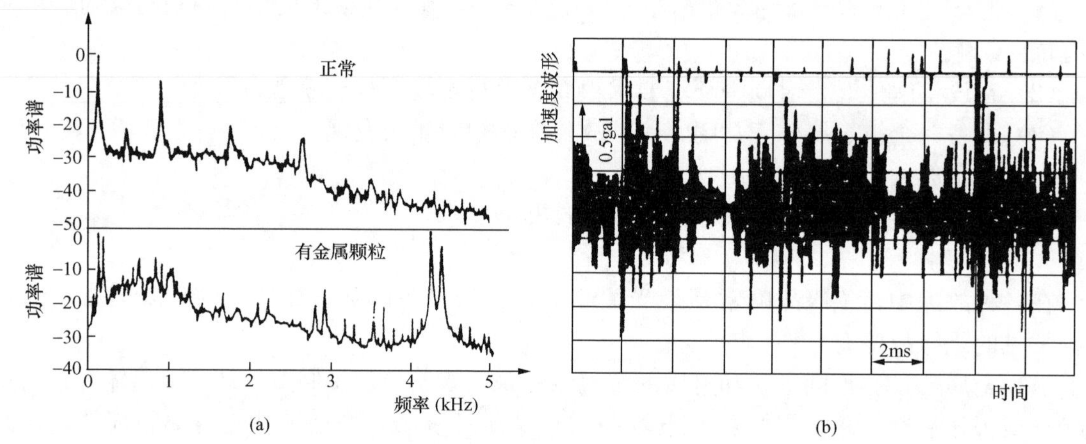

图 12-15 机械振动的波形和频谱

（a）波形；（b）频谱

超声法的局部放电量的监测灵敏度可达几个皮库仑，从监测要求看基本可以满足要求。机械法监测的主要不足是机械波沿程衰减太大，如延直线外壳的沿程衰减经实测为15%/m，隔一个盆式绝缘子的衰减率为33%，外壳转90°的衰减率为50%[14]。

三、电学法监测局部放电

电学法监测局部放电历年来曾尝试过很多方法，使用的频带宽度也大为不同。这些方法有：

1. 外壳电位法

采用贴附在外壳上与外壳隔一绝缘层的小尺寸电容屏，结构原理见图 12-16(a)。也有的作法是量侧盆式绝缘子两侧电容屏的电压差，见图 12-16(b)。

也有采用磁场耦合外壳高频电流电的方法。[15]

2. 电磁波法

（1）通用的框形天线或其他类型的通用电线。这类线圈的尺寸较大。图 12-17 是罐式断

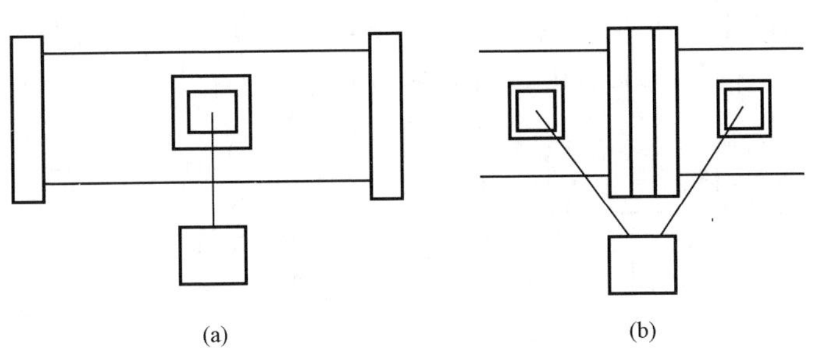

图 12-16 电容屏法量测局部放电装置原理图
（a）结构原理；（b）测量示意图

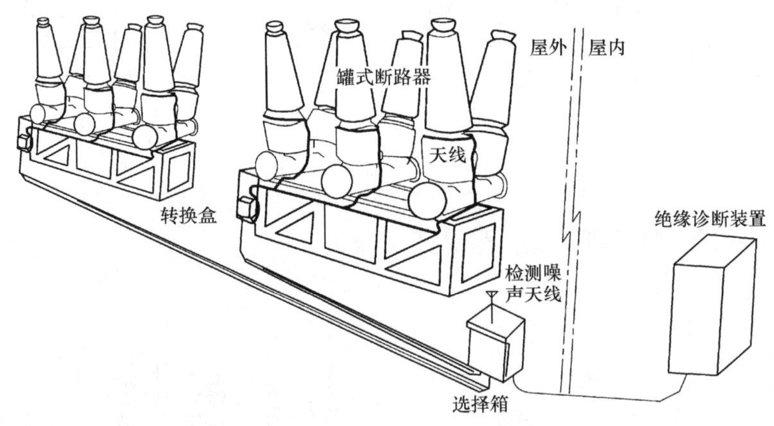

图 12-17 罐式断路器上的局放监测线圈

路器上的监测线圈[16]。

（2）应用盆式绝缘子内嵌装的屏蔽电极[17]。这种装置见图 12-18。

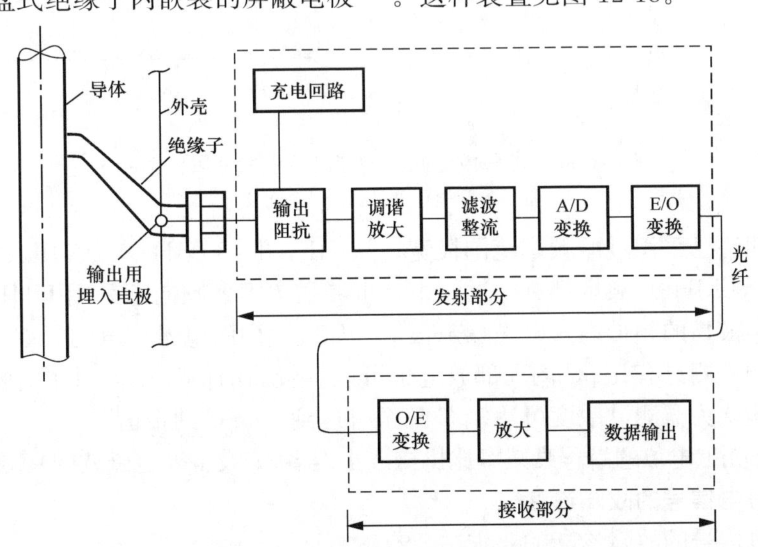

图 12-18 盆式绝缘子内嵌装的屏蔽电极的局放监测仪

（3）装在设备内的小型天线。图 12-19 是装在 GIS 内的各种天线[18]。天线装在设备内部，接收内部局部放电信号更为灵敏，对外界电磁干扰也有很好的屏蔽作用。

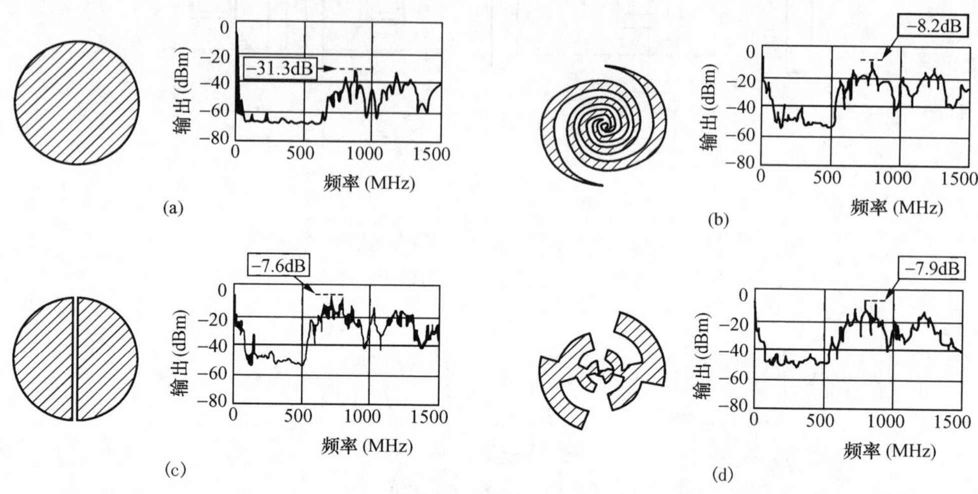

图 12-19　装在 GIS 内的各种天线及频率特性

电磁波监测法的一种局部放电信号见图 12-20。

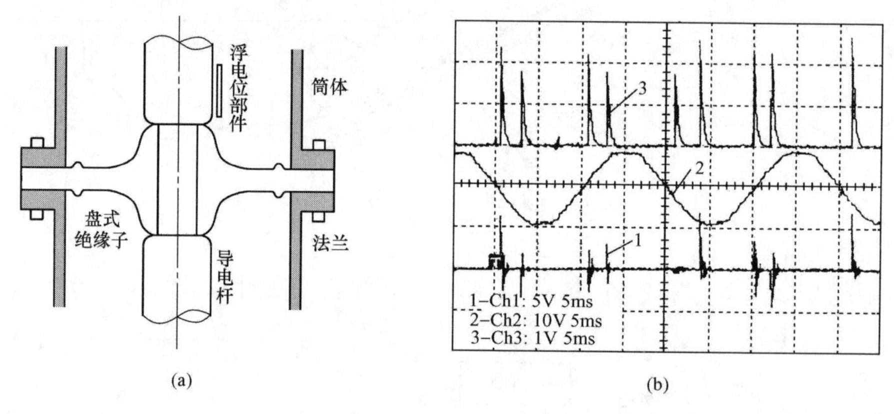

图 12-20　电磁波监测法的浮电位量局部放电信号

（a）浮电位部件；（b）波形图

电磁波监测法已采用过的频率范围极宽，从 HF（3～30MHz），VHF（30～300MHz），UHF（300～3000MHz）频带都有。近年来，世界很多国家倾向于采用 UHF 频带，其重要的原因是在这样极高的频带内，电磁噪声很低，如空气中的电晕放电的频率不过几十 MHz，这样即使在现场检测只有几 pC 的局部放电也可以有较高的信噪比。而在实验室的低电磁干扰环境中，一般认为监测灵敏度可达 1pC 甚至有达到 0.5pC 的报道。

电磁波或外壳上电位的沿程衰减率比机械波小得多，如设备外电磁波的衰减率只有 1%/m。

四、局部放电信号的故障诊断

对局部放电信号的故障诊断的要求主要有三方面：

（一）局部放电源定位

由于 GIS、GIL 等设备的尺寸都很大，在现场检修环境又很难做到理想，因此局部放电源如不能定位，将使现场工作难于开展。局放定位方法很多，大致有：

1. 幅值定位法

由于局部放电信号有延迟衰减的特性，因此在不同位置的传感器中信号幅值最大位置与局部放电源应最靠近。

2. 时差定位法

图 12-21（a）中在设备管路上装设两个传感器，二者相距为 $2L$。当局放源位于两传感器中分线偏 x 处，则局部放电信号传到左右两传感器的时间分别为 t_L 和 t_R，此两时间分别为

$$t_L = c(L - x)$$
$$t_R = c(L + x)$$

式中 c ——信号波的速度。

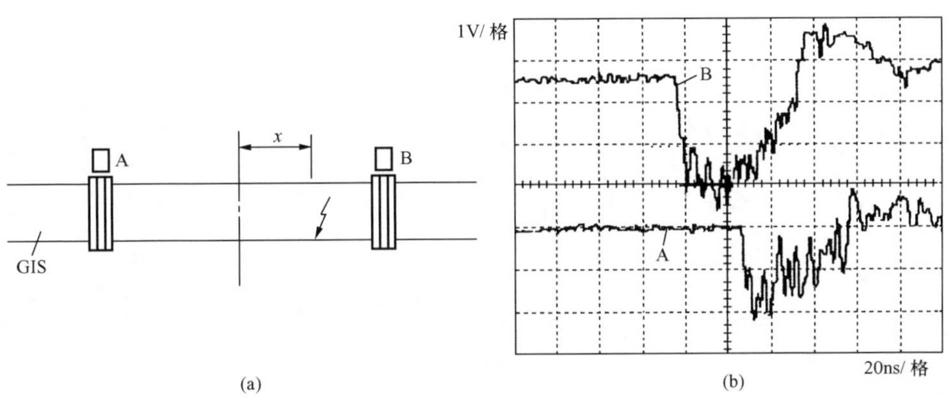

图 12-21 时差定位法

（a）传感器布置及局部放电源位置；（b）A、B 两个传感器的局部放电信号波形

对在钢外壳中的机械波，c=2300～2600m/s，对电磁波，$c=3\times10^8$m/s，或 c=0.3m/ns。由两个信号到传感器的时间差可以求出 x。

$$x = 0.5(t_R - t_L)/c$$

显然，$t_L = t_R$时，x 等于零，即局部放电源处于两传感器正中间。

图 12-21（b）为两个传感器的局部放电信号及波形图。由图可知，两信号时间差为 10ns，因此 x 应为 16.5m。这种定位法的误差小于 1m。

3. 平分面法

这一方法只能用于便携式仪器，定位原理图见图 12-22。

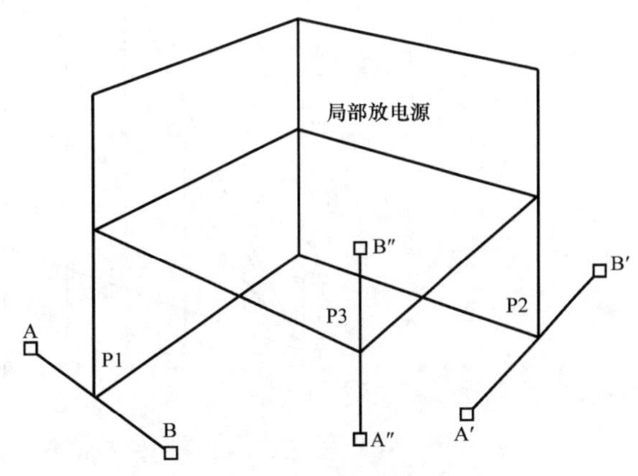

图 12-22 平分面定位原理

如图 11-22 所示，先选择一个方位，调整传感器 A 和 B 的位置，使两个传感器测得的局部放电信号的时差为零，即两个信号同时到达，此时表明局部放电源应在

两点的垂直平分面P1上。换另一个方位进行同样测量，又可得另一个平面P2。用同样方法又可得一平面P3。三平面的交点即为局部放电所在地。这方法的一个优点是可以将外部局部放电源定位，从而将其除外。

（二）局部放电类别识别

与其他高压电力设备局部放电的识别方法相近。即应用典型故障模型，用 φ-q-n（相位—放电量—累积次数）法及频谱分析法作为识别依据。表12-5是应用UHF体外检测法得到的信号特征。

表12-5 不同类型局部放电信号特征

故障类型	波形特征				相位特征	高频范围频谱特征
	稳定性	重复率	规律性	幅值		
浮电位	好	少	强	大	上升及下降沿	较强
绝缘表面金属颗粒对	好	少	强	较小	上升及下降沿	较强
绝缘表面单个金属颗粒	不好	多	不强	小	上升及下降沿 正负半波不对称	中等
绝缘件内部裂缝	好	多	强	较小	电压峰值附近	较弱
气体中电晕放电	不好	很多	强	大小均有	电压峰值附近 正负半波不对称	中等
绝缘表面树叶	好	多	不强	小	上升及下降沿 较分散	较弱

（三）局部放电量估计

由于机械法和电学法都属于间接检测方法，影响仪器输出值的因素多。因此从原理上分析，即使对某一种仪器，也不可能得出一个由仪器输出值折算为局部放电量的折算系数。虽然如此，但为满足实际工作需要，不少文献仍给出对一定故障类型的折算曲线。图12-23示出一种UHF仪器在不同局放的局部放电量估算曲线。

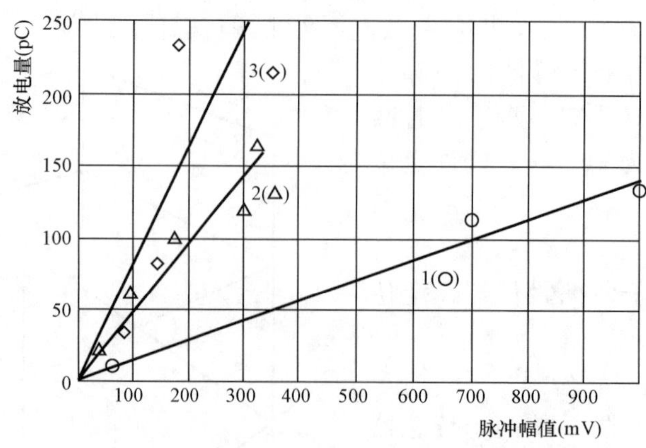

图12-23 一种不同类型局部放电量估算曲线

1—金属-金属，1.4pC/10mV；2—金属-绝缘，4.8pC/10mV；3—绝缘-金属，6.6pC/10mV

参 考 文 献

[1] 徐国政，张节容，等. 高压断路器的原理和应用. 北京：清华大学出版社，2000.

[2] 钱家骊. 气体密度继电器能否正确反映电器的气体密度. 高压电器，2001，37(3)：24-25.

[3] 无需断电即可迅速确定 SF_6 泄漏部位的新仪器，高压电器. 2001. 37(5)：44，50.

[4] 钱家骊，张节容，等. 高压开关开合电容电流和小电感电流. 北京：中国电力出版社，1999.

[5] 关永刚. 高压开关柜的在线监测和故障诊断技术的研究. 清华大学博士论文，2002.

[6] 段雄英，赵子玉，邹积岩. 真空灭弧室真空度在线监测的试验研究. 高压电器，2000，4.

[7] H. Bruce Land. Sensing Switchboard Arc Faults，IEEE Power Engineering Review Apr. 2002：18-20.

[8] 关永刚，钱家骊. 射频法在高压开关柜局部放电监测中的应用. 高压电器，2001. 10：1-3.

[9] T. M. Chan，F. Heil et al. 对 GIS 运行经验进行的第二次国际调查报告(译文)，电器技术，2002，2.

[10] 宫崎明延，沼芳伸，等. 长距离 GIL 的局部放电检测. T. IEE Japan，119-B(6)，99：658-666 .

[11] 武藤浩隆，吉村学，等. 气体绝缘开关装置的局部放电检测仪器的应用. 电气评论，2001，9：60-64.

[12] 岩井弘美，臼井升，等. 气体绝缘设备的诊断装置. 富士时报，65(2)，1992：141-145.

[13] 山下英诚，加藤达郎，等. 各种变电站外部电磁噪声频谱特性. T. IEE Japan，'115-B(10)，'95：1208-1218.

[14] 孔有学. GIS 局部放电监测及击穿点定位的研究. 清华大学硕士论文，1993.

[15] K. Emoto，Y. Ichiwa et al. Development of Portable GCB Diagnostic Equipment Using a Surface Current Detector. T. IEE Japan，118-B(6)，1998：666-672.

[16] 笠原幸夫. 罐式断路器绝缘诊断装置的开发. 电气现场技术(日)，1997，4，33-36.

[17] Nicholas De Kock，Branko Coric et al. UHF PD Detection in GIS -Suitability and Sensitivity of the UHF Method in Comparison with the IEC 270 Method，IEEE Electrical Insulation Magazine，V12，(6)，1996：20-25.

[18] M. Oyama，E. Hanai et al，Development of Detection and Diagnostic Techniques for Partial Discharge in GIS，IEEE Trans. on PWDR，9，(2)，1994：813-817.

第十三章

变压器的监测与诊断

◎ 第一节 概　　述

电力变压器是变电站最主要的设备，它通常采用矿物油（变压器油）作为绝缘和散热的媒质，采用绝缘纸及纸板来绝缘。变压器油为烃类化合物的混合物，绝缘纸及绝缘纸板为植物纤维素，它们均为碳氢化合物。在长时间运行中，这些化合物由于受电场、水分、温度、机械力的作用下，会逐渐劣化、引起故障，并最终导致变压器寿命的终结。

在绝缘结构局部场强集中的部位、出现局部缺陷时，例如产生气泡时，就会导致局部放电。例如，在变压器高压绝缘中部，在导线和垫块缝隙中或导线和撑条的绝缘中靠近导线的表面上容易产生局部放电。局部放电会使绝缘逐渐受到侵蚀和损伤，发生局部放电时会伴生电流脉冲和声脉冲。

在局部放电和过热作用下，油、纸绝缘会发生分解，产生 CO、CO_2 及各种烃类气体。检测油中溶解气体的种类和浓度是绝缘故障诊断的有效且比较成熟的手段。

局部放电还可通过检测伴生的高频或特高频电流脉冲或超声脉冲来诊断，检测超声信号还可对放电进行定位。由于电信号非常微弱，而在运行中现场又存在强烈的电磁干扰，因此局部放电在线监测中对电磁干扰的抑制是关键技术，也是其难点。

变压器进水受潮后，油及纸绝缘的介电强度将剧烈降低，故监测油中微水含量也是故障诊断的重要手段。

变压器绝缘是复合绝缘，故也可通过分析其电流吸收现象而判断其状态[1]。

变压器发生短路时，会引起巨大的电动力，使绕组变形，最终导致故障，故变压器绕组变形的检测也是变压器故障诊断的重要手段。

变压器的有载开关由于动作频繁，常易引发故障。

变压器高压套管通常为电容式绝缘，其检测诊断见第九章。

◎ 第二节 局 部 放 电

一、局部放电脉冲波形及其特征

研究局部放电脉冲波形，有助于分析放电的物理过程。

放电脉冲波形与放电类型有关，信号在设备绕组中的传播与脉冲本身的特性有关。因此，实现基于放电脉冲波形特征的模式识别，探讨变压器、发电机绕组中放电脉冲的传播规律及分析放电检测装置频率特性要求等，都需要研究放电脉冲的波形特性。

参考文献［2，3］叙述了局部放电脉冲波形数字测量与分析系统、试验模型以及波形试验结果。

二、变压器和变电站中局部放电脉冲的传播规律

对变压器内部局部放电进行检测时，通常只能从变压器外部有限的几个测量端口获得信号。变压器中放电源产生的放电信号经过绕组到达外部的测量装置，必然会受到绕组结构以及外部电路传播特性的影响。为了能根据检测到的放电信号对故障特性正确诊断，需要对传播规律进行深入研究。

（一）放电脉冲沿变压器绕组传播特性的仿真分析[3,4]

概括来说，仿真分析就是建立变压器绕组的等效电路并求解的过程，它具有经济、实用和灵活的特点，可以有效地弥补试验研究方法受条件限制带来的不足，对于全面分析变压器绕组电气特性具有很大的帮助。进行仿真分析时，在建立了能够反映绕组电气特性的仿真模型（等效电路）以后，可以针对不同的研究对象采用不同的激励方式，即在电路分析中选用不同的电源信号、求解不同的响应对象。

变压器绕组可简化为集中参数模型，其建立思想是：以集中电气参数构成的电路单元作为仿真模型的基本组成部分，再将所有电路单元连接成完整的仿真模型。

以单绕组变压器为例，建立局部放电脉冲在绕组中传播过程的仿真模型如图 13-1 所示。将变压器绕组按其绕制方式划分成集中单元，每个集中单元由电感性支路（L 支路）和电容性支路（K 支路，通常称为纵向等值电容支路）并联。电感性支路由单元内各匝导线的电阻（R）、电感和匝与匝之间的互感组成，电容性支路由单元内各匝间电容、饼间电容和绝缘漏导（G）组成。各单元的对地电容（C 支路，通常称为横向等值电容支路）由单元内线匝对铁芯和对外壳（裸露在空气中的变压器绕组模型对自由空间）的电容组成。各单元间存在着互感（M_{ij}）。发生局部放电的变压器主绝缘处，依旧可看作电容性试品，其放电可用三电容模型来等效，或简单地使用方波电压经小电容模拟放电的外在反映，或直接模拟成陡脉冲放电的电流源。文中采用陡脉冲电流源（i）。

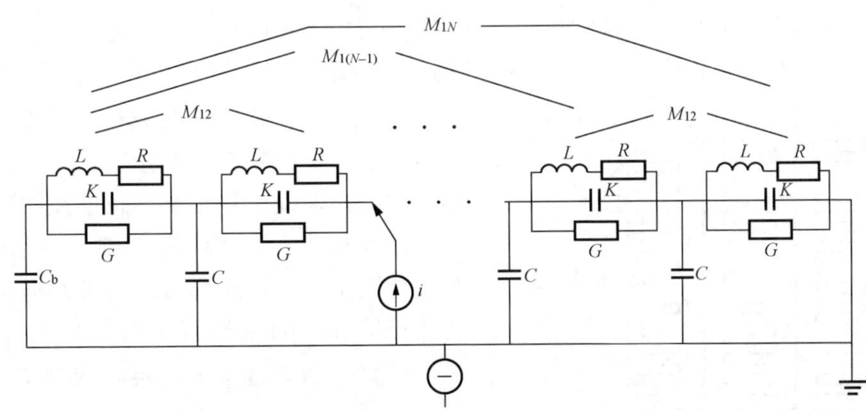

图 13-1 放电脉冲在单绕组变压器绕组中传播的仿真模型

由于变压器匝间距离远小于匝高、饼间距离远小于饼的径向宽度，因此匝间几何电容和饼间几何电容都可根据平板电容公式估算

$$C_g = \frac{\pi \varepsilon_0 \varepsilon_p B d_a}{\delta_p} \tag{13-1}$$

式中 ε_p——匝间或饼间组合绝缘的相对介电常数；

δ_p——匝间距离或饼间距离；

B——匝高或饼的径向宽度；

d_a——每匝平均直径。

纵向等值电容 C_e 根据静电能量等效的原理求出，它是匝间几何电容 C_{tg} 和饼间几何电容 C_{dg} 的有理式

$$C_e = a \times C_{tg} + b \times C_{dg} \tag{13-2}$$

式中，系数 a、b 与绕组绕制方式有关，是线饼匝数 N 的函数。

横向等值电容 C 可根据圆柱电容公式估算

$$C = \frac{\pi \varepsilon_0 \varepsilon_p H}{\ln(d_2/d_1)} \tag{13-3}$$

式中 ε_p——绕组与铁芯之间组合绝缘的相对介电常数；

H——单元的轴向高度；

d_1——铁芯的直径；

d_2——绕组的内直径。

单绕组变压器使用中空的铁皮桶模拟铁芯，各单元的自感和彼此的互感可根据空心矩形截面圆环的自感和互感的解析计算公式求得。电阻 R 和绝缘介质的导纳 G 是频变参数，频率越高，导体内电流的集肤效应越明显、导体电阻 R 越大。绝缘介质的损耗随频率增高而增加，导纳 G 与频率的关系可由实测得出。

对于不同的绕组结构类型，可根据上述原理将绕组划分为若干部分。这些一系列独立的集中参数电路单元便构成了与绕组等效的完整的仿真模型。

根据绕组的仿真模型，就可求得其传递函数。

（二）放电脉冲沿变压器绕组传播特性的试验研究[5]

变压器绕组脉冲传播特性的试验回路如图 13-2 所示。试品为 OSFPSZ—240MVA/400kV 变压器绕组，高压绕组 HV 为插入电容连续式，绕组分 56 段，共 970 匝，第 1～20、53～56 段为插入电容式，第 21～52 段为连续式。试验中，电流脉冲发生器接在绕组不同饼与地之间模拟主绝缘放电。绕组上逐饼插有带引出线的钢针。测量时，采用电阻测量方式，以便使测量结果尽可能反映较宽频带的局部放电传播特性。50Ω 无感盘式电阻 R 分别串接在高压套管末屏和高压绕组中性点接地处，测量经绕组传播后的冲击电流信号。C_d 为套管末屏电容，约为 100pF。试验中低压绕组 L1 和中压绕组 L2 均被短路。

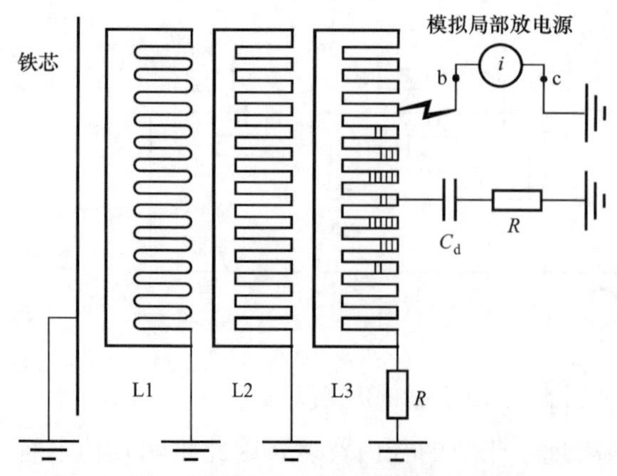

图 13-2 绕组传播特性的试验回路

为了能够更真实地模拟局部放电源在绕组中的耦合以及传播，可采用如图 13-3 所示三电容电路构成基本冲击电流源。

C_g通过 s 的放电电流即为局部放电的原始放电电流，由测量电阻 R 可以直接获得，原始放电电流信号及其频谱如图 13-4 所示。

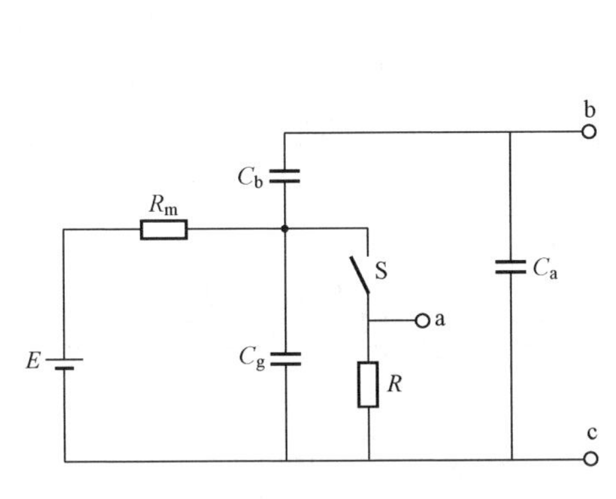

图 13-3 模拟局部放电源

E—直流电压源，0～200V 可调；C_g—放电区域的绝缘等值电容 150pF；C_b—局部放电耦合电容，100pF；C_a—变压器绕组的对地电容；S—具有纳秒级通断能力的汞润开关

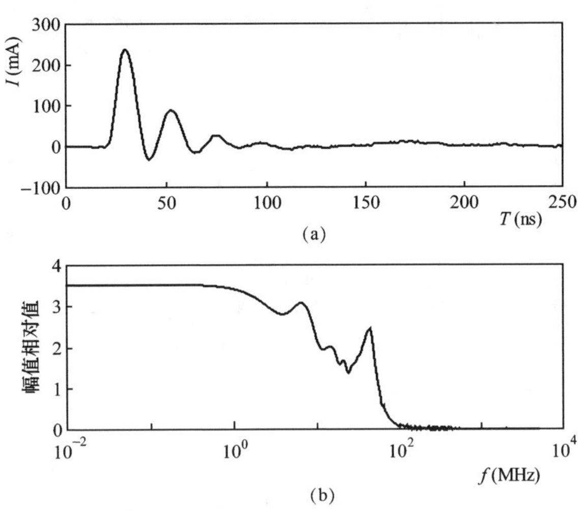

图 13-4 由图 13-3 中测量端 a 获得的原始放电信号

(a) 注入的原始脉冲；(b) 原始脉冲频谱图

对于脉冲电流信号的传播，变压器绕组可看作线性时不变系统。绕组传递函数的频率响应特性 $H(\mathrm{j}\omega)$ 可由下式获得：

$$H(\mathrm{j}\omega)=Y(\mathrm{j}\omega)/X(\mathrm{j}\omega) \tag{13-4}$$

式中 $X(\mathrm{j}\omega)$ ——注入端的冲击电流信号的傅氏变换；

$Y(\mathrm{j}\omega)$ ——测量端信号的傅氏变换。

试验中，通过调节电压源 E 来模拟放电量的变化，模拟放电量 $q=EC_g$。随着 E 在 0～20V 间的变化，只会引起不同测量端电流信号幅值成比例改变，而测量波形的基本形状没有观察到明显变化。

以图 13-3 中 a 点测量到的信号作为原始局部放电信号 $x(t)$，对应各测量端获得的电流信号 $y(t)$，根据式(13-4)，就可以获得绕组传递函数的频率响应特性 $H(\mathrm{j}\omega)$。原始放电信号 $x(t)$基本不随注入点改变而变化。

当冲击电流由变压器绕组第 29 饼注入时，在套管引下线和中性点测量处的冲击响应特性如图 13-5 所示。

计算结果表明：

(1) 中性点接地端的绕组传递函数的频率响应特性 $H_g(\mathrm{j}\omega)$ 主要分：低频段＜400kHz、中频段 400kHz～2MHz、高频段 2～30MHz 三个部分，截止频率约在 30MHz 左右。在低频段和高频段，$H(\mathrm{j}\omega)$ 都存在规律性很强的极点，而中频段频谱特性较平坦。随注入点的变化，测量波形的幅值及高频特性的变化很小，而其低频特性有较明显的变化。

(2) 在套管末屏引下线端，绕组传递函数的频率响应特性 $H_h(\mathrm{j}\omega)$ 的规律性相对简单，主要分为低频段＜2MHz 和高频段 2～30MHz 两段，截止频率也约在 30MHz 左右。极点主要分布在高频段内，低频段幅频特性则较平坦。该端测到的信号幅值随注入点的下移明显的衰减，对应频谱的高频段也发生相应的衰减。

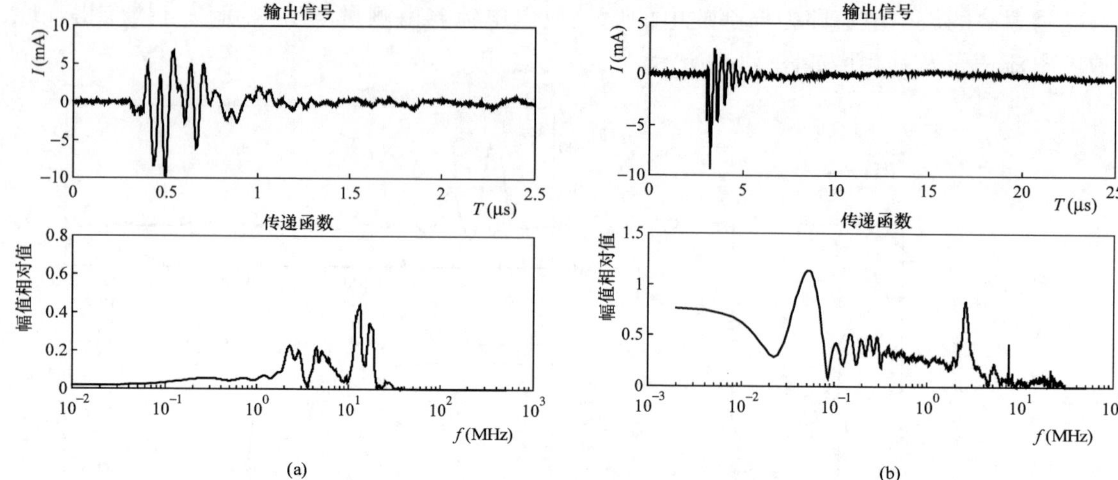

图 13-5 冲击响应特性

（a）高压套管末屏接地引下线处信号；（b）中性点接地引线处信号

（三）放电脉冲沿变电站主接线的传播[6,7]

当变压器在实际运行中发生局部放电时，放电脉冲不仅在变压器绕组中传播，同样也将在外部电路（即变压器各出线端所接的外回路，包括母线、电流互感器、电压互感器、断路器等电气设备和线路）中传播，此时，外部电路的阻抗特性对监测点的放电波形将产生重要影响。事实上，在变压器外壳接地线上所测的局部放电电流信号，正是在外部电路上流过的对地电流之和。影响变压器外部电路阻抗特性的主要因素包括外部电路连接范围、电容性设备、母线以及接线方式等四方面。

参考文献［6，7］对放电脉冲沿变电站主接线的传播进行了仿真分析。分析对象为某电厂 500kV 变电站，其 2 号主变压器为三台单相变压器，型号 DFP-240000/500，额定电压 500/20kV，高压绕组为星形接法，中性点经小电阻接地，低压绕组为三角形接法，与发电机相连。500 kV 电气主接线为双母线（南母线、北母线）带旁路母线结构，有 5 个间隔：①500/20kV 主变压器；②500/220kV 联络变压器；③母线 CVT；④出线；⑤母联兼旁路。由于需研究的是主变压器放电脉冲的传播，而 550/220kV 联络变压器及 500kV 出线离主变压器较远，由以后分析可知，它们的影响可以忽略，所以分析时只考虑主变压器及 5 个间隔的母线、断路器、TA 和 CVT。变电站的第一种接线方式如图 13-6 所示，主变压器连接在北母线，直接向联络变压器间隔供电，并通过连接线和南母线向线路间隔供电。图 13-6 中

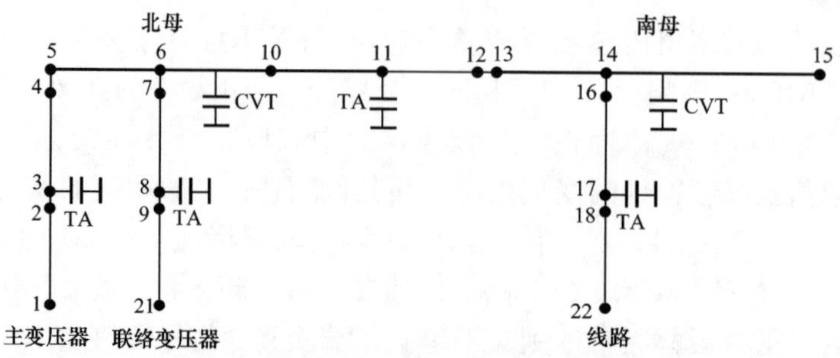

图 13-6 某 500kV 变电站的第一种接线方式

紧靠一起的两个节点间接有隔离开关，断路器和 TA 的对地电容合在一起，在图中以 TA 表示，CVT 也以其对地电容代表。

根据图 13-6 接线建立图 13-7 所示仿真模型。在不同频率下，计算主变压器的阻抗矩阵 [$\boldsymbol{Z}_{4\times4}$]，以及外部电路，包括母线（含连接线）、TA（含断路器）和 CVT 的阻抗矩阵 [$\boldsymbol{Z}_{3\times3}$]，作为相应的模块。连接各模块，组成仿真模型。根据常用的局部放电监测频带，仿真模块计算的下、上限频分别率为 1kHz 和 2MHz，频率间隔为 1kHz。

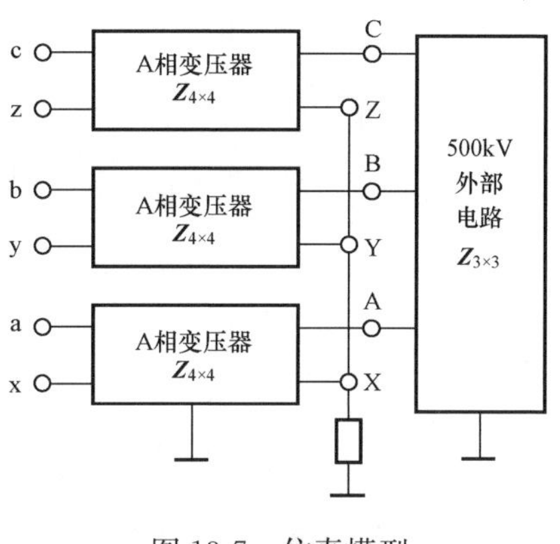

图 13-7　仿真模型

以 A 相变压器发生放电为例进行仿真研究。主变压器由三台双绕组单相变压器组成，因此每相变压器模块为 4×4 的端口阻抗矩阵 $\boldsymbol{Z}_{4\times4}$。对 A 相变压器，不同频率 f 下的阻抗矩阵为

$$\boldsymbol{Z}_{4\times4}=\begin{bmatrix}Z_{AA} & Z_{AX} & Z_{Aa} & Z_{Ax}\\ Z_{XA} & Z_{XX} & Z_{Xa} & Z_{Xx}\\ Z_{aA} & Z_{aX} & Z_{aa} & Z_{ax}\\ Z_{xA} & Z_{xX} & Z_{xa} & Z_{xx}\end{bmatrix}$$

对放电检测来说，外部电路实际上相当于一个耦合单元，它包括 500kV 三相母线、TA 和 CVT，其模块为 3×3 的端口阻抗矩阵 $\boldsymbol{Z}_{3\times3}$

$$[\boldsymbol{Z}_{3\times3}]=\begin{bmatrix}Z_{AA} & Z_{AB} & Z_{AC}\\ Z_{BA} & Z_{BB} & Z_{BC}\\ Z_{CA} & Z_{CB} & Z_{CC}\end{bmatrix}$$

阻抗矩阵中，对角线元素为各相外部电路的入口自阻抗，非对角线元素为相间互阻抗。

通过仿真分析可知[8]：当检测频带下限大于 400kHz 时，外部电路可只考虑主变压器一个间隔，即变压器高压端近区连接线和设备已基本能够体现外部电网对局部放电传播的影响，远端设备及其连接方式仅对低频分量有一定影响。

三、局部放电在线监测系统

近 20 年来，各国陆续研究开发了变压器局部放电在线监测系统。以下分别介绍几种比较典型的监测系统。

（一）日本东京电力公司研发的监测系统[9]

日本在 20 世纪 80 年代初就研发了变压器局部放电在线监测系统，并在 500kV 变电站投入试运行。该监测系统的特点是同时采用了电测法（脉冲电流法）和声测法。脉冲电流法可以测量视在放电量，同时采用声测法并相互对比可以鉴别内部放电和外部干扰，还可对放电点定位。监测系统回路如图 13-8 所示。

当变压器内部发生局部放电时，安装在绕组中性点和油箱接地线上的罗戈夫斯基线圈检测到电流脉冲，从而触发监测系统并以此作为计时起点。随后安装在油箱侧壁上的声传感器也检测到局部放电产生的超声波。根据超声波在油中的传播速度（1.5mm/μs）和油箱的尺寸，可分别算得传播时间最小值（t_{min}）和最大值（t_{max}）。如果检测到的声信号的传播时间 t 满足条件 $t_{min}<t<t_{max}$，则该声信号可判定为是由变压器内部局部放电造成的，否

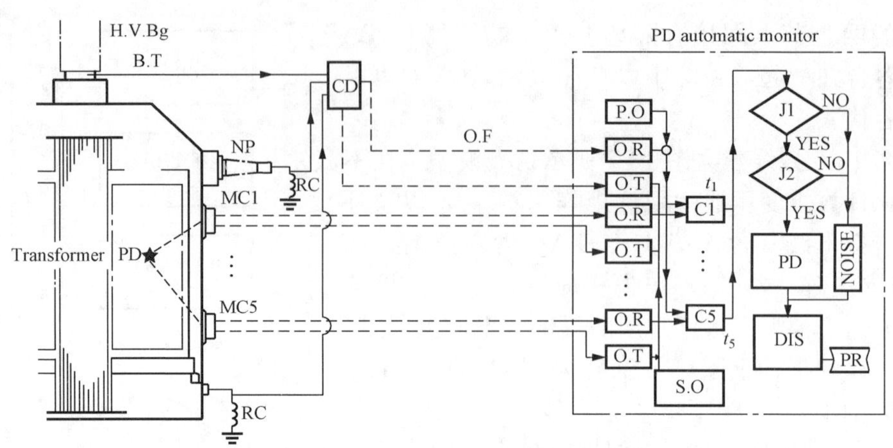

图 13-8 东京电力公司的变压器局部放电监测系统回路图

H. V. Bg—高压套管；B. T—套管末屏；NP—中性点；MC1～MC5—声传感器；RC—罗戈夫斯基线圈；CD—电流脉冲检测器；O. F—光缆；P. O—脉冲发生器；O. R—光接收器；O. T—光发送器；C1～C5—计数器；S. O—模拟脉冲发生器；t_1～t_5—传播时间；J1— 传播时间判别（$t_{min}<t<t_{max}$）；J2— 传播时间判别（t_1～t_5的时间差）；DIS—显示器（警报器，时间、监测结果和 t_1～t_5 显示）；PR—打印机；PD—局部放电；PD automatic monitor—局部放电自动监测仪

则应属于外部干扰。如只检测到脉冲电流信号或超声信号，则不能确认其为内部放电。监测系统根据声传感器的位置判定确是内部发生放电后，发出警报，计算放电点位置，同时打印出局部放电发生的日期、时刻以及放电点和各个声传感器间的距离。为了对放电点定位，需 3 个声传感器。但为了提高测量准确度，该装置安装了 5 个声传感器，以便选择使用。声传感器压电片的中心频率为 200kHz，放大器的频带为 180～230kHz。电流传感器和声传感器安装在变压器现场，监测装置则安装在主控制室。为了抑制强烈的电磁干扰，信号采用光缆传送。

该监测系统由于受到当时条件的限制，未能采用微计算机、数据采集及数字信号处理技术，但其设计中遵循的一些基本原理至今还在广泛采用。

（二）法国电力公司研发的监测系统[10]

法国电力公司综合应用了三种方法测量局部放电：①子系统 SPARTAN 检测声信号；②子系统 FARADAY 检测油中溶解气体；③子系统 S2DP 检测电信号（脉冲电流和电磁波）。各子系统通过网络由微型计算机构成的监测器统一进行监控。监测器记录下从子系统传输来的数据文件，并进行数据处理，显示各监测量的数值及变化趋势，当超过阈值时发出报警信号。监测器还能记录变压器的一些运行参数，如有功功率、无功功率、电压、温度等，并且还可以通过调制解调器实现远程控制和数据传输。该监测系统综合采用了先进的电子技术和数字信号处理技术，反映了当前的国际水平，其原理图如图 13-9 所示。

1. 声测子系统

声测（SPARTAN）子系统采用压电传感器测量放电的超声信号，其谐振频率选取为 150kHz。传感器放置在变压器箱壁外表面上，它从采集到的声信号中提取 7 种特征参数：到达时间、上升时间、一个脉冲中的峰值数目、能量、持续时间、幅值、平均频率等，并通过开发的数据处理软件识别放电故障和干扰。

2. 油中溶解气体子系统

油中溶解气体（FARADAY）子系统根据红外光谱监测油中7种溶解气体（CO、CO_2、C_2H_4、C_2H_2、C_2H_6、CH_4、H_2）的浓度，同时还测定油中水分。油样采集及处理单元和油箱底部的放油阀相连，每5min可测量一次，从而实现不间断诊断，它所测得的数据与气相色谱分析对比，误差不超过30%。

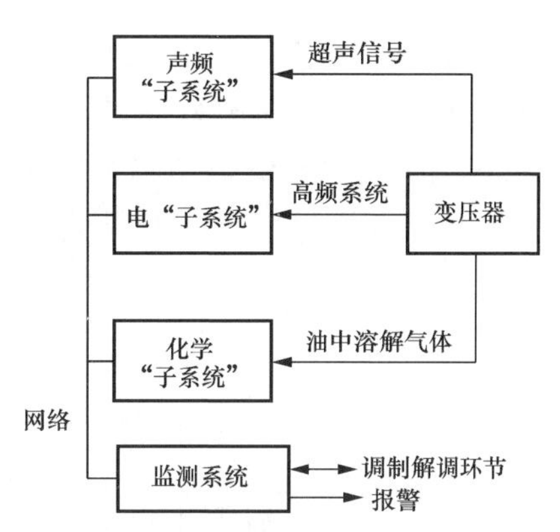

图13-9 法国电力公司的监测系统原理图

3. 电测子系统

电测（S2DP）子系统采用了高频（HF）测量和特高频（UHF）测量两种方法。高频法采用电流互感器测量放电的脉冲电流，互感器频带很宽（500kHz～80MHz），可安装在油箱或中性点的接地线上。特高频法采用天线传感器测量局部放电辐射的电磁波，天线传感器通过油箱顶部或底部的阀门插入油箱内部。特高频接收器测量频率可调（500～1000MHz），带宽80MHz。输出信号为一标准脉冲，采集系统的采样率为20MHz，每次采样的时间段为一个工频周期（20ms）。电测子系统能同时记录4个通道的数据：其中2个通道记录来自电流互感器的高频信号；1个通道记录来自天线传感器的特高频信号；还有1个通道用于记录工频同步电压信号，以给另3个通道数据提供相位信息，便于进行分析诊断。电测子系统测到的高频信号经过数字滤波处理和抑制周期性干扰后，提取放电脉冲。它通过比对高频法和特高频法测得的信号，提高了放电故障诊断的正确性。

（三）国内研发的监测系统

从20世纪80年代，国内电力部门研究单位和高等学校陆续展开了变压器局部放电监测诊断技术的研究[11～14]，并不断发明新的监测系统。以下介绍一种监测诊断系统[15,16]，其硬件采用了信号宽带传输、高速采样的设计原理，具有采样率高、数据量大、放电信息完整等特点，为进一步的信号处理打下基础；软件设计上采用了组件对象模型，建立了不依赖于硬件和具体数据处理形式的运行框架，具备良好的可扩展性和可伸缩性[16]。

该监测系统也同时采用了脉冲电流法和声测法，当变压器内部发生局部放电时，安装在高压套管末屏引下线、油箱与铁芯接地线上的电流传感器TA检测电流脉冲并触发监测系统，安装在箱壁上的声传感器AT监测超声脉冲，从电压互感器TV采集电压信号以确定放电脉冲发生的相位。系统采集的信号送入测量箱，经下位机由光缆传送到上位机。测量箱安装在变压器附近，上位机安放在主控制室。

四、抗干扰措施

（一）现场干扰的试验研究

现场环境中存在强烈的电磁干扰，甚至可能会完全掩盖待测的局步放电信号，所以干扰的抑制成为电力设备局部放电在线监测中的关键技术之一。

为了能最大限度地抑制干扰，首先需对现场干扰的种类与特征有清楚的认识。参考文献[17，18]针对某发电厂500kV变压器的干扰进行了离线和在线局部放电测试。该变压器刚进行过检修，并通过了离线局部放电测试，故可以认为测得的信号都来自干扰。分别采用离线和在线的标定方法，确定信号的大小。放电测试系统的接线及传感器的安装位置如图

13-10所示。电流传感器的安装位置包括500kV套管末屏、铁芯、夹件与中心点的接地引下线以及外壳地线。为有效测量外壳地线上的信号，外壳应尽量减少接地点。测试系统由传感器、放大器、测量箱和笔记本电脑组成。传感器为有源宽带高频传感器，带宽为8kHz～1.4MHz。测量箱内为工控机及高速A/D卡，A/D卡的最高采样率达10MB/s，分辨率12bit，采样长度1MB。试验数据通过标准接口上传到笔记本电脑，进行分析处理。

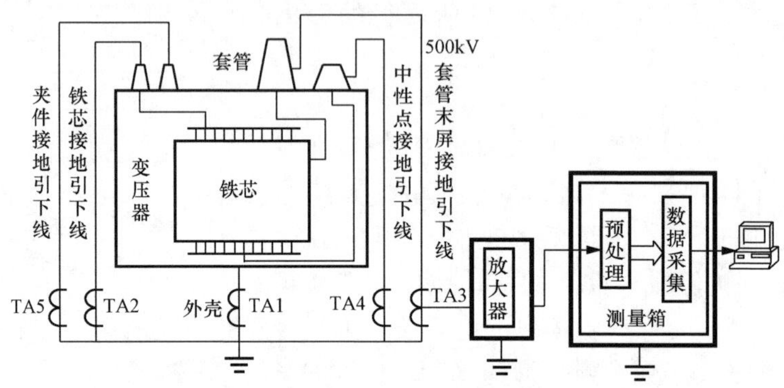

图13-10 单相500kV变压器上电流互感器安装位置及试验接线图

从试验结果可知，干扰主要可分为两大类：①连续周期性干扰（窄带干扰）；②脉冲型干扰（宽带干扰）。

连续周期性干扰主要来自电力系统的载波通信，其频率为3～500kHz。高频通信每一信道所占频率虽仅4kHz，但采用频分复用多路通信方式，所占的频段多而宽。高频保护一般采用短时发信方式，即线路故障时才发出信号，所以正常运行时不会出现此类干扰。但当地的无线电广播也是重要的干扰来源，其频率通常在1MHz以下。

脉冲型干扰可分为周期性脉冲干扰和随机性脉冲干扰两类。周期性脉冲干扰在每个工频周期中周期性地出现，来自于电力电子器件（如发电机励磁侧）的晶闸管整流设备，其脉宽约30μs，频率分布在0～1MHz。随机型脉冲干扰主要来自高压连线空气中电晕放电和其他设备局部放电。特殊的现场环境也会造成随机型干扰，如附近有电焊作业等，此类干扰的频谱很宽，与待测的放电类似，比较难以区别。

此外，待测的局部放电信号中还混有白噪声。由变压器绕组的热噪声、地网噪声等耦合进入测量系统的噪声都属于白噪声。

通常每个变电站的电磁干扰都有其特殊性，因此应首先对监测对象的干扰情况进行测量分析，明确其性质和特点，才能有针对性地采取适当的干扰抑制措施，将信噪比提高到要求的水平。

干扰信号主要通过以下三个途径进入监测系统：

（1）从监测系统的工频电源进入，故监测系统电源宜由隔离变压器加低通滤波器供电，以抑制干扰。

（2）通过电磁耦合进入监测系统，故监测系统包括连线都应很好屏蔽，采用光电、光纤系统传输信号也可减少干扰。

（3）通过传感器（即检测元件）进入，它与待测的局部放电信号混叠在一起，比较难以分离，需采用其他的技术措施。

（二）抑制干扰的硬件方法

1. 连续周期型干扰的抑制

连续周期型干扰可采用各种带通、带阻滤波器有效地加以抑制。带宽和中心频率的选择视干扰信号的频带而定。窄带滤波器抑制干扰的性能好，但也容易造成待测信号的畸变；宽带滤波器则反之。

图 13-11 所示是组合式带通滤波器结构框图[19]，它由一系列低通和高通滤波单元组成，当它们通过选择不同的组合开关进行不同级联时，即可得到不同通频带的带通滤波器。若将低、高通滤波单元共输入，而其输出通过加法器合成，即可组成带阻滤波器。滤波器通带的选择可程控或手动。

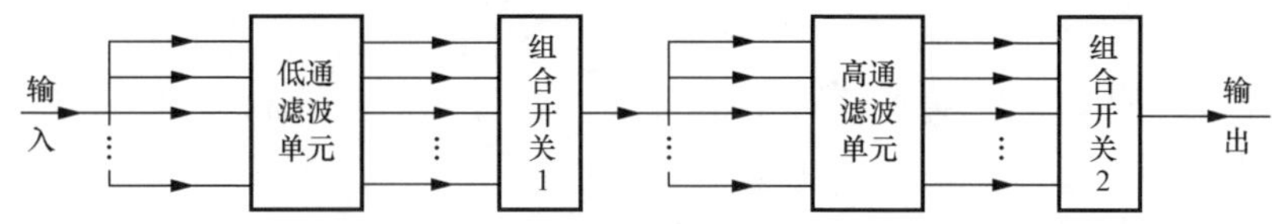

图 13-11 组合式带通滤波器结构框图

2. 脉冲型干扰的抑制

（1）差动平衡系统[20,21]主要用以抑制共模干扰，其原理如图 13-12 所示。待测设备 C_{x1} 和起耦合电容作用的另一设备 C_{x2} 构成了差动平衡系统的两个支路。来自线路的干扰在进入 C_{x1} 及 C_{x2} 时，其电流方向是相同的，在电流传感器 TA1、TA2 上输出同方向信号，故进入差动放大器后将被抑制。若待测设备 C_{x1} 内部发生放电故障，则在 C_{x1} 及 C_{x2} 上流过的电流方向相反，进入差动放大器后，这两个信号相当于差模信号而将被放大，从而提高了信噪比。

差动平衡系统只有两路共模信号的波形、相位一致，才能获得良好效果。这就不仅要求 TA1、TA2 两个监测通道的特性基本一致，更主要的是 C_{x1} 及 C_{x2} 的结构、组成也应基本相同，否则抑制干扰的作用会降低甚至消失。因此，具体使用时，应采取相应的技术措施。

参考文献［20］采用的干扰抑制电路本质上仍是差动平衡系统。如图 13-13 所示，单相变压器绕组中性点和外壳接地线各设置一个宽频电流传感器以检测脉冲信号，对于变压器外部干扰，这两个电流脉冲同方向；对于变压器内部放电，这两个电流脉冲反方向。据此可以

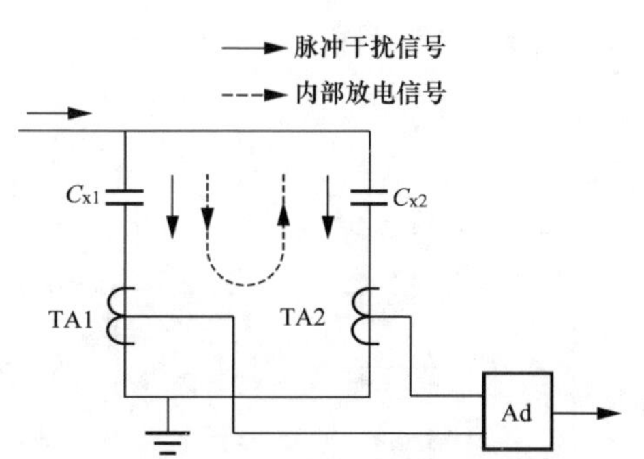

图 13-12 差动平衡系统原理接线图

Ad—差动放大器；C_{x1}、C_{x2}—试品；TA1、TA2—电流互感器

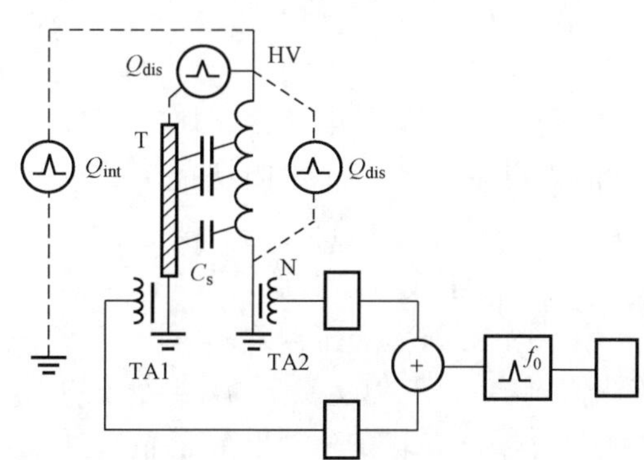

图 13-13 单相变压器局部放电监测中干扰抑制原理图

识别是否为内部放电。由于回路不同，这两路信号的波形也不相同，难以直接相比。但实验结果表明，其中有适当的频谱分量符合上述原则，可用以互相比较。这个分量的频率随变压器而异，要根据实验确定。在检测回路中串联接入频带可调的滤波器，校验时加以调整确定。叠加和选频后的信号送入峰值检测仪。

（2）脉冲极性鉴别系统。其抑制干扰的原理与差动平衡系统类似，都是利用外部干扰脉冲和内部放电脉冲极性不同的原理[21,22]。如图13-14所示，设备C_{x1}、C_{x2}以外的干扰信号在两电容上产生同方向的脉冲电流（如图13-14中虚线所示）；而C_{x1}、C_{x2}本身的放电产生反方向的脉冲电流（如图13-14中实线所示）。传感器TA1、TA2拾取的两路信号经放大器放大成适当的信号幅度，进入+、−、−、+极性门，这4个门的作用是分别将由TA1、TA2来的电流脉冲按照其极性整形为一定宽度的逻辑电平，四路逻辑信号两两相与，相与结果共同控制电子门的合断，将局部放电信号放过，干扰信号抑制。由于鉴别系统的动作需要一定时间，故待测的信号也需经D延迟一定时间后由G送出。显然，对于脉冲极性鉴别系统，也要求两路信号的波形、相位一致，这样才能获得良好效果。

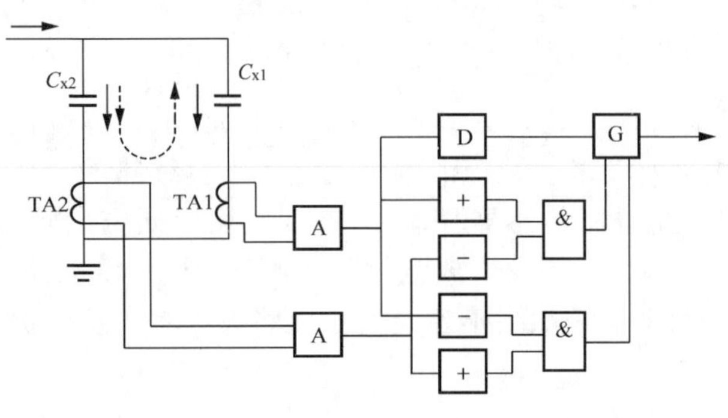

图13-14 脉冲极性鉴别系统原理图

A—放大器；C_{x1}、C_{x2}—试品；TA1、TA2—电流传感器；+—脉冲正相整形；−—脉冲反相整形；D—时延单元；G—电子开关

（3）定向耦合电路。参考文献[23]提出了用定向耦合法区别变压器内部的局部放电信号与外部的干扰信号，其原理图如图13-15所示。在变压器高压套管末屏测量端子部位围绕着套管安装专门设计的罗戈夫斯基线圈，线圈的芯棒采用非磁性材料。将罗戈夫斯基线圈的中间抽头和变压器末屏测量端子连接起来，并将末屏测量端子串一小电阻接地。于是套管主电容和末屏对地电容构成了电容分压器，并且其低压臂形成了一个高通滤波器，只有高频信号才能提取。罗戈夫斯基线圈和套管末屏测量端子连接起来构成了定向耦合电路。当变压器内部发生放电时，放电脉冲电流I的方向如图13-15所示，电压$U_{(1)}=U_c+U_1$，$U_{(2)}=U_c-U_2$，此时$U_{(1)}>U_{(2)}$；若是外来干扰，则电流I将反向，于是$U_{(1)}<U_{(2)}$。由此可以确定信号的方向和性质，从而将内部放电信号和外来电磁干扰区别开来。

参考文献[23]中需将高压套管末屏测量端子长时间经小电阻接地，这在电力系统中通常是不允许的。参考文献[24]对此作了改进，其原理如图13-16所示。图中：C_x为变压器除套管电容外的等值电容；S1为从套管耦合信号的电流传感器，安装在套管根部紧靠法兰的部位；S2为从套管末屏接地线上耦合信号的电流传感器。S1、S2均为罗戈夫斯基线圈，芯棒采用非磁性材料

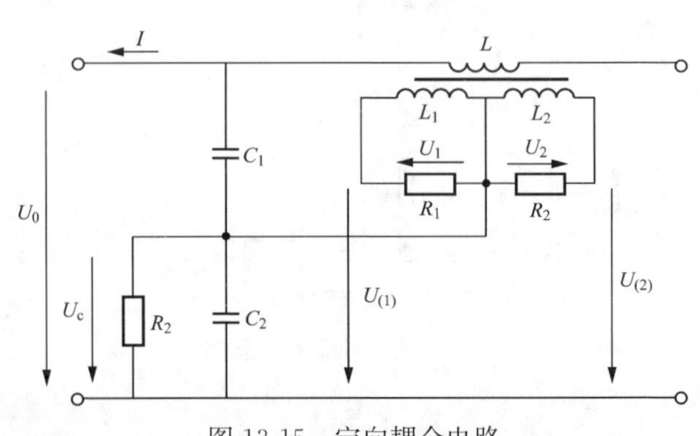

图13-15 定向耦合电路

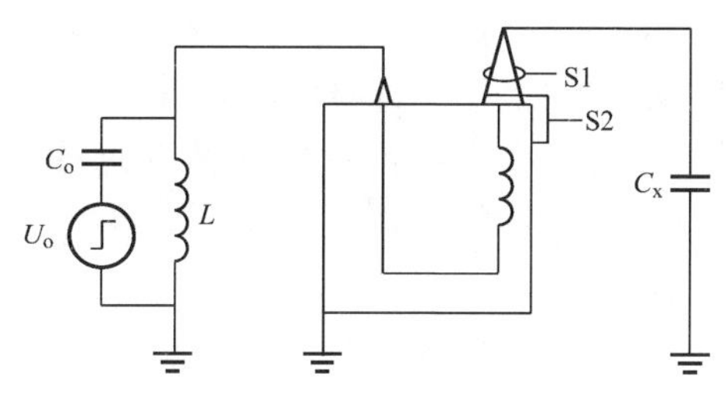

图 13-16　单相变压器试验接线

(空芯聚乙烯软管)。设外部干扰信号进入变压器时，见图 13-17(a)，S1、S2 两电流传感器中测得的信号同向；则当内部发生放电时[见图 13-17(b)]，S1、S2 测得的信号将为反向。利用 S1、S2 对于外部干扰和内部放电在测得信号方向上的差异，组成差动平衡系统，如图 13-18 所示，就可削弱外部干扰信号而加强内部放电信号，从而提高信噪比。由于 S1、S2 回路参数不同，因此必须在施加外部干扰脉冲时调整其两路信号的幅值及相位，使之尽量互相抵消以降低干扰水平。在这样的电路条件下即可获得最佳的信噪比。

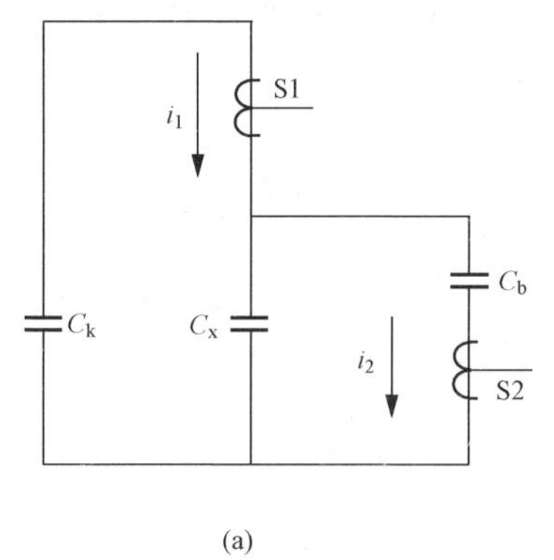

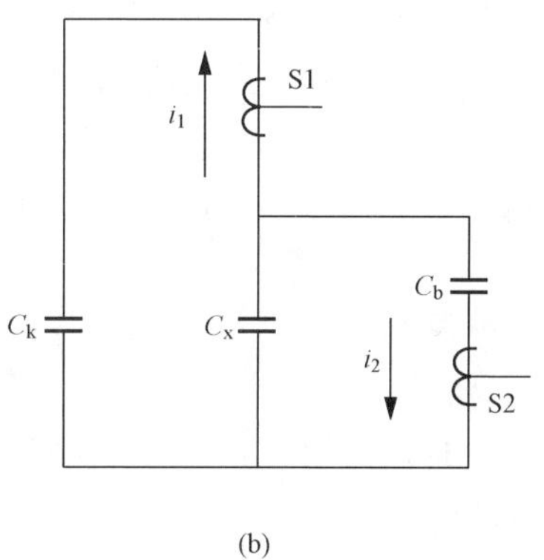

图 13-17　定向耦合电路
(a) 外部干扰；(b) 内部局部放电

参考文献[24]也采用定向耦合电路，与参考文献[23]类似，只是罗戈夫斯基线圈型电流传感器均采用铁氧体为磁芯：小传感器为圆形，内径 60mm；大传感器为内边长 250mm×250mm 的回字形结构。两者响应频宽为 20～500kHz。每相高压绕组安装一大一小两个磁芯式电流传感器，大的耦合高压出线的脉冲信号，小的耦合高压套管末屏接地线中的脉冲信号。

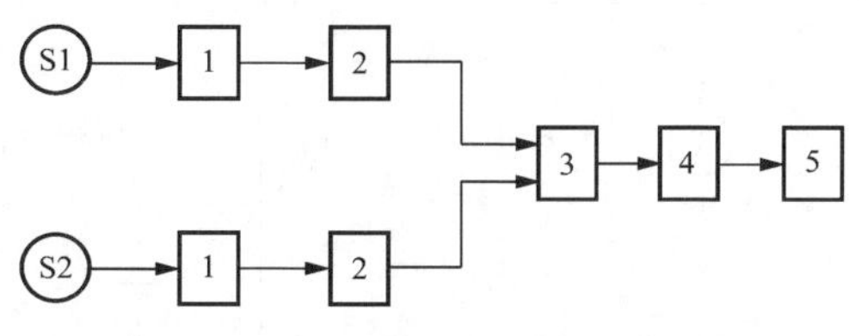

图 13-18　定向耦合差动平衡电路
S1、S2—电流传感器；1—调幅电路；2—调相电路；3—差动放大电路；4—带通滤波器；5—电压跟随器

（三）抑制干扰的软件方法

干扰的抑制也可基于数字信号处理技术由计算机采用软件实现。各种具体算法详见第四章第一节～第六节。

1. 连续周期型干扰的抑制

(1) 频域分析滤波方法[26～28]。

(2) 自适应滤波方法[28,29]。

(3) 采用小波变换的滤波方法[31,32]。

(4) Remez 算法高通滤波器[33]。

如前所述，现场电力线载波通信及高频保护频带分布在 40～500kHz 范围内，无线电广播频率（中波段）通常在 1MHz 以下，而局部放电信号在大于 1MHz 的高频段仍有很强的能量分布。因此选择合适的分析频带可有效抑制周期型窄带干扰，保留绝大部分局部放电信息。Remez 算法作为一种成熟的优化设计算法，用于设计高通数字滤波器，它具有方法简单、滤波效果好、计算时间短等优点，非常适合于现场窄带干扰的实时抑制。高通滤波器的低端截止频率根据当地实际情况选取，通常在 1MHz 左右；而局部放电监测系统的特性，如电流传感器的带宽、数据采集装置的采样率等性能也应与之匹配。

2. 脉冲型干扰的抑制

脉冲型干扰的抑制详见第四章第六节。采用 UHF 测量时，不能对视在放电量标定，但抗干扰性能好。采用 HF 测量时能标定视在放电量，但不易区别脉冲型干扰。于是产生了同时采用 UHF 和 HF 对比测量以互为补充的想法。

3. 白噪声的抑制[40]

从在线监测得到的信号中消除连续周期型干扰和脉冲型干扰，监测信号中便只剩下局部放电信号和白噪声干扰。将如上处理后的监测信号的自相关函数进行小波变换，由于局部放电的时间—频率功率谱中将出现极大值，而白噪的时间—频率功率谱为恒定值。因此，只要用小波分析信号的局域功率谱，找出其极大值和极小值，然后用小波反变换对信号进行重构，就可获得局部放电的发电量、发生相位和重复率等指纹信息。详见第四章第五节。

五、视在放电量的标定

（一）标定方法

局部放电检测时，需要通过标定才能给出视在放电量的数值。对变压器局部放电在线监测系统的标定有两种方法：离线标定方法和在线标定方法。

离线标定方法如图 13-19 所示[41]。方波 U_0 通过外接分度电容 C_0（一般为 100pF）在高压端和变压器外壳之间注入标定电荷 $Q=U_0C_0$，从变压器外壳接地线或套管末屏接地线处用高频电流传感器 S 测量脉冲电流，高压引线及其相连设备对地电容作为耦合电容 C_k，图 13-19 中，C_x 是变压器高压绕组对外壳的入口电容，C_{b1} 和 C_{b2} 分别是主电容和末屏对地电容，M 是检测系统。离线标定要求被测变压器处于停电状态，且保持和运行状态相同的接线方式，无法经常对监测系统进行校正。

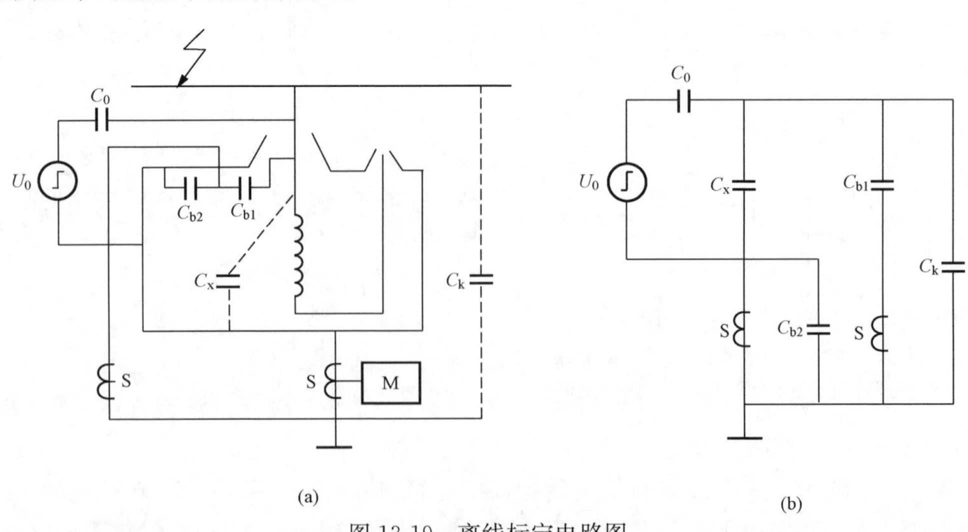

图 13-19　离线标定电路图

（a）接线图；（b）原理图

与离线标定相比，在线标定的优点是无需停电和改变运行状态。变压器局部放电在线标定的方法主要有：脉冲电流耦合法[41,42]和套管末屏注入法[43]。相比之下后者操作简便，标定结果与离线标定可比，是较合适的一种在线标定方法。套管末屏注入法的基本原理如图 13-20 所示。打开高压套管末屏，将方波发生器通过屏蔽电缆接在末屏抽头和外壳之间，利用套管主电容 C_{b1} ［一般在 200～600pF 之间，满足 $C_{b1}<5$（C_x+C_k）］作为分度电容 C_0。方波发生器输出方波的幅值为 U_0，注入的标定脉冲电荷量 $Q=U_0C_{b1}$。套管末屏电容 C_{b2}（一般在 2～40nF 之间）并接在方波发生器两端。运行时由于 C_{b1} 和 C_{b2} 的分压，C_{b2} 上会出现数千到数万伏的工频电压，需并接一个几毫亨的降压电感 L。放电管 D 作为过电压保护，不标定时合上开关 QK，以保证末屏可靠接地。由于方波发生器经较长的屏蔽电缆连接到末屏，为了防止在波过程中引起波形畸变，接入了匹配电阻 R_0。高压引线及其相连设备对地电容可作为耦合电容 C_k。高频电流传感器 S 套在外壳接地线上，它提取信号、送入检测系统 M。与图 13-19 相比，两者具有相同的耦合电容、电荷注入点和相应的测量点，均是模拟绕组靠近入口处的局部放电。

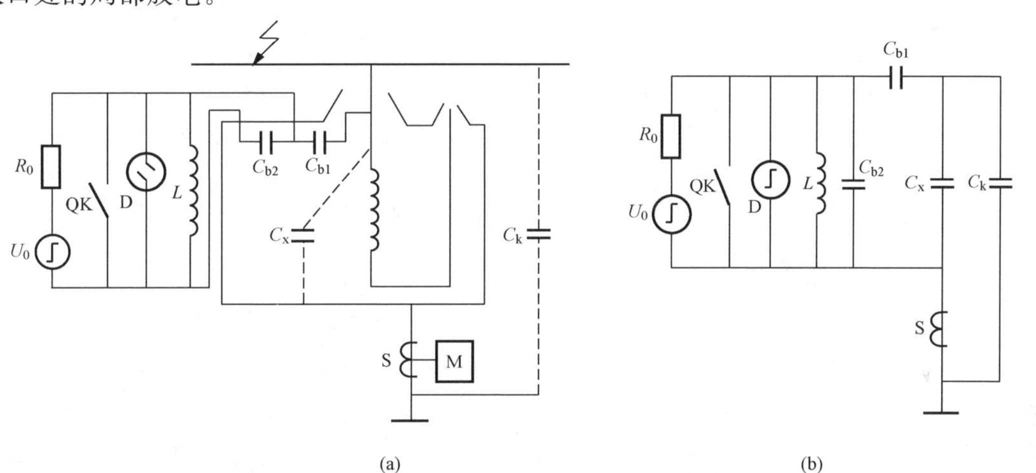

图 13-20 套管末屏注入法电路图

（a）接线图；（b）原理图

（二）脉冲发生器波形对标定的影响

标定时，要求标定脉冲通过分度电容注入的电流波形与实际的放电脉冲波形一致。但在线标定时，由于降压电感 L 和末屏电容 C_{b2} 的并入，实际注入的方波本身已是振荡波，这将对标定结果产生影响。为此，在模型上进行了波形影响的试验研究。图 13-21 是变压器在线标定的模拟电路图，U_0 是方波发生器，最高幅值达 100V，降压电感 $L=1.6$mH，C_{b1}、C_{b2} 模拟套管的主电容和末屏电容，$C_{b1}=330$pF。考虑到所采取的监测系统的特性，取选频放大器中心频率 $f_0=30$kHz、带宽 10kHz。以集中电容 $C_x=3$nF 和 $C_k=4.7$nF 模拟变压器入口电容和耦合电容。示波器是带宽为 100MHz 的 CS-2100 型模拟示波器。CA 为连接电缆，R_0 为匹配电阻。改变 C_{b2} 的数值，测量选频放大器输出。方波发生器视在输出 20V，电流传感器灵敏度 10V/A，带宽 $\Delta f=100$kHz，下限截止频率 10kHz，上限截止频率 110kHz。输出结果如表 13-1 所示。表中：U 为实测方波幅值；T_f 是方波上升时间；U_{out} 是放大器输出；S 是灵敏度，$S=U_{out}/(AU_0C_{b1})$；$A=100$，是放电倍数；并入的电感 $L=1.6$mH。从试验结

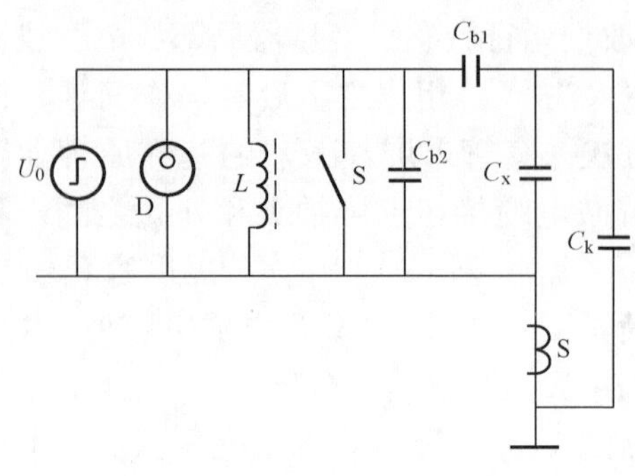

图 13-21 变压器在线标定的模拟电路

果可知，在线标定中，在一定的监测频带下进行窄带测量时，如结果在工程允许误差范围内，则并入的末屏电容和降压电感对方波波形的畸变可忽略不计。在实际标定中，当考虑降低工频电压时，电感值不宜太大；而为了避免对方波发生器造成较大负载，电感值又不应太小。因此，电感值一般选择在几毫亨范围。现场在线标定前，首先要在线测量输出的方波波形，选择合适的匹配电阻，测量方波发生器实际输出的方波幅值；若有条件，还可对方波波形进行频谱分析，以保证输入方波在所选监测频带内没有谐振峰值，才可取得较好的标定结果。

表 13-1　C_{b2} 对测量结果的影响

参数	C_{b2} (nF)	注入方波		U_{out} (mV)	S (V/μC)
		U_0(V)	T_f(μs)		
未并入电感 L	0	18.25	0.14	100	0.166
	3.6	18.0	0.25	95	0.160
	7.2	18.0	0.4	100	0.168
	27.0	17.5	1.4	95	0.165
	37.0	17.0	2.0	90	0.160
	47.0	17.0	2.4	90	0.160
	68.0	16.0	4.0	80	0.152
并入电感 L	0	18.0	0.13	95	0.160
	3.6	17.5	0.3	95	0.165
	7.2	17.0	0.5	95	0.169
	27.0	16.0	1.4	90	0.170
	37.0	15.5	2.0	90	0.176
	47.0	15.0	3.0	90	0.182
	68.0	14.0	5.0	80	0.173

若监测系统的中心频率及频带与所用出入较大时，脉冲发生器波形的影响还需另行研究。

（三）绕组传播特性对标定的影响[44]

1. 放电位置对标定结果的影响

放电脉冲在变压器内的传播是一个复杂的过程，由测量点得到的脉冲信号只反映从放电源到测量点的绕组冲激响应，因此，绕组内部不同部位发生的相同大小的放电，在同一测量点测得的信号会有所不同。因此，根据现行的标定方法，就会得到不同的视在放电量。

在变压器绕组上研究放电位置对标定结果的影响，其试验电路如图 13-10 所示。采用 Haefley 制的冲击电压发生器标定放电量和模拟放电，其输出电压的波形见图 13-4，输出电压 100V，标定时将输出的脉冲通过耦合电容导入变压器绕组高压端，耦合电容 50pF，于是导入的放电量为 5000pC。分别在绕组中性点和高压套管末屏提取信号，得其标定系数相应为 $K_{cN}=1358.7$pC/mA 及 $K_{cH}=255.6$pC/mA。当高压脉冲引入绕组不同线饼以模拟放电发生在绕组不同位置时，无论在绕组高压套管端或中性点端得到的响应都是不同的，经过标定得到的放电量如图 13-22 所示。由于标定脉冲是从绕组高压端引入的，因此当高压端部发生放电时从绕组两端取得的信号经标定后的放电量是一致的。由于输出信号和放电信号的传播距离有关，因此随着放电位置移向中性点，在高压套管处显示的放电量将下降，而在中性点处显示的放电量将上升。例如放电发生在绕组中性点处且原始放电量为 5000pC 时，标定后在高压套管处和中性点处获得的视在放电量将分别为 566pC 及 23042pC，相差近 40 倍。

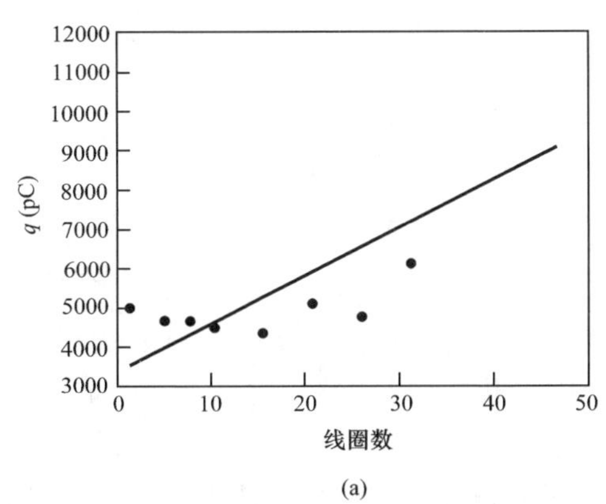

(a)

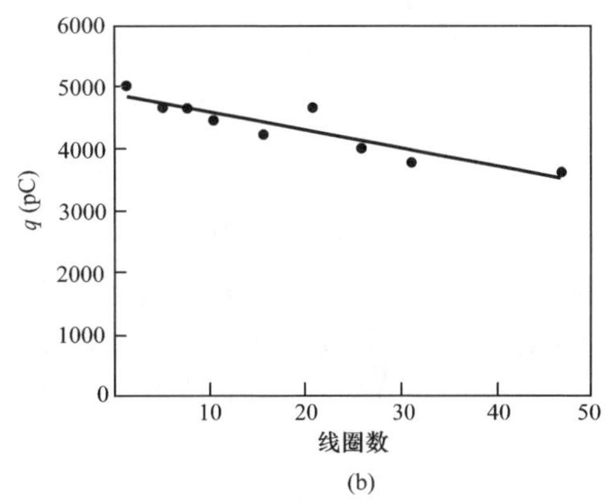

(b)

图 13-22 经标定后得到的放电量

(a) 算术平均修正放电量；(b) 几何平均修正放电量

2. 视在放电量的修正

如上所述，绕组内部放电位置不同时，外部显示的视在放电量是不同的。比较了视在放电量 q 的两种修正方法：几何平均法和算术平均法。

$$q=\sqrt{q_N q_H} \tag{13-5}$$

$$q=(q_N+q_H)/2 \tag{13-6}$$

式中 q_N——绕组中性点处显示的放电量，pC；

q_H——高压套管处显示的放电量，pC。

图 13-22 经修正后的结果如图 13-23 所示。从图可知，几何平均法优于算术平均法，建议采用几何平均修正法。

六、监测参数选取

（一）视在放电量

局部放电会使绝缘逐步侵蚀和损伤。视在放电量是判断局放强弱及其危害性的重要参数。多大的放电量就能造成危险？模型试验表明，油纸绝缘中气隙放电水平一般在 1000pC 以下，在此放电水平下，经过 6 h 的长期试验，尚未发现绝缘发生损伤；而油隙放电水平则在 1000pC 以上，当达到 10000pC 以上时，即使试验时间较短，也会在绝缘上留下损伤的痕迹[45]。油浸纸板在低于 1.5×10^3 pC 放电作用下，产气主要组分是甲烷和氢气；放电量为 5.0×10^3 pC 时开始出现乙炔，这时放电仅使油分解，并不损伤纸板；在大于 2.0×10^4 pC 放

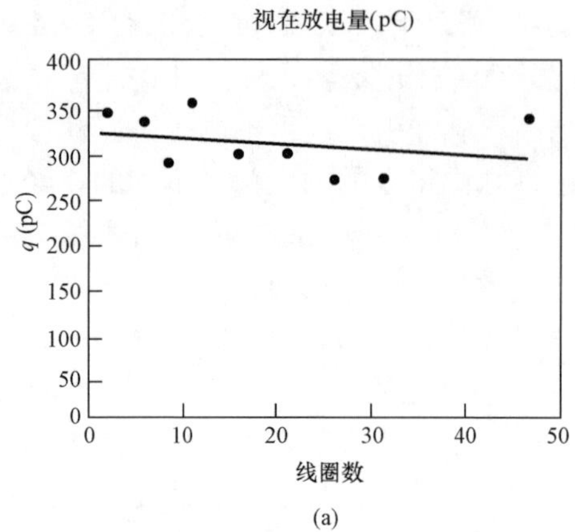

(a)

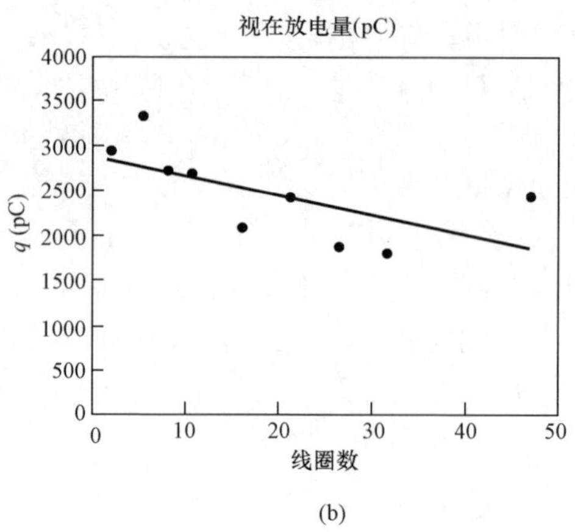

(b)

图 13-23 修正后的视在放电量

(a) 电隙放电的修正结果；(b) 气泡放电的修正结果

电作用下，纸板才开始受到损伤，除烃类气体和氢气外，还产生 CO 和 CO_2[45]。现场运行经验也得出类似结果。如我国某变电站 220kV 变压器局放量为 3000pC 时气相色谱分析结果还没有变化。另一变电站的高压变压器局放量为 1000pC，但运行 10 年局放量无变化。所以可以认为：电力变压器的局部放电量在数千皮库仑时，仍可继续安全运行；当达到 10000pC 及以上时则应引起严重注意。

局部放电在线监测的灵敏度是指在线条件下能够测到或辨识的最小放电量。显然在线监测系统的灵敏度至少应达到数千皮库仑，保证能够测出危险放电量。由于现场存在强烈的电磁干扰，同样的监测系统，在线监测时的灵敏度要比实验室条件下的测量灵敏度低很多，比离线现场检测的灵敏度也要小很多。所以这样的要求，也不是在任何现场条件下都能容易达到的。因此，干扰的抑制始终是局部放电在线监测的关键技术之一。

（二）放电次数

参考文献［46］用三维谱图研究了变压器油浸纸绝缘模型局部放电的变化趋势，根据试验与分析得出单纯放电量不能准确、全面反映绝缘劣化过程，认为监测放电次数（放电重复率）能够更好地反映局放的发展。

放电试验模型如图 13-24 试验模型所示，用金属针插在一块酚醛纸板中来模拟围屏内的局部放电。采用数字化局部放电检测系统，可以获得局部放电的 n-q-φ 三维谱图（n—重复率；q—放电量；φ—发生相位）。从三维谱图可计算出平均放电量 $\bar{q}$ 和放电次数 n。n 为 40

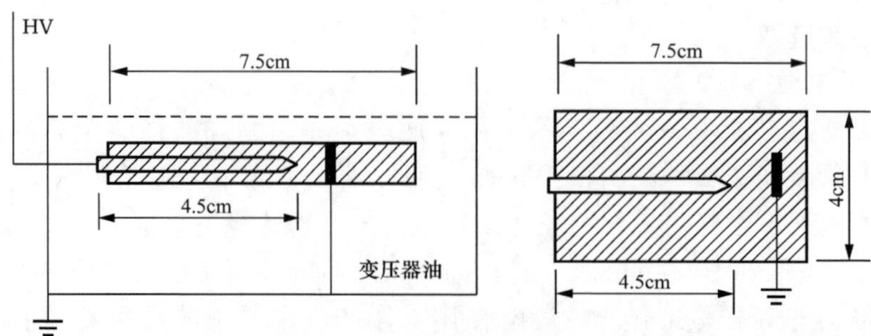

图 13-24 放电试验模型图

个工频测量周期中各相位窗（每周期 360 个）中的放电次数相加。$\bar{q}=(\sum_{i=1}^{k}q_i)/n$ 为在电压的一个周期中在某个相位窗中测得的放电量。试验结果表明，模型从加压至最后击穿，放电过程并非持续增强，而是有剧烈—缓和—剧烈的反复过程，而且可能反复很多次，最后才导致击穿。这是因为起始放电 5～6min 后试品表面的毛刺被烧掉，也可能气泡破裂，部分放电源消失，放电自然减弱；随着放电继续，材料分解形成 X 蜡和游离碳，纸板沿纤维方向出现了树枝样的碳化主通道和支通道（其绝缘电阻远小于纸板），放电就沿着这些通道发展，放电又变得剧烈；通道不断增加，绝缘性能逐渐劣化，当某一通道的绝缘电阻足够小或产生贯穿性通道时，绝缘就被击穿。因此实际运行中，要长时间跟踪检测结果来判断局部放电的发展。如果单从某两次结果对比，有可能因放电量不增甚或减少而认为绝缘恢复，实际上此时绝缘劣化却已更严重了。试验还发现，油浸纸绝缘放电发展到一定阶段时，放电量不再大幅度地增加甚至没有变化，但放电次数却急剧增加，这往往是绝缘击穿的前兆，当放电量再出现大幅度增加时，绝缘很快就要击穿。

图 13-25 是另一种极不均匀电场的油浸纸模型的局部放电趋势图。可见 $\bar{q}$ 和 n 的趋势不同，前者在 4000pC 上下波动，而 n 值却曲折上升。图 13-26 为图 13-25 中 $\bar{q}$ 与 n 的积（类似平均放电电流 I）的趋势图，它与 n～t 曲线相似。由此可见，单纯放电量 q 并不能全面反映局部放电的发展，而放电次数 n 特别是 nq 更能反映绝缘的状况，即除 q 外还应将 n 列为重要的监测参数。

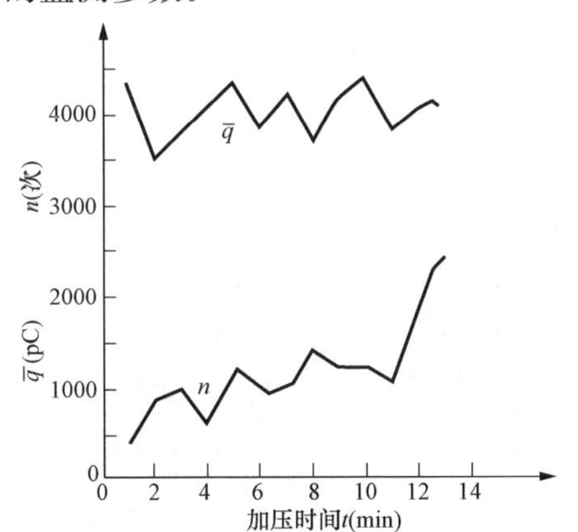

图 13-25　另一模型的 $\bar{q}$、n 趋势图

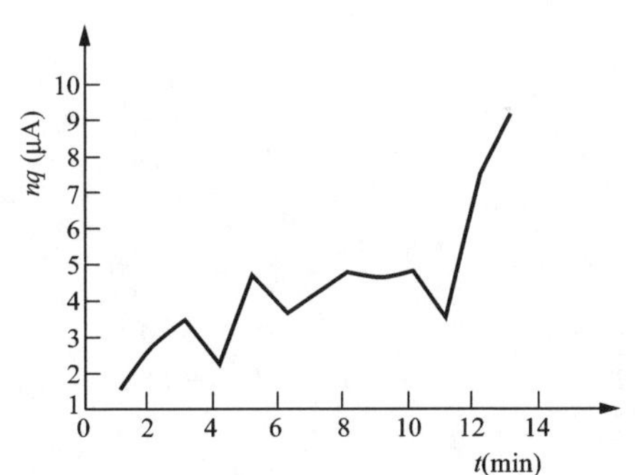

13-26　根据图 13-25 所作的 $n\bar{q}$ 趋势图

七、变压器放电点定位

（一）投影点作图法

采用投影点作图法进行变压器放电点定位时，需要采用放电脉冲电流传感器、超声传感器各一个。变压器内发生放电时，电信号传播极快，可认为脉冲电流传感器立即有放电信号输出。而放电的超声信号在油中传播相对较慢（油中声速 1.4mm/μs），需经一定时间才到达超声传感器。因此，电、声信号的时延特性可用来确定放电点。

变压器放电点定位示意如图 13-27 所示，设放电点位于 P 点，它在油箱壁上的投影为 B 点，超声传感器置于变压器油箱上 A 点。若测得电、声信号的时延为 t，则 P 点离 A 点的距离为 $r=vt$，其中 v 为超声波在油中的传播速度。由图 13-27 知，距离 AB 小于 r。因此，

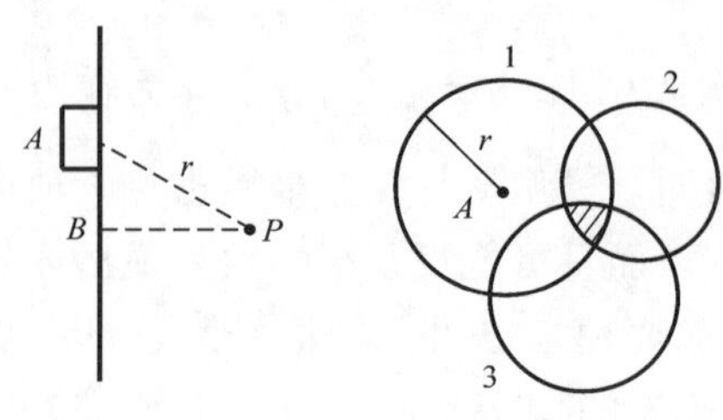

图 13-27 变压器放电点定位示意图

B 点必位于以 A 为圆心、r 为半径的圆 1 内。按同法，改变传感器的位置，在箱壁上可再画出圆 2、圆 3。由于 B 点必须同处于这 3 个圆内，因此它必位于图 13-27 中阴影部分。将探头置于此处，找出此时的 r，即可确定 P 点位置。

（二）垂直面作图法

用垂直面作图法时，不需放电脉冲电流传感器。在变压器垂直箱壁上沿水平线的不同位置布置 2 个超声传感器，调节其相互距离，使两传感器的超声信号无时延。这样，放电点将位于垂直于此水平线的平面 1 内。在变压器的另一侧面（与第 1 次使用的箱壁面不平行），用同法可确定放电点所在的另一平面 2。可知，放电点将位于平面 1、2 的交线 L 上。用类似方法第三次再确定一放电点所在的平面 3，显然直线 L 与平面 3 的交点即为放电点所在位置。

（三）多点定位法

使用多点定位法时，需要 1 个放电脉冲电流传感器及至少 3 个超声传感器。

实际上，放电产生的超声波传播至变压器箱壁时，会产生折、反射现象。入射角 α 大于临界角 α_c 时发生反射，α 小于 α_c 时发生折射，如图 13-28 所示。入射角 α 与折射角 β 满足如下关系

$$\frac{\sin\alpha}{\sin\beta} = \frac{v_o}{v_s}$$

式中 v_o——油中声速，其值为 1.4mm/μs；

v_s——钢板中声速，其值为 5.8mm/μs。

临界角

$$\alpha_c = \arcsin\left(\frac{v_o}{v_s}\sin\beta\right) = 13.96°$$

由以上分析可知，变压器放电时的声信号可能以两种方式传送至超声传感器。设变压器内的放电发生在点 $P(x, y, z)$，超声传感器安装在箱壁上 B（x_i，y_i，z_i，$i=1, 2, 3$）处，如图 13-28 所示，设 P 点在箱壁的投影为 D 点，在直线 DB 上寻找 E 点，使线段 PE 与 PD 的夹角为 α_c。以 D 点为圆心、DE 为半径画一圆 C。若传感器安装点 B 在圆周 C 内（$\alpha<\alpha_c$），则放电产生的超声波经油沿 PB 方向传送至超声传感器（钢板较薄，忽略超声波在其中的折射）。若安装点 B 在圆周 C 外（$\alpha>\alpha_c$），此时放电产生的超声波如传播至圆周 C 外的钢板，则将发生全反射，传感器接收不到信号；只有传播至圆周 C 的超声波才会经钢板传送至传感器，即超声波先经油沿 PE 方向传播至 E 点，再经钢板沿 EB 方向传送至超声传感器。设超声传感器的输出信号与电信号的时延为 t_i（$i=1, 2, 3$），则

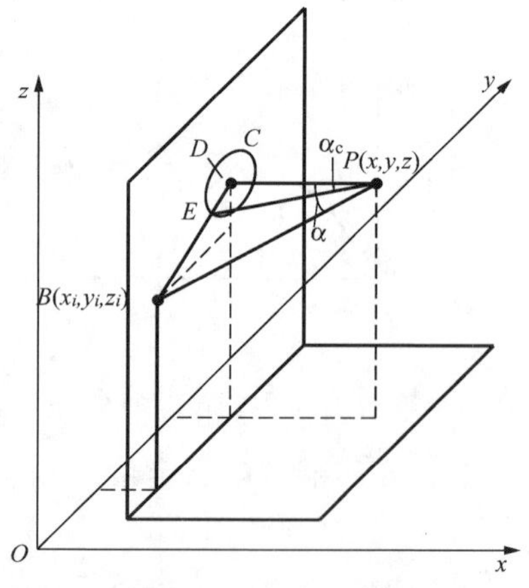

图 13-28 放电超声信号的传送方式

$$t_i = \frac{\sqrt{(x-x_i)^2+(y-y_i)^2+(z-z_i)^2}}{v_o}, \alpha < \alpha_c \tag{13-7}$$

或

$$t_i = \frac{|x-x_i|\sqrt{v_s^2+v_o^2}}{v_s v_o} + \frac{\sqrt{(y-y_i)^2+(z-z_i)^2}}{v_s}, \alpha > \alpha_c \tag{13-8}$$

由于安装了3个超声传感器，可列出3个方程，求解方程组，可得放电点 P 的3个坐标值（x，y，z）。对3个传感器，根据它们处于圆周内、外的不同组合，可列出8组方程，分别求解，并选择合理的结果。

八、基于特高频（UHF）技术的放电的监测与诊断测量

（一）基本原理

传统的局部放电检测方法的测量信号的频率一般在1MHz左右，属于高频（HF）频段。在此频段，各种电磁干扰的抑制，十分困难。近年来，特高频局部放电检测技术得到了较快的发展，在一些电力设备（GIS，电机，电缆）的检测中已经得到应用。GIS的结构为UHF检测提供了极为有利的条件，电磁波在其中以波导的方式传播，有利于局部放电信号的检测，因而该法在GIS局部放电在线检测中占有极为重要的地位，其灵敏度可达到1pC。UHF检测法在电机、电缆中也有较成功的应用。

对电力变压器而言，局部放电发生在变压器内的油一隔板绝缘中，由于绝缘结构的复杂性，电磁波传播时会发生多次折、反射及衰减，同时，变压器箱壁也会对电磁波的传播带来不利影响，这就增加了特高频电磁波检测的难度，因此，变压器特高频局部放电检测技术仍处于起步阶段。对于电力变压器绝缘系统中的局部放电特性，荷兰KEMA实验室的Rutgers等人[47]和英国STRATHCLYD大学的Judd等人[49]的意见表明：油中放电上升沿很陡，脉冲宽度多为纳秒级，能激励起1GHz以上的特高频电磁信号。因此，在特高频范围内（300～3000MHz）提取局部放电产生的电磁波信号，外界干扰信号几乎不存在，因而检测系统受外界干扰影响小，可以极大地提高变压器局部放电检测（特别时在线检测）的可靠性和灵敏度。

电力设备内部绝缘系统发生局部放电所产生的电磁波，可以近似看成由多个放电点构成的体积 V' 中所有放电电荷向无限大空间辐射的电磁波。对于这种时变的空间电磁波，根据电磁场的基本理论，可以引入动态向量磁位 A 和动态标量电位 φ 这两个空间坐标的函数，来描述局部放电源与其辐射的空间电磁之间的关系。

描述动态位与激励源（δ_c，ρ）之间关系的麦克斯韦电磁场基本方程组的微分形式为

$$\begin{cases} \nabla^2 A = -\mu\delta_c + \nabla\left(\mu\varepsilon\dfrac{\partial\varphi}{\partial t}\right) + \nabla(\nabla\cdot A) + \mu\varepsilon\dfrac{\partial^2 A}{\partial t^2} \\ \nabla^2\varphi + \nabla\cdot\dfrac{\partial A}{\partial t} = -\dfrac{\rho}{\varepsilon} \end{cases} \tag{13-9}$$

$$\begin{cases} A(x,y,z,t) = \dfrac{\mu}{4\pi}\displaystyle\int_{V'}\dfrac{\delta_c(x',y',z',t-r/v)}{r}\mathrm{d}V' \\ \varphi(x,y,z,t) = \dfrac{1}{4\pi\varepsilon}\displaystyle\int_{V'}\dfrac{\rho(x',y',z',t-r/v)}{r}\mathrm{d}V' \end{cases} \tag{13-10}$$

式中，（x，y，z）为接收点的坐标；（x'，y'，z'）为激励点的坐标；r 为两点之间的距离。

从动态位的解函数中可以看出，动态位是以（$t-r/v$）为变量的函数，这表明局部放电所产生的空间电磁波是以速度 v 沿 r 前进方向传播的，而且是一种横电磁波（TEM波）。

（二）传感器[50]

1. 对耦合器的要求

要实现对变压器局部放电的UHF检测，对局部放电产生的以TEM波形式传播的电磁

波进行耦合是一个重要的途径，并且要求这种耦合器具备以下基本特性：

(1) 结构尺寸灵巧，在不改变变压器运行和变压器结构的前提下实现在线监测。

(2) 能实现带宽为500～1500MHz的局部放电信号检测，具有良好的频率响应特性。

(3) 具有较高的抗干扰能力及干扰信号区分能力。

(4) 具有较高的信号检测灵敏度。

(5) 能将局放特征明显的频段加以区分和提取。

2. 传感器的设计要求

传感器的设计从以下方面着手：

(1) 用于GIS、电机、电缆的特高频法，检测频带较窄（通常为几十MHz），从而丢失了大量放电信息，因而检测灵敏度受到一定的限制。因而检测电力变压器局部放电用的特高频传感器要选用宽频带。

(2) 在检测现场，干扰源多且干扰信号幅值大，这极大地增加了局部放电信号提取的难度。大量研究表明，在变压器使用现场，变压器背景噪声的频率通常小于200MHz，而空气中电晕干扰的频率通常小于400MHz。因此，选择天线的下限截止频率为500MHz，这样可以较好地抑制噪声干扰（电台和阅读移动通信干扰有固定的频率，可以通过软件加以去除）。对于变压器内部的局部放电，到达接收天线的信号经多次折、反射和衰减后已发生畸变高频分量不易精确提取。因此选择天线的上限截止频率为1500MHz。这样既能有效地抑制大部分外部干扰，又能获取尽可能多的局部放电信息。

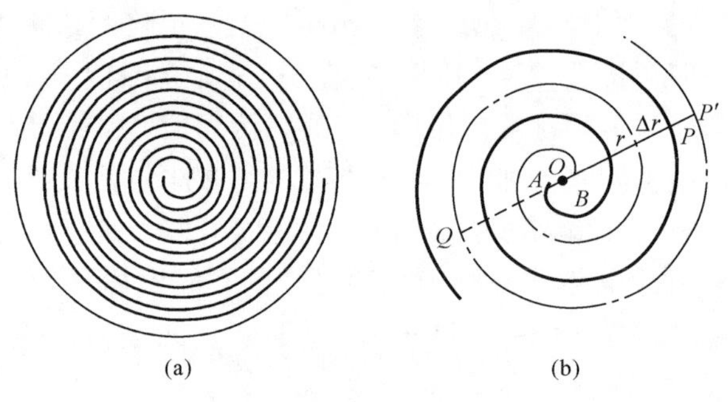

图 13-29 双臂阿基米德平面螺旋天线

(a) 双臂天线；(b) 双臂天线局部放大图

从上述分析着手，参考文献［50］研制出了一种特高频传感器——双臂阿基米德螺旋天线，如图13-29所示。

由天线理论可知，如果天线以任意比例变换后仍等于它原来的结构，那么它的电性能将与频率无关，即为非频变天线。如果天线的结构满足“角度条件”，即完全由角度决定，当角度变化时可得到连续的缩比天线，若将天线的终端部分截尾，对天线的电性能没有显著的影响，则有限尺寸的天线就可以在相当宽的频带范围内具有非频变天线的电特性。螺旋天线是根据无限长天线设计出的一种仅由角度表征其特征的天线，并且天线电流在离开馈电点时逐渐减小，因此在电流足够小处，把天线截断将不会影响它的宽带天线。它既满足“角度条件”又具有截尾后终端效应小的特性，因此可以将其频带做到很宽，且尺寸可做得很小。

阿基米德平面螺旋天线的方程为

$$r = r_0 + \alpha(\varphi - \varphi_0) \tag{13-11}$$

式中 r——曲线上任意一点到极坐标原点的距离；

φ——方位角 φ_0 为起始角；

r_0——螺旋线起始点到原点的距离；

α——常数，称为螺旋增长率。

工程中常用的螺旋天线是由两个反向馈电的阿基米德螺旋对称放置，得到两条起始点分别为 A 和 B 的对称螺线〔图 13-29（b）〕。以这样的两条阿基米德螺线为两臂，在 A、B 两点对称馈电，就构成了阿基米德平面天线，并使金属螺线的宽度等于两条螺线间的距离，以形成自补结构，有利于实现宽频带阻抗匹配。如果从 A、B 两点对天线进行平衡馈电，则从 A 点沿一条螺旋线绕至 P 点的长度与从 B 点沿另一条螺线至 Q 点的长度相等，即 P、Q 两点在以坐标原点 O 为圆心、$r=\overline{OP}$ 为半径的圆周上，但两点上的电流是反向的。P' 点到 B 点的螺线长度与 P 点到 A 点的长度相比较，当螺旋增长率 α 较小时二者相差的弧长为 $QP'=\pi r$，于是 P、P' 两点的电流相位差为 $\pi+\pi rk_0=\pi+\pi r\times 2\pi/\lambda$。若 $r=\lambda/2\pi$，则 P、P' 两点上的电流相位差近似为 2π，也就是说，当螺线半径近似为 $\lambda/2\pi$ 时天线两臂上相邻点的电流几乎是同相位的，因此，周长约为一个波长的那些环带就形成了螺线天线的有效接收区。工作频率改变时，有效接收区沿螺线移动，但方向图基本不变，具有宽频特性。天线最大接收方向在螺旋线平米的法线方向上，且是双向的，主瓣宽度约为 60°～80°。严格说来，阿基米德螺旋天线并不是一个真正的非频变天线，因为它的几何结构并不满足自相似条件。但只要 r_0、α_0 及天线的总长度取得适当，并在其最外层螺旋线末端接以吸收电阻或吸收材料，则可使这种天线具有很高的工作频带。阿基米德天线有宽频带、圆极化、尺寸小、效率高以及可以嵌装等优点。螺旋天线是对称天线，有固定的输入阻抗，当采用 50Ω 同轴线馈电时，就需要进行平衡转换和阻抗变换。它采用双孔磁芯阻抗变换器（又称传输线变压器）来实现平衡转换和阻抗变换，可以避免方向图倾斜并允许用同轴线馈电。

（三）特高频段内油中与空气中放电的频谱特性

为了了解空气中电晕放电和油中局部放电信号在特高频段内的特征及两者的差异，参考文献［51］设计了不同类型的放电模型，并采用特高频检测法对油中放电与空气中放电进行了时域与频域特征方面的试验研究。

试验中采用的典型绝缘模型见图 13-30。悬浮放电模型用来模拟金属颗粒的存在而在强电场作用下的悬浮电位导体放电情况〔图 13-30（a）〕；尖一板电极放电模型用来模拟电力设备内部极不均匀电场中的放电情况〔图 13-30（b）〕；气隙放电模型用来模拟固体绝缘内部存在气隙时的放电情况〔图 13-30（c）〕；沿面放电模型用来模拟极不均匀电场中固体绝缘（强垂直电场分量）的沿面放电情况〔图 13-30（d）〕。

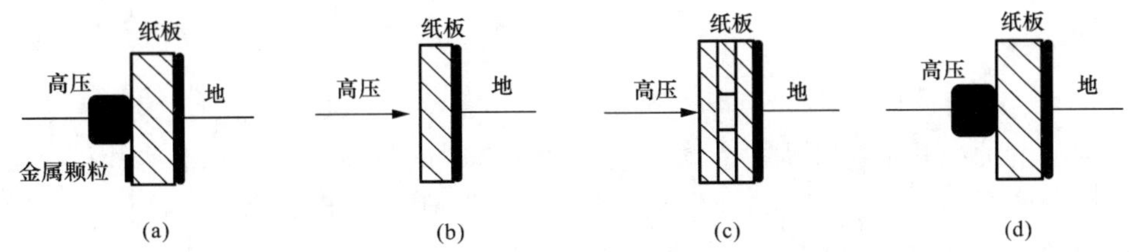

图 13-30 试验模型

（a）模拟存在技术颗粒；（b）模拟电力设备内部极不均匀电场；（c）模拟固体绝缘内部存在气隙；（d）模拟极不均匀电场中的固体绝缘（有强垂直分量时）

实验回路如图 13-31 所示，分别使用特高频传感器（阿基米德天线）和高频传感器（电流传感器）对不同放电模型的局部放电进行测量，测量结果送入 Tektronics TDS-684C 数字示波器（带宽 1GHz，最高采样率 5GS/s）加以记录。图 13-31 中，高频检测回路用来对整

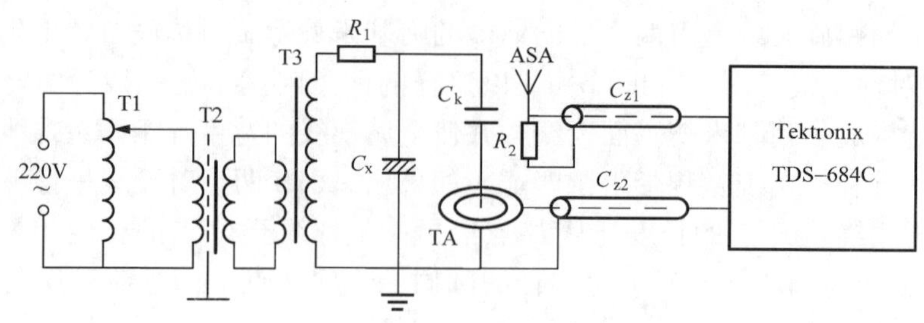

图 13-31 局部放电对比检测回路

个检测回路视在放电量进行标定，并且还可以开展特高频检测与高频检测的对比。

1. 油中放电

(1) 油中悬浮放电。悬浮导体的柱一板电极结构〔图 13-30 (a)〕油中放电信号如图 13-32 所示。该模型的油中放电特征为：一次放电脉冲持续时间约为几十纳秒，是一个典型的振荡波形。而波形有振荡是由于使用天线接收时电磁波的折、反射而造成的波形畸变，在接收空气中放电信号时也会产生这种波形畸变，不过由于放电时间较长而影响相对较小。信号能量主要分布在 400～1100MHz 范围内，出现多于 10 个宽度较宽、不很陡峭的能量尖峰，在 780MHz 附近出现最高能量峰值。

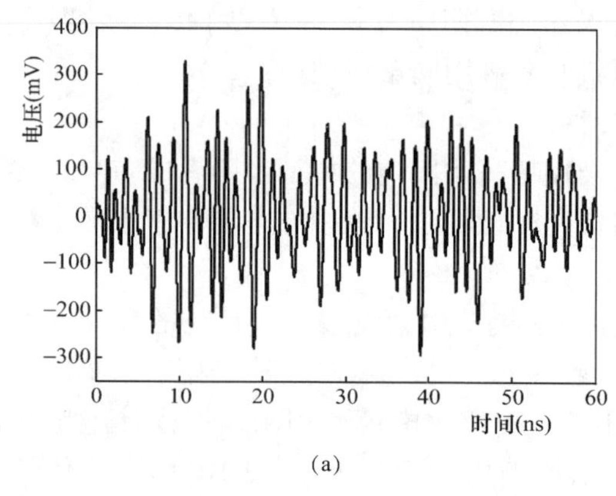

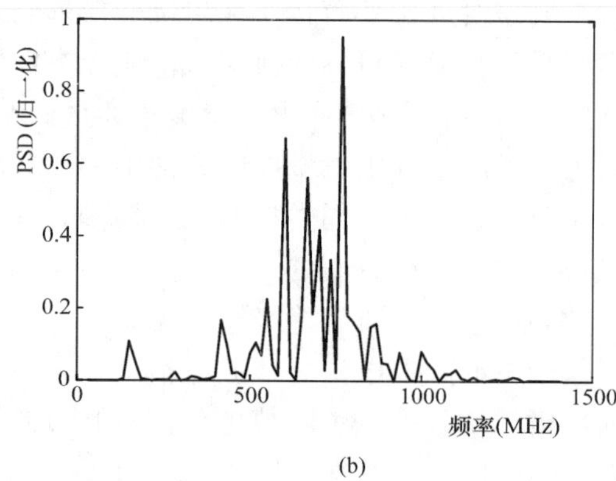

图 13-32 油中悬浮放电信号

(a) 时域图；(b) 功率谱图

(2) 油中尖一板放电。尖一板类型电极结构〔图 13-30 (b)〕油中放电信号如图 13-33 所示。该模型的油中放电特征为：一次放电脉冲持续时间较短（约为几十纳秒）且振荡，信号能量主要分布在 50～1000MHz 范围内，在 300MHz 附近出现最高能量峰值。与油中悬浮放电相比 600～1000MHz 范围内能量较低。

(3) 油中气隙放电。有气隙的柱一板电极结构〔图 13-30 (c)〕油中气隙放电信号如图 13-34 所示。该模型的油中放电特征为：一次放电脉冲持续时间较短（约为几十纳秒）且振荡，信号能量主要分布在 500～1000MHz 范围内，一共出现 4～5 个宽度较宽、相对不很陡峭的能量尖峰，出现最高能量峰值的对应频率约为 870MHz。

(4) 油中沿面放电。柱一板电极结构〔图 13-30 (d)〕油中沿面放电信号如图 13-35 所示。

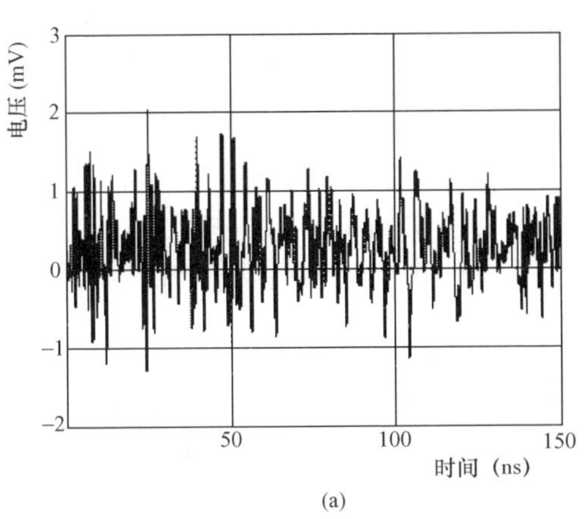

(a)

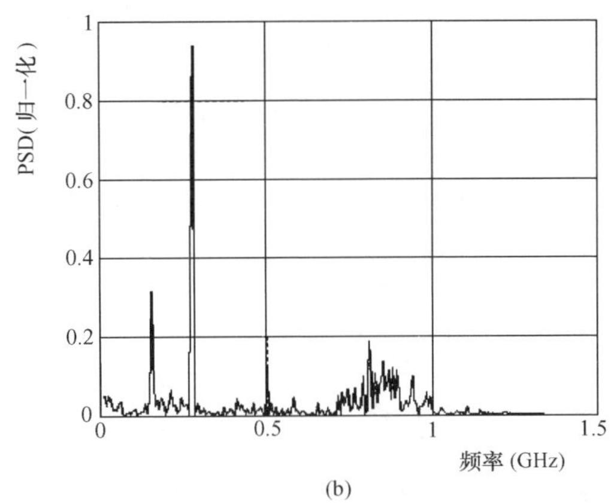

(b)

图 13-33 油中尖一板结构放电信号

（a）时域图；（b）功率谱图

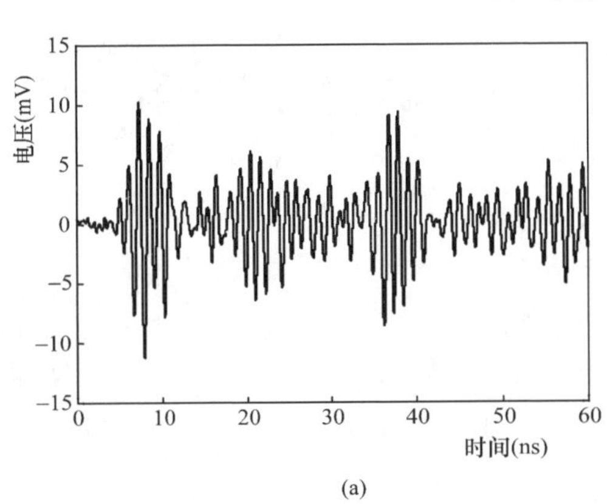

(a)

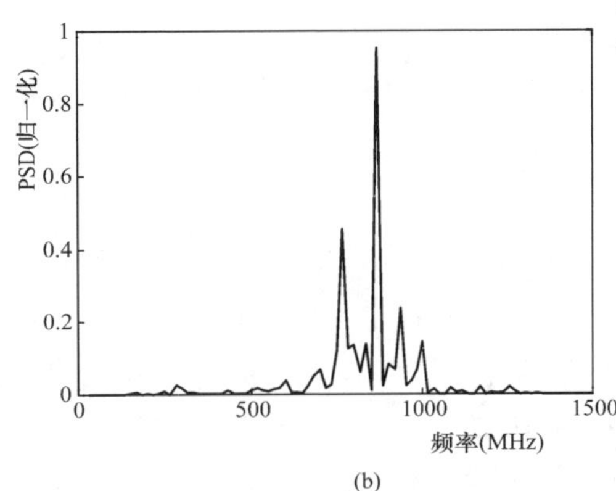

(b)

图 13-34 油中气隙放电信号

（a）时域图；（b）功率谱图

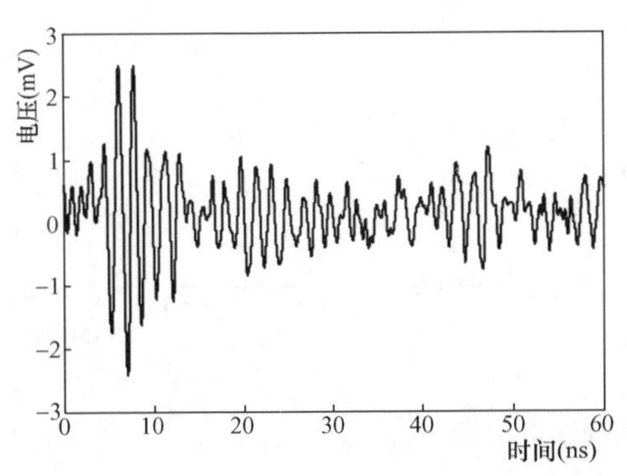

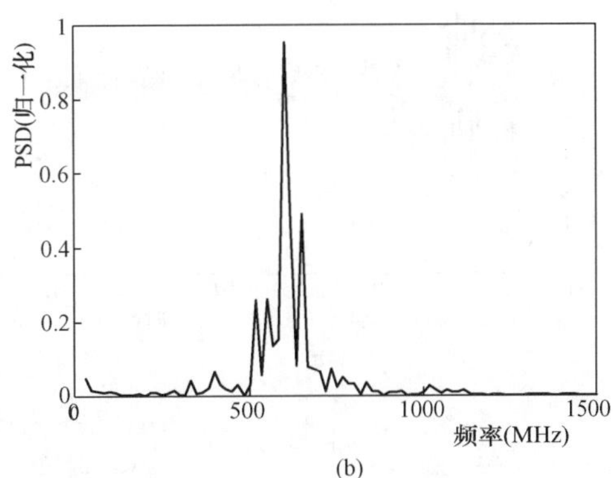

(b)

图 13-35 油中沿面放电信号

（a）时域图；（b）功率谱图

该模型的油中放电特征为：一次放电脉冲持续时间较短（约为几十纳秒）且振荡，信号能量主要分布在 500～800MHz 范围内，有 4～5 个宽度较宽、不很陡峭的能量尖峰，在 600MHz 附近出现最高能量峰值。

2. 空气中放电数据分析

（1）尖—板电极放电。尖—板电极结构〔图 13-30（b）〕空气中放电信号如图 13-36 所示。尖—板电极在空气中的放电特征为：一次放电脉冲持续时间超过几百纳秒，信号能量主要分布在 0～200MHz 范围内，并在 150MHz 附近存在一个宽度极窄且非常陡峭的能量尖峰。

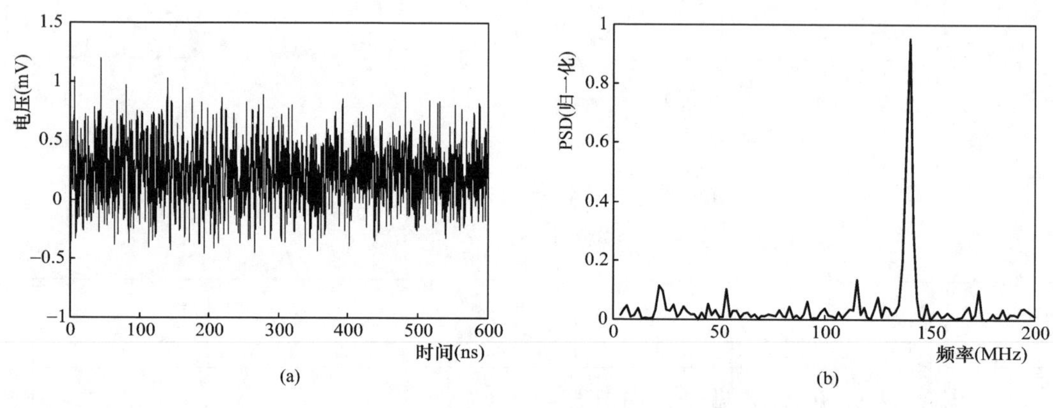

图 13-36　空气中尖—板电极放电信号

（a）时域图；（b）功率谱图

（2）柱—板电极结构沿面放电模型。柱—板电极结构〔图 13-30（d）〕空气中放电信号如图 13-37 所示。该模型的空气中放电特征为：一次放电脉冲持续时间较长（约为几百纳秒），信号能量主要分布在 0～200MHz 范围内，在 50MHz 附近存在一个宽度极窄且非常陡峭的能量尖峰。

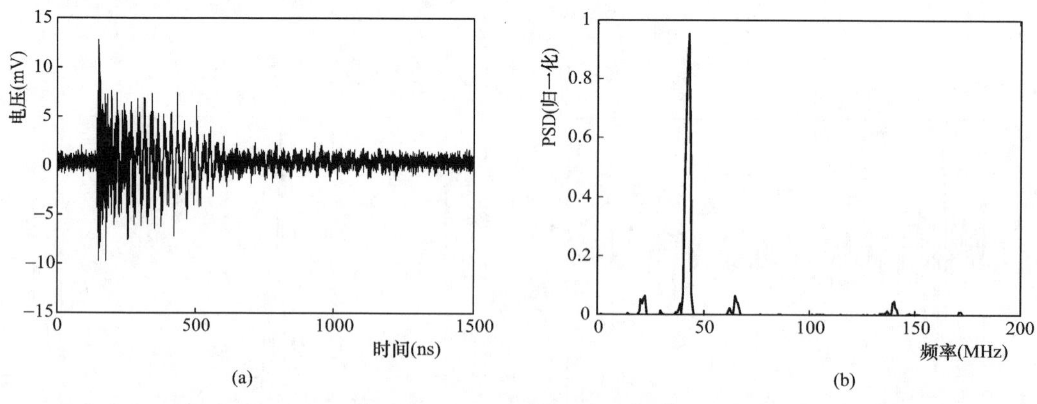

图 13-37　空气中沿面放电信号

（a）时域图；（b）功率谱图

实验研究结果表明：油中放电与空气中放电在特高频段的时域与频谱特性之间都存在比较明显的差异。油中放电的一次放电脉冲持续时间较短（约为几十纳秒），信号能量主要分布在 300～1100MHz 范围内，在此范围内会出现多个宽度较宽且不很陡峭的能量尖峰。

而空气中放电的一次放电脉冲持续时间超过几百纳秒，信号能量主要分布在 0～200MHz 范围内，并且绝大部分的信号能量分布在几个宽度极窄且非常陡峭的能量主尖峰中。

现场的某些试验结果也表明：来自架空电力传输线上空气电晕放电产生的干扰信号，其能量主要分布在 200MHz 以下[9]，和本文在实验室中针对油中与空气中放电特性的研究结果相吻合。根据本文试验结果建议变压器局部放电特高频法在线监测中测量频段以大于 300MHz 为宜。

（四）在线监测系统[52,53]

1. 特高频在线监测系统硬件

变压器局部放电特高频在线监测系统硬件主要包括以下几个部分：特高频传感器、通信电缆、频接收器、数据采集卡、工控机及其相关的数字 I/O 控制单元，如图 13-38 所示。

（1）特高频传感器。传感器的性能直接决定着信号的提取：

1）采用阿基米德平面天线能实现带宽 400～800MHz 的局部放电信号检测，具有良好的频率响应特性。

2）结构尺寸灵巧，在不影响变压器运行和不改变变压器结构的前提下可实现在线监测。

3）具有较高的抗干扰能力及干扰信号区分能力。

4）具有较高的信号监测灵敏度。

现场安装时，应将传感器通过变压器油阀插入箱体中，如图 13-39 所示。

（2）通信电缆。系统选用 SYV-50-3 型同轴电缆进行信号传输，考虑到特高频信号在传输过程中衰减较快，因此要求电缆长度不超过 20m。如果信号传输距离较长，应选用光缆。此外，现场中宜采用远程监控来解决此问题。

（3）特高频接收机。特高频接收机的研制是特高频检测技术中的核心和难点。它采集并统计分析由同轴电缆传入的 400～800MHz 的特高频信号。常用的 A/D 采集卡在采样率和存储深度方面很难满足要求，而且局部放电测量只关心信号的峰值及其出现的相位，把特高频信号无失真地采集下来意义不大，且采集数据量极大，软件处理难度高。因而，必须对信号进行预处理，使得能任意选通特高频段一定带宽的某一中心频率的信号，将信号调整到普通采集卡能处理的

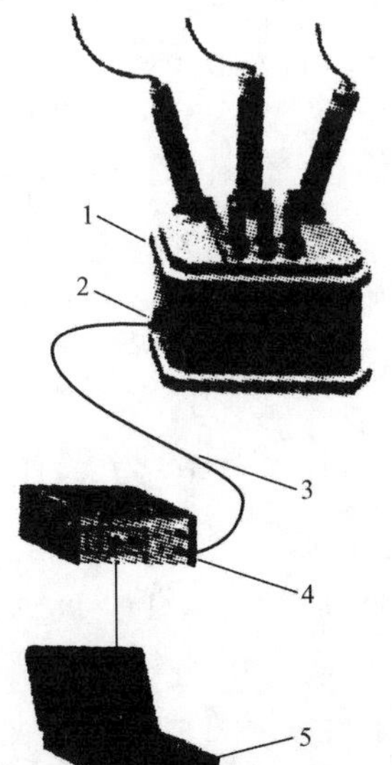

图 13-38　局部放电特高频在线监测系统

1—电力变压器；2—特高频传感器；3—通信电缆；4—特高频接收机；5—采集卡和工控机系统

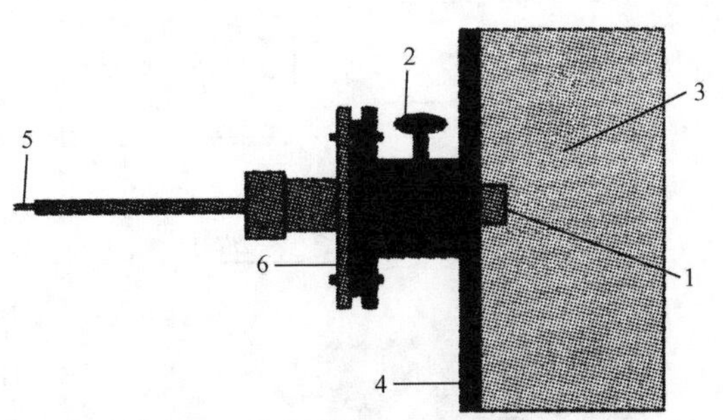

图 13-39　特高频传感器安装原理图

1—特高频传感器；2—油阀；3—变压器油；4—变压器箱体；5—通信电缆；6—法兰

频率范围，并保留其峰值和相位等特征，达到既能检测信号、又能降低技术要求的目的，最后再将处理过的高频窄带信号送入采集卡进行数据处理。为此，设计了基于混频技术的信号调理单元外围电路，如图 13-40 所示，并研制了相应的特高频接收机。特高频接收机使要采集的频率在几百兆赫兹到上吉赫兹的信号降低到几兆赫兹到几十兆赫兹，既可保留原始局部放电特高频分量的峰值和相位特征，又大大降低了对信号采集系统的要求。特高频接收机的应用相当于实现了带宽可选（10、20、40、80MHz）、中心频率可调（400～800MHz 之间，最小步长 4MHz）的带通滤波器。

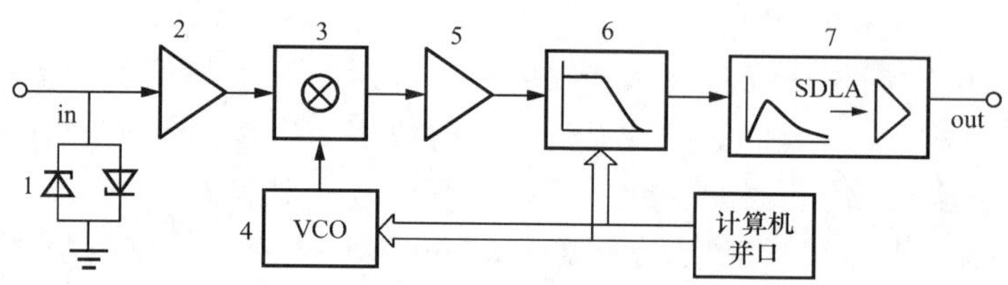

图 13-40 混频调理单元组成框图

1—限幅器；2—前置放大器；3—混频器；4—频率综合器；
5—中频放大器；6—低通滤波器；7—检波对数放大器

（4）数据采集卡。局部放电信号经特高频接收机的混频、滤波处理后，降频为 0～5MHz、0～10MHz、0～20MHz、0～40MHz。根据 Nyquist 定理，为有效采集放电信号，理论上数据采集卡应具有至少 80MB/s 的采样率和 40MHz 的模拟带宽，因此，本系统的数据采集卡选用了 NI 公司的 DAQ Scope5112 数字示波采集卡，其最高实时采样速率为 100MB/s，模拟带宽 100MHz A/D 分辨率 8 位，板载 FIFO 为 16Byte. DAQ Scope5112 为虚拟仪器设备，其所有的硬件配置和操作（如触发、通道选择、采样缓存和采样速度等）全部在软件中完成，用户可以透明的方式控制硬件，支持虚拟仪器软件如 Labview、Measurement Studio 等编程环境。

（5）工控机系统及数字 I/O 控制单元。系统利用计算机并口来实现对特高频接收机的程控（即带宽和中心频率的控制）。工控机系统由专用的 PIV 系列工控机和中文打印机组成，主要完成对特高频接收机和采集卡的控制、局部放电波形和谱图的显示、打印，以及对放电数据的分析和处理。

2. 性能仪器软件

（1）虚拟仪器技术。虚拟仪器（Ⅵ）的本质是将计算机资源（如 CPU、内存和显示器等）与仪器硬件（如 A/D、D/A、数字 I/O/定时器和信号调理电路等）的测量、控制能力结合起来，通过软件实现对数据的分析处理、表达，以及图形化的用户接口。应用软件为用户构造和使用Ⅵ提供了集成开发环境、仪器硬件接口。因此，构造和使用Ⅵ的关键在于应用软件。Ⅵ系统中软硬件的关系如图 13-41 所示。系统软件采用 Component

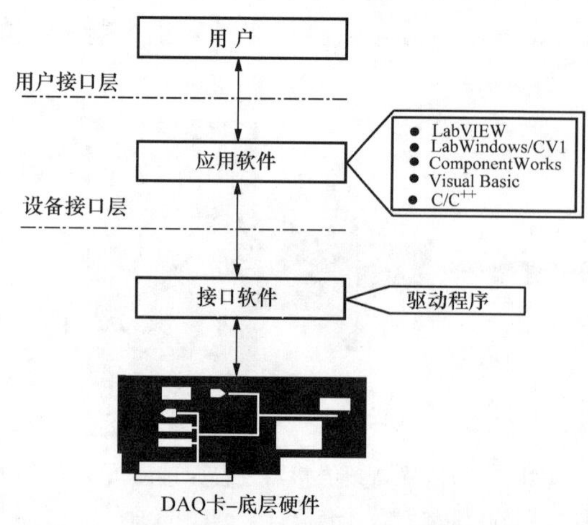

图 13-41 虚拟仪器系统中的软硬件关系

Works™和 VB6.0 来建立系统的虚拟仪器软件体系。Component Works™是一组 32 位的 Active X 标准控件，专门用来设计虚拟仪器系统。利用 Component Works™工具包开发虚拟仪器系统，可以充分利用计算机超强的运算、显示以及连接扩展能力来灵活地定义需要的仪器功能。当用户对局部放电的测量要求变化时，或者随着计算机技术的发展出现更高级的硬件时，只要更换硬件及厂方提供的驱动程序即可升级系统，而不必更改代码，这样就大大提高系统的开发速度，减少升级费用，延长虚拟仪器的使用时间。

(2) 软件流程及主要功能。从软件的执行过程来看，软件系统可以分为系统初始化、数据采集、分析计算、显示和输出结果四个部分；从系统的功能划分，软件系统可以分为系统初始化、系统参数设置、系统控制、数据采集、数字滤波、软件分窗、峰值保持、计算放电参数、显示放电谱图和指纹、建立指纹库、模式识别保存测量结果、打印结果和查看历史数据等 14 个部分。系统的软件体系结构如图 13-42 所示。系统软件的主要功能是对采集到的放电信号进行计算处理以及硬件电路进行控制。系统软件基于虚拟仪器技术开发，可归结为四大模块的设计，即设计采集模块、数据分析处理模块、数据库模块和上下位机通信模块，具有良好的扩展性、移植性和开放性。

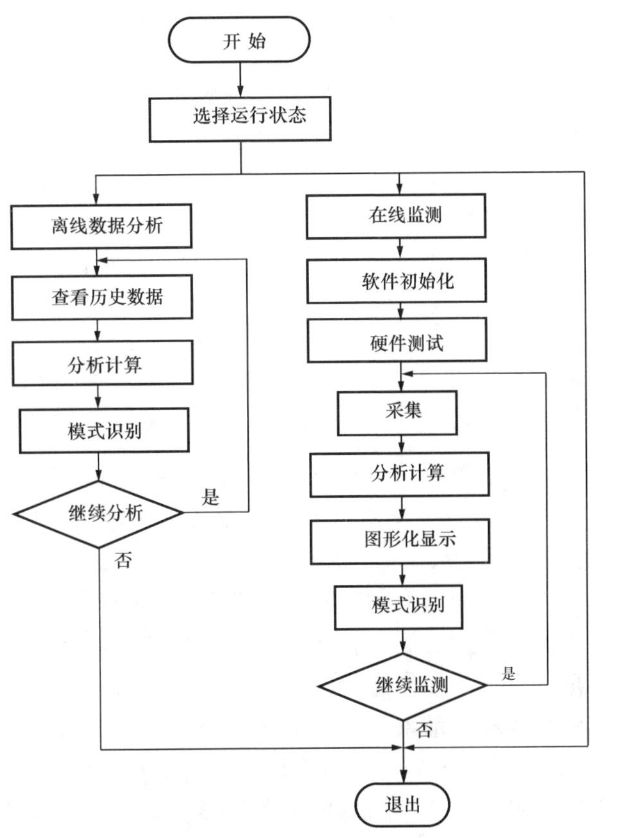

图 13-42 系统软件的执行流程图

1) 数据采集模块。程序接收到采集命令后开始初始化有关采集的变量，设置要采集信号的中心频率、带宽、采集卡的采样率、采集的工频周期数、缓存大小等设置结束后程序检测采集卡的外部模拟触发端接入的工频触发信号是否过零，如果检测到过零信号，则采集正式开始。出线还需检查采集到的数据是否已经达到缓存的上限，并随时将缓存中的数据送出，采集后的数据经门槛滤波、软件分窗和峰值保持后送入数据库保存。上述过程一直循环进行直到整个采集过程结束。

2) 数据分析处理模块。数据分析处理模块是软件系统中最重要的部分。该模块功能为：①计算并显示 H_{qmax} (ϕ)、H_{qn} (ϕ)、H_n (ϕ)、H (q)、H (p) 五种二维放电谱图和 ϕ-q-n 三维放电谱图，以及放电椭圆图；②计算并显示特征指纹图（37 个统计算子可自由选取）；③计算并显示按照年月日累计的变压器放电趋势图；④计算并显示局放源模式识别结果。软件开发充分利用了 Component Works™中的 Active X 标准控件，大大减小了单纯使用 VB 6.0 开发图形界面时的工作量和繁琐性，缩短了开发周期，增强了实用性。

3) 数据库模块。特征指纹库是识别时进行数据比较的依据，对于模式识别具有重要意义。考虑到原始数据和不同放电类型在实际应用中将不断积累，系统采用了极为开放的放电指纹库管理方式，即“设备级一问题级指纹级”的指纹库存放格式，形成了一个完善的指纹库管理和维护系统，增加了系统的灵活性。在实际应用中，当用户在不同的级别获得新的有价值的数据时即可向相应的级别进行数据添加，大大提高了系统的可扩充性。指纹库的管理和维护主要分为建立/删除指纹库、添加、查看删除放电样本，它可以使指纹库的扩充更方便，适合大数据量的存取操作。

4）上下位机通信模块。为了方便技术人员进行检测和诊断，可以同时设计上下位机通信模块。其工作模式为：上位机通过网络通信控制下位机进行数据的在线采集，下位机又通过网络通信将采集到的数据传递到上位机，这些数据被上位机存储进入数据库后，由在线运行的数据分析模块进行实时的数据分析处理。这样，只要在系统菜单里选定该模块，技术人员就还有在办公室进行远程监控。

5）参考文献［54］提出了一套变压器特高频局部放电自动识别系统，它除能进行在线监测、取得放电信息外，还能进行数据分析和放电模式识别。

◎ 第三节 变压器油中溶解气体的监测与诊断

一、概述

油中溶解气体分析（Dissolved Gases Analysis，DGA）对发现变压器内部的潜伏性故障相当有效。1996 年修订《电力设备预防性试验规程》时，已将其列在对电力变压器预防性试验的首位[55]。

半个世纪以前，已有人意识到要使 Buchholz 气体继电器动作需要有一气体积累过程，如能直接分析已经溶解在油中的特征气体，将有助于检测出早期故障。因为矿物油为液态的碳氢化合物，如有过热或放电，油将裂解出气态碳氢化合物。1970 年，Dornenburg 曾提出按溶解度和扩散系数相近的气体之间的比值来分析，如：$C_2H_2/C_2H_4>1$，很可能为放电性故障；$CH_4/H_2>0.1$，很可能为过热性故障。1973 年，Halstead 进行了热动力学分析，认为气态碳氢化合物的析出速率与温度有关，而且各种气体达到其最大析出速率的温度也不相同，可以认为在特定温度下各种气体的相对析出速率是固定的。通常最先观察到的是 H_2 的析出，这可能是低能带电粒子对液态碳氢化合物的袭击而导致最弱的 C—H 键（键能 338kJ/mol）的断裂，从而出现游离态氢；而 C—C 键的断裂需要较多的能量，然后很快以 C—C 键、C ═C 键或 C≡C 键的形式构成烃类气体（其相应的键能分别约为 607、720、960kJ/mol）。因而出现这些烃类裂解产物的顺序大致为：烷烃⟶烯烃⟶炔烃⟶焦炭，如图 13-43 所示。由于纸纤维裂解时的主要气态产物是 CO 和 CO_2，因此 Halstead 的这些假设成为用溶解气体比值法判断故障类型、估计热点温度的重要基础。因此，当故障点温度变化时，所裂解出的各气体的相对比例就不同；如 Rogers 就基于 5

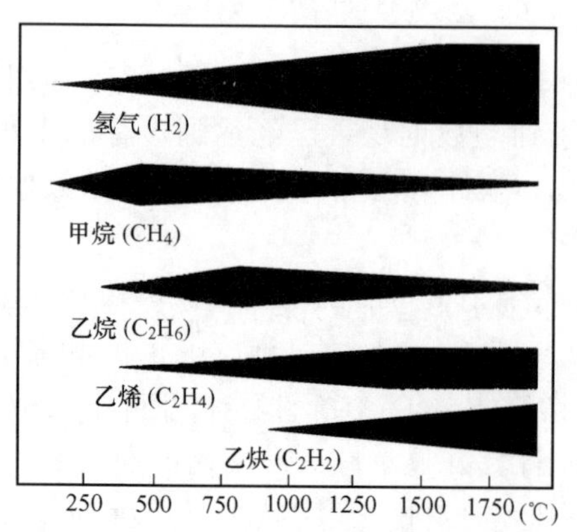

图 13-43 不同故障温度时油中溶解气体的相对含量示意图

种特征气体，提出以几个相对比例（CH_4/H_2、C_2H_2/C_2H_4、C_2H_2/C_2H_6）来分析故障类型。

由于不同的故障性质、不同的故障部位（油中或油纸中）所形成的气体成分有差异，于是有人提出用特征气体来分析的方法来判断故障。图 13-44 列出了几种典型故障时各气体成分比例的实例。由图可见：当油过热时，分解出的气体以 C_2H_4 为主，还有 C_2H_6、CH_4；当油中产生电晕时，分解出的气体以 H_2 为主，其次为 CH_4；油中产生电弧时，分解出的气体除 H_2 外，C_2H_2 是最主要的；纤维过热时，分解出的气体主要是 CO。但是，故障产生的气体还与故障处的温度等有关，因此图 13-44 中各比例值仅为一些典型值。

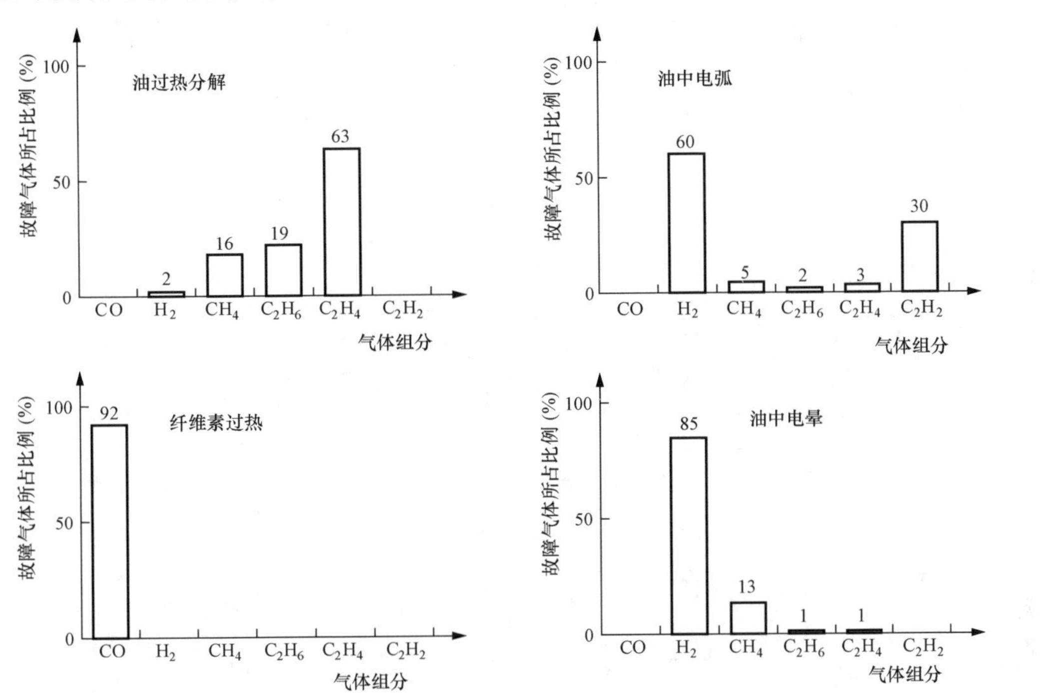

图 13-44 几种较典型故障时析出的气体举例

二、检测方法

通常，采用气相色谱分析仪来检测油中的各种溶解气体含量，主要包括脱气（将溶解在油中的气体从油中脱离出来）、分离（将已脱离出的混合气体一一分开）和定量（分别测出各种溶解气体的数量，一般取其体积比，如"μL/L"、"$\times 10^{-6}$"或 ppm）三个步骤。

（一）实验室用的检测仪器[72]

国内各供电局、电厂以及许多大中型厂矿都装备有气相色谱仪，每次试验时先从现场待诊变压器取油样，待送回实验室后将油样中脱出的气体由气相色谱仪进行分离及定量。

1. 脱气方法

实验室常用的脱气方法主要是基于溶解平衡的方法和真空法。

（1）机械真空法。属不完全的脱气方法，对于油中溶解度越大的气体，其脱出率就越高。这是由于在恢复常压时，气体会有回溶，导致溶解度越大的气体回溶度也越多些。因此不同的脱气系统或同一系统而真空度不同时，脱气率就会有差异，使用时须注意校核。

（2）机械振荡法。属溶解平衡法。在恒温条件下，依靠油样与洗脱气体在密闭系统内的机械振荡，从而使油中的溶解气体在气、液两相间达到平衡。基于测得的气相中各个组份的浓度，再由 Ostwald 系数计算出在该平衡条件下油中各溶解气体组分的浓度。

（3）变径活塞泵全脱气法。它基于大气压与负压交替地对变径活塞的作用，是一种基本上能全脱气的真空法。由于真空与搅拌的作用，将少量氮气（或氩气）的连续补入，使油中的溶解气体迅速析出及转移，提高了脱气率。

2. 分离及定量方法

无论是从油中脱出的气样，还是由气体继电器处所取的气样，都可用气相色谱仪进行组份和含量的分析。气相色谱仪流程示意图见表 13-2，表中以氮气或氩气为载气，将待检测的气样（混合气体）带进色谱柱进行分离。因为色谱柱里已装有吸附剂（如碳分子筛或微球硅胶），混合气体经过色谱柱里的吸附剂时，不同的气体组份将在不同时间内流出色谱柱，实现气体分离。

表 13-2　　气相色谱仪流程示意图

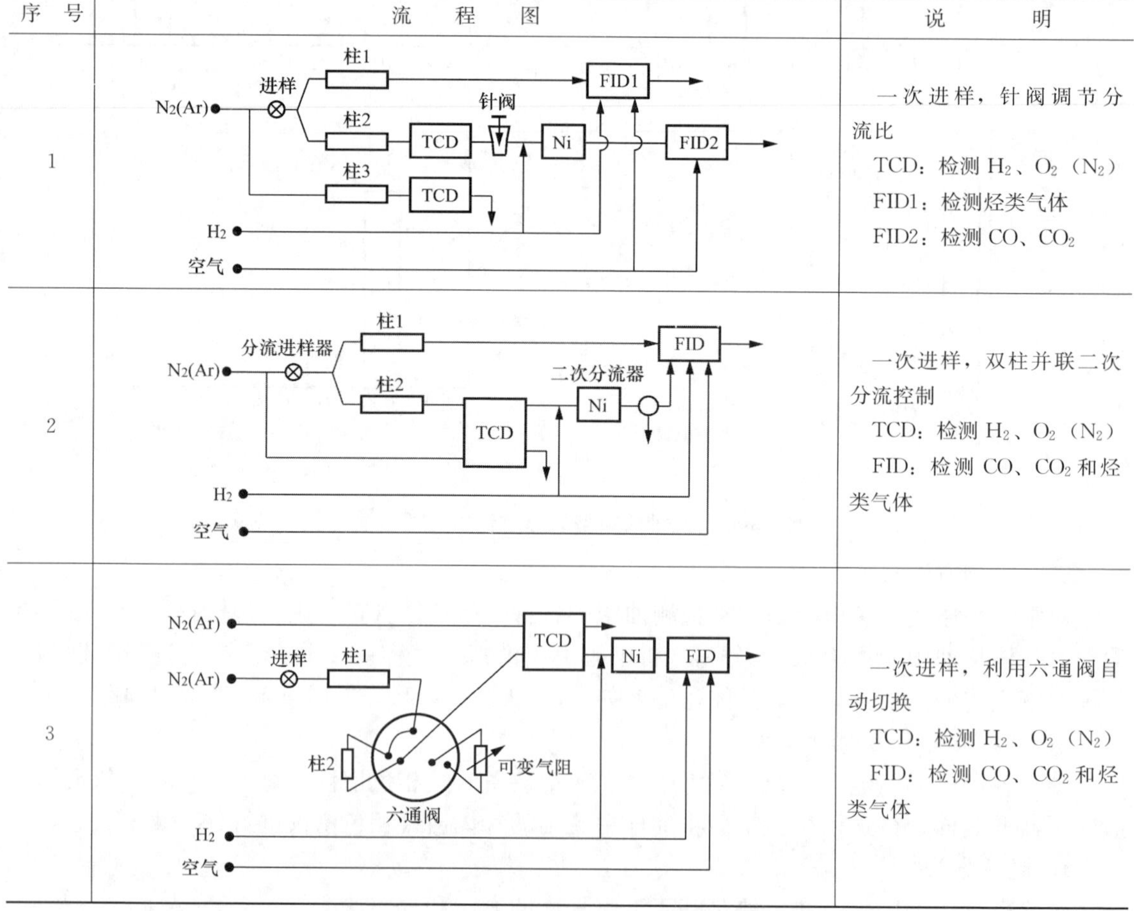

序号	流程图	说明
1		一次进样，针阀调节分流比 TCD：检测 H_2、O_2（N_2） FID1：检测烃类气体 FID2：检测 CO、CO_2
2		一次进样，双柱并联二次分流控制 TCD：检测 H_2、O_2（N_2） FID：检测 CO、CO_2 和烃类气体
3		一次进样，利用六通阀自动切换 TCD：检测 H_2、O_2（N_2） FID：检测 CO、CO_2 和烃类气体

注　TCD—热导检测器；FID—氢火焰离子化检测器；Ni—甲烷转化器。

为了对已分离出的各气体进行定量，气相色谱仪常用的是热导检测器（TCD）及氢火焰离子化检测器（FID）。TCD 主要用以检测 H_2 及 O_2，它是基于电桥法测量电阻的原理：

在未输入待测气体以前，电桥是平衡的；而当待测气体经过某测量臂（钨丝电阻）时，由于导热系数有变，引起了温度及阻值变化，从而电桥有不平衡信号输出，它反映了待测气体的数量。FID是基于氢气在空气中燃烧时所生成的火焰而使待测气体电离，后由极间电场吸收此电离电流，其大小就反映了气体的含量。FID常用以检测烃类气体及CO、CO_2，但CO及CO_2必须先经过镍催化剂的转化而生成甲烷，经过甲烷转化器Ni后才能由FID检测。

经过色谱仪检测后，各气体组份的数量将表现为沿时间轴上的多个不同高度的峰形。各峰的面积最好用积分仪进行测量，有的也以其峰高和半高峰间的宽度来计算。需要时可用标准气样进行标定。对气相色谱仪的最小检知浓度，色谱导则的规定见表13-3[56]。

表13-3　　气相色谱仪最小检知浓度要求

气体组份	C_2H_2	H_2	CO	CO_2
最小检知浓度（μL/L）	≤0.1	≤5	≤20	≤30

（二）现场用的检测仪器

这些年来，适合现场用的气体检测仪器已很多，可分为两大类：简易型和多气体型。

1. 简易型气体检测器

简易型气体检测器有便携式和固定式，希望其性能稳定、体积小、免维护、价位不高。常用的是仅测H_2或以测H_2为主的气体检测器，单测C_2H_2的也已有应用。选择以测H_2为主的简易型检测器是考虑到出现各种故障时一般都会产生氢；而如有微量C_2H_2出现，则往往反映有电弧放电。

薄膜脱气法比较简便，适合于现场使用。它利用合成材料薄膜（聚四氟乙烯、聚酰亚胺、氟硅橡胶等）的透气性能，使油中溶解气体透过薄膜而进入气室。到达气室中气体的浓度C与多个因素有关，如

$$C = 1.3\times 10^4 ku\left[1-\exp\left(-\frac{76PA}{Vd}t\right)\right]$$

式中 C——渗透到气室的气体浓度，μL/L；

k——亨利常数，如氢气在40℃时为0.16 Pa·L/μL；

u——油中气体浓度，μL/L；

P——渗透系数，mL·cm/（cm^2·s·Pa）；

A——渗透膜的面积，cm^2；

V——气室体积，cm^3；

d——渗透膜的厚度，cm；

t——渗透时间，s。

现场使用时，要十分注意渗透膜的耐油性能及老化性能。国外很早以前就对当时的多种渗透膜在70～100℃下的耐油及老化性能进行了对比试验，认为氟硅橡胶的性能要优于苯乙烯丁二烯、丁烯橡胶、聚氨酯及硅橡胶。后来，国内曾对聚酰亚胺薄膜的透气性进行了研究，由于其透气性较差，改用聚四氟乙烯薄膜，因为后者的透气性好、机械强度高、耐高温、也较耐油等。但要注意，即使同一层薄膜对于不同气体的透过率也是不同的[57]。

早期油中氢气含量监测仪的检测流程图如图13-45所示，其中的氢气监测单元可采用半导体组件（如钯栅场效应管、SnO_2烧结型半导体等）或燃料电池等。国内较早就用钯栅场效

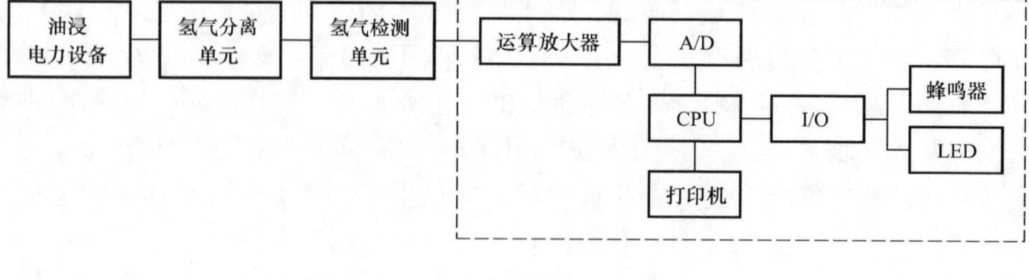

图 13-45 油中氢气含量监测流程图

应管作为传感器以制成氢气监测仪[57]。其监测机理是：氢分子吸附在金属钯上后，在其表面生成氢原子，并通过钯栅吸附在金属钯与电介质之间的界面上形成的偶极层引起了电子功函数的降低，表征为阀值电压减少了 ΔU。由于此 ΔU 与氢气浓度（μL/L）有关，因而可由 ΔU 的测值以显示氢气浓度，但其关系往往不是线性的。为解决早期使用的钯栅场效应管的寿命短、易误报等缺点，曾着力于改善场效应管的零漂及寿命，选择对其他非氢气体透过率小的薄膜，并将连续监测改为间断监测等，希望提高其性能。

国内外近年来使用更广的是以燃料电池作为氢气等的监测单元。燃料电池是由电解液所隔开的阴阳两电极构成：从油中脱出的氢气在阳极被氧化，而同时由周围空气所提供以氧气；这些氢气、氧气经催化而起反应，在电极间产生了电流；其输出与氢气的浓度几乎成正比，而且重复性及精度都较好；但造价仍较高。而且溶于油中的烃类和 CO 等气体也有不少会通过塑料薄膜而进入燃料电池，参与反应。因而国内外现采用的该类油中气体检测器测得的往往是多种可燃性气体的综合值，而不单单是氢气的含量。有的认为：其测值约为 $100\%H_2+18\%CO+8.5\%C_2H_2+1.5\%C_2H_4$ 的综合值。于是在分析诊断时，主要应以此综合值的历史变化来判断，不宜直接套用国内外有关规程或导则中有关气体含量注意值等相关规定。

国内已有利用这类简易型气体检测器成功发现故障的事例。如某 220kV 主变压器，1998 年 12 月 1 日上午 10 时，因线路出现导线舞动引起的短路故障而受到冲击，1.5h 后该主变压器上所安装的气体检测器的读数从 230μL/L 开始上升，在 12 时及 18 时相继为 260 及 263μL/L，并于 20 时 15 分正确报警。其变化曲线如图 13-46 所示。

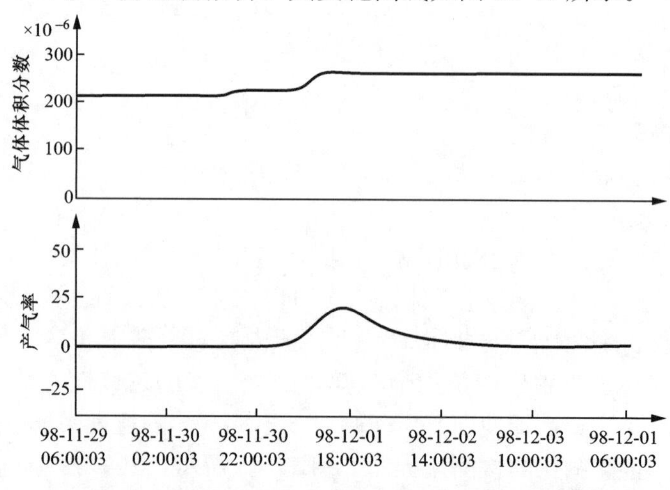

图 13-46 某 220kV 主变压器的气体监测仪显示的曲线

后取油样送实验室进行色谱分析，发现乙炔已为 7.6μL/L，如表 13-4 所示。表 13-4 中还有事故前后两次实验室色谱仪测得的数据，并有按各气体组分换算的综合读数结果以及该简易型气体检测器的显示值。

表 13-4　某次事故前后的色谱分析及气体检测器显示值　μL/L

日　期	实验室气相色谱仪分析结果							气体检测器		
	甲烷	乙烯	乙烷	乙炔	氢气	CO	CO_2	总烃	换算值	显示值
1998-09-28	27.1	13.7	12.5	0	5.7	964.2	3316.1	53.3	179.6	217
1998-12-02	23.3	10.3	12.1	7.6	33.3	964.4	3115.0	53.3	207.9	263
1998-12-04	25.7	14.4	14.0	8.5	17.7	1097.8	3523.1	64.2	216.3	257

2. 现场用多种气体分析仪

由于油浸设备中的多数故障都会引起油中 H_2 的增多，因而性能可靠的简易型气体监测器确有可能起到及早报警的作用。如某电力公司有选择性地先安装了 64 台简易型气体监测器，且实施集中管理及分析对比，已及时发现了重大事故苗子。

但要诊断究竟是哪类故障，还需进行多种气体组分的定量分析。为此，或仍从现场取样后送实验室进行色谱分析，或对重要且担心的设备配以现场用的多种气体的分析仪。气体分析仪虽其基本步骤多数仍为脱气、分离及定量三者，但如何以更高的稳定性、可靠性及性价比以适应现场的需要。如脱气过程，现场用的分析仪较多采用较简便的薄膜渗透脱气的方法；而在分离及定量技术上不断有新方案推出。例如将原用于实验室时要用二根色谱柱及二种定量方法（FID 及 TCD）改为仅用一根色谱柱及一种定量方法（如 TCD），使仪器大为简化，但仍基本保持气相色谱法所具有的稳定性和可靠性。有的将定量环节改用气敏半导体传感器，使现场用气体分析仪更加轻便，且造价也可低得多。可分析 6 种气体组分的便携式分析仪所给出的色谱图如图 13-47 所示。

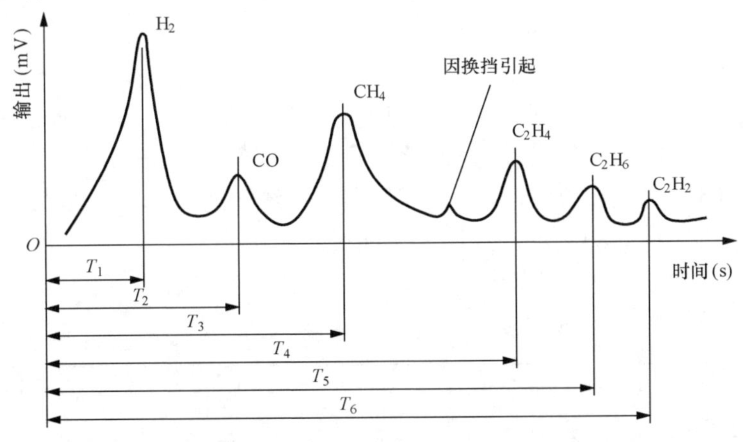

图 13-47　分析 6 种气体组分的色谱图例

根据国内外经验，采用气敏传感器以定量的方法是有不少优点，但要特别注意其稳定性及耐久性。例如，运行中有的由于表面脏污等原因将引起读数不稳定，有的重复性下降，有的灵敏度降低等。为改善气敏传感器的稳定性，采用光学的方法是一个发展方向。例如，采用红外原理制成的多种气体分析仪。由于待测的 C_2H_2、C_2H_4、CH_4、C_2H_6、CO、CO_2 及

H_2O 在红外光谱段里各有其吸收峰，采用光谱仪可将其一一准确测出，再结合以 Fourier 变换分析，所以这种方法称为 FTIR（Fourier Transform Infra Red）频谱法。

基于 FTIR 的多种气体分析系统性能稳定、测量准确，但太重、太贵，目前较适宜于起到类似“监护仪”的作用。例如，对运行年限长、性能有下降或十分重要的变压器先安装简易型气体监测器以作为预警，当发现有较大问题时，将此分析系统临时搬到其附近进行连续监测。

三、诊断方法

1. 基于注意值的判别

不少国家或公司都有其“注意值”的规定，对运行中电力变压器及电抗器里的油中气体注意值的规定如表 13-5 所示[71]。

表 13-5　对运行中油浸变压器及电抗器的油中气体的规定

指标		注意值	备注
注意值	总烃含量	150μL/L	指 CH_4、C_2H_2、C_2H_4 及 C_2H_6 之和
	H_2 含量	150μL/L	
	C_2H_2 含量	5μL/L	500kV 变压器为 1μL/L
烃类的总和产气率	开放式	0.25mL/h	
	密封式	0.5mL/h	

这些注意值的确定是基于当时大量的调查统计的结果。在表 13-6 中列出了 1996 年对 19 省市 6000 多台次电力变压器的部分统计结果。

表 13-6　注意值的统计依据

气体组份	注意值	在 6000 多台次中超过该注意值的比例	气体组份	注意值	在 6000 多台次中超过该注意值的比例
总烃	150μL/L	5.6%	C_2H_2	5μL/L	3.6%
H_2	150μL/L	5.7%			

国际电工委员会的新导则（IEC 60599—1999）还给出了各主要气体的典型值的大致范围，见表 13-7[77]。这些典型值也是根据近年来大量数据的概率分布，如该表中的变压器是取了 90%概率的范围，而套管取 95%。如何根据大量统计的概率分布结果而定出此典型值，还需在降低事故损失与增加测试维修这两者之间进行折中。

IEC 也强调了要十分注意油中产气速率，给出的典型值见表 13-8。

表 13-7　IEC 给出的油中气体含量的典型值　μL/L

设备形式		H_2	CO	CO_2	CH_4	C_2H_6	C_2H_4	C_2H_2
电力变压器	与 OLTC 不连通	60～150	540～900	5100～1300	40～110	50～90	60～280	3～50
	与 OLTC 连通	75～150	400～850	5300～12000	35～130	50～70	110～250	80～270
工业变压器	电炉变压器	200	800	6000	150	150	200	*
	配电变压器	100	200	5000	50	50	50	5
互感器	TA	6～300	250～1100	800～4000	11～120	7～130	3～40	1～5
	TV	70～1000					20～30	4～16
套管		140	1000	3400	40	70	30	2

* 该值取决于 OLTC 的设计及安装，无合适的统计值。

而 IEEE 建议按溶解于油中的可燃性气体总量 TDCG（Total Dissolved Combustible Gas）及其增长率来诊断，如表 13-9 所示[76]，此 TDCG 包括各种可燃性气体，如 H_2、烃类、CO 等。

表 13-8　　IEC 给出的油浸变压器产气率

特征气体	H_2	CH_4	C_2H_6	C_2H_4	C_2H_2	CO	CO_2
典型注意值 mL/d	＜5	＜2	＜2	＜2	＜0.1	＜50	＜200

表 13-9　　IEEE 对不同 TDCG 产气率时的建议

状　况	TDCG 水平 (μL/L)	TDCG 增长率 (μL/L·d)	不同产气率时的检测周期及运行方式建议	
			检测周期	运行方式的建议
4	＞4630	＞30	每天	考虑退出运行、征求制造厂意见
		10～30	每天	
		＜10	每周	严重注意、分析其组分、准备维修、征求制造厂意见
3	1921～4630	＞30	每周	
		10～30	每周	
		＜10	每月	
2	721～1920	＞30	每月	要注意、分析其组分、确定与负荷间的关系
		10～30	每月	
		＜10	每季	
1	≤720	＞30	每月	
		10～30	每季	正常运行
		＜10	每年	

2. 基于比值法的判别

在分析故障性质时，不仅要看气体数量及增长率，而且宜采用比值的方法，例如 Doernenberg 的四比值法、Rogers 的三比值法等至今仍有使用[60]。

（1）Doernenberg 法。按表 13-9 中的状况 1，先提出几个主要气体（H_2、CH_4、C_2H_2、C_2H_4及 CO）的含量注意值 L_1（分别取 100、120、35、50μL/L 及 350μL/L），然后大致采取如图 13-48 的步骤：如果 H_2、CH_4、C_2H_4或 C_2H_2中至少有一个超过该项注意值的 2 倍，即 $2L_1$，而且 C_2H_2或 CO 含量超过该项的 L_1时，才认为可能有故障，这时才值得继续采用这 4 个比值（R_1～R_4）进行判别。

（2）Rogers 法。用三个比值 R_1、R_2、R_3，即 CH_4/H_2、C_2H_2/C_2H_4及 C_2H_2/C_2H_6，其流程图大致如图 13-49 所示。1978 年 IEC 旧导则（599）所采用的三比值法是对 Rogers 法进行的完善，以后不少国家曾直接引用或结合国情进行修改补充，表 13-10、表 13-11 列出我国导则中的此“三比值”编码规则及判断方法中的主要内容。

表 13-10　　三比值法编码规则

气体组分比值范围	比值范围的编码		
	C_2H_2/C_2H_4	CH_4/H_2	C_2H_2/C_2H_6
＜0.1	0	1	0
0.1～1	1	0	0
1～3	1	2	1
＞3	2	2	2

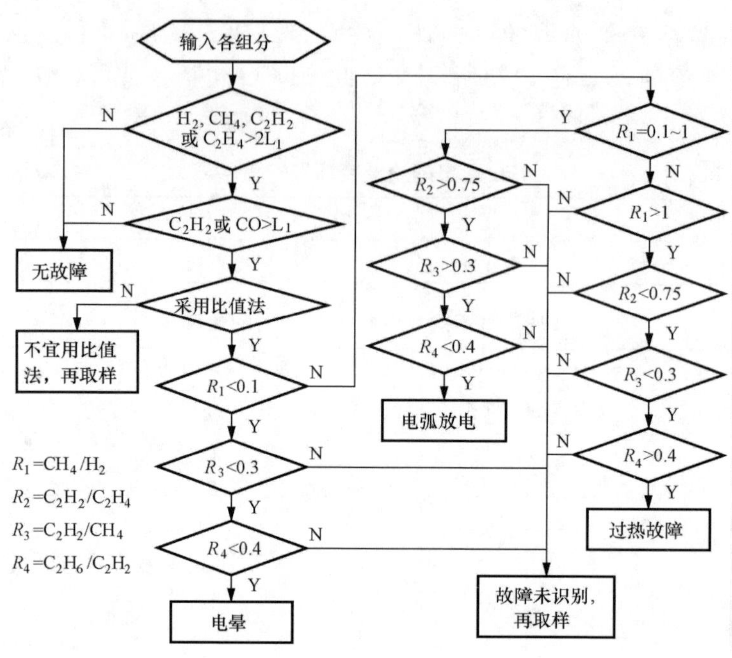

图 13-48 Doernenberg 四比值法分析流程

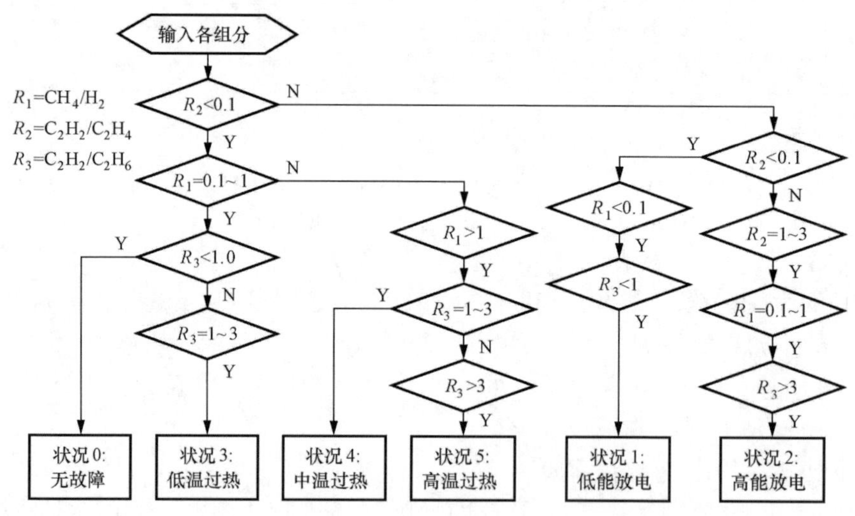

图 13-49 Rogers 三比值法分析流程

表 13-11　　故障类型的诊断

编码组合			故障类型分析判断	故障实例（可供参考）
C_2H_2/C_2H_4	CH_4/H_2	C_2H_2/C_2H_6		
0	0	1	<150℃，低温过热	导线过热，注意 CO、CO_2及其比值
	2	0	150～300℃，低温过热	分接开关接触不良、引线螺丝松动或接头焊接不良、涡流发热、铁芯漏磁、短路、多点接地
	2	1	300～700℃，中温过热	
	0，1，2	2	>700℃，高温过热	
	1	0	局部放电	潮湿、含气多引起油中低能量放电

续表

编码组合			故障类型分析判断	故障实例（可供参考）
C_2H_2/C_2H_4	CH_4/H_2	C_2H_2/C_2H_6		
2	0，1	0，1，2	低能量放电	引线等对悬浮电位部件间火花放电
	2	0，1，2	低能量放电兼过热	分接头及不同部件间油隙放电
1	0，1	0，1，2	电弧放电	匝间、层间、相间、引线之间或对接地体放电，分接开关等因环流引起电弧等
	2	0，1，2	电弧放电兼过热	

上述的三比值法相当简明、实用，一般情况下判断准确率也比较高，因此应用广泛。

基于这些年来的调查统计，IEC 1999 年的新导则（60599）不但给出了正常运行时几种主要气体含量的范围，如表 13-5 所示；而且修改了 1978 年导则（599）中所采用编码的方法，直接对这三比值给出其比值的区间，如表 13-12 所示[59]，可见对故障类别的划分方法也作了改进。据介绍，在用 35 个实例进行验证时，用新导则判别时的不正确率已降为零，而用老导则来判别时，不正确率为 30%。国内也有相似的报导[57]。

表 13-12　　IEC 60599 新导则中的典型故障分类

代　号	故障类型	C_2H_2/C_2H_4	CH_4/H_2	C_2H_4/C_2H_6
PD	局部放电	痕量	<0.1	<0.2
D1	低能量放电	>1	0.1～0.5	>1
D2	高能量放电	0.6～2.5	0.1～1.0	>2
T1	低温过热 $t<300℃$	痕量	>1	<1
T2	中温过热（$300℃<t<700℃$）	<0.1	>1	1～4
T3	高温过热（$t>700℃$）	<0.2	>1	>4

注　对于互感器和套管，局部放电故障时 CH_4/H_2 分别小于 0.2 和 0.07。

根据 IEC 的相应统计，还给出了表 13-12 中这 6 类油浸变压器典型故障的实例，并认为同样是油纸绝缘，在互感器中很少有低温过热，而在套管中如有过热则主要是中温过热，因此其分类方法与主要案例也与油浸变压器有所区别，如表 13-13 所示。

表 13-13　　油浸设备的典型故障及实例

设备类型	典型故障	代　号	主要实例
电力变压器、电抗器及工业变压器	局部放电	PD	由于纸浸渍不良、受潮、油中气泡引起的放电，会生成 X 蜡
	低能量放电	D1	由于屏蔽环、线圈饼间或导线连接不良，开焊或铁芯环路引起的火花或电弧；夹件之间、套管与油箱、绕组高压端对地之间的放电；撑条、绝缘胶、垫块等爬电，油击穿，选择器开断电流
	高能量放电	D2	具有高能量或电流通道的闪络、爬电或电弧。如：低压与地、导线间、线圈间、套管与油箱间、线圈与铁芯间的短路等。由于通道能量大，引起明显的炭化、金属熔融，甚至设备跳闸
	低温过热（<300℃）	T1	紧急情况下的变压器过载；油道堵塞或铁轭漏磁等，引起纸呈棕色
	中温过热（300～700℃）	T2	螺栓连接不良、选择开关触头松动、套管导杆与引线连接不良引起的过热；铁轭夹件与穿芯螺栓、夹件与铁芯叠片间的环流，接地线或磁屏蔽焊接不良；线圈多股导线间绝缘破损
	高温过热（>700℃）	T3	油箱与铁芯之间大的环流；漏磁在油箱壁产生的环流；铁芯叠片间短路

续表

设备类型	典型故障	代号	主要实例
互感器	局部放电	PD	由于纸浸渍不良、受潮、破损、皱叠或油中气体饱和所引起的放电，将导致X蜡沉积、整体tanδ增大；相邻变电站母线操作引起的放电（对TA），电容器组过电压引起的放电（对CVT）
	低能量放电	D1	连接松动或金属悬浮引起的火花放电；纸绝缘爬电；静电屏蔽连接不良引起的电弧
	高能量放电	D2	电容屏间局部短路，具有高电流密度可以使铝箔熔化；贯穿性短路，具有电流通道，往往导致设备击穿或爆炸
	中温过热（300～700℃）	T2	由于X蜡沉积、受潮或绝缘材料选择不当引起的tanδ增高而在纸绝缘中引起环流，最终导致发热、热击穿连接或焊接不良；铁磁谐振回路引起的过热（对铁磁式TV）
	高温过热（>700℃）	T3	硅钢片边缘的环流
套管	局部放电	PD	由于纸浸渍不良、受潮、破损、皱叠、X蜡沉积、油中气体饱和或污染引起的局部放电
	低能量放电	D1	电容抽头连接松动引起的火花放电；静电屏蔽连接不良引起的电弧；纸绝缘爬电
	高能量放电	D2	电容屏间局部短路（具有高电流密度可能使铝箔熔化，但不会造成套管爆炸）
	中温过热（300～700℃）	T2	绝缘材料污染或选择不当引起的tanδ增高从而在纸绝缘中引起环流，最终将导致热击穿；套管屏蔽或高压引线连接不良引起的环流（热量通过导杆传入套管内部）

于是IEC导则所建议的对按DGA进行诊断的流程图如图13-50所示，也是先考虑各气

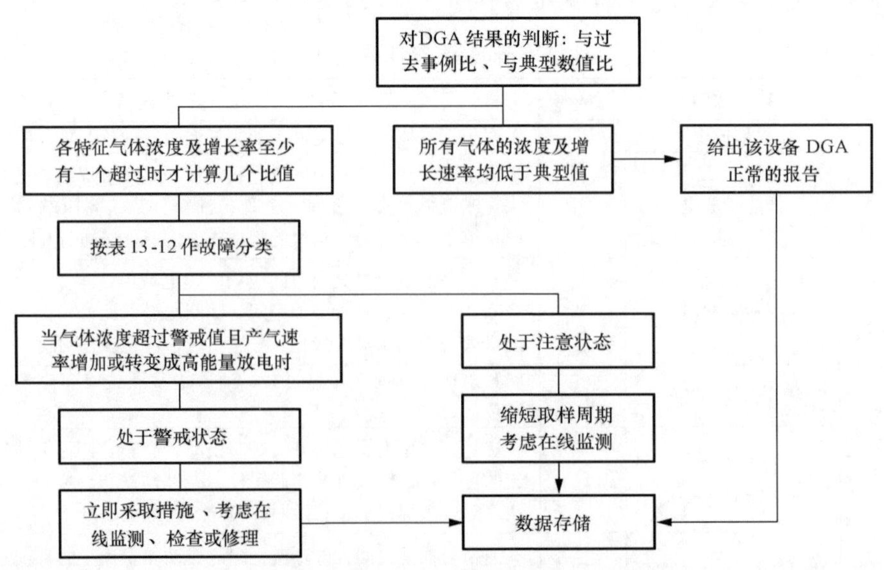

图13-50 IEC建议的DGA诊断流程图

体含量是否偏高（见表 13-5）、产气率是否偏高（见表 13-6），仅仅在有超过时，才按表 13-13的比值法进行分类[59]。

仅靠上述界限及比值，有时还是难以区分。IEC 导则中又强调了其他的比值，例如：

（1）$C_2H_2/H_2>2$，往往反映可能是有载调压器油箱里的油已渗透到变压器本体里。

（2）$O_2/N_2<0.3$，说明氧气消耗过快；$CO_2/CO<3$，故障已涉及纸绝缘。

再如，同样是氢气主导型故障（如表 13-6、表 13-10 中的编码为 010），除了可能是局部放电外，油的低温裂解、水分对金属的锈蚀过程、其他材料的非故障脱氢等也都有可能。国内也研究了在氢气增长的同时，仔细观察 CH_4、CO 等的伴随增长情况也有助于找出故障原因[56]。

3. 图解法

基于注意值或基于气体比值的分析还可采用图解方法[76]。

（1）Duval 三角形法。取三种烃类气体（CH_4、C_2H_4、C_2H_2）以组成的三角形，如图 13-51 所示，由待诊样本中的这三种气体的含量，分别除以这三种气体的总和而得到“$\%CH_4$”、“$\%C_2H_4$”、“$\%C_2H_2$”，从而在该图中找到一相应位置，以反映大致为某类故障。如将对同一设备在图中的历次测点一一相连，还有利于观察其故障特征是否有变，它是在向哪个类型故障变化等。

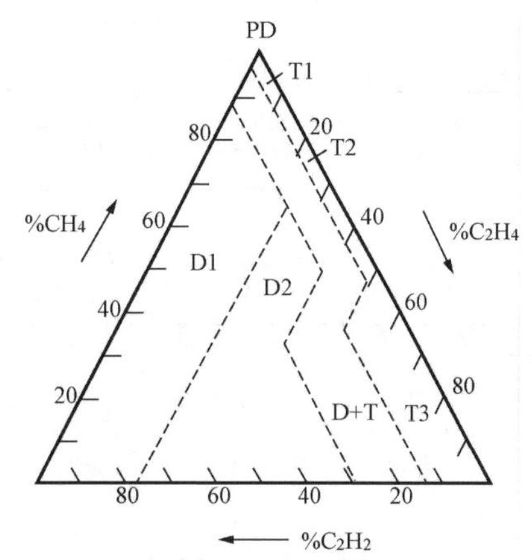

图 13-51 Duval 三角形法

（2）二维或三维表示。按比值进行分类也可用二维图（见图 13-52）或三维图来表示，这同样有利于观察其现在的位置以及发展过程，也较直观。

4. 引用人工智能技术

近年来，由于人工智能技术应用于 DGA 的分析，使诊断的符合率有显著提高，因为仅基于各气体组分的数量及其比值的大小按某些界限来进行机械划分难以反映多种多样的客观情况。

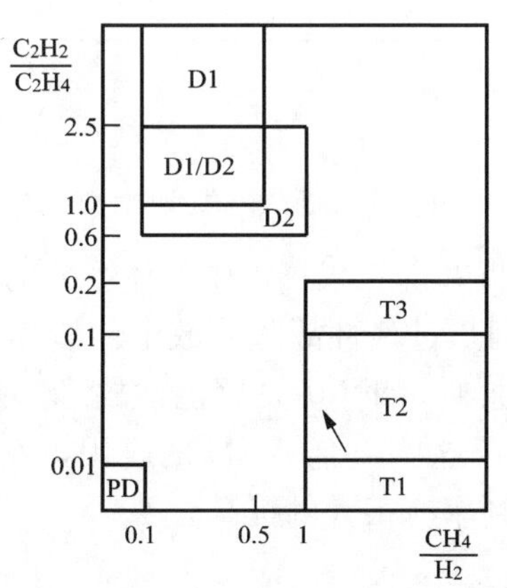

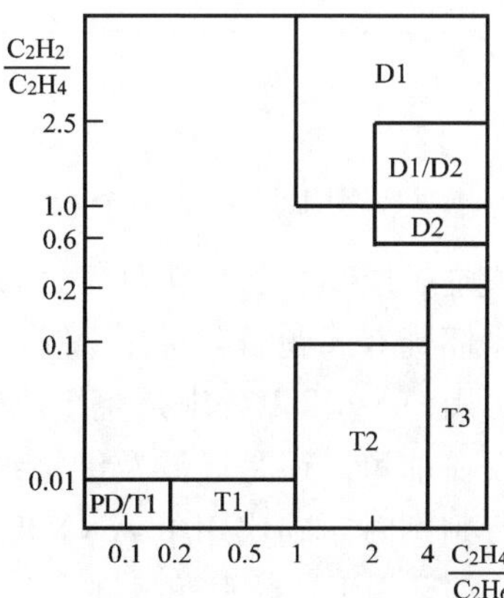

图 13-52 三比值法的一种二维图解法

四、引用

（一）人工神经网络（ANN）的引用

在编制专家系统时，仅靠设计人员预先输入各种知识进行诊断是远远不够的，还应在实践中不断获得并丰富知识。何况，各种故障现象和众多故障原因之间存在着许多并非一一对应的关系，这也是难以简单化处理的。而人工神经网络等技术却有利于解决复杂的非线性映射问题。虽然人工神经网络不是按诊断规则编制的，但它却有可能将诊断规则隐含于权值矩阵之中：由于先是通过良好的训练使各权值分别达到合适状况，而后在诊断样本时，网络的非线性映射会将样本空间映射到故障空间，实现了状态的识别。

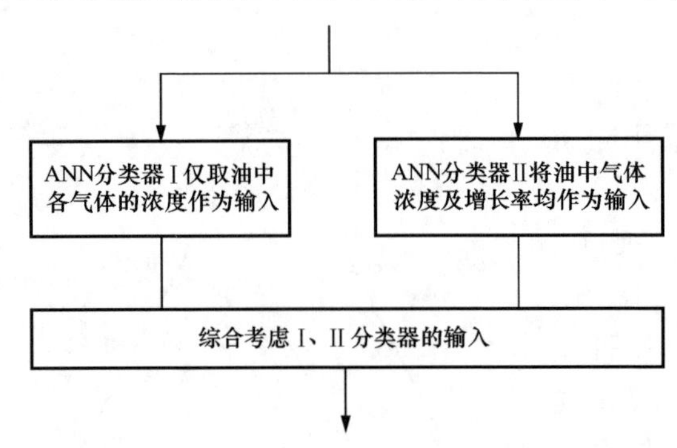

图 13-53 用双 ANN 分类器判别有无故障

目前反向传播（BP）网络和自适应共振（ART）网络等已应用。但是仅靠一个单神经网络的模型难以实现对众多故障的准确识别。因此如何考虑更多因素、如何诊断得更加细致已成了进一步发挥 ANN 作用的主要方向。

一种方法是在编制 ANN 分析有无故障时，不仅要考虑各种气体的当前测值，且考虑其增长率。如国外早已有用图 13-53 所示的双 ANN 网络分类器的[74]：经过这样的分类后，如认为有故障，再用几个专用 ANN 网络作进一步判别，即分别对过热、油过热、低能放电、高能放电、纸纤维裂解进行判别后再汇总，如图 13-54 所示。据介绍，其诊断准确度及训练速度等都优于仅具有 5 个输出的单 ANN 网络。

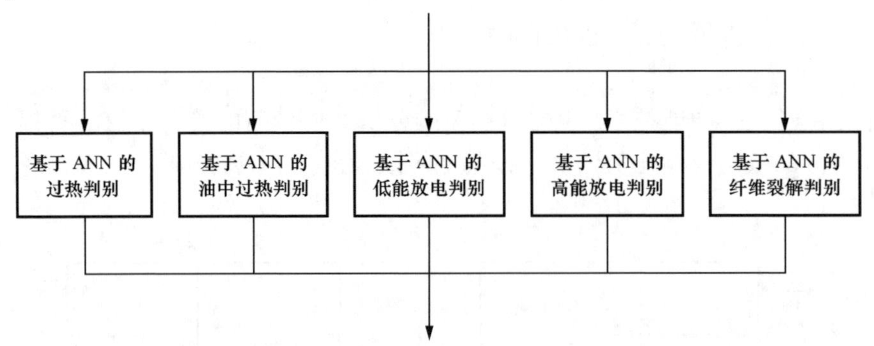

图 13-54 由多个 ANN 判别器的组合来诊断故障类别

另一种方法是多层结合、由粗到细、逐步靠近，即先根据油中气体组分的数量及其增长率进行初判，当怀疑有问题时，可用 ANN-1 判别是过热性故障或放电性故障。如怀疑是过热性故障时，再用 ANN-2-1 分出是绕组或铁芯过热；如怀疑是放电性故障。则用 ANN-2-2 区分其放电是仅在油里，还是已波及纸绝缘。由于这些组合 ANN 的应用，在对同样的 232 例检验样本进行判别时，确比用单 ANN 时的正判率有很大的提高。

（二）模糊逻辑（FL）的引用

油中气体分析中同样遇到模糊性。例如，不同故障时的气体组成有时会呈现出“亦此亦彼”的属性，不可能仅用某一限定值将其截然分开，这时引用模糊数学就很有帮助。

1. 边界的模糊化处理

如我国台湾电力部门较早就将模糊集合引用于 DGA 中[63]。以 69kV 油浸电力变压器为例，在调查统计后得到几个主要特征气体以及其三比值编码的隶属函数，例如在图 13-55 中列举出该类变压器的 C_2H_4/C_2H_6 比值编码的隶属函数。这时，虽仍可参照前表 13-7、表13-8等的三比值法等来判别，但已不再是很机械地划分界限了。

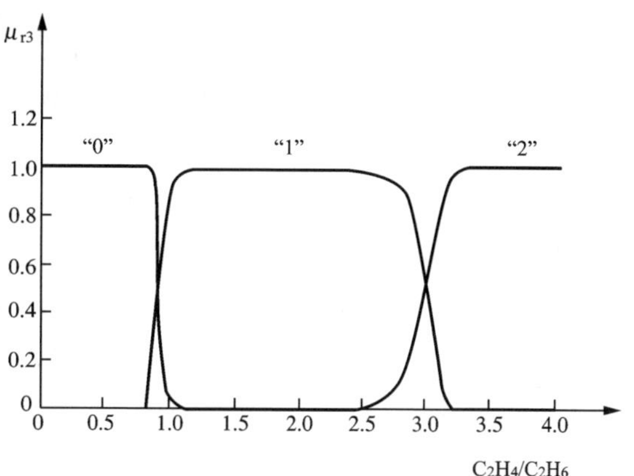

图 13-55 C_2H_4/C_2H_6 比值的隶属函数

2. 模糊推理及归一化处理

模糊数学在 DGA 中很有应用的前景的另一方面是用以对测值进行“归一化”处理[12]。因为在对 DGA 的数据进行分析诊断时，如前表 13-4 等所示，仅有 1～5μL/L 的乙炔的出现，就应引起高度注意。但正常时，大量的变压器中的氢气含量就有数十 μL/L，而 CO、CO_2的含量常更高，所以对于不同气体组分不宜仅以其数量的大小来进行衡量。即使在用 ANN 进行分析时，如同样分别仅以其含量直接输入，将不利于灵敏地利用 C_2H_2等微量变化所带来的信息。如能先基于大量的调查统计分别将每种气体组分按其统计概率分布得到隶属函数，然后将各气体组分的输入都分别改以归一化后的 0～1 值输入该神经网络，就可显著提高 C_2H_2等重要但量小的气体的敏感性，使诊断更为有效。

例如，根据当时国内 483 台次大型电力变压器的 DGA 数据，得出主要特征气体（H_2、CH_4、C_2H_2、C_2H_4、C_2H_6、CO、CO_2）的调查统计，如图 13-58 给出 H_2及 CO 的统计结果[63]。

基于这些调查统计，既可以按第七章里式（7-11）那样，分别得出各气体的隶属函数后进行模糊推理；也可以基于图 13-56 那样的分布图，按可靠性数据中的累积频率的概念分别得出各气体累积频率分布，如图 13-57 给出了 H_2的累积频率曲线的例子。

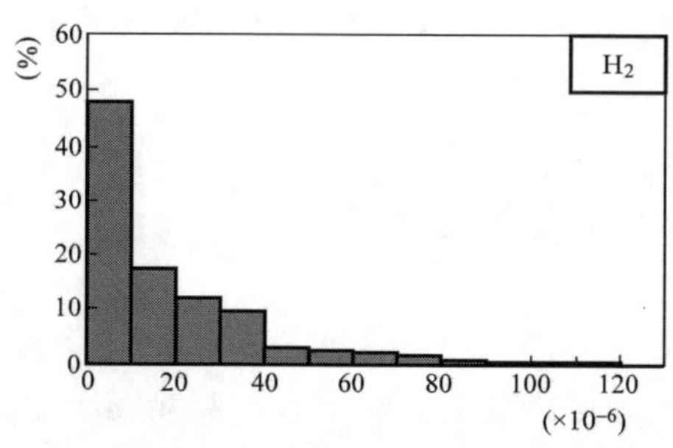

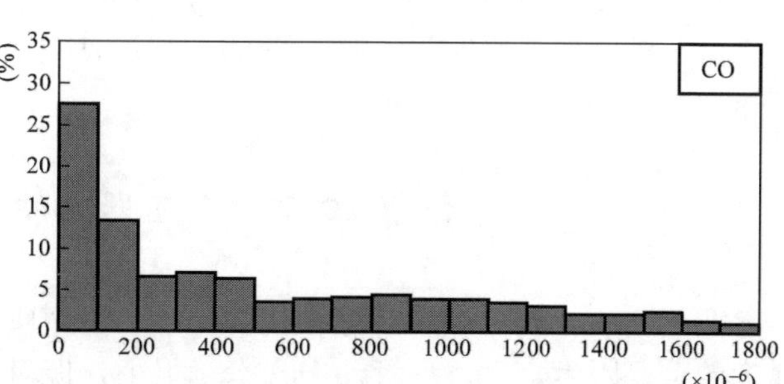

图 13-56 H_2和 CO 组分的调查统计

这样，在 ANN 的学习阶段，将各气体组份的实测值先按在各自的累积频率分布曲线中找出其相应值（0～1）后才输入；当学习阶段结束后进行诊断时，也是将待诊值按各相应曲线找出其相应值（0～1）输入后进行分析。这实际上也可看成类似一种预处理：因为待诊断

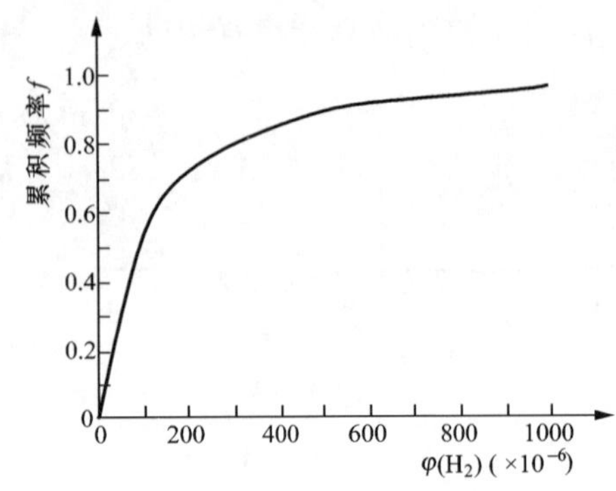

图 13-57 H_2 含量的累积频率曲线

的输入数据已从过去大量的统计曲线中找到其以0～1间的某位置，这也已包含了不同的“危险”程度。曾以同样的579例训练样本、232例检验样本，但用两种不同方式输入，归一化处理后的正判率显著提高。

（三）多种智能方法相结合

随着人工智能技术的发展，能用于DGA进行聚类分析的方法也层出不穷，但单用一种方法诊断时，有时分析效果就不够理想。实践证明，多种方法的有机结合有可能取长补短、获得较高的正判率。例如将自适应共振（ART）神经网络与模糊数学相结合而成的FART网络，其框图如第七章的图7-21。以同样的一批案例进行DGA分析时，不但正判率提高，而且还可以判断缺陷是否已涉及固体绝缘等。再如小波神经网络、模糊矩阵、范例推理、粗糙集等方法不少也已成功地用于油中气体分析。

因此在应用人工智能技术对DGA进行数据分析诊断时，有几点需予以强调：

（1）为准确地分析故障，需搜集整理大量的各种故障类型的典型数据。不管是采用哪种人工智能方法，如果没有先对包含各种故障类型的大量数据的学习，就难以正确进行其非线性映射而作出识别。如是要进行范例推理，也是先要用神经网络、模糊数学等方法从源范例集合里检索出其最相近的范例（如前第七章图7-28及图7-29），如果事先没有大量搜集整理各种不同情况的源范例，就不能实现推理。

（2）DGA对发现油浸电力设备中的潜伏性故障，如局部过热、电弧放电等是很有效的，但它也有局限性。何况同一缺陷或故障其表现形式也往往有多种，如放电性故障，不仅可能引起油的裂解，也有电气、超声、发光等信息。因而在综合诊断时，认真地将多种信息汇总后进行综合分析是十分重要的，而且有助于充分利用多种方法的优点，例如第七章图7-14、图7-26等所示。而且有条件时，甚至还可以改变一些运行条件后进行对比，例如为分析某过热故障究竟是由于电路还是磁路过热时，有的就以在已降低负荷的一段时间内，观察DGA中各气体组分的数量及其比值，并将其与未降负荷前进行比较，因为这时电压未变、由负荷下降所带来的仅为电路系统的发热减小，这就有利于分析是否为电路系统所引起的过热。

◎ 第四节 变压器油中微水含量的监测

变压器油是充油变压器绝缘和散热的重要介质，变压器油中微水含量是影响变压器绝缘强度的重要因素之一。尽管油中含水量很小，但对油的绝缘强度的影响很大。监测变压器油中微水含量，不仅可以防止变压器油绝缘强度降低至危险水平，而且还可对变压器整体绝缘状况进行评估。

目前，监测变压器有中微水的方法主要有气体法、库仑法和色谱法。我国电力行业主要采用库仑法和色谱法，库仑法更为普及。这三种方法都需定期取定量的油样，均属非实时的预防性检测，分析费时，在采集、运输油样时可能引起油中微水含量的变化，从而造成误差。近年来，对变压器油微水含量的在线监测的研究日益受到重视[64,65]。

参考文献［64］中采用的变压器油中微水含量在线监测系统如图13-58所示。变压器的油温对湿度传感器的测量结果有较大影响，为了正确实时在线监测油中的水分含量，将湿度传感器和温度传感器同时安装在变压器流动的油路中，同时采集湿度和温度信号，以便在中心处理系统中进行校正。二次测量电路用于采集传感器的响应，并转化成所需的电信号，再通过电缆线传输给计算机进行处理。

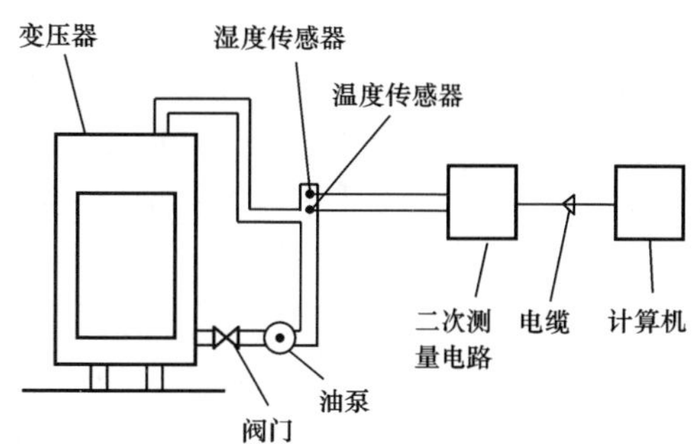

图13-58 变压器油中微水含量实时监测系统图

系统的主要性能指标为：

（1）长期稳定工作温度范围：−40～100℃。

（2）测量微水范围：$0 \sim 100 \times 10^{-6}$。

（3）输出信号：方波频率信号。

（4）灵敏度：$24\text{Hz}/10^{-6}$。

（5）响应时间：≪6min（在缓慢搅动的油中）。

变压器油中微水测量的基本原理为[64,66]：将聚醯亚胺薄膜构成的电容式湿度传感器浸在油中，聚醯亚胺膜与变压器油之间存在一个水分的动态平衡。当油中含水量变化时，聚醯亚胺薄膜吸附水分子的数量也相应变化。从而导致聚醯亚胺薄膜的相对介电系数 ε_r 变化。聚醯亚胺薄膜电容式湿度传感器等效模型为一个平行平板电容器，其电容的数学表达式为

$$C = \varepsilon_r \varepsilon_0 S/D \tag{13-12}$$

式中 S——聚醯亚胺薄膜有效面积；

D——聚醯亚胺薄膜厚度。

电容的大小随 ε_r 而变化，再通过二次测量电路将电容量的变化转化为一个需要的电信号，从而实现通过此电信号来监测油中微水含量的状态。同时，通过温度校正，可以得到实际的油中微水含量。

聚醯亚胺是近年发展的一种新型湿敏材料，具有一定的吸湿性。在单分子体之间通过氢键作用把水分子结合在一起，在21℃、100%的相对湿度空气中，聚醯亚胺可吸收3.3%的水。它吸水后，其相对介电常数 ε_r 相应变化。因此，利用介电常数与含水量相关的原理做成薄膜电容式湿度传感器。同时，与传统的醋酸纤维系湿敏材料相比，聚醯亚胺是一种稳定性非常好的湿敏材料，由于其具有高度芳香化结构，在−200～400℃都有稳定的

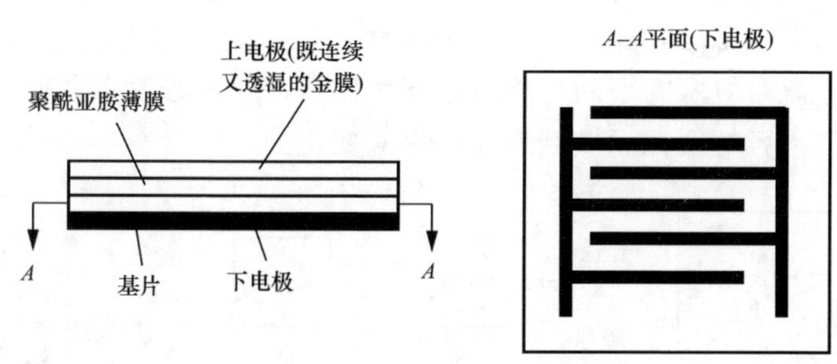

图13-59 湿度传感器基本结构图

物理、化学性质，能很好地适应变压器的热油环境。

湿度传感器的基本结构如图 13-59 所示，它选用半导体硅片作基片，在基片上镀一层“对指状”的电极（下电极），将约 1～2μm 的聚醯亚胺层旋转涂复其上，在上面形成一层金膜（上电极），此金膜厚度约 10μm 左右，以便透湿。以上结构构成一个单元，由几个同样的单元重复便构成了湿度传感器。

随着变压器负荷变化以及气温的影响，变压器油的温度将发生变化。这对聚醯亚胺湿度传感器的电容量产生一定影响：油温升高，聚醯亚胺薄膜吸附量下降，介电常数也略为减小，聚醯亚胺薄膜因受热膨胀而增厚，传感器电容响应值即变小。然而，对于一定微水含量的变压器油，聚醯亚胺薄膜受热膨胀，使其空隙自由空间增大，传感器电容响应值亦趋增大，这两种因数互相抵消，其温度系数必然较小。在 30～80℃间，对一油样测得输出方波频率 f 与油温的曲线如图 13-60 所示。由图可见，聚醯亚胺电容式湿度传感器有极小的温度系数。但相对于测量油中微水含量的实际情况而言，仍具有一定影响。因此，利用样本数据编制计算程序，可以实现根据不同的油温对测量结果进行校正。

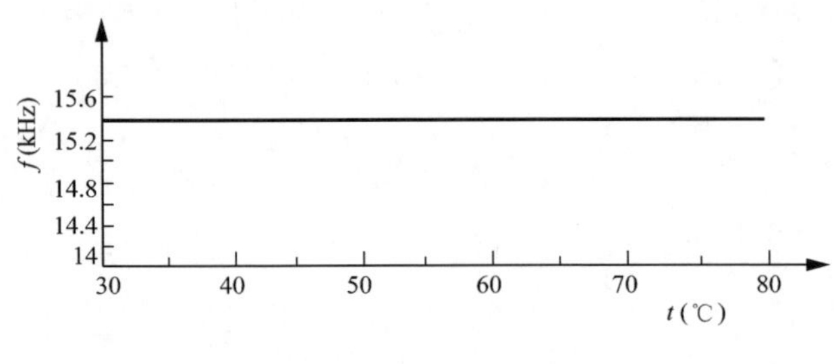

图 13-60　f 与 t 的关系曲线

在此系统中，聚醯亚胺电容式温度传感器实际上工作在交变电场下，考虑复介电常数，当电容为

$$C = C_0\varepsilon = C(\varepsilon' - \varepsilon'') \tag{13-13}$$

式中　ε——复介电常数；

ε′——复介电常数的实部；

ε″——复介电常数的虚部。

显然，由 ε′ 及 ε″ 组成的复介电常数 ε 受电场频率的影响。油含水量变化必然导致电场频率变化，电场频率变化将引起聚醯亚胺复介电常数的改变，从而在理论上将影响传感器的电容量。经过大量试验后发现，系统中频率变化的相对量不大，所带来的影响从工程应用角度可忽略。

相对测量空气湿度而言，测量变压器油的微水含量变化要求高灵敏度的传感器及测量电路。变压器油中的含水量变化很小，通常的湿度传感器和测量电路无法反映油中微水含量的变化。高灵敏度的测量电路工作原理如图 13-61 所示。采用 TCL8038J 集成函数发生器构成一个电容控频率发生器，通过恒定电流对电容的不断充放电来产生振荡，此函数发生器输出为一方波信号。其输出方波的频率随电容的变化而按倒数关系相应变化。

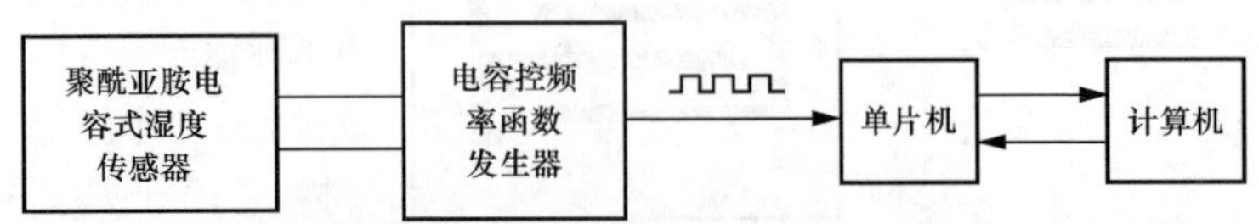

图 13-61　二次测量电路工作原理图

$$f = K\frac{1}{C} \tag{13-14}$$

式中 K——可按实际需要调节的常数。

通过一定机械式计数器来测量方波频率，最终实现直接将湿度传感器的电容变化转化为一个频率信号。实践表明，在合理的参数搭配下，配合所用传感器能有效地反映油中微水含量的变化。由于输出信号为一数字信号，在现场运行时比模拟信号具有更高的抗干扰能力。

◎ 第五节 绕组变形的监测与诊断

一、变压器绕组变形产生的主要原因、形式、特点及其危害

（一）绕组变形产生的主要原因[69～71]

1. 设计、制造原因

（1）设计不合理，设计时的短路强度不够、动稳定性较差。

（2）制造过程中存在缺陷或不合理因素，如压紧件、支撑件的强度、刚度不够。

（3）装配时线圈的不同心、压紧不良等。

2. 出口短路

变压器在运行中发生出口短路事故是导致变压器绕组发生变形的最重要和最主要的外部原因。

（1）变压器在运行中不可避免地要遭受各种短路故障的考验，若变压器本身结构中有不合理的地方或机械强度不够，则会引起变压器绕组的变形或位移。

（2）在短路过程中，绕组出现由固有和强迫振荡所构成的复杂振动。动态力的量值与按短路电流幅值计算的静态力有很大的差别。动态力随时间变化的特性及其量值在很大程度上取决于绕组的固有振荡频率，而预加紧力的变化会改变固有振荡频率，如果两者接近，就可能出现共振现象，导致绝缘产生松弛、垫块错位、铁芯螺栓松动，继而促使绕组发生变形。

（3）绕组变形具有累积效应。

3. 运输中的冲击

运输中的冲击形成的巨大动态力也会造成绕组的移位、变形。

（二）绕组变形的主要形式、特点

变压器绕组变形是指绕组的尺寸或形状发生的不可逆转的变化，如：①在径向上外绕组导线伸长、内绕组直径变小；②在轴向上的压缩和坍塌；③通常表现为对称的弯曲变形；④通常表现为不对称的曲翘变形；⑤器身位移、绕组扭曲、鼓包和匝间短路。

（三）绕组变形对变压器的危害

有关变压器的历年统计资料表明，绕组是发生故障较多的部件。从解体检查情况看，绝大部分是由绕组变形引起的。国外的统计数字也有类似情况。

二、变压器绕组变形检测的主要方法

（一）方法综述

目前对变压器绕组变形检测的主要方法如表 13-14 所示。

表 13-14 变压器绕组变形检测的方法

类 别	诊断方法	原理及特点
离线检测	短路阻抗测量法	绕组的机械变形和位移会导致漏磁场的变化，通过测量变压器短路前后电抗的变化可反映绕组的状况。适用于短路强度试验时和现场试验中。有明确的判据，但灵敏度不如频响分析法和低压脉冲法
	频响分析法	利用绕组变形前后电容、电感等值网络的变化，通过正弦波扫频，测量绕组的传递函数以反映绕组的状况。具有很高的灵敏度，重复性好，但尚无明确的定量判断标准。适用于实验室、制造厂及现场
	低压脉冲法	利用绕组变形前后电容、电感等值网络的变化，通过输入微秒数量级的低压信号，测量绕组的冲击响应以反映绕组的状况。灵敏度高，在区分变形类别与变形定位方面含有更多的信息，但在间隔时间较长时，重复性不好。适用于实验室、制造厂，现场使用国外较多
	径向漏磁场测试法	绕组的机械变形导致漏磁场的径向分量发生很大变化，通过测试径向漏磁通可反映绕组的位移。有一定灵敏度，但需要吊芯两次才能完成测试。适用于变压器设计阶段，不适用于现场
在线检测	短路电抗在线测试法	利用在运变压器一、二次侧的TV、TA信号，通过空载测试修正励磁电流影响后，在线求得变压器的短路电抗，并利用短路阻抗测量法中的判据进行诊断。能够对绕组变形导致的电抗变化量进行较精确的测量，但互感器等的角差以及电压波动会对测量结果有影响。与变压器保护系统整合为一体后会有应用前景
	振动信号分析法	通过安装在变压器箱体上的振动传感器测量绕组与铁芯在运行时产生的振动信号，并通过比较其变化来反映绕组与铁芯的状况。测量系统与变压器无电气连接，可同时监测绕组变形以及铁芯等结构件的松动等故障。积累经验、明确判据后有应用前景，俄罗斯、美国和加拿大有较多应用

（二）离线检测方法

1. 短路阻抗测量法（short-circuit impedance：SCI 法）

短路阻抗法是基于测试绕组中漏感的变化，原理接线如图 13-62 所示。功率表 W 测得的是有功功率，电压表 V 测得的是电压有效值，电流表 A 测得的是电流有效值。

一般由于 $G_{10} \gg R_1 + R_{12}$，$X_{10} \gg X_1 + X_{12}$，计算中可忽略 G_{10} 与 X_{10}。由图 13-62 可知

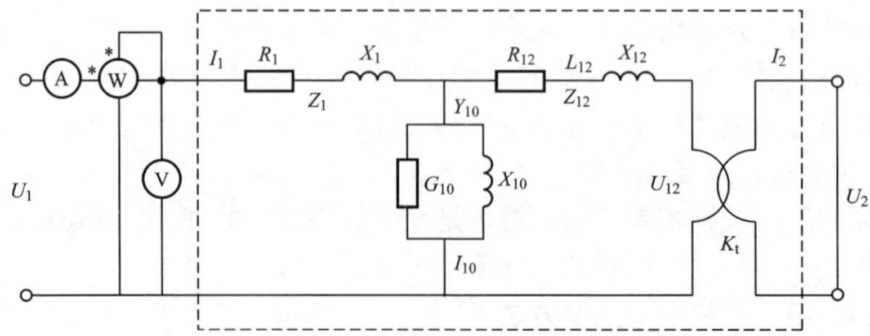

图 13-62 短路阻抗法的原理接线图

$$|Z| = |R_1 + jX_1 + R_{12} + jX_{12}| = \sqrt{(R_1 + R_{12})^2 + (X_1 + X_{12})^2} = \frac{U}{I}$$

由测得的$|Z|$的变化，即可判定被试绕组状态。

测量绕组短路电抗的方法是判断绕组变形的传统方法，经长期使用，得出了公认的定量判据，并已列入 IEC 60076.5 和 GB/T 1094.5[71,72]等标准中。意大利多年来把短路电抗测量（用 Maxwell 电桥）作为例行预防性试验，每 3 年作一次。该方法重复性很好，无变形的变压器 10～20 年试验结果相差不到 0.2%；当差别达 2.5%时，需增加试验频度并作绝缘检查；当相差超过 5%时，立即停运检查绕组。

2. 频响分析法（Frequency-Response-Analysis：FRA 法）[73,74]

FRA 法测试原理接线如图 13-63 所示。将一稳定的正弦波扫频信号施加到被试变压器绕组的一端，同时记录该端和另一端的电压幅值和相角，经处理可以得到被试变压器的一组频响曲线。通过对测试结果进行对比可判定变压器绕组的状况。

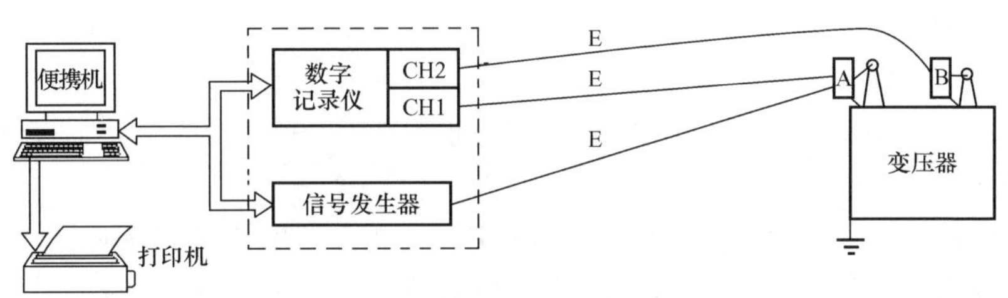

图 13-63 FRA 法测试系统框图（A、B 为接线盒，E 为同轴电缆）

（1）特征量及其使用[74]。用 FRA 法测试时，变压器绕组可以看作是无源线性两端口网络，而且两个端口有一个公共端子——变压器外壳。根据网络理论，变压器绕组的简化等效网络是最小相移网络，即零、极点都在 S 平面的左半部分，其幅频特性和相频特性是有联系的。因此，在对 FRA 法测试结果进行处理时，可以只考虑其幅频特性。查看两条曲线的差别主要是查看其相似程度和接近程度，而相关系数和均方差就是分别描述曲线之间的相似程度和接近程度的，因此选用相关系数 ρ_{xy} 和均方差 E_{xy} 作为描述两条频响曲线间差异程度的特征量是合理的。

1）相关系数。数据处理中，一般使用相关系数 ρ_{xy} 来表示两组数据间的相似程度。$\rho_{xy} \leqslant 1.0$ 时，ρ_{xy} 越接近 1.0，两条曲线相似程度越高；ρ_{xy} 越小，相似程度越差。

2）均方差。均方差 E_{xy} 用来表示两组数据间的距离。如果两组数据相距很近，则 E_{xy} 必然很小，接近于零；如果相距较远，其均方差 E_{xy} 也就较大。

由于变压器绕组结构不同，变形前后频响曲线的 E_{xy} 对不同的变压器可能有较大的偏差。因此，为了便于比较，可选用某一相频响曲线上的最大值 T_{max} 和最小值 T_{min} 之差作为基准，定义 E_{xy} 的相对值

$$S_{E_{xy}} = \frac{E_{xy}}{T_{max} - T_{min}}$$

（2）故障判定[74]。在 FRA 法的实际应用中，对被试变压器绕组的故障判定可分三方面进行。

1）与历史数据对比。如果被试变压器曾在确认绕组状态良好时进行过频响测试，或以

前的频响测试表明其绕组状态良好，那么当需要检测该变压器绕组状态时，只要将其频响曲线与良好状态下测得的历史数据进行对比就可得到很准确的结论。

2）利用相似变压器的频响曲线。生产厂家一般在相同或相近规格的绕组设计和生产上是类似的，因此往往使得同样连接方式绕组的频响曲线比较相似，即具有可参照性。所以，对于没有历史记录的变压器，可以用同一厂家生产的类似变压器的结果。

3）利用三相间一致性来判定。生产厂家在设计时都尽量使得变压器三相结构对称，因此对于无参考数据的变压器，也可用其三相频响特性间的一致性来判定绕组状态。从实际测试结果看，绝大部分良好状态的变压器其三相间的一致性都很好。

3. 低压脉冲法（Low Voltage Impulse，LVI）[75~77]

网络除了可以用传递函数 H（jω）来描述外，还可以在时域用单位冲击响应描述，变压器绕组变形会使得其单位冲击响应也随之变化。

（1）测试回路及脉冲源[75]。LVI 法测试原理接线与 FRA 法类似，只要将其中的扫频信号发生器用低压脉冲源替换即可。上升沿 250ns 左右，半脉宽 2.5μs 左右的双指数脉冲适合于变压器绕组变形检测试验。

（2）故障判断[75]。对于 LVI 法来说，可以通过与 FRA 法同样的过程进行变压器绕组变形故障的判定。

对一台实际的 SF-31500/110/10kV，Y0d 联结的变压器的测试结果如图 13-64 所示。由图可见，对该变压器使用两种方法得到的测试结果的三相一致性都较好，可见该变压器的绕

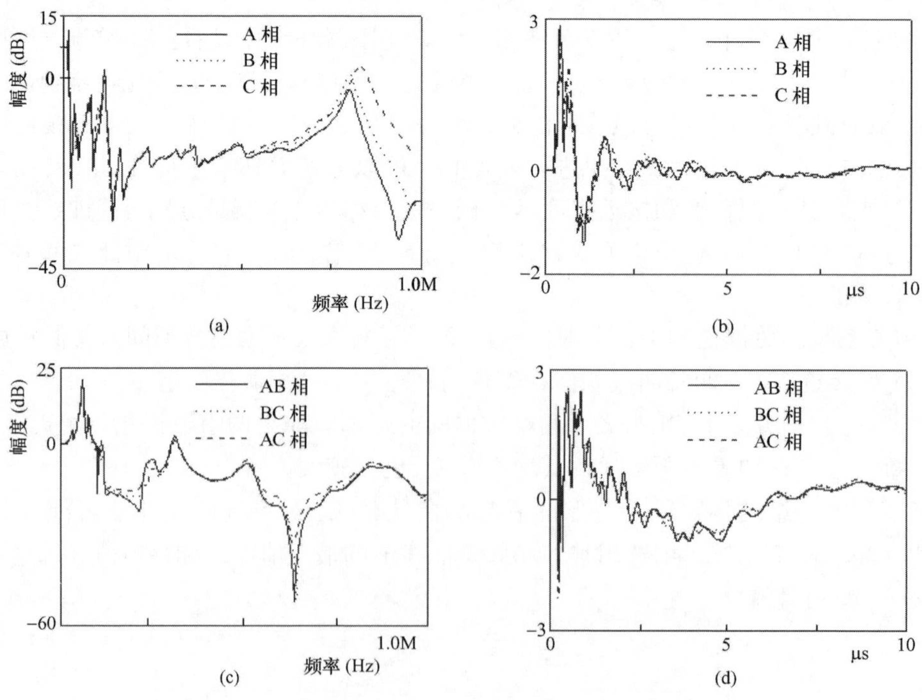

图 13-64 某实际变压器的 FRA 法和 LVI 法测试结果

（a）高压侧的 FRA 法测试结果；（b）高压侧的 LVI 法测试结果；
（c）低压侧的 FRA 法测试结果；（d）低压侧的 LVI 法测试结果

组状态良好；同时也说明这两种方法在一定程度上是可以互相代替的。

4. LVI 法与 FRA 法的比较[75]

FRA 法和 LVI 法应用都很广泛，使用者都宣称具有很高的灵敏度。FRA 法和 LVI 法在原理上的差别使得两法在具有很多相同点的同时，在一些方面表现出差异。主要的相同点在于：

1）在测试灵敏度方面两法不相上下，且对变形具有相同的不敏感区域。

2）在变形故障判定方面，两种方法采用的策略基本一样，主要的不同点在于：①在区分变形类别与进行变形定位方面，LVI 法比 FRA 法含有更多的信息；②LVI 法的测试稳定性和重复性不如 FRA 法，用于现场时要保证测试接线等的一致性。与 LVI 法与 FRA 法相比，SCI 法有明确的判据，但灵敏度不如频响分析法和低压脉冲法。

（三）在线检测方法介绍

1. 短路电抗在线测量法

（1）短路电抗在线测试系统[77,78]。研究变压器，常常使用等效电路图来简化，以图 13-65 所示的单相双绕组变压器为对象来分析其原理。该图表示了在线测量变压器短路电抗的接线，其中 TV1、TV2 为变压器一、二次侧所接电压互感器，TA1、TA2 为电流互感器，其余为假定的各参数。

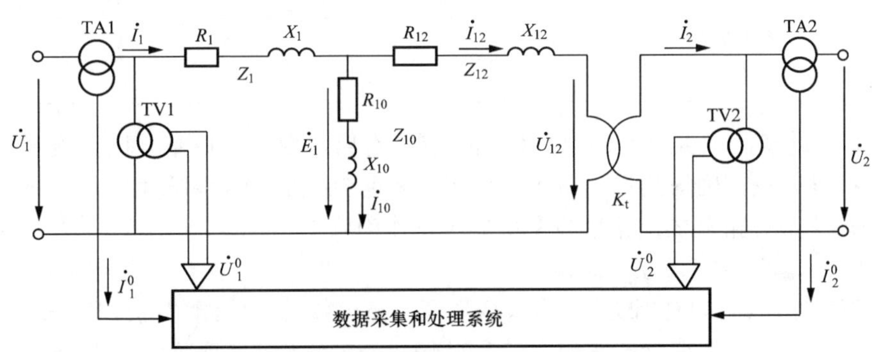

图 13-65　变压器短路电抗在线测量等效电路图

由图 13-65 可知，短路电抗 X_{sh} 为

$$X_{sh}=X_1+X_{12}$$

（2）短路电抗法测量的理论基础。在分析中可有两项基本假定：①假定在运行中变压器的励磁电流不变化；②假定在运行中电流互感器和电压互感器的误差不变化。经过推导，可得短路电抗的表达式

$$\begin{aligned}X_{sh}&=(Z_1+Z_{12})\sin\varphi_{sh}=\left|K_{TV2}K_t\left(\frac{\dot U_1}{K_{TV1}K_{TJ}}-\frac{\dot U_2}{K_{TV2}}\right)\Big/\dot I_{12}\right|\sin\varphi_{sh}\\&=\left|K_{TV2}K_tK_tK_{TA2}\left(\frac{\dot U_1^0}{K_{TJ}}-\dot U_2^0\right)\Big/\dot I_2^0\right|\sin\varphi_{sh}\end{aligned}$$

式中　φ_{sh}—— 电压相量差$\left(\frac{\dot U_1}{K_{TV1}K_{TJ}}-\frac{\dot U_2}{K_{TV2}}\right)$和 $\dot I_2$ 的夹角。

通过U_1、U_2和I_{12}的测量即可求得短路电抗的值。

（3）实际变压器的监测及结果分析[78]。在某变电站对一110kV变压器的实际测试如表13-15所示，其中，离线值采用HP的LCR电桥测量，以与在线值进行对比。

表13-15 短路电抗在线测量结果

工作状态	几何匝比	补偿系数	三相短路电抗在线测量值（Ω）	三相短路电抗离线测量值（Ω）	相对误差（%）
8分接上午测	6.126	0.5842	55.15（A相）	55.32（A相）	−0.3
			54.69（B相）	54.85（B相）	−0.3
			53.74（C相）	53.85（C相）	−0.2
10分接上午测	6.050	0.5775	53.33（A相）	53.28（A相）	+0.1
			53.22（B相）	53.38（B相）	−0.3
			52.24（C相）	52.40（C相）	−0.3
7分接上午测	6.201	0.5918	56.73（A相）	56.67（A相）	+0.1
			56.55（B相）	56.49（B相）	+0.1
			55.59（C相）	55.48（C相）	+0.2
8分接下午测	6.126	0.5842	55.15（A相）	55.32（A相）	−0.3
			54.74（B相）	54.85（B相）	−0.2
			53.74（C相）	53.85（C相）	−0.2

从表13-15的实测数据以及理论分析结果可以看出，变压器短路电抗在线测量能够对绕组的短路电抗进行较精确的测量。对于如何根据短路电抗的变化量来确定绕组的变形，目前仍是引用SCI法中短路电抗变化量与变形的关系作为依据。

2. 测量变压器器身振动在线监测绕组状况[69,79]

（1）原理。变压器器身的振动是由于变压器本体（铁芯、绕组等的统称）的振动及冷却装置的振动产生的。本体振动的来源有：①硅钢片的磁滞伸缩引起的铁芯振动；②硅钢片接缝处和叠片之间存在着因漏磁而产生的电磁吸引力，从而引起铁芯的振动；③绕组中负载电流与漏磁场间的作用引起绕组的振动。因此可以看出：变压器器身的振动与变压器绕组及铁芯的压紧状况、绕组的位移及变形密切相关。因此，利用振动在线监测电力变压器是可行的。

（2）振动法的测试系统。振动传感器将振动信号转换为成正比的电压信号。振动传感器在变压器器身的粘贴位置可如图13-66所示（标阿拉伯数字处）。

（3）振动信号的特征及分析[79]。在某发电厂测量了其中一台100MVA/110kV正在稳定运行的变压器器身的振动信号，频谱图如图13-67所示。

从幅频特性可以看出：由于磁滞伸缩引起的铁芯振动以及负载电流引起的绕组振动都是以两倍的电源频率为基频的。500Hz以下的频率的幅度较高，1000Hz以上振动幅度较低。

（4）故障判定[79]。变压器的高、低压绕组之一在发生了变形、位移或崩塌后，绕组的压紧不够，使高、低绕组间高度差逐渐扩大，导致绕组安匝不平衡加剧，使漏磁造成的轴向力增大，从而绕组的振动加剧。当铁芯的压紧力不够大时，硅钢片的自重将使铁芯产生弯曲变形，致使磁致伸缩增大，即铁芯的振动加剧。这些具体表现在振动信号上的特征为：振动

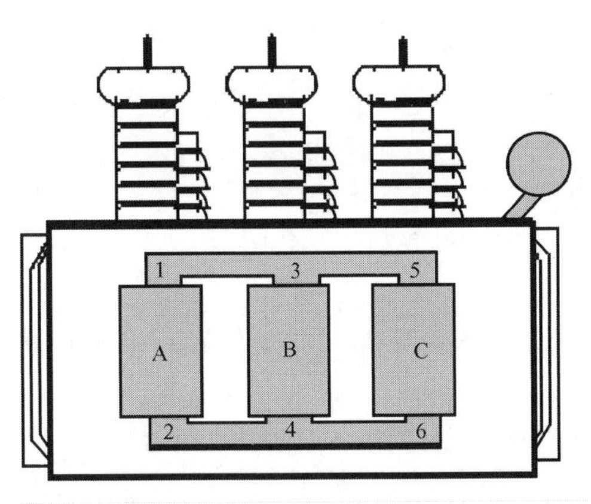

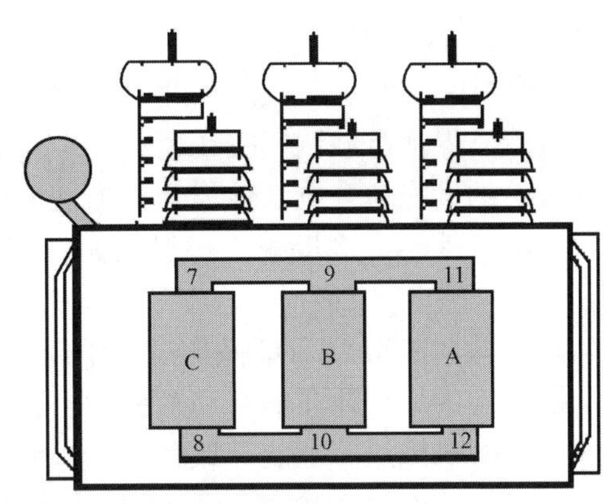

图 13-66 振动传感器在变压器器身上的粘贴位置

频率中增加了更高次的谐波成分，且振动的幅值变大。目前，证明有效并已得到应用的诊断铁芯或绕组是否发生故障的方法如下：

1）对得到的振动信号进行傅里叶分解。在振动信号的幅频特性曲线上，相对于正常状态下的振动信号，若出现了一些高频分量，则可以认为绕组或铁芯有故障存在。

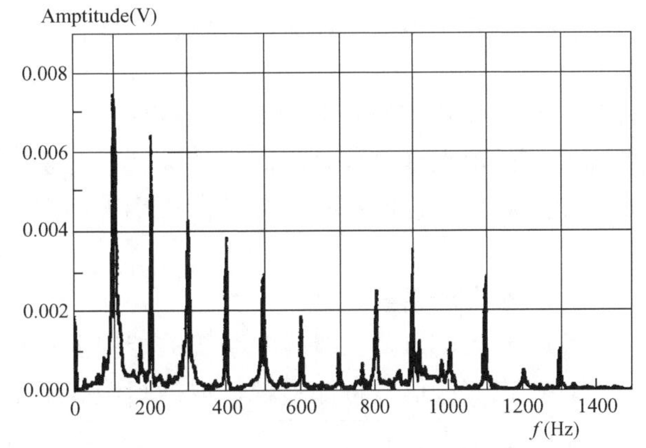

图 13-67 实际运行变压器器身振动加速度信号

2）对得到的振动信号进行傅里叶分解。与正常状态下的振动信号主频幅值 A_{norm} 比较，得到系数 $K=A_{norm}/A_{monit}$。若 $K \geqslant 0.9$，则绕组或铁芯没有故障，压紧状况很好；若 $0.9<K \leqslant 0.8$，则绕组或铁芯状况较为良好，但应引起注意；若 $K<0.8$，则绕组或铁芯发生了故障，应及时退出运行，进行检修。

3）对得到的振动信号进行三层小波包分解，求出各频率段的能量分布。与正常状态时相比，若此时的能量分布在某些频率段上发生了较为明显的变化，则认为绕组或铁芯发生了故障。

这三种诊断方法可联合使用，以便更好地判断电力变压器绕组或铁芯是否发生了故障。并且，每个传感器测得的振动信号基本是反映其附近的绕组或铁芯状况，因此可以据此进行故障的定位，为检修提供必要的依据。

◎ 第六节 有载调压变压器分接开关在线检测

一、概述

有载分接开关（On-load Tap Changer，OLTC）是变压器完成有载调压的核心部件。OLTC 的性能状况直接关系到有载调压变压器的安全运行。据国外有关资料统计，OLTC

的故障占到了有载调压变压器故障的41%[80,81]。在有载调压变压器的运行维护中，主要的工作量也集中在OLTC上。因此，开展OLTC在线检测技术的研究和应用，对于减少OLTC故障、保证有载调压变压器的安全运行具有重要意义。

OLTC的性能包含电气性能和机械性能两个方面：

（1）电气性能主要指触头接触电阻，当触头接触电阻增大时，会引起触头过热，甚至烧损。

（2）机械性能指OLTC操作过程中选择开关和切换开关等部件的动作顺序和时间配合，以及切换过程中是否存在卡塞和触头切换不到位等。

OLTC的机械故障也能导致触头、过渡电阻甚至变压器绕组烧损的严重事故。

异常温升可以发现电气的和机械的故障。然而，OLTC通常封闭在变压器的油箱内，触头处在带电状态，直接测温受到限制。由美国资料采用变压器体外温度传感，检测灵敏度受到限制。

应用电流传感器监测控制电机电流的变化从而监测电动机输出功率的变化，也可作为一种机械监测的方法。监测操作时的机械振动也是一种监测机械状态的方法。OLTC机械操作性能检测也能够帮助发现相当多的故障。另一种方法是检测切换过程中的机械振动信号，由各振动事件的强度及各时间间隔作为特征参数[80]。在OLTC处于正常状态时，各次事件满足一定的时序，强度和时间分散性应小于一定的范围，当超出这个范围时，可以判断状态异常。

二、在线监测系统举例

图13-68是OLTC在线检测系统的结构框图，它包括了信号传感、信号采集和便携式计算机。计算机完成信号特征提取、数据归档和结果显示打印等工作。

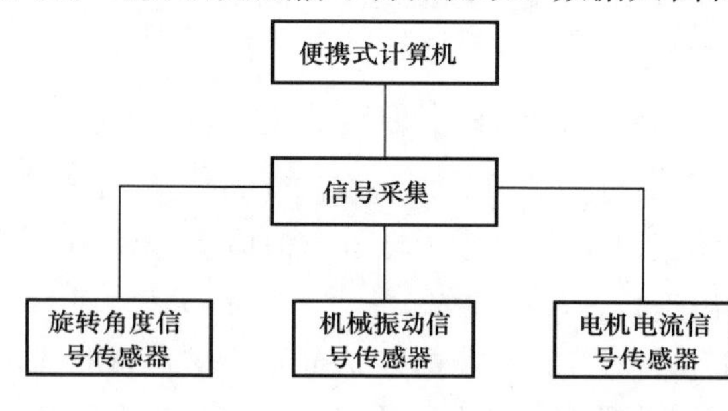

图13-68 OLTC在线检测系统结构框

传感信号的选择基于以下的考虑：OLTC的一次切换操作包含一系列的动作事件，如选择开关下台、选择开关上台、切换开关动作等。这些动作事件需要满足一定的时序才能保证OLTC的正常切换。在OLTC预防性维修时，通常需要测量选择开关、切换开关动作与OLTC传动杆旋转角度的关系，以确定动作时序是否正常。

OLTC切换过程中的典型事件是开关触头碰撞。开关触头碰撞产生的振动信号，不仅标志着触头的离合，还可能包含着三相触头是否同期、触头表面是否平整，以及切换是否到位等信息。

OLTC操作的另外一个重要事件是弹簧储能。当储能弹簧性能改变或储能过程中存在机构卡塞时，必然伴随有电动机驱动力矩和驱动电机电流的变化。

鉴于上述情况，OLTC在线检测系统的传感信号包括了OLTC传动杆的旋转角度信号、OLTC操作过程中的振动信号和驱动电动机的电流信号。

三、现场试验信号分析

（一）传动杆转角信号与振动信号分析

某OLTC进行现场检测的信号波形如图13-69所示。图中上图是电动机电流波形，图中显示的三次显著的振动信号分别对应于选择开关下台、选择开关上台和切换开关动作三次事件，图 13-69 中斜向上方的直线表示传动杆转角，单位为度（°）。由图 13-69 可以读取 3 个动作事件所对应的时间和传动杆转角。

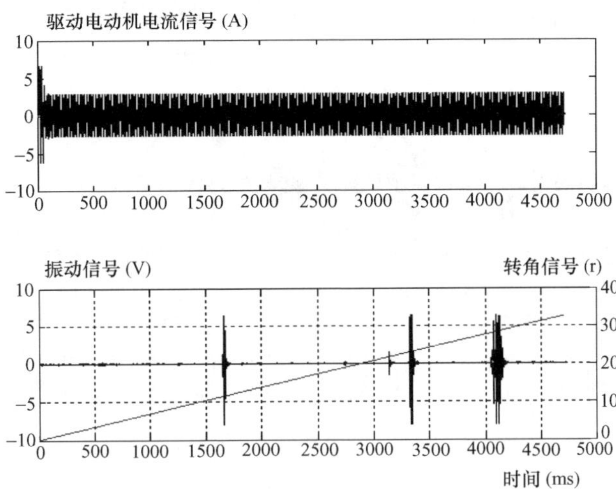

图 13-69 分接开关切换时的三个波形

在试验中，共对该 OLTC 进行了 8 次切换操作。表 13-16 所示是 8 次切换所得的时间和转角数据。表 13-16 还给出了现场人员提供的经验数据。比较可见：基于振动信号测量 OLTC 各开关动作的时序与经验数据相符。

表 13-16　　分接头切换动作事件对应角度

分接头切换顺序	选择器下台转角（r）	选择器上台转角（r）	切换开关动作转角（rad）	分接头切换顺序	选择器下台转角（r）	选择器上台转角（r）	切换开关动作转角（rad）
2—3	11.3	21.5	28.0	5—4	11.6	21.6	27.7
3—4	11.5	22.2	29.2	4—3	11.6	21.9	27.4
4—5	11.0	21.5	27.9	3—2	11.7	21.7	27.8
5—6	11.6	22.2	28.9	经验数据	10.5～11.5	21.5～22.5	26.5～27.5
6—5	11.6	22.2	27.5				

展开图 13-69 中切换开关动作时的波形的时间间隔，可以得到三个波形的部分详细过程，如图 13-70 所示。由于试验条件的限制，目前尚未研究切换开关性能改变对振动信号细节的影响，这方面有待于进一步的工作，期望得到三相不同期、触头不到位、触头烧损等异常现象的信号特征。

（二）驱动电动机信号特征值

驱动电动机信号的特征值可以有以下几方面：

（1）电动机电流值：可以有电动机电流峰值，电流平均值或电流平方的平均值等。

（2）电动机输出功率的峰值、平均值或电动机输出能量。

（3）电动机驱动时间。

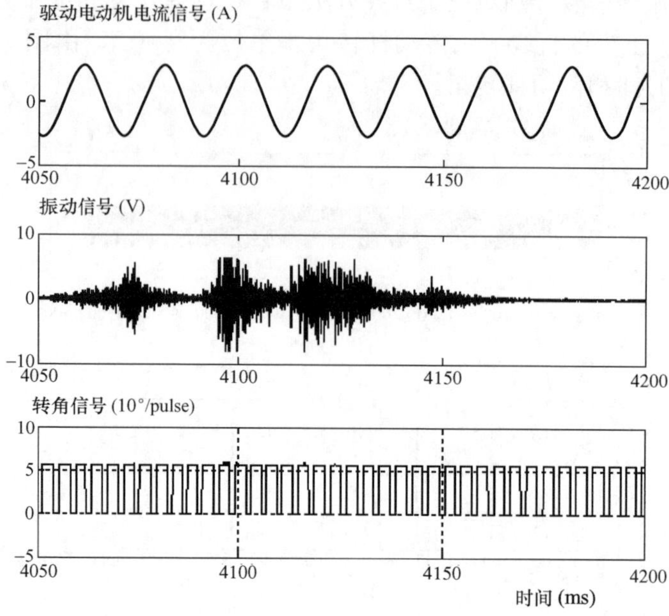

图 13-70 时间展开的 3 个信号波形

参 考 文 献

[1] Saha T K. Review of Modern Diagnostic Techniques for Assessing Insulation Condition in Aged Transformers. IEEE Trasac. On Dielectrics and Electrical Insulation, 2003, 10(5): 903-917.

[2] 郑重，谈克雄，张蕾，等. 局部放电脉冲波形测量数字测量与分析系统. 清华大学学报(自然科学版)，2001，41(3)：65-68.

[3] 郑重，谈克雄，高凯. 局部放电脉冲波形特性分析. 高电压技术，1999，25(4)：15-17/20

[4] Z. D. Wang, D. H. Zhu. Simulation on propagation of partial discharge pulses in transformer windings. Proc. of 1998 International Symposium on Electrical Insulating Materials, in conjunction with 1998 Asian International Conference on Dielectrics and Electrical Insulation and the 30th Symposium on Electrical Insulating Materials, 1998, Sept. 27-30, Toyohashi, Japan: 643～646 (P2-12).

[5] 王忠东，桂峻峰，谈克雄，等. 局部放电脉冲在单绕组变压器中传播过程的仿真分析. 电网技术，2003，27(4)：39-42.

[6] 高文胜，桂峻峰，谈克雄，等. 局部放电信号在电力变压器绕组传播过程中的畸变. 中国电机工程学报，2002，22(4)：31-36.

[7] Xuzhu Dong, Deheng Zhu, Changchang Wang, Kexiong Tan. Simulation of transformer PD pulse propagation and monitoring for a 500 kV Substation. IEEE Trans. on Dielectrics and Electrical Insulation, 1999, 6(6): 803-813.

[8] 王 娟，李福祺，谈克雄. 局部放电脉冲沿变电站主接线的传播. 高电压技术，2000，26(6)：4-6/48.

[9] H. Kawada, M. Honda, T. Inoue, et al. Partial discharge automatic monitor for oil-filled power transformer. IEEE Trans. on PAS, 1984, 103(2): 422-428.

[10] R. Dorr, et al. On-line transformer monitoring detection of partial discharge in HF measurements

using FFT and time domain filters. Proc. of the 12th ISH, 2001, 08, 20-24, Bangolore India.
[11] 王圣，傅明利，王乃庆. 运行变压器局部放电在线监测技术. 高电压技术，1991，No. 4：25-29.
[12] 宋克仁，冯玉全. 高压变压器在线局部放电测量. 1992，No. 1：40-44.
[13] 朱德恒，谈克雄，王昌长，等. 在线检测变压器局部放电的微机系统. 高电压技术，1992，No. 1：45-49.
[14] 黄盛洁，梅刚，陈春生，等. 变压器局部放电在线监测技术研究. 高电压技术，1996，22(4)：39-41.
[15] 李福祺，姜磊，朱德恒，等. 新型固定式变压器放电在线监测系统. 清华大学学报(自然科学版)，1999，39(7)：5-8.
[16] 姜磊，李福祺，朱德恒，等. 电力设备在线监测系统软件框架的设计. 高电压技术，1999，25(4)：35-37.
[17] 高 宁，高文圣，李福祺，等. 变压器局放在线监测中的现场干扰分析. 高电压技术，2000，26(2)：31-33/43.
[18] 王晓宁，王凤学，朱德恒，等. 局部放电现场监测信号中干扰的分析与抑制. 高电压技术，2002，28(1)：1-3.
[19] 王振远，谈克雄，朱德恒. 电机绝缘在线监测中的程控组合式滤波器. 高电压技术，1992，No. 3：48-52.
[20] Malewski R, Douville J, Belanger G.. Insulation diagnostic system for HV power transformers in service. CIGRE, 1986, 12-01.
[21] Black I A. A pulse discrimination system for discharge detection in electrical noise environments. 2nd ISH, Zurich, 1975, 239-242.
[22] 王忠东，王昌长，陶伟，等. 脉冲极性鉴别系统在局部放电在线监测中的应用. 清华大学学报(自然科学版)，1995，35(S2)：117-121.
[23] Borsi H, Hartje M. Application of Rogowski coils for partial discharge (PD), decoupling and noise suppression. 5th ISH, Braunschweig, 1987, 42.02.
[24] 罗兵，朱德恒，谈克雄，等. 变压器局放在线监测的新型降噪法. 高电压技术，1998，24(1)：30-32/35.
[25] 方琼，冯义，王凯，等. 电力变压器用数字化在线监测系统. 高电压技术，2002，28(7)：25-27.
[26] Konig G, et al. A new digital filter to reduce periodical noise in partial discharge measurement. Proceedings of the 6th ISH, 1989, paper 43-10.
[27] 金显贺，王昌长，王忠东，等. 一种用于在线检测局部放电的数字滤波技术. 清华大学学报(自然科学版)，1993，33(4)：62-67.
[28] 谢良聘，朱德恒. FFT 频域分析算法抑制窄带干扰的研究. 高电压技术，2000，26(4)：6-8.
[29] 谢尔·扎曼，朱德恒，金显贺，等. 局部放电在线监测中的自适应数字滤波系统. 高电压技术，1994，20(3)：33-37.
[30] Sher Zaman Khan, Zhu Deheng, Jin Xianhe, Tan Kexiong. A new adaptive technique for on-line partial discharge monitoring. IEEE Trans. on DEI, 1995, 2(4): 700-707.
[31] 王航，谈克雄，朱德恒. 用小波变换提取局部放电信号. 清华大学学报(自然科学版)，1998，38(6)：119-122.
[32] 王航，谈克雄，朱德恒. 用小波变换从窄带干扰中提取局部放电信号的实验研究. 高电压技术，1998，24(4)：3-5.
[33] 王晓宁，朱德恒，李福祺，等. 现场局部放电信号中周期性窄带干扰的抑制. 高电压技术，2003，29(4)：16-17/54.
[34] V Nagesh, B I Gururaj. Automatic detection and elimination of periodic pulse shaped interferences in

partial discharge measurements. IEE Proc. of Science, Measurement and Technology, 141(5): 335-342.

[35] Borsi H, Gockenbach E, Wenzel D. Separation of partial discharges from pulse-shaped noise signals with the help of neural networks. IEE Proceedings: Science, Measurement and Technology, 142(1): 69-74.

[36] Huecker T, Kranz H G. New approach in partial discharge diagnosis and pattern recognition, IEE Proceedings: Science, Measurement and Technology, 142(1): 89-94.

[37] D Winzel, H Borsi, E Gockenbach. Pulse shaped noise reduction and partial discharge localization on transformers using the karhunen-loeve-transform. Proceedings of 9th ISH, 1995, Graz.

[38] Gulsi E. Discharge pattern recognition in high voltage equipment. IEE Proceedings: Science, Measurement and Technology, 142(1): 51-61.

[39] 王晓宁，朱德恒，李福祺，等. 基于UHF和HF的局部放电降噪方法的研究. 高电压技术，2004，30(7)：27-30.

[40] 孙才新，李 新，杨永明. 从白噪声中提取放电信号的小波变换方法研究. 电工技术学报，1999，14(3)：47-50.

[41] 郭 恒，王昌长，朱德恒，等. 带电校正局部放电放电量方法的研究. 电工技术学报，1990，5(3)：51-55.

[42] Tan Kexiong, Jin Xianhe, Zhu Deheng, et al. On-line partial discharge calibration for electric power equipment. Proc. of the 3th Asia Conference on Electrical Discharge. Beijing, China, 1990: 44-47.

[43] 董旭柱，王昌长，王忠东，等. 电力变压器局部放电在线标定的研究. 清华大学学报(自然科学版)，1997，37(4)：40-44.

[44] Wensheng Gao, Kexiong Tan, Zheng Qian. Study on quantification method of partial discharge in winding of power transformer. Proc. of the 13th ISH, Delft, The Netherlands, 2003: P02, 07.

[45] 邱昌容，王乃庆. 电工设备局部放电及其测试技术. 北京：机械工业出版社，1994.

[46] 韩 贵，王文端，王淑娟，等. 电力变压器围屏爬电故障诊断. 高电压技术，1996，16(2)：14-18.

[47] 王燕，贺景亮，郑鹏，等. 油纸绝缘局部放电发展趋势及监测参数选取. 高电压技术，2002，28(8)：24-25.

[48] Rutgers W R, Fu Y H. UHF PD-Detection in a power transformer. 10th ISH, Montreal, 1997.

[49] Judd M. D, Farish O, Pearson J S. *et, al*. Power transformer monitoring using UHF sensers: installation and testing. Symposium on Electrical Insulation, Anaheim, CA USA, 2000.

[50] 王国利，郑 毅，郝艳捧，等. 用于变压器局部放电检测的特高频传感器的初步研究. 中国电机工程学报，22(4)：154-160，2002.

[51] 王晓宁，陈庆国，朱德恒，等. 特高频段内油中与空气中放电频谱特性研究. 高电压技术，2004，30(4)：25-27.

[52] 王国利，郝艳捧，刘味果，等. 电力变压器超高频局部放电测量系统. 高电压技术，2001，27(4) 23-25/83.

[53] 王国利，郝艳捧，李彦明. 变压器局部放电特高频在线监测系统的研究. 电工电能新技术，2004，23(4)：18-23.

[54] 王国利，袁鹏，单平，等. 变压器特高频局部放电自动识别系统. 电工电能新技术，2003，22(1)：9-13/封4.

[55] 高文胜. 基于油中溶解气体分析的电力变压器绝缘故障的诊断方法. 西安交通大学博士论文，1998.

[56] DL/T 596—1996 电力设备预防性试验规程.

[57] GB 722—2000 变压器油中溶解气体分析和判断导则.

[58] 高宁. 基于模糊数学，人工神经网络的变电设备绝缘诊断技术的研究. 西安交通大学博士论文，1997.

[59] Zhengyuan Wang，Yilu Liu，Paul J. Griffin. A Combined ANN and Expert System Tool for Transformer Fault Diagnosis：IEEE Trans on Power Delivery，Vol. 13，No. 4，Oct，1998：1224-1229.

[60] IEEE Power Engineering Society，IEEE Guide for the Interpretation of Gases Generated in Oil-immersed Transformers，IEEE std. C57. 104-1991.

[61] Michel Duval，Alfonso de Pablo，Interpretation of Gas-in-oil Analysis Using New IEC Publication 60599 and IEC TC10 Databases，IEEE on Electrical Insulation Magazine 2001，2.

[62] 孙才新，周渠，杜林，等. 变压器油中微水含量的实时测量. 高电压技术，1998，24(1)：64-66.

[63] Melcher J，et al. Dielectric effects of moistures in polyimide，IEEE Trans on Electrical Insulation，1989，24(1)：31-38.

[64] Schubert P J，Nevin J H. A polyimide-based capacitive humidity sensor. IEEE Transactions on Electron Devices，1985，32(7)：1220-1223.

[65] C. G. 瓦修京斯基. 崔立君，杜思田，等译. 变压器的理论与计算. 北京：机械工业出版社，1983.

[66] 陈良琪. 变压器线圈短路强度计算综述. 变压器技术大全——变压器线圈短路强度计算综述(1 版). 沈阳：辽宁科学技术出版社，1996.

[67] A. C. 夫兰克林，D. P. 夫兰克林. 变压器全书. 北京：机械工业出版社，1990.

[68] 王梦云，凌愍. 大型电力变压器短路事故统计与分析. 变压器，1997，34(10)：12-17.

[69] Bengtsson. Status and Trends in Transformer Monitoring. IEEE transactions on Power Delivery，1996，11(2)：1379-1348.

[70] IEC 76-5：Power Transformers Parts：Ability to Withstand Short-circuit. 1976.

[71] GB 1094. 5—1985 电力变压器，第五部分：承受短路的能力.

[72] A Babare et al. ENEl-Diagnosis of on and offline large transformers. CIGRE Symposium on Diagnosis and Maintenance，Berlin，1993.

[73] E. P. Dick，C. C. Erven. Transformer Diagnostic Testing by Frequency Response Analysis. IEEE Trans on PAS-97. 1978(6)：2144-2152.

[74] 王钰. 用频响分析法和低压脉冲法检测变压器绕组变形的研究. 西安交大博士学位论文，1998.

[75] W. lech，L. Tyminski. Detecting Transformer Winding Damage——The Low Voltage Impulse Method. Electrical Review. 1966. 10：768-772.

[76] Ernesto，C. Alessandro. M. Francesco，T. Mario. Diagnosis of the State of Power Transformer Windings by ON-line Measurement of Stray Reactance. IEEE Trans. on Instrumentation and Measurement，1993，42(4)：372-378.

[77] J. C. Farr，A. Stalewski. J. D. Whitaker. Short-circuit Testing of Power Transformers and the Detection and Location of Damage. CIGRE Paper 12-05. 1968.

[78] 徐大可. 监测变压器绕组变形的短路电抗在线测量法. 西安交大博士学位论文，2000.

[79] P. Kang，D. Birtwhistle. Condtion monitoring of power transformer on-load tap-changers. Part1：Automatic condition diagnostics. IEE Proc. -Gener. Transm. Disturb. Vol. 148，No. 4，July 2001：301-306.

[80] 张德明. 变压器有载分接开关. 沈阳：辽宁科学技术出版社，1998.

[81] 汲胜昌. 变压器绕组与铁芯振动特性及其在故障监测中的应用研究. 西安交大博士学位论文，2003.

[82] 王晓宁，朱德恒，李福祺，等. 基于 UHF 和 HF 的局部放电降噪方法的研究. 高电压技术，2004，30(7)：27-30.

[83] 钱政，高文胜，尚勇，等. 用可靠性数据分析及BP网络诊断变压器故障. 高电压技术，25(1)：13-15，1999.

[84] 张冠军，严璋. 变压器绝缘诊断中的模糊ISODATA法. 高电压技术，25(1)：1-3，1999.

[85] 高文胜，钱政，严璋. 基于决策树神经网络的电力变压器故障诊断方法. 西安交通大学学报，33(6)：11-16，1999.

[86] 高文胜，钱政，严璋. 充油电力变压器氢气主导型故障的相关方法. 电网技术，22(12)：55-58，1998.

[87] 尚勇，严璋，王瑞珍. 油中溶解气体分析新导则及其启示. 电力设备，3(2)：66-68，2002.

[88] 高文胜，高宁，严璋. 自适应小波分类网络在充油电力设备故障识别中的应用. 电工技术学报，13(6)：54-58，1998.

[89] 尚勇. 油浸式电力变压器的故障诊断及可靠性评估技术的研究. 西安交通大学博士论文，2002.

[90] 严璋. 电气绝缘在线检测技术. 北京：中国电力出版社，1995.

[91] 朱德恒，谈克雄. 电绝缘诊断技术. 北京：中国电力出版社，1999.

[92] 涂彦明. 人工智能在电气设备绝缘故障诊断中应用的研究. 西安交通大学硕士论文，1997.

[93] 张建文. 基于模糊数学的变压器故障诊断专家系统的研究. 西安交通大学硕士论文，1998.

[94] 钱政. 大型电力变压器绝缘故障诊断中人工智能技术的应用研究. 西安交通大学博士论文，2000.

[95] 钱政，高文胜，尚勇，等. 基于范例推理的变压器气体分析综合诊断模型. 电工技术学报，15(5)：53-57，2000.

[96] 贾瑞君. 关于变压器油中溶解气体在线监测的综述. 变压器，39(S1)：39-45，2002.

[97] 电气学会. 绝缘材料の劣化と机器ケーブルの绝缘劣化判定の状态，电气学会技术报告，第752号，2000.

[98] 徐文宪. 单相串激电动机：原理及在家用电气上的应用. 广州：华南理工大学出版社，1990.

[99] C. Bengtsson. Status and trends in Transformer Monitoring. IEEE Transaction on Power Delivery, Vol. 11, No. 3, July 1996：1379～1384.

[100] P. Kang, D. Birtwhistle. Condtion monitoring of power transformer on-load tap-changers. Part1：Automatic condition diagnostics. IEE Proc. Gener. Transm. Disturb., Vol. 148, No. 4, July 2001：301～30.

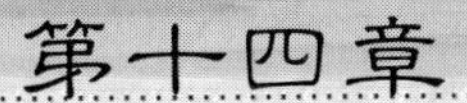

第十四章 旋转电机的监测与诊断

◎ 第一节 概 述

旋转电机包括发电机和电动机。发电机是电力系统的“心脏”，其能否安全运行，将直接关系到电力系统的稳定和电能的质量。旋转电机的绝缘材料由于长期处在高温和潮湿的恶劣环境下，并且承受着巨大的机械应力，极易发生绝缘故障。与变压器相比，旋转电机增加了旋转部分，故影响其安全运行的因素，除绝缘故障外，还增加了各种机械故障。另外，发电机除本身机械结构复杂外，还有庞大的辅机设备，使得发电机系统的任一部件发生故障都可能导致整个系统停止运行。

根据国内外对旋转电机的故障统计和分析，大致可归纳为以下几种典型故障[1]。

一、旋转电机的定子铁芯故障

铁芯故障通常发生在大型汽轮发电机上。由于制造或安装过程中损伤了定子铁芯，形成片间短路，流过短路处的环流随时间逐渐增大，致使硅钢片熔化，并流入定子槽，从而烧坏绕组绝缘；最后因定子绕组接地导致发电机失效。小型发电机则可能由于自身振动过于剧烈、轴承损坏等原因，造成定、转子间摩擦而损坏定子铁芯。这类故障的早期征兆是大的短路电流、高温和绝缘材料的热解。

二、旋转电机的绕组绝缘故障

绕组绝缘发生故障的主要原因有 3 个：

(1) 绝缘老化。主要发生在空冷的大容量水轮发电机定子槽内。环氧云母绝缘因存在放电而受损，最后引发绝缘事故。

(2) 绝缘的先天性缺陷。主绝缘中存在的空洞或杂质引起局部放电，进一步发展，从而引起绝缘故障 。

(3) 电机的引线套管因机械应力或振动引起破裂，表面受到污染后，会导致沿套管表面放电。以上故障的征兆都是电机定子绕组放电量的增加。

三、发电机定子绕组股线故障

绕组股线故障主要是股线短路故障，多发生在电负荷大、定子绕组承受较大的电、热以及机械应力的大型发电机。定子线棒通常由多根股线组合而成，股间有绝缘，并需进行换位。现代电机运用先进换位技术，股线间的电位差已很小。但老式电机因换位是在定子绕组端部的连接头上实现的，股线间电位差可达 50V。运行中，若发生严重的绕组机械移位，则可能损坏股线间的绝缘，导致股线间短路而产生电弧放电，进而侵蚀和熔化其他股线，热解定子线棒的主绝缘。进一步发展，可能发生接地故障或相间短路故障。当绕组振动过大时，也会引起槽口等处的定子线棒股线间的绝缘疲劳断裂，从而导致电弧放电。

这类故障的早期征兆是绝缘材料的热解，热解产生的气态物质会进入冷却系统，在水冷电机的冷却水中，可能存在热解气体。

四、旋转电机的定子端部绕组故障

电机运行时，持续的机械应力或因暂态过程产生巨大的冲击力，可使定子端部绕组发生机械位移。大型汽轮发电机中，此类位移有时可达几 mm，从而使端部产生振动，引发疲劳磨损，使绝缘材料出现裂缝，从而发生局部放电。这类故障的先兆是振动和局部放电。

五、旋转电机冷却水系统的故障

电机的冷却水质因不洁等原因会引起部分冷却水管道堵塞，导致电机局部过热，并最后烧坏绝缘。其先兆是定子线棒或冷却水的温度偏高，材料热解使冷却介质中产生杂质微粒，使发电机的放电量增加。

六、异步电机转子绕组的故障

鼠笼式电机由于制造工艺等的缺陷，会导致转子电阻值过大而发热，使转子温度过高。另外，由于作用于转子鼠笼端环上的离心力过大，会导致瑞环和笼条变形，最后导致端环和笼条断裂。笼条断裂的早期征兆是电机速度、电流和杂散漏磁通等出现脉振现象。绕线式转子电机由于离心力作用，会造成端部绕组交叉处或连接处的匝间短路，引起端部绕组损坏；转子绕组的外接电阻故障、造成相间不平衡，使流过转子绕组的电流不平衡，从而产生过热并引起转子绕组绝缘迅速老化。

可通过监测各相电流的差异、机组的振动和绝缘材料的热解成分判断该类故障。

七、发电机转子绕组故障

汽轮发电机中转子故障的主要原因是巨大的离心力。离心力使端部绝缘损坏，从而引起绕组匝间短路，造成局部过热，进而损坏绝缘。严重时，可导致匝间短路，形成恶性循环。匝间短路会使发电机中出现磁通量不对称，转子受力不平衡，引起转子振动。因此，可通过监测机组振动是否加强，气隙磁通波形畸变程度，以及与之相关的电机四周的漏磁通是否发生变化来诊断该类故障。

八、旋转电机转子的本体故障

强大的离心力同样也可能引起转子本体故障，例如：转子自重力的作用导致高频疲劳，使转子本体及与之相连的部件的表面发生裂纹；进一步发展，将导致转子发生灾难性故障。转子过热也会引起严重的疲劳断裂。电力系统突发暂态过程时，会对转子产生冲击应力，若电机和系统之间存在共振条件时，转子会激发扭振现象。导致转子或联轴器发生机械故障。转子偏心也会引起振动，引发转子本体故障。这类故障早期征兆仍是轴承处过量的振动。

综上所述，为诊断这些故障，应监测以下内容：①放电监测；②温度监测；③热解产生的微粒监测；④振动监测；⑤气隙磁通密度监测；⑥气隙间距监测等。

◎ 第二节 定子绕组局部放电

一、电机中放电的类型

(一) 电机绝缘内部放电

电机放电可发生在绝缘层中间以及绝缘与线棒导体间或绝缘与防晕层间的气隙、气泡里。这些气隙、气泡或由于制造过程中留下，或是在运行中由于热、机械力联合作用下，引起绝缘脱层、开裂而产生。在绕组线棒导体的棱角部位，因电场更为集中，故放电电压也更低。

(二) 端部绕组放电

电机线棒槽口处的电场类似于套管型结构，一般要采取防电晕放电的措施，即分段涂刷半导体防晕层。端部振动或由振动造成固定部件松动后，均会损伤防晕层，引起端部电晕，它比绝缘内部放电剧烈，破坏作用也大，甚至可能发展为更危险的滑闪放电。若机内湿度增大，会加剧电晕放电。

绕组端部形成气隙的原因有：①并头套连接处的绝缘需要在现场手工处理，质量难以保证；②当工艺控制不严或使用材料不合适时，运行中容易脱层；③在振动和热应力作用下，其他部分绝缘也会开裂磨损。由于这些原因形成的气隙，均会发生放电。放电时会侵蚀绝缘，使绝缘强度降低。水冷绕组的漏水进入气隙，也使绝缘强度进一步降低。

绕组端部并头套连接处的导线需要焊接，若焊接质量不好或固定不可靠，运行中会因振动而断裂。当股线断裂后，断头两端会由于振动而造成若接若离的现象，形成火花放电。并且，由于开断额定电流不断燃弧熄弧，使股间绝缘烧损、导线熔化、对地绝缘烧坏，甚至发展为相间短路和多处接地故障。

另外，可能导致相间短路事故的还有：端部不同相的线棒之间距离较小，当电机冷却气体的相对湿度过大、绝缘强度降低时，可能导致相间放电。不同相线棒间的固定材料易被漏水、漏油污染，可能引起滑闪放电。

大型发电机端部是绝缘事故的高发区，在诸多导致电机事故的因素中，定子绕组端部放电性故障占重要因素。

(三) 绕组槽部放电

电机运行时：定子铁芯的振动会导致线棒的固定部件（如槽楔、垫条）松动，导致防晕层的损坏；线棒和铁芯接触点过热造成的应力作用，也会破坏线棒防晕层。由此，会使线棒表面和槽壁或槽底之间产生孔隙，失去电接触，从而产生高能量的放电。放电形式可能是电晕、滑闪放电，甚至是火花或电弧放电。除了主绝缘表面和槽壁间孔隙处放电外，绕组靠近铁芯通风道处，由于电场集中，也易于发生放电。

放电时，会产生臭氧及氮的氧化物，氧化物与气隙内水分起化学作用，会引起防晕层、主绝缘、槽楔、垫条等的烧损和电腐蚀，会迅速损坏电机绝缘，危害较大。

二、监测灵敏度

电机的工作电压虽然相对较低（一般为 6～20kV），但由于电机的绝缘处于气体介质中，放电容易发展，放电量比其他电气设备都要大。固体绝缘的抗放电能力也远大于油纸绝缘，故电机要求可监测的最小危险放电量要比变压器高，即对监测灵敏度的要求可低些。现在用放电量来评定电机绕组质量的国家还很少，只有日本规定：对3.3、6.6kV电机在3.3、4.5kV试验电压下，允许放电量为5000pC；对11kV电机，在6.35kV试验电压下，允许放电量为10000pC[2]。我国对运行中电机的局部放电量还没有明确的标准，但专家较为一致的看法是：监测系统可监测的最小危险放电量，应当在数万皮库仑或更高。因此，电机的放电量报警值可考虑设置为10^6～10^7pC。

由于电机的放电量大，因此现场虽也存在各种电磁干扰，但与变压器、电抗器等户外设备相比，其信噪比要高得多，（至少高一个数量级）。相比之下，抗干扰的难度要小一些。

三、干扰源分析

影响电机局部放电监测灵敏度的主要因素是干扰信号对测量的影响。为了更好地抑制干扰，提高监测系统的灵敏度，有必要对电机局部放电测量中遇到的干扰源和性质做分析。

（1）母线或其他邻近电气设备的电晕放电和内部的局部放电，干扰信号是脉冲型的，与电机内部局部放电的波形几乎一样，这是一种重要的干扰源。

（2）晶闸管整流设备引起的干扰。这是许多发电厂和变电站常用的设备，当晶闸管闭合或开断时会发出脉冲干扰信号，它在一个工频周期上出现的相位是固定的，属于脉冲型周期性干扰。

（3）电力系统的载波通信和高频保护信号对监测的干扰。这是一种连续的周期性高频干扰信号，其频率为30～500kHz。高频通信的每一信道所占的频带虽仅为4kHz，但是由于采用频分复用的多路通信方式，故在复合网内的输电线路所传送的常常是多个频率的载波信号，占用的频段多而宽。载波通信和高频保护信号是一种十分强大而重要的干扰源。

（4）无线电广播和电视广播的干扰。这种干扰也是连续的周期性干扰，其频率在500kHz至数百MHz。

（5）无线通信信号的干扰。这类干扰的特点是频率高、频带窄。

（6）其他随机性干扰。例如开关、电焊操作，雷电等的干扰，以及旋转电机的电刷和滑环间的电弧引起的干扰等，这是一些无规律的随机性脉冲干扰。

综上所述，从干扰信号的波形来区分，可分为随机性的脉冲型干扰信号、周期性的脉冲型干扰信号和连续的周期性窄带干扰信号三大类。针对不同类型的干扰源，应该采用不同的对策，才能有效抑制干扰。

四、监测频带的选择

抑制干扰最有效的办法是：根据具体的测量目标给测量系统选择一个合适的监测频带，以躲过大部分的干扰频带。发电机局部放电测量的主要手段还是脉冲电流法，它根据检测频带的不同，可分为高频法（HF）和特高频法（UHF）两种。监测频带的选择必须符合国家标准。目前，由于没有制定相应的在线监测局部放电的测量标准，还应参考GB/T 7354—2003《局部放电测量》标准的相关规定。

1. 高频法

高频法的监测频带应该按标准规定的参数选择。

（1）宽带局部放电测量仪的频率范围为：下限频率30kHz$\leqslant f_1 \leqslant$100kHz，上限频率$f_2 \leqslant$500kHz，带宽为100kHz$\leqslant \Delta f \leqslant$400kHz。

（2）窄带局部放电测量仪的频率范围为：中心频率为50kHz$\leqslant f_m \leqslant$1000kHz，带宽为9kHz$\leqslant \Delta f \leqslant$30kHz。

高频法的优点是：放电量测量结果以皮库仑（pC）为单位表示，可比性强，可依据相关标准对发电机的绝缘状态作出明确判断。缺点是：监测频带和大部分干扰频带重叠，故在线监测很难获得高的监测灵敏度。

2. 特高频法

特高频法的监测频段可达数百兆赫兹，可以躲过高频段的绝大部分干扰频带，从而在现场能获得很高的监测灵敏度。但由于特高频信号在传播过程中的衰减很快，而放电的位置是不确定的，故特高频法通常用毫伏数表示放电信号的强度，反映的是发电机局部放电水平的相对值。

五、放电量的校正

局部放电测量装置是一个相对测量系统，其检测灵敏度除取决于测量装置本身的性能外，还与被试设备，以及系统中邻近电力设备的参数有关。一个测量系统建立后，需要对监测系统的刻度因数进行校正。GB/T 7354—2003 规定：对于上限频率低于 500kHz 的测量系统，校准器产生的校准脉冲的上升时间 t_r 应小于 60ns。对于上限频率高于 500kHz 的宽带测量系统，必须满足 $t_r \leqslant 0.003/f_2$。校准脉冲的衰减时间 t_d 必须比测量系统的 $1/f_1$ 大（通常在 100～1000μs 范围内选取）。

因此，如果需要得到以皮库仑（pC）为单位的放电量指标，除了需要选择合适的检测频带外，还需要采用合格的校准器，并按照标准规定的试验方法对监测系统进行放电量的标定，才能得到有效的刻度因数。

电机放电量的在线校正比较困难，它没有类似变压器高压套管电容那样可作为注入电荷用的分度电容，不能用套管注入法。但是，发电机在停运状态下，其一次回路的接线方式可保持和运行状态下完全一致，因此可以认为，离线状态测定的刻度因数可以在运行状态下使用。

六、传感器选择和接线方式

高频法在线测量发电机的局部放电信号，可选用穿心式高频和特高频电流传感器，这种传感器的接入方式由于不改变被试设备的一次接线方式，更容易得到电力部门的认可。圆环式磁芯适用于固定式在线监测系统，开口式磁芯则适用于便携式带电测量装置，后者可临时安装在待测脉冲电流的导线上，使用灵活、方便。

定子槽耦合器（SSC）由于需要在发电机制造或大修时安装，安装工艺比较复杂，而且一般用户还担心耦合器可能会危及发电机本身的安全运行，故目前在国内还未见应用。但是，定子槽耦合器由于安装位置更接近放电点，可提高监测灵敏度，值得研究应用。

在线监测时，高频电流传感器同时会流过大小不等的工频电流，故要求高频电流传感器有较强的抗工频磁饱和的能力，否则会影响脉冲电流的监测。由于铁氧体磁芯对工频电流不灵敏，因此一般通过耦合电容器接入的传感器、工频饱和问题不大，但如果直接将高频电流传感器接入一次回路中［见图 14-1（a）］，则需要注意工频饱和问题。

电流互感器在发电机的安装位置如图 14-1 所示。

图 14-1（a）所示为直接将高频电流传感器安装在发电机中性点的接地线上，需要注意高频电流传感器的工频饱和问题。图 14-1（b）所示为将高频电流传感器安装在发电机中性点的保护电压互感器 TV 的接地线上。图 14-1（c）所示为电流传感器通过耦合电容器安装在发电机中性点上。图 14-1（d）所示为高频电流传感器接在发电机中性点连接电缆的外皮接地线上。图 14-1（e）所示为高频电流传感器通过高压耦合电容器接在发电机的高压母线

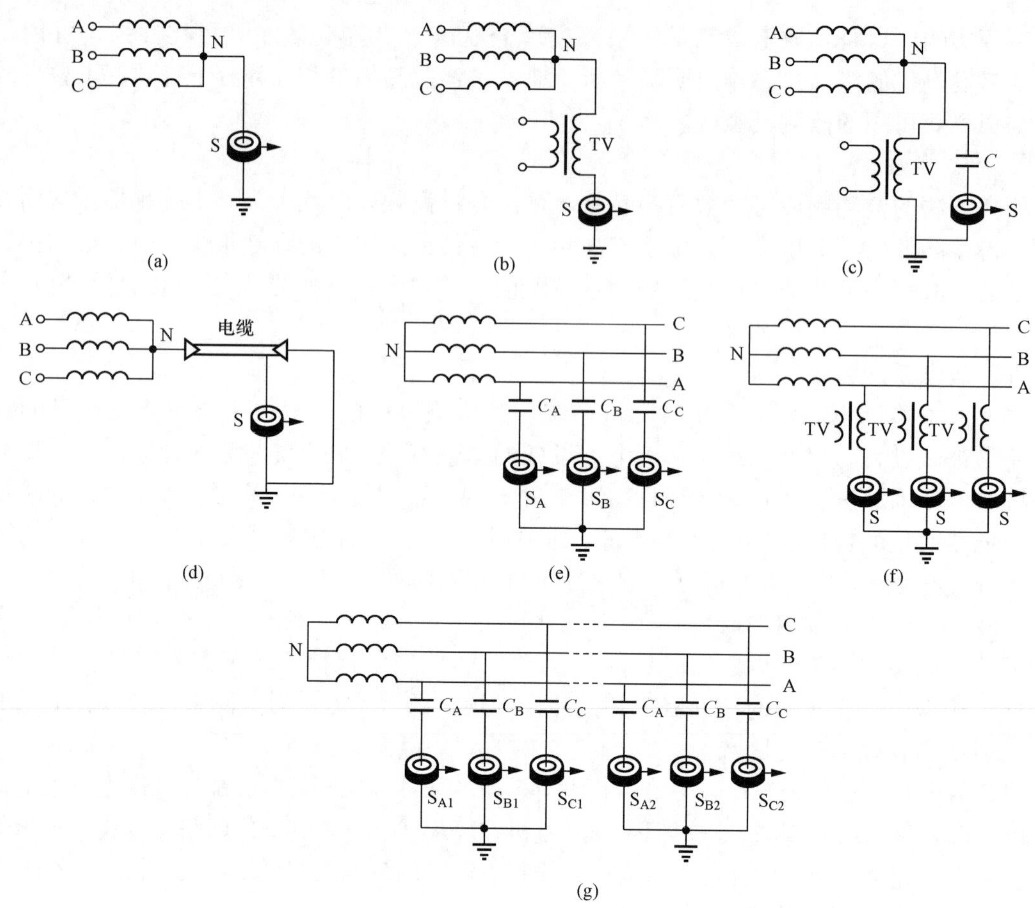

图 14-1 在线监测电机的局部放电时电流传感器安装方式

(a) 装在发电机中性点接地线；(b) 装在发电机中性点保护 TV 接地线；
(c) 通过耦合电容器安装在发电机中性点；(d) 装在发电机中性点连接电缆外皮接地线；
(e) 通过耦合电容接在发电机高压母线；(f) 接在高压母线 TV 的接地线；
(g) 通过高压耦合电容接在高压母线

上。图 14-1（f）所示为高频电流传感器接在高压母线 TV 的接地线上。图 14-1（g）所示为高频电流传感器通过高压耦合电容器接在高压母线上，每相接 2 个高频电流传感器，一般一个接在发电机的出线端，另一个相隔一定距离安装（一般大于 4m）。

一个监测系统究竟安装多少个高频电流传感器，需要根据每台机组的具体情况确定。在可能条件下，应该在发电机中性点和三相母线上各设置一个高频电流传感器，以便尽可能获取更多的放电信息。

七、发电机放电监测系统

发电机放电监测系统按检测频带分类，可分为 HF 监测系统和 UHF 监测系统两大类，下面各选择一个典型装置做详细介绍。

（一）HF 监测系统

清华大学高电压和绝缘技术研究所在国家自然科学基金重点项目《大型发电机与变压器放电性等故障的在线监测与故障诊断技术》研究成果的基础上，开发了发电机局部放电监测系统，已在华北某 620MW 发电机上投入运行。

1. 系统主要功能

(1) 检测放电脉冲电流信号波形，采用 FFT 分析放电特征或干扰特性。

(2) 针对干扰特点，采用硬件或数字处理技术抑制干扰。

(3) 对检测到的信息进行统计分析，提取统计特征，如三维谱图（φ-q-n 谱图），二维谱图（φ-q、φ-n、q-n 谱图）。

(4) 利用人工神经网络技术进行故障类型识别。

(5) 放电信号的阈值报警。

2. 系统主要技术指标

发电机最小可测放电量不大于 10000pC。

3. 监测系统组成

发电机放电监测系统原理框图如图 14-2 所示。

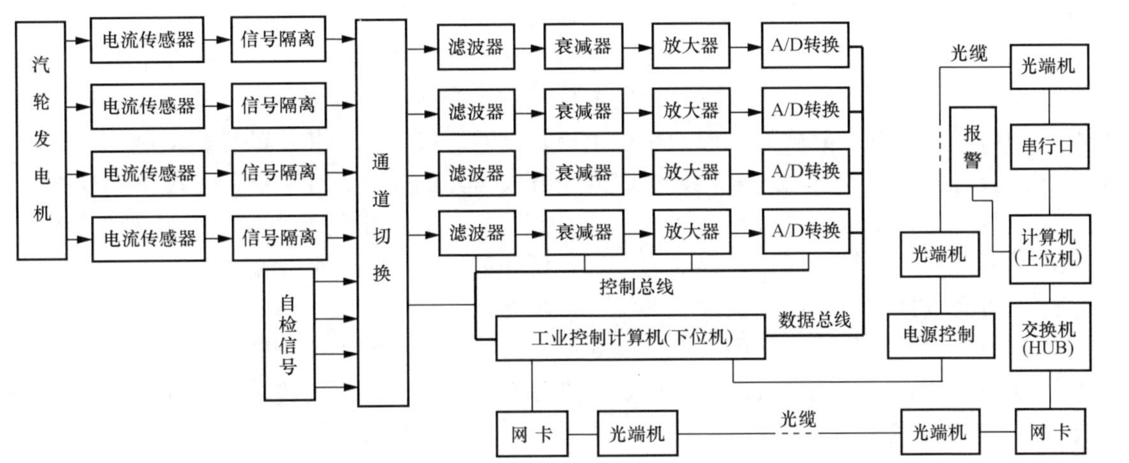

图 14-2 发电机放电监测子系统原理框图

图 14-2 中，汽轮发电机型号为 T264/640，功率 620MW，电压 20kV，法国 Alstom 公司 1982 年生产。高压侧有 3 个脉冲电流传感器，分别串接在三相并连电容（电容量为 0.5μF）的接地线上。中性点脉冲电流传感器安装在中性点引出电缆的外皮接地线上。

监测系统硬件包括传感器、信号采集箱和主计算机（和变压器放电监测子系统公用）。主计算机和信号采集箱中的下位机之间采用 10M 以太网卡组成的网络通信，采用光缆传输信息。

(1) 主计算机：P-Ⅱ型 350MHz 中央处理器，64M 内存。

(2) 传感器：4 个电流传感器，三相高压出线端和中性点各一个。

(3) 信号采集箱装有：

1) 586 工控机。

2) 四路独立的滤波器、衰减器、放大器和 A/D 转换卡。

3) 控制卡：同步触发信号，自检信号，信号采集箱温度测量。

(4) 信号传输：10M 以太网卡、集线器（HUB）、光端机、光缆。

(5) 光字牌显示：放电量越限报警。

信号采集箱电源可由上位机程序控制通断。在定时采样到达之前 15min 打开电源，采样结束即关闭电源，从而延长信号采集箱的使用寿命。

本系统主要硬件电路原理和变压器局部放电监测系统硬件电路原理完全相同，可参阅第18章有关章节。

4. 系统软件

软件设计也采用与变压器局部放电监测相同的PEMDS软件框架结构，具有完善的数据处理和显示功能。

（1）数据处理方法：

1）幅频特性分析（FFT）子程序。用频谱分析技术（FFT）来分析放电或干扰的频谱特征，进而用数字滤波技术来抑制窄带干扰。这是软件滤波的基础。

2）频域谱线删除子程序（FFT滤波）。在频谱分析（FFT）的基础上，找出干扰严重的若干频率成分，然后在频域中开窗消除。

3）多带通滤波子程序。在频谱分析（FFT）的基础上，找出干扰较轻的若干频段，然后在时域中设置相应的多个带通滤波器，使通过信号的干扰成分得到抑制。

4）脉冲性干扰抑制子程序等。周期性脉冲干扰由于相位相对固定，通常用时域开窗法去除。发电厂的周期性脉冲干扰主要由发电机励磁系统产生，发电机的励磁电压是随无功负荷变化而自动调节的，故软件开窗的相位也应自动跟踪换向脉冲相位的变化。脉冲性干扰抑制子程序设计思路是：首先在采样数据序列中寻找可疑的脉冲，建立此脉冲波形的样板，然后在整个数据序列中比较是否在等间隔的位置有若干（对确定的发电机脉冲数量是一定的）近似的脉冲出现，如符合规律，则视为干扰，可开窗去除。按此原则编制的脉冲性干扰抑制子程序，可有效抑制脉冲性干扰。

（2）故障诊断。本系统除可给出基本的放电量 q、放电重复率 n 和放电相位 φ 等表征参数外，还可对放电的模式进行识别。模式识别具有统计特性，需要连续采集几十乃至几百个工频周期的数据信息。为了减少计算量，本系统采用软件峰值保持算法对高速采样数据进行压缩，得到降低采样率后的时域波形，并进一步取得放电的 φ、q、n 统计信息。据此可以得到三维放电 φ-q-n 谱图和二维放电 φ-q、φ-n、q-n 谱图。在三维放电谱图和二维放电谱图的基础上，可进一步提取放电的指纹特征，利用人工神经网络对放电的模式进行识别，用来区分放电的部位和放电的严重程度。

（3）图形显示。系统目前能进行完善的二维图形显示，采用自动分度、数据提示、图形缩放等技术来提供直观详尽的数据信息。系统还可以斜二侧投影和正轴侧投影两种方式显示三维数据，采用优化的峰值线法绘制三维图形。

本系统的大部分操作图形界面和变压器局部放电监测系统的图形界面相同，可参阅第18章有关章节。

（二）UHF监测系统

加拿大IRIS公司的GenGuard局部放电监测系统属于UHF检测频带。下面根据实际应用该系统的工作经验，对该装置的特点做简单介绍。

1. 基本功能

（1）监测发电机定子绕组各相的放电量、放电相位和放电次数。

（2）采用逻辑判断去除干扰，计算最大放电量和平均放电量。

（3）提供放电的二维谱图、三维谱图和历史趋势分析图。

2. 主要技术参数

(1) 六通道输入，输入电阻为 1500Ω。

(2) 输入动态范围 25～3200mV。

(3) 测量频带 5～350MHz。

3. 监测装置组成

局部放电监测装置和发电机的连接如图 14-3 所示。

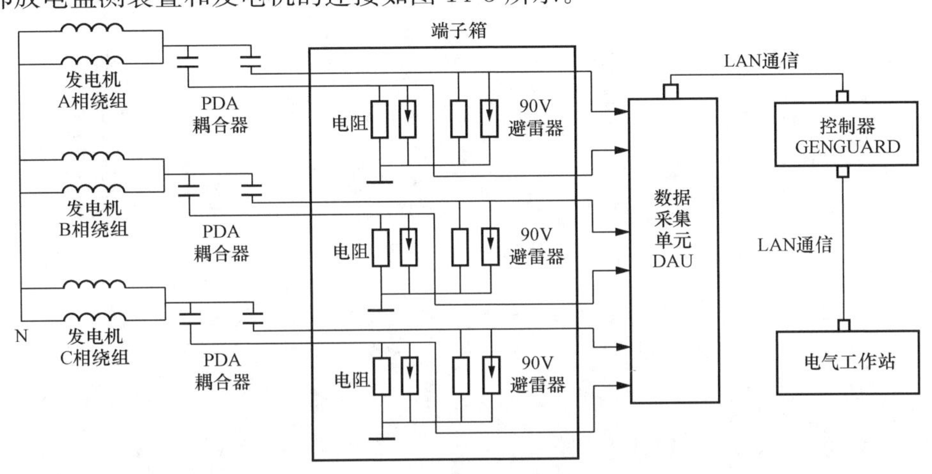

图 14-3 GenGuard 系统的原理图

(1) PDA 是局部放电耦合器（传感器），采用 80pF 的云母电容器。每相安装两组电容器，要求两组电容器的安装距离不小于 4m。使拾取的信号可用作逻辑判断，以判断发电机内外的放电信号。

(2) DAU 是数据获取单元，每台 DAU 最多可以带 24 个 PDA。其作用为监测 PD 信号，分离噪声，并与控制器通信。每个 DAU 包含 5 个部分：①一块低速 AD 转换卡，用来对发电机的电压、功率、温度等参数进行数据转换；②一块脉冲记录板，具有四个独立的脉冲高度分析器，顺序扫描每一个幅度窗内的脉冲个数，以定出局部放电脉冲的数目和幅度；③四个脉冲高度分析器，可同步监测两个耦合器的正负极性的脉冲，每个耦合器正负极性的脉冲均有相应的计数器记录发生的脉冲个数，而噪声也有相应的计数器记录；④ 计算机（下位机）监测控制系统，记录板的计数器每隔 200ms 将计数值下载到计算机的内存中去，并由计算机处理脉冲个数、脉冲幅度和工频电源之间的相位关系。

(3) GenGuard 控制器是一台工控机（上位机），通过局域网（LAN）和 DAU 通信。每台控制器能控制 8 台 DAU。控制器上运行 GenGuard 系统的监测软件（如 Pdview、Advanceview），控制整个系统的协调工作。

(4) GenGuard 系统通过 LAN 与电厂其他计算机相连，还可以与远程计算机相连。远程计算机可以同多个预处理工作站通信，组成一个分布式监测系统。

4. Pdview 图形显示界面

GENGUARD 系统具有 Pdview 和 Advanceview 两种监控软件，用户可根据不同需求选择。Pdview 监控软件的功能较简单，仅可显示放电量数据 NQN 和 Q_{MAX}，二维图、三维图和趋势分析图。图 14-4～图 14-6 为部分图例。

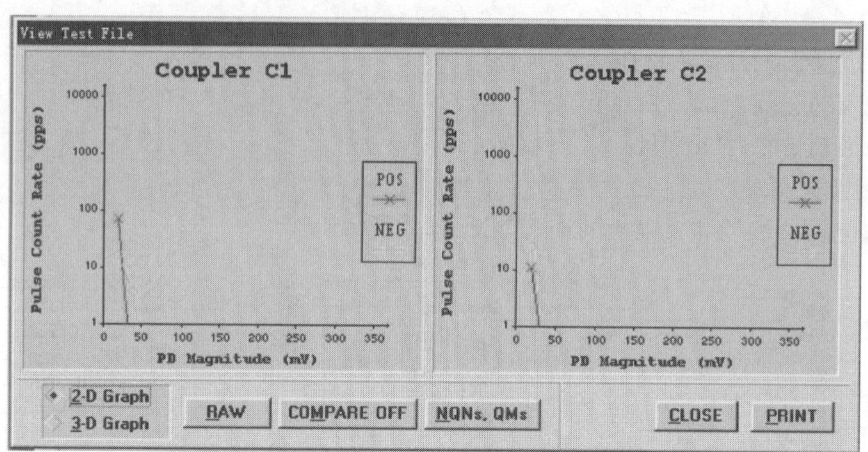

图 14-4 二维图

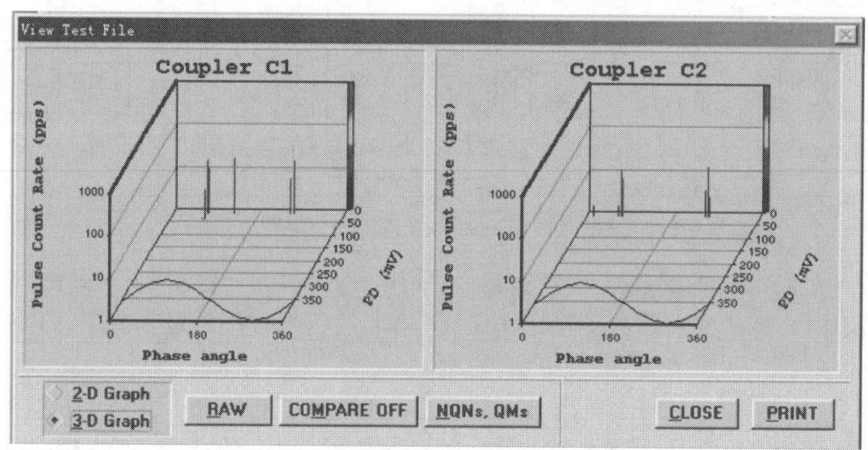

图 14-5 三维图

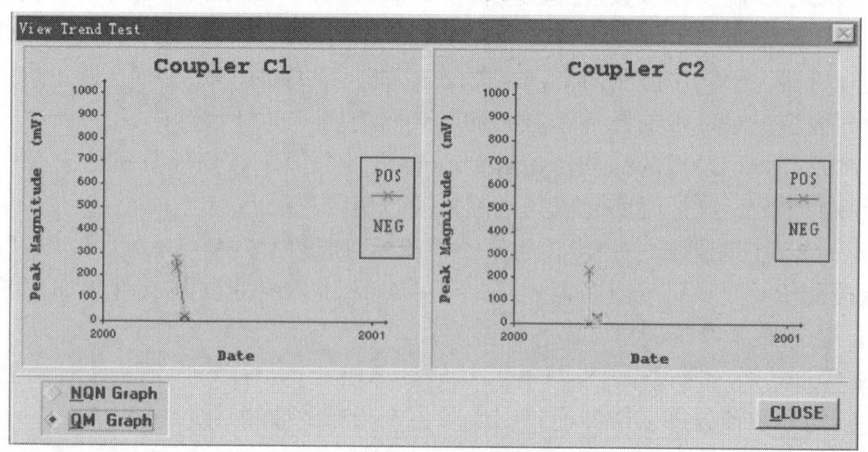

图 14-6 趋势分析图

图 14-4、图 14-5 和图 14-6 中，C_1 耦合器采集的数据一般为发电机的放电脉冲，C_2 耦合器采集的数据一般为干扰和噪声的脉冲。

◎ 第三节　发电机转子主绝缘和平均温度的在线监测

一、转子绕组的绝缘故障

发电机转子绕组在运行中，由于电、热和机械等应力的综合作用，使绝缘故障时有发生，故障类型归纳有下列几种。

（一）转子接地故障

当发电机转子绕组主绝缘损坏发生一点接地时，应该立即投入两点接地保护，以防一旦发生两点接地时烧损转子绕组、铁芯、护环和引起转子本体磁化及附加振动。

水轮发电机转子绕组严禁带一点接地运行。一般水轮发电机的转子直径较大，定转子之间的气隙相对较小，此时若再发生另外一点接地，产生的单边磁拉力可能使发电机振动值急剧增大，不仅会超过允许数值，甚至会造成转子擦伤定子铁芯的故障。

转子绕组接地故障可分为稳定接地与不稳定接地；若按接地电阻数值的大小，又可分为低电阻（接近金属性）接地和高电阻（非金属性）接地。稳定接地与转子的转速、电压和温度等因素无关，不稳定接地与转子的转速等因素有关。

（二）测量方法

接地电阻可采用直流压降法测量，其测量原理如图14-7所示[3]。

直流压降法不仅能测量出接地电阻值，而且还能通过计算确定接地点的具体位置，其算法简述如下。

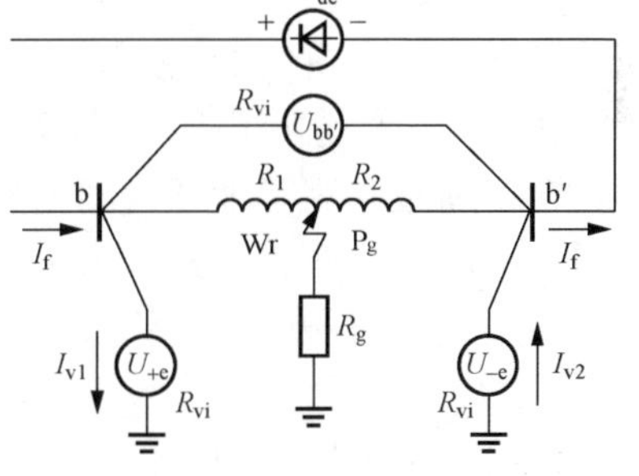

图 14-7　直流压降法试验接线

1. 测量两滑环间及滑环的对地电压

按图14-7所示对转子绕组施加恒定直流电压 U_{dc} 和电流 I_f 后，设分别测得 $U_{bb'}=138.2\text{V}$，$U_{+e}=124.1\text{V}$，$U_{-e}=12.3\text{V}$。表明接地点在两个滑环内的绕组 Wr 上。

2. 列电压方程式并求 R_g

$$U_{bb'} \approx I_f(R_1+R_2) = I_fR_1 + I_fR_2 \tag{14-1}$$

$$I_fR_1 = U_{+e} + I_{v1}R_g = U_{+e} + (U_{+e}/R_{vi})R_g \tag{14-2}$$

$$I_fR_2 = U_{-e} + I_{v2}R_g = U_{-e} + (U_{-e}/R_{vi})R_g \tag{14-3}$$

将式（14-2）和式（14-3）代入式（14-1）解得接地电阻 R_g 为

$$R_g \approx R_{vi}[U_{bb'}/(U_{+e}+U_{-e})-1] \tag{14-4}$$

式中　R_g——接地电阻；

R_{vi}——电压变送器内阻，设为1.5MΩ；

U_{+e}——正滑环对地电压，V；

U_{-e}——负滑环对地电压，V。

将实测数据代入式（14-4），得接地电阻 R_g 为

$$R_g \approx 150000 \times 138.2/(124.1+12.3)-1) = 1979(\Omega)$$

3. 计算接地点的位置

由于接地点的电阻 R_g 不为零，并考虑 R_g 上的电压降，计算接地点的步骤如下：

（1）流经电压表的电流 I_{v2} 为

$$I_{v2}=U_{-e}/R_{vi}=12.3/150000=8.20\times10^{-5}(\text{A})$$

（2）R_g 上的电压降为

$$U_g=I_{v2}R_g=8.20\times10^{-5}\times1979=0.162(\text{V})$$

（3）负滑环到接地点之间的电压为

$$U_{b'K}=U_{-e}+U_g=12.3+0.162=12.5(\text{V})$$

（4）$U_{b'K}$ 占总电压的百分比为

$$K=U_{b'K}/U_{bb'}\times100\%=9.04\%$$

（5）由线圈总长度 l 可计算滑环至接地点的距离

$$D=l\times K$$

二、转子绕组的平均温度

大型发电机转子的体积庞大，结构复杂，要在线测量发电机转子各部分的绝对温度是极其困难的，所以一般发电机都没有测量转子温度的装置。而在监测转子绝缘的基础上，只增加少许投资，即可实现发电机转子平均温度的监测。平均温度可反映转子的整体温升情况，测量平均温度有重要的实际意义。

转子绕组的直流电阻远小于 1Ω，而转子电流可达数 kA 量级，因此测量转子直流电阻时，转子励磁碳刷和滑环之间的压降不可忽视。参照“四端法”测小电阻的原理，设计一对专用的电压信号取样碳刷，可大大提高测量准确度。

转子绕组直流电阻计算式

$$R_t=U_{dc}/I_f=R_{75}[1+\alpha(T_t-75)]$$

转子绕组的平均温度

$$T_t=(R_t-R_{75}+75\alpha R_{75})/R_{75}$$

式中 α——铜导体的温度系数，$\alpha=0.00393$；

R_{75}——转子在 75℃时转子绕组的直流电阻，为已知的测量值。

三、转子绝缘和转子温度测量装置

清华大学研制的发电机转子绝缘和温度测量采用同一套装置，其原理接线如图 14-8 所示。

图 14-8 中电压变送器的技术条件：输入 0～250V（DC），输出 4～20mA（DC），准确度 ±0.2%。

电流变送器的技术条件：输入 0～75mV（DC），输出 4～20mA（DC），准确度±0.2%。

图 14-9 为实际应用的图形界面，图中其他温度测量项目为发电机常用的测量技术，这

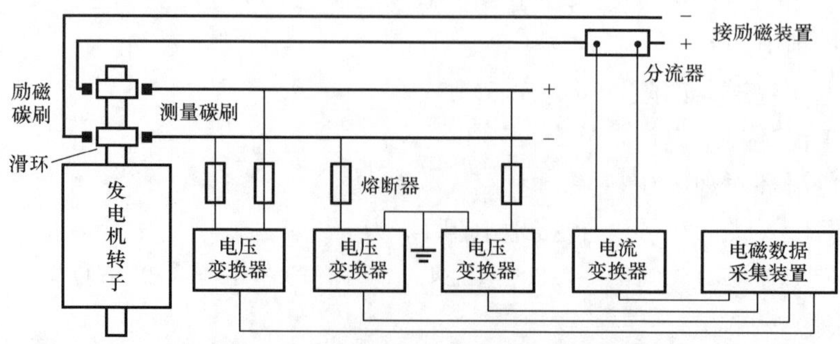

图 14-8 发电机转子绝缘和温度测量接线图

网络数据通讯：电磁部分正常 ☑ 温度部分正常 ☑

火花电压(V) 0.2 报警阈值(V) 10.0 阈值修改 温度传感器设定

转子电压(V)	转子电流(A)	转子绕组平均温度(℃)	报警阈值(℃)	正对地电压(V)	负对地电压(V)	对地电阻(Ω)	报警阈值(Ω)
118.4	837.9	57.0	100.0	59.9	58.6	10000.0	3700.0

定子绕组温度(℃)

	1	2	3	4	5	6	报警阈值
A相	78.7	78.3	83.8	84.9	无效	无效	105.0
B相	81.7	70.5	85.9	78.2	无效	79.5	105.0
C相	无效	无效	无效	75.7	67.9	67.3	105.0

定子铁芯温度(℃)

	1	2	报警阈值
AB	260.0	84.3	105.0
BC	无效	75.5	105.0
CA	无效	69.8	105.0

	1	2	3	4	5	6	7	8	报警阈值(上限)	(下限)
冷却风进口风温(℃)	31.1	31.4	45.5	46.8	47.5	36.0	32.8	32.8	55.0	5.0
冷却风出口风温(℃)	47.3	46.3	无效	无效	无效	无效	35.8	48.3	75.0	
出温较均值偏差(%)	6.6	4.1	—	—	—	—	-19.5	8.8	10.0	
进出口温升(℃)	16.2	14.8	—	—	—	—	2.9	15.5	20.0	

	1	2	3	4	5	6	7	8	报警阈值(上限)	(下限)
冷却水进口水温(℃)	无效									28.0
冷却水出口水温(℃)	28.4	无效	无效	无效	无效	29.1	无效	28.8	34.0	
出温较均值偏差(%)	-1.3	—	—	—	—	1.2	—	0.1	10.0	
进出口温升(℃)	—	—	—	—	—	—	—	—	20.0	

就绪 07/15/01 16:48:46

图 14-9 发电机转子绝缘和温度显示图形界面

里不再叙述。

◎ 第四节 发电机气隙磁通密度的监测

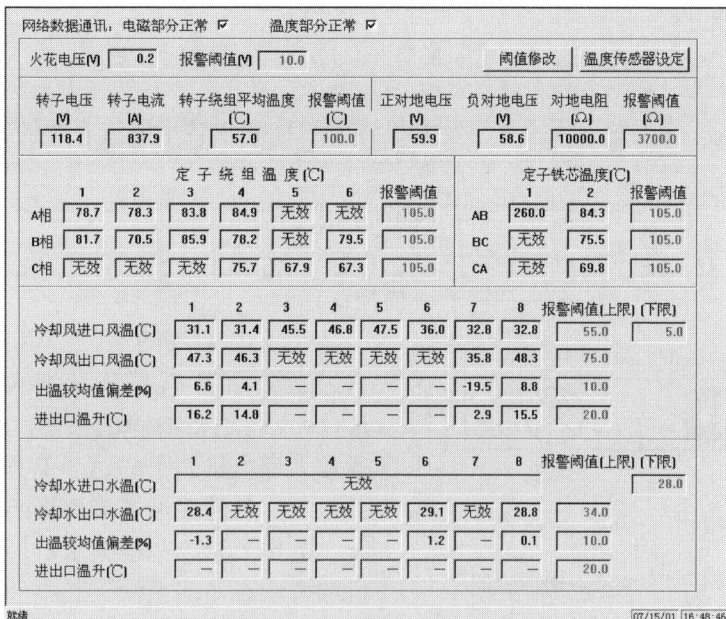

测量发电机各磁极气隙磁通密度的绝对值以及各磁极气隙磁通密度平均值的相对变化，可以判断转子绕组是否有匝间短路现象。另外，磁极气隙磁通密度的不平衡，是导致机组振动、发电机过热和发电机定子、转子部件承受超常应力的重要原因。因此，在线监测发电机磁极气隙磁通密度具有实际意义。

一、气隙磁通密度分析方法

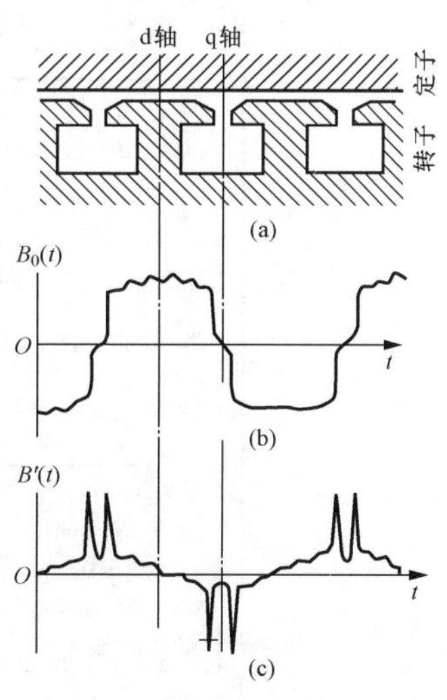

图 14-10 气隙磁密的时域波形（空载）

图 14-10 所示为水轮发电机在不同运行工况时的典型气隙磁通密度波形图[4]。可以用幅值比较法或气隙磁密微分法、比较同一工况下发电机气隙磁通密度的变化，来判断发电机磁路的问题。

1. 幅值比较法

设发电机有 n 个磁极，分别求出 n 个磁极的气隙磁通密度幅值 B_{1m}，B_{2m}，…，B_{im}，…，B_{nm} 和 n 个磁极的气隙磁通密度的平均值 B_{mpj}。然后按下式求出各个磁极的气隙磁通密度和平均气隙磁通密度的偏差 ΔB_{im}，值不应大于±5%。

$$\Delta B_{im} = (B_{im} - B_{mpj})/B_{mpj}$$

2. 气隙磁通密度微分法[4]

发电机的气隙磁通密度瞬时值表达式为

$$B(t) = a_m(t - A/2)^3 + (b_m t - c_m) + [a_n(t - A/2)^2 + b_n]\sin(\omega_n t + \pi) \qquad (14\text{-}5)$$

对式（14-5）微分可得

$$B'(t) \approx [3a_m(t-A/2)^2+b_m]+\omega_n[a_n(t-A/2)+b_n]\cos(\omega_n t+\pi) \qquad (14\text{-}6)$$

$$\omega_n = \pi d\omega/y$$

式中 a_m、b_m、c_m、a_n、b_n、A——与发电机转子结构和定转子电流有关的常数；

ω——角频率；

ω_n——转子齿谐波角频率；

d——转子直径；

y——转子线槽槽距。

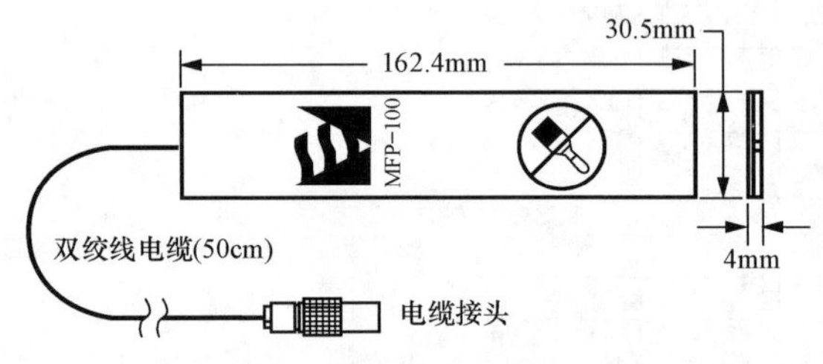

图 14-11 MFM-100 型磁密传感器

比较式（14-5）和式（14-6）可看出，磁密经微分后其高频分量增大了 ω_n 倍，故用 $B'(t)$ 反映磁密故障的灵敏度，可提高 ω_n 倍。通常大型电机转子的 $\omega_n>10^4$ rad/s。

二、气隙磁通密度测量装置

清华大学为福建某水电厂研制的水轮发电机综合状态监测系统，其中的气隙磁通密度检测采用了 MFM-100 型磁密测量装置。测量装置由电感式传感器和变送器组成，测量范围为 30mT～1.5T，测量准确度为±1%。图 14-11 为磁密传感器外形图。

传感器采用强力胶粘贴在发电机定子铁芯的内壁上，胶水具有足够的机械强度和寿命，可保证机组的安全运行。变送器就近安装在发电机机壳外，因此，需要特别注意传感器和变送器连接电缆的固定和密封。

发电机的磁密信号为低频模拟信号，可以用普通低速采集卡采样，然后由计算机进行数据处理和图形显示。图 14-12 为该系统实际应用的磁通密度图形界面。

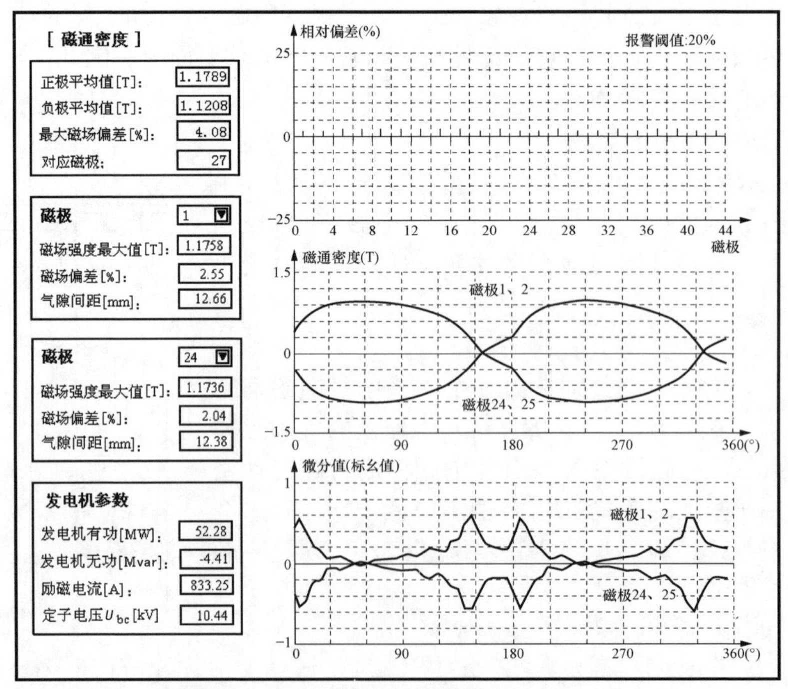

图 14-12 磁通密度图形界面

◎ 第五节　发电机气隙间距的在线监测

正常发电机的气隙间距是均匀的。气隙间距不均匀会产生单边的不平衡拉力，引起机组振动，故气隙间距监测可作为机组振动监测的一个辅助分析手段。另外，气隙磁密的测量结果也需要用气隙距离的测量结果作修整，以判断磁场不平衡是由于电气方面的原因，还是气隙不均匀造成的。所以，在线监测气隙间距具有实际意义。

一、气隙间距传感器

气隙间距传感器采用加拿大威宝（Vibro Systm）公司生产的电容式传感器，其外形如图 14-13 所示。传感器采用强力胶粘贴在发电机定子铁芯的内壁上，为非接触型，使用时无碍于机组的运行；传感器具有高度的“免疫力”，其准确度不受表面油、炭粉等污垢的影响；传感器的温度系数小，具有很强的抗电磁干扰能力。

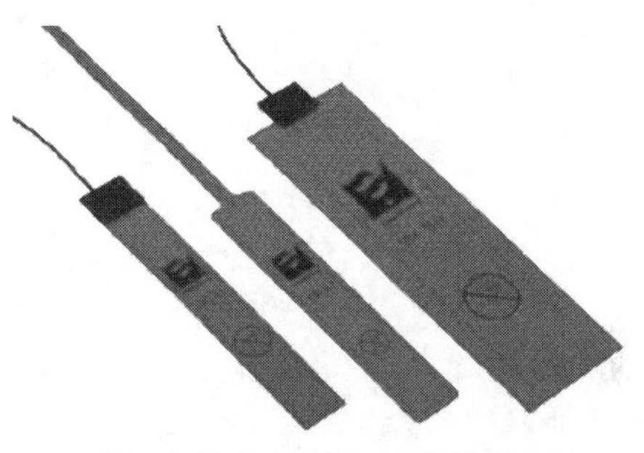

图 14-13　电容式传感器

二、气隙距离在线监测装置

基本的气隙距离监测装置如图 14-14 所示。

图 14-14 中，发电机气隙中安装了 8 个距离传感器，它们沿定子整个圆周相隔 45°分布。8 通道数据采集单元将各个磁极对应的气隙传感器的模拟量转换成数字量，同步探头的作用是给每个磁极“打上”编号。采集单元通过 RS-485 网络和主计算机通信，计算机中的监测程序对数据进行处理后，给出各磁极气隙间距的瞬时值、平均值以及瞬时值与平均值的偏

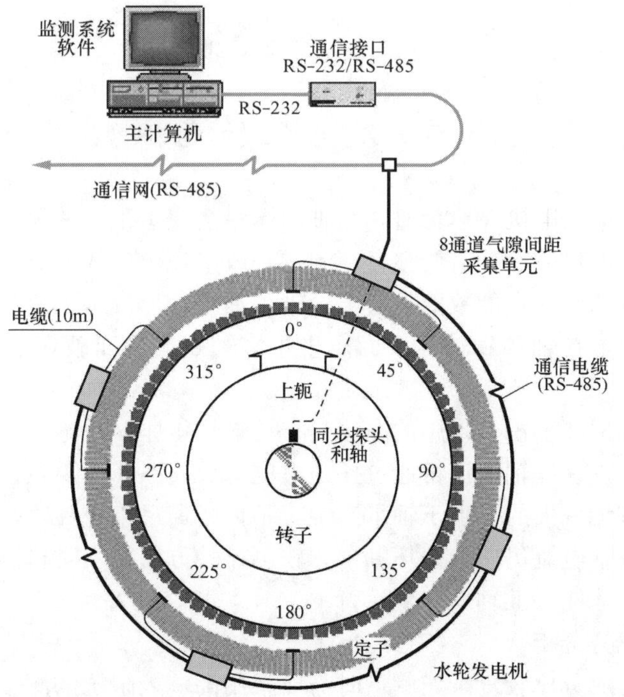

图 14-14　气隙距离监测装置基本组成图

差、最大与最小气隙间距的位置等基本参数。同时用图形直观地显示发电机定子和转子的椭圆度。

清华大学为福建某水电厂研制的监测系统采用 4 个距离传感器。图 14-15 所示为现场实际应用的气隙间距圆图，圆图标明了最大、最小气隙间距对应的磁极号和角度位置，以及它们的绝对值大小。图形显示发电机气隙间距是均匀的。

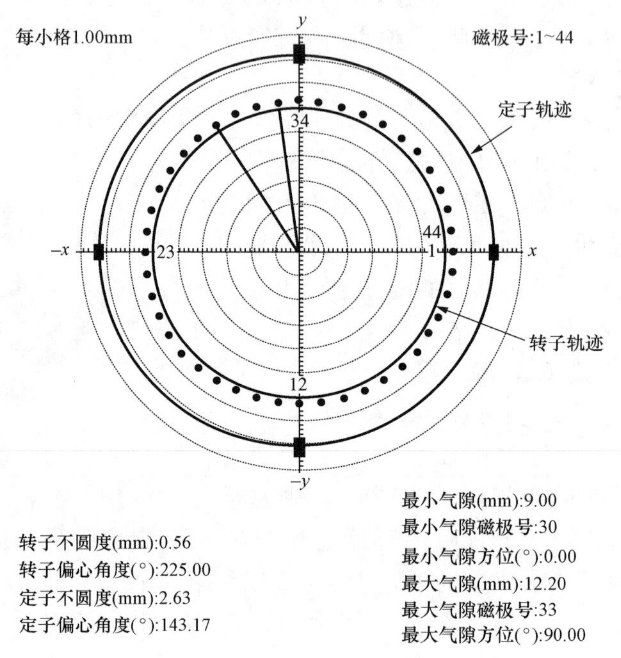

图 14-15　气隙间距圆图

◎ 第六节　发电机轴电压监测

设计和运行正常的发电机在运行时，主轴两端只会产生很小的电位差，这种电位差就是通常说的轴电压。当电机的设计、调整存在问题，或电机出现故障时，电机往往会出现较高的轴电压。轴电压升高到一定的数值将会击穿轴承油膜，形成轴电流。轴电流不但破坏油膜的稳定，而且由于放电在轴颈和轴瓦表面产生很多蚀点，从而破坏了轴颈和轴瓦的良好配合，直至损坏轴瓦。

为了防止轴电流损坏轴承，采用的办法是将一端轴承座对地绝缘，在轴承座内侧装设接地电刷，将转轴接地。这样轴电流将通过接地电刷构成回路，而不致损坏轴承。但即使采用上述措施，仍不是万无一失的。由于轴承座绝缘不良或通过细小异物接地很难被发现，当接地电刷接触不良时，轴电流仍然会损坏轴承。较可靠的方法是实时检测轴电压，排除使轴电压升高的种种因素，才能保证轴承安全运行。

一、轴电压的成分分析

轴电压信号源的成分比较复杂，测量时需要采用高输入阻抗的测量装置，否则会产生很大的测量误差。表 14-1 为现场实测的试验数据。

表 14-1　　轴电压的幅值和频率分析[5]

机组号	额定功率（MW）	极　数	运行年数	轴电压幅值峰—峰（V）	频率分析	
					频率（Hz）	峰—峰（V）
1	6.6	2	22	5	60 180	1.6 3.3
2	150	2	12	28	60 180	9.5 18.0
3	150	2	9	9	60 180	1.8 7.0
4	150	2	7	10	60 180 300	0.9 2.8 6.0
5	300	2	3	13	300 900	12.0 0.5
6	300	2		18	180 540	13.0 4.2
7	500	2		68	60 180 300 780	41.0 14.0 5.0 4.1
8	800	4		26	60 420	16.2 8.8

二、轴电压的测量装置

清华大学研制的水电厂的状态监测系统具有发电机轴电压测量功能。为了测量发电机的轴电压，需要在发电机主轴两侧各安置 1 个测量用碳刷，测量点的配置如图 14-16（a）所示。

轴电压U_{ab}是转轴上两端轴承的内侧测量点 a 和 b 之间的电动势，c 和 d 是两端轴承座底部测量点，U_{ac}和U_{bd}测量的是转轴对地电压。利用数据采集装置采集轴电压信号后，可利用分析软件对信号作幅度和频谱分析。轴电压和电磁数据采集装置的连接如图 14-16（b）所示，图中阻抗变换器的输入阻抗要求不低于 1MΩ，额定输出电压为 5V。

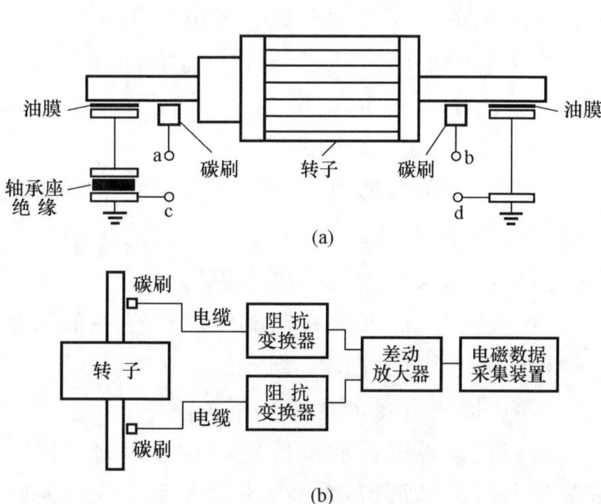

图 14-16　轴电压测量

（a）测量点配置；（b）轴电压和电磁数据采集装置的连接

图 14-17 为发电机轴电压监测装置显示界面，图中上部显示框的图形为时域图，时域图左侧数据框中显示的数值为最大的峰—峰值。图中下部显示框的图形为频域

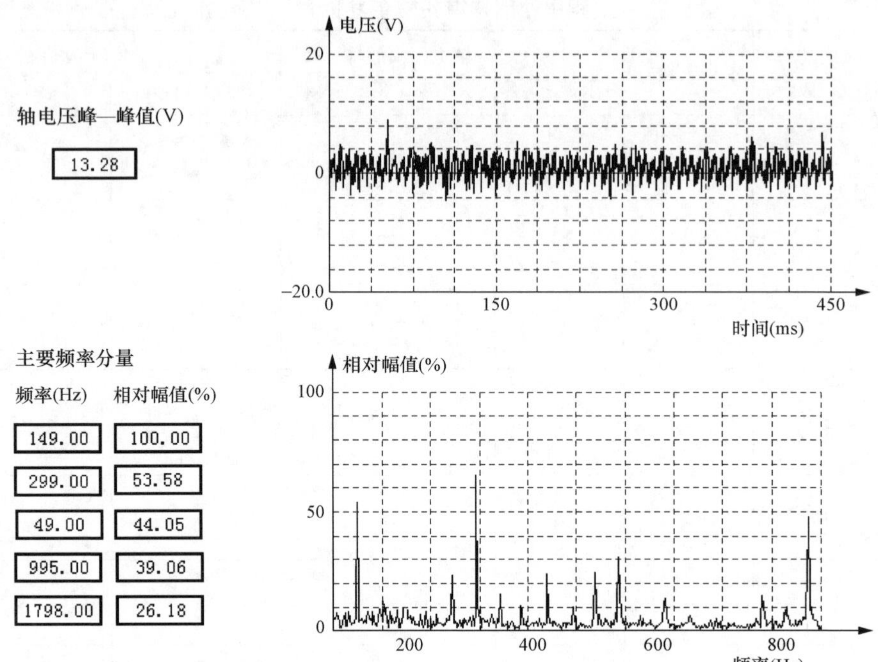

图 14-17 发电机轴电压监测装置显示界面

图，频域图左侧数据框中显示的数值为 5 个最大频率分量的频率值和它们的相对幅值。

◎ 第七节 励磁碳刷火花强度在线监测

一、碳刷火花评定和监测方法

碳刷火花的评定，一直都靠运行人员用眼睛观察和判断。这种评定办法的最大问题是火花等级的确定，往往带有观察者的主观感觉。

为了解决换向火花客观评定问题，很久以来，换向火花的检测技术一直是很多电机制造厂家、使用单位和研究部门在致力于开发的课题，目前，常用的监测方法有以下三种。

（一）检测火花放电电压

火花是一种电弧放电现象，测量它的电弧电压就能划分火花等级。研究表明，火花电压主要频谱是在 30kHz～3MHz 范围之内，因此，如果设计一个合适的带通滤波器，可以避开干扰信号，以检测火花的放电电压。

但是这种滤波式火花监测装置存在一个问题，它检测的电压中同时包括了其他电机的火花频率成分，因而使用受到限制。

（二）检测火花的电磁辐射能量

火花是一种电弧放电现象，在放电时必然有电磁能量向四周辐射，如果能检测火花的电磁辐射能量，就可以测出火花的大小。这种测量装置通常包括一个射频接收天线、射频放大器和指示仪表，射频接收范围通常为 5～100MHz。

这种装置也可以灵敏地指示火花大小，但是难以从数量上加以量计，这是由于接收天线和电刷之间的距离和方向都会对测量结果产生影响。同时它检测的信号中也包含其他电机的火花频率成分，在存在电磁干扰的情况下，会有较大误差，所以目前仍未推广。

（三）检测火花的亮度

这种检测方法是利用光电检测器件，检测火花的亮度，依次来划分火花等级。

但是光电器件大部分有一种特性，即对光的波长敏感度不同，所以往往只能检测限定波长的火花亮度，传统的方法是检测火花中的紫外光辐射强度。

由于目前各国规定的火花等级，都是以能观察到的火花的大小和形状来划分的，因此，火花亮度检测和火花等级有较直接的对应关系。

二、紫外线碳刷火花监测装置

这里介绍一种检测火花紫外光辐射强度的监测装置[3]，是由日本三菱电机株式会社开发的，在日本已用于大型直流电机的火花在线监测。

（一）检测原理

装置的检测原理是利用紫外光放电管来检测火花中紫外光强度，根据紫外光的强度来确定火花等级。

为了躲开太阳光谱中的紫外线频段，其监测紫外光的波长被限定在一定范围之内，因此，这种装置的一个最大特点是能够防止可见光对测量的干扰，克服因火花不同颜色而造成的测量误差。

（二）监测装置的组成

装置由火花检测器、测量放大器、指示仪表和报警装置等部分组成，如图 14-18 所示。

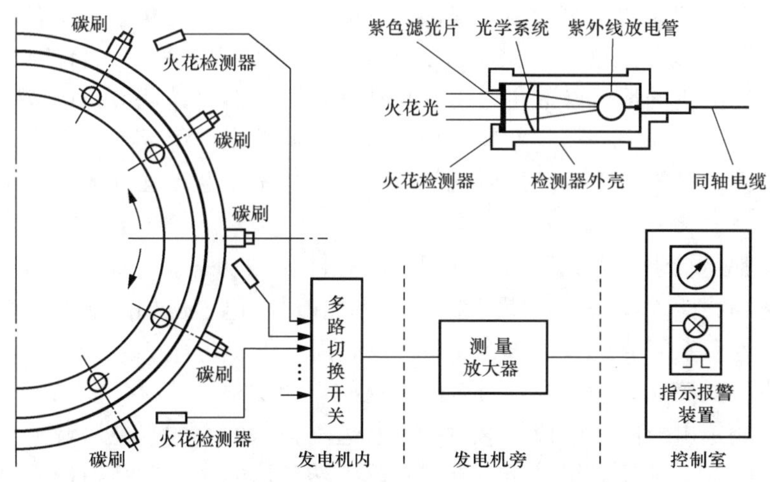

图 14-18 碳刷火花监测装置原理图

1. 火花检测器

火花检测器的检测元件是一个紫外线放电管，在紫外线辐射时就能产生放电现象，通过检测放电脉冲就能测得换向火花中紫外光辐射强度。除检测元件外，检测器前部有一个紫外光石英滤光片，其作用是只能让 180～260nm 波长的紫外光进入检测器。在紫色滤光片后，是一个光学系统，由几块透镜组成，它的作用是将一定视野的火花紫外光聚焦在放电管上，以提高检测灵敏度。检测器的放电管由 500V 直流电源供电。检测器外形是一个直径 34mm、长度 110mm 的金属壳圆柱形探头，装设在端罩内，方向对准电刷边缘。为防止电磁干扰，探头和引出电缆必须屏蔽。

2. 测量放大器

测量放大器的作用是将火花检测器的脉冲放电信号转换和放大成标准的直流电信号，其电路主要部分由整流回路、直流放大器、电流放大器、电平比较器和高阻抗放大器组成，电流放大器输出供给指示仪表，其输出是直流电压信号。电平比较器是将测量电压与设定电压进行比较，当测量值达到设定值时，立即进行报警。它输出的报警信号，实际上是一个继电器触点闭合信号。高阻抗放大器的输出是与火花成正比的模拟量，可供显示器显示。测量放大器中还包括一个直流电源，它除了向测量放大器电路供电外，还向火花检测器提供500V直流电压。

3. 多路开关和循环检测

由于电机有多排电刷架，因此，检测系统中往往有多个火花检测器。装置采用多路开关将所有的火花检测器循环输入测量放大器。每次循环，指示器只显示最大读数的火花强度。

4. 报警系统

报警系统由继电器和声、光报警元件组成。当测量放大器中电平比较器动作后，继电器动作，实行声、光报警。报警指示部分通常装在控制室内，让操作人员随时监视电机的火花情况。

◎ 第八节　发电机的稳定运行监测

为了保证电力系统的稳定，系统中的有功和无功功率任何时候都必须处于平衡状态。发电机是电力系统有功和无功功率的主要提供者（为系统提供无功功率的还有调相机和移相电容器），因此，调节好系统中每台发电机的运行参数，是电力系稳定运行的根本保证。

长期以来，发电机的运行参数主要由有功和无功调节器自动调节，调节结果通过监控盘上的电压表、电流表、功率表、频率表、功率因数表和温度计等反映。运行人员通过观察和记录这十几个独立的模拟量来判断发电机的运行状态，不仅劳动强度大，也很难保证机组处于最佳工作状态。

一般发电机都运行于“迟相”状态（即发出感性无功功率）。随着电力系统的发展，高压输电线路和电缆线路大量增加，使得系统的相间和对地电容也相应地增大，相当于系统中增加了大量的容性负载，它们向系统输送大量的感性无功功率。当系统负荷处于低谷状态时，可能出现供给的感性无功功率超过电网消耗的无功功率。这时，在系统中的某些枢纽点上的电压将超过额定电压的上限值。这对于一些远离负荷中心的水电厂，由于缺少其他调节无功的手段，这时为了降低系统电压，维持系统无功负荷的平衡，将迫使发电机减少感性无功功率的输出，进入“进相”运行状态。发电机“进相”运行不仅会威胁发电机的稳定运行，还会增加发电机端部绕组的温升，进一步影响发电机的出力。

随着计算机技术在电力系统中的应用得到普及，一种称为 P-Q 运行极限图的数字化处理技术在发电机运行的监控中得到了应用。从 P-Q 图上的实时运行点不仅可直观地体现上述常见监测量的极限值，而且可以更直观地观察到发电机是否处于稳定运行范围内。

一、发电机静态稳定分析[7]

发电机处于“进相”区域运行时，如果保持有功功率输出不变，则随着进相运行深度的增加、励磁磁通势的减小，其功角 δ 逐渐增大。当功角 δ 达到 90°时，即达到保持发电机静态稳定的极限值，会造成发电机失去稳定。

图 14-19 所示为发电机迟相运行时的电动势—磁通势相量图。

U_f 和 E_d 之间的夹角为功角 δ。在发电机端电压 U_f 和有功功率不变的条件下，利用发电机电动势三角来研究功角 δ 随功率因数角 φ 变化的规律。图 14-20 为功角 δ 随 φ 变化的相量图。

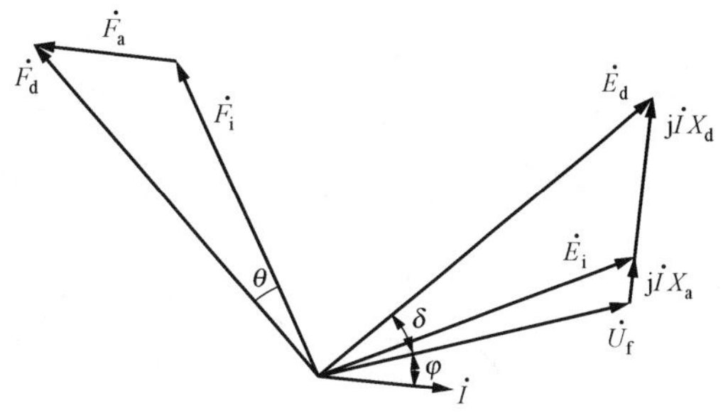

图 14-19 发电机电动势—磁通势相量图

$\dot{U}_f$—发电机端电压；$\dot{E}_i$—发电机气隙电动势；$\dot{E}_d$—电机励磁电动势；$\dot{F}_i$—气隙磁通势；$\dot{F}_a$—电枢反应电动势；$\dot{F}_d$—励磁磁通势

设

$$U_f = \text{coast(const 常数)}$$

$$P = (3U_fE_d/X_d)\sin\delta = \text{const}$$

$$P = U_fI\cos\varphi = \text{const}$$

所以

$$E_d\sin\delta = \text{const}, I\cos\varphi = \text{const}$$

根据上述各量之间的关系可作出 AR 线和 DC 线。AR 线是 E_d 的末端轨迹线，$E_d\sin\delta=$ const。DC 是 I 的末端轨迹线，$I\cos\varphi=$const。从图 14-20 中还可以看出发电机由迟相到进相时，励磁电流逐渐减小，E_d 值越来越小，即 $E_{d1} > E_{d2} > E_{d3}$，而功角 δ 却越来越大，即 $\delta_1 > \delta_2 < \delta_3$。图 14-20 中 BR 线即为静态稳定极限线，它的功角 $\delta=90°$。发电机进相运行时不能使 δ 角达到 90°，且应考虑一定数值的静态稳定功率储备，以确保发电机能稳定运行。一般取静态稳定储备系数 $K_m=1.10\sim1.15$，即有 10%～15%额定有功功率的功率储备。

发电机静态稳定限额曲线还与它所连接的系统电抗 X_{xt} 有关，相同特性的发电机投入于不同 X_{xt} 的电力系统中，它们在进相运行时的稳定限额曲线是不一样的，系统电抗愈大，保持发电机静态稳定的极限容量也就愈小。

发电机进相运行的静态稳定极限值还与发电机机端电压下降的幅度大小以及是否使用励磁调节器有关。一般要求发电机“进相”运行时，其机端电压应控制在 90%额定电压以上，这样既能保证电厂的厂用电系统正常工作，又能使静态稳定度具有足够的储备系数。

图 14-21 所示为综合考虑发电机各种运行条件限制后绘制的运行极限图：曲线 1 为不计系统阻抗的静态稳定极限；曲线 2 为计及系统阻抗的静态稳定极限；曲线 3 为考虑静态稳定储备系数后的静态稳定限额线，在接近发电机额定负载 P_N 时，静态储备系数取 10%，在低负荷时考虑到原动机调速系统变动幅度较大，功率储备系数取得稍大些，可取 15%；曲线 4 为考虑原动机 10%功率储备后的出力限制（P_H 为原动机的额定容量）；曲线 5 为定子允许电流限制；曲线 6 为转子允许电流限制。

二、发电机电力参数监测装置

发电机电力参数监测装置采用以工业控制计算机为核心的 GMCS-Ⅱ型发电机变压器组微机故障录波装置。该装置功能为：①可以对发电机故障进行录波，给出准确的故障参量；②进入“监测及试验”状态后，可以通过一次系统图、趋势图和运行极限图监测发电机的运行状态；③在发电机启动时，还可进行发电机的空载、短路等试验项目。

监测装置的分析软件基于 Windows NT 平台，数据分类和显示遵循 Windows 风格，可快速浏览和打印各种监测量，并提供丰富的谐波分析手段。

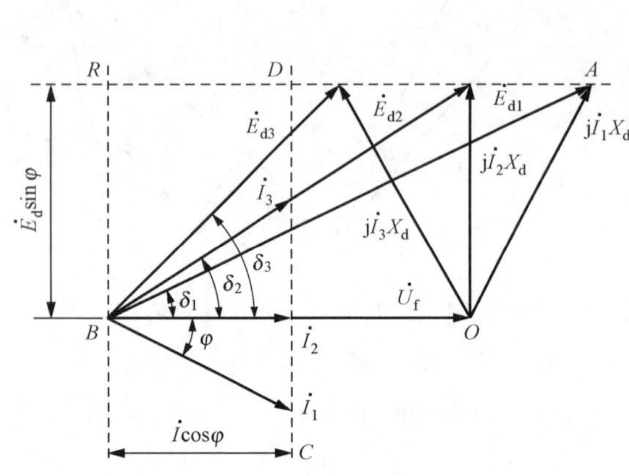

图 14-20 功角δ随φ变化的相量图

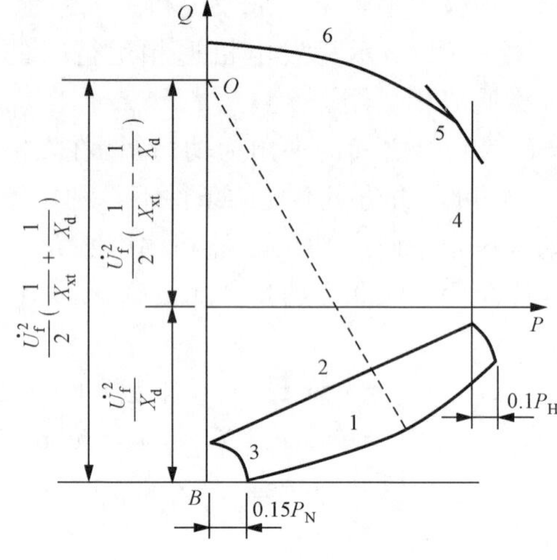

图 14-21 发电机的运行曲线

（一）监测装置的主要技术指标

（1）模拟通道容量，64 路。

（2）交流电压输入范围，0～220V；交流电流输入范围，0～10A。

（3）直流电压输入范围，0～1000V；直流电流输入范围，0～75mV。

（4）模拟量采样频率，5kHz；A/D 转换器精度，12bit；有效值精度，优于 0.3%。

（5）开关量通道容量，96 路；开关量事件分辨率，1/ ms。

（6）下位机可连续记录故障：3 次；上位机可保存 100 次故障数据；数据总量＜15Mb。

（二）监测装置的图形显示

电气监测子系统将监测装置采集的发电机运行参量，经数据处理后，以表列数据和P-Q图的形式显示。图 14-22 和图 14-23 所示为监测系统实际应用的图形界面。

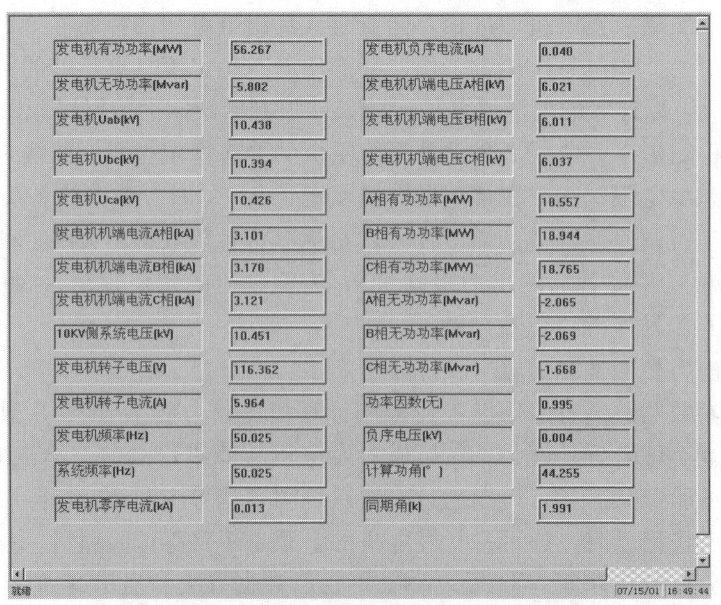

发电机有功功率[MW]	56.267	发电机负序电流[kA]	0.040
发电机无功功率[Mvar]	-5.802	发电机机端电压A相[kV]	6.021
发电机Uab[kV]	10.438	发电机机端电压B相[kV]	6.011
发电机Ubc[kV]	10.394	发电机机端电压C相[kV]	6.037
发电机Uca[kV]	10.426	A相有功功率[MW]	18.557
发电机机端电流A相[kA]	3.101	B相有功功率[MW]	18.944
发电机机端电流B相[kA]	3.170	C相有功功率[MW]	18.765
发电机机端电流C相[kA]	3.121	A相无功功率[Mvar]	-2.065
10KV侧系统电压[kV]	10.451	B相无功功率[Mvar]	-2.069
发电机转子电压[V]	116.362	C相无功功率[Mvar]	-1.668
发电机转子电流[A]	5.964	功率因数[无]	0.995
发电机频率[Hz]	50.025	负序电压[kV]	0.004
系统频率[Hz]	50.025	计算功角[°]	44.255
发电机零序电流[kA]	0.013	同期角[k]	1.991

就绪 07/15/01 16:49:44

图 14-22 发电机运行参数

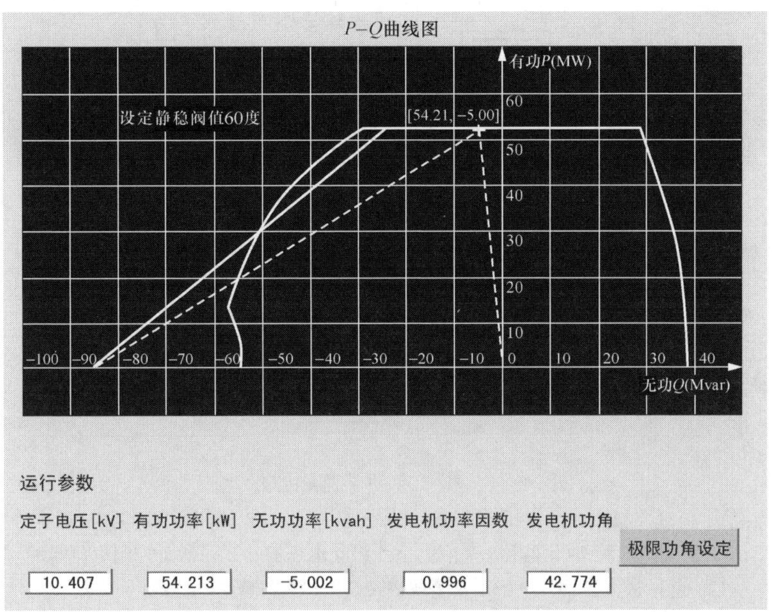

图 14-23 发电机运行极限图

◎ 第九节 电机热解微粒和气体成分的监测

热劣化也是电机绝缘损坏的重要原因。当绝缘的温度超过运行中最大允许值（例如160℃）时，绝缘材料中的溶剂开始挥发。当温度升高达到分子量较大的合成树脂的沸点时，产生分子量较大的烃类气体，如乙烯类。

温度进一步升高超过180℃时，树脂中化学成分开始分解。在冷却气体中，绝缘高温区附近形成较重的烃类分解物的过饱和蒸气，它随冷却气体离开热区很快凝聚，产生凝聚核（直径约0.01～0.1μm）。凝聚核随凝聚的进展继续变大，直到形成稳定的雾状液滴。

温度再升高到超过300～400℃后，树脂材料、木质、纸质、云母或玻璃纤维也都相继开始劣化和炭化，并同冷却气体中的氧气或是同树脂中复杂的烃类化合物分解产生的氧气相作用，生成CO、CO_2等气体。热解产生的各种气体和液滴，甚至产生某些固体微粒，这些东西组合在一起形成从绝缘物质中释放出来的烟雾[1]。

因此，可通过监测冷却气体中有无微粒的存在或监测所含气体成分来判断绝缘是否劣化或是否存在局部过热。

一、热解微粒的监测

离子室烟雾监测器的测量流程如图14-24所示[6]。

监测器用配管和发电机相连（配管长度<30m），利用发电机送风机的压差即可使气体产生循环，实现在线监测。当冷却气体（不含烟雾）进入离子室时，被放射线源（钍232）电离。离子流通过加有电压的两个极板，气体中的自由电荷为电极所收集，构成电流。电流经外接的静电放大电路放大，放大器的输出电压正比于离子流。当烟雾随冷却气体进入离子室时，烟雾粒子也被电离，但它们的质量比冷却气体分子的大，故移动速度慢。当被电离的烟雾粒子进入电极之间时，离子流就减小，就可从放大器输出电压的减小程度来监测烟雾的

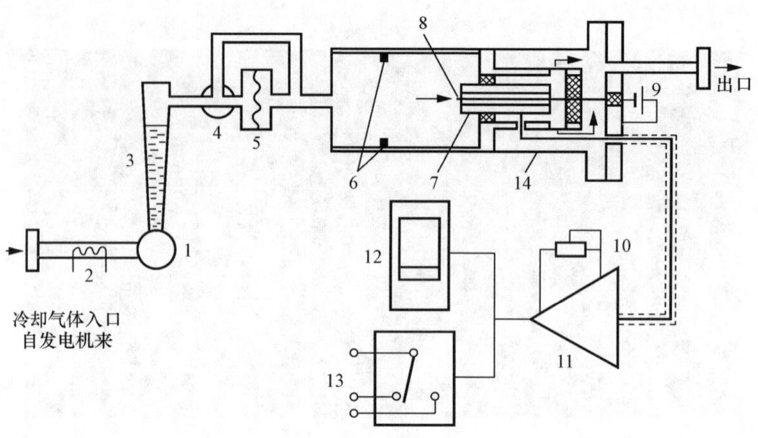

图 14-24 离子室烟雾监测器示意图

1—流量控制阀；2—测试粒子源；3—流量计；4—电磁阀；5—粒子滤器；6—射线源；7—收集器；8—电极；9—极化电压源；10—增益控制电位器；11—静电放大器；12—指示仪表或记录仪；13—报警继电器；14—离子室

存在情况，进而判断绝缘材料的热劣化程度。

离子室监测器的局限性在于它不能区别是哪种绝缘材料过热。

在离子室监测器报警后，需对过滤器所收集的微粒物质进一步进行分析，以鉴别其成分，并判别为何种材料过热。可以采用气相色谱分析，方法是将热分解物吸附在少量的硅胶上，而后对硅胶加热，释放出热分解物，再作气相色谱分析。该方法的缺点是需在测到局部过热后立即进行采样，因为热分解物在冷却气体中存在的时间有限，有时只有几分钟。该方法的另一局限性是气相色谱分析虽能得到冷却介质中各种有机化合物的色谱图，但难以区分绝缘的热分解物和油的过热产物，而后者在任何一台电机里都是存在的。

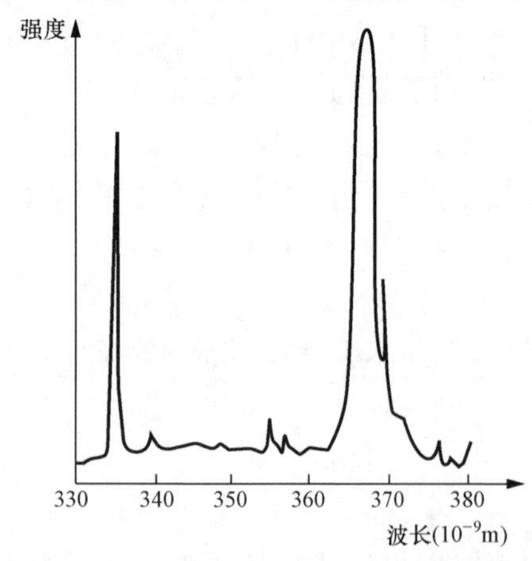

图 14-25 电机绝缘热分解物的紫外光谱

紫外光谱分析比色谱分析简单。用一定波长的紫外灯照射过滤器，器内收集到的有机物会发出荧光，形成如图 14-25 所示的紫外光谱[6]。该方法可将绝缘和油的过热产物区分开来，也有人提出用高性能的液相色谱分析来区分过热产物。但至今尚无一种方法能可靠准确地确定过滤器所收集到的微粒的成分。

二、气体成分的在线监测

过热分解物的气体在冷却系统中滞留的时间较长，对其进行连续监测分析，可发现早期的过热故障。将氢冷发电机中的冷却气体直接引入到气相色谱仪的氢火焰离子化鉴定器（FID）中燃烧，氢氧火焰的电阻随气体中有机物（烃类气体）的含量成正比下降，测定电阻值即可反映有机物的含量。并用等值甲烷在百万个单位体积中的含量（$\times10^{-6}$）来表示。与铁芯监测器相比，此种监测器的优点是可连续地显示过热分解物的劣化趋势。例如，当有机物总量的增加率超过 20×10^{-6}/h，则说明过热已相当严重。也可用光电离监测器（PID）来测定，其灵敏度更高。空冷发电机过热时，会产生大量的CO、CO_2和烃类气体，为此可用红外监测器来测定CO的浓度，当其超过预定的阈值时即发出报警信号。

三、GCM电机过热监测器

由于发电机内部不同绝缘材料热解生成物的成分很相似，因此，传统测量方法无法对过热点进行定位。美国通用电气公司开发的GCM（Generator Condition Monitor）电机过热监测器也是基于有机物热分解的原理，但该装置的特点是不直接测量电机绝缘的热解生成物，而是检测一种称为Gen-Tags涂料的热解生成物[8]。通用电气公司可提供6种不同颜色的Gen-Tags涂料，事先将他们分别涂抹在电机容易发生过热的部位。涂料表面用环氧树脂等材料封装，可以保证涂料在电机的整个寿命中都能发挥作用。GCM装置只对这6种涂料的热解生成物敏感，并且有较快的响应速度。通常，测量装置在30min后即能检测到大约$10mm^2$的过热面积产生的热解物。仪器根据检测到的热解物的成分，从而判断过热点位置。表14-2所示为6种涂料的化学名称和应用部位。

表14-2　　Gen-Tags涂料的应用部位

Gen-Tags涂料	涂料颜色	封装材料	应用部位
N—十二烷基亚胺	土黄	环氧树脂	励磁侧定子绕组
环十二烷基亚胺	亮橙	环氧树脂	汽轮机侧定子绕组
环十烷基亚胺	浅灰	环氧树脂	定子绕组中段
二乙基胺酸	淡蓝	醇酸树脂	转子表面及定位环
十二烷基金钢合金胺酸	绿	环氧树脂	套管及其出线
环庚基亚胺	苏丹蓝	环氧树脂	变压器及反应堆

◎ 第十节　发电机氢气湿度的监测

大型汽轮发电机普遍采用氢气作冷却介质，为保证电机的安全运行，对氢气冷却介质的干湿度有严格要求。氢气湿度过低，会造成绝缘收缩、线棒干裂、绝缘垫产生裂纹等故障。而氢气湿度过大，则会引起电机的绝缘电阻下降；并且，水分还会与机内因电晕产生的臭氧、氮化物等反应生成硝酸类物质，腐蚀机内的金属结构件和转子护环；氢气中含有水分，会使流动性变差，冷却效率下降，最终影响发电机的出力。

一、氢气湿度的检测标准

氢气湿度通常采用绝对湿度、相对湿度和露点三种方法表示。由于人们对氢气湿度超标的危害性的认识逐步深入，国家标准也在逐年提高。如1966年电力部颁布的发电机运行规程规定：氢气的绝对湿度不大于$15g/m^3$，相对湿度不大于85%。1990年规定：发电机内氢气的绝对湿度不大于$15/(p_N+1)$,其中p_N为发电机内的额定氢压。1991年规定：发电机内氢气的绝对湿度不大于$10g/m^3$。GB/T 7064—1996《透平型同步电机技术要求》规定：氢冷发电机在额定运行时，机内额定氢压下的氢气的绝对湿度不大于$4g/m^3$。

水气的露点定义为水气结露时的温度，而气体的露点和气体中的绝对湿度和气压相关。因此，通过测量水气的露点，可以将水气湿度的测量转化为温度和气压的测量。由于温度和气压的测量技术成熟，测量准确度高，重复性好，因此，国际上普遍用露点来表示氢气的干湿度。DL/T 651—1998 规定：新建、扩建电厂（站）氢气露点温度 $t_d \leqslant -50$℃，已建电厂（站）氢气露点温度 $t_d \leqslant -25$℃。

二、氢气湿度的检测仪器

国内电厂检测氢气湿度的仪器有：通风干湿表，如 DHM-2 型；电解式湿度计，国产的有 QWS-1 型、USI-1 型和 WH-5 型等多种型号；氧化铝电容式湿度计，国产的有 GLM-300 型，进口的有北爱尔兰 PN 公司的 System 1 型；高分子薄膜电容式湿度计，国产的有 GMT 和 RSM 等系列，进口的有芬兰 Vaisala 公司的 HMP-264D 型。湿度露点仪大多为镜面光电露点仪，主要为进口产品，如英国米契尔公司的 DEWET 型露点仪、美国 GEI 公司的 HY-GRO M4 型露点仪、瑞士 MBW 公司的 DP-19 型露点仪。

DHM-2 型通风干湿表为气象部门通用的测量仪，该类仪器操作程序极为严格，操作人员掌握不好容易产生人为误差，所以现场使用时，测量结果的分散性大。

氧化铝电容式湿度计有测量范围广、响应速度快、操作简单等优点；高分子薄膜电容式湿度计的测量范围广、响应速度快、测量精度高、操作简单，有些仪器还有数字接口，便于实现氢气湿度的在线监测。电容式湿度计的共同缺点是探头容易被油污染，长期使用影响准确性，所以维护比较麻烦。

露点仪的优点是工作稳定、数据可靠、精度高、测范围宽、使用寿命长；缺点是价格高，镜面也不能被油污染，故使用和维护也比较严格。

三、湿度传感器

以下介绍两种湿度计常用的湿敏传感器（探头）。

（一）高分子膜电容式湿敏传感器

高分子膜电容式湿敏传感器是基于某些高分子材料具有感湿效应而发明的。研究表明，醋酸纤维素、苯乙烯、聚酰亚胺、聚甲基丙烯酸甲酯类，以及它们的衍生物，由于含有极性基团，可以与水分子相互作用形成氢键，或以范德华力互相结合，因此具有吸湿效应。这些材料自身的介电系数并不大（如聚酰亚胺为 2.93），但在吸附水汽后，由于水是强极性物质（其介电系数在常温下为 80），水在外电场的作用下会发生极化，使感湿膜的偶极矩增加，在宏观上表现为介电系数的变化。薄膜电容式湿敏传感器的结构如图 14-26 所示。

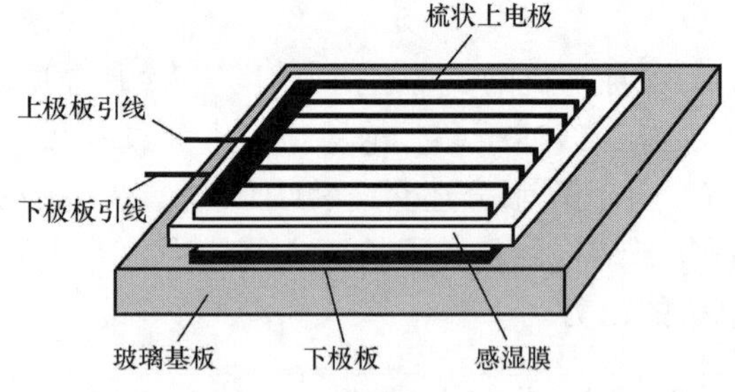

图 14-26 薄膜电容式湿敏传感器结构示意图

传感器一般用石英玻璃做基片，用真空蒸发镀膜工艺，先在其表面镀上一层铝膜作为下极板；然后喷涂上一定厚度的感湿材料（如聚酰亚胺），固化后成为感湿膜；再在感湿膜的表面镀上一层金膜，用光刻法将其加工成梳状（或环状），成为上极板；上下极板做好引线，封装后即成为成品。

（二）镜面光电露点仪传感器[9]

镜面光电露点传感器的结构如图 14-27 所示。

氢气以一定流速进入气室和镜面接触，开始时，由于镜面温度高于氢气温度，所以镜面是干燥的。发光二极管 1 发出的光被镜面全反射，光敏三极管 2 感受到的光强度最大，由发光二极管 1、3 和光敏三极管 2、4 组成的检测桥路的输出控制信号也最大。控制信号驱动半导体制冷堆制冷，使镜面温度降低；当达到氢气的露点温度时，镜面开始结露，使射到镜面的光发生漫反射，光敏三极管 2 感受到的光强度减弱；通过控制回路，降低制冷堆的制冷功率，最后使镜面温度平衡在氢气的露点温度上。温度由精密热电阻温度计测量，即可获得氢气的露点温度。

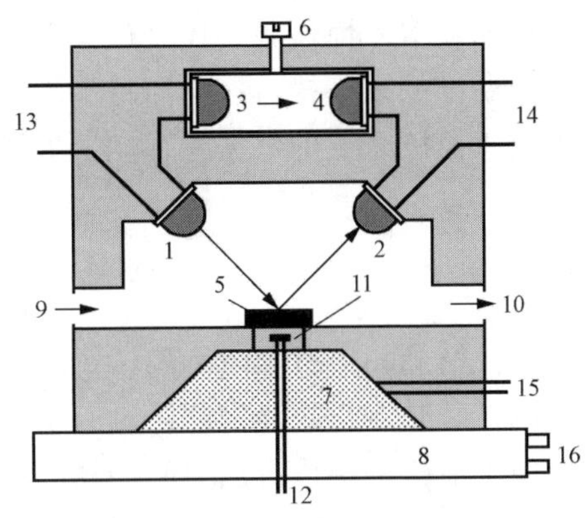

图 14-27　镜面光电露点传感器结构示意图

1、3—发光二极管；2、4—光敏三极管；5—镜面；6—调节螺钉；7—半导体制冷堆；8—水冷却器；9—进气口；10—出气口；11—测温热电阻；12—温度信号输出；13—恒流源输入；14—湿度信号输出；15—制冷控制输入；16—冷却水进出口

四、发电机氢气湿度的在线监测

国内一些电厂采用芬兰 Vaisala 公司的 HMP-264D 型湿度计实现了氢气湿度的在线监测。图 14-28 所示为电气和机械安装示意图[10]。

如图 14-28 所示，湿度计传感器探头安装在专用的测量旁路管道上，便于维护湿度传感器探头。监测装置工作时，关闭控制阀 1，打开控制阀 2、3，使传感器探头感受到待测氢气。湿度计有现场显示窗口，可直接显示测量结果。同时，可通过 RS-232 串行口和发电机综合状态监测系统通信，将监测结果送入监测系统的数据库存储、处理和显示。

图 14-29 所示为由镜面光电露点传感器组成的氢气湿度在线监测装置的原理框图[8]。

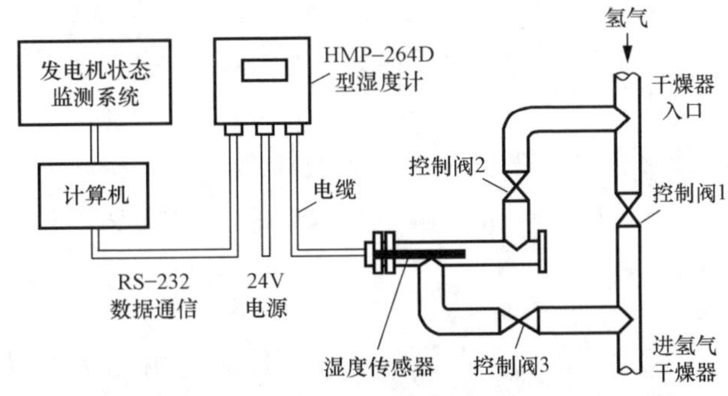

图 14-28　电容传感式氢气湿度在线监测系统

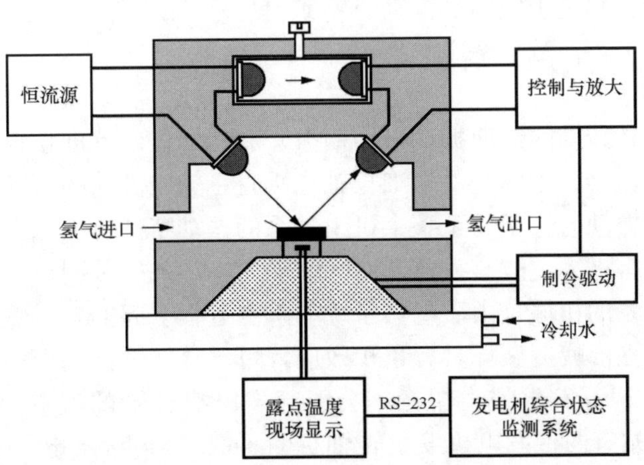

图 14-29　镜面光电式氢气露点在线监测系统

第十四章　旋转电机的监测与诊断

监测装置由恒流源、控制放大单元、控制驱动单元、现场显示单元组成。装置可提供氢气露点温度的数字接口，并通过RS-232串行口与发电机综合状态监测系统通信，并将监测结果送入监测系统的数据库存储、处理和显示。

◎ 第十一节 电机振动的监测

电机振动是运行中电机的常见故障，振动严重时，会威胁机组的安全运行，故发电机组振动的在线监测与故障诊断，具有重要意义。

由于电机的结构特点引起振动的原因为：①定子铁芯由硅钢片叠合而成，运行中铁芯紧固件容易松动；②定、转子绕组用绝缘材料固定在槽中，当电机运行温度不同时，受热胀冷缩的影响，绕组也会松动；③这些因素造成电机的整体刚度远低于其他大型旋转机械设备，容易引发振动；④电机电磁力的脉动频率与电机的固有振动频率十分接近，容易引起共振；⑤现代的汽轮发电机的电磁负荷越来越大，转子越来越细长，电力系统也越来越复杂，当电力系统发生扰动时，组成机组轴系的各转子相互影响，会引起转动部分发生“扭振”。

一、振动故障类型

电机中常见的振动故障分以下几种：

（一）定子铁芯振动

发电机转子励磁后，定子铁芯内表面产生与气隙磁密的平方成正比的磁拉力，两极汽轮发电机的定子铁芯被拉成椭圆。当定子绕组没有电流时，转子旋转，磁极中心磁拉力也旋转。两极发电机旋转1周，定子铁芯受转子磁拉力发生2次变化，即定子铁芯会产生一倍于转子频率的振动。

如果铁芯未压紧，当定子叠片铁芯内有交变磁场通过时，铁芯就会产生强烈轴向振动，特别是定子铁芯齿部的边缘，由于局部漏磁分布复杂，受热不均匀，在长期振动力作用下，可使齿部叠片发生疲劳断裂。

（二）定子绕组振动

在电机运行时，定子绕组中的电流与漏磁通相互作用，引起绕组以倍频（100Hz）进行振动。铁芯因转子磁拉力引起的倍频振动，也会使绕组承受倍频振动。另外，转子的动不平衡引起的振动，也会引起定子绕组的振动。特别是定子端部绕组，由于固定方式不如槽部，更容易引起松动和变形，使端部绕组的振动加剧。

（三）轴系振动

轴系振动主要包括转轴的弯曲振动（即横振）和扭转振动（即扭振）。

转子系统的弯曲振动，指的是一根细长轴作垂直于轴线方向的振动，发生弯曲变形，称之为转子的横振。其振动与转子乃至整个机组轴系的振动特性有关。在旋转机械中，特别是高速转子，横振的危害极大，故有一整套国际和国家标准加以限制。

汽轮发电机组轴系的扭振是由于电力系统的瞬变过程引起的。虽然每次扭振转轴不一定有明显的破坏，但扭振的疲劳破坏具有累积效应，可导致转轴预期寿命的缩短。当这种破坏积累到一定程度时，若再发生强力扭振，会引起发电机转轴的严重事故。1970年和1971年，美国Mohave电站有两台发电机发生转轴折断事故。Mohave电厂处于具有串联补偿的输电系统中，该系统存在低于额定频率的次同步振荡 f_e。而机组轴系的一个机械扭转振荡

频率为 f_m，两者之和等于额定频率 f_N，因此，电气振荡与机械扭转振荡就可能相互助增，产生次同步谐振，结果导致轴系的某脆弱部分发生断裂事故。

（四）机座振动

机座振动的振源主要来自于两个方面：一是由于定子铁芯的电磁振动通过铁芯与机座的连接传来，引起机座的倍频振动，这种倍频振动随着单机容量的增大而增大；二是来自于转子振动的影响，该影响力因不同的转子轴承座的结构而异，端盖式轴承座的影响比落地式轴承座的影响大。

二、振动故障的在线监测

（一）发电机组轴系和机座振动的在线监测

发电机在安装或大修后，如果轴系对中不好，或者发电机定子和转子的中心不重合，极易引起轴系的弯曲振动；机组运行中如果轴承受损，也会使转轴的横向振动加剧。指针式千分表是在线测量横向振动最原始的工具。一般在汽轮机、发电机、励磁机轴系的不同位置，包括它们的机座和轴承位置，分别用千分表测量轴系的轴向和径向的振动，运行人员通过定时巡视的方式，记录各监测点的振动数据，以此判断机组轴系的振动情况。

人工监测只能凭运行人员的经验作简单的阈值判断，显然已不能适应现代大型发电机组发展的需要。随着传感器技术和计算机技术的发展，自 20 世纪 80 年代以来，国内对发电机组状态监测与故障诊断技术进行了大量的研究，取得了丰硕成果。2002 年清华大学最新研制开发成功的《水电机组状态监测与故障诊断系统》在福建某水电厂正式投入运行，系统包含机械稳定性状态监测、发电机电气状态监测和水轮机气蚀状态监测三个子系统，其中机械稳定性状态监测子系统的主要功能即为监测发电机组的横向振动（详见本章第十二节）。

（二）发电机转子扭振的在线监测

发电机发生扭振时，可观察到在转子的平均转速上叠加有扭振分量，二者的合成转速是瞬时变化的。所以扭振的测量可以转化为测量转轴两端的瞬时转速，然后根据轴系扭振的数学物理模型，计算出扭振危害的累积效应。

目前国内主要采用磁电式和光电脉冲式两类测速传感器，图 14-30 所示为它们的原理示意图。

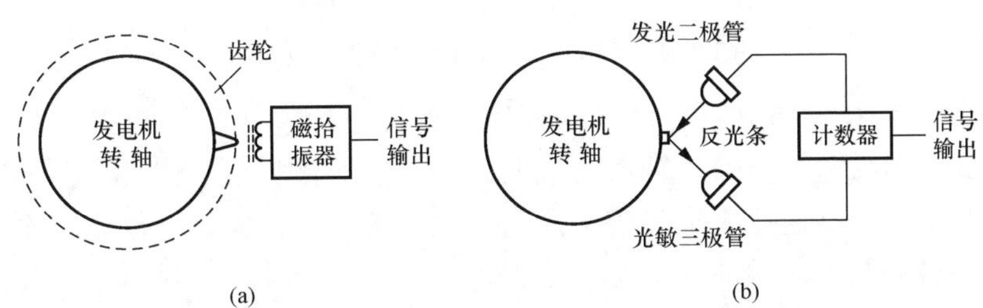

图 14-30 测速传感器

（a）磁电式；（b）光电脉冲式

磁电式测速传感器主要由测速齿轮和磁拾振器两部分组成，测速齿轮需要安装在测量点的转轴上，磁拾振器靠近齿轮安装。齿轮每转动一个齿距，磁拾振器输出的正弦信号会变化一个周期，所以，通过传感器，转速信号转换成了电信号，信号频率和齿轮的齿数 M 和转轴的转速 v 成正比。

光电脉冲式测速传感器需要在转轴的测量点位置上设置一个反光环，环上等间隔分布 N 条反光条。发光二极管发出的激光束被反光条反射到光敏三极管上，后者将激光束转换成电脉冲，再经计数器转换为数字脉冲信号输出，输出脉冲信号的频率正比于反光条数 N 和转轴的转速 v。

由于扭振信号是快速变化的瞬态量，为了提高分辨率，需要设置尽可能多的齿数 M 和反光条数 N。

大型汽轮发电机机组的轴系，一般是由汽轮机的高压缸、中压缸、低压缸、发电机转子和励磁机转子组成的柔性旋转体，所以，轴系的扭振特性应该按分布参数考虑，沿轴向不同位置的转速扭振分量是不相同的，扭振测量结果与测点位置密切相关。但由于受安装位置的限制，一般可在机组轴上安装 3 个测点，分别位于整个轴系的前、后两端以及低压缸与发电机之间，测量结果分别反映汽轮机和发电机（包括励磁机）的扭振情况。

图 14-31 所示为华北电力学院研制的发电机扭振在线监测系统（简称 TSA）[11]。

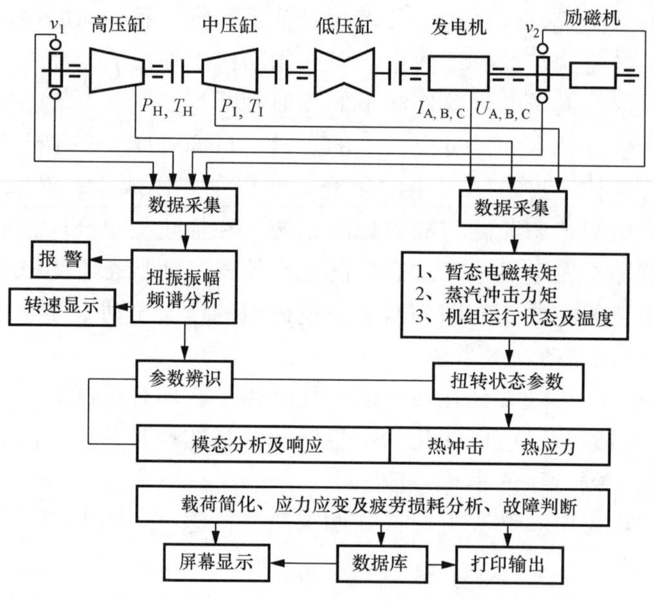

图 14-31 发电机扭振在线监测系统框图

TSA 系统由一台扭振幅值监测仪、以单片机为核心的数据采集装置，一台微机和有关的测量元件组成。扭振监测仪通过轴系两端的转速传感器接收扭振信号，并经过限幅整形电路，形成方波脉冲，经高速口采集暂存。数据处理由单片机完成，它首先对输入的信号进行叠加，去除横向振动及径向跳动的干扰，接着将两个测点的脉冲信号与基准脉冲（由平均转速产生）进行比较，以是否超过一定的阈值作为条件，判断扭振是否发生，并将比较结果顺序放入存储器中。

系统的基本监测参数还包括：发电机出口的三相电压、三相电流、励磁电流；汽轮机高压缸、中压缸和低压缸的汽温和汽压。

TSA 系统的基本功能如下：

（1）连续监测机组在电气及机械冲击下的扭振状态，对超过设定阈值的扭振进行各个联轴节处的应力疲劳损耗分析和安全评估。

（2）记录和存储各种扭振事件的实测及分析数据。

（3）改善机组与电网协调运行水平，并对所采取的措施进行验证。

（4）通过监测各种随机冲击所造成的轴系疲劳累积，在保证机组安全的基础上，制订合理的轴系检修计划，减少不必要的停机次数和时间。

（三）定子端部绕组振动的在线监测

汽轮发电机的定子槽部绕组由槽契固定在定子槽内，受到的电磁力多为周向，故定子槽部的振动情况不是很严重。但定子端部绕组是用绑扎（或连接片）方式固定在端部的支架上，而且处于端部漏磁场中，会受到较大的电磁力作用，产生比较严重的振动。

正常运行的发电机定子端部绕组存在100Hz的椭圆形电磁振动，所以当端部绕组（部分或整体）也存在100Hz附近的椭圆形的机械振动模态时，端部绕组将产生强烈共振。长期运行势必会引起定子端部绕组的固定结构松动，绝缘磨损。振动严重时，甚至会发生线棒股线断裂、漏水和放电，最终导致绝缘击穿而发生短路。

据电力部门统计，1993～1995年，全国300MW汽轮发电机本体发生的54次事故中，有20次是由端部振动引起的。因此，汽轮发电机定子绕组端部的振动和试验标准问题，日益受到电力行业与电机制造行业的高度重视。

1. 发电机端部模态固有频率试验标准[12]

JB/TB 990—1999《大型汽轮发电机定子端部绕组模态试验分析和固有频率测量方法及评定》由于可操作性差，执行中遇到了很多问题。为此，全国旋转电机标委会发电机分会又起草制定了机械行业标准《透平型发电机定子绕组端部动态特性和振动试验方法及评定》。两者的主要区别是：对频率的准则进一步细化，更便于操作；增加了振幅的评价准则。

表14-3所示为汽轮发电机定子绕组线棒、引线固有频率和端部整体椭圆振动模式固有频率的极限值。

表14-3　定子端部绕组固有频率极限值　Hz

额定转速(r/min)	支撑形式	线　棒	引　线	整体椭圆模态
3000	刚性支撑	$95 \leqslant f \leqslant 106$	$95 \leqslant f \leqslant 108$	$95 \leqslant f \leqslant 110$
	柔性支撑	$95 \leqslant f \leqslant 106$	$95 \leqslant f \leqslant 108$	$95 \leqslant f \leqslant 112$
3600	刚性支撑	$114 \leqslant f \leqslant 127$	$114 \leqslant f \leqslant 130$	$114 \leqslant f \leqslant 132$
	柔性支撑	$114 \leqslant f \leqslant 127$	$114 \leqslant f \leqslant 130$	$114 \leqslant f \leqslant 134$

整体椭圆振动模式固有频率若不满足表14-3规定的发电机，应测量运行时定子绕组端部的振动。局部固有频率不满足表14-3规定的发电机，对于新机应尽量采取措施进行处理，已运行的发电机应结合历史情况综合分析处理。

新标准对振动幅值的要求：

（1）型式试验时，发电机额定空载或额定短路工况倍频振动位移峰—峰值应小于100μm。

（2）型式试验时，发电机稳态、突然短路前后，绕组端部在空载、短路工况下倍频振动位移峰峰值不应有明显的变化。

(3) 发电机正常运行时，当定子端部倍频振动位移峰—峰值小于 250μm 时，可无限制地长期运行。

(4) 发电机正常运行时，若定子端部倍频振动位移峰—峰值大于 100μm、小于 400μm，应发报警信号。

(5) 发电机正常运行时，若定子端部倍频振动位移峰—峰值大于 400μm，应发停机信号。

(6) 发电机正常运行时，若定子端部倍频振动位移峰—峰值的变化大于 100μm，应发报警信号，并加强监视。

2. 发电机定子绕组端部振动的离线检测

发电机大修时，如发现定子端部绕组有松动和疲劳断裂现象，则需要对定子线绕组端部进行振动模态试验，以检定发电机定子端部绕组的受损部位是否存在接近 100Hz 的椭圆形振动模式。如发现问题，则需要对相应部位进行处理，以使该处的固有谐振频率符合表 14-3 所列标准的要求。

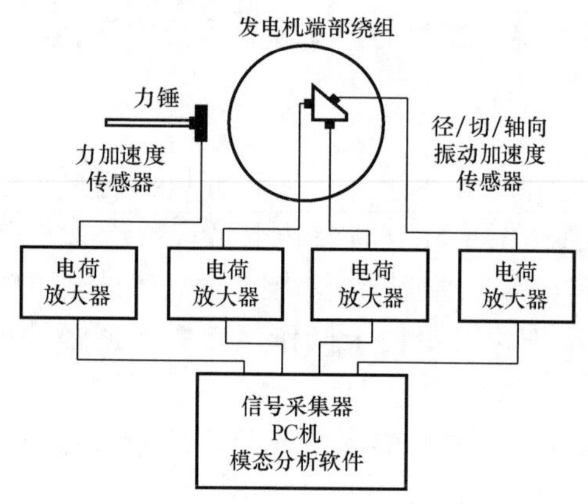

图 14-32 端部绕组振动分析仪原理框图

测试仪器由力锤、加速度传感器、电荷放大器、信号采集器，计算机和分析软件等组成，其基本原理框图如图 14-32 所示[13]。

加速度传感器采用半导体应变片作为电量转换元件，这是一种惯性式传感器，它通过测量传感器中的惯性力，由 $F=ma$ 的关系来实现加速度的测量。力加速度传感器测量力锤施加的作用力，3 个振动加速度传感器分别测量定子端部绕组的径向、切向和轴向的振动；传感器信号经电荷放大器放大后，由信号采集器进行模数转换；计算机分析软件对数据进行分析处理后，得到的测量结果由计算机保存和显示，并通过打印机打印输出。

3. 发电机定子端部绕组振动的在线监测

定子端部绕组经振动模态试验确认存在问题，并经处理后，其振动频率还不符合要求的发电机，应该安装振动在线监测装置进行长期在线监测。

用于发电机端部振动测试的传感器主要有压电式加速度传感器和光纤振动传感器。进口的光纤振动传感器具有绝缘好、抗电磁干扰能力强等优点，适宜安装在电位高、振动大的部位；但传感器的价格昂贵。压电式加速度传感器只宜安装在低电位处，传感器和电缆需要有良好的屏蔽，并保证有足够的绝缘强度。

传感器应该能分别测量线棒切向、径向和轴向的振动，一般安装在经模态试验确认的发电机定子绕组鼻端振幅最大处，安装数量根据实际情况确定。振动监测装置可采用加拿大维保公司（Vibro System）生产的 PCU-100 可编程振动监测仪。该装置对振动传感器接受的信号进行模数转换，通过计算机对数据进行处理和分析后，可显示各测量点的振动幅值。仪器设有报警值和危险报警信号，运行人员可据此确定发电机端部绕组振动的变化情况。

图 14-33 所示为广东省电力试验研究所研制的发电机端部绕组振动监测系统的原理

框图[14]。

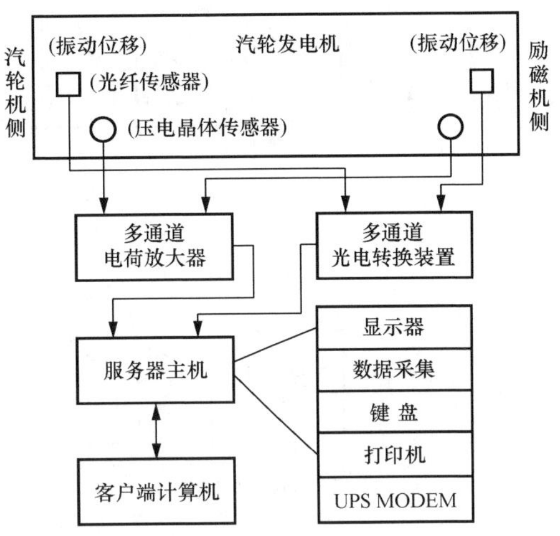

图 14-33 发电机端部绕组振动在线监测系统原理框图

监测系统设有 30 个传感器输入通道，可采用压电晶体式传感器或光纤传感器。每通道包含的信息有通道号、测量类型、测点位置、报警值、工作状态、传感器型号和灵敏度、电荷放大器灵敏度和放大倍数等。信号采集采用多通道巡检模式，负责完成被测信号的离散采样。

系统软件采用 VB 语言和 SQL Server 数据库开发，运行平台为 Windows 98。软件功能包括通道设置、振动概况分析、示波图分析、频谱分析等功能。

用户对各通道信号可进行独立分析，并允许用户干预，实现一些特殊的采集要求。测量数据自动保存在当地计算机的数据库里，在远方可通过计算机拨号方式与当地计算机建立联系后，访问当地计算机的数据库资源，实现数据的通信功能。

◎ 第十二节 发电机状态综合监测系统

近年来，关于状态检修的理念在我国电力部门逐渐得到重视。这种根据设备状态决定维修时机的制度，无疑是最先进合理的。状态检修的基础是开展对电力设备的在线监测。随着传感技术、计算机技术、信号处理技术以及人工智能技术的发展和应用，为机电设备状态监测及故障诊断提供了坚实的技术基础。特别是远程网络通信技术（Internet/Intranet）的发展，为远程状态监测与诊断技术的实现提供了广阔的技术空间。

目前国内外已有不少成功的发电机组监测系统在运行，尤其是加拿大在水电机组的状态监测和诊断方面具有先进的技术和成熟的产品。多年来，清华大学在电气、机械、水力和热力等状态监测领域也进行了大量的研究，并取得了可喜的成果。最近，由清华大学精仪系、电机系和热能系联合研制的福建某水电厂发电机组综合状态监测系统已投入试运行。

一、监测系统网络结构体系

水轮发电机组综合状态监测诊断系统由电厂局域网，广域网和中试所局域网三大部分组成，其网络结构如图 14-34 所示。

安装在机组各部位的传感器将各种物理量转化为电压信号，传送到各状态监测子系统。各子系统将这些信号采集和处理，得到反映机组运行状态的各种特征参数，曲线，图表等，并统一存储到状态数据服务器。状态数据服务器自动运行分析和诊断软件。

Web 服务器负责与本地或者远程的监测系统进行数据交互，定期向远程发送日志、趋势以及实时监测数据等。

局域网内的所有用户终端都可以通过浏览器查询状态数据服务器上的状态数据和报告，或下载监测数据进行分析。

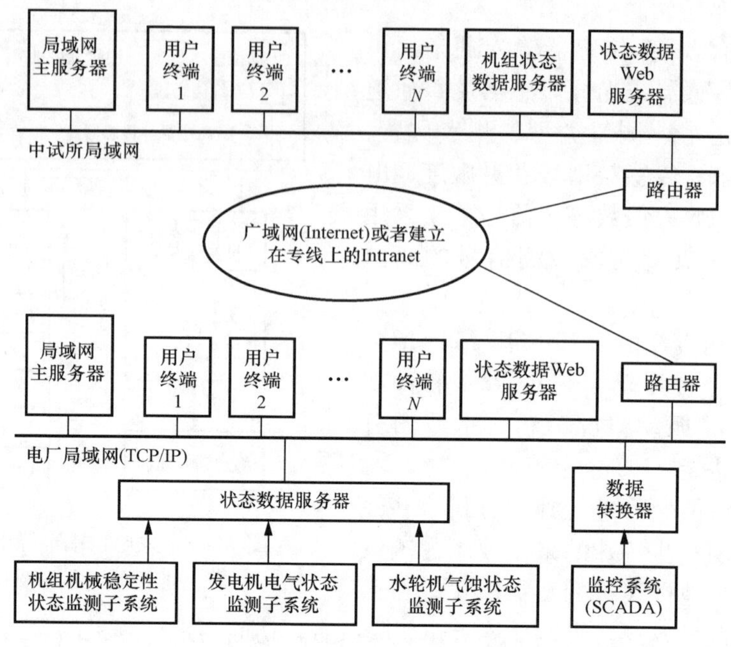

图 14-34　发电机组综合状态监测诊断系统网络结构

中试所内的状态数据服务器可下载和保存多个电厂、多台机组的状态数据，完成对全省机组状态的统一监测和管理。

整个机组状态监测系统分为发电机电气状态监测子系统、机械稳定性状态监测子系统和水轮机空蚀状态监测子系统三部分。

机械稳定性状态监测子系统监测量包括：机组振动速度监测（上机架 X、Y、Z 向振动、顶盖 X、Y、Z 向振动、下机架垂直振动、定子 X、Y 向水平振动），摆度监测（上导轴承处摆度监测 X、Y 向、大轴法兰处摆度监测 X、Y 向、水导轴承处摆度监测 X、Y 向），导轴承状态（进出口油温，瓦温，冷却水进出口温度，油位、水压等），推力轴承状态（油膜厚度、抬机量、推力瓦温度、润滑油进出口温度、冷却水进出口温度）。

水轮机空蚀状态监测子系统监测量包括：水力流动状态（蜗壳进口压力、蜗壳差压测量、尾水管压力、上下密封压力测量、活动导叶进出口压力），水轮机空蚀状态。

发电机电气状态监测子系统监测量包括：发电机定子绕组放电，发电机运行参数（电压、电流、功率、频率等），发电机电磁参数（气隙磁通密度，气隙间距轴电压、碳刷火花、转子平均温度、转子绝缘等），发电机温度。

限于篇幅，本节仅介绍机械稳定性状态监测子系统和发电机电气状态监测子系统。

二、机械稳定性状态监测子系统[15]

机械稳定性状态监测子系统主要包括数据采集和数据预处理两部分：

（1）数据采集单元完成信号的同步采样和初步处理，并将数据传至数据预处理机。

（2）预处理机完成特征参数提取，并根据机组状态进行预警和报警。同时对数据进行整理和压缩，并将处理后的数据传至状态数据服务器。另外，预处理机还通过显示器为现场工程师提供必要的界面显示，以完成信号调试、参数设定、系统自检等功能。

1. 数据采集单元和预处理机

（1）数据采集单元采集的状态数据包括：

1）快变信号：振动位移、振动速度、压力脉动、键相信号。

2）缓变信号：瓦温、油温、水温、接力器行程、油膜厚度。

3）开关量：原SCADA系统提供的机组运行数据。

（2）预处理机对采样数据进行整理和分析处理后得到如下数据：

1）原始时域数据。主要包括正常工况时定时采集的时域数据、预警时采集的时域数据和检修后采集的时域数据。

2）特征量数据。主要包括时域特征（峰—峰值、均值、方差等）、频域特征（特征频率幅值、相位等）、趋势特征量和组合特征量（轴心轨迹、相关分析特征、谱相似度等）等。

3）配置数据。预处理机的配置数据来自状态数据服务器，主要包括机组相关参数、采样参数设置、分析诊断参数设置、数据库配置、传感器标定、通道配置等。

4）日志数据。主要包括简单数值状态报告、工况转换、报警事件记录和一部分分析、巡检结果等。

2. 数据服务器

状态数据服务器只负责数据的存储和管理。用户终端通过Web服务器访问状态数据服务上的“日志数据”。

3. Web服务器

Web服务器要具备三个基本功能：

（1）Web页面的发布（即提供WWW浏览服务），它使得许多终端用户能够直接通过IE浏览器访问Web服务器，从而了解机组运行状况。

（2）提供FTP服务，这样使得中试所能够从电厂服务器上下载状态数据服务器上的数据，从而进行更详细的分析和诊断。

（3）Web服务层提供对机组状态的监测、分析、诊断服务以及系统的维护服务。其中的监测服务通常是直接获取数据层的数据，以网页形式进行发布，并没有对数据进行过滤加工。而分析和诊断服务必须通过工具层的分析和诊断工具对数据进行过滤，即进行分析和诊断处理，并将分析诊断结果（如趋势信息以及状态报告等）以网页形式发布。

4. 用户终端

用户终端以Microsoft IE网络浏览器为软件平台，其各功能模块如图14-35所示。

（1）实时监测。包括转子导轴承状态、推力轴承状态、转子振动状态、机架定子状态以

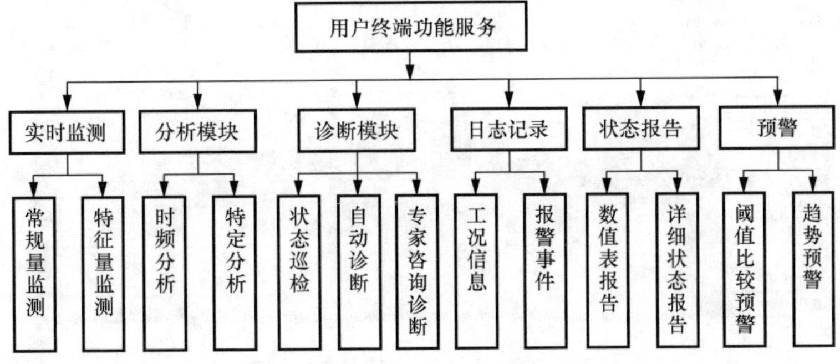

图14-35 用户终端功能模块

及过流部件状态的监测等。

（2）分析模块。分析模块提供了完备的时频分析方法和面向水轮机组的特定分析方法（如推力轴承状态分析、空间轴线图分析、集中棒图、靶区图、频谱的统计和比较等）。分析模块采用组态化思想设计和实现。机组结构被划分为机组轴承、结构振动、过流部件、电机振动、推力轴承五大部件，每个部件又可由用户定义相应的分析方法。通过这种组态功能，可将不同部件与其可能用到的分析方法联系起来。

（3）诊断模块。为提高诊断模块的实用性和针对性，设计了自动诊断、状态巡检和诊断专家系统 3 种诊断形式，以满足不同层次、不同需要的诊断。诊断工具也实行 Web 化，实现方法与分析模块相同。诊断方式包括以下几种：

1）自动诊断：①基于故障特征参量的趋势自动诊断，指那些具有典型特征参量的故障的趋势诊断，如质量不平衡、碰磨等故障，相应的故障特征参量如不平衡质量可由故障动力学模型自动计算获得；②基于可量化知识规则的自动推理诊断，指那些诊断规则中的征兆全可量化或可自动识别的故障的诊断，则诊断可自动完成。

2）状态巡检。巡检过程可认为是对机组状态的全面普查，巡检结束后可生成机组状态报告，对故障的起因、位置及性质得出定性结论，供现场人员及水电机组远程状态监测、跟踪分析与故障诊断系统设备工程师参考。

3）专家咨询诊断。该模块为常规诊断专家系统。系统包含有较完备的诊断规则和相关知识，可诊断 21 种水轮机组故障，但诊断过程中会有较繁琐的人机交互。

图 14-36 所示为机组状态监测主页面。主页面中标示了各传感器的物理位置。每一个传感器对应一个显示框，显示框中数据表示该测量点的瞬时测量值；指示灯表示工作状态，绿灯表示正常，红灯超标。

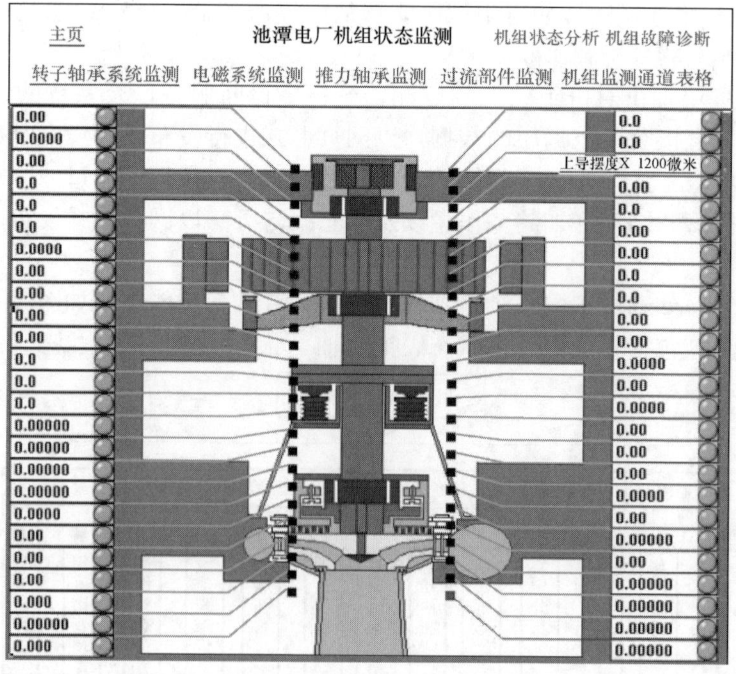

图 14-36 机组状态监测主页面

5. 系统远端局域网（中试所分析诊断中心）

中试所局域网的状态数据服务器的数据主要来自各电厂状态数据服务器的数据，其内容与前述本地局域网数据服务器的相同。相应的状态数据服务器、Web 服务器以及用户终端服务的设计、实现、运行环境及功能与前述的本地局域网的类似甚至相同，这里不再赘述。

三、电气状态监测子系统

电气状态监测子系统由发电机运行参数、发电机电磁参数、定子绕组局部放电、发电机各部温度四部分组成，其原理框图如图 14-37 所示。

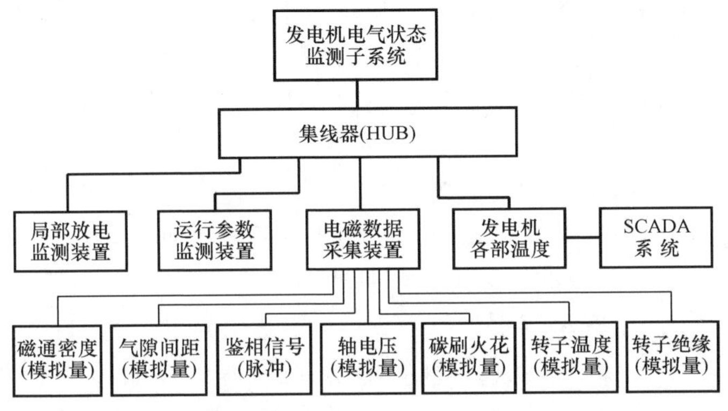

图 14-37 发电机电气状态监测子系统

本章前面已分别介绍了发电机电气状态监测子系统各子模块的工作原理，这些子模块可以独立工作，也可以组合成一个综合监测系统。

◎ 第十三节 笼型异步电动机转子断条故障

三相笼型异步电动机在工农业生产中应用广泛，转子笼条断裂与开焊（简称转子断条）是笼型电动机常见故障之一。利用监测与诊断技术及早发现笼型电动机的断条故障，对于保证安全生产以及提高经济效益均具有实际意义。

三相笼型电动机转子断条故障的监测与诊断方法很多，主要有定子电流监测、振动监测、转矩监测、轴漏磁通监测以及转速波动监测等。目前，比较实用的仍然是定子电流监测方法，即对电动机某相定子电流信号直接作谱分析，以频谱中是否存在$(1-2s)f_1$这个转子断条故障特征分量来判断转子有无断条故障。

一、定子电流监测原理

三相笼型异步电动机正常运行时，其定、转子绕组都是对称的，如果忽略高次谐波，定子绕组流过只有基波正弦交流电流，其频率为电网频率 f_1(50Hz)，转子电流的频率为 sf_1，其中 $s=\frac{n_1-n}{n_1}$称为电动机的转差率(或滑差)，n_1 为电动机的同步转速，n 为电动机的实际转速。可是，当转子发生断条故障时，转子绕组出现了不对称，转子电流产生的合成磁通势不再只有正转的（或只有反转的），而是出现相对于转子既有正转的磁通势又有反转的磁通势，其转速分别是$+n_2$ 和$-n_2$，其中 $n_2=n_1-n=s\,n_1$。这两个转子磁通势相对于定子绕组的转速分别是 $n+n_2$ 和 $n-n_2$，前者在定子绕组中感应的电动势频率为

$$\frac{p(n+n_2)}{60}=\frac{pn_1}{60}=f_1 \tag{14-7}$$

式中 p——电动机的极对数。

而后者在定子绕组中感应的电动势频率为

$$\frac{p(n-n_2)}{60}=\frac{p(n_1-sn_1-sn_1)}{60}=\frac{pn_1(1-2s)}{60}=(1-2s)f_1 \tag{14-8}$$

这时，在定子电流中既有主频率 f_1 的电流，又有附加频率 $(1-2s)f_1$ 的电流，而后一部分附加频率分量电流与主频率分量电流的相对大小取决于转子断条的严重程度。因此定子电流中的 $(1-2s)f_1$ 频率分量就可作为转子断条故障的特征分量。所以，通过测取定子电流信号并对它进行频谱分析，以频谱中是否存在 $(1-2s)f_1$ 这个转子断条故障特征分量，来判断转子是否有断条故障。

在实际存在断条故障电动机中，因为 $(1-2s)f_1$ 电流分量与基波气隙磁通相互作用，产生了一个频率为 $2f_1$ 的脉振转矩，导致电动机转矩的波动，而转矩的波动又引起了相对于平均转速 n 的转速波动 Δn，转速波动又进一步使电动机定子电流发生畸变。由于转速波动使得在基波磁场上叠加了两个频率分别为 $(1\pm2s)f_1$ 的磁场分量，它们在定子绕组中产生的感应电动势的频率为 $(1\pm2s)f_1$，这就在基波频率 f_1 电压源上叠加了两个频率为 $(1\pm2s)f_1$ 的电压源。由此可以得出如下的结论：在转子发生断条故障时，由于转子的转速波动将在定子绕组中产生频率为 $(1\pm2ks)f_1(k=1, 2, 3, \cdots)$ 的谐波电流分量。由于 $k>1$ 的谐波分量电流幅值很小，通常可以忽略，而 $(1\pm2s)f_1$ 分量则能明显地监测到。因此在电动机稳态运行进行转子断条监测时，也可以选取 $(1\pm2s)f_1$ 频率分量作为断条故障的特征分量。

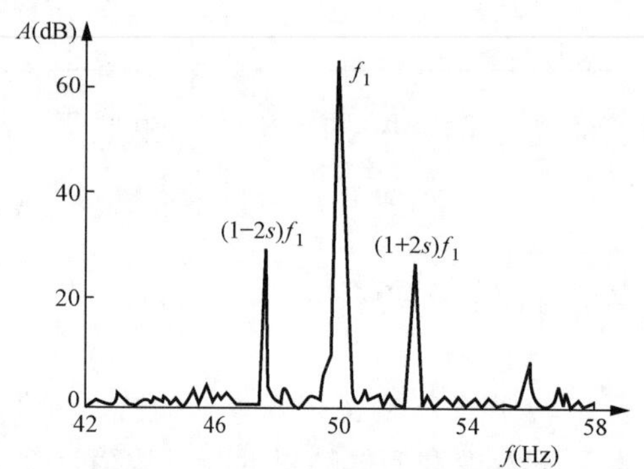

图 14-38 电动机稳态运行时转子断条的频谱图

图 14-38 是电动机稳态运行进行转子断条监测时得典型频谱图。图中谱峰最高的是电网频率 f_1 为 50Hz，左边谱峰为 $(1-2s)f_1$ 频率分量，右边谱峰是 $(1+2s)f_1$ 频率分量，这两个分量与主频 f_1 之间相距均为 $2sf_1$，也就是通常所说的，在主频 50Hz 的两侧存在 $2sf_1$ 的边带。由于电动机定子电流频谱中明显存在有转子断条故障特征分量 $(1\pm2s)f_1$，所以可以诊断该电动机转子有断条故障。

二、监测系统框图

简单的定子电流监测系统框图如图 14-39 所示，它由电流传感器、数据采集器和计算机几部分组成：

定子电流监测的信号通过电流传感器获取的，并且只取三相定子电流中的任意相电流信号。电流传感器再把定子电流信号送到数据采集器，通常定子电流信号要经过滤波与放大（或缩小）处理，然后进

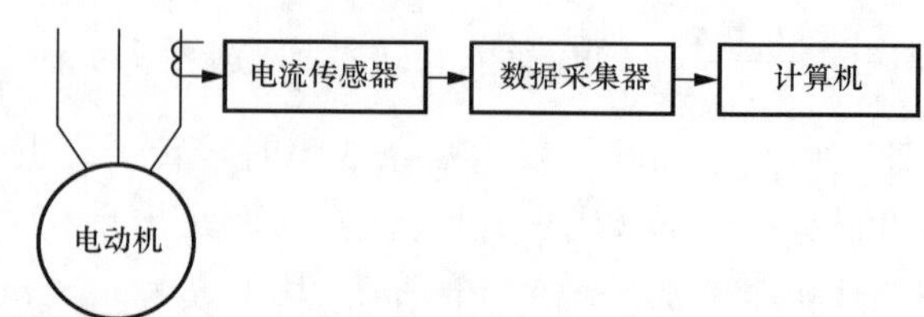

图 14-39 定子电流监测系统框图

行采集数据，即经 A/D 转换把数据传送给计算机。再由计算机中的软件进行频谱分析，并显示频谱波形，最后根据故障特征频率分量的情况判断电动机转子是否出现断条故障。

三、电动机稳态运行的监测

笼型异步电动机稳态运行时，就可以通过测取三相定子电流中的任意相电流信号来进行频谱分析，如果其频谱中发现有$(1-2s)f_1$分量或$(1\pm2s)f_1$分量的谱峰，就可以诊断电动机转子有断条故障。并且根据$(1-2s)f_1$分量谱峰与主频f_1谱峰的相对大小，来判断转子断条的严重程度。如图 14-38 中，主频f_1谱峰的高度为 66dB，$(1-2s)f_1$分量谱峰高度为 31dB，这两个谱峰高度的差值为 35dB。一般情况下，两个谱峰高度的差值越小，也就是说$(1-2s)f_1$分量谱峰相对越大，则转子断条越严重。然而，转子断条根数过多之后，$(1-2s)f_1$分量谱峰反而会减小，但转子发生初期断条故障时不会有这种情况。

图 14-40 是某电厂一台高压电动机稳态运行时定子电流的频谱图，图中除主频 50Hz 最高谱峰外，在 48.875Hz 处有较高的谱峰，这与该电动机的运行转速算得$(1-2s)f_1$吻合，而且该谱峰值与主频 50Hz 谱峰值之差为 28.9dB，故该电动机诊断有转子断条故障，该电动机经解体后断条严重。

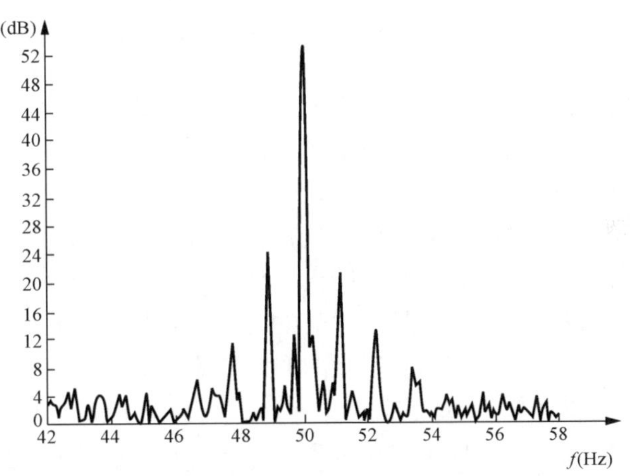

图 14-40 某电厂一台高压电动机稳态运行的频谱图

由于笼型异步电动机规格种类很多，转子每对极的导条根数（Z_2/p，其中Z_2为转子槽数即导条总根数，p为极对数）各不相同，目前还很难通过频谱图用统一的通用定量方法来准确诊断转子发生几根断条故障。若针对某特定规格的电动机，可以通过定量分析计算，做到准确诊断转子发生多少根断条故障。

笼型电动机稳态运行进行转子断条监测时，利用定子电流作谱分析的方法存在以下几点不足：

(1) 大型异步电机运行时的转差率s很小(约为 0.005～0.015)，电动机轻载时s更小。于是，$(1-2s)f_1$分量与主频f_1的频率就相当接近，因而在作频谱分析时需要很高的分辨率。

(2) 转子轻微故障(如只有一根断条)的情况下，定子电流中$(1-2s)f_1$分量的电流大小相对于主频f_1电流之比$I_{(1-2s)}/I_{f1}$很小，若电动机运行于轻载时其比值更小。还有双笼异步电动机在稳态运行时，转子电流主要流经下笼，若仅上笼有少数几根断条，它所造成的转子不对称并不明显，因而在定子电流中感应出的$(1-2s)f_1$分量非常小。所以，对电流信号作谱分析时，若$(1-2s)f_1$分量过小，往往会因主频f_1的泄漏而被淹没，使得诊断灵敏度下降。

(3) 电动机所拖动的负载不都是平稳的。例如：电厂磨煤机电动机，运行时负载波动大；有的机械传动系统出现了故障，如齿轮啮合不好等。这些机械负载的波动使定子电流发生畸变，反映在频谱图上常表现为主频f_1的各种调制成分，这些调制成分的谱峰大多分布于主频f_1的两侧。

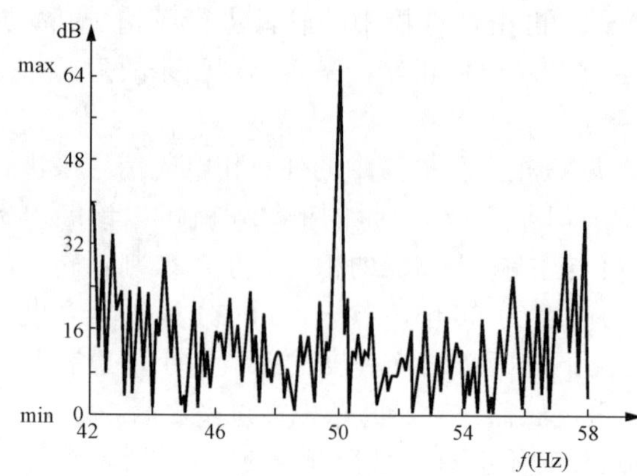

图 14-41　电动机稳态运行时定子电流频谱图

图 14-41 是某电厂一台磨煤机电动机稳态运行时定子电流频谱图，从图中很难直观看出有无$(1-2s)f_1$这一故障特征量，也就无法直观判断转子是否有断条故障。

为克服稳态运行时频谱分析方法的不足，研究人员提出了各种改进的谱分析方法，由于篇幅关系，这里不一一做介绍，读者需要时可以参考相关的文献[16~21]。下面仅介绍笼型异步电动机起动电流作时变频谱分析的方法[22]。

四、电动机起动电流的监测

存在转子断条故障的三相笼型异步电动机起动过程中，转差率 s 是在不断变化的，由转子不对称所引起的 $(1-2s)f_1$ 分量的频率也不断地变化。假设电动机起动时间足够长，于是把整个起动时间分成若干个时段，然后分别对每个时段的定子电流信号作谱分析。那么，该起动电流频谱具有以下特点：

(1) 对起动电流信号进行分段处理，各段信号数据允许重叠，由此获得的频谱随时间而变化，因此称之为时变频谱。把时变频谱画在一张频谱图上时即为三维的频谱图。

(2) 在电动机起动电流的时变频谱图上，除起动开始和起动结束的两个时段外，其他时段内$(1-2s)f_1$分量的频率可以远离主频 f_1，对谱分析的分辨率要求大大降低。

(3) 当 $s=0.5$ 时，$(1-2s)f_1$ 分量为零，但在 s 其他的不少区段，其 I_{1-2s}/I_f 值比稳态运行时大，并且在起动过程中$(1-2s)f_1$分量随 s 变化而变化。所以，起动电流的时变频谱图中，其故障特征量信息丰富，以利于进行准确地诊断。

(4) 由于电动机拖动负载起动过程中，始终满足输出转矩 T_2 大于负载转矩 T_L，即 $T_2>T_L$，因此在时变频谱图上不会出现电动机拖动波动负载运行时所出现的分布于主频 f_1 两侧的各种调制成分的谱峰。

通常，小型笼型异步电动机的起动时间不到 1s，而大、中型笼型异步电动机带负载起动时间较长，例如电厂的磨煤机电动机、排粉机电动机等，这些数百千瓦高压电动机起动时间大约为 3～10s，有的起动时间更长些。所以，对电动机整个起动时间分成若干时段，然后对每一时段作谱分析是可行的。具体监测时，则把整个起动过程的定子电流信号一起进行数据采集，采集频率 f_C 固定，而 f_C 的选取与要分析的频率范围和分辨率有关。

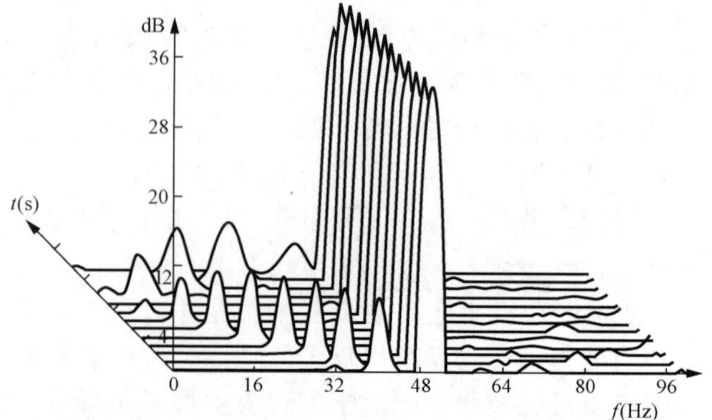

图 14-42　转子有一根断条时的时变频谱图

实验室一台四极 7.5kW 三相笼型异步电动机的起动电流的实测情况如下：该电动机转子共 26 根导条，其中有一根断条。起动时通过降压起动以延长起动时间，对该电动机定子电流进行时变频谱分析，其结果如图 14-42

所示。

由图 14-42 的时变频谱图可以看出，起动初始时，$(1-2s)f_1$ 的频率与主频 f_1(50Hz)靠得很近，见图 14-42 中最前面的一条曲线。随着转速的增加，即 s 的减小，$(1-2s)f_1$ 分量逐渐远离主频 f_1，当 s 接近 0.5 时，$(1-2s)f_1$ 分量幅值减小；当 s 小于 0.5 之后，$(1-2s)f_1$ 分量的幅值开始增加，并且随着 s 的进一步减小，$(1-2s)f_1$ 分量频率逐渐向主频 f_1 靠近，当起动快结束时，即 s 较小时，$(1-2s)f_1$ 分量幅值又变小，并与主频 f_1 靠得很近。

总结 $(1-2s)f_1$ 分量的变化规律如下：当 s 由 1→0.5→0 变化时，$(1-2s)f_1$ 分量的频率则由 f_1(50Hz)→0→f_1(50Hz)变化；而 $(1-2s)f_1$ 分量幅值则由小变大再变小→0→由小变大再变小。因此，若从电动机定子电流的时变频谱图上，观察到转子断条故障特征量 $(1-2s)f_1$ 分量的频率与幅值符合上述变化规律的频谱峰群，就可确诊电动机转子有断条故障。

其实，从诊断转子有无断条故障的角度，没有必要测试电流起动的全过程，只测试起动过程的大部分时间即可，关键是从时变频谱图上能否观察到符合转子故障特征量变化规律的频谱峰群。

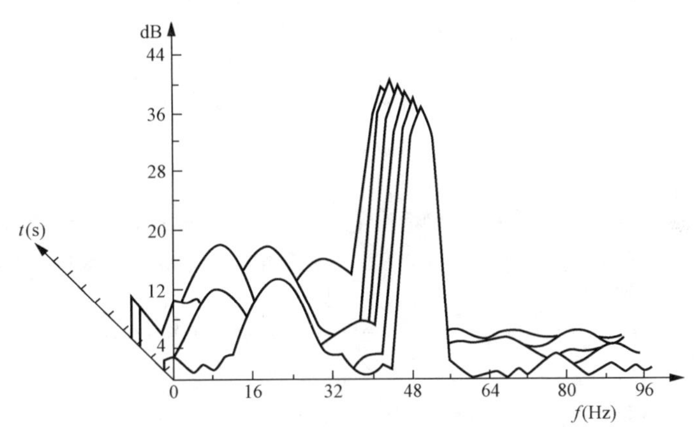

图 14-43　电动机起动电流的时变频谱图

某电厂一台磨煤机电动机起动电流的时变频谱图如图 14-43 所示。从图中很明显地观察到转子断条故障特征量 $(1-2s)f_1$ 的频谱峰群，其频率与幅值的变化符合上述的变化规律。因此，就可确诊该电动机转子有断条故障。该电动机经解体检查后，其转子断条严重。于是，把该电动机拆下，等待送去修理，换上一台备用的同规格的新电动机。对新换上的电动机进行起动电流测试，其时变频谱图如图 14-44 所示。从图 14-44 中看不到有转子故障特征 $(1-2s)f_1$ 分量及其变化规律，表明该新电动机转子没有断条故障。

上述几个实测例子表明，通过对笼型电动机起动电流信号进行时变频谱分析，并从时变频谱图上能否观察到转子断条故障特征量即 $(1-2s)f_1$ 分量的频谱峰群是否符合其变化规律，以此来诊断转子有无断条故障的方法是有效的，特别适合于拖动负荷波动较大的电动机的转子断条故障诊断。由于电动机起动电流时变频谱分析的故障特征量信息丰富，其诊断准确率高于稳态运行时的诊断。因此，笼型电动机起动电流的监测与诊断方法可作为其稳态运行监测时怀疑有转子断条故障时的一种加以进一步确诊和验证的方法。

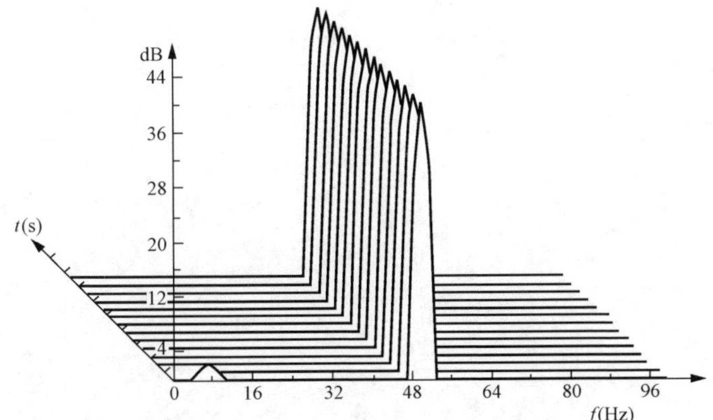

图 14-44　新电动机起动电流的时变频谱图

参考文献

[1] 姜建国，史家燕泽. 北京：电机的状态监测. 水利电力出版社，1992.

[2] 邱昌容，王乃庆. 电工设备局部放电及其测试技术. 北京：机械工业出版社，1994.

[3] 沈标正. 电机故障诊断技术. 北京：机械工业出版社，1996.

[4] 王绍禹，周德贵. 大型发电机绝缘的运行特性与试验. 北京：水利电力出版社，1992.

[5] 李伟清. 汽轮发电机故障检查分析及预防. 北京：中国电力出版社，2002.

[6] 吉林省电机工程学会. 设备诊断技术. 长春：吉林科学技术出版社，1993.

[7] 张道纲，曹广恩，朱松健. 大功率汽轮发电机及其运行(下). 北京：水利电力出版社，1986.

[8] 肖彦鹏. 发电机过热的监测与预防. 红水河，2005(2)：84-86.

[9] 陈振林，马延平. 精密光电露点仪的研制. 仪器仪表学报，2005(8)：411-413.

[10] 陈胜利. 氢冷发电机湿度超标原因分析及综合治理. 内蒙古电力技术，2005(2)：56-58.

[11] 耿明刚，张捃. 大型汽轮发电机组轴系扭振与监测. 山东电力技术，1995(3)：56-60.

[12] 姚大坤，王海龙，孙树敏，等. 透平发电机定子绕组端部动态特性和振动试验标准分析. 大电机技术，2003(6)：17-19

[13] 白 恺，白亚民. 发电机定子绕组端部机械振动模态的测量. 华北电力技术，2001(8)：5-10.

[14] 杨楚明，周尚礼，张启文. 汽轮发电机定子绕组端部振动在线监测系统的研制与应用. 大电机技术，2005(1)：23-26.

[15] 何永勇，任继顺，陈伟，等. 水电机组远程状态监测、跟踪分析与故障诊断系统. 清华大学学报(自然科学版)，2006 V46(5)：629-632.

[16] Tavner P J，Penman J. Condition monitoring of electrical machines. England：Research Studies Press Ltd，Letchworth Hertfordshire，1987.

[17] Penman J. Condition monitoring of electrical drives. IEE proceedings，1986，133(3)：142-148.

[18] 张龙照，邱阿瑞. 用频谱分析方法检测异步电机转子故障. 电工技术学报，1987，(4)：46-50.

[19] Kliman G B，et al. Noninvasive detection of broken rotor bars in operating induction motors. IEEE Trans on EC，1988，3(4)：873-879.

[20] 邱阿瑞. 提取感应电动机转子故障特征的新方法. 清华大学学报(自然科学版)，1997，37 (1)：35-37.

[21] 许伯强，李和明，孙丽玲，等. 笼型异步电动机转子断条综合在线检测方法. 华北电力大学学报，2000，27(4)：23-28.

[22] 邱阿瑞. 用起动电流的时变频谱诊断鼠笼异步电机转子故障. 中国电机工程学报，1995，15(4)：267-273.

第十五章

金属氧化物避雷器的监测与诊断

◎ 第一节　概　　述

一、金属氧化物避雷器

自 1967 年氧化锌避雷器问世、应用在电力系统中以来[1]，就以它优良的性能得到迅速发展。与传统的碳化硅避雷器相比较，氧化锌避雷器主要具有以下几个方面的优点[1~4]：

（1）残压低，保护特性好。由于金属氧化物避雷器的伏安特性有良好非线性的特点，在正常运行电压下呈现出很高的电阻值，使通过它的电流仅为微安级。在动作电压之上和电流很大的变化范围内，伏安特性呈平坦曲线，残压低，能够很有效地抑制过电压，保护电气设备的绝缘性能，而且易于实现合理的绝缘配合，增强安全裕度，降低被保护设备造价。

（2）通流能力大。金属氧化物阀片密度高，比热容大，通流能力约是碳化硅的 4 倍，因此，在需要大的通流能力的场合尤其显示出其优越性。

（3）动作延时小，陡波响应特性好。

（4）可以作成无间隙避雷器，结构简单、可靠性高。

由于在工作电压下，金属氧化物避雷器的电流比碳化硅避雷器小很多，只有微安级，可以取消碳化硅避雷器的串联间隙，提高了可靠性，动作稳定性好，氧化锌避雷器的抗污秽性能也比碳化硅避雷器有很大改善。

图 15-1 表示两种避雷器的伏安特性[5]，对比两图可以看出：在接近碳化硅避雷器动作的电流区域，金属氧化物避雷器伏安特性远比碳化硅避雷器伏安特性平坦。

二、金属氧化物阀片特性

了解金属氧化物避雷器的监测诊断技术，必须了解其关键元件——金属氧化物阀片的外部的电气特性。参考文献［7］归纳总结的金属氧化物阀片的一些基本特性。

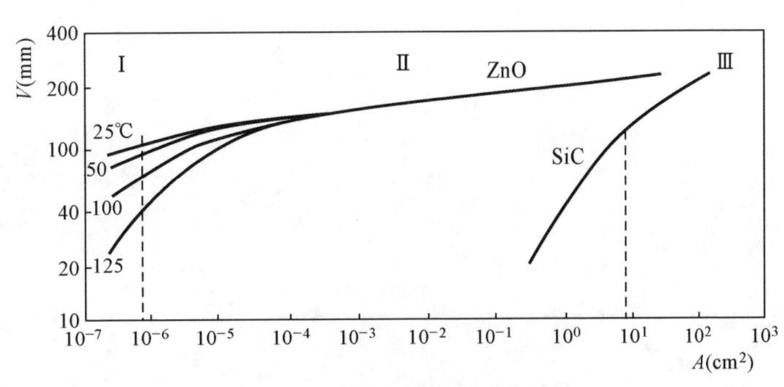

图 15-1　两种避雷器的伏安特性

目前，已为人们提出的金属氧化物阀片的等值电路有多种，其中一个较全面考虑金属氧化物阀片工作在不同电流下的等值电路如图 15-2 所示。

在运行电压作用下，通常应用的金属氧化物阀片小电流范围内的等值电路可简化为如图 15-3 所示。

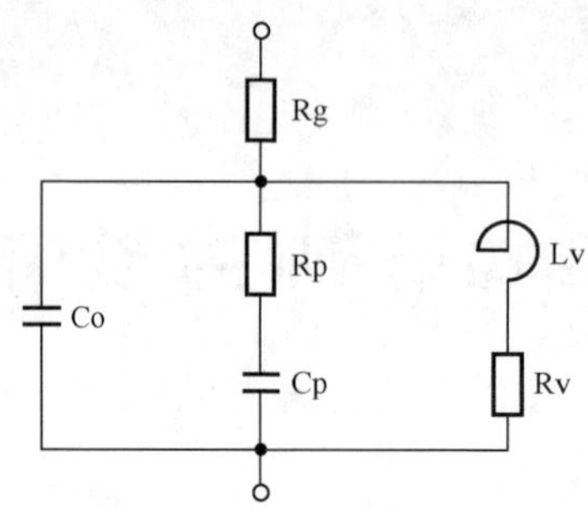

图 15-2 金属氧化物阀片等值电路图

Co—金属氧化物阀片固有电容；Rp、Cp—模拟金属氧化物阀片极化过程的电阻、电容；Rv—模拟金属氧化物阀片非线性电阻；Lv—模拟金属氧化物阀片残压和电流波前陡度关系的电感；Rg—描述金属氧化物阀片晶粒电阻，此电阻在冲击大电流下起重要作用

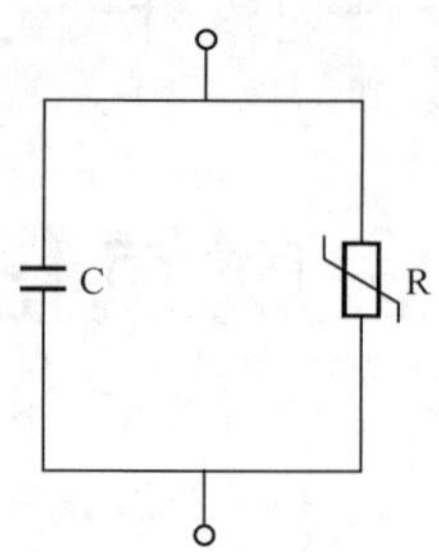

图 15-3 金属氧化物阀片小电流等值电路

C—恒值电容；R—非线性电阻，其阻值由于多种因素的影响而改变

金属氧化物阀片的伏安特性 U-I（或 E-J），如图 15-4 所示。金属氧化物阀片的伏安特性分为四个区域：

（1）区域 1：伏安特性近似于线性关系，称为线性区。

（2）区域 2：伏安特性为弱非线性关系，称为预击穿区，其特性可以 $U=C\,I^{a}$ 表示，a 为非线性系数，约为 0.1，C 为常数，与阀片特性及尺寸有关。

（3）区域 3：伏安特性呈极强非线性，a 值在 0.02～0.04 之间，称为击穿区。

（4）区域 4：伏安特性上翘，非线性减弱，a 值为 0.1。

在区域 1 和区域 2，阀片呈现高电阻，在持续运行电压作用下流过的电流很小，为小电流区。由小电流区过渡到大电流区，阀片性质起了剧烈变化。在电压变化很小的范围内，阀片由呈高电阻到呈低电阻，这个过渡带以一个参考电流 I_{ref} 流过阀片而在其上呈现的电压作为参考电压 U_{ref} 表示，一般参考电流定为 1mA。

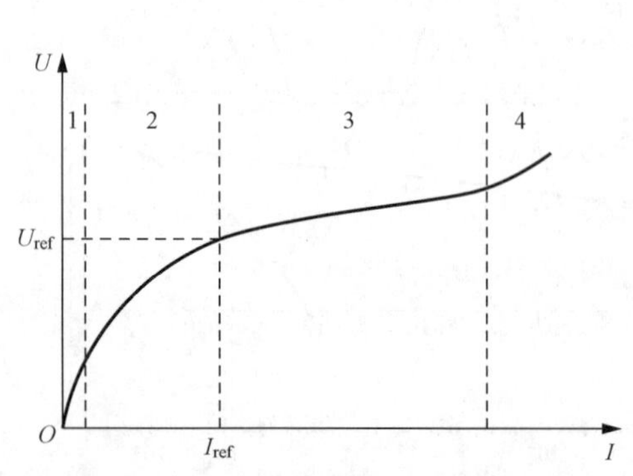

图 15-4 金属氧化物阀片的伏安特性

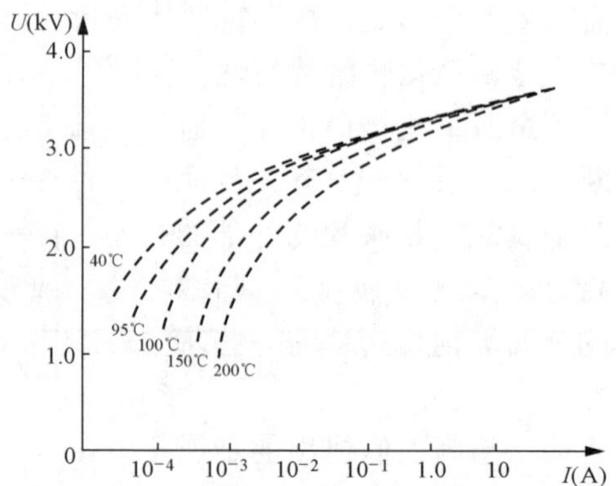

图 15-5 伏安特性受温度的影响

通常将持续运行电压U_{con}与参考电压U_{ref}之比称为荷电率K

$$K=U_{con}/U_{ref} \tag{15-1}$$

在金属氧化物阀片的小电流区域，其伏安特性显著受温度影响，随温度上升而右移，如图 15-5 所示。

三、金属氧化物避雷器运行中出现故障的主要机理

虽然金属氧化物避雷器与碳化硅避雷器相比具有许多优点，但在投入电力系统使用之后，也出现了各种各样的问题，从原理方面分析，主要有以下几个方面。

1. 老化现象

由于金属氧化物避雷器取消了串联间隙，在电网运行电压作用下，其上要流过泄漏电流（以后省去“泄漏”二字），电流中有功分量即阻性电流虽然较小，但仍会使阀片升温，并使阻性电流随时间缓慢增加，也即缓慢改变了其伏安特性，这称为老化现象。老化现象将影响避雷器工作的性能并可能引起热破坏。

阀片老化的机理比较复杂，在多种解释中只有离子迁移化老化机理得到学术界认可，此处不作叙述。

图 15-6 表示阀片损耗在老化前后的比较。

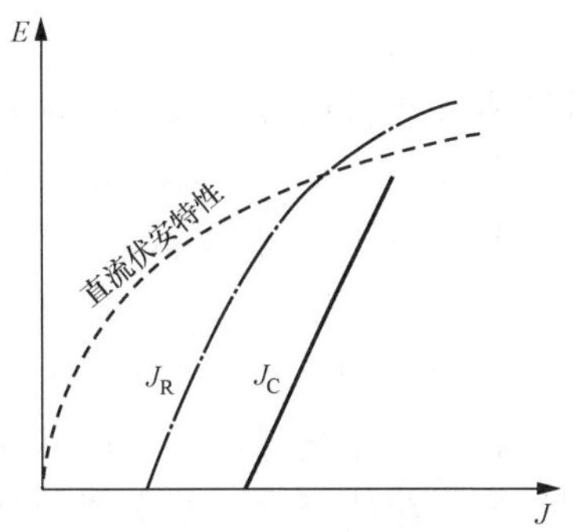

图 15-6 阀片损耗在老化前后的比较

J_R—交流阻性分量；J_C—交流容性分量

阀片在老化试验前后功率损耗的比较如图 15-7 所示。

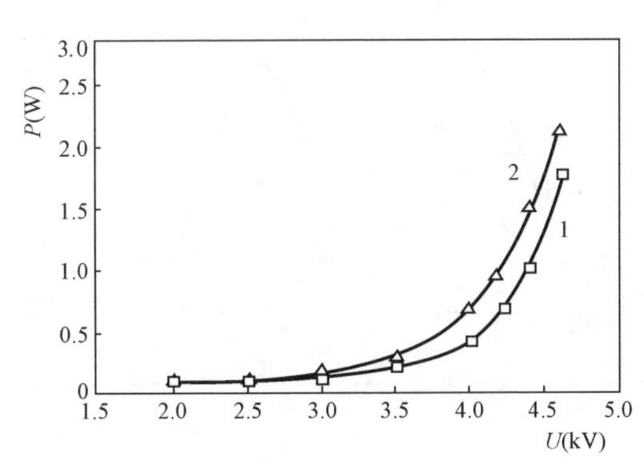

图 15-7 阀片老化试验前后功率损耗比较

1—试验前；2—试验后

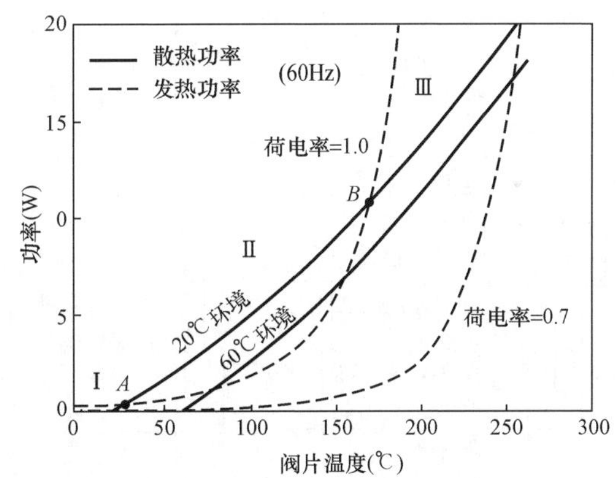

图 15-8 环境温度变化时发热及散热功率变化的情况

老化试验时，冲击电流时间虽然很短，但因热量大，短时散热很少，阀片将因发热而出现老化现象。此外，单纯的机械应力也可以引起老化现象，其机理目前尚不清楚。

2. 热击穿现象

阀片会由于损耗而升温，而温度升高后又使阀片电阻下降再导致损耗加大，因此会出现正反馈过程。

具体的热状态分析如下。图 15-8 表示金属氧化物避雷器阀片在两种温度下的发热功率和散热功率曲线[8]。以环境温度 20℃、荷电率为 1.0 的曲线为例，发热曲线与散热曲线相交处 A 和 B 是两个工作点。其中 A 是稳定工作点，B 是不稳定工作点。这两个工作点将阀

片温度划分为Ⅰ、Ⅱ、Ⅲ三个区域。当某一时刻阀片温度处于Ⅱ区内时，散热功率恒大于发热功率，阀片温度将降低，直到 A 点，此时散热功率与发热功率相等，温度稳定，不再变化。而当阀片温度处于Ⅰ区内，发热功率恒大于散热功率，阀片温度不断上升，直到 A 点处，散热功率等于发热功率，温度不再变化。所以，A 点是稳定工作点。而当阀片温度处于Ⅲ内，发热温度恒大于散热功率，温度不断上升，直至阀片烧损，也就是出现了热崩溃现象。因此，B 点为不稳定工作点。

3. 受气候的影响

金属氧化物避雷器受到雨、雪、凝露及尘埃的污染，会由于金属氧化物避雷器内外电位分布不同而使内部金属氧化物阀片与外部瓷套之间产生较大电位差，导致径向局部放电现象发生，这有可能会损坏整支避雷器[6]。

4. 避雷器的机械强度

避雷器的瓷套、端子和基座由于设计工艺不良，大气腐蚀，应力疲劳和地震等原因受机械力作用可能会受到损坏，出现避雷器开裂、断裂、倾倒等故障。

金属氧化物避雷器损坏将导致停电，造成经济损失。

四、金属氧化物避雷器各部件的故障

金属氧化物避雷器各个部件的故障种类很多[10]，参见表 15-1。

表 15-1　　金属氧化物避雷器的故障种类

部　件	原　因	发展进程	可能结果
阀　片	正常电压 冲击电压 受潮	老化—发热—正反馈发热现象	热击穿—爆炸
支持绝缘	长期电压 绝缘性能不良 受潮	绝缘强度下降—漏电流增加	击穿—爆炸
套　管	表面异物 表面污染 强度不足 地震	避雷器外部及内部电位分布不同 龟裂	局部放电，损坏避雷器 破损、倾倒 漏气
密封部件	质量差 长期老化	永久变形增加	漏气
接线端子	连接松动 环境腐蚀	高压线松动—断线—脱落 地线松动—断线—脱落	避雷器不起作用 触电
基　座	强度不足 环境腐蚀	地震、大风等造成倒塌	放电—短路
防爆片	强度疲劳 腐蚀 内压上升	变形—破损—漏气	受潮

根据统计，我国电力系统 20 世纪 80～90 年代初期应用金属氧化物避雷器以来，电压等级在 110kV 以上的国产金属氧化物避雷器已达 7060 相，累计运行 16789 相·年，其中有 48 相发生事故，占 0.68%；90 相退出运行，占 1.3%。统计事故率占 0.286 相/百年相，其中受潮引起事故占 60%[12]。引进的 110kV 以上的国外金属氧化物避雷器有 2000 多相，主要

是瑞典 ASEA，日本日立、明电舍、三菱、东芝，瑞士 BBC 和美国 GE 等家产品，不完全统计有 23 相损坏，退出运行有三十多相，事故率为 0.34 相/百相年，事故率高于国产避雷器，其主要故障是由于老化、参考电压低，阀片温度系数过大和电位分布不均匀等原因造成[12,13]。

避雷器受潮的原因除了制造工艺问题外，其根本原因发是避雷器存在呼吸作用。据估算，瓷套式高压避雷器内部空腔约占内部空间 50%。在环境温度冷热交变的条件下，内部空气不断膨胀、收缩而形成内外空气流通的呼吸作用，从而潮气不断侵入，最后酿成事故。有的文章指出，配电型金属氧化物避雷器由受潮引起的故障高达 60%。

根据美国宾夕法尼亚州电力电灯公司的统计，瓷套式金属氧化物避雷器的事故率达 0.2%～1.0%，其中 25%属恶性事故。

为降低金属氧化物避雷器运行故障，我国监测技术应用已相当普遍，运行部门应特别注意老化及受潮现象。

五、金属氧化物避雷器的阻性电流

金属氧化物阀片的阻性电流（见图 15-3 中 i_R）是判断金属氧化物避雷器阀片是否老化或受潮的最常用的方法。在正常运行电压下，流过图 15-3 中的非线性电阻的阻性电流仅占总电流的 10%～20%，如图 15-9 所示。

通常应用电桥式电路在实验室中测量阻性电流波形，其电桥电路原理如图 15-10[14] 所示。

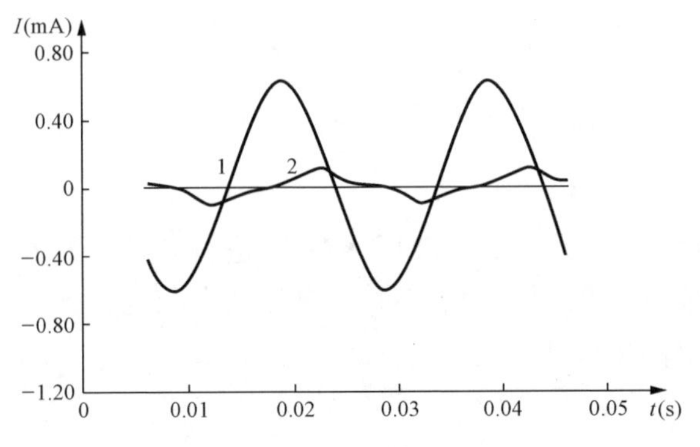

图 15-9 避雷器的阻性电流和总电流

1—总电流；2—阻性泄漏电流

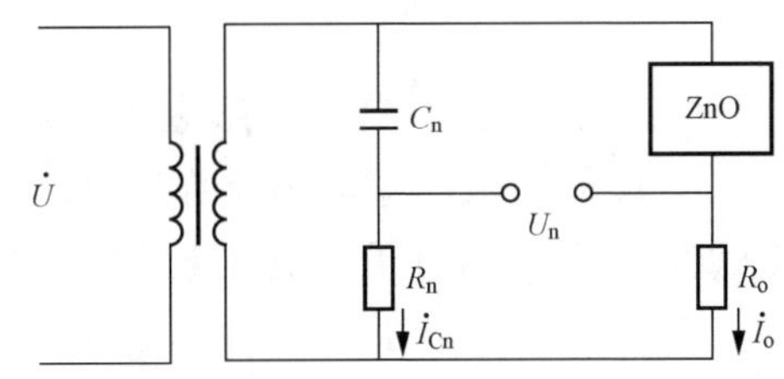

图 15-10 电桥电路的原理

电桥式电路的输出电压是 U_n，此电压就是阻性电流在 R_o 上产生的压降。它的原理是应用电容元件 C_n 中的容性电流在电阻 R_n 上产生的电压降，对金属氧化物阀片简化等值电路中电容元件产生的容性电流在 R_o 上产生的电压降进行补偿，将金属氧化物阀片或金属氧化物避雷器的阻性电流压降从总电流压降中分离出来。为了减小测量误差，需要选择 $R_n \ll \frac{1}{\omega C_n}$、$R_o \ll |Z_\chi|$，$Z_x$ 为金属氧化物阀片总阻抗，按照图 15-3 所示的金属氧化物阀片简化等值电路可得

$$Z_x = R // \frac{1}{j\omega C}$$

$$|Z_\chi| = \frac{R}{\sqrt{1+(\omega CR)^2}}$$

式中 ω——电源电压角频率。

电桥式电路分离阻性电流的原理如下：

设

$$u = U_m \sin(\omega t + \varphi)$$

$$i_{Cn} = I_{CnM} \sin(\omega t + \varphi + \pi/2) + i_R(t)$$

$$i_o(t) = i_C(t) + i_R(t) = I_{CM} \sin(\omega t + \varphi + \pi/2) + i_R(t)$$

式中 i_{Cn}、i_C——分别为流过电容 C_n、金属氧化物阀片等值电路中电容 C 中的总电流。

I_{CnM}、I_{CM}——对应的电流幅值。

所以

$$\begin{aligned} u_n(t) &= R_o i_o(t) - R_n i_{Cn}(t) \\ &= R_o\, i_C(t) + R_o\, i_R(t) - R_n\, i_{Cn}(t) \\ &= R_o\, i_R(t) + (R_o\, I_{CM} - R_n\, I_{CnM}) \sin(\omega t + \varphi + \pi/2) \end{aligned}$$

当

$$R_o\, I_{CM} - R_n\, I_{CnM} = 0 \tag{15-2}$$

则有

$$u_n(t) = R_o\, i_R(t)$$

从而得出

$$i_R(t) = u_n(t) / R_o \tag{15-3}$$

操作方法是将 u_n 信号接到示波器上，根据示波器屏幕上的波形调节 R_n 进行补偿。判断式（15-2）成立的依据是：认为所测波形与横轴包围的面积为最小时或电流波形与电压波形的零点重合，从而得到阻性泄漏电流波形，如图 15-11 所示。

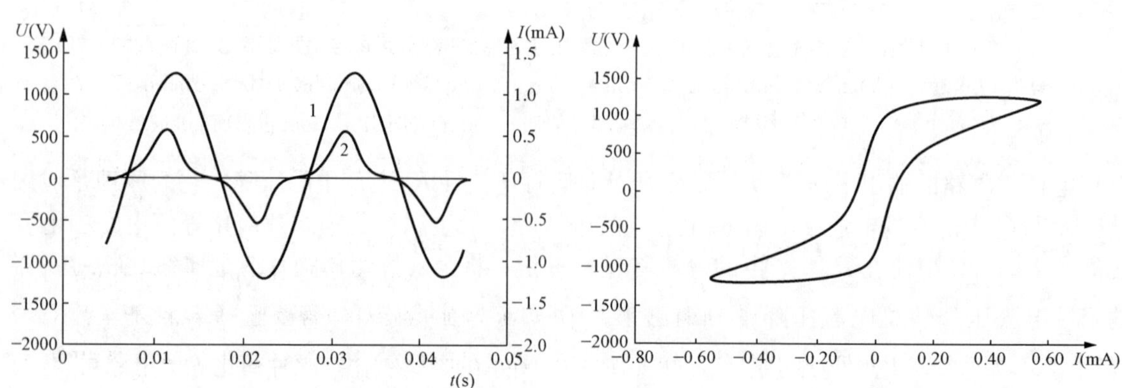

图 15-11 避雷器上的电压和被分离出的阻性泄漏电流波形

1—电压；2—阻性泄漏电流

图 15-12 带滞回的伏安特性

图 15-11 中曲线 1 为避雷器上电压较低（峰值 560V）的阻性电流波形，波形近似正弦形；图 15-11 曲线 2 为避雷器上电压较高（峰值 1300V）的阻性泄漏电流波形，波形是尖波。

如将所得的阻性电流波形和相应的电压波形画成伏安特性，则成为图 15-12 的带滞回的图形。

带滞回的伏安特性说明在此电路中有无功损耗，因此较好的金属氧化物避雷器的等效电路应如图 15-13 所示。

将图 15-13 中的非线性电阻 R 和线性电容 C 的伏安特性分开，则得到图 15-14 中的两个伏安特性。

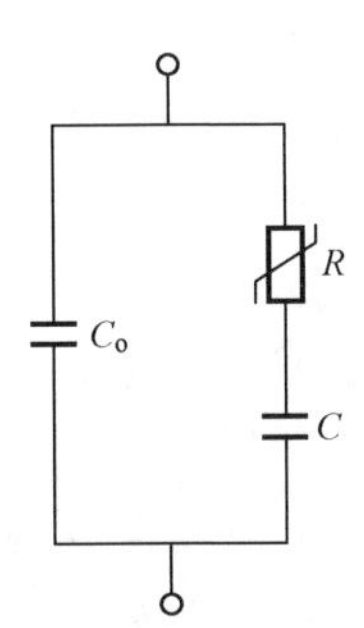

图 15-13 较好的金属氧化物避雷器的等效电路

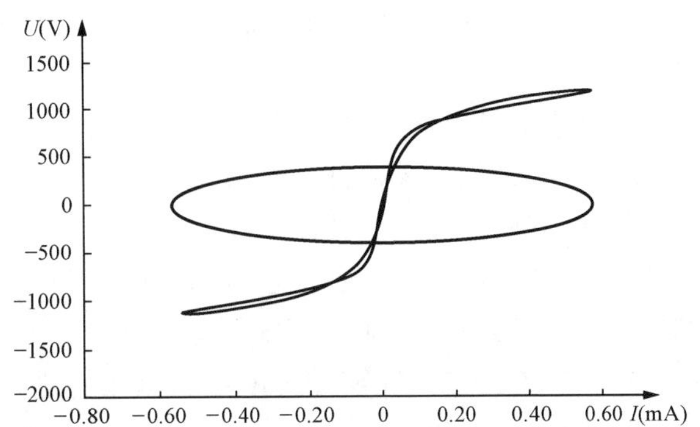

图 15-14 非线性电阻 R 和线性电容 C 的伏安特性

◎ 第二节 在线监测和故障诊断方法

如前面指出，金属氧化物避雷器在运行过程中会逐渐产生老化和受潮，在各种环境下运行也会出现一些故障，有时预防性试验和验收试验是难以及时发现的。此外，预防性试验也需要停电。因此，近年来提出了在线监测金属氧化物避雷器运行状况的要求。

在线监测金属氧化避雷器运行状况，可以在不停电情况下随时了解金属氧化物避雷器的性能，及时发现异常情况和事故隐患、采取预防措施，及时进行维修、以防止事故扩大造成经济损失，这对于系统的安全运行、合理安排检修时间、节约费用等方面有很大的优越性。

目前在线监测金属氧化物避雷器运行状况，主要针对以下几个方面的故障：①阀片老化；②内部受潮；③阀片与外瓷套之间局部放电现象。下面只介绍最常用的老化和受潮的监测和诊断技术。

现有在线监测金属氧化物避雷器的方法有很多种，这里从以下几个方面叙述。

一、传感器

电流传感器可从金属氧化物避雷器地线上将总电流信号提取出来，常用的有环形电流互感器、钳形电流互感器和串联电阻几种方法。也可以不用电流传感器，而是利用避雷器底部计数器中的电阻上的电压降来获得，这可以降低仪器成本，并减少电流传感器可能带来的问题。

在有的量测方法中，需要取得电网电压信号，应用电压传感器可将电网电压信号提取出来，通常应用的是变电站中现有的电压互感器。

二、信号分析方法

信号分析方法分为分模拟信号分析和数字信号分析。

（1）模拟信号分析是用各种模拟电路对传感器获得的电压、电流信号进行分析处理。

（2）数字信号分析是利用A/D采样将传感器获得的电压、电流信号转换成数字量，利用单片机或微机及其编制的软件对数字信号进行处理。[15]

当前在线监测金属氧化物避雷器运行状况的仪器中，大多数为模拟式仪器。近年来，采用数字信号分析方法的智能化仪器也在逐步发展起来，具有广阔前景。

三、监测诊断仪器的结构方式

（1）根据输出方式，仪器可分为：

1）指针式和数字式电表。完善的仪器可以指示出总电流、阻性电流峰值、平均发热功率等。

2）屏幕。可以在屏幕上显示电压、电流波形。除可对阻性电流波形进行监测外，还可根据波形观察内部有无局部放电发生。

（2）根据监测诊断仪器的工作制，可分为长期监测和便携式监测两类：

1）长期监测是将在线监测仪器长期装置在现场，用以定期和根据情况随时检测记录金属氧化物避雷器各种特征量的变化。

2）便携式仪器是在需要了解金属氧化物避雷器运行状况时，将仪器带到现场进行测量。

这两种工作制各有其优缺点，从技术上看前者更为完善，但技术难度较大，而且成本较高。

四、仪器基本原理

1. 全电流法[16]

金属氧化物避雷器发生老化或受潮时，阻性泄漏电流增加，从而使总电流也增加，依据这一特征可判断金属氧化物避雷器运行状况。

监测全电流方法的电路原理图如图15-15所示。它采用电流表与金属氧化物避雷器的计数器并联或用电流传感器测出电流，得到包括各次谐波电流在内的有效值。

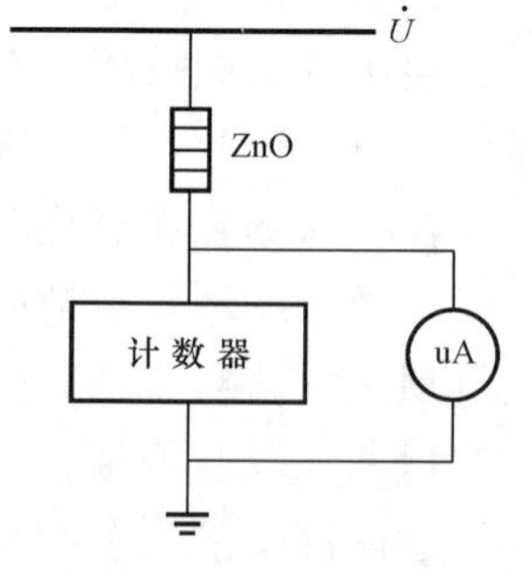

图15-15 全电流法电路原理图

在电网电压不变的条件下，金属氧化物避雷器全电流中的容性分量变化不大，全电流的增加只是由阻性电流增加造成的。因此监测全电流的变化，在一定程度上能获知阻性电流的变化。这种方法简单、易行，无须进行任何信号处理。但是，正常状况下，金属氧化物避雷器的全电流的容性电流分量远大于阻性电流分量，两者基波又成90°相位差，这就使测出的全电流有效值或平均值常主要取决于容性泄漏电流分量。即使阻性电流增加一倍，全电流也无明显差别，因此这种方法监测的灵敏度很低，只有在严重受潮、严重老化或绝缘显著恶化的情况下才能表现出明显变化。

2. 同期整流法[17]

同期整流法的工作原理图和波形示意图如图15-16所示。同期整流法的原理是：将金属氧化物避雷器总电流通过基波滤波器得到基波电流，再从电网电压信号的电压零点开始对电流半个周期积分，其中电容电流因与电压成90°，在电压零点起的半个周波内，电容电流正

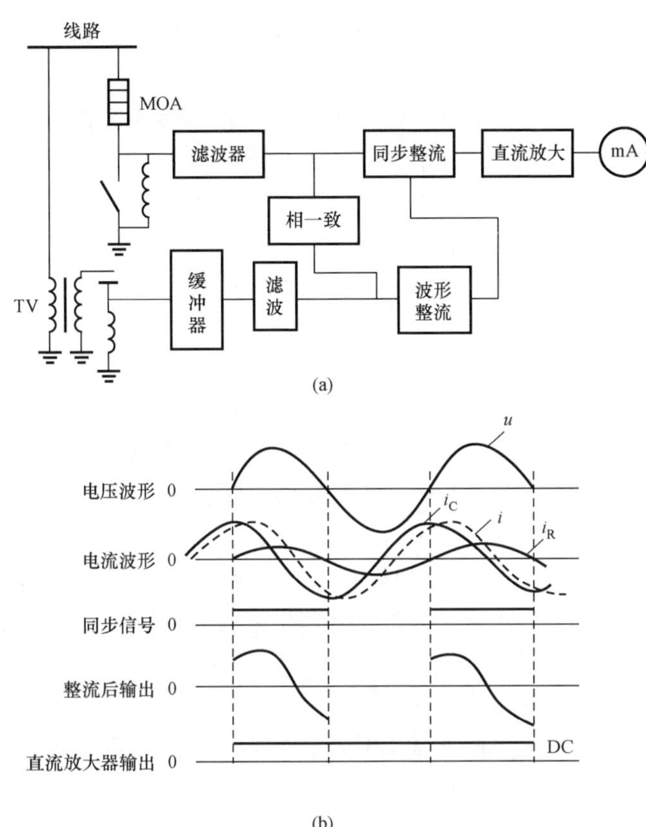

图 15-16　同期整流法接线框图和波形图
(a) 工作原理；(b) 波形示意

负波抵消，积分值为零，因此可得到阻性电流基波分量对时间的积分值。由此就可求出半个周期的阻性电流的平均值。

这个方法只能检测金属氧化物避雷器阻性基波电流平均值，不能得到阻性电流波形，对阀片开始老化时的检测灵敏度不高。这个方法需要电压传感器。

3. 谐波电流法

当金属氧化物避雷器发生老化时，阻性电流非正弦畸变严重，因此阻性电流谐波成分增加。从这点出发，检测谐波电流的变化，可以判断金属氧化物避雷器的老化状况。

谐波电流法中比较简单易行的是三次谐波法[18]。三次谐波法是从金属氧化物避雷器地线上将总电流取出，使其进入三次谐波带通滤波器，得到三次谐波电流。

在不同老化情况下，金属氧化物避雷器阻性泄漏电流各次谐波电流的变化情况如图 15-17 所示。由于在老化情况下谐波电流较基波电流增加要快，而三次谐波幅值较其他高次谐波大，因此根据阻性三次谐波电流监测金属氧化物避雷器的运行状况，具有较高的灵敏度。

这种方法的检测仪器主要优点是不需用电压传感器。这个方法存在以下几个方面的问题：

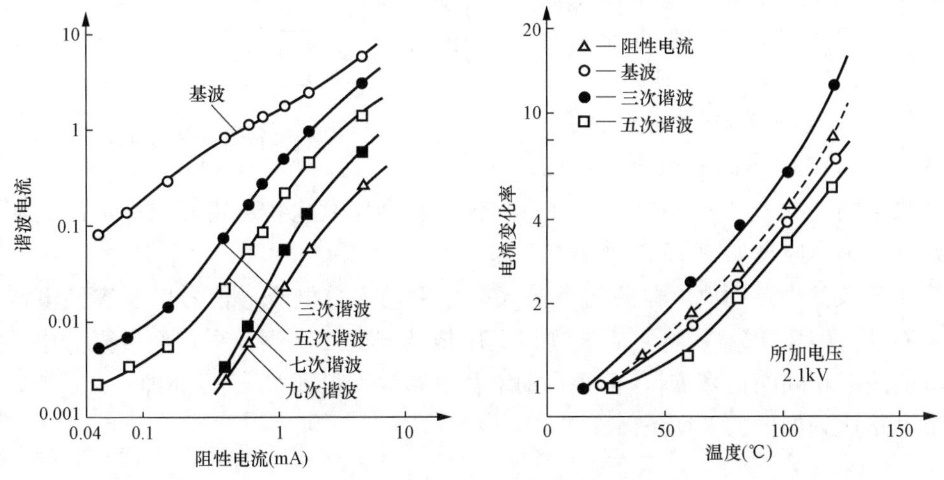

图 15-17　阻性电流各次谐波的变化

（1）不同金属氧化物阀片 $i_R=f(i_{R3})$ 关系不唯一，老化后的 $i_R=f(i_{R3})$ 关系难以统一确定。

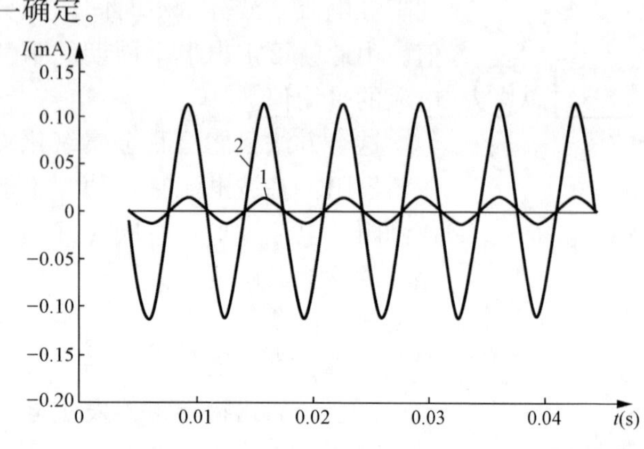

图 15-18　阻性三次谐波电流与阻容合成三次谐波电流

1—阻性三次谐波电流；2—阻容合成三次谐波电流

（2）由于受潮和污秽的避雷器的阻性电流基本上仍是正弦波形，所以阻性三次谐波电流无法反映金属氧化物避雷器出现受潮、污秽情况，而这些情况常是造成避雷器故障的重要因素。

（3）电网电压有三次谐波成分时，三次谐波电压将产生容性三次谐波电流，如果不将它从三次谐波电流法测得的结果中去掉，就会给检测结果造成误差。图 15-18 是实际检测中得到的阻性三次谐波电流和阻容合成三次谐波电流的波形，从图中可以看出，阻容合成三次谐波电流明显大于阻性三次谐波电流。

4. 基波电流法[16]

基波电流法是通过测量阻性基波电流变化来判断金属氧化物避雷器的运行状况，这主要是从考虑检测结果不受电网谐波电压的影响的角度考虑的。

5. 电容电流补偿法

电容电流补偿法也称电容电流自动补偿法，其原理是将金属氧化物避雷器两端电压信号进行微分移相，得到一个与总电流中的容性分量波形相同的补偿信号，再经过可调增益放大器自动调整，得到与容性电流相同的补偿电流信号。由电流传感器将避雷器的总电流信号引出，经放大器放大，并与补偿电流信号分别输入到差动放大器的同相和反相输入端，就可将避雷器总电流中的容性部分抵消，得到阻性泄漏电流。其工作原理如图 15-19[19] 所示。

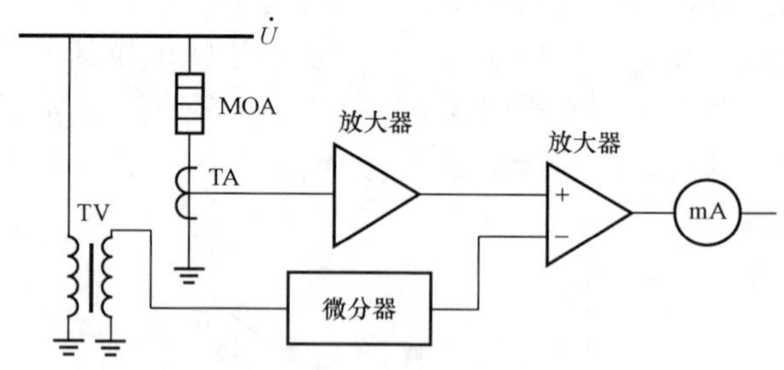

图 15-19　电容电流补偿法原理图

现有的在线监测仪器中，国内的一些单位认为，日本计测器制造所根据电容电流补偿法制成的 LCD-4 型泄漏电流检测仪检测金属氧化物避雷器阻性泄漏电流的检测效果较好，其工作原理如图 15-20 所示[20]。

LCD-4 型仪器中差动放大器的两个输入端分别输入总电流 i_x 信号以及容性电流分量信号 $G_o e_{sp}$，G_o 是放大器增益。将 e_s 从被测相电压传感器的二次侧取样，经过微分电路，得到与容性电流波形相同的信号 E_{sp}，再经自动增益电路放大得到 $G_o\, e_{sp}$，亦即 $G_o\, du/dt$，当依靠自动调节电路达到如下的平衡条件

$$\int_0^{2\pi} e_{sp}(i_\chi - G_o e_{sp})\mathrm{d}\omega t = 0$$

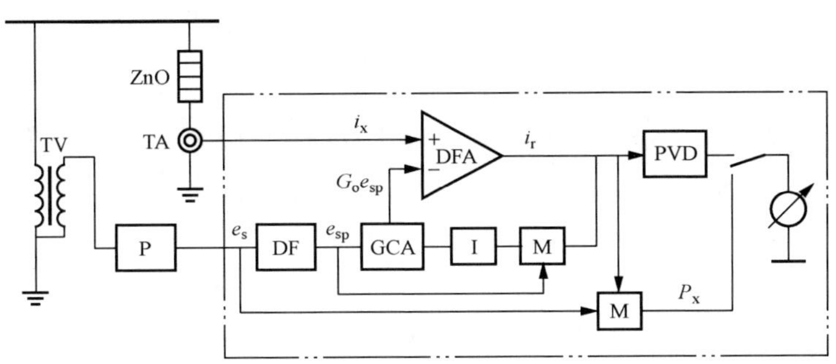

图 15-20 LCD-4 仪器原理图

P—光电隔离器；TA—钳型电流互感器；M—乘法器；DFA—差动放大器；I—积分器；GCA—增益控制放大器；DF—差分移相电路；PVD—峰值测量电路

即可得到阻性电流。

下面，推导 LCD-4 仪器的检测过程。设：

电网电压

$$u=U_1\sin\omega_1 t$$

阻性电流

$$i_{nl}=I_{nl1}\sin(\omega_1 t+\theta_1)+I_{nl3}\sin(3\omega_1 t+\theta_3)$$

容性电流

$$i_C=C\frac{du}{dt}=C\omega_1 U_1\cos\omega_1 t$$

根据 LCD-4 仪器的自动平衡条件

$$\begin{aligned}&\int_0^{2\pi}\frac{du}{dt}\left(i_\chi-G_o\frac{du}{dt}\right)d\omega_1 t\\&=\int_0^{2\pi}i_C\frac{du}{dt}d\omega_1 t+\int_0^{2\pi}\frac{du}{dt}i_{nl}d\omega_1 t-\int_0^{2\pi}G_o\left(\frac{du}{dt}\right)^2 d\omega_1 t\\&=\int_0^{2\pi}(C-G_o)\left(\frac{du}{dt}\right)^2 d\omega_1 t+\int_0^{2\pi}\frac{du}{dt}i_{nl}d\omega_1 t\\&=(C-C_o)\omega_1^2\pi U_1^2+\omega_1\pi U_1 I_{nl1}\sin\theta_1\\&=0\end{aligned}$$

可得到

$$C=G_o-\frac{I_{nl1}\sin\theta_1}{\omega_1 U_1}$$

则差动放大器输出的电流信号 i'_{nl} 可表示如下式

$$i'_{nl}=i_\chi-G_o e_{sp}=C\frac{du}{dt}+i_{nl}-G_o\frac{du}{dt}$$

$$= (C - G_o)\frac{du}{dt} + i_{nl}$$

$$= I_{nl1}\sin(\omega_1 t + \theta_1) - I_{nl1}\sin\theta_1\cos\omega_1 t + I_{nl3}\sin(3\omega_1 t + \theta_3)$$

根据阻性电流的定义，$\theta_1 = 0$，此时差动放大器输出的电流信号即为阻性电流

$$i'_{nl} = i_{\chi} - G_o e_{sp}$$

$$= I_{nl1}\sin(\omega_1 t) + I_{nl3}\sin(3\omega_1 t + \theta_3) = i_{nl}$$

一般认为，LCD-4 仪器原理严谨，能对各次容性谐波电流进行补偿，可以得到阻性电流波形和峰值，并可以得到各次谐波电压产生的总功率，是目前功能较齐全的检测仪器。当然，在实际应用中，电容电流补偿法在监测金属氧化物避雷器阻性电流时，会出现一些问题影响检测的正确性。

◎ 第三节 在线监测实际问题

由于合格的金属氧化物避雷器的阻性电流在总电流中占较小成分，许多实际因素影响将其从总电流中正确分离出来，只有弄清这些问题产生的原因和影响的途径，才能恰当地分析各种检测方法并找到正确的解决办法。

在线监测金属氧化物避雷器的阻性电流时，将遇到如下实际问题：

1. 谐波电压对检测阻性电流的影响

在电网中，由于使用的各种各样电力电子设备与日俱增，虽然有抑制谐波的各种措施，但不可避免地存在谐波电压。

电网谐波电压加在金属氧化物避雷器上，会使其总电流的谐波电流中也会含有容性成分并且与阻性泄漏电流中的谐波成分混合，给从总电流中将阻性电流分离出来造成困难。此外，谐波电压还可以从其他方面影响正确检测出金属氧化物避雷器阻性电流波形。

下面以电容电流补偿法为例说明三次谐波对检测出的阻性电流的影响。

设：电网电压为

$$u = U_1\sin\omega t + U_3\sin(3\omega t + \varphi_3)$$

避雷器容性电流为

$$i_C = CU_1\omega\cos\omega t + 3CU_3\omega\cos(3\omega t + \varphi_3)$$

避雷器阻性电流为

$$i_{nl} = I_{nl1}\sin(\omega t + \theta_1) + I_{nl3}\sin(3\omega t + \theta_3)$$

在上述条件下，通过自动平衡条件可解出测量出的阻性电流 i'_{nl} 为

$$i'_{nl} \approx i_{nl} - I_{nl3}U_3\sin(\theta_3 - \varphi_3)[3U_1\cos\omega t + 9U_3\cos(3\omega t + \varphi_3)]/U_1^2 \tag{15-4}$$

由上式可以分析出不同的电网谐波电压大小及相位差对检测误差的影响。

2. 避雷器相间杂散电容对检测阻性电流的影响

当三相金属氧化物避雷器同时带电运行时，各相避雷器之间的分布电容对避雷器底部电容电流的大小及相位均有影响。图 15-21 示出 a、b 两相间分布电容的简化示意图。

由图 15-21 可知，通过相间分布电容 C_i，各相避雷器间有了电气联系，即各相避雷器不仅受到本相电压的作用，还通过相间分布电容受到邻相电压的作用，产生相应的电容电流和电阻电流。避雷器间的电压等级，也即距离和高度决定了相间的作用程度，电压越高，现象越突出。这些电流不但影响电容电流和电阻电流的大小，而且影响电流的相位，这将给正确检测金属氧化物避雷器电阻电流带来困难。一般认为，220kV 及以上一字并列安装的避雷器在检测阻性电流时，相间影响即不可忽略，此时，A 相阻性电流偏小，C 相阻性电流偏大，只有在中间的 B 相由于两侧影响有抵消作用，检测的误差不大。

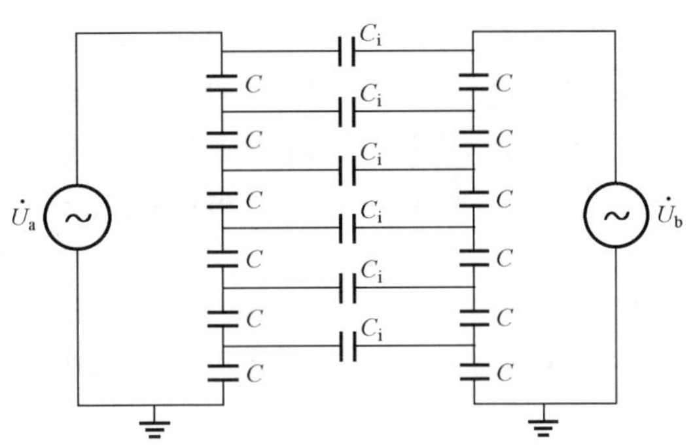

图 15-21　两相间分布电容的简化示意图

为了解决电容电流补偿法的相间影响，可以采用移相器进行电压移相。移相的角度则需根据检测出的阻性电流波形是否与典型波形相同判断。图 15-22 及图 15-23 分别示出 A 相避雷器原测（未用移相器）及用移相器后的阻性电流波形。

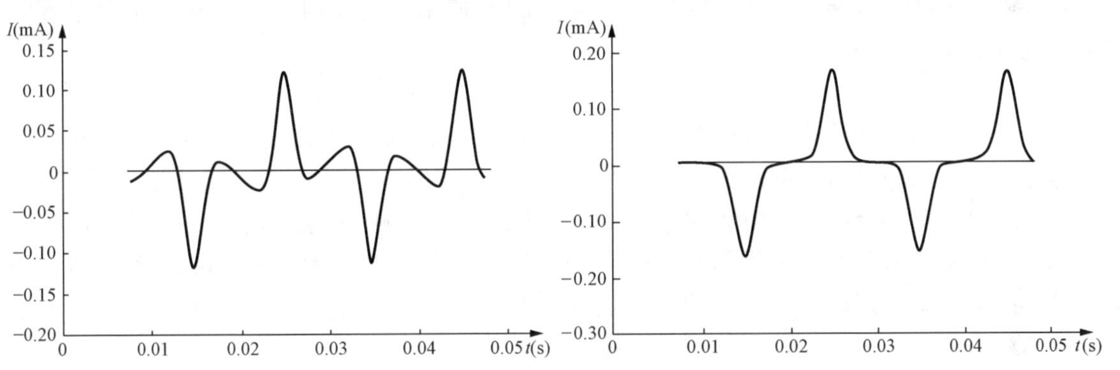

图 15-22　未用移相器检测出的 A 相阻性电流

图 15-23　用移相器检测出的 A 相阻性电流

3. 底部检测对识别上部阀片老化及受潮的有效性问题[15]

下面分析电容电流补偿法的情况。为说明基本原理，设避雷器由两节构成，其中一节受潮，不考虑避雷器的杂散电容，电路如图 15-24 所示。

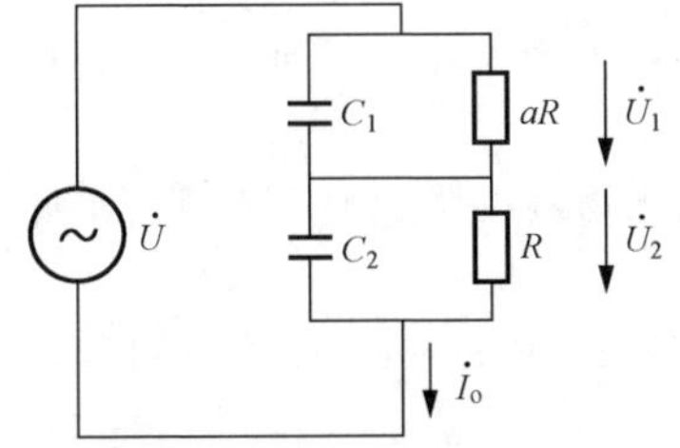

图 15-24　不考虑杂散电容时受潮的避雷器电路

a—劣化系数，上部受潮时，$0<a<1$，下部受潮时，$a>1$；R—正常阀片电阻；C_1，C_2—上部、下部避雷器电容，一般 $C_1=C_2$；I_o—避雷器底部电流

此外设 I_R、I_{R_1}、I_{R_2} 分别为避雷器底部、上部、下部阻性电流，列出图中电路方程组后，求解得

$$I_R=I_{R_1}(U_1/U)+I_{R_2}(U_2/U) \qquad (15\text{-}5)$$

设避雷器共有 n 节，也可用能量平衡方程求出与式（15-5）类似的公式

$$UI_R=U_1I_{R_1}+U_2I_{R_2}+\cdots+U_nI_{R_n}$$

$$I_R=I_{R_1}(U_1/U)+I_{R_2}(U_2/U)+\cdots+I_{R_n}(U_n/U) \qquad (15\text{-}6)$$

由式（15-6）可知，避雷器上电压和底部所测得的阻性电流是各节阻性电流的平均值。

如果各节阻性电流比相应容性电流小很多时，各节上电压均相等，此时可有

$$I_R = (I_{R_1} + I_{R_2} + \cdots + I_{R_n}) / n \tag{15-7}$$

这说明根据避雷器上电压和底部电流所测得的阻性电流是各节电流的平均值。

如避雷器仍为两节，但考虑避雷器对地的杂散电容时，等值电路见图 15-25。

在此情况下经分析后可以得出底部电阻电流对下节更为敏感，而对上节电阻电流增大后，从底部电流更难反映出来。当避雷器节数越多，这一现象更为严重。

参考文献［21］中介绍 110kV 金属氧化物避雷器不同部分受潮时（阻性电流增加为 280%），从避雷器底部检测出的阻性电流值及相应百分值见表 15-2。

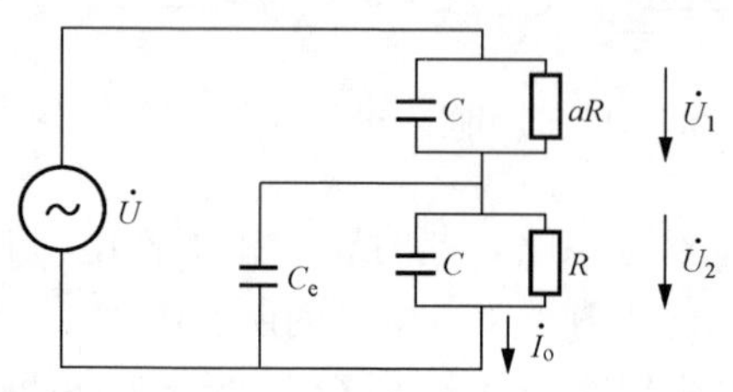

图 15-25 考虑避雷器对地杂散电容的等值电路

表 15-2 不同劣化的阻性电流

劣化状况	底部阻性电流 I_R (mA)	底部阻性电流 I_R (%)
全部正常	0.144	100
全部劣化	0.403	280
最上部 1/10	0.162	113
最下部 1/10	0.178	124

根据表中全部正常和全部劣化的数据计算，1/10 避雷器劣化时不考虑对地杂散电容时的阻性电流平均值 I_R（%）应为

$$I_R(\%) = [100 + (280 - 100)/10] \times 100\% = 118\%$$

因此可见，与前述结论一致，即上部劣化时，检测到的阻性电流比平均阻性电流小，而下部劣化时，检测到的阻性电流比平均阻性电流大。

有文献介绍对一台由三节组成的避雷器进行阻性电流检测。受潮的最上一节阻性电流为 0.330mA，最下一节阻性电流为 0.203mA，整台避雷器阻性电流为 0.230mA。若将最上一节与最下一节对调，则整台避雷器的阻性电流增到 0.280mA。这些结果也大致说明了前述的推论。

参 考 文 献

［1］ 吴维韩,何金良,高玉明. 金属氧化物非线性电阻特性和应用. 北京:清华大学出版社,1998.

［2］ Y. Harumato et al. Evaluation for Application of Build－in Type Zinc Oxide Gapless Surge Arrester for Power System Equipments. IEEE Trans. on PWDR, 2(3), 1987, 7.

［3］ 张庭运. 全国产化金属氧化物避雷器的研制. 全国第二届金属氧化物避雷器学术交流会论文集续集, 1984.

［4］ E. C. Sacshuag et al. Metal Oxide Arrester on Distribution System Fundamental Consideration. IEEE. Trans. PWDR. 4, (4), 1989.

［5］ 蒋国雄,邱毓昌. 避雷器及其实验. 西安:西安交通大学出版社,1989.

［6］ W. Kohler et al. Behavior of ZnO Oxide Surge Arresters under Pollution. 6th Inter, Symposium on HV Engineering, New Orleans, LA, USA, Aug. 28-Sept, 1989.

［7］ 梁毓锦. 金属氧化物避雷器的工作原理、选择及监测. 武汉:华中理工大学电力系资料,1990.

［8］ M. V. Lat. Thermal Properties of Metal Oxide Surge Arresters. IEEE. Trans. on PAS. 102(7), 1983.

［9］ M. V. Lat. Analytical Method for Performance Prediction of Metal Oxide Arresters, IEEE. Trans. on

PAS. 104(10) 1985.

[10] 日本电气学会技术报告 第 831 号. 工厂电气设备的诊断和更新技术. 2001.

[11] 李启盛. 进口及国产金属氧化物避雷器一些问题的初步分析. 高压输变电设备引进技术、引进设备技术研讨会资料，1990，10.

[12] 李学思. 高压金属氧化物避雷器质量调查分析结果. 电瓷避雷器，1992，2.

[13] 李学思. 进口高压金属氧化物避雷器事故分析. 电瓷避雷器，1991，6.

[14] 叶启宏. 金属氧化物非线性电阻交流有功分量的测量. 华中工学院学报，1984，2.

[15] 常越. 金属氧化物避雷器在线监测方法的研究. 清华大学博士论文，1992，12.

[16] 贾逸梅，粟福珩. 在线监测金属氧化物避雷器泄漏电流的方法. 高电压技术，1991，3.

[17] 张宝全. 金属氧化物避雷器的现场监测. 雷电与静电，1989，3.

[18] S. Shirakawa et al. Maintenance of Surge Arrester by Portable Arrester Leakage Current Detector, IEEE. Trans. on PWDR. 3(4)，1990，11.

[19] 张宝全. 金属氧化物避雷器的现场监测. 能源部电力科学研究院资料，1988，11.

[20] 陈慈萱，余亚桐. 超高压金属氧化物避雷器运行劣化监测研究，武汉，在线监测金属氧化物避雷器学术交流会议，1992，4.

第十六章

红外诊断技术

电气设备的工作状态与热有着密切的联系，不同类型的故障包括接触不良，绝缘劣化或磁路故障都会以发热升温的形式表现出来，若不及时发现，会造成巨大损失。例如某电厂由于一隔离开关的引线接头因接触不良而过热烧断，断线在不平衡力作用下，向其两侧抽动，连续造成相间短路而引起大面积停电，造成了极大的经济损失。因此对电气设备的热状态进行监测也是至关重要的。红外诊断运用红外非接触测温技术恰好满足了电气设备在高电压、大电流、高温、高速旋转等运行状态下的监测温度的要求。经验证明，红外诊断技术在准确判断设备故障、有效降低维修费用和保证安全可靠供电方面有着良好的效益，已广泛地应用于电气设备的状态监测。

目前广泛应用的红外检测仪器有：红外点温仪、红外热电视和红外热像仪。

◎ 第一节　红外点温仪

一、红外点温仪的工作原理

红外点温仪的基本原理是以待测目标的红外辐射能量与其温度具有固定函数关系而制成的，主要由四部分组成。

1. 红外光学系统

红外光学系统的功能是收集待测目标发射的红外辐射能量，进而把它们汇聚到红外探测器的光敏面上。一般讲，为尽可能多地接收目标的红外辐射量，要求有较大的相对光学孔径，即光学系统的通光孔径 D 与光学系统的焦距 F 之比值 D/F 要较大。为消除或减少散射辐射、背景辐射的干扰和分出具有特定波长范围的红外辐射，可在系统中加入滤光片，可分为截止滤光片和带通滤光片。例如若系统用锗单片透镜组成，为避免阳光、灯光、火焰及杂散光的干扰，可在锗透镜上蒸镀 3～14μm 带通光学增透膜，它适用于－30～400℃通用型点温仪。

光学系统的场镜按设计原理可分成反射式、折射式和干涉式三种。反射式多用在远距离测量口径较大的系统，结构较复杂。折射式则由于材料成本高，多用在小口径光学系统中。干涉式利用光波的干涉在某一点叠加增强的原理制成，理论计算表明其效率比折射式大几倍。由于干涉的相加点随光波波长而不同而对接收光谱有选择性，因而它兼有汇集和滤光两方面的功能，且成本低、制作简单。

光学系统按工作方式不同可分为固定焦点式和调焦式。前者在待测目标距离发生变化时，光学系统不作任何调节，只能在一定距离范围内测量，目标的被测面积在点温仪的视场范围内将随测试距离的增大而增大，但只要是在目标充满点温仪视场的情况下，对测温结果没有影响，加以结构简单、使用方便、价格低廉，故多数点温仪采用固定焦点式的光学系统。

2. 红外探测器

红外探测器是决定点温仪性能的关键部件，例如采用热电堆时，其工作波长为 2～25μm，测温范围大于－50℃，响应时间约为 0.1s，稳定性较高，国内外不少点温仪用它作探测器。若采用热释电红外探测器时，则灵敏度高，对光学系统的通光孔径及系统噪声的抑制要求可相对降低。

3. 信号处理系统

信号处理系统的主要作用是放大、抑制噪声、线性化处理、发射率修正、环境温度补偿、A/D 和 D/A 转换及随要求输出信号等。它和微机结合可改善仪器性能和实现智能化。

4. 显示系统

显示系统可选用发光二极管、数码管或液晶等数字显示。

二、红外点温仪的分类

按测温范围分类，红外点温仪分为：高温点温仪，测量 900℃以上；中温点温仪，测量 300～900℃；低温点温仪，测量 300℃以下。按结构形式分类。红外点温仪分为：便携式和固定式。若按工作原理的不同，红外点温仪分为：单色测温仪、全辐射测温仪和比色测温仪。

1. 单色测温仪

它是通过测量待测目标在某一波段的辐射能量来获取目标温度的，通常选用单色滤光片或自身具有光谱选择性的红外探测器来接收特定波长范围内的目标辐射。测温范围取决于工作波段的选择，用于 800℃以上的窄带单色测温仪，多选择在短波区。测量较低温度时为获取足够多的红外辐射，选用较宽的波段，故宽带单色的测温仪多用于长波和较低温度区。

应用广泛的是调制型单色测温仪，其调制方式有振动音叉、电动机驱动的斩波器或机械调制。若使用光电导探测器，也可采用交流偏置以使目标辐射的变化在探测器上产生交变的载波信号而达到调制的目的。为避免环境温度影响，可将调制器和探测器放在一个恒温槽中，或采取环境温度补偿电路。

单色测温仪的结构简单、使用方便、灵敏度较高，且能抑制某些干扰，故在低温和高温范围内都广泛使用。

2. 全辐射测温仪

全辐射测温仪由于光学系统的限制，不可能接收到待测目标全部波长的辐射能量。但只要它的工作波段包括了全部辐射能量的 96%，造成的测温误差仅 1%。同时因辐射量随波长而变化，虽只减少了 4%的辐射能量，也可大大压缩工作波段，简化点温仪结构。全辐射测温仪的原理结构如图 16-1[1] 所示。

多谐振荡器驱动音片左右摆动，对入射的红外辐射起斩波作用，使探测器输出交变的电信号信号。该信号经放大后再经选频放大，以抑制与信号不同频率的噪声。多谐振荡器的另一路输出信号经移相后，在相敏检波器中起开关作用，从而使同相的选频放大器输出信号变成直流，使其他不同相的噪声和干扰信号进一步被抑制。在发射率 ε 修正电路中则对发射率

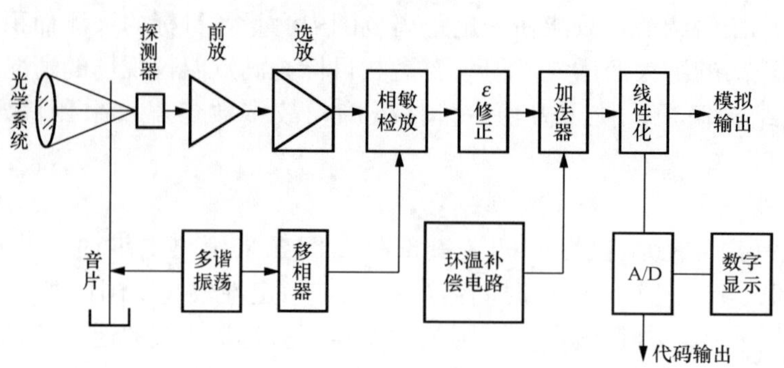

图 16-1 全辐射测温仪的原理框图

不准确引起的误差进行修正。此外还要进行环境温度的补偿，线性化处理和 A/D 转换等。

3. 比色测温仪

它是利用两组（或多组）带宽很窄而不同的单色滤光片，收集两个（或多个）相近波段内的辐射能量，将它们转换成电信号后再进行比较，最终由此比值确定待测目标的温度，故它可基本消除由辐射率带来的误差。它测温灵敏度较高，与目标的真实温度偏差较小，受测试距离及其间吸收物的影响也较小，但结构较复杂，价格要昂贵。在中、高温度范围内使用效果较好。

三、红外点温仪的技术参数和使用要求

（一）技术参数

1. 测温范围

为减小测温误差和降低成本，在允许情况下，不要选择过宽的测温范围。当选用距离系数很大的点温仪时，若将测温范围向更低温度延伸时，成本将显著提高。若用于检测电气设备的热故障时，一般选用长波（8～14μm ）的单色测温仪即可。

2. 距离系数

距离系数是红外点温仪的一个关键性的技术参数，它是待测目标的距离 L 与光学目标的直径 d 之比，即

$$K_L = L/d \tag{16-1}$$

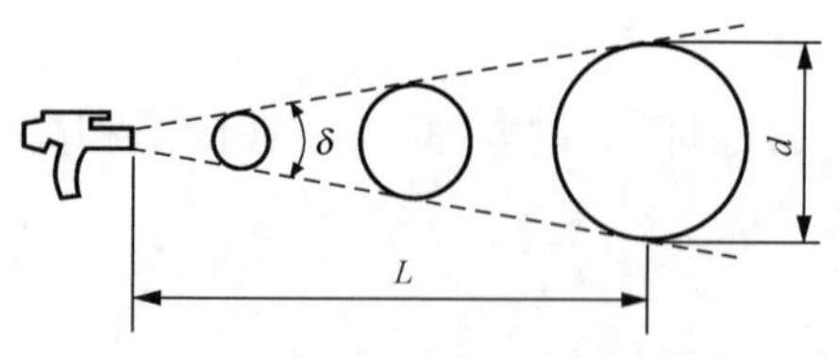

图 16-2 红外点温仪距离系数示意图

红外点温仪系数示意图如图 16-2[1] 所示。K_L 越大表示在相同测距的情况下待测目标的尺寸可以小，或在检测相同大小的目标时，测距可以更远。为此，要使点温仪正确反映目标的真实温度，待测目标的直径一定要大于(至少等于)相对于该测距的光学目标直径，这样仪器接收的将是全部来自待测目标表面发射的红外辐射能量。这种情况才可称为“待测目标”充满视场。检测角 δ 以角度大小反映测距和光学目标直径的关系的，由图 16-2 可知，K_L 和 δ(rad)近似成反比关系，即

$$\delta \approx d/L = 1/K_L \quad 或 \quad \delta \approx (1/K_L)(180/\pi) \tag{16-2}$$

在选用点温仪时，也要选择合适的距离系数，同时要考虑测距的远近和待测目标的大小。当待测目标大小相近而测距不同时，测距远的要求 K_L 大。否则点温仪的测量面积会大于待测目标，导致待测目标不能充满点温仪的视场，则目标之外的其他辐射必然大量进入点

温仪的视场，点温仪显示的温度值将是进入视场的所有辐射的加权平均值，这将引起明显的测量误差。例如用 K_L 较小的点温仪去测量高压输电线的接头温度时，由于 δ 过大，天空背景的辐射大量进入视场，致使点温仪的读数在冬天会出现零下的极不合理的结果。表 16-1[1] 给出了不同距离系数的点温仪对检测结果的影响，它的测试目标是直径为 50mm 的黑体辐射源，温度为 75℃。根据经验，在使用单色测温仪时，还需注意待测目标的实际尺寸要大于按距离系数计算出来的尺寸，至少应是计算值的 1.5 倍，方可使测量值更准确。

表 16-1　　距离系数不同的红外点温仪实测结果

测距(m) / 距离系数 / 型号	2	4	6	8	10	12	14	16	18	20
CHNO IR-AH，50∶1	72.5	45.1	29.2	22.8	18.7	17.2	16.8	16	15.6	15
WFHX-0805，100∶1	75	75	—	—	—	—	—	—	—	—
WFHX-0320，400∶1	74	74	74	74	73	73	73	73	74	73

3. 瞄准方式

瞄准方式一般有两种：

（1）可见光的光学聚焦瞄准。它是按望远镜光学原理寻找待测目标，将目镜的十字线对准待测目标的中心即可测温。

（2）激光瞄准定位。它以半导体发射的激光束红点代表目标的中心，测温时将其瞄准到待测目标的中心即可。但红点能射到的距离并不表示点温仪的可测距离。

4. 测温准确度

测温准确度即不确定度或允许误差，国产点温仪大都以引用误差表示。

5. 响应时间

点温仪的响应时间定义为待测温度从室温突变为测温范围的上限温度时，点温仪的显示值达到稳定值的某一百分分数（如 63%、90%、95%、99%）时所需的时间，百分数的数值因产品而异。对于温度变化快的固定目标，设变化速度是 5℃/s，需识别的温度为 1℃，即该目标每变化 1℃的时间是 0.2s，则选择点温仪的响应时间应是它的一半，即 0.1s 才可。对断续通过点温仪视场的待测目标，若目标进入并充满视场的时间需 2s，则点温仪的响应时间应是 1s。若目标温度变化过快，响应时间不能满足要求时，点温仪显示的是平均温度。对大多数使用者来说，这种情况是完全允许的，也是符合实际需要的。因过快的响应速度会引起显示值过快变化，并不反映目标的真实温度，很可能是设备氧化皮和水汽吸收的影响引起。此时应考虑采用峰值保持功能测温。

6. 工作波段

工作波段是根据测温范围所选择的红外辐射波段。待测目标在工作波段区域中一定要有较高的发射率（即辐射率），而反射率和透射率要低。

7. 稳定性

稳定性是指一定时间间隔内温度显示值的最大可能变化值。短期稳定性的时间间隔一般规定为 24h 或 1 个月等，而长期稳定性的时间间隔通常规定为半年或一年等。

（二）使用要求

选用红外点温仪除需了解上述技术性能外，在现场使用时尚需注意以下一些问题：

(1) 点温仪除了接收来自待测目标的红外辐射的能量外，还有目标周围环境的红外辐射经目标表面反射的能量和点温仪周围环境温度的红外辐射能量，故红外探测器输出的信号 U_s 应包括三个分量，即

$$U_s = \varepsilon U(T) + \rho U(T_1) - U(T_0) \tag{16-3}$$

式中 T——目标温度；

ε——目标的发射率；

T_1——目标周围环境温度；

ρ——目标的反射率；

T_0——点温仪所在环境温度；

$U(T_0)$——需补偿的信号，应在点温仪电路中予以补偿；

$\rho U(T_1)$——干扰信号，藉尽量消除遮挡周围的热源和减小目标表面的反射率来降低干扰。

(2) 要将点温仪的发射率正确地修正，除根据经验和资料得到的和目标材料、表面状况以及温度范围相应的发射率值来修正外，也可用准确度更高的接触型测温仪或已知发射率的涂料涂在部分目标表面上来校核点温仪的读数和调整“发射率修正”的旋钮至正确位置。

(3) 在红外点温仪和待测目标间还可能存在水蒸气、SO_2、CO、CO_2 等各种气体和烟尘对红外辐射的选择性吸收和散射，使辐射能量衰减而引起测量误差。若测距不太长，环境的干扰误差一般小于点温仪基本误差的 1/3～1/2。反之需采取措施，如选择工作波段能够避开气体吸收带的单色测温仪。为避免 CO_2 对 4.25μm 辐射能的吸收，可采用波段范围为 (4.5± 0.05) μm 的火焰滤片。

(4) 便携式点温仪在使用前应先在现场放置 10～30min，使仪器内温度稳定。在线监测用的固定式点温仪还要注意防尘、防潮、防震、防腐蚀和过热。

红外点温仪主要用于设备的日常巡检，还用于和热成像仪器配合工作，故使用频率最高。为此要求它体积轻小、携带方便、操作简单，测量准确度、重复性和抗干扰能力要符合要求，还要特别注意距离系数的选择、必须满足实际测距的要求。

我国已有多个单位生产红外点温仪，其中无锡风雷仪表厂的产品（图 16-12）性能已赶上或超过了同类进口产品。国外则有美国的 Raytek 公司、英国 Land 国际仪器公司等。

◎ 第二节 红外热电视

一、红外热电视的基本原理

红外热电视的一些性能指标虽不能和热像仪相比，但由于它可在室温下工作而不需制冷，故结构简单、成本低、使用和维修方便。它的性能远远超过了红外点温仪，故作为一种较简单的热成像装置在红外诊断领域中得到了广泛应用。红外热电视的原理框图如图 16-3[2] 所示。它的核心器件是红外热释电摄像管（PEV），主要由透镜、靶面和电子枪组成。选用可透过 3～5μm 或 8～14μm 这两个红外辐射波段的材料，如单晶锗（Ge）或单晶硅（Si）制成镜头。硫酸三甘肽（TGS）则是优良的靶面材料，在 TGS 的基础上发展出的扩展型新型材料，其灵敏度和稳定性可大大提高，还可制成网络化靶面使其空间分辨率从 300 电视行提高到 400 电视行，温度分辨率小于 0.2℃。用它做成的热电视，其整机的空间分辨率已达

到甚至超过一般的光机扫描热像仪的水平。

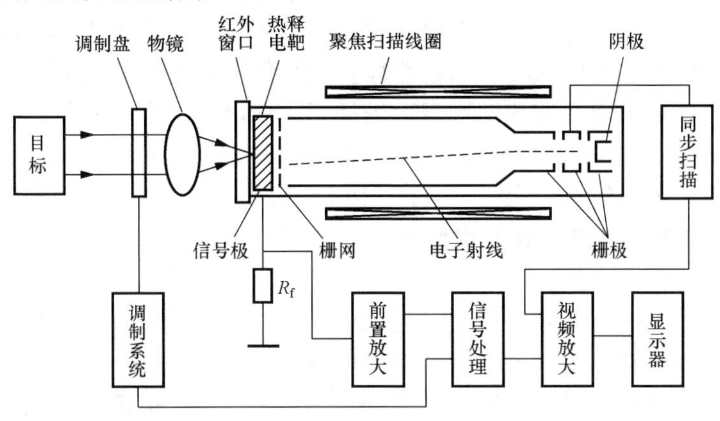

图 16-3　红外热电视的原理框图

当目标的红外辐射经透镜聚集到靶面使其温度发生变化时，就会在垂直于靶面材料的极化轴的晶面上出现极化电荷。若靶面信号板和扫描靶面正好处于垂直极化轴的两个晶面上，当靶面受热强度发生变化时，在靶面上就会产生电位起伏的信号，该信号的大小与待测目标红外辐射能量分布组成的图像相对应。与此同时，电子束在扫描电路的控制下对靶面进行行、帧扫描，从而中和了靶面上生成的电荷，在靶面信号板上的回路中必然产生相应的脉冲电流，该电流流经负载时形成视频信号输出。由于热释电管产生的信号电流很小，大大低于普通电视摄像管产生的信号电流，故必须用高增益低噪声的特殊预置放大器去放大热释电转换的电信号，而经视频处理电路加工后再经视频放大，并在放大电路内混入同步信号以形成全电视信号输出。扫描电路提供的行、帧扫描过程，与普通电视摄像时电子束在光电靶面上的扫描一样，即进行水平方向的行扫描和垂直方向上的帧扫描，扫描制式也是标准的电视制式，我国的电视制式是 50 帧/s，每帧 625 行。输出的全电视信号要通过显示器去显示，故显示器的制式必须与输入的电视信号制式相同。

热图像显示方式有两种，黑白显示是以图像的 10 级灰度变化来判断目标表面温度分布的状况，一般以较暗的灰度代表较低的温度。当输出的电视信号经过图像的伪彩处理后，即可以多种色彩显示目标的温度分布。

二、红外热电视的调制

由于红外热释电摄像管的靶面只有在入射的红外热辐射有变化时方有输出，即靶面热电转换的条件不是目标的温度，而是目标温度的变化，温度无变化时就不能形成热像。为获得稳定的目标热图像，必须对接收到的红外热辐射信号进行调制。目前红外热电视的主要调制方式是平移调制和斩波调制两种，此外还有回转跟踪型和瞬变调制型等。

（1）平移调制型。使热电视相对于待测目标作平行移动以产生目标图像。故使用上有些不方便，此外还会在热图像上产生拖尾和沾污现象，造成热像失真或清晰度不高，影响测温的准确度。但它的结构简单、灵敏度高、价格便宜。

（2）斩波调制型。在透镜和热释电摄像管之间插入斩波调制盘，这是一个在其边缘开孔的圆盘，由直流电动机驱动。当调制盘旋转时就实现了对入射的红外辐射的调制。故在热释电摄像管靶面上的温度和表面电荷也随之产生周期性变化，与此同时经电子束扫描和处理后，即可输出反映目标表面温度分布的视频信号。

（3）回转跟踪型。在透镜和热释电摄像管之间插入一套回转机构，它使待测的静止目标在热释电摄像管的靶面上变成回转运动的热像，使热像变成空间和时间的函数，各像素均作圆周运动。跟踪电路对靶面上的热像进行运动补偿，让电子束在按照行、帧扫描的同时，还需要按照跟踪电路的要求作圆周运动，使靶面上的回转热图像变成了显示器上稳定的热像。回转跟踪型的红外热电视的热图像稳定，体积小，光路和电路的安装调控容易，使用方便。

三、红外热电视的技术参数和使用要求

1. 技术参数

红外热电视的主要技术参数包括：①测温范围；②工作模式，系指它的调制方式；③温度分辨率，又称最小可辨温差，表示对温度辨别的能力；④空间分辨率，系指红外热电视在任意空间频率下的温度分辨率，整机的空间分辨率包括物镜、摄像管、视频电路和显示器各个分辨率的综合参数，可用每帧画面的扫描行数来反映分辨率的大小，一般要不小于200电视线才会有比较好的效果；⑤目标辐射率范围；⑥测温准确度，多用引用误差表示，即测温的最大误差与热电视的满量程之比；⑦工作波段，一般是3～5μm或8～14μm；⑧焦距范围；⑨扫描制式，我国为PAL制；⑩显示方式，彩色或黑白；⑪最大工作时间，指可连续工作的时间。

2. 使用要求

使用红外热电视要注意两个问题：

（1）电子束的聚焦状况随扫描所在的靶面位置而不同，一般在靶面中心聚焦较好，越近边缘聚焦越差。这不仅降低了空间分辨率，而且使温度响应度分布不均，靶面中心的温度响应度最高，越离中心越差，这种不均匀度可达30%以上。为克服这个缺点，可在电路上采取措施或用微机对每个像素进行温度响应不均匀度的校正。

（2）当使用平移调制型红外热电视时，平移速度不同，热像灵敏度和分辨率也不同。当移动速度不当时，热像滞后效应更加明显，像质也更为模糊，对于50℃以上温度的物体，影响更为突出。

我国已有多个单位生产红外热电视，其中广州飒特电力红外技术有限公司具有自行生产热释电管的生产线，拥有生产整机和测试整机的能力。国际上生产热电视的则有美国的Electro Physics公司、I. S. I. 集团公司等。

◎ 第三节 红外热像仪

一、光机扫描红外热像仪

光机扫描红外热像仪的原理框图如图16-4[1]所示。光学系统根据视场大小和像质的要求由不同红外光学透镜组成，它对待测物体的红外辐射起着汇聚、滤波和聚焦作用。红外探测器在任意瞬间只能探测到称之为“瞬时视场”的待测物体表面的一小部分，只要探测器的响应时间足够快，就会立即输出一个与接收的辐射通量成正比的电信号。一般瞬时视场只有零

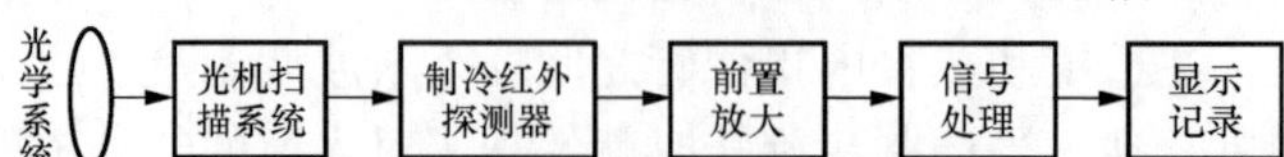

图16-4 光机扫描热像仪的原理框图

点几个或几个毫弧度，为使一个具有数十度乘以数十度视场的物体成像，则需要对整个待测物体进行光机扫描。其实质是把物体表面在垂直和水平两个方向按一定规律分成很多小的单元，扫描机构使光学接收系统对物体表面作二维扫描，即依次扫过各个小单元。在整个扫描过程中，红外探测器在任一瞬间只接收物体表面一个小单元的辐射，探测器的输出是一连串与扫描顺序中各瞬时视场的辐射通量相对应的电信号，就是把空间二维分布的红外辐射信息变成为一维的时序电信号。再经放大、信号处理后转换成视频信号，最终在显示器上组合成为整个物体的表面热图像。此外，还有电源，同步装置，记录装置和图像处理系统等外围辅助设备。

1. 红外热像仪的光学系统

光学系统一般有反射式、折射式和折反射式三种。当通光孔径和焦距一定时，反射式系统成本低、质量轻；折射式则成本较高，但结构紧凑、像质好。此外光学系统的选择在很大程度上取决于光机扫描的形式。

任何一幅图像，都是由众多灰度不同或颜色不同的小点组成，这些小点通称为“像素”。像素的大小取决于光学系统和红外探测器的大小，一幅图像中含有像素越多，则图像的清晰度越高。

2. 光机扫描系统

光机扫描系统的功能在于将图像分解为一系列像素。根据系统所在的位置不同可分为物扫描系统和像扫描系统，前者扫描的是未汇聚前的平行光束，故又称平行光束扫描系统，后者则又称汇聚光束系统。伪物扫描系统则是改进了的物扫描系统，其原理如图 16-5[1] 所示，它将物方光束经前置望远镜压缩光束宽度后，再经高速扫描镜扫描，最后由探测器的聚焦光学系统汇聚到探测器上。它具有前两种扫描系统的优点，既可用小反射镜做大角度扫描，且对扫描镜材料无特殊要求，还仍可改变视场。故它是光机扫描热像仪中应用较多的扫描系统。

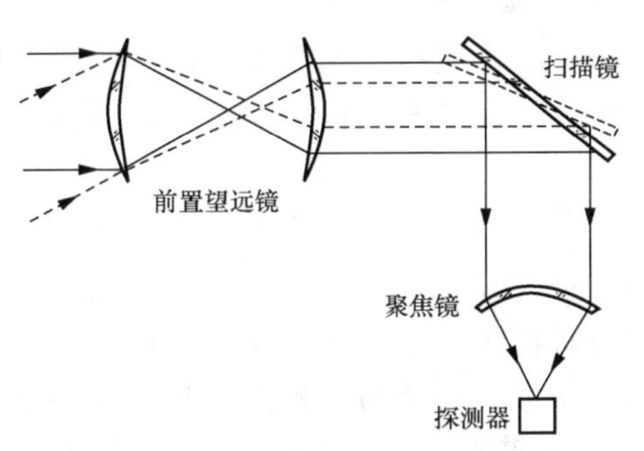

图 16-5 伪物扫描系统原理图

用于扫描系统中的扫描镜有摆动的平面镜、旋转反射棱镜、旋转折射棱镜等，在实际系统中则往往是将各种扫描镜组合使用。例如在物扫描系统中，可用旋转反射棱镜作行扫描，用摆动平面反射镜或旋转折射棱镜作帧扫描。

3. 制冷红外探测器

用于光机扫描热像仪的探测器有光伏和光电导两种类型。它的构成分单元和多元两种，多元的数量可以有 6、8、10、16、23、48、55、60、120、180 等，甚至更多的元数。由于光电探测元件需制冷到足够低的温度才能降低热噪声、屏蔽背景噪声、提高探测器的信噪比和探测率、得到较短的响应时间，故光机扫描热像仪的探测器必须制冷。根据需要，可选择不同的制冷剂和制冷器，常用的制冷剂为液氮、液氩、液氦等。制冷器则多用方法简单、使用方便的液化气体传输制冷器，它由非绝热管道将制冷剂传输到制冷器、利用双相传输机理，当冷液通过热管道时会部分气化，从而液体和管壁很好分开，使冷液顺利进入制冷器制冷。当使用液氮时，制冷器的工作温度为 77K，使用液氦时则为 4.2K。作为探测器的光敏器件则粘贴在制冷器的末端进行冷却，制冷器放在杜瓦瓶内。

使用单元探测器的热像仪的帧幅响应时间较长，不能做成高速实时热像仪，故常选用多元探测器。为使其输出信号成为单一的目标视频信号，需对各个探测器的输出进行不同的延迟积分或取样等处理。而这些处理方法又和多元探测器的不同扫描方式（或探测器的排列方式）有关：

（1）串联扫描是让数个到数十个探测器组成一行，并使其排列方向与行扫描方向一致。这可增加热像仪的信噪比，但行扫描的速度并不改变。

（2）并联扫描系统则是将单个探测器纵向排成一列，其方向垂直于行扫描。每个单元探测器都对应待测目标空间的一个像素。在行扫描时，纵向成列的多个单元探测器同时对待测目标空间作方位扫描，每扫过一行就相当于一个探测元扫过多行。并联扫描降低了行扫描的速度，从而使信号处理系统的带宽减小，降低了系统噪声，提高了热像仪性能。但并联扫描不仅对每个探测元件的性能均匀性要求很高，且绝不允许出现坏的探测元件。此外，对信号输出的放大、处理和显示的同步要求也较严格，以求真实反映待测目标的热图像。

（3）串并联混合扫描则结合了串联扫描和并联扫描的优点，既降低了扫描速度、提高了灵敏度和分辨率，又对单元探测器的性能均匀性无苛刻要求。

4. 显示系统

显示系统根据探测器输出并经处理后的视频信号把待测目标各部分的温度值及其热像予以显示。由于视频信号是一维的时序信号，需要通过同步复扫描将它转变成二维空间的热图像。

热图像的显示系统都采用阴极射线管，它根据光机扫描输入的行同步信号与帧同步信号，按照预定的方式控制管内的电子束进行上下左右偏转扫描。扫描光点的亮度由待测目标温度场的视频信号控制。此外在电子束非有效扫描时间和回扫过程中，为不影响热图像画面的清晰度，需用行和帧消隐脉冲以停止发送图像信号。

显示器也以十级灰度表示不同温度，灰度标尺由专门的灰标信号产生，用于判读相应的温度值。人眼对颜色的辨别远比黑白灰度要高，为更好辨别热图像的温度分布，可用彩色显像管。

热像显示模式可根据需要变换消隐信号来获得多种显示模式，例如等温显示、放大显示、调偏显示（使热图像上下移动）、经时显示（一条扫描线上的温度分布随时间变化的情况）、水平波形显示（将热图像上的某一行进行单独显示）和垂直波形显示（将热图像上的某一列进行单独显示）等，以便对设备故障进行分析和诊断。

二、焦平面热像仪

光机扫描热像仪的成像机理是将待测目标的红外辐射通过一整套复杂的光学折反射装置及高速运转的机械扫描机构后，到达红外探测器进行信号转换再处理成像。焦平面热像仪则不需复杂的光机扫描装置，它的红外探测器呈二维平面状，自身具有电子自扫描功能，待测目标的红外辐射只需通过物镜，就和照相原理一样，待测目标将成像在红外探测器的阵列平面上，从图 16-6[1]和图 16-7[1]可明显地看出这两种热像仪不同的成像机理。

（一）焦平面红外探测器

焦平面红外探测器由数以万计的传感元件组成阵列，元件响应度的均匀性好，尺寸以微米计，功耗极小。

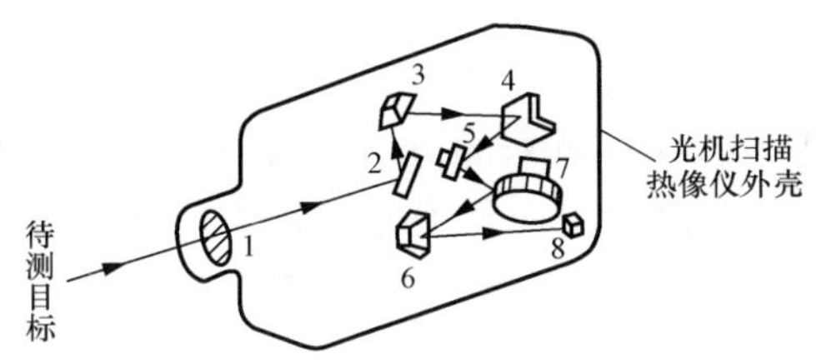

图 16-6 光机扫描热像仪成像机理简图

1—物镜；2～7—光机扫描系统；8—红外探测器

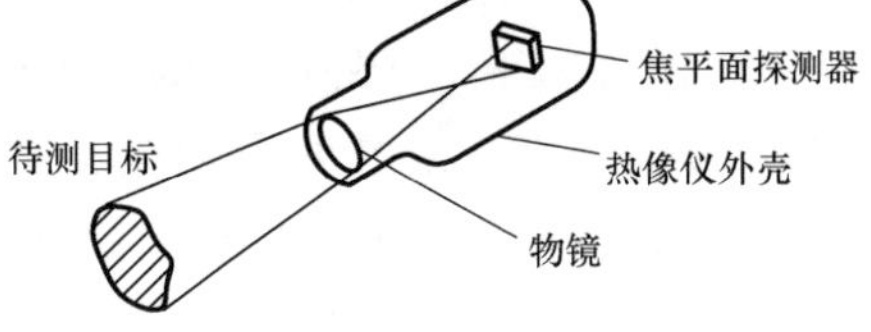

图 16-7 焦平面热像仪成像机理简图

1. 制冷型焦平面探测器

在制冷型焦平面探测器中，性能良好的探测器有碲镉汞焦平面阵列，锑化铟电荷注入阵列和硅化铂（PtSi）肖特基势垒焦平面探测器等。按其结构可分为以下两种：

（1）单层焦平面阵列。其信号探测和处理是在同一片半导体材料中进行，它的结构方式使信号只能一个接一个传递，会有信号损失而引起准确度和再现性的偏差，它的充填率（指红外辐射在探测器上的“作用区域”和“总受光区域”的比值）低，例如 512×512 阵列的充填率为 42%。

（2）混合焦平面阵列，它将探测器的作用放在上层，而信号处理的功能放在下层，信号传输由铟触点来完成。其特点是具有最小的输入电容和高的充填率（例如 244×400 阵列的充填率为 84%），噪声温差低，灵敏度和信号传输效率高，传输损失小，像质的准确度和再现性也较高。

对于大型焦平面阵列，一般用光伏型探测器，因它不需偏流，可大大简化电源电路，减少探测器的功耗。它的高输入阻抗便于与信号处理电路匹配，可提高注入效率。

红外探测器采用微型制冷器制冷，制冷器体积很小，功率低达 3W。制冷器一般包括冷却装置、真空杜瓦瓶、膨胀器、活塞、电动机等，探测器装贴于它的制冷端。制冷剂为氦气，利用气体被压缩后再膨胀而吸热的原理来制冷。先进的线性循环微型制冷器原理结构如图 16-8[1] 所示，它采用直线电动机驱动，不需曲柄连杆机构，简化了制冷器的结构。直线电动机在制冷器腔体内，故没有驱动轴密封和润滑剂渗漏的污染问题，制冷性能得到很大提高。为进一步提高其可靠性，将压缩机和膨胀机分别由两台独立的直线电动机驱动，称为双驱动分置式制冷器，其压缩活塞和膨胀活塞之间的相位和各自的行程大小通过电气驱动来调整，保证了运行的平稳可靠。

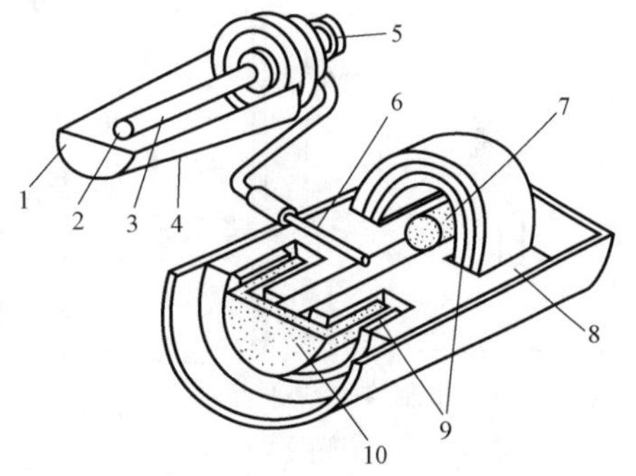

图 16-8 线性循环微型制冷器原理结构图

1—红外窗；2—探测器；3—冷却装置；4—真空杜瓦瓶；5—膨胀器；6—气体传输管；7—活塞/转子；8—定子；9—双磁体；10—线圈

2. 非制冷型焦平面探测器

非制冷型焦平面探测器采用微型辐射热量探测器，其原理类似热敏电阻，即通过吸收入射的红外辐射使探测器温度升高，从而导致其阻值发生变化，在外加电压作用下可产生电压信号输出。由于半导体型辐射热量探测器比金属型的响应高得多，故常选用半导体制作非制冷型焦平面探测器，其单元探测器的尺寸可小到 50μm×50μm。

（二）焦平面热像仪的工作原理

1. 制冷型焦平面热像仪

以硅化铂（PtSi）红外电荷耦合器件（IRCCD）作为探测器的热像仪为例，其原理框图如图 16-9 所示，也是由红外摄像头、图像处理及显示器等组成，无光机扫描机构，故结构简单，摄像头内装有带制冷的硅化铂红外电荷耦合器件、3～5μm 的成像镜头、红外电荷耦合器件的驱动电路板。其质量仅 2kg 左右，携带使用方便。探测器输出的视频信号经钳位、放大等预处理后，由 A/D 转换为数字图像信号，经噪声消除电路消除主要由暗电流引起的固定图形噪声和响应度非均匀性校正后，存入帧图像存储器中。图像信号混合了标尺和字符等数据后，经伪彩色编码和 D/A 转换后，在显示器上显示。显示方式也有多种模式，并能定时读出图像所对应的物体表面温度。

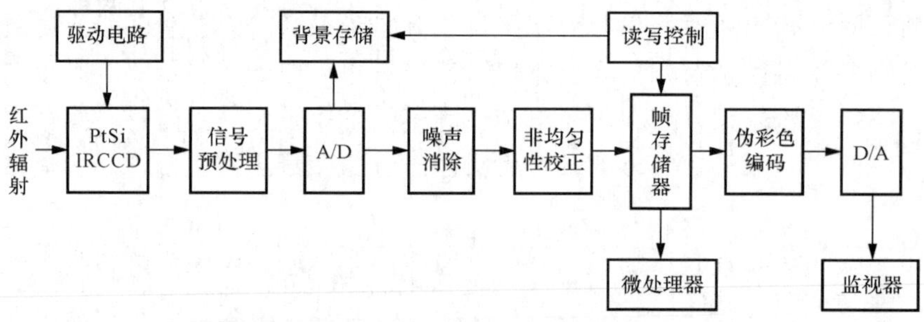

图 16-9 制冷型红外焦平面热像仪原理框图

制冷型红外焦平面热像仪图像更加清晰，具有自动聚焦，图像冻结，连续放大和多个点温、线温、等温及语音注释等多种功能，记录方式采用 PC 卡。

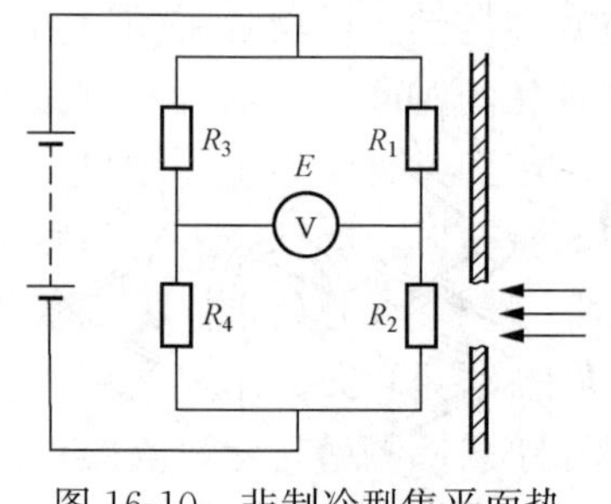

图 16-10 非制冷型焦平面热像仪工作原理图

2. 非制冷型焦平面热像仪的工作原理

如图 16-10 所示的桥式电路中，R_1 为内置探测器，R_2 为工作探测器，R_3、R_4 是标准电阻。R_1、R_2 相距很近，但 R_1 被屏蔽而不外露，R_2 则暴露在外以接收红外辐射。当 R_2 无外来辐射时，电桥保持平衡，无电压信号 E 输出，即 $E=0$。而当红外辐射照射到 R_2 时，R_2 因温度发生变化而使阻值随之变化，即有电压信号 E 输出。故除红外摄像头外热像仪的其他部分工作原理与制冷型焦平面热像仪相同。

三、红外热像仪的图像处理系统

红外热像仪的图像处理系统大体上可分为两种类型：一种是以微处理机的形式构成整个智能化热像仪的一个组成部分；另一种是由微机构成一个独立系统作为热像仪的外围辅助设备，既能与热像仪联机使用，也可以单独在实验室内处理现场记录的热图像信息。其功能主要有：待测目标的实时观察、测量、分析，对热图像进行采集、存储、增强、滤波去噪、伪彩色显示、几何变换、图像运算、传送和输出打印等。

四、红外热像仪的技术参数和使用要求

（一）红外热像仪的基本性能指标

（1）通光孔径。热像仪接收红外辐射的光学系统的入瞳直径称作通光孔径。

（2）相对孔径。是光学系统的通光孔径与其焦距的比值，热像平面辐照度与相对孔径的平方成正比。

(3) 噪声。在探测器没有目标辐射入射时，取一个相当长的时间内它输出信号的均方根值来代表其噪声。

(4) 信噪比。在电路的同一阻抗上测量信号和噪声电压，取其均方根值之比的平方为信噪比。

(5) 噪声等效温度（NETD）。定义为热像仪所观测的特定的黑体目标的信噪比为 1 时黑体目标与背景的温差。它是衡量热像仪温度灵敏度的一个客观指标。

(6) 最小可分辨温差（MRTD）。定义为被检热像仪对准特定的标准测试图形时，观察者刚好分辨出，目标与背景之间的最小温差。该指标既反映热像仪的温度灵敏度，也反映了其空间分辨率，还包括了观察者眼睛的特性，被广泛用作综合评价热像仪的指标。

(7) 最小可探测温差（MDTD）。其定义和 MRTD 相似，仅将被观察的图形变更为点状目标。故它是评价热像仪对点状目标的探测能力的一个指标。

(二) 技术参数

热像仪的技术参数很多，但基本可归纳为下列八个方面。

1. 图像质量

影响图像质量的技术参数如下：

(1) 视场（FOV）。是光学系统视场角的简称，是待测目标能在热像仪中成像的空间最大张角。一般是矩形视场，表示为水平 $\alpha\times$垂直 β，单位为度（°），它取决于光学系统的焦距 F。

(2) 瞬时视场（IFOV）。它是由单元探测器光敏面尺寸及光学系统焦距共同决定的视场角。瞬时视场是一行行地扫描整个视场，其大小也反映热像仪空间分辨率的高低，故有时也将它称为“空间分辨率”，单位为毫弧度（mrad）。

(3) 温度灵敏度（温度分辨率）。以 30℃时的噪声等效温差来表示。

(4) 扫描速度。是光机扫描热像仪的重要参数，用行频、帧频、帧速和帧时等不同的表示。帧频是热像仪每秒产生完整画面的数目，单位为帧/s，也可是 Hz，又称帧速。帧时代表扫完一帧画面所需的时间，即从视场的左上角第一点开始扫描，扫完整个视场各点后，再从其右下角最后一点回到起始点所需的时间，故它是帧速的倒数。

(5) 此外，还有聚焦范围，视频信号制式，数化分辨率（有 8 位数和 12 位数之分），红外探头动态范围，图像放大和镜头安装方式等。

2. 红外探测器的性能

(1) 探测器的类型。包括类型（光电导型和光伏型）、材料和元数。

(2) 制冷方式。根据制冷剂不同而不同。液氮、液氩均使用不方便，已发展出内循环制冷方式，因不需补气而使用方便。最新型的是焦平面热像仪采用的线性循环微型制冷器，制冷剂为液氦气。

(3) 光谱响应范围。红外热像仪的工作波段就是探测器的光谱响应范围。

3. 温度测量功能

温度测量功能包括温度测量范围、测温的准确度、发射率的修正、滤片的配备、背景温度修正、大气透过率修正、光学透过率的修正、温度单位的设定等。

4. 显示功能

显示功能包括黑白图像、彩色图像、彩色样板种类、测量点温、最高点温保留、等温区、两点温差、水平温度曲线、图像反相、图像回放、量程转换、自动温度显示范围、自动温度测量量程、显示方式等。

5. 记录存储方式

近年开始使用大容量小体积的内存PC卡记录存储。

6. 信号输出功能

信号输出的外接口一般有视频输出、数化视频输出和RS-232串行接口、打印机接口等。

7. 对工作环境及电源要求

对工作环境的要求包括环境的温度、湿度，储存环境的温度、湿度，是否抗电磁干扰、抗冲击和抗振动。对电源要求包括交、直流两种，整机的功耗，电池的连续工作时间、类型、大小、重量、备用状况等。

8. 仪器的尺寸和重量

包括主机和镜头的尺寸和重量。

选用红外热像仪应根据使用场所、待测目标的性质和状态来取舍。当用于监测运动目标时，应选用帧速高的热像仪；当待测目标同时要求热像的空间定位及温度分辨率较高时，则应着重挑选其光学系统，只有物镜是大通光孔径的方能满足要求，或选用多元探测器的热像仪或焦平面热像仪为宜。

在选择其性能参数时，则要注意它们之间的关联性。例如，提高温度分辨率就要求给探测器有足够的响应时间，也就要求降低行频和帧速，就会降低空间分辨率。而空间分辨率的改进又涉及探测器光敏面大小及光学系统的焦距，且要求加大信号处理系统的带宽，这就会导致噪声加大、技术难度加大，还要受扫描速度的限制。若用减小帧速来提高空间分辨率，则会受人眼视觉特性的限制。因为要使图像有连续感，帧速要提高，帧速越高，热像越清晰易辨。

红外热像仪一般用于精密检测与诊断、定期普测等要求较高的场合。要求它的图像清晰稳定、有较高的准确度、合适的测温范围和好的抗干扰能力，且要有必要的图像分析功能和较高的温度分辨率，尤其是空间的分辨率要满足实测距离的要求，否则测温结果将不够准确。测距对测量准确度的影响可从两方面分析：一方面测距加大会使大气透过率减小；另一方面测距增加会使热像仪的瞬时视场角的视场面积随之加大，目标尺寸相对于瞬时视场面积的倍数必然要减少，当待测目标的检测面积小于5～10倍瞬时视场时，测温结果的输出信号将会降低而产生测温误差。故当使用热像仪时，若测量准确度要求较高，其测距就不能随意加大，在允许情况下测距近一些为好。

目前红外热像仪多数是引进国外产品，例如美国Reytek公司产品。国内生产单位有中国科学院上海技术物理研究所和深圳德运光电技术公司等。

◎ 第四节 电气设备的红外检测与诊断技术

一、红外检测的基本要求和影响因素

红外检测是一种非接触性的检测技术，它的特点是安全性强、检测准确，它能检测出0.1℃，甚至0.01℃的温差，也能在数毫米大小的目标上检测其温度场的分布。加以操作便

捷，因此它作为众多设备的状态监测与故障诊断重要组成部分，广泛应用于电力、石化、冶金、铁路等各个领域。红外检测的基本方法分为被动式和主动式两大类，前者不需对待测目标加热，仅利用待测目标的温度不同于周围的环境温度，在待测目标与环境的热交换过程中进行检测，电气设备的红外诊断多采用这种方式。后者则需对待测目标主动加热。

红外检测仪器的安装和运载方式有固定式、便携式、车载式和机载式（直升机装载）等多种。红外检测包括设备的日常巡检、定期普测、重点跟踪、检修配合和新设备投运后的基础检测等多个方面。

1. 基本要求

对红外检测的基本要求可分为以下五个方面：

(1) 对红外检测仪器的要求。

(2) 对检测环境的要求。待测目标及环境温度不宜低于5℃，环境湿度不大于85%，风速不大于0.5m/s，不应有雷、雨、雾、雪。户外设备宜在日出前、日落后或阴天进行检测。户内设备的检测要避免灯光的照射。要注意其他高温辐射体的干扰，可能条件下应采取遮挡措施。

(3) 对检测周期的要求。视设备的新旧程度、重要性、运行环境而定。

(4) 对操作方法的要求。

1) 一般先对设备实施全部扫描，再对热像异常部位进行精密检测。

2) 精密检测时要注意针对不同的检测目标选择用来采集环境温度的温度参照体。

3) 应使用同一台仪器检测发热点，正常设备的对应点及环境温度参照体的温度，以便对比。

4) 要正确选择待测目标的发射率。

5) 在进行同类设备比较检测时应保持测距、测量方向和高度的一致。

6) 要选择合适的测温范围，使热像的温度分辨率达到最佳状态。

7) 要从不同方位对热异常部位进行检测，以找出最热点的温度。

(5) 对待测设备的要求。应打开遮挡红外辐射的盖板。

2. 影响因素

红外诊断的结果是否正确完全取决于红外检测的准确性和可靠性，影响红外检测结果准确与否的主要因素如下：

(1) 发射率的影响。发射率值的准确设置直接影响着测温的误差，最大时可达19%。短波长测温仪比长波长测温仪的误差要小得多，例如当发射率误差为10%时，工作波长为0.9μm的测温仪的测量误差为2%，而工作波长为8～12μm的测温仪会形成7%的误差。故对8～12μm工作波段的仪器更要准确地设置其发射率[3]。测定发射率的方法除前已提及的接触测温法和涂料法外，还可使用发射率测定仪直接测定或利用一些红外测温仪中设置的参考黑体来设定。红外检测采用的是法向发射率，故发射率还和测试方向有关，在选择设备的测试方位时应力求测试角在30°以内，最大不能超过45°，否则也需要作修正。

(2) 距离系数或测距的影响。

(3) 太阳光的影响。它有两方面的影响：一是太阳光直接照射下将使待测目标的温度上升，这个叠加的温度随日照强度而变化；另一方面的作用是太阳光的反射和漫反射的波长为3～4μm，和红外测温仪的工作波段相近，将会极大地对红外检测结果产生不规律的影响。

这就是为什么检测时间宜选在黑天或阴天的原因，必要时可在检测系统内设置太阳滤片。

(4) 粉尘散射的影响。现场的粉尘和烟雾会吸收红外能量，并改变其方向和偏振度，从而衰减了红外辐射的能量，应尽量避免在此环境下检测或进行校正。

(5) 风力的冷却影响。户外检测宜在无风或风力很小时进行，否则应校正。

(6) 邻近辐射体及表面粗糙度的反射影响。当待测设备的表面粗糙度很低即反射率高时，或邻近物体和它有较大温差时，则邻近物体会在它的某局部表面产生反射。当红外测温仪在某些位置测试时，会将这部分反射能量也测试在内而造成很大的误差。这时要注意选择合适的测试位置和角度，必要时采取遮挡措施。

(7) 大气吸收的影响。大气中的水蒸气和二氧化碳会吸收红外辐射，测距越远吸收越多。故户外检测应力求测距短，宜在无雨、无雾且湿度低于75%时进行。

(8) 设备负荷率的影响。设备在不同负荷下运行会影响设备缺陷部位的温度，应通过检测不同负荷下的温度进行综合分析，找出规律，制定标准。

(9) 仪器工作波段不同的影响。红外辐射的特点是温度高的辐射波长短。待测设备的温度多在300～500K时，宜选择8～14μm工作波段的红外测温仪。而温度多在800K以上时，则应选用3～5μm工作波段的红外测温仪为宜。这样可吸收更多的辐射能，以提高图像分辨率和测温准确度。

二、电气设备红外诊断的基本原理和方法

根据正常状态下设备的发热规律及其表面温度场的分布和温升状况，即设备的“基础热像”，结合设备结构及传热途径，进一步分析设备在各种故障状态下的热像及温升，再结合其他检测结果，就能较好地诊断出设备有何故障及故障点和类型。设备故障可分为两大类，其基本特征如下。

1. 外部热故障

它以局部过热的形态向其周围辐射红外线。例如导电回路的裸露接头、连接件和触头，因接触不良造成过度发热。其红外热像图呈现出以故障点为中心的热像分布。故从热像图可直观地判断是否存在热故障，由温度分布可准确地确定故障部位。

2. 内部热故障

例如绝缘介质受潮或老化后因介质损耗增大而使发热增加，铁芯和导磁部位因绝缘不良造成漏磁或短路而形成局部涡流过热，电压型设备因内部元器件缺陷改变了电压分布而引起发热功率改变，设备内部缺油也会产生热效应等等。它们的发热过程较长，且为稳定发热。和故障点相接触的物质都会传出热量，尤其是导体，更是良好的导热体。从而将很多与设备外壳相距不很远的内部故障所产生的热量不断地传到外壳，改变了设备外表面的热场分布。故从设备外部对其相关部件进行红外热像的检测分析，也可诊断出设备的大量内部故障。

红外诊断电气设备的基本方法和判据当然是它的温度，即温度判断法，可对显示温度过热的部位根据GB/T 11022—1999[4]中的有关规定进行诊断，它可用来判定部分设备的故障情况。由于负荷及环境温度不同时会影响红外诊断的结果，例如当环境温度低，尤其是负荷电流小时，设备的温度值虽未超过国家标准的规定值，但大量事实证明，往往在负荷增长或环境温度上升后，会引发设备事故。为此对电流型设备还可采用“相对温差法”来诊断故障，它是两台设备状况（型号、安装地点、环境温度、表面状况、背景热噪声和工况等）相同或基本相同的两个对应测点之间的温差与其中较热测点温升的比值的百分数。其表达式为

$$\delta_t = \frac{\tau_1 - \tau_2}{\tau_1} \times 100\% = \frac{T_1 - T_2}{T_1 - T_0} \times 100\% \tag{16-4}$$

式中 τ_1，T_1——发热点的温升和温度；

τ_2，T_2——正常设备对应点的温升和温度；

T_0——环境温度。

通常当 $\delta_t > 35\%$时，即可诊断该设备有缺陷。

相对温差法是一种横向比较，即通过同类设备（包括不同相的同类设备）的比较进行故障诊断。纵向比较是指将检测结果与同一设备的基础红外热像图谱或原始的红外检测数据、不同时期的红外检测结果，包括温度、温升、温度场的分布进行比较分析，掌握设备发热的变化趋势。为此应建立红外检测结果的档案，故此法又称档案分析法。同时还应参考其他检测结果，如气相色谱及介质损耗等的变化情况，进行综合诊断。

三、红外诊断电气设备的故障的内容及应用实例

（一）发电机故障的诊断

1. 定子线棒接头缺陷的诊断

一般采用主动式红外检测即外施电流法诊断定子线棒接头缺陷，可在机组交接验收试验时，大修前后转子吊装前或转子抽出后进行。外施直流或交流电源、直流源一般采用直流电焊机，电流值以机组额定电流值一半以上为佳。电流应以 10%～20%额定电流值的梯度分段上升，时间间隔为 20～30min。在上升过程中应监视机组铁芯、线棒和接头的温度不要超过85℃。当绕组温升稳定时，对所有线棒接头进行红外检测，完成后将电流分段减小至零。若无条件抽出转子时，要采取措施使转子无剩磁，试验环境应无明显的对流通风和各种干扰热源。

【例 16-1】[1] 八盘峡水电厂 3 号机定子绕组直流电阻不平衡，相间差为 1.39%，而同类型机组为 0.368%。当该机大修时，采用红外热像仪在定子绕组通流升温时检测其温度。外施电流值为额定值的 68%（800A），由四台直流电焊机并联提供。分别测量三相各个支路接头的表面温度，结果表明除 A2 支路外，其他各支路接头的表面温度均在平均温度 54.3℃ ± 10℃的温度带内，而 A2 支路的 149～150 线棒连接头为 95.8℃。将接头剥离检查，发现过热已使绝缘炭化，6 个焊头中有两个接触不良。

2. 定子铁芯绝缘缺陷的分析

在交接验收试验时，在修理、更换或重新组装铁芯后和在基建安装中，均可用铁损试验法对定子铁芯绝缘缺陷进行诊断。在作铁损试验的同时，记录所有铁芯热像，而后进行热像处理并提取相关温度数据，按照 DL/T 596—1996《电力设备预防性试验规程》[5] 规定的判据进行诊断，即在 1T 的磁密下，齿的最高温升不大于 25℃，齿的温差不大于 15℃。但不少实例说明，在 1T 工况下，不足以发现铁芯绝缘的很多缺陷，根据制造厂提供的数据，可适当提高到 1.2～1.4T。

3. 电刷和集电环缺陷诊断

其检测时间以机组满负荷为宜，按照 GB/T 7064—1996《透平型同步电机技术要求》[6] 和 GB 755—2000《旋转电机定额和性能》[7] 的规定进行诊断，其温升应符合本身所采用的绝缘等级或邻近绕组所采用的绝缘等级，一般温升限值为 80℃，温度限值为 120℃。

【例 16-2】[3] 下花园电厂用红外点温仪检测 2 号发电机电刷架及引线温度，发现其中一个为 102℃，其他仅为 45～51℃。经调整该电刷弹簧压力，清扫滑环，2h 后复测，各电刷温度已均匀为45℃左右。

4. 机组端盖、轴承过热及冷却系统堵塞的诊断

机组端盖因漏磁造成局部过热、轴承故障，而局部过热和近机壳的冷却系统局部堵塞等故障，均可用热像检测准确定位。

（二）变压器热故障的诊断

变压器内部结构复杂，传热途径多样，故当其内部产生热故障时，很难依靠红外诊断这种单一手段进行诊断，需结合其他手段，例如油的气相色谱分析，来综合诊断。必要时要用特殊的运行方式，例如油浸式变压器铁芯故障的红外诊断需在放油吊罩下进行。但对于那些接近外壳、传热途径简单或直接的部位发生过热故障时，仍可用热像诊断的。例如，箱体因内部漏磁引起的涡流过热，变压器冷却系统阻塞、套管内部故障等的诊断。套管内部故障包括绝缘不良而使介质损耗增大导致温升增加，内部接触不良引起过热和缺油导致温度偏低等。

【例16-3】[1] 某变电站2号220kV主变压器在负荷为额定容量一半时，红外热像仪检出各相套管将军帽的温度相差很大，A相34.7℃，C相35℃，B相86.4℃。诊断B相套管内部故障。解体检修发现B相套管穿缆引线和穿缆头间存在脱焊。

【例16-4】[1] 清河电厂电压为242kV，容量为120MVA的2号变压器发现有气体产生，色谱分析认为有700℃以上的高温热故障。用红外热像仪对变压器整体从上至下全面检测，它的高、中、低压9支套管的温度都基本正常，而中压套管引出线与母线连接的三相都有过热，经分析认定它们不是引起变压器内部高温过热的原因。在变压器中部，发现其低压侧箱体C相的升高座下面有一过热部位，其表面温度显著高于其他两相相同部位约10℃。综合分析认为低压绕组C相出线有过热故障。排油后进入箱体内检查发现低压引线的软连接C1－X1在内部已短路并烧结在一起。

（三）油断路器内部故障的诊断

油断路器内部载流回路接触不良造成过热的故障，用红外热像均可确诊。例如少油断路动静触头接触不良的故障，其热像特征为顶帽下部温度最高、下法兰的温度次之、瓷套温度最低。而中间触头接触不良时、其下法兰温度最高、顶帽温度次之、瓷套温度最低。相间比较的温差判据为10℃。

【例16-5】[1] 韩王变电站用红外热像仪检测一台SW2-220Ⅱ型少油断路器时，它的A相南柱北断口整个上帽发热，温度为87℃，而正常相的相同部位仅为19℃，环境温度为17℃。从热像分析，高温区处于上帽下部，即静触头所在部位，而上帽外部的接头处温度较低，从而确诊上帽过热系由其内部接触不良引起。从内部结构分析发热的部位是三个电气连接，即上帽与支持座之间、支持座与静触头之间，动静触头之间三处。根据传热途径分析，三处热源造成的温度场是有差异的，前者温度场不均匀度明显，后两者则比较均匀。上帽温升值为70℃，温度高于正常相68℃，属于严重的内部过热故障，故建议立即停电检修。检修前测得该相断口接触电阻是6550$\mu\Omega$，而正常值为126$\mu\Omega$。解体后可见灭弧室玻璃钢筒上部因过热而变黑，支持座与静触头上部电气连接面已被严重碳化发黑的油污所覆盖，清除油污后可清楚见到动静触头的两接触面均被烧蚀，估计此处温度已超过500℃。断口的其他电气连接部位未发现过热痕迹。这次红外诊断避免了一起可能发生的断路器爆炸的严重事故。

（四）互感器内部故障的诊断

电压互感器内部故障包括铁芯绝缘缺陷、绕组绝缘缺陷及绝缘介质缺陷。在正常情况

下，因总损耗很小故温升很小，相间温差也很小。不考虑环境风力的冷却作用，35kV及以上设备的、相间温差不会超过2℃，若考虑微风的冷却作用、相间温差还要更小。电流互感器的正常发热由绝缘的介质损耗和导体的铜损、铁芯的铁损组成。它的散热出口在顶部的储油柜和出线处，内部故障主要是内部连接接触不良和绝缘介质缺陷。正常情况下三相的温升、温差均很小，不考虑风力冷却作用时，对于35kV及以上的设备，其整体最大相间温差只在1.3℃左右，由于微风对流经常存在，其相间温差更微小。对互感器进行红外诊断时，均可采用相间比较法。

【例16-6】[8] 一组JDJJ2-35kV电磁式电压互感器A、B、C三相的空载电流基本相同，分别为1.52、1.53、1.49A，用红外热像仪测得的温升分别为2.1、3.0、2.0℃，B相仅高出其他相1.0℃。但测得的介质损耗角正切分别为0.7%、9.3%、1.2%，可见B相的介质损耗已严重超标（规定值为5.0%）。从上例可知在该情况下宜采用温度分辨率高的精密红外检测与诊断技术。

【例16-7】[1] 龙泉变电站用红外热像仪测得一台220kV母联电流互感器将军帽温升达51.3℃，而正常相同部位温度仅5℃左右。解体检查发现内部一次接头接触不良导致的过热，使周围绝缘垫块已炭化烧穿，绝缘油变黑。

（五）避雷器内部故障诊断

各种型式的避雷器有共同的热像特征，它的发热是由阻性泄漏电流引起。在正常运行时，它们的发热量都不大，本体温升很小，热场分布均匀，同一相设备的温度相当均匀或呈现上下两端温度偏低，而中部稍高。最大温差仅在1℃以内，相间温差也很小。当内部存在缺陷时，如元件老化、受潮或并联电阻断裂，则整体热像将会出现异变，热场温度分布出现不均匀，温差增大，温升显著增高。故障相的最低温度可能比正常相的最高温度还高，有局部过热或局部温度过低的反常现象。

【例16-8】[1] 1992年乔营变电站用红外热像仪检测一组220kV磁吹避雷器时，发现B相上节温度偏高达33.2℃，下节和环境温度相近为9℃，温度分布极不均匀。停电检查发现上节避雷器已严重受潮。

（六）电容器内部故障诊断

铁壳电容器介质损耗较大，表面温升较高，最高温度分布在大侧面的2/3高度处。瓷壳电容器介质损耗小，温升不高，其最热温度接近顶部，串接后的温度分布是上节低、下节高，它们相对应部位的温差应在1.5℃或更低。中部出现明显温度梯度时，可能是内部缺油。

【例16-9】[1] 萍乡电厂用红外热像仪检测220kV耦合电容器时，发现B相上节温度高达41℃，正常相为32℃，相间温差高达9℃，经停电检查发现该耦合电容的介质损耗比投运时上升了10倍，已超标。

（七）电缆内部故障的诊断

电缆内部故障包括绝缘不良和导体连接接触不良，其热像特征都是缺陷的相应外表面部位过热，或是整体过热，或是局部过热。可用相间比较法来确定缺陷部位，还可用不同电缆允许的最大温升值来确定其失效与否。

【例16-10】[1] 大沥变电站用红外热像仪检出110kV交联电缆头B相整体发热，比邻相高1.5℃，停电检查，打开电缆头底部放油阀放出20mL水，系顶部密封圈破损造成进水受潮而发热。

（八）瓷绝缘故障诊断

正常的绝缘子串发热很小，其热分布决定于其电压分布，一般两端温度偏高，串的中间逐渐减低，温度呈连续分布，相邻绝缘子间温差极小，不超过 1℃。当绝缘子性能劣化后，其绝缘电阻减小，降为 10～300MΩ时称为低值绝缘子，降为 5MΩ以下时称为零值绝缘子。绝缘子劣化后热像也会变化，低值绝缘子的钢帽温度较高，相邻片间温差大于 1℃。零值绝缘子的钢帽温度偏低。而当绝缘电阻介于 6～10MΩ时，其热像显示往往和正常绝缘子不易区别，此为检测盲区。污秽绝缘子的瓷盘表面温度偏高。正常的瓷绝缘支柱的热像特征是上部温度较高、下部较低，热场分布均匀。当支柱绝缘子劣化时，可能出现上低下高的温度分布。

【例 16-11】[1] 对华北电网某 500kV 输电线路 541 耐张塔用焦平面热像仪进行检测，发现 B 相内侧串第 25 片绝缘子钢帽温度明显高于相邻的上下片绝缘子，比其外侧串相同位置绝缘子钢帽温度高 1.1℃，诊断该片是低值绝缘子。经停电检查该片绝缘子的绝缘电阻为 23MΩ。

（九）导流元件和设备外部故障的诊断

导流元件和设备包括各种导线、母线、隔离开关、熔断器、穿墙套管、阻波器等。它们的结构简单，发热主要是由于导体在连接部位接触不良引起，绝大部分属外部故障，即使有外壳遮挡，但诊断时直观简捷。可直接用温度值或相对温差来判断故障的严重性。图 16-11[1]是一台 35kV 电流互感器一次引线接头接触不良的热像图。

（十）输电线路的红外航测

超高压架空输电线路的输电距离长且多经过森林、河流、高山、峡谷等交通困难之处，无法采用常规的红外检测方法。为此，20 世纪 70 年代以来世界各国应用直升机携载红外热像系统对输电线路进行航空测量，同时还可装载可见光摄像装置巡检线路其他设施和部件的情况。航测的内容包括外观缺陷、过热缺陷和绝缘子缺陷。航测时对人员配备、直升机的性能、飞行参数的确定、地面背景复杂性的认识多有严格的要求。为便于跟踪目标和获得稳定清晰的图像，需保证红外热像仪和可见光摄像机在航行过程中相对于空间保持其稳定，不受飞机各种运动的干扰，研制了热像专用的操作支架。更为理想的是将仪器安装在陀螺平台上，它能自动地调节平台的框架使陀螺平台对空间保持稳定。当然陀螺平台的成本会很高。世界上一些国家如英国、日本、美国等已将航测作为常规的红外检测方式，我国则还在积极地研究和探索中。美国 Raytek 公司生产的红外热像仪如图 16-12 所示。

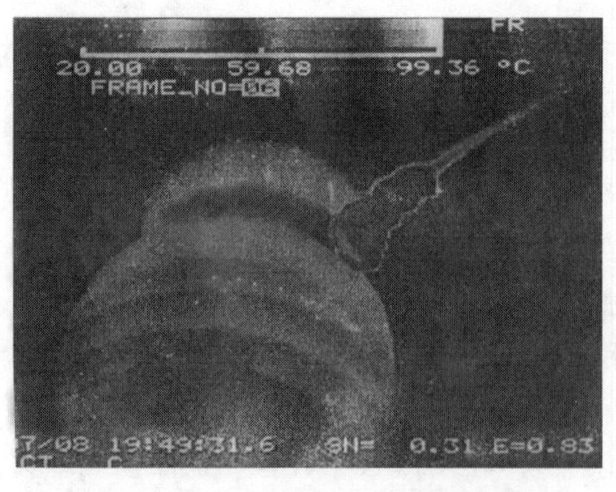

图 16-11 35kV 电流互感器一次引线接头接触不良的热像图

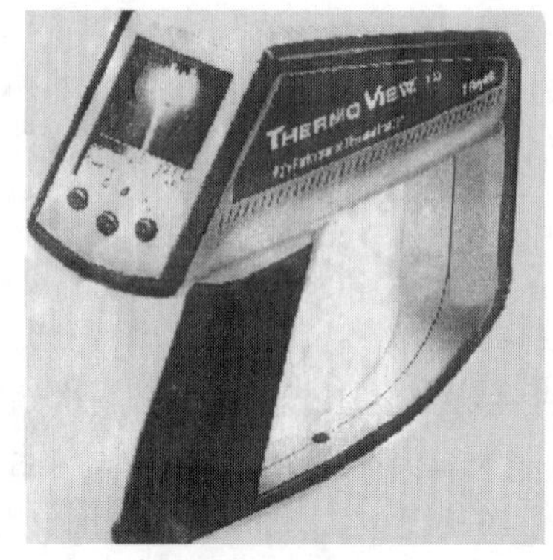

图 16-12 红外热像仪（美国 Raytek 公司产品）

参 考 文 献

[1] 程玉兰. 红外诊断现场实用技术. 北京：机械工业出版社，2002.

[2] 程玉兰. 设备诊断技术(一)第四章，温度监测技术. 北京：煤炭科研参考资料编辑部，1988.

[3] 董其国. 红外诊断技术在电力设备中的应用. 北京：机械工业出版社，1998.

[4] GB/T 11022—1999 高压开关设备和控制设备标准的共同技术要求.

[5] DL/T 596—1996 电力设备预防性试验规程.

[6] GB/T 7064—1996 透平型同步电机技术要求.

[7] 邬伟民，董永平. 用红外技术诊断变电设备内部健康状况的可行性分析. 高电压技术，1993，19(2)：23-29.

第十七章

远程诊断与虚拟医院

◎ 第一节　分布式监测诊断系统

采用计算机辅助的设备监测诊断系统目前大多偏重于特征量监测，并且还局限于单台或某一类设备的监测。其发展方向是在监测的同时实现故障自动诊断以及开发分布式、综合性、远程监测诊断系统。

由于设备的故障诊断十分复杂，尽管已经研发了各种检测手段，但通常还是需要由专家利用其丰富的理论知识和经验、进行综合分析，才能最终做出诊断结论。为了实现自动诊断，需要开发诊断专家系统。专家系统是将专家的专业知识及含糊、复杂的经验知识存入计算机，非专家运行计算机的推理功能，以对话的形式作出专业决断。所以，专家系统是应用人工智能技术的一种智能化计算机软件，它可博采众长。专家系统中的知识可随着科学技术的发展而方便地增删与修改。

分布式监测诊断系统面向多台设备或整个变电站、发电厂，采用多台计算机的分级管理方式。分布式监测诊断系统可以扩展到整个电力系统。不同变电站、发电厂的监测诊断子系统（局域网）通过互联网或电力部门的信息管理系统（MIS）等广域网连接到设在电力管理部门或试验研究单位的设备运行分析中心（虚拟医院），实行对电力系统各主要设备运行状态的远程监测与诊断，如图 17-1 所示。

参考文献［1，2］介绍了一种分布式监测诊断系统。文中所载的监测系统现安装于东北电力集团公司元宝山发电厂，用于连续监测该厂 2 号发电机—变压器组的放电性故障。

（1）放电监测系统主要功能如下：

1）检测放电脉冲电流信号和变压器的超声信号。

2）检测电信号波形，采用 FFT 分析放电特征或干扰特性。

3）针对干扰特点，采用硬件或数字处理技术抑制干扰。

4）对检测到的信息进行统计分析，提取统计特征，如三维谱图（φ-q-n 谱图），二维谱图（φ-q、φ-n、q-n 谱图）。

5）利用人工神经网络技术进行故障识别。

6）放电信号的阈值报警。

7）对变压器的严重放电点进行定位等。

（2）放电监测系统主要技术指标：

1）发电机最小可测放电量不大于 10000pC。

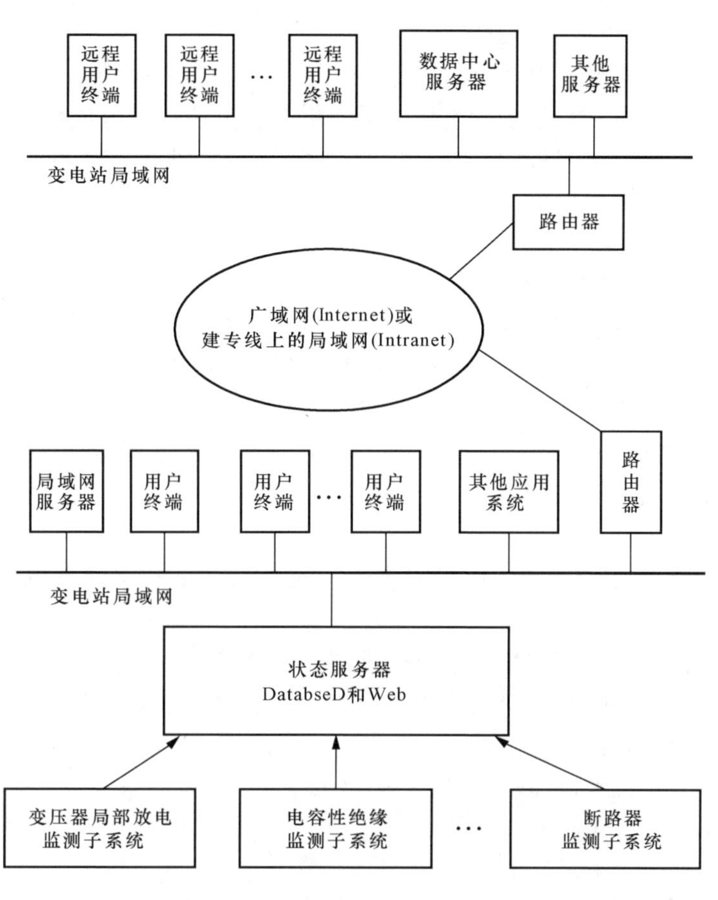

图 17-1 分布式监测诊断系统原理图

2）变压器最小可测放电量不大于 3000pC。

3）变压器超声定位精度为±5cm（实验室油箱中）。

以下对放电监测系统作全面介绍。

（一）硬件系统组成

系统硬件结构框图如图 17-2 所示。

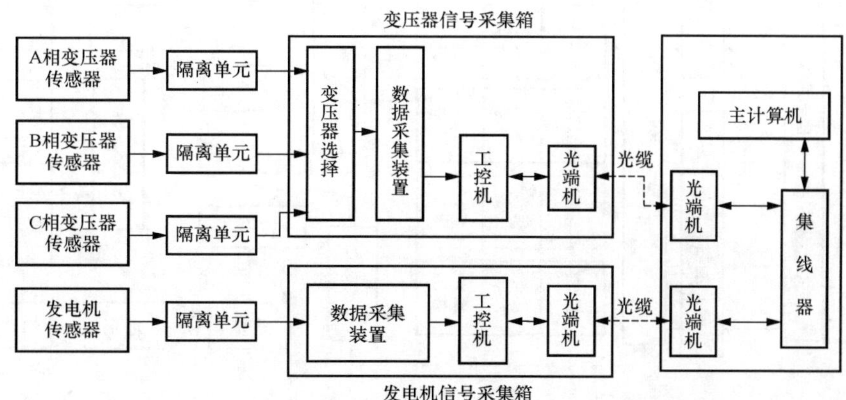

图 17-2 监测系统结构图

图 17-2 中，三台单相变压器的型号为 DFP 240000/500，容量 240MVA，电压 550/ $\sqrt{3}$ kV，沈阳变压器厂 1987 年 8 月生产。每台变压器上分别装有 5 个脉冲电流传感器和 3 个固定位置超声传感器；另有三个活动超声传感器，供故障定位用。电流传感器分别串接在 500 kV 侧高压出线套管末屏、中性点套管末屏、变压器外壳、铁芯和铁芯夹件接地线上。超声传感器安装位置选择易发生放电的部位。

一台 620MW 汽轮发电机的型号为 T264/640，功率 620MW，电压 20kV，法国 Alstom 公司 1982 年生产。高压侧有 3 个脉冲电流传感器，分别串接在三相并连电容的接地线上。中性点脉冲电流传感器安装在中性点引出电缆的外皮接地线上。

变压器信号采集箱、装在户外保温箱内，保温箱温度由独立的数字温控仪调节，使其温度一年四季均能保持在 10～40℃之间。发电机信号采集箱，装在发电机附近。虚线框内的设备安置在中央控制室。

主计算机和下位机之间采用 10M 以太网卡组成的网络通信，通过光缆传输信息。

1. 变压器部分硬件组成

变压器部分硬件包括传感器、信号采集箱、光通信网络和主计算机（与发电机部分公用）。

(1) 主计算机：P-II 型 350MHz 中央处理器，64M 内存。

(2) 传感器：每台变压器 5 个电流传感器和 3 个超声传感器。

(3) 信号采集箱装有：

1) 四路独立的滤波器，衰减器，放大器。

2) 四路独立的 A/D 转换卡。

3) 下位机：586 工控机。

4) 控制卡：同步触发信号、自检信号，信号采集箱温度测量。

(4) 信号传送：10M 以太网卡，集线器（HUB），光通信设备，光缆。

(5) 光字牌显示：放电量越限报警。

信号采集箱电源可由上位机程序控制通断。在定时采样到达之前 15min 打开电源，采样结束即关闭电源，从而延长信号采集箱的使用寿命。

图 17-3 所示为单相变压器监测装置的原理框图。

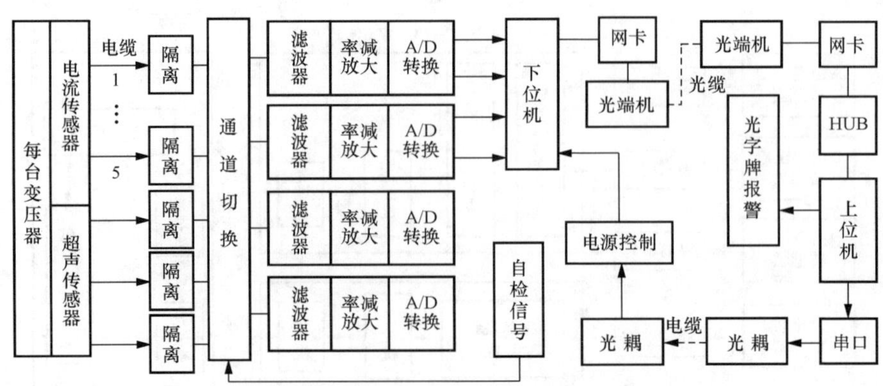

图 17-3 单相变压器监测装置原理框图

2. 发电机部分硬件组成

发电机部分硬件包括：传感器，信号采集箱，光通信网络，主计算机（与变压器部分公用）。

(1) 主计算机：P-II 型 350MHz 中央处理器，64M 内存。

(2) 传感器：4 个电流传感器，三相高压端和中性点各一个。

(3) 信号采集箱装有：

1) 四路独立的滤波器，衰减器，放大器和 A/D 转换卡。

2) 下位机：586 工控机。

3) 控制卡：同步触发信号，自检信号，信号采集箱温度测量。

(4) 信号传送：10M 以太网卡，集线器（HUB），光通信设备，光缆。

(5) 光字牌显示：放电量越限报警。

信号采集箱电源可由上位机程序控制通断。在定时采样到达之前 15min 打开电源，采样结束即关闭电源，从而延长信号采集箱的使用寿命。

图 17-4 所示为发电机监测装置的原理框图。

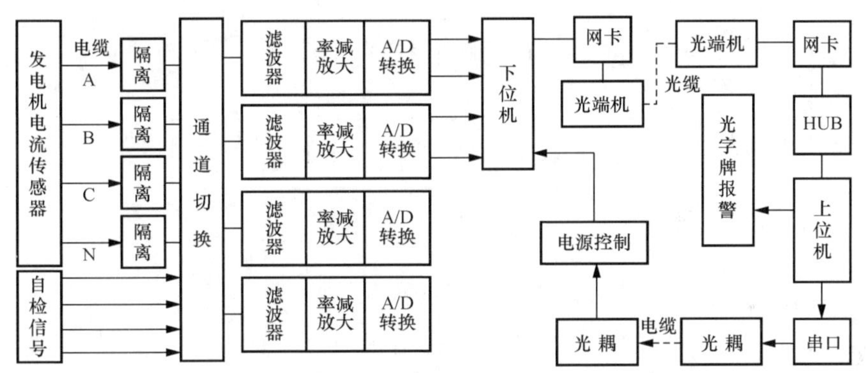

图 17-4 发电机监测装置原理框图

3. 主要硬件电路原理

从图 17-3 和图 17-4 可以看出，变压器和发电机监测装置的基本电路是一样的。下面介绍主要电路的工作原理。

(1) 脉冲电流传感器。图 17-5 所示为电流传感器原理框图。脉冲电流传感器采用铁氧体磁芯绕制而成，采用有源宽带型，传感器 3dB 带宽约为 4kHz～1.2MHz，增益为 1 或 10，手动选择。

(2) 超声传感器。图 17-6 为超声传感器原理框图。超声传感器探头采用锆钛酸压电晶体，其频带为 20～300kHz。由于运行中变压器的高频噪声主要是巴克好森噪声和磁声发射噪声，它们的频率均在 70kHz 以下，故超声传感器 3dB 带宽定为 70～180kHz，以抑制上述噪声的干扰。放大器增益大于 40dB。

(3) 信号隔离。传感器和数据采集装置之间设有隔离环节，这是因为各传感器接地点的电位是不等的，如果直接接入，不同传感器通道的接地线之间将产生电流，从而影响系统工作，严重时系统根本无法工作。本装置采用隔离变压器作为隔离元件，每个传感器配一个隔离单元，隔离单元的放大倍率为 1。图 17-7 所示为隔离单元原理框图。

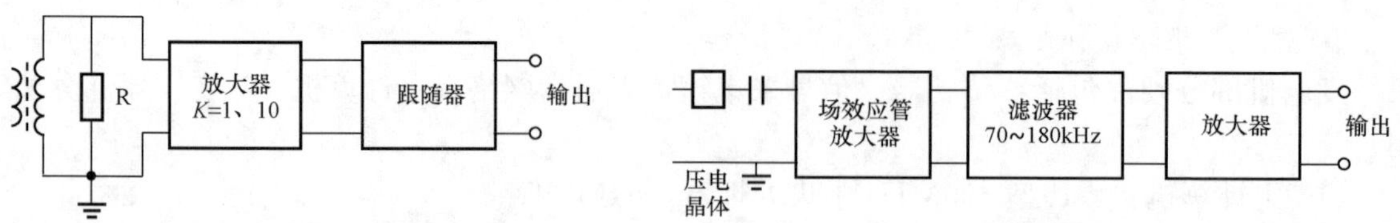

图 17-5 电流传感器原理框图　　　图 17-6 超声传感器原理框图

（4）衰减器和放大器。图 17-8 所示为衰减器、放大器的原理框图。衰减器采用阻容网络组成，以获得最佳的频率特性。衰减器的衰减率为 1，1/2，1/4，1/8 可程控调节。放大器包括 2 级，每级放大器的增益为 1，2，4，8，所以总增益可分别为 1，2，4，8，16，32，64。放大器的增益可程控调节。放大器 3dB 带宽为 10kHz～1.2MHz。为获得良好的频率特性，衰减器、放大器的量程切换开关采用微型继电器控制。图 17-8 中“kk”为继电器控制信号，由地址译码电路产生。根据放电信号大小，由上位机发出相应的控制命令，经传输网络传至下位机，由下位机控制上述电路将输出信号调整至合适的电平。

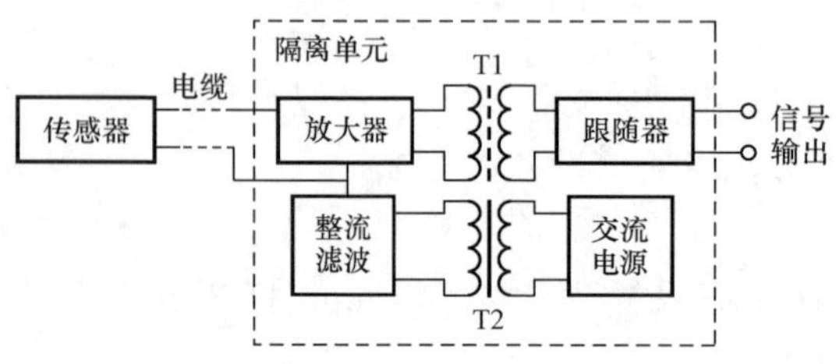

图 17-7 隔离单元电气原理框图

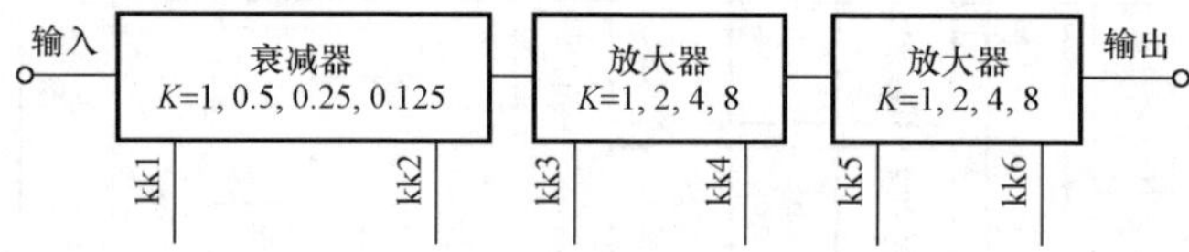

图 17-8 衰减器放大器原理框图

（5）滤波器组。根据某发电厂的具体干扰情况设计了图 17-9 所示的滤波器组来抑制干扰。

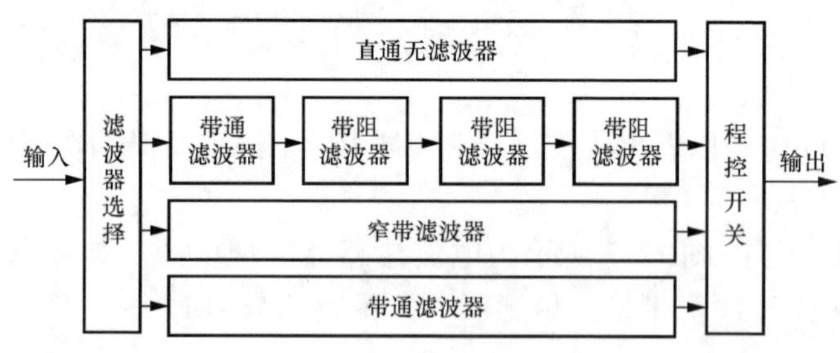

图 17-9 滤波器组

1）用于变压器的滤波器的频率范围为：

a）用于电流信号：①无滤波器，信号直接通过为 4kHz～1.2MHz；②带通滤波器为 530～1200kHz，2 级串联带阻滤波器为 395～475kHz、765～1040kHz；③窄带滤波器为260～305kHz。

b）用于超声信号：带通滤波器，70～180kHz。

2）用于发电机的滤波器的频率范围为：

a）无滤波器，信号直接通过，4kHz～1.2MHz。

b）带通滤波器，230～1200kHz；2级串联带阻滤波器，395～475kHz、765～1040kHz。

c）带通滤波器，650～805kHz。

d）带通滤波器：315～385kHz。

（6）A/D转换器。A/D转换器的主要特性如下：

1）采样率：0.5～10MHz。

2）分辨率：12bit。

3）存储容量：1024K B /通道。

4）输入信号幅值：±2V。

5）触发方式：内触发或外触发。

所有参数均可由软件程序控制。当系统处于自动检测模式时，采样率为5MSa/s，每次采样过程可采集5个工频周期内的放电信号。为了提取放电的统计特征，每次至少需采集25个工频周期的放电信号。A/D卡触发采用外触发方式，其触发信号由电源同步电路提供，保证采集的放电信号和电源电压有固定的相位关系。

（7）自检电路。为了定期地检查监测系统硬件电路是否正常，设计了四个能产生不同波形的信号电路，分别为锯齿波、和不同占空比的矩形波，可定期地检查这四个信号，通过观察其波形形状和大小，以判断监测系统是否正常。图17-10所示为自检电路原理框图。

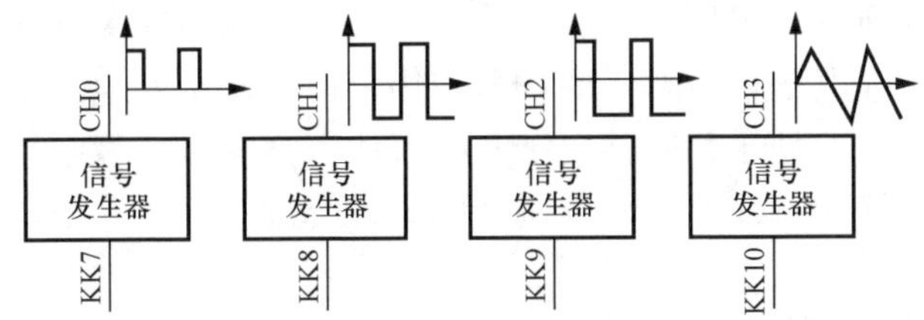

图17-10　自检电路原理框图

4. 网络拓扑结构

随着在线监测技术的发展，电力系统中出现了多种不同的监测系统，如放电故障监测系统、电容性设备绝缘故障监测系统等。如何把不同的监测装置组成一个统一的整体，以实现对整个发电厂、变电站的综合分析判断，是考虑网络结构的因素之一。

另外，放电信号采用高速A/D卡进行数模转换后，每次采集的数据量可达数十兆字节，如何快速、正确地传输信号成为一个检测系统成功与否的关键因素。

目前网络传输速度很容易达到10M，甚至于100M的传输率，另外网络具有极强的纠错能力，故采用网络技术能符合放电监测的要求。

图17-11所示为监测系统通信网络拓扑结构图。

本系统由一个星形总线结构的以太网组成，采用10Mb/s标准。该网络结构可以方便地组成一个分布式监测系统，从而实现对发电厂和变电站的全方位监测，图中虚线框内设备表示扩展部分。

本系统通过和广域网的联结，可实现数据的远程通信，为今后发展远程诊断奠定了基础。

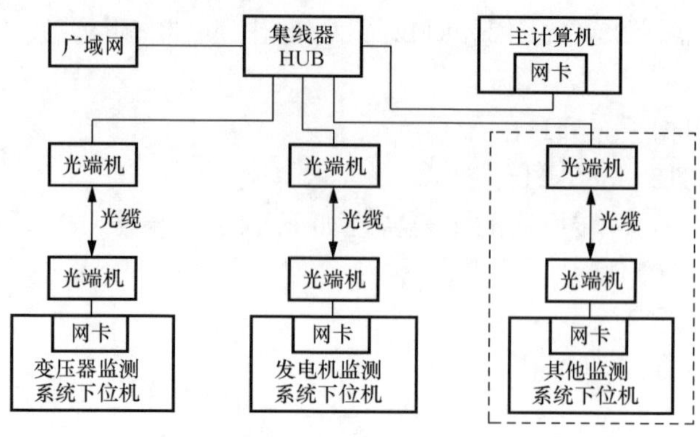

图 17-11 监测系统通信网络拓扑结构图

主计算机操作系统采用 Windows NT 4.0，监测系统下位机采用 MS-DOS 操作系统，下位机用电子盘作存储介质，不设带机械转动部件的软盘、硬盘，提高了下位机长期运行的可靠性。

主计算机和下位机通信协议采用 NETBEUI 协议。NETBEUI 内存开销小、速度快、易于实现，并且具有优良的错误保护功能，适用于由客户机和服务器组成的小型 LAN 网络使用。

5. 光缆通信

网络物理层传输介质可以采用细缆、粗缆、双绞线和光缆等多种介质。用光缆传输信号可避免电磁干扰，适于在电磁环境恶劣的场所使用，但造价是电缆的 10 倍。

由于绝缘监测系统一般处于几万甚至于几十万伏的高电压环境中，有着各种各样的电磁干扰。为可保证信号传输的可靠性，以及避受电力系统过电压的冲击，本系统采用光缆传输信号。

图 17-12 所示为光缆传输电路原理框图。

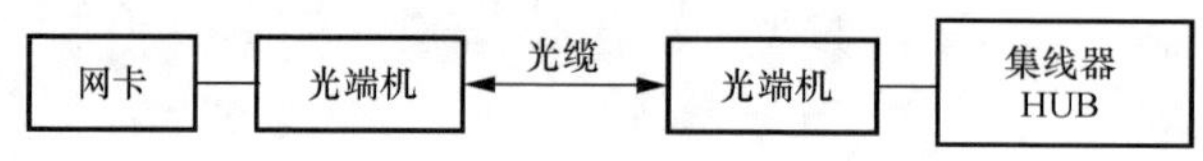

图 17-12 光缆传输原理框图电路

（二）系统软件

系统软件采用 Visual C++语言，运用组件对象模型（Component Object Model）技术编制。

软件设计采用不依赖于特定硬件的设计思想，要求能容纳不同的数据采集硬件和数据处理方法，最终形成对发、变电站设备进行在线监测的分布式体系结构。

结合以往发电机、变压器局部放电监测系统的开发经验，逐渐形成了独立于数据采集硬件的电力设备在线监测与诊断系统（Power Equipment Monitoring & Diagnosis System，PEMDS）框架[3,4]。

PEMDS 能容纳不同的数据采集系统。其他数据采集系统，只要采用符合 PEMDS 规范的接口软件，就可以无缝地融合到系统中，在整个系统的框架中正常运作。这有利于形成发电厂、变电站分布式在线监测系统。

PEMDS 采用了组件对象模型来实现各种不同的接口，这些接口是与源码无关的，这就为不同科研单位协同工作提供了方便。

PEMDS 能容纳不同的数据处理方法，这是通过对不同的数据和数据处理方法进行适当的抽象，实现了对任意数据进行任意处理。

PEMDS 很容易扩展功能，其体现在不同的数据采集子系统和数据处理模块可以动态地装载到整个系统中去，甚至在 PEMDS 已经运行的状态下仍能在系统中添加和卸载不同的数据采集系统。这就使得一个大的监测系统可以分阶段开发，不断完善功能。

1. PEMDS 软件框架结构

PEMDS 是一个基于 COM 组件技术的电力设备在线监测系统框架，在其中可以嵌入不同的电力设备在线监测子系统模块，形成对整个发、变电站的综合式监测系统。在 PEMDS 的框架下，任何监测系统，无论其结构多么复杂，从功能上进行抽象都可以将其分解为三个部分：数据采集对象、数据对象和方法对象。框架负责完成通用的任务，并根据需要调度数据采集对象、数据对象和方法对象。数据采集对象响应框架的请求，控制相应的数据采集系统，并返回结果；数据对象和方法对象同样响应框架的请求，实现具体数据的组织、保存和处理等任务。PEMDS 系统结构如图 17-13 所示。

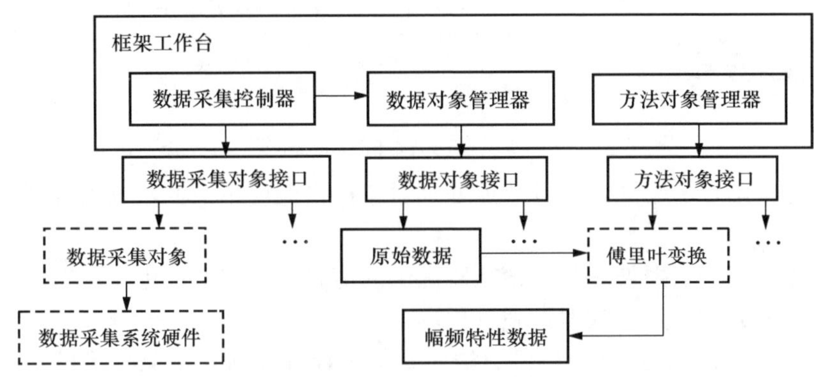

图 17-13　PEMDS 系统结构图

PEMDS 具有良好的开放性，可容纳各种不同的监测设备和数据处理方法。它采用 COM 接口作为子系统和框架之间的交互机制使系统易于扩展，能够随着时间的迁移不断扩充和完善。

2. 系统软件结构

系统软件的结构如图 17-14 所示。

系统的核心部位是工作台，其中包含了整个系统的关键部件：数据采集控制器、数据对象管理器和数据处理对象管理器。

数据采集控制器通过数据采集对象接口来和数据采集对象通信。数据采集对象是数据采集硬件在软件上的对应物。通过数据采集对象接口，系统可以和不止一个数据采集对象进行连接。这些数据采集对象可以是同一类型的对象，也可以是不同类型的对象。

与数据采集控制器相关的是场点管理和设备管理，场点管理和设备管理记录了系统安装地点的有关信息和设备的容量、类型、铭牌等内容。当比较不同安装地点或不同设备上得到的数据时，场点和设备信息给出了数据的来源并提供了附加的参考信息。

数据对象管理器接收数据采集控制器得到的原始数据后，将数据插入到工作台中。数据

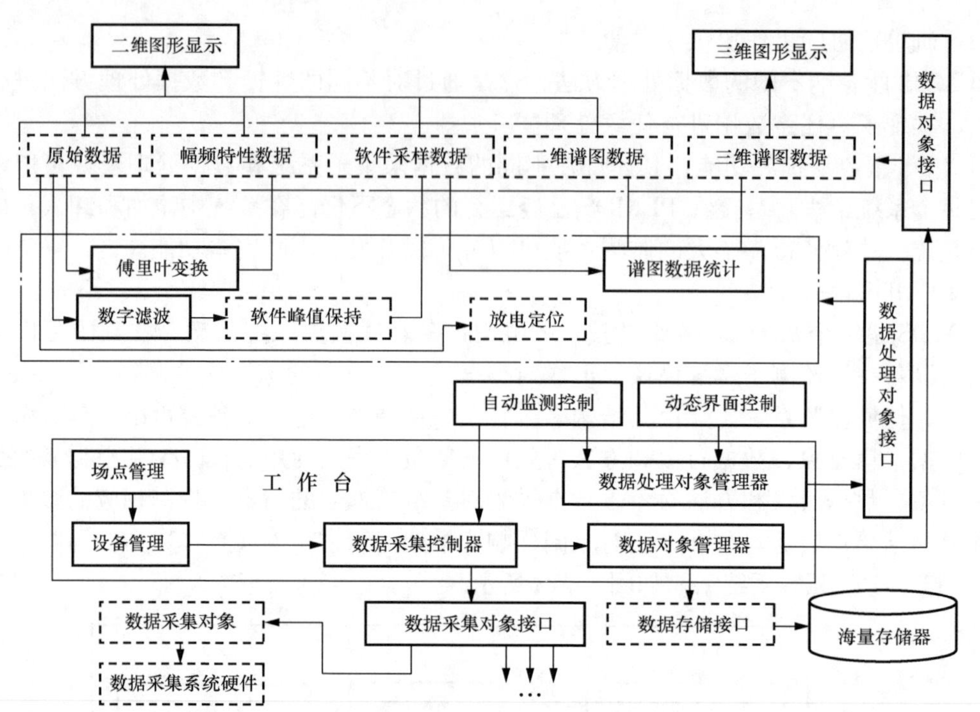

图 17-14 系统软件的结构总图

处理对象管理器在用户的驱动下通过数据处理对象接口调度不同的数据处理对象对数据进行处理并进行图形显示。

动态界面控制根据数据处理对象管理器提供的信息对用户界面进行动态调整，以及时反馈当前正在处理的数据对象和数据处理过程。

在图 17-14 中，用虚线框起来的部分表示是放电监测系统，而其他部分为 PEMDS 系统框架所有。任何其他数据类型和数据处理方法，都可以用同样的方式融入系统，成为系统的一部分。

系统还通过数据源重定向的方式使为一个系统所设计的数据处理算法能为别的系统所用，使不同的系统能共享数据处理算法。

系统目前能进行完善的二维图形显示，采用自动分度、数据提示、图形缩放等技术来提供直观详尽的数据信息。系统还可以斜二侧投影和正轴侧投影两种方式显示三维数据，采用优化的峰值线法绘制三维图形。

自动监测控制用来完成对设备的周期性自动检测。该部件控制数据采集系统和数据处理对象管理器进行周期性的数据采集和数据特征量提取，并将特征量保存进数据库以备查询。

3. 系统软件功能

(1) 数据采集：

1) 采集方式：自动监测，人控采集。

2) 采样率：自动检测时固定 5MHz，人控检测时，0.5～10MHz，程控选择。

3) 采集时间：自动检测时可程序设定，可选时间间隔为 1，2，…，12，24h。

4) 采集数据长度：25 个工频周期，人控采集时长度可根据需要设定。

5) 触发方式：外触发（工频过零触发）或内触发。

(2) 数据显示：

1) 放电脉冲时域图形。

2) 幅频特性图形。

3) 二维谱图（φ-q，φ-n，q-n 谱图)，三维谱图（φ-q-n 谱图)。

4) 放电量趋势图。

(3) 数据处理：

1) 幅频特性分析（FFT）子程序。

2) 频域谱线删除子程序（FFT 滤波)。

3) 多带通滤波。

4) 脉冲性干扰抑制子程序等。

4. 抗干扰措施

对局部放电信号而言，电力系统中的窄带干扰主要有载波通信和高频保护，它们的频率范围在 500kHz 以下，中波无线电广播的频率范围是 550～1505kHz。宽带干扰主要是晶闸管整流设备换相时产生的脉冲信号，这种信号有相位相对固定的特征。然而试验设备外部的放电信号也是干扰，其频谱特征和内部放电信号相同。

本系统设有硬件滤波器，对干扰特别严重的场合，可选用适当的硬件滤波器来滤除大部分的干扰。硬件滤波器的缺点是不能随意改变参数，很难适应变化的环境，这时可用软件滤波器进一步抑制剩余的干扰。针对不同的干扰，可有以下四种选择。

(1) 幅频特性分析（FFT）子程序。用频谱分析技术（FFT）来分析放电或干扰的频谱特征，进而用数字滤波技术来抑制窄带干扰，这是软件滤波的基础。

(2) 频域谱线删除子程序（FFT 滤波)。在频谱分析（FFT）来的基础上，找出干扰严重的若干频率成分，然后在频域中开窗消除。

(3) 多带通滤波子程序。在频谱分析（FFT）来的基础上，找出干扰较轻的若干频段，然后在时域中设置相应的多个带通滤波器，使通过信号的干扰成分得到抑制。

(4) 脉冲性干扰抑制子程序等。

周期性脉冲干扰由于相位相对固定，通常用时域开窗法去除。但发电厂的周期性脉冲干扰主要由发电机励磁系统产生，发电机的励磁电压随无功负荷变化而自动调节的，故软件开窗的相位也应自动跟踪换向脉冲相位的变化。

脉冲性干扰抑制子程序设计思路是：首先在采样数据序列中寻找可疑的脉冲，建立此脉冲波形的样板，然后在整个数据序列中比较是否在等间隔的位置有若干（对某台发电机脉冲数量是一定的）近似的脉冲出现，如符合规律，则视为干扰，可开窗去除。

按此原则编制的脉冲性干扰抑制子程序，可有效抑制脉冲性干扰。

5. 故障诊断

一个完善的监测系统应具备故障诊断功能，本系统除可给出基本的放电量 q、放电重复率 n 和放电相位 φ 等表征参数外，另外在放电部位的诊断方面做了深入的研究。

不同部位的放电，其放电波形具有不同的模式。模式识别具有统计特性，需要连续采集几十乃至几百个工频周期的数据信息。显然直接利用高速 A/D 采集的数据处理是不现实的，本系统采用软件峰值保持算法来得到放电量和时间的关系，并进一步取得放电的统计信息。根据得到的 φ、q、n 信息，可以得到三维放电 φ-q-n 谱图（n 为放电重复率）和二维放电

$\varphi\text{-}q$、$\varphi\text{-}n$、$q\text{-}n$ 谱图。在三维放电谱图二维放电谱图的基础上，进一步提取放电的指纹特征，利用人工神经网络对放电的模式进行识别，可以区分放电部位。

6. 变压器放电点超声定位子程序

变压器油箱器壁装有 3 个固定式超声传感器，用作超声信号的在线监测。在进行放电点的定位时，为了提高定位精度，可利用提供的移动式超声传感器仔细测量，逐步逼近放电点，如此才能获得理想的定位精度。

系统采用声电时延法编制了实用的超声定位子程序。声电时延法至少需要三个超声传感器和一个电流传感器，按声波折线传播的规律，可列出八个球面方程组。

实际操作时将三个超声传感器放在变压器油箱的不同位置上，建立一个直角坐标系，测出三个超声传感器在坐标系的位置坐标。采集三路声信号和一路电信号后。在信号的时域图上，以电信号作为时间起点，测出三个超声传感器的时延。将超声传感器位置坐标和时延代入方程组求解，方程组的解即为放电点的位置。

在实验室油箱中试验，定位准确度为±5cm。

图 17-15 所示为实验室油箱中测得的声电信号波形。定位误差为 17mm。

7. 软件界面

目前微软的 Windows 操作系统在 PC 机用户中已占绝对统治地位。由于 Windows 界面具有界面友好、易于操作的优点，得到了广泛的应用。下面介绍本系统主要的 Windows 用户界面。

(1) 工作台。工作台是电力设备在线监测系统中用户和系统交互的核心，用户可通过工作台进行大部分操作。工作台用树型结构来组织系统中的场点、设备、监测装置和数据。一个典型的工作台如图 17-16 所示。

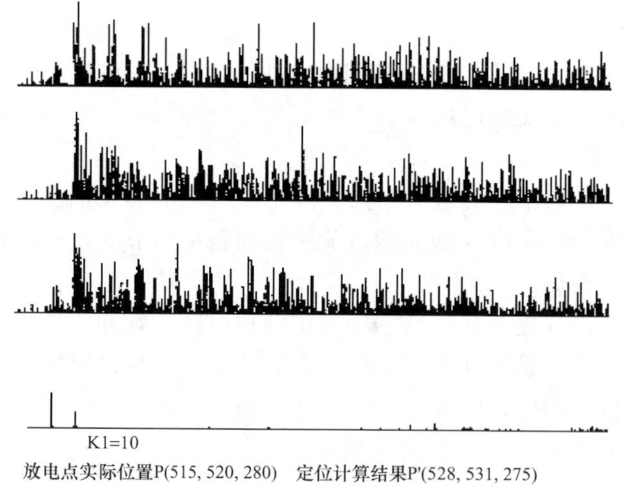

图 17-15　实验室油箱中得的声电信号波形

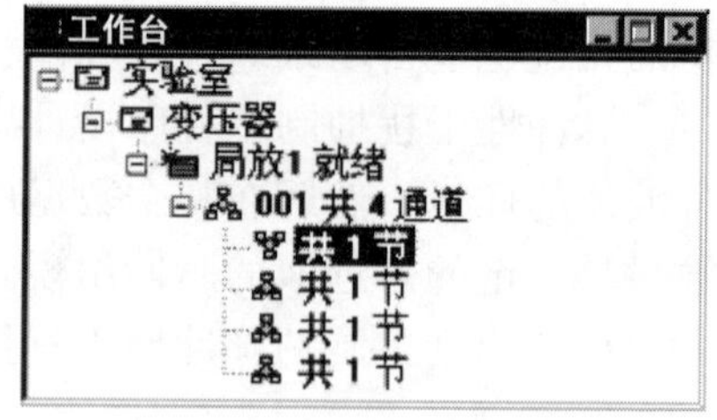

图 17-16　工作台

(2) 输入通道参数设置。在数据采集开始前，须设置输入通道板的参数。在工作台中选择欲进行数据采集的装置并从“装置”菜单中选择“采样参数”中的“编辑”，将出现参数配置窗口。由于监测系统只有 4 个物理通道，而变压器监测装置最多可装设 16 个传感器，故每次采样只能从中选出 4 个测点的传感器，如图 17-17 所示。

1) 放大器。每个通道放大器的放大倍数需根据被测信号的大小分别调整，如图 17-18

所示。一般使屏幕上显示的信号幅度为满度的1/4～1/3为宜。

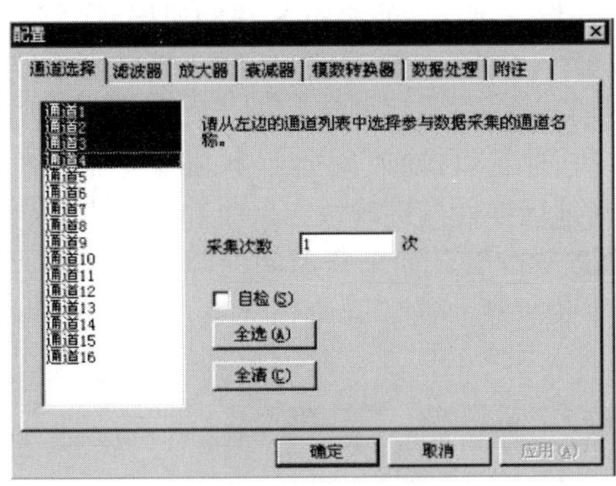

图17-17 通道选择

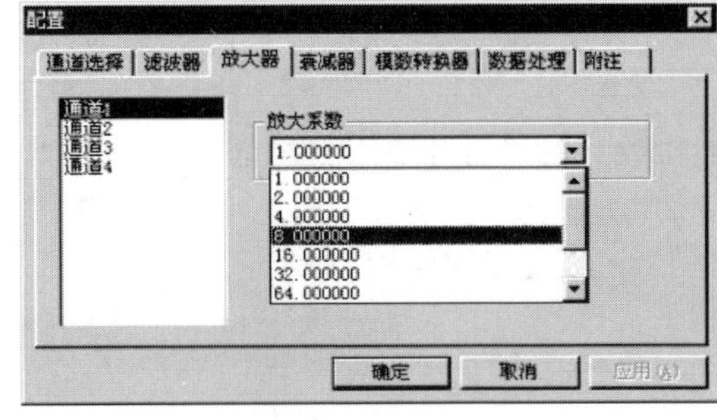

图17-18 放大倍数选择

2）衰减器。每个通道衰减器的衰减系数需根据被测信号的大小分别调整，如图17-19所示。一般情况下将衰减系数设置为1。

3）滤波器。这里的滤波器是指系统设置的硬件滤波器，其参数是根据电厂的实际情况设计的，如图17-20所示。一般情况下需选择使用滤波器。如需要分析信号的波形特征，则不应该采用硬件滤波器，使采集到的信号尽可能保持原貌，以便进行数字信号处理。

4）模数转换器。模数转换器可根据需要，改变设置出首参数，如采样数据的长度、采样率、触发方式、触发电平等，如图17-21所示。因A/D卡上的缓存容量为1024KB，如设置采样率为10MHz，则每次采集的数据长度，至少为一个工频周期。一般采样率设置为5MHz，采样长度设置为512K，触发方式选择“内触发”。各页面配置好后，单击“确定”按钮即完成参数配置并保存该配置。下次开机时作为默认值自动输入。

5）启动数据采集。一旦启动数据采集选项，工作台中该监测装置对象名称后出现“正

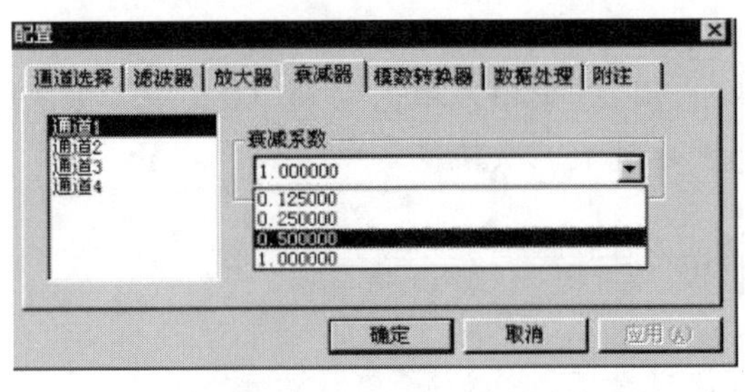

图17-19 衰减器倍率选择

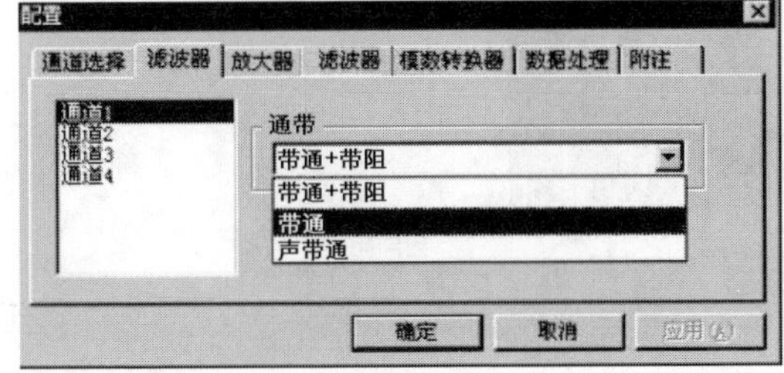

图17-20 滤波器选择

图17-21 模数转换器参数选择

图 17-22 数据采集

在采集数据…”字样，系统开始采样。等待一段时间后(其时间长短取决于该装置数据采集的速度)，采集到的数据将被插入到工作台中该对象之后，如图 17-22 所示。

6）自动监测。自动监测使监测装置在无人监视的情况下自动地周期性地进行数据采集和记录设置自动监测参数。在开始自动监测之前，需要对其参数进行配置，如采样时间间隔的设定等，如图 17-23 所示。一般选择间隔为 12h 或 24h 自动采集岩层一次。异常情况下可缩短时间间隔，最小为 5min 采集一次。

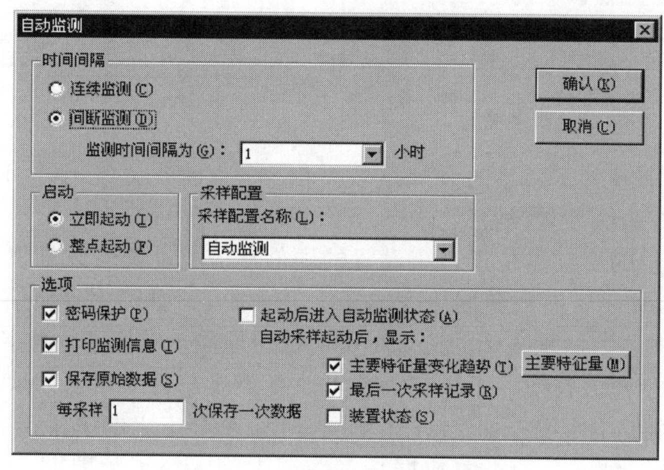

图 17-23 自动监测参数设置

7）显示数据视图。双击文件名，就可以将该数据文件调入工作台中。通过对图形的拉伸和还原，用户可以很方便地观察图形。水平拖动鼠标选择要拉伸的图形区域，然后右击鼠标，在弹出的菜单中选择“拉伸”即可将选定区域的图形放大。单击“还原”选项，则弹出含有“到原始状态”和“到上一次拉伸状态”两个选项的菜单。单击“到原始状态”则图形恢复到原始状态，单击“到上一次拉伸状态”则恢复到上一次拉伸的状态。

a）时域波形图如图 17-24 所示。

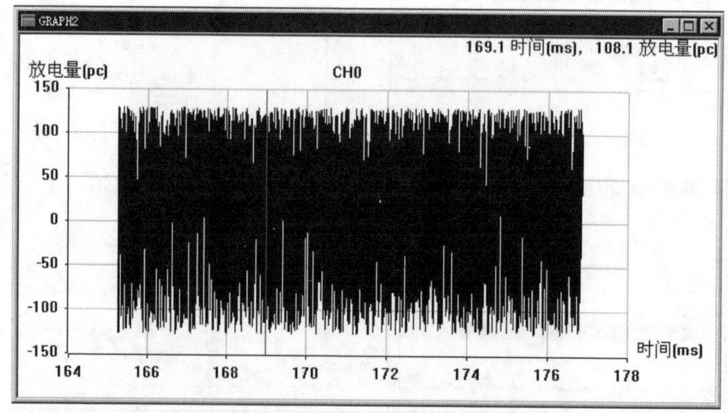

图 17-24 时域波形图

b）幅频特性图如图 17-25 所示。

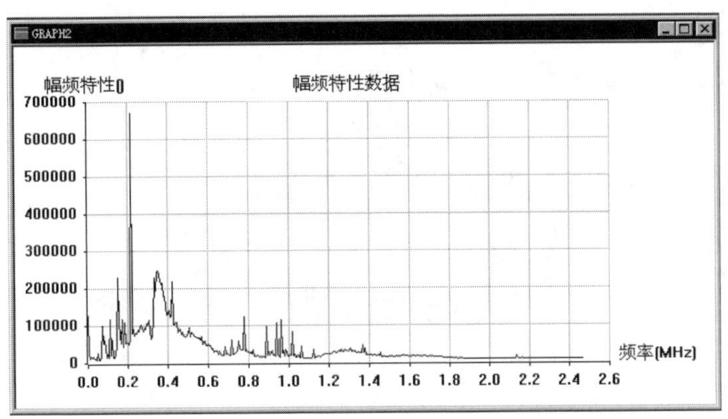

图 17-25 幅频特性图

8）二维图形。在二维图形窗口内右击鼠标，则弹出相应的设置菜单显示通用的二维图形（如波形图，放电量一相位谱图等），如图 17-26 所示。由于 Windows 是多窗口、多进程的系统，已显示的二维图形可能由于其他程序或窗口被破坏或覆盖，此时需要重新绘制图形。

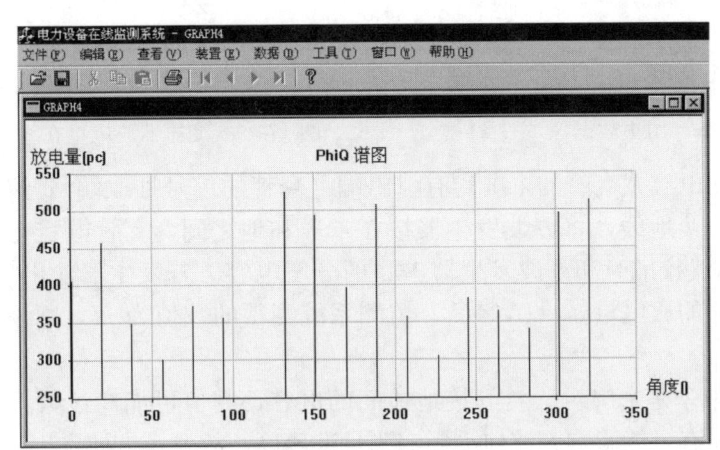

图 17-26 二维图形

9）三维谱图。在三维图形窗口中右击鼠标，则弹出相应的设置菜单，可显示三维图形，如图 17-27 所示。

10）查看历史数据。在工作台中选择查看历史数据的装置名称，并在“装置”菜单中选择“历史记录”，从下拉列表中选择要查看的数据库和数据表，单击“查询”即显示图 17-28 所示界面。

8. 变压器放电量的在线标定

变压器在线和离线时高压端对地电容 C_g 是不同的，故二者的测量灵敏度也不相等。为正确给出视在放电量的数值，如有条件，应采用在线标定求得标定系数。

变压器放电量在线标定通常采用图 17-29 所示的办法实行。

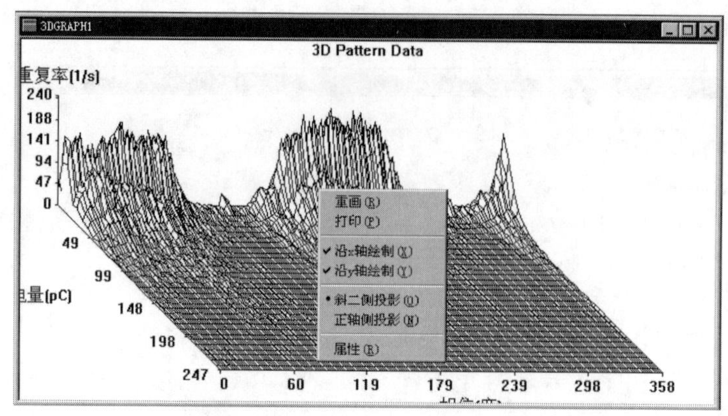

图 17-27 三维图形

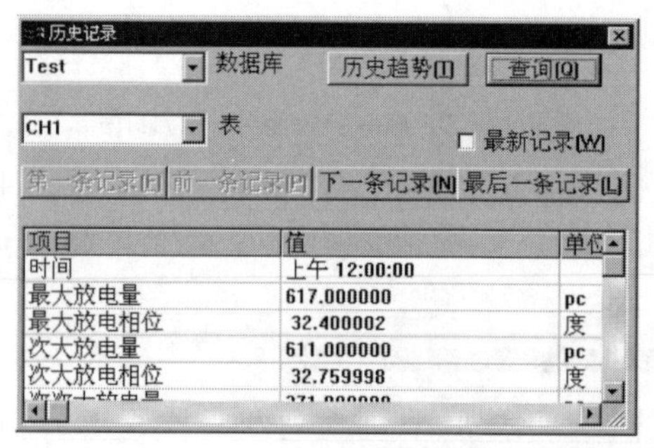

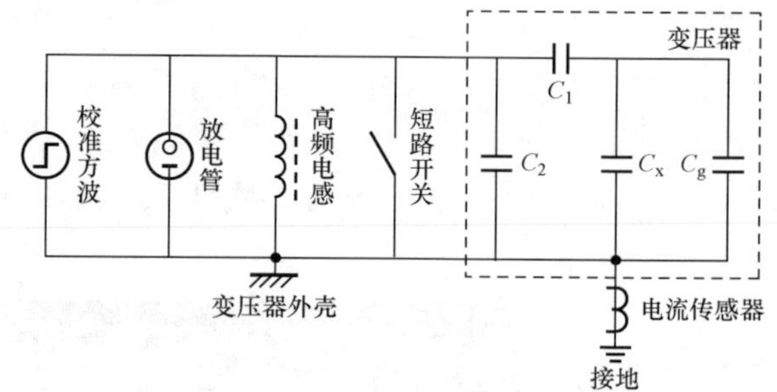

图 17-28 历史数据

图 17-29 变压器放电量在线标定原理图

394 变压器的高压电容式套管的末屏均有引出端（套管的信号抽取端），该引出端一般是直接接地的。打开其接地线，将方波发生器接在末屏和地之间，套管电容 C_1（一般在 200～600pF）相当于离线校准时和方波发生器串联的分度电容。若发生器输出方波的幅值为 U，则注入的校准脉冲的放电量 $q_0=U_0\times C_1$，监测系统测得的数值为 H，则该系统的刻度系数为 q_0/H。

图 17-29 中，C_2 是末屏对法兰等接地体间的电容，其值可能高达数万皮法，它作为方波发生器的负载，有可能影响方波前沿影响测量准确度，故要求方波发生器要有足够的带载能力。高频电感支路对工频而言可以看作短路，其作用是限制工频电压。放电管作为过压保护。不进行校准时可将短路开关合上，以保证末屏可靠接地。

◎ 第二节 远 程 诊 断[5]

当前，大多数的电力设备在线监测系统仍然只是作为一个孤立的封闭系统开发的，通常运行于单台或几台微机上，对单台设备的状态量进行监测[1]。随着计算机网络技术的发展，人们除了对监测系统的准确性、诊断可靠性等方面提出更高要求外，对系统的可扩展性以及远程监测能力也提出了要求。为此，在原先开发的电力设备状态监测系统（Power Equipment Monitoring & Diagnosis System，PEMDS）的基础上，研制了基于远程网络通信的电力设备状态监测系统。该系统提供了两种网络连接方案，以满足不同场合下的需要。在监测软件的设计上，新系统继承了原有 PEMDS 软件框架中的组件对象模型，开发了新的网络通信组件，与原有系统无缝的集成在一起。所研制的局部放电远程监测系统已在东北电力集团公司某电厂投入运行。

一、网络通信方案介绍

（一）基于 Intranet/Internet 的网络通信方案

该方案采用了通用的 TCP/IP 协议，结构上采用流行的“客户端/服务器（Client/Server)”结构，通过 VC6.0 对 WinSock 编程实现。

在具体的通信方式上，采用了将命令通道与数据通道分开来的虚拟双通道方式，如图 17-30 所示。

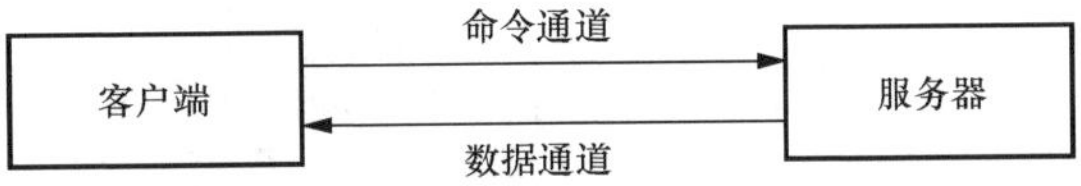

图 17-30 虚拟双通道的通方式

在这种方案中，服务器/客户端之间的连接一共有两条：一条是命令通道，另一条是数据通道。在命令通道上传递命令信息，如客户端的请求以及服务器的状态信息等，传递的都是基于 ASCII 码的信息流；在数据通道上传递的是二进制的数据块。服务进程运行于监测服务器上，并处于监听状态。客户进程运行于另一台工作站上，客户进程向服务进程发送各种命令请求，并等待响应，然后做相应的处理。这种虚拟双通道的通信方案，使控制命令和数据传输在逻辑上分离，结构清晰、编程规范，带来了较高的可靠性。

（二）基于公用电话网（PSTN）的网络通信方案

在一些特殊的场合下，上述方案无法满足用户的要求，比如尽管当前许多电力企业都建立了自己内部的网络，但是，出于网络安全方面的考虑，这些网络大都是与外部隔离开来的，外部人员无法访问。为此，设计了基于公用电话网（PSTN）的网络通信方案。在现场监测服务器端设有调制解调器与专用的电话线相连，并处于监听状态。远程监测客户端通过另一个调制解调器拨号与服务器建立连接，进行通信。

软件部分以远程访问服务（简称 RAS）作为数据通信的底层模块。RAS 是 Windows NT 系统提供的一项供用户远程登录 NT 的服务程序，它可以看成是网络适配器的延伸。当使用调制解调器连接上 Windows NT 所提供的远程访问服务之后，远程用户的计算机对网络的使用和通过网卡连接时是一样的。

RAS 提供了几种通信协议，如：TCP/IP、NetBEUI、IPX/SPX 等可供选择。可以根据具体的情况选择相应的协议，使用起来相当方便。

二、远程监测系统的组成

无论采用哪种网络通信方案，远程监测系统采用的都是“客户端/服务器”的结构体系。为了让原有的 PEMDS 系统具有远程网络通信的能力，需要添加新的网络通信组件。在原系统现场监测主机上添加服务器端组件，使之成为 PEMDS 服务器；在工作站中安装客户端组件，使之成为 PEMDS 客户端。客户端和服务器之间通过网络相连，就组成了一个新的基于远程网络通信的监测系统。

（一）PEMDS 介绍

PEMDS 是一个基于 COM 组件技术的电力设备在线监测系统框架，在其中可以嵌入不同的电力设备在线监测子系统模块，形成对整个发、变电站的综合式监测系统。在 PEMDS 的框架下，任何监测系统，无论其结构多么复杂，从功能上进行抽象都可以将其分解为三个部分：数据采集对象、数据对象和方法对象。框架负责完成通用的任务，并根据需要调度数据采集对象、数据对象和方法对象。数据采集对象响应框架的请求，控制相应的数据采集系统，并返回结果；数据对象和方法对象同样响应框架的请求，实现具体数据的组织、保存和处理等任务。对象间的相互作用如图 17-31 所示。

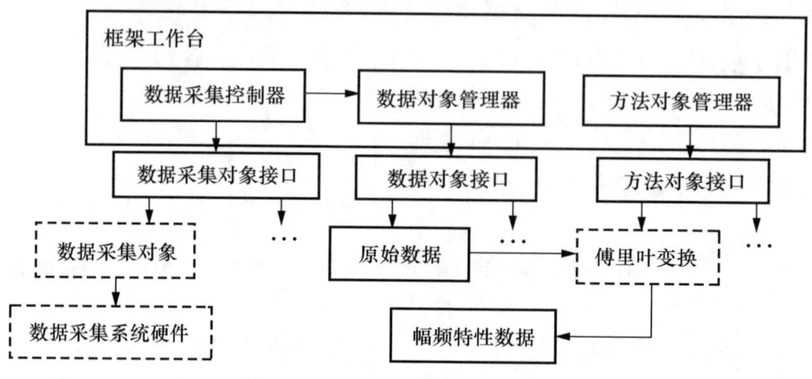

图 17-31　PEMDS 系统结构图

PEMDS 具有良好的开放性，可容纳各种不同的监测设备和数据处理方法；采用 COM 接口作为子系统和框架之间的交互机制使系统易于扩展，能够随着时间的迁移不断扩充和完善。

（二）网络通信组件

1. 服务器组件

服务器组件运行于现场的监测主机中，负责监听来自客户端的请求，然后调用相应的对象处理，并把数据结果返回给客户端。从功能上来看，服务器组件无法归于 PEMDS 中的三大对象中的任何一类。因此，定义了一个新的对象：数据服务提供者对象（Data Service Provider）。由于数据服务提供者对象的主要工作是负责处理网络请求，与框架的交互相对简单，只有一个：数据服务提供者接口。该接口有起动服务和停止服务两个方法，还有一些属性参数，主要是一些诸如服务器端口号、用户数上限之类的参数信息。

目前服务器组件完成的功能主要是一些信息读取的工作，如读取监测设备参数和读取监测数据文件等，预计将来可完成对数据采集系统的控制功能。

2. 客户端组件

客户端组件根据框架的请求，向服务器端发送相应的网络命令，等待响应，然后返回数据结果。从功能的角度来看，客户端组件与 PEMDS 中的数据采集对象具有相似性：两者都是负责获取数据的，只不过是具体实现的途径不同，前者是通过网络，而后者是通过相应的数据采集硬件系统。功能上的相似性使得客户端组件可以通过数据采集对象接口加以实现，差异将在内部方法的具体实现上体现。这正是框架采用 COM 组件技术的思想。框架并不关心对象是如何具体实现的，在框架看来，只要客户端组件实现了数据采集对象所需要的三个接口："设备安装"接口、"参数配置"接口以及"数据采集"接口，那么框架就可以像调用本地的数据采集对象那样调用由客户端组件实现的远程的数据采集对象。

由于系统采用了两种网络通信方案，因此系统也相应提供了两种客户端组件，都实现了数据采集对象所要求的三个接口："设备安装"接口用于向框架注册一个新的远程监测设备，并提供必要的服务器信息，如服务器名称、IP 地址等，在测试连接成功后即宣告设备安装完成；“参数配置”接口主要用于客户端配置一些功能性参数，用于标识自动下载或用户手动选择。

◎ 第三节 电力设备虚拟医院[6, 7]

电力设备虚拟医院（VHPE），从字面上理解是一个对电力设备进行远程诊断的场所。然而电力设备虚拟医院的含义并不局限于远程诊断，它除了可以集中多位专家进行故障诊断、共同得出合理技术处理措施外，还将是一个电力设备诊断技术综合性信息中心，成为电力部门、厂商、诊断技术专家等各方沟通渠道，促进各方交流讨论，达到信息共享的目的。VHPE 的建立有利于促进整个行业的社会性协作，共同收集诊断案例，积累现场数据，展示最新的诊断技术成果，对人员进行远程培训，促进行业的标准化建设等，具有重要的实用价值。

一、VHPE 的内容组织

1. 栏目介绍

各个栏目规划如图 17-32 所示。

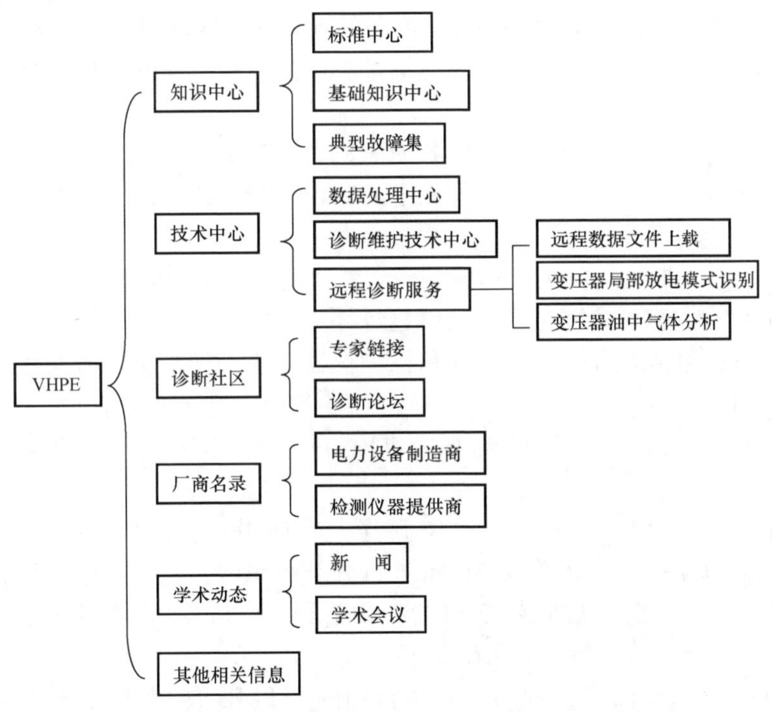

图 17-32 VHPE 栏目规划（Site-Map）

（1）标准中心。当前，大多数传统的检测和诊断技术都遵循一定的标准，如 IEEE、IEC 以及某些国家标准。标准中心就是用来收集所有的与测试、诊断、维护导则以及推荐等各个方面相关的标准。按照标准的制定方，如 IEEE、IEC 和国家标准，来分类存储和组织各项标准。

(2) 基础知识中心。用以收集与特定设备的诊断和维护技术相关的基础性知识，包括设备的具体配置，典型的机械、电、热性能参数，相关材料特性，设备稳定性，设备的预期寿命等信息，还将包含一些可用于远程教学和培训的书籍、多媒体课件等。

(3) 典型故障集。用以收集一些典型的故障案例数据以及相关案例分析判断方法等。设备诊断案例的收集，是一项很有意义的工作，人们可以从中得到启发，还可以进行“知识挖掘”，发现新的规律。诊断案例的积累不能仅仅依靠某个单位，必须一个行业乃至设备制造方、电力部门和研究单位的社会性协作。

(4) 数据处理中心。在设备诊断过程中，特别是在特征量的提取、干扰的抑制等方面，应用了大量的信号处理技术，比如 FFT、小波分析、数字滤波器、统计分析等。尽管有些技术方法可以在网上找到源代码，但是使用者在使用过程通常需要做许多的修改工作，重复劳动很多。数据处理中心就专门用于收集那些在诊断领域中常用的一些数据分析方法，包括时频分析、人工神经网络、统计分析、模式识别等，并尽可能提供源代码，并包括一些对商业性工具的链接。

(5) 诊断维护技术中心。与数据处理中心相类似，这里主要收集一些诊断算法以及设备维护方法等，包括基于专家系统和人工神经网络的诊断算法、应用模糊理论的诊断算法、统计诊断算法、故障定位算法、趋势分析算法等。

(6) 远程诊断服务。用于提供一些常见设备的远程故障诊断服务，并展示一些最新的诊断技术。目前可提供的诊断服务包括变压器局部放电的模式识别以及基于变压器油中溶解气体分析的故障诊断。

(7) 专家链接。将提供在诊断领域内各专家的个人简介、研究方向、联系方式等信息，方便用户与专家的交流。还可邀请专家作网上的联合诊断，综合各位专家的意见作出正确的判断。

(8) 诊断论坛。诊断论坛的主要功能是建立一个网上交流的渠道，用户可以在上面发表文章、交流经验体会、探讨诊断技术的发展趋势等。

(9) 厂商名录：包括电力设备制造商和检测仪器提供商两部分，收集相关厂商的介绍、产品信息以及网址链接等。

(10) 学术动态：收集一些反映当前研究进展，研究热点的文章以及学术会议的信息。

2. 信息的组织方式

VHPE 的信息组织是以设备为中心的，除了一些通用的知识与技术外，如 FFT、小波分析等，其他信息都是按照具体类型的设备进行分类组织的。主要的电力设备包括电压器、发电机/电动机、电力电缆、断路器、避雷器、电容器、电压互感器、电流互感器、绝缘子、气体绝缘变电站（GIS）以及超高电压设备等。

VHPE 中的大多数文档是以 Web 站点中常用的 HTML 或 PDF 的格式保存的，页面采用了基本一致的风格，从而保证了浏览的方便、清晰和快捷。一些文档采用了包括音频、视频的多媒体技术来实现，以保证用户浏览的直观性。诊断案例数据中，一些以数据库的形式保存（如变压器 DGA 的气体含量数据）；一些不方便以数据库形式保存的数据（如局放采样数据），将以文件的形式保存在特定的目录中。

二、技术实现

普通的 Web 站点可以有多种技术解决方案的选择，出于继承性和兼容性的考虑，采用

Microsoft 的 Web 站点技术解决方案，即 Internet 信息服务器（IIS）＋Active Server Pagers（ASP）＋COM 组件体系，如图 17-33 所示。

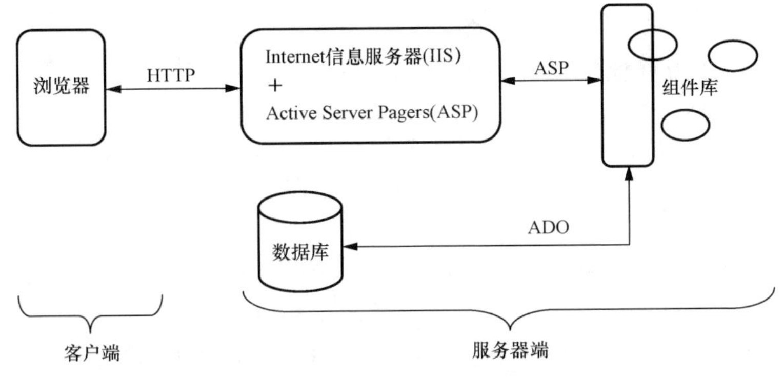

图 17-33 “虚拟医院”站点技术体系结构图

三、变压器远程诊断服务介绍

远程诊断服务是 VHPE 中的一个重要的组成部分。目前实现的诊断服务包括变压器局部放电的模式识别以及基于变压器油中溶解气体分析（Dissolved Gas Analysis，DGA）的故障识别。

1. 变压器局部放电模式识别

采用人工神经网络作为局部放电的模式识别的主要工具。在实验室采用模型试验的方法来获得变压器局部放电的样本数据，再将数据转化为 *j-q-n* 三维谱图表列数据作为神经网络的输入向量，利用组合神经网络进行分层识别。将训练好的神经网络权重数据保存于专门的文件中，作为局放模式识别组件的神经网络基本权重数据。

如图 17-34 所示，当用户通过 Internet 进行变压器局部放电模式识别时，其整个过程是这样的：用户在客户端通过浏览器上传变压器局放 *j-q* 格式数据文件以及一些相关的变压器铭牌数据，服务器的 ASP 脚本调用文件上传组件读取文件数据，并加以保存。然后再调用组件将 *j-q* 数据转化为 *j-q-n* 三维谱图表列数据，该表列数据将作为神经网络组件的输入，神经网络的输出结果返回给 ASP 脚本进行判断，并生成诊断结果报告返回给用户。*j-q*数据

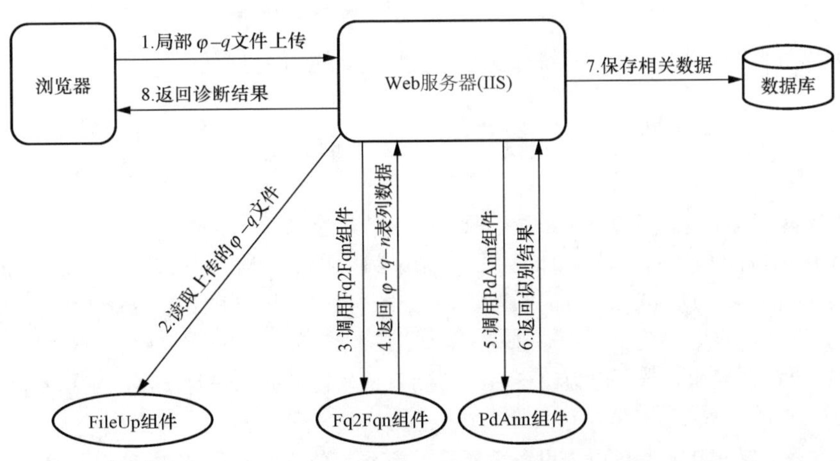

图 17-34 局放模式识别流程图

文件信息以及诊断结果作为一个案例将保存在数据库中以便将来需要时查询。

2. 基于变压器DGA数据的故障识别

油中溶解气体分析是目前电力系统对变压器状态进行判断时使用的重要检测手段。人工神经网络是进行DGA结果判断的有效方法。收集数百组已经有确诊结果的DGA气体含量数据作为样本，采用其中的五种特征气体（H_2、CH_4、C_2H_6、C_2H_4、C_2H_2）相对含量作为网络的输入向量，利用组合神经网络进行分层识别的方法以提高识别率。将训练好的神经网络权重数据保存于专门的文件中，作为识别组件的神经网络基本权重数据用于判断。

当用户使用这一远程诊断服务时，其基本过程如图17-35所示：用户在浏览器HTML表单中输入五种特征气体的含量以及相关的变压器铭牌数据；服务器得到这些数据后，利用相关标准中规定的油中气体组分限值的方法判断变压器是否处于正常状态；如果气体组分不超过规定的限值即变压器状态是正常的，则把这一结果返回给客户，诊断过程结束；如果变压器的状态是异常的，则调用神经网络识别组件进行判断；根据判断的结果生成诊断报告返回给用户；将来如果用户对故障有了确诊的结果（如通过吊芯检查），则可以进一步反馈确诊结果，并提供相应的联系方式以便联系验证，服务器将所有这些信息保存在数据库中作为一个完整的诊断案例。

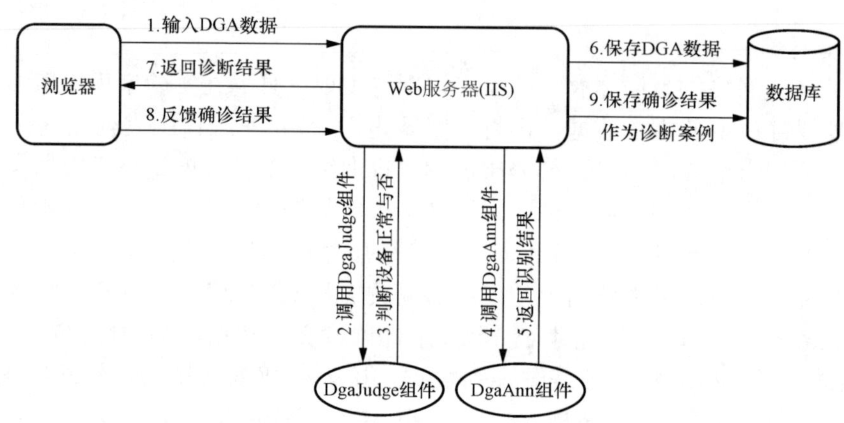

图17-35 油中气体分析流程图

所有这些案例将作为宝贵的资料作为人们进一步的研究使用。

参 考 文 献

[1] 固定式变压器放电在线监测系统. 清华大学学报(自然科学版)，1999，39(7)：5-8.

[2] Lin Du，JiangLei，Li Fuqi，et al，On-Line Partial Discharge Monitoring and Diagnostic System for Power Transformer，Tsinghua Science and Technology ISSN 1007-021414/20，10(5)，October 2005：598-604.

[3] 姜磊，李福祺，朱德恒，等. 电力设备在线监测系统软件框架的设计. 高电压技术，1999，25(4)：35-37.

[4] 林渡，朱德恒，李福祺，等. 电力设备分布式监测系统软件结构研究. 高电压技术，2001，27(3)：4-6.

[5] 何航卫，林渡，朱德恒．电力设备状态监测系统及其远程网络通讯组件．电工电能新技术，2002，21(3)：73-76.

[6] 何航卫，朱德恒．基于 Internet 的电力设备虚拟医院．高电压技术，2002，29(10)：51-53.

[7] Xuzhu Dong，Zhenyuan Wang，Yulu Liu，et al. Internet Applications in Fault Diagnosis and Predictive Maintenance of Power Equipment. Proc. Of the 1st International Conference on Insulation Condition Monitoring of Electrical Plant Sept. 24-26，Wuhan，China：243-246.